3ds Max 2018 与 Photoshop CC 2018 建筑效果图设计入门与提高

3ds Max 2018 与 Photoshop CC 2018
建筑效果图设计入门与提高

3ds Max 2018 与 Photoshop CC 2018

建筑效果图设计入门与提高

3ds Max 2018 与 Photoshop CC 2018
建筑效果图设计入门与提高

CAD/CAM/CAE 入门与提高 系列丛书

3ds Max 2018 与 Photoshop CC 2018

建筑效果图设计入门与提高

CAD/CAM/CAE技术联盟◎编著

清华大学出版社
北京

内 容 简 介

本书结合 3ds Max 2018 与 Photoshop CC 2018 介绍了各种常见的建筑效果图的设计方法。全书共分 11 章，前 4 章为基础知识，分别介绍了 3ds Max 2018 软件的安装、基本操作及模型的创建、材质贴图与灯光，以及 Photoshop CC 2018 入门等必要的基础知识。后 7 章为建筑效果图设计实例，分别介绍了别墅效果图制作、办公楼效果图制作、教学楼效果图制作、餐厅效果图制作、商业大厦效果图制作、汽车展厅效果图制作、小区鸟瞰效果图制作等设计实例。

本书是 3ds Max 与 Photoshop 学习者从基础走向实践操作的良师益友，也是广大建筑设计爱好者的自学教材。

图书在版编目（CIP）数据

3ds Max 2018 与 Photoshop CC 2018 建筑效果图设计入门与提高/CAD/CAM/CAE 技术联盟编著. —北京：清华大学出版社，2019
(CAD/CAM/CAE 入门与提高系列丛书)
ISBN 978-7-302-52377-2

Ⅰ. ①3… Ⅱ. ①C… Ⅲ. ①建筑设计－计算机辅助设计－三维动画软件 ②建筑设计－计算机辅助设计－图象处理软件 Ⅳ. ①TU201.4

中国版本图书馆 CIP 数据核字（2019）第 039071 号

责任编辑：赵益鹏 赵从棉
封面设计：李召霞
责任校对：赵丽敏
责任印制：沈 露

出版发行：清华大学出版社
网 址：http://www.tup.com.cn，http://www.wqbook.com
地 址：北京清华大学学研大厦 A 座 **邮 编**：100084
社 总 机：010-62770175 **邮 购**：010-62786544
投稿与读者服务：010-62776969，c-service@tup.tsinghua.edu.cn
质量反馈：010-62772015，zhiliang@tup.tsinghua.edu.cn
印 装 者：清华大学印刷厂
经 销：全国新华书店
开 本：185mm×260mm **印 张**：33.25 **插 页**：2 **字 数**：774 千字
版 次：2019 年 11 月第 1 版 **印 次**：2019 年 11 月第 1 次印刷
定 价：89.80 元

产品编号：073759-01

前　言

Preface

3ds Max 和 Photoshop 较早进入中国应用软件市场，在中国拥有广大的用户群体。

最近，3ds Max 迎来了自发布以来最大的一次升级，被分为 2 个独立的版本。一个是面向娱乐专业人士的 3ds Max 2018，另一个是专门为建筑师、设计师以及可视化设计量身定制的 3ds Max 2018。ADOBE 公司也在近期推出了具有强大功能的最新版本软件 Photoshop CC 2018。新版本的推出为这两大软件提供了更强大的力量，也激起了人们更大的学习兴趣。本书就是利用 3ds Max 和 Photoshop 的最新版本为工具软件展开讲述的。3ds Max 和 Photoshop 虽然都属于图形图像软件，但功能各不相同，3ds Max 擅长于三维建模和动画设计，Photoshop 擅长于平面图像的合成处理以及创作，而这两个软件完美结合的杰作便是建筑效果图。

建筑效果图是建筑设计中非常重要的部分，它能够形象地体现建筑设计效果。在 3ds Max 和 Photoshop 两大软件推出以前，人们只能通过手工绘制建筑效果图，手工绘图与利用 3ds Max 和 Photoshop 辅助设计的电脑效果设计图之间有天壤之别。今天，人们利用 3ds Max 和 Photoshop 设计出结构复杂、形象直观、色彩逼真的建筑效果图，为建筑招标、设计与施工提供了极大的方便。

一、本书特点

☑ 实用性强

本书的编者都是高校从事计算机辅助设计教学研究多年的一线人员，具有丰富的教学实践经验与教材编写经验，有一些执笔者是国内 3ds Max 与 Photoshop 图书出版界知名的作者，前期出版的一些相关书籍经过市场检验很受读者欢迎。多年的教学工作使他们能够准确地把握学生的心理与实际需求，本书是作者总结多年的设计经验以及教学的心得体会，历时多年的精心准备，力求全面、细致地展现 3ds Max 与 Photoshop 软件在建筑效果图设计应用领域的各种功能和使用方法。

☑ 实例丰富

本书的实例不管是数量还是种类，都非常丰富。本书结合大量的建筑效果图制作实例，详细讲解了 3ds Max 与 Photoshop 知识要点，让读者在学习案例的过程中潜移默化地掌握 3ds Max 与 Photoshop 软件操作技巧。

☑ 突出提升技能

本书从全面提升 3ds Max 与 Photoshop 实际应用能力的角度出发，结合大量的案例来讲解如何利用 3ds Max 与 Photoshop 软件制作建筑效果图，使读者了解 3ds Max 与 Photoshop 并能够独立地完成各种建筑效果图制作。

本书有很多实例本身就是建筑效果图制作案例，经过作者精心提炼和改编，不仅保

证了读者能够学好知识点，更重要的是能够帮助读者掌握实际的操作技能，同时培养建筑效果图制作实践能力。

Note

☑ 图文并茂

本书最大特色在于图文并茂，大量的图片都做了标示和对比，力求让读者通过有限的篇幅，学习尽可能多的知识。基础部分采用参数讲解与举例应用相结合的方法，使读者明白参数意义的同时，能最大限度地学会应用。

☑ 中英对照

本软件的发展历史上，早期一直是英文版，一直到近几年才推出中文版，国内很多行业应用习惯采用英文版，针对这种情况，为方便读者学习，本书采用中英文对照讲解，力求最大限度地满足各方面读者的需要。

二、本书的基本内容

本书结合 3ds Max 2018 与 Photoshop CC 2018 介绍了各种常见的建筑效果图的设计方法。全书共 11 章，前 4 章为基础知识，分别介绍 3ds Max 2018 软件的安装、基本操作及模型的创建、材质贴图与灯光，以及 Photoshop CC 2018 入门等必要的基础知识。后 7 章为建筑效果图设计实例，分别介绍别墅效果图制作、办公楼效果图制作、教学楼效果图制作、餐厅效果图制作、商业大厦效果图制作、汽车展厅效果图制作、小区鸟瞰效果图制作等设计实例，每一个实例遵循先用 3ds Max 建模，再用 Photoshop 后期处理的步骤，详细地介绍这些建筑效果图的设计方法。实例涵盖全面，既包括民用建筑，又包括公共建筑；既有单体建筑，又有群体建筑；既有室外效果图设计，也有室内效果图设计。全书紧紧围绕实例展开讲述，通过工程应用实例，指导读者学习 3ds Max 和 Photoshop 的使用技巧和建筑效果图的设计方法。

三、本书的配套资源

本书通过二维码提供极为丰富的学习配套资源，期望读者朋友在最短的时间学会并精通这门技术。

1. 配套教学视频

本书专门制作了 4 个经典中小型案例，7 个大型综合工程应用案例，115 节教材实例同步微视频，读者可以先看视频，像看电影一样轻松愉悦地学习本书内容，然后对照课本加以实践和练习，可以大大提高学习效率。

2. 10 套大型图纸设计方案及长达 12 小时同步教学视频

为了帮助读者拓展视野，特意赠送 10 套设计图纸集，图纸源文件，视频教学录像（动画演示），总长 12 个小时。

0-1

3. 全书实例的源文件和素材

本书附带了很多实例，包含实例和练习实例的源文件和素材，读者可以安装 3ds Max 2018 和 Photoshop CC 2018 软件，打开并使用它们。

四、本书的服务

1. 关于本书的技术问题或有关本书信息的发布

读者遇到有关本书的技术问题，可以登录网站(http://www.sjzswsw.com)或将问题发到邮箱(win760520@126.com)，我们将及时回复。也欢迎加入图书学习交流群(QQ：512809405)交流探讨。

2. 安装软件的获取

按照本书上的实例进行操作练习，以及使用 3ds Max 2018 与 Photoshop CC 2018 时，需要事先在计算机上安装相应的软件。读者可从网络中下载相应软件，或者从当地电脑城、软件经销商处购买。QQ 交流群也会提供下载地址和安装方法教学视频，需要的读者可以关注。

3. 随书电子资料

本书通过二维码扫码下载提供了极为丰富的学习配套资源，包括所有实例源文件及相关资源以及实例操作过程录屏动画，供读者学习中使用。

本书主要由 CAD/CAM/CAE 技术联盟编写，具体参与本书编写的有胡仁喜、刘昌丽、康士廷、王敏、闫聪聪、杨雪静、李亚莉、李兵、甘勤涛、王培合、王艳池、王玮、孟培、张亭、王佩楷、孙立明、王玉秋、王义发、解江坤、秦志霞、井晓翠等。尽管编者在编写本书时花费了大量的时间和精力，但不当之处在所难免，希望读者不吝赐教，以便改进。

编　者

2019 年 8 月

目　录

Contents

Note

Note

Note

Note

Note

第1章

软件的安装与介绍

学习目的

➢ 主要学习 3ds Max 2018 的安装，了解 3ds Max 2018 的工作界面及操作属性。

学习思路

3ds Max 之所以能够如此深入人心，除了其越来越强大的功能外，它还具备非常好的开放性和兼容性。本章将简要介绍 3ds Max 2018 的基本功能。

知识重点

➢ 3ds Max 2018 的安装及操作。

➢ V-Ray 在 GI 方面的设置和相关概念及参数。

1.1 3ds Max 2018的简介及安装

Note

3ds Max一直都是Autodesk公司的主打产品，而现在的3ds Max是由Autodesk公司的多媒体分公司Discreet公司负责主要开发，它已经成为设计领域的主流软件之一。在此前，很多工作站以及三维软件最大的优势在于渲染引擎，但现在这种优势被削弱了，因为很多优秀的渲染引擎纷纷推出了3ds Max版本，从而更好地解决了3ds Max的渲染问题。除了本身自带的Mental Ray渲染系统外，3ds Max还可以和市场上比较流行的V-Ray、Maxwell等渲染软件兼容，这样就将3ds Max带入了大型、专业三维软件的行列，使其能够应用在各种不同的行业之中。

3ds Max迎来了自发布以来最大的一次升级，被分为2个独立的版本。一个是面向娱乐专业人士的3ds Max 2018，另一个是专门为建筑师、设计师以及可视化设计量身定制的3ds Max 2018。现在，3ds Max 2018是该产品系列的最新版本，它增加了许多新功能和新特性。在这里通过安装和简单的介绍，了解3ds Max 2018的工作界面及操作属性。

1.1.1 3ds Max 2018的安装

(1) 打开3ds Max 2018的安装程序，双击安装程序后出现3ds Max 2018的安装界面，如图1-1所示。

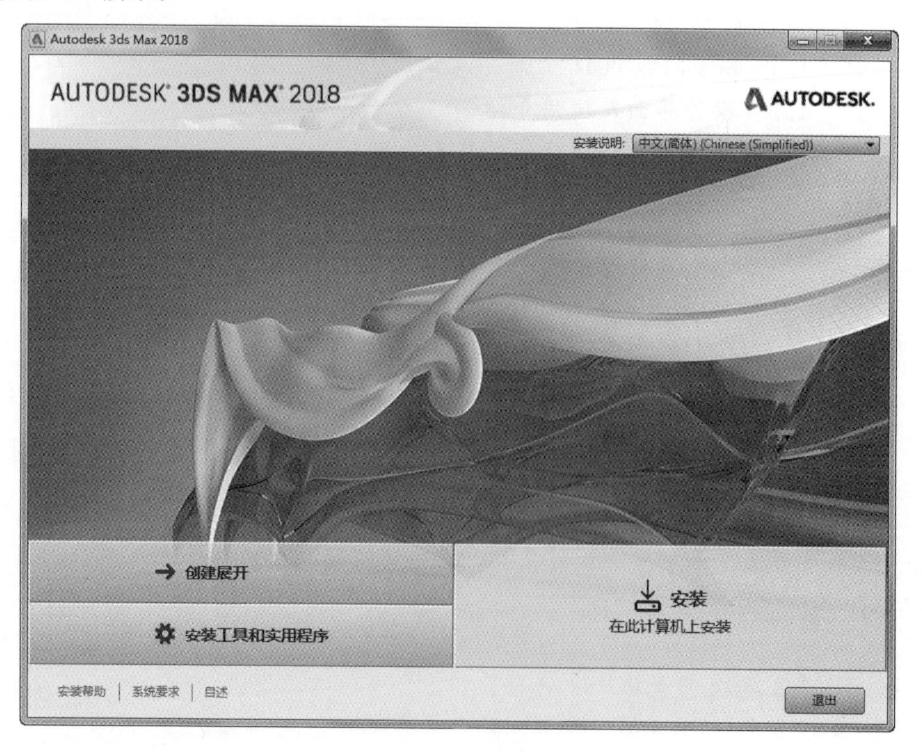

图1-1 安装界面

Note

(2) 在 3ds Max 2018 安装界面上单击“安装”后，将出现如图 1-2 所示的界面，可以选择国家语言，然后选中“我接受”前面的单选按钮。

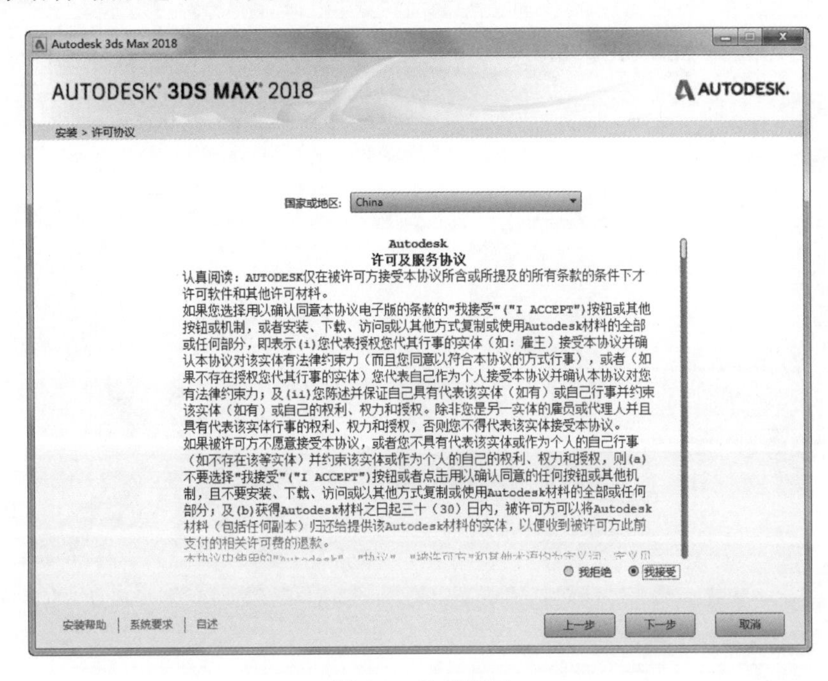

图 1-2　选择界面

(3) 单击“下一步”按钮，打开如图 1-3 所示的安装路径对话框，用户可根据自己的要求修改安装目录。

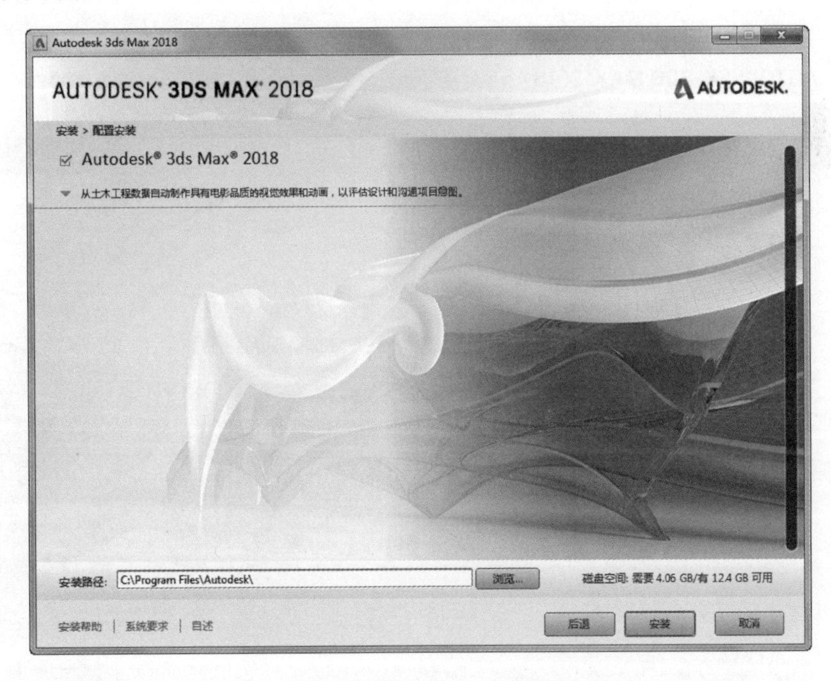

图 1-3　安装路径对话框

Note

（4）单击“安装”按钮，系统会自动进行安装，如图 1-4 所示。

图 1-4　开始安装

（5）完成安装以后，单击“立即启动”按钮即可，如图 1-5 所示。

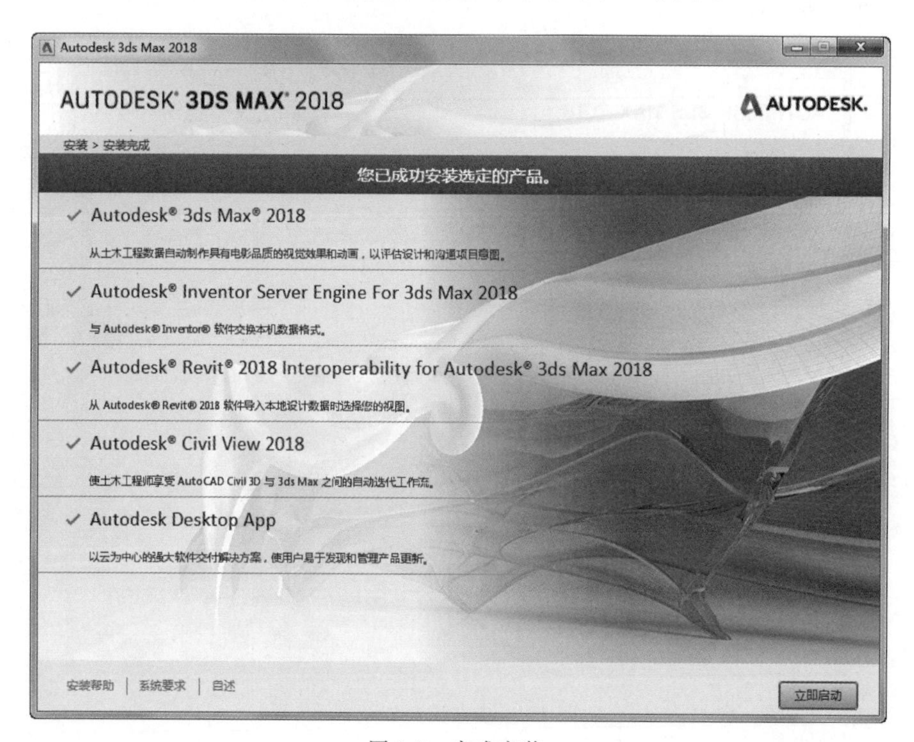

图 1-5　完成安装

1.1.2 新增功能概述

Autodesk公司新推出的3ds Max 2018版，提供了迄今为止最强大的多样化工具集，内置高效的新工具、加速性能和简化的工作流程，可大大提高处理复杂高分辨率资源时的整体工作效率。无论行业需求如何，3ds Max 2018专业高效且简单易用的3D工具都能给美工人员带来极富灵感的设计体验。目前，3ds Max 2018广泛应用于广告、影视、工业设计、建筑设计、三维动画、多媒体制作、游戏、辅助教学以及工程可视化等领域。3ds Max 2018简体中文版软件可以说是一款非常好用而且常用的3D建模制作软件。

1. 高光

- 支持OpenVDB的体积效果。
- 大气效果。
- 程序(代理)对象允许与其他Arnold插件交换场景。
- 广泛的内置Arnold专业明暗器和材质。
- 支持为Windows和Arnold 5编译的第三方明暗器。
- 借助单独的环境和背景功能简化了基于图像的照明工作流。
- Arnold属性修改器控制每个对象渲染的效果和选项。
- 合成和后期处理的任意输出变量(AOV)支持。
- 景深、运动模糊和摄影机快门效果。
- 新的VR摄影机。
- 新的易于使用的分层标准曲面与Disney兼容，将替换Arnold标准着色器。
- 新的黑色素驱动的标准头发明暗器提供了更加简单的参数和艺术控制，可以实现更加自然的效果。
- 支持光度学灯光，可以轻松与Revit互操作。完全支持3ds Max物理材质和旧贴图。
- 一体式Arnold灯光支持带纹理的区域灯光、网格灯光、天顶灯光和平行光源。
- 针对四边形灯光和天顶灯光提供了新的入口模式，可以改善室内场景采样。
- 针对四边形灯光和聚光灯提供了新的圆度和软边选项。
- 场景转换器预设和脚本可以升级旧场景。

2. 用户界面改进

- 具有增强的停靠功能的QT5框架。
- 时间轴拖曳。
- 持续Hi-DPI图标转换(已转换370个图标)。
- 拖曳菜单。
- 更快地切换工作区。
- 模块化主工具栏。

3. MCG

- Easy Map增加了映射到操作符的功能，通过连接一系列值来简化图形。

➢ Live Type 工作时会在编辑器中显示计算类型。
➢ 改进了 MCG 类型解析器，不再需要添加额外的节点来提供有关 MCG 类型系统的提示。
➢ 显著改进了编译器，可以更好地优化图形表达式，特别是带有函数的表达式。
➢ 不再需要解压 MCG 图形，现在 MCG 可以使用压缩包中的复合对象。
➢ 只需在视口中拖动即可使用包格式(.mcg)的图形。
➢ 自动工具输入生成。
➢ 更易于美工人员使用的操作符/复合命名和分类。
➢ 提供更好的操作符/复合说明的新节点属性窗口。
➢ 78 个新的操作符。

4. 运动路径

直接在视口中预览已设置动画的对象路径。可以使用变换调整运动路径，并将运动路径转换为样条线，或将样条线转换为运动路径。

5. 状态集

➢ 基于 Slate SDK 的用户界面提供了更加一致的外观和功能。
➢ 新的基于节点的渲染过程管理。

6. 增强功能和更改

NVIDIA Mental Ray 渲染器：尽管仍然与 3ds Max 相兼容，但 3ds Max 不再包括 NVIDIA 的 Mental Ray 渲染软件。

Alembic：通过 MAXScript 添加了可见性轨迹支持和形状后缀管理。

切角修改器：切角现在支持四边形交集，可控制当多条边连接到相同顶点时角点受影响的方式，也适用于编辑多边形切角工具。

1.2 操作界面及使用介绍

3ds Max 2018 是运行在 Windows 系统之下的三维动画制作软件，具有一般窗口式的软件特征，即窗口式的操作接口。

为了能方便快捷地使用 3ds Max 2018，下面将针对 3ds Max 2018 的各个功能作详细的介绍。双击桌面上的 3ds Max 2018 图标或是从“开始”菜单中打开 3ds Max 2018-Simplified Chinese，启动后进入如图 1-6 所示的默认操作界面。

1.2.1 菜单栏

3ds Max 2018 是运行在 Windows 系统下的建筑效果图制作软件，采用了标准的下拉菜单。它包括 15 个菜单，具体如下。

(1) “文件”(File)菜单：该菜单包含用于管理文件的命令，其中比较常用的命令是“新建”(New)、“重置”(Reset)、“保存”(Save)、“另存为”(Save As)、“导入”(Import)及“导出”(Export)。

Note

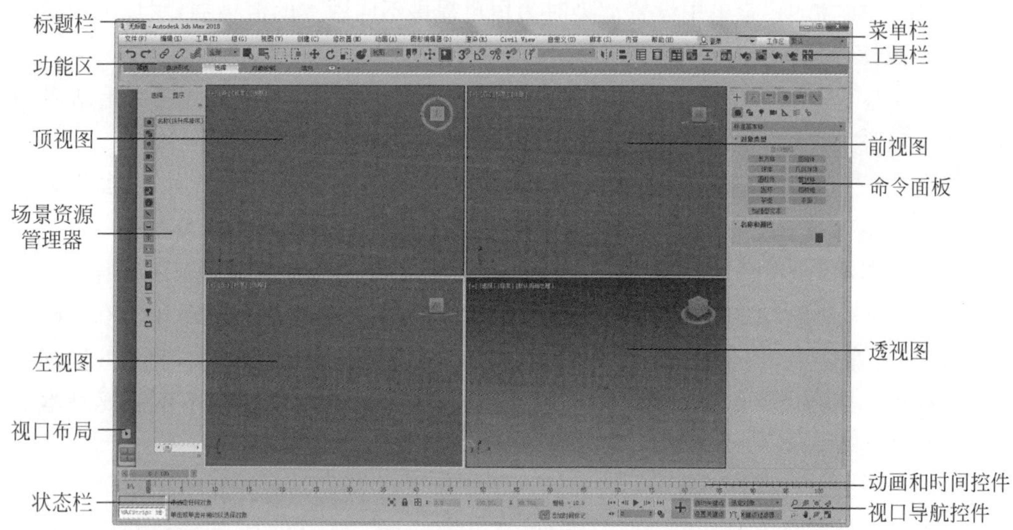

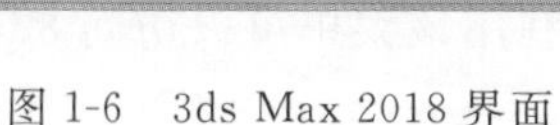
图 1-6　3ds Max 2018 界面

(2)“编辑”(Edit)菜单：该菜单用于选择和编辑对象。主要包括对操作步骤的撤销、临时保存、删除、复制和全选、反选等命令。有些命令在工具栏中可以直接找到相应的工作按钮，要执行此命令，单击工具栏上的按钮即可。3ds Max 2018 和 AutoCAD 2018 一样，也可通过相应的快捷键来执行某些命令。

(3)“工具”(Tools)菜单：该菜单提供了较为高级的对象变换和管理工具，如镜像、对齐等。

(4)“组”(Group)菜单：该菜单用于对象成组，包括组、解组、打开等命令。当用户创建的场景过于复杂，大多数对象是相互关联时，就可以建立“组”来帮助管理场景。“组”菜单可以创建、编辑和删除已命令的对象组。

(5)“视图”(Views)菜单：该菜单可以控制不同的观察方式，如视口配置、视口背景等。

(6)“创建”(Create)菜单：该菜单中包括“标准基本体”(Standard Primitives)、“扩展基本体”(Extended Primitives)、“图形”(Shapes)、“灯光”(Lights)和“粒子”(Particles)一些常见的创建元素命令。均可在“创建”命令面板上找到与这些命令相应的按钮，因此在很多的时候不需要在“创建”菜单中寻找这些命令，这也是 3ds Max 2018 人性化设计的一个重要体现，大大提高了操作性能，使命令的应用更简洁和更效率化。

(7)“修改器”(Modifers)菜单：该菜单可以对所创建物体的参数进行修改。

(8)“动画”(AniMation)菜单：该菜单用于设置动画，包含各种动画控制器、IK 设置、创建预览、观看预览等命令。

(9)“图形编辑器”(Graph Editors)菜单：该菜单包含 3ds Max 2018 的各种编辑器，以图形的方式形象地展示了操作场景中各元素的相互关系。

(10)“渲染”(Rendering)菜单：该菜单包括渲染设置、环境、材质编辑器、视频后期

处理等命令，在"渲染"菜单中设置渲染时为用户提供不同版本的渲染器，用户可以结合各种渲染插件，使渲染的效果达到完美。

（11）Civil View 菜单：要使用 Civil View 菜单，必须将其初始化，然后重新启动 3ds Max 2018。

（12）"自定义"(CustoMize)菜单：该菜单可以自定义改变用户界面，包含与该菜单有关的所有命令。

（13）"脚本"(Scripting)菜单：脚本语言是一种特定的编程语言，用来操作 3ds Max 2018 内部参数，使用户可以更直接地控制三维动画的制作。但是对于没有基础的用户来说，不会使用 3ds Max 2018 的脚本并不影响使用 3ds Max 2018，因为 3ds Max 2018 的功能相当强大，其功能菜单命令很容易操作，所以在很多情况下不需要脚本语言就可以解决问题。

（14）"内容"(Content)菜单：可以通过此菜单启动 3ds Max 资源库。

（15）"帮助"(Help)菜单：利用该菜单可以访问 3ds Max 2018 的联机帮助系统和系统已有的外部插件及其版本信息。

3ds Max 2018 的菜单中可以找到所有需要的命令和功能，但使用中，命令面板的使用频率更高，可以说命令面板是 3ds Max 2018 的核心。由于 3ds Max 2018 的功能强大和命令繁多，在此不能一一阐述，在应用到具体的菜单命令时，再作详细讲解。

1.2.2 工具栏

（1）菜单栏下面一行是由多个按钮组成的工具栏，如图 1-7 所示。

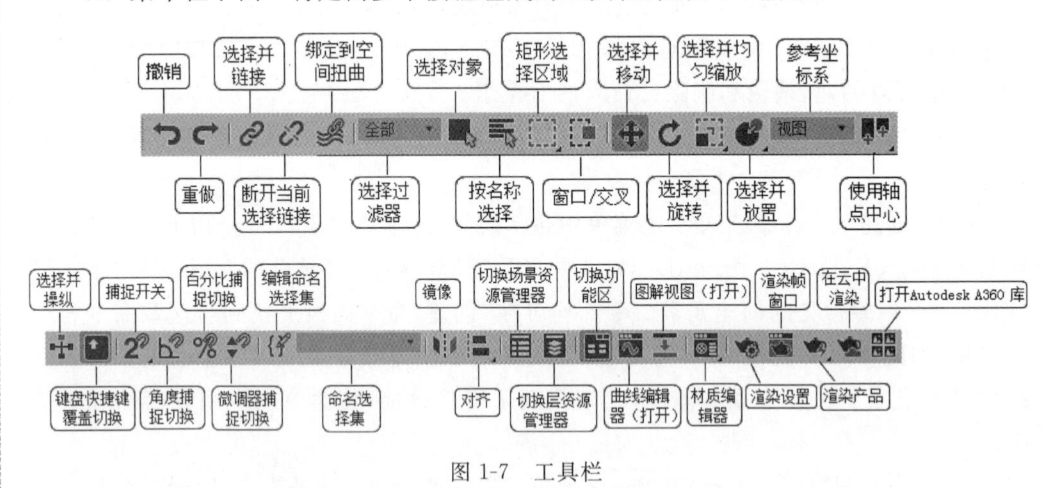

图 1-7 工具栏

（2）此工具栏包括在控制过程中常用的工具，当鼠标指针在某个按钮上停留片刻时，将自动出现此按钮的功能提示文字，如图 1-8 所示。

（3）在工具栏中一些按钮的右下角有一个小三角，这表示该按钮是下拉式按钮，将鼠标指针移动到按钮上并按住鼠标左键，会弹出几个功能不同的按钮，拖动鼠标可以选择其中一个，如图 1-9 所示。

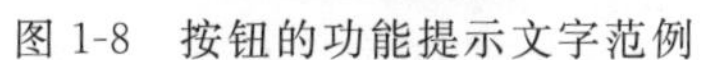

图 1-8　按钮的功能提示文字范例

图 1-9　下拉式按钮范例

知识点提示：

由于 3ds Max 2018 的工具按钮非常多，因此不能完全显示出来。如果要使用没有显示出来的工具按钮，可以将鼠标指针放在工具栏的空白处，当鼠标变成手的形状时，按下鼠标左键并拖动，横向移动工具栏，以便拉出右侧没有显示出来的工具按钮。

1.2.3　命令面板

在 3ds Max 2018 的视图区右侧是命令面板，该区域是 3ds Max 2018 的心脏部位，大部分工具和命令都集中在这里，用户在场景中建立各种物体并对其进行创建和修改的操作，都是在此命令面板中设置和完成的。

利用命令面板上部的 6 个标签可以在不同的命令面板之间进行切换，这 6 个标签分别是“创建”(Create)、“修改”(Modify)、“层级”(Hierarchy)、“运动”(Motion)、“显示”(Display)、“实用程序”(Utilities)，如图 1-10 所示。

1.“创建”命令面板

“创建”命令面板用来生成各种模型对象。在 3ds Max 2018 中，提供了 7 种创建对象，分别是“几何体”(Geometry)、“图形”(Shapes)、“灯光”(Lights)、“摄影机”(Cameras)、“辅助对象”(Helpers)、“空间扭曲”(Space Warps)和“系统”(Systems)。在“创建”命令面板中单击其中一个按钮，即可显示相应的子面板，并可通过子面板进行相关的控制和设置。

(1)“几何体”(Geometry)子面板：通过“几何体”子面板进行相应的设置，可以生成各种三维几何对象，在该子面板中有一个“次级类别”下拉列表，如图 1-11 所示，下面对部分选项进行简单的介绍。

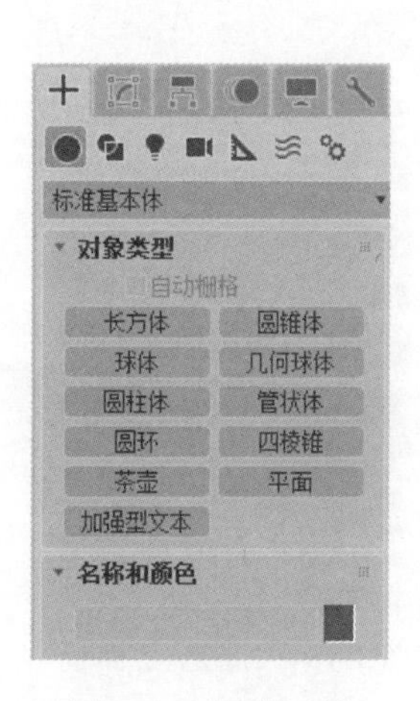

图 1-10　创建面板

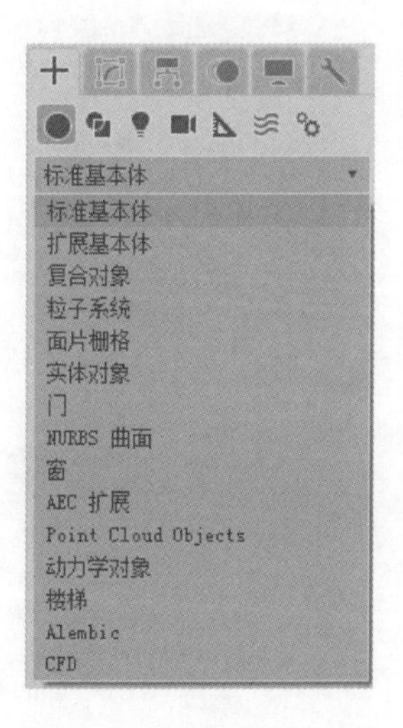

图 1-11　“几何体”子面板

Note

① “标准基本体”(Standard Primitives)：能生成长方体、球体、圆柱体等三维对象。

② “扩展基本体”(Extanded Primitives)：能生成一些比较复杂的几何体，如异面体、环形结、切角长方体等三维对象。

③ “复合对象”(Compound Objects)：合并几个现有的对象而生成新的对象。

④ “粒子系统”(Particle Systems)：产生飞沫、雪花、暴风等效果。

⑤ “面片栅格”(Patch Grids)：面片栅格为自定义曲面和对象提供方便的“构建材质”，或为将面片曲面添加到现有的面片对象中提供该材质。

⑥ “实体对象”(Body Objects)：可以通过其他 3ds Max 对象类型创建实体对象，但此对象类型的主要用途是支持从其他产品导入数据。

⑦ “门”(Doors)：生成开 2 门、拉门和折叠门等各种类型的门。

⑧ “NURBS 曲面”(NURBS Surfaces)：能够快速生成各种复杂曲面。

⑨ “窗”(Windows)：生成开窗、固定窗、转轴折叠窗和轨道窗等各种类型的窗。

⑩ “AEC 扩展”(AEC Extended)：生成墙体、栏杆等三维物体。

⑪ “动力学对象”(Dynamics Objects)：能生成弹簧、阻尼器等动力学三维物体。

⑫ “楼梯”(Stairs)：生成 L 形、U 形和螺旋形等各种类型的楼梯。

(2) “图形”(Shapes)子面板：“图形”子面板用来生成二维图形。如图 1-12 所示，在“图形”子面板中也有一个下拉列表，用来选择创建平面图形或是 NURBS 曲线，下面对部分选项进行简单的介绍。

① “样条线”(Splines)：生成二维线、矩形、圆、星形、截面等平面图形。

② “NURBS 曲线”(NURBS Curves)：生成 NURBS 曲线，包括曲线和可控制点曲线两种。

③ “扩展样条线”(Extended Splines)：能够创建比较复杂的二维线，如 T 形二维线和角度二维线等。

(3) “灯光”(Lights)子面板：提供了两种灯光类型——标准灯光和光度学灯光，如图 1-13 所示。

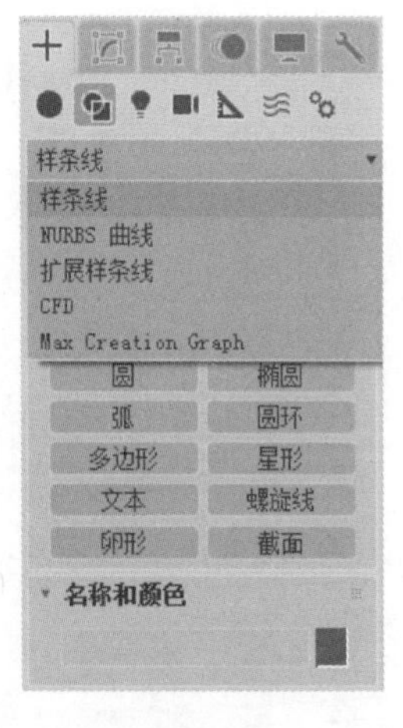

图 1-12　二维“图形”子面板

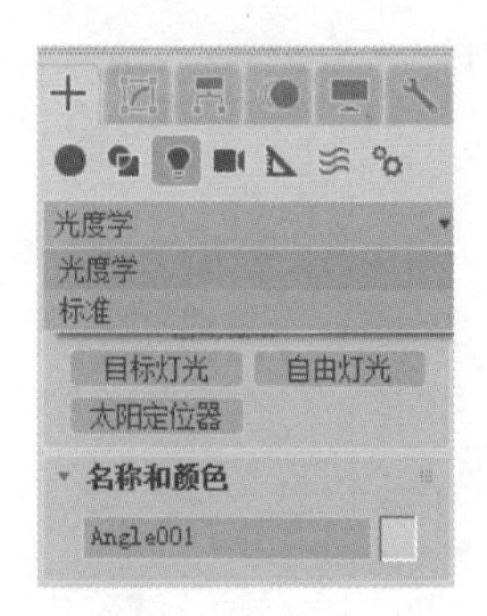

图 1-13　“灯光”子面板

① “光度学”(Photometric)灯光子面板：分别提供“目标灯光”(Target Light)、“自由灯光”(Free Light)、“太阳定位器”(Sun Positioner)，单击相应的按钮可创建相应灯光，如图1-14所示。

② “标准”(Standard)灯光子面板：提供“目标聚光灯”(Target Sport)、“自由聚光灯”(Free Sport)、“目标平行光”(Target Direct)、“自由平行光”(Free Direct)、“泛光”(Omni)、“天光”(Skylight)，单击相应的按钮可创建各种灯光，如图1-15所示。

(4) “摄像机”(Cameras)子面板：该面板中包含三种摄像机，分别是“物理”(Physical)、“目标”(Target)和“自由”(Free)，如图1-16所示。

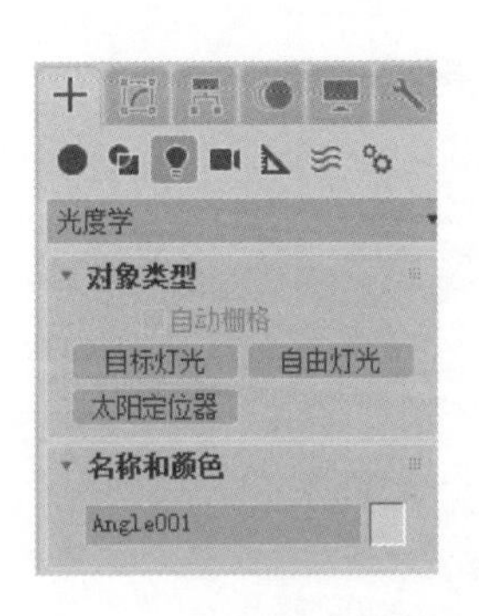

图1-14　“光度学”灯光子面板

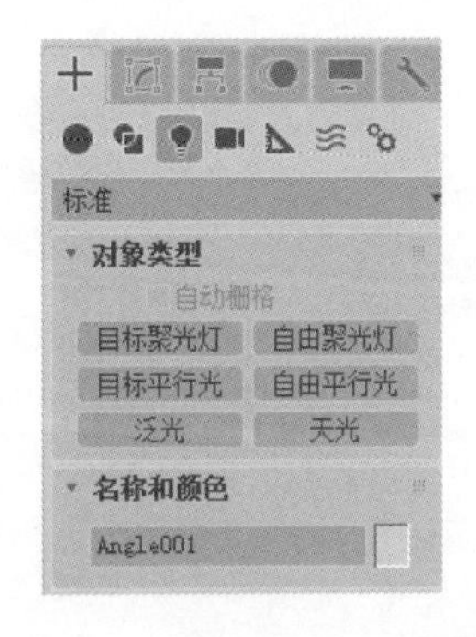

图1-15　“标准”灯光子面板

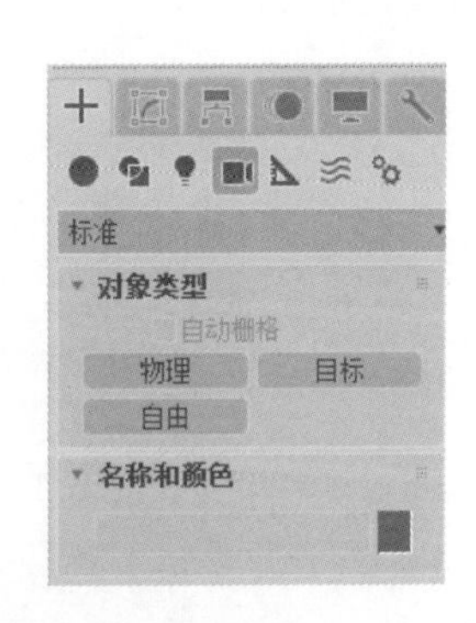

图1-16　“摄像机”子面板

① “物理”(Physical)：仅在透视视口处于活动状态时才可用。

② “目标”(Target)：目标摄像机包括摄像机和目标点，无论是摄像机还是目标都可以移动，在移动过程中，摄像机的视线总是定位在目标点上。

③ “自由”(Free)：自由摄像机的视线不是定位在目标点上，而是指向一个固定的方向。

(5) “辅助对象”(Helpers)子面板：为了方便操作，3ds Max 2018提供一系列起到辅助制作功能的特殊对象，包括“虚拟对象”(Dummy)、“栅格”(Grid)、“卷尺”(Tape)、“量角器”(Protractor)、“指南针”(Compass)等，如图1-17所示。

(6) “空间扭曲”(Space Warps)子面板：提供5种空间扭曲效果，其中最常用的是“几何/可变形”(Geometric/Deformable)和“力”(Forces)空间扭曲，如图1-18所示。

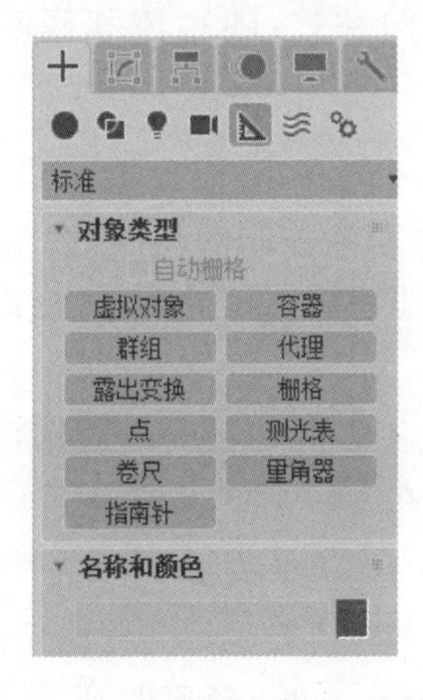

图1-17　“辅助对象”子面板

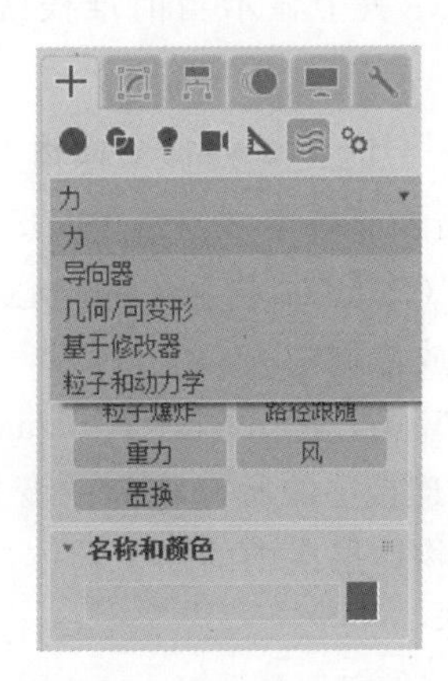

图1-18　“空间扭曲”子面板

Note

(7)“系统”(Systems)子面板：可以利用该子面板插入外部模块，3ds Max 2018 提供了 5 个基本模块，“骨骼”(Bones)、“日光”(Daylight)、“太阳光”(Sunlight)、“环形阵列”(Ring Array)和“两足角色”(Biped)，在“系统”子面板的“对象类型”卷展栏中单击相应的按钮就可创建相应模块，并进行设置，如图 1-19 所示。

2. “修改”(Modify)命令面板

“修改”命令面板用来修改对象的参数，在面板中可以对物体应用各种修改器，每次应用的修改器都会记录下来，保存在修改器堆栈中。修改面板一般由 4 部分组成，如图 1-20 所示。

图 1-19 “系统”子面板

图 1-20 “修改”命令面板

在每个卷展栏的标题左侧有一个“+”或“−”号，当显示为加号时，卷展栏处于卷起状态，单击该加号可以将卷展栏展开；当显示为减号时，卷展栏处于展开状态，单击减号可以将卷展栏卷起，只显示标题栏，同时减号也将变成加号。

“名字和颜色区”：显示修改对象的名字和颜色。

“修改命令区”：可以选择相应的修改器。单击“修改器配置”(Configure Modifier Sets)配置修改器面板。

“堆栈区”：在这里记录了对物体每次的修改，以便随时对以前的修改做出更正。

“参数区”：其中显示当前堆栈区中被选对象的参数，随物体和修改器的不同而不同。

3. “层级”(Hierarchy)命令面板

“层级”命令面板用来创建正向运动和反向运动双向控制的功能，如图 1-21 所示。

(1)“轴”(Pivot)：指物体的轴心，可以作为其他物体连接的中心、反向运动坐标轴心、旋转和缩放依据中心。

(2)“IK”：IK 是 Inverse Kinematics 的缩写，它是相对于正向运动而言的。通过它可以对 IK 连接中的所有物体的变换进行计算，在每一帧产生关键点。运用这一系统，只要移动物体层次中的一个物体，就可以使整个层次运动起来，使物体的运动表现得更生动自然。

(3)“链接信息”(Link Info)：用来控制物体移动、旋转、缩放时在 3 个轴向上的锁定和继承情况。

4. “运动”(Motion)命令面板

通过“运动”面板可以控制被选择物体的运动轨迹，还可以为它指定各种动画控制器，同时对各关键点的信息进行编辑操作，如图 1-22 所示。运动命令面板包括两部分：

(1) “参数”(Parameters)：在参数面板内可为物体指定各种动画控制器，还可以建立或删除动画的关键点。

(2) “运动路径”(Motion Paths)：可以在视图中显示物体的运动轨迹。可通过变换工具对关键点进行移动、缩放、旋转以及改变物体运动轨迹的形态，还可以将其他的曲线替换为运动轨迹。

5. “显示”(Display)命令面板

通过“显示”面板可以控制物体在视图中的显示，包括“显示颜色”(Display Color)、“按类别隐藏”(Hide by Category)、“隐藏”(Hide)、“冻结”(Freeze)以及“显示属性”(Display Properties)和“链接显示”(Link Display)，还有物体的优化显示灯，如图 1-23 所示。

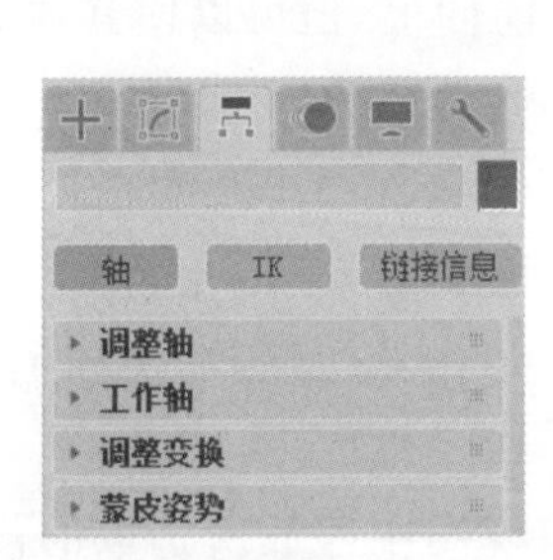

图 1-21　“层级”命令面板

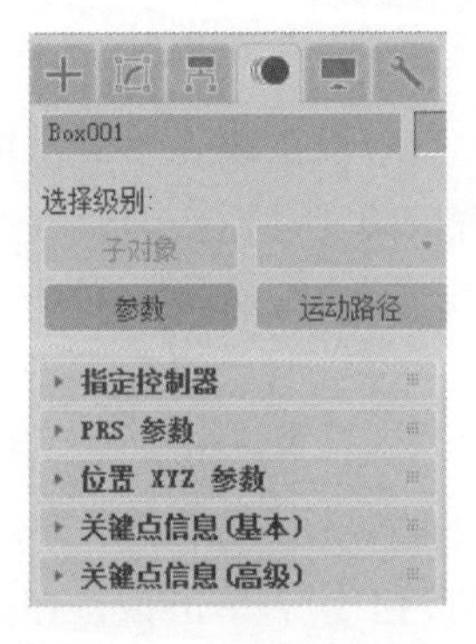

图 1-22　“运动”命令面板

图 1-23　“显示”命令面板

6. “实用程序”(Utilities)命令面板

“实用程序”命令面板可以访问 3ds Max 2018 的常规项和插入实用项，如图 1-24 所示。该面板包含 8 个部分，“透视匹配”(Perspective Match)、“塌陷”(Collapse)、“颜色剪贴板”(Color Clipboard)、“测量”(Measure)、“运动捕捉”(Motion Capture)、“重置变换”(Reset X Form)、“MAXScript”和“Flight Studio(c)”。

在 3ds Max 2018 中，使用频率最高的就是命令面板，只有很好地了解和掌握其使用方法，才能更好地操作并灵活应用，所以在这里主要讲解命令面板，对于其他命令会在以后的实际操作中介绍。

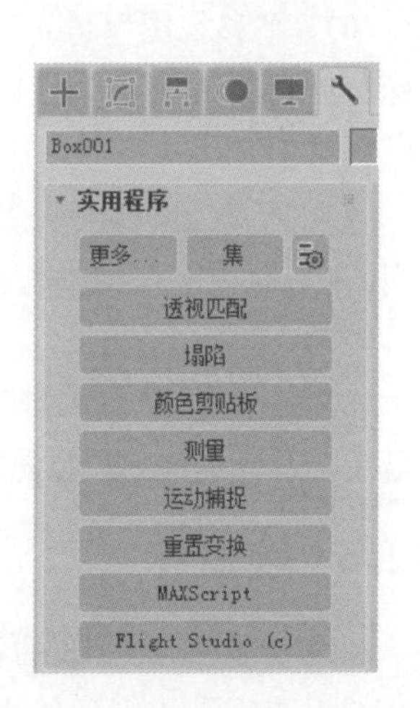

图 1-24　“实用程序”命令面板

1.2.4　状态栏和提示栏

状态栏和提示栏位于屏幕的底部，状态栏主要用于显示用户目前所选择的内容。

Note

利用状态栏左侧的“选择锁定切换”(Selection Lock Toggle)按钮可以锁定已选择的物体，可以防止误选和错选其他物体。同时该栏还提供鼠标指针的位置坐标，使用鼠标拖动状态栏和提示栏的左边缘可以改变该栏的窗口大小，如图 1-25 所示。

图 1-25　状态栏和提示栏

1.2.5　视图控制区

视图控制区位于屏幕的右下角，如图 1-26 所示。视图控制器各按钮用于控制视图中显示图像的大小状态，熟练运用这些按钮，可以大大提高工作效率。各按钮从左上角开始依次是：

图 1-26　视图控制区

(1)“缩放”(Zoom)按钮：单击该按钮，在任意视图窗口中按下鼠标左键不放并上下拖动，可以拉近或者推远当前视图窗口。

(2)“缩放所有视图”(Zoom All)按钮：单击该按钮，功能同上，但可以使其他 3 个视图窗口同时随着当前视图窗口的变动而变动。

(3)“最大化显示”(Zoom Extents)按钮：单击该按钮，缩放视图中某个选择的对象。

(4)“所有视图最大化显示”(Zoom Extents All)按钮：单击该按钮，功能同上，不过该命令可以使其他 3 个视图也变化。

(5)“视野”(Field-of-View)按钮：单击该按钮，在当前视图中缩放所选取的部分视图。

(6)“平移视图”(Pan View)按钮：单击该按钮，将鼠标指针移动到任意视图中，鼠标指针会变成手形，按下鼠标左键并拖动，可以在不改变缩放比例的情况下移动视图。

(7)“环绕”(Orbit)按钮：单击该按钮，当前视图中会出现一个黄色旋转方向指示圈，在当前视图任何地方按住鼠标不放并拖动，可以以第一个创建物体的中心为中心进行转动。

(8)“最大化视口切换”(Maximize Viewport Toggle)按钮：单击该按钮，当前视图最大化显示，再次单击恢复原状。

1.2.6　视图区

利用 3ds Max 2018 的视图区可以从不同的角度和以不同的显示方式来观察场景，默认的视图区是 4 等分的用户视图。在右下角的是一个“透视图”(Perspective)，它可以从任意角度显示场景。其余视图是当前设置的“顶视图”(Top)、“前视图”(Front)和“左视图”(Left)，如图 1-27 所示。

用户也可根据自己的习惯来对视图区进行选择，3ds Max 2018 为用户提供了不同

图 1-27 视图区

的视图规划。在视图工作时，一定要结合四视图来进行工作，在一个视图中工作，用其他 3 个视图来观察物体的变化，可以精确调整视图中的物体。

1.3 V-Ray 渲染软件的安装及使用

V-Ray Adv 3.60.03 是目前非常流行的 3ds Max 2018 外挂渲染器，同现在市场上的“Brazil”“Final Render”“Renderman”等渲染器一样，因为 3ds Max 2018 是新上市的升级版，所以现在大多数的渲染插件与 3ds Max 2018 不兼容，而 V-Ray Adv 3.60.03 则可以与 3ds Max 2018 兼容。V-Ray 能够比较全面地支持全局光照、散焦、深景、卡通等目前流行的渲染特性，并且升级的新版本提供了新的灯光和材质类型。

本章主要学习 V-Ray 的安装和了解 V-Ray 渲染软件的应用。

1.3.1 V-Ray 的安装

(1) 运行“Ray Adv 3.60.03”安装文件，由于版本的升级，V-Ray 已经不再需要设置复杂的安装路径，双击安装文件后，会弹出 V-Ray 安装对话框，如图 1-28 所示。

Note

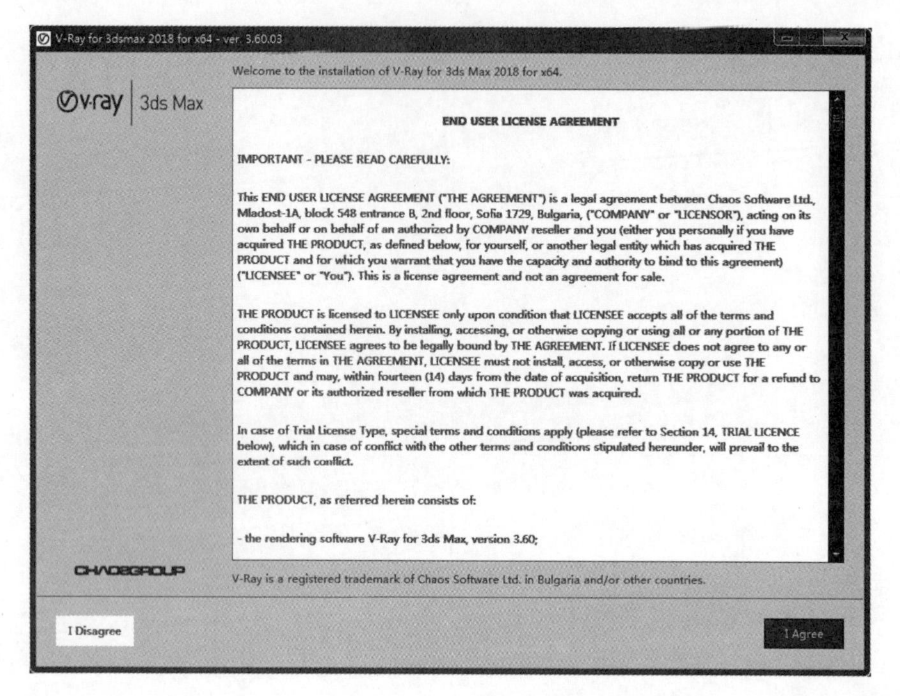

图 1-28　V-Ray 安装对话框

(2) 单击“I Agree”,完成对协议的注册。直接单击“Install Now”,对 V-Ray 进行安装即可,如图 1-29 所示。

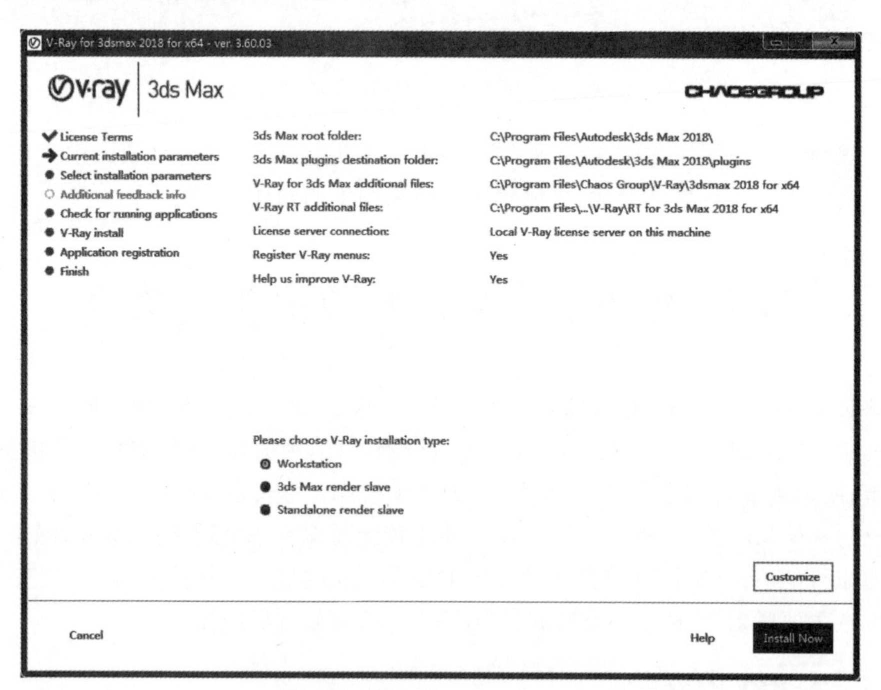

图 1-29　单击“Install Now”

(3) 单击“Finish”,完成对 Ray Adv 3.60.03 的安装,如图 1-30 所示。

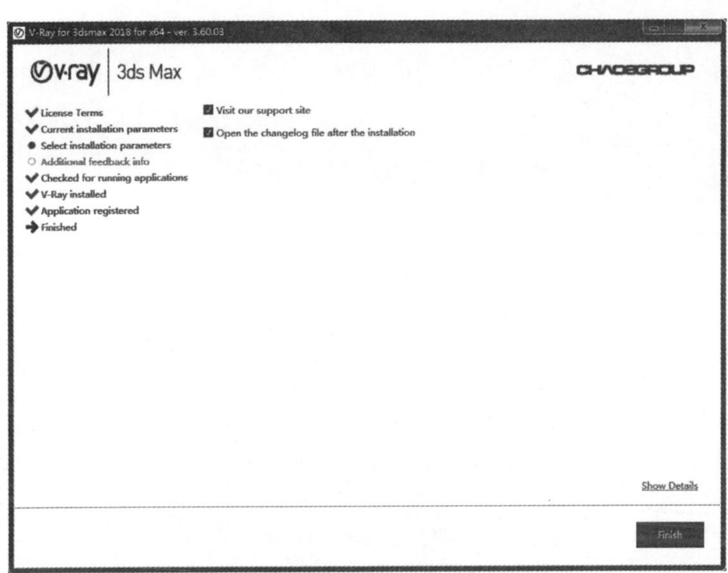

图 1-30 完成对 Ray Adv 3.60.03 的安装

1.3.2 V-Ray 渲染软件的应用

在 V-Ray Adv 3.60.03 渲染面板中共有 11 个卷展栏，在调节和使用的过程中有不同的需要和选择，所以在这里将针对 V-Ray 选项中 11 个卷展栏作详细的介绍和讲解，依次为：

(1)"授权"卷展栏：显示 V-Ray 的安装路径以及注册和破解，如图 1-31 所示。

(2)"关于 V-Ray"卷展栏：显示所安装的 V-Ray 版本，如图 1-32 所示。

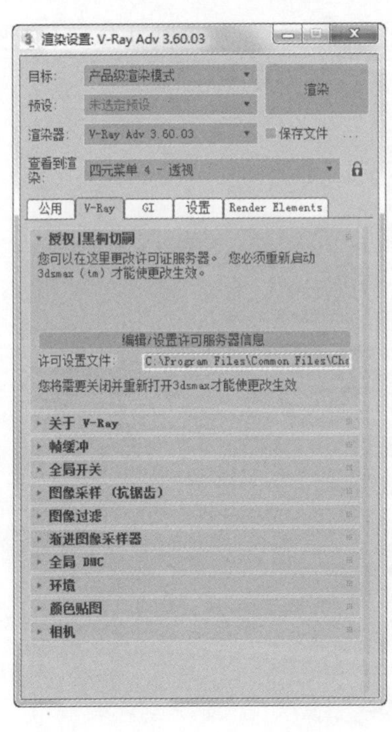

图 1-31 "授权"卷展栏

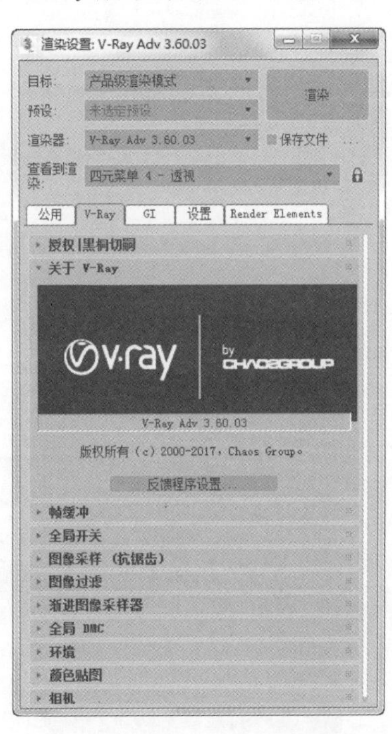

图 1-32 "关于 V-Ray"卷展栏

Note

（3）“帧缓冲”卷展栏：此卷展栏为用户提供了多种功能，根据效果的大小，可自动选择尺寸或自定义尺寸；提供了效果图的保存路径和两种渲染通道，如图1-33所示。

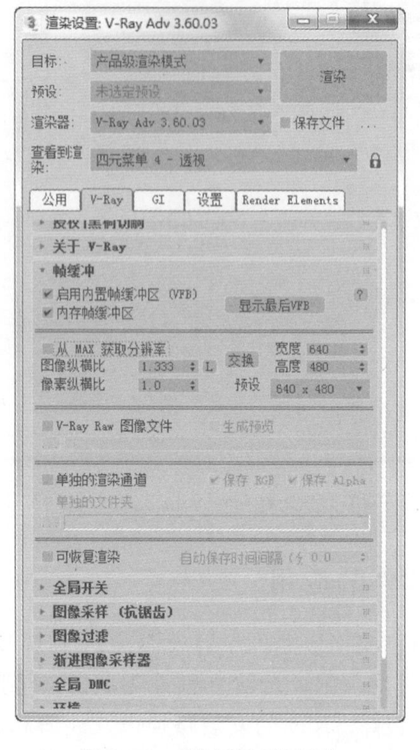

图1-33 “帧缓冲”卷展栏

（4）“全局开关”卷展栏：此卷展栏中提供3种模式，分别为默认模式、高级模式和专家模式，可根据需求来设置渲染中的一系列参数，如图1-34所示。

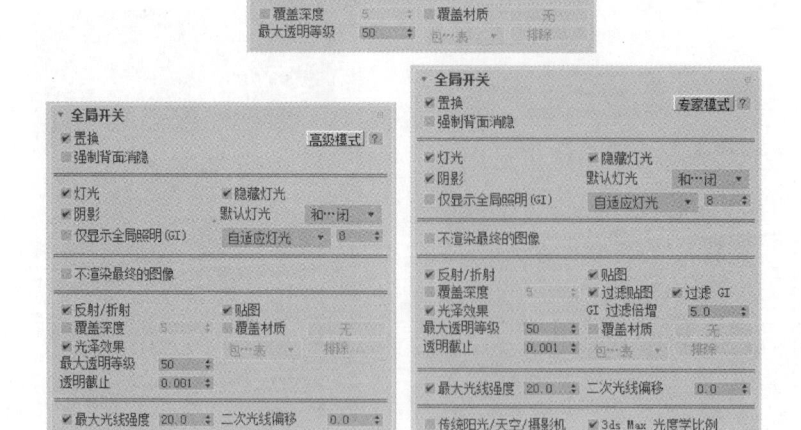

图1-34 “全局开关”卷展栏

(5)“图像采样(抗锯齿)”卷展栏：在此卷展栏中有两个选项，分别是图像采样器和抗锯齿过滤器，主要用于效果图的品质采样和消除锯齿，如图 1-35 所示。

(6)“图像过滤”卷展栏：除了不支持平展类型外，V-Ray 支持所有 3ds Max 2018 中文版内置的图像过滤器，如图 1-36 所示。

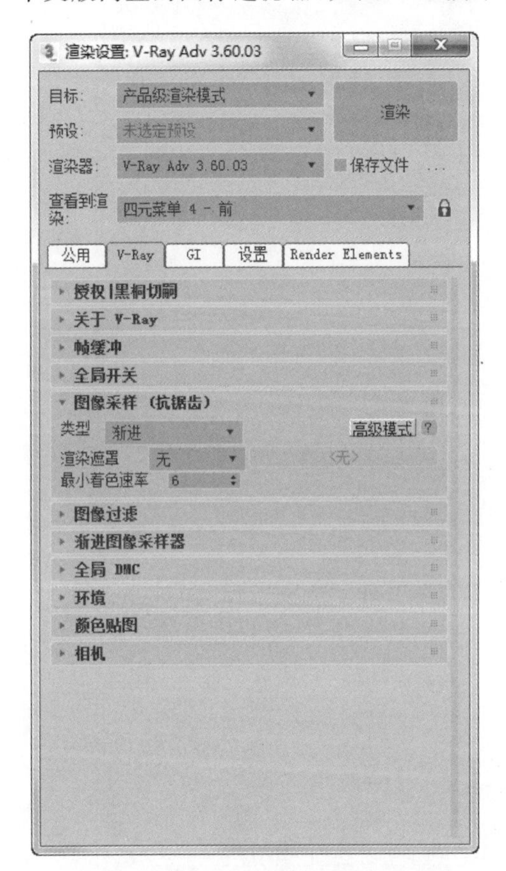

图 1-35　“图像采样(抗锯齿)”卷展栏

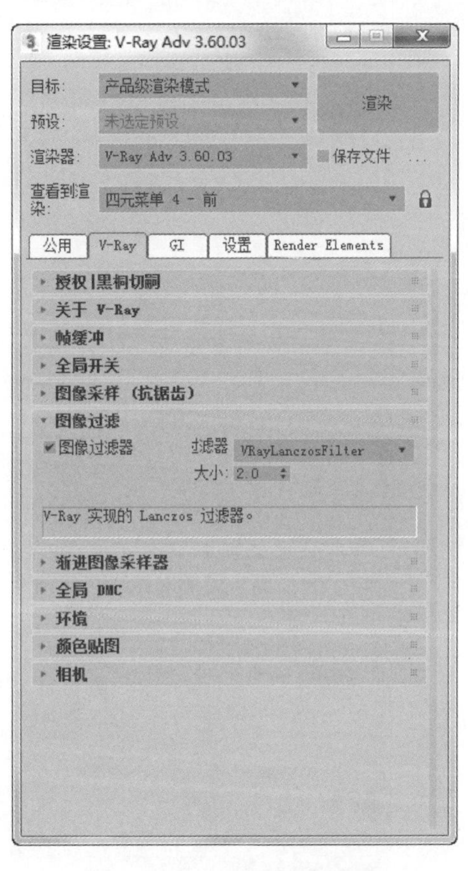

图 1-36　“图像过滤”卷展栏

(7)“渐进图像采样器”卷展栏：它是用得最多的采样器，对于模糊和细节要求不太高的场景，它可以得到速度和质量的平衡。在室内效果图的制作中，这个采样器几乎可以适用于所有场景，如图 1-37 所示。

(8)“全局 DMC”卷展栏：通过调整自适应数量、噪波阈值、细分倍增和最小采样的参数，使渲染效果图更加清晰完美，如图 1-38 所示。

(9)“环境”卷展栏：选中“GI 环境”选项卡前的复选框，开启场景环境光，通过倍增器可以调节和控制场景光的颜色及亮度，如图 1-39 所示。

(10)“颜色贴图”卷展栏：在此卷展栏中为用户提供了 7 种颜色曝光控制，通过下面的明暗倍增器来调节效果图的明暗数值，如图 1-40 所示。

(11)“相机”卷展栏：在场景中设置“相机”后，在“相机”卷展栏中会显示相机的类型、相机参数及景深功能，可以和真实相机一样为用户提供专业的镜头参数，如快门、光圈和焦距等数值的调节，如图 1-41 所示。

Note

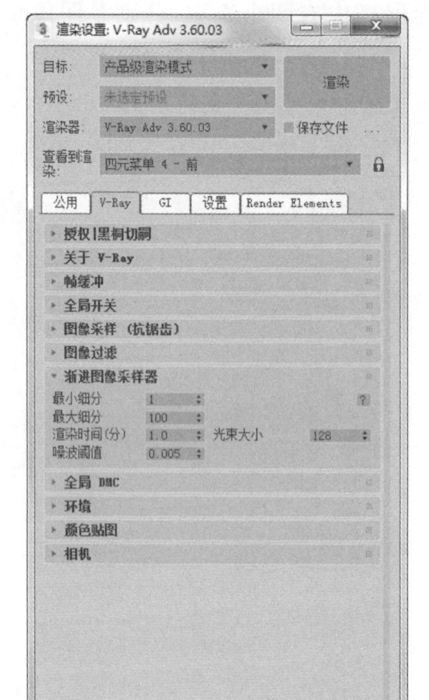

图 1-37 “渐进图像采样器”卷展栏

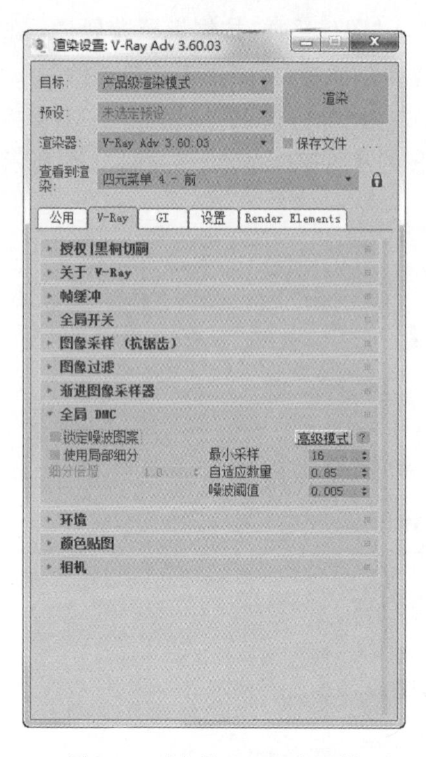

图 1-38 “全局 DMC”卷展栏

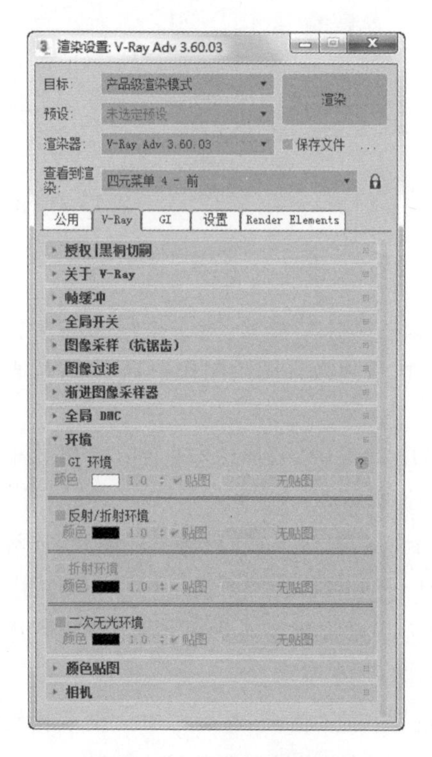

图 1-39 “环境”卷展栏

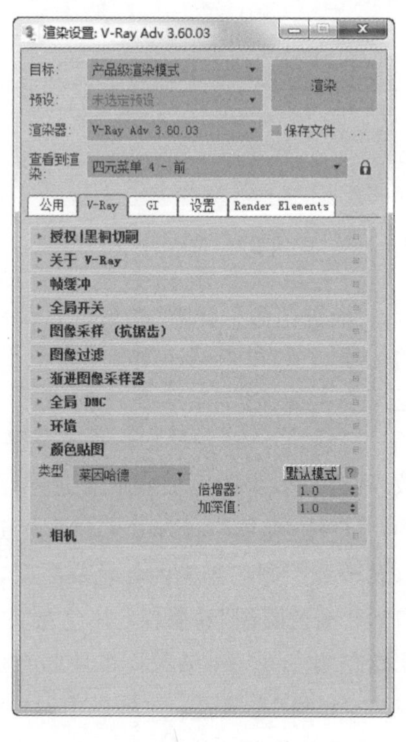

图 1-40 “颜色贴图”卷展栏

Note

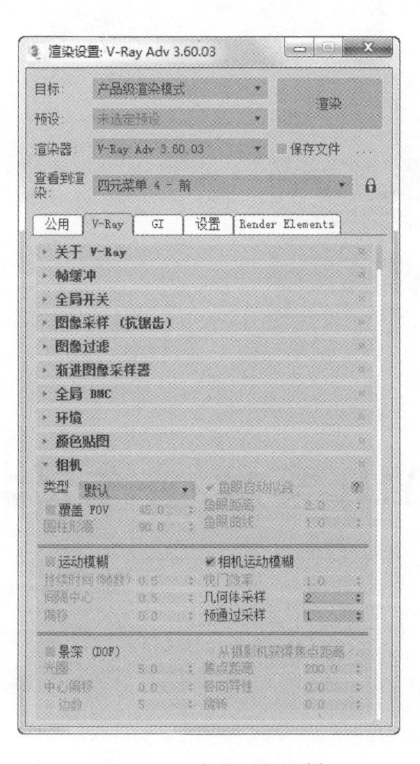

图 1-41　“相机”卷展栏

本章小结

V-Ray 作为 3D 软件的渲染插件，目前能够支持常用的几款 3D 动画制作软件。V-Ray 插件是作为辅助 3ds Max 2018 提高性能的附加工具而出现的。以上是针对 V-Ray 渲染面板进行的简单讲解，在以后实际应用时主要讲解其用法及特定功能的使用。

3ds Max 2018基本操作及模型的创建

学习目的

- 了解 3ds Max 2018 的基本操作和变换。
- 掌握 3ds Max 2018 中内置模型的创建。
- 初步掌握 3ds Max 2018 修改器的结构和绘制过程、修改器堆栈和一些常用修改器，学习用曲线修改器编辑二维曲线，掌握常用二维造型修改器。
- 了解命令面板的创建与使用，掌握利用 Poly 制作精确模型的方法。

学习思路

在学习 3ds Max 2018 的开始阶段，必须熟练掌握它的操作和变换方法，这样在后面复杂的建模、编辑过程中才能事半功倍。本章将循序渐进地介绍 3ds Max 2018 的基

本操作，如选择、旋转、缩放和复制等方法。

知识重点

➢ 标准几何体的创建，二维图形的创建。
➢ 学习捕捉 AutoCAD 平面图和立面图的端点进行准确建模。

Note

2.1　3ds Max 2018 基本操作

2.1.1　如何选择物体

1. 使用“选择对象”按钮进行选择

使用“选择对象”(Select Object)按钮选择物体是一种最基本的方法，在工具栏中单击按钮，将鼠标指针移动到任意视图的任意物体上，当光标变成加号形状时单击，即可选择物体。如果物体以实体方式显示，选中后物体周围出现亮显方框；如果物体以线框模式显示，选中后线框变成亮色，结果如图 2-1 所示。

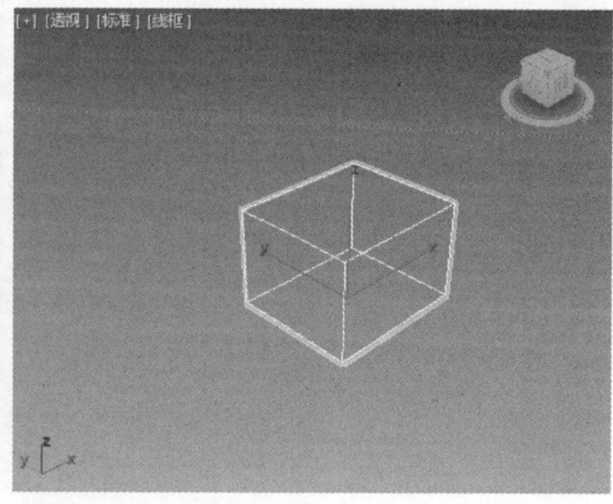

图 2-1　选择工具

(1) 按住 Ctrl 键单击多个物体，可以同时将它们选中。

(2) 如果想从已选择的多个物体中去除某物体，可以按住 Alt 键的同时单击处于选择状态的该物体。

(3) 如果要选择场景中的所有物体，可以在菜单栏中选择“编辑”→“全选”(Edit→Select All)命令。

(4) 如果要取消对所有物体的选择，可以单击场景的空白处，或者在菜单栏中选择“全部不选”(Select None)命令。

(5) 选择物体后单击视图下方的按钮，可以使选择物体锁定并且不能被修改。再次单击按钮，可以取消锁定。

2. 使用选择范围进行选择

在 3ds Max 2018 中有两种框选模式，即横跨模式和窗口模式。

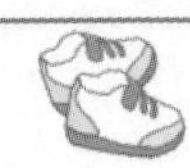

Note

（1）在横跨模式下进行选择时，只要物体的一部分位于选择范围内，那么整个物体都可以被选中；在窗口模式下进行选择时，只有物体全部位于选择范围内时，它才能被选中，结果如图 2-2 所示。横跨和窗口模式按钮可以通过单击互相转换，可以在操作过程中灵活运用。

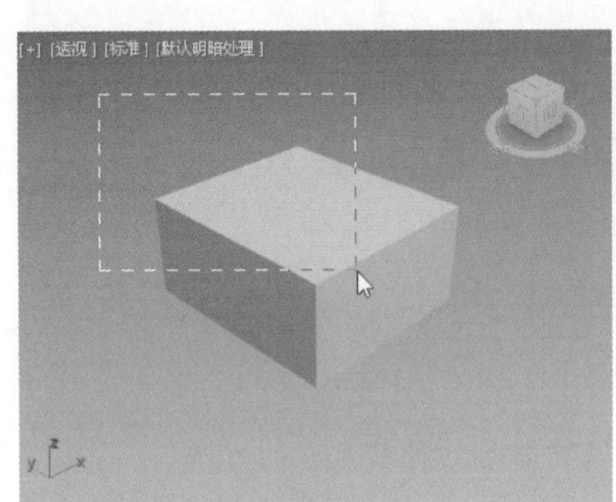

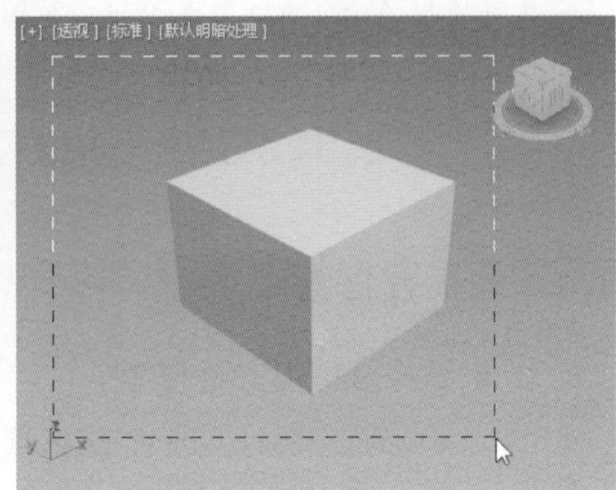

图 2-2　框选模式

（2）除了矩形框选范围，还有圆形、围栏和套索选择范围。在工具栏中按钮上单击右键并按住不放，会出现选择范围下拉列表；它们各自的选择范围如图 2-3 所示。

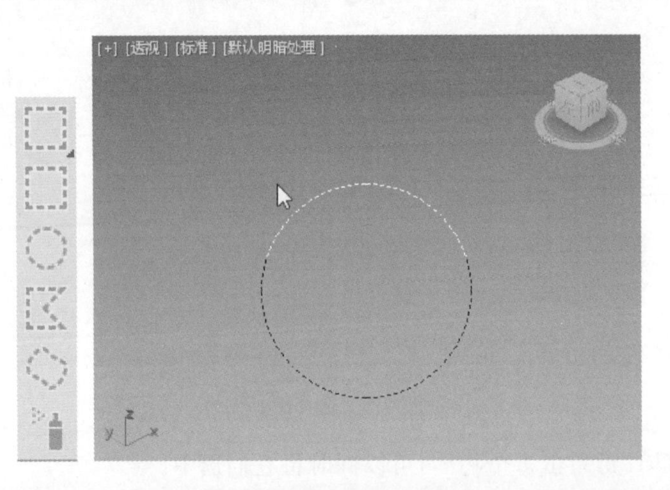

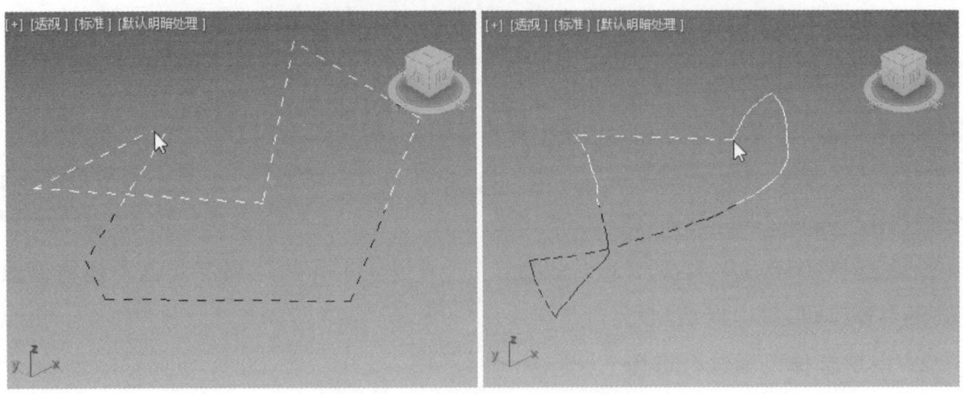

图 2-3　各种框选工具选择范围

3. 通过名称进行选择

如果场景复杂，物体较多，使用鼠标选择物体会比较困难，可以通过名称、颜色或类别进行选择。因此在创建模型过程中为物体起好名字、设好颜色是非常必要的。

单击工具栏中的“按名称选择”(Select by Name)按钮，打开“从场景选择”(Select from Scene)对话框，如图2-4所示。然后选择对话框中的物体(可按Shift键加选，或Ctrl键挑选)，单击“确定”按钮，即可将其选中。

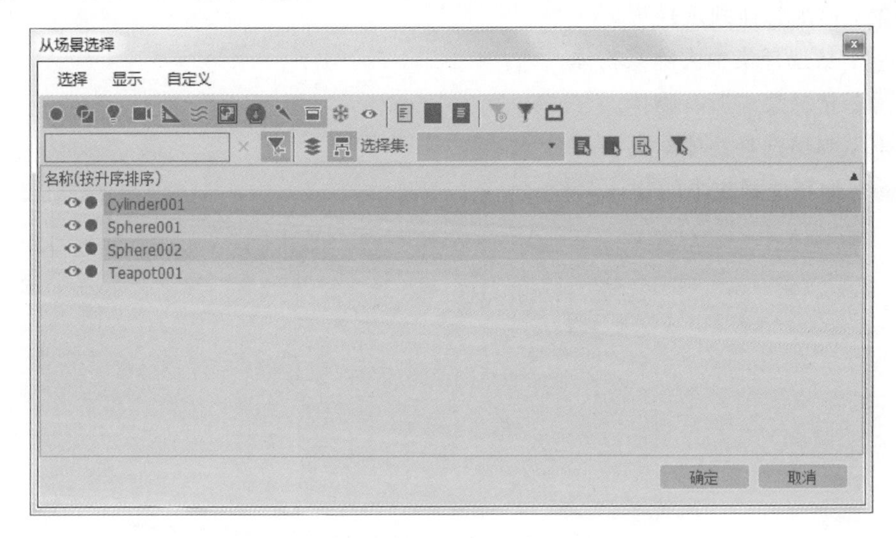

图2-4 “从场景选择”对话框

4. 使用编辑菜单进行选择

(1) 使用菜单栏中的“编辑”→“全选”(Edit→Select All)命令可以将场景中的所有物体选中。

(2) 使用“编辑”→“全部不选”(Edit→Select None)命令可以将选中物体全部取消。

(3) 使用“编辑”→“选择方式”→“颜色”(Edit→ Select by→Color)命令可以将与当前物体颜色一样的物体全部选中。

(4) 使用“编辑”→“反选”(Edit→Select Invert)命令可以取消已选物体，同时选择未选物体。

5. 建立选择集

(1) 在选择多个物体后，可以将它们组成选择集。如果要建立选择集，首先在场景中选择多个物体，在“命名选择集”(Named Selection Sets)下拉列表中 创建选择集 输入选择集名称，按Enter键确定。这样就建立了一个选择集。

(2) 在模型复杂的场景中，把某些相联系的物体创建为选择集；在取消这些物体的选择后，如果想重新选择它们，可以单击 创建选择集 ，在下拉菜单中选择想要的选择集名称，该选择集中的所有物体就都被选中了。这样避免了重复单个选择的麻烦。

(3) 单击按钮或者在菜单栏中选择“编辑”→“管理选择集”(Edit→Manage Selection Sets)命令，可以调出“命名选择集”(Named Selection Sets)对话框，如图2-5

所示，在这个对话框中可以对选择集进行编辑。单击对话框中选择集名称前面的卷展符号，可以将其中的物体名称打开或关闭；在选择集名称上单击鼠标右键，可以在弹出的快捷菜单中对该选择集进行重命名、复制、粘贴和删除等操作；选择某个选择集或选择集下的某个物体名称，可以使用对话框上方的工具按钮进行编辑。

Note

- ：建立新的选择集。
- ：删除选择集或物体。
- ：添加物体到选择集。
- ：从选择集中去除某物体。
- ：选择集中所有物体。
- ：弹出选择物体对话框。
- ：加亮选择集中的物体名称。

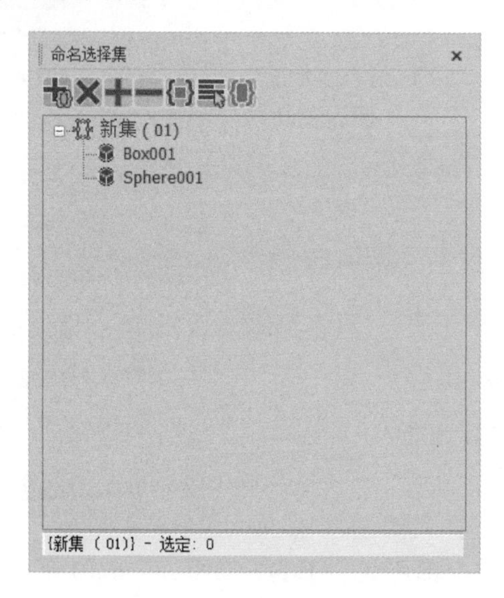

图 2-5 “命名选择集”对话框

6. 选择过滤器

(1) 在“选择过滤器”(Selection Filter)下拉列表 全部 中可以设置场景中能够被选择的物体类型，在设置好一种类型后，就只能选择该类型的物体，其他物体都不能选择，可以有效地避免错误操作。

(2) 选择过滤器的默认选项为“全部”(All)，用户可以在下拉列表中选择物体类型，例如在建筑场景中，可以利用过滤器准确地选择隐藏在众多模型中的摄像机、灯光等。

(3) 用户也可以自定义选择类型，在下拉列表中选择“组合”(Combos)选项，会弹出“过滤器组合”(Filter Combinations)对话框，在对话框中选择几种物体类型复选框，然后单击“添加”(Add)按钮，即可创建自定义物体类型，如图 2-6 所示。

7. 物体的组

使用“组”(Group)命令可以使多个物体组合在一起，进行同时编辑变换。组是一

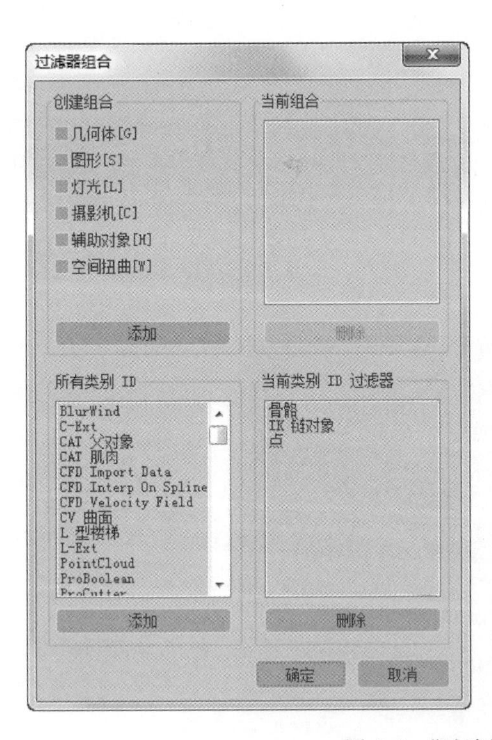

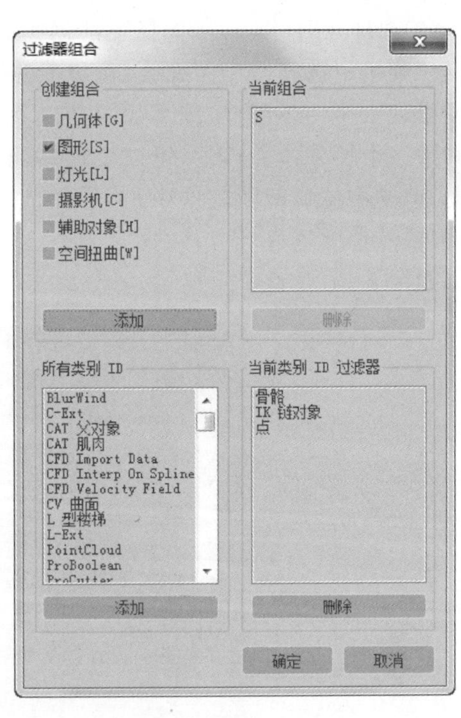

图 2-6　“过滤器组合”对话框

种具有选择集性质的工具，又是一种特殊的连接层级，它本身也是一个对象。如果想使某些物体具有单独的特性，同时又能进行共同特性编辑，就可以利用物体的群组。群组菜单中包括 9 个命令，如图 2-7 所示。下面通过一个例子来学习群组的运用。

（1）“组”。首先建立几个长方体模型如图 2-8 所示，全部选择后打开“组”菜单，选择“组”命令，此时会弹出一个“组”对话框，如图 2-9 所示，在该对话框中输入组名称，单击“确定”按钮。这样就建立了一个群组，效果如图 2-10 所示。任意单击一个长方体，整个组都被选中。

图 2-7　组菜单

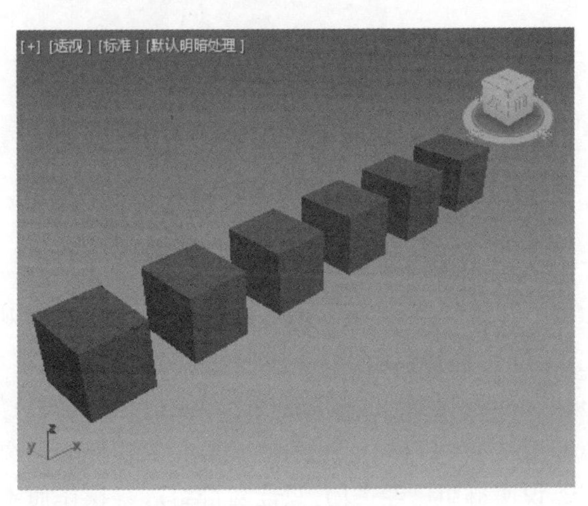

图 2-8　建立长方体模型

Note

(2)“打开”(Open)。选择上部创建的群组，在“组”菜单中选择“打开”命令，可以看见长方体周围出现一个白色线框，结果如图 2-11 所示；选择其中一个长方体并移动，可以发现其他长方体不动，但是白色线框随着选中长方体的移动而扩大，但依然包围这些长方体，这时群组已经打开，结果如图 2-12 所示。

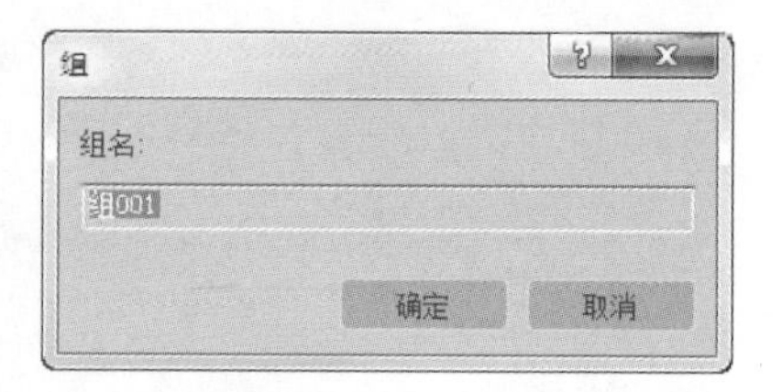

图 2-9 “组”对话框

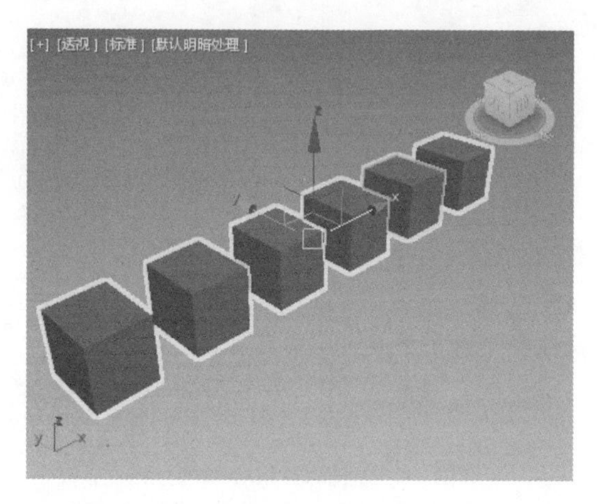

图 2-10 群组

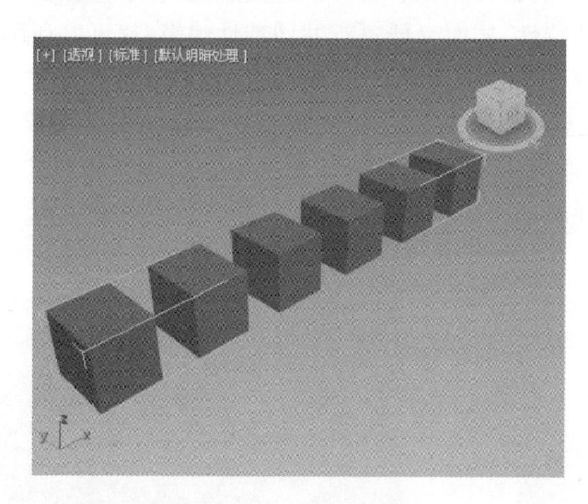

图 2-11 打开群组

(3)“分离”(Detach)。单击白色线框，移动线框则整个组都被移动，组内物体的相对位置不变。选择移动出来的那个长方体，在群组菜单中选择“分离”(Detach)命令，这样它就从群组中脱离出来变成一个单独的物体，效果如图 2-13 所示。

(4)“关闭”(Close)。选择群组，在群组菜单中选择“关闭”命令，可以看到白色线框消失，说明群组已经关闭，只能对群组进行操作而不能对单个物体进行操作。

(5)“附加”(Attach)。选择分离出来的那个长方体，在群组菜单中选择“附加”命令，然后将鼠标指针移动到群组上，当鼠标指针变为加号形状时单击，则该长方体又被

Note

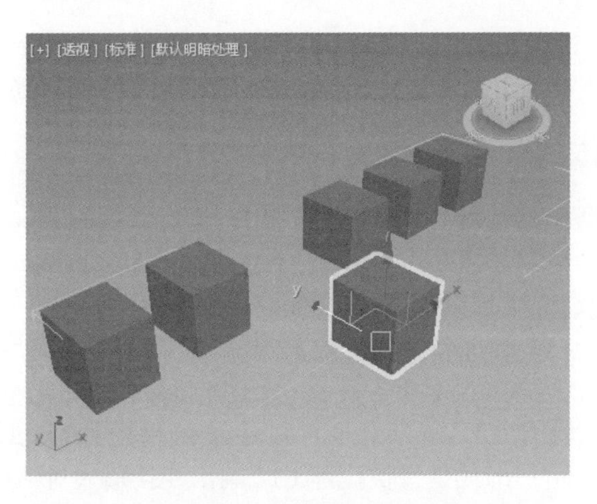

图 2-12　“打开”命令演示

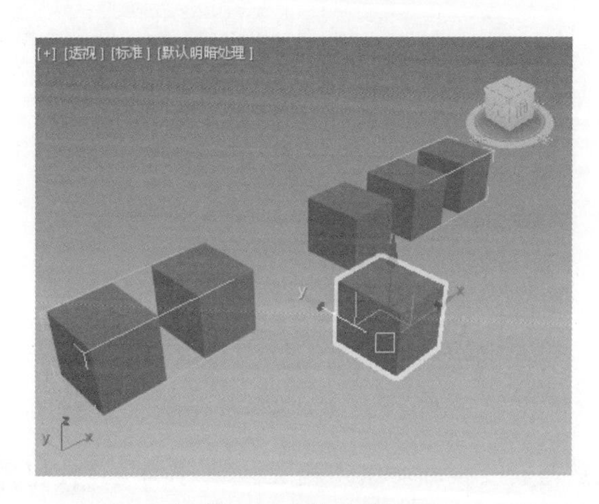

图 2-13　分离群组

加入组中。

(6)“解组”(Ungroup)。群组关闭后在群组菜单中选择“解组”命令，可以将该组解散，解散后每个物体都可以进行单独编辑了，结果如图 2-14 所示。

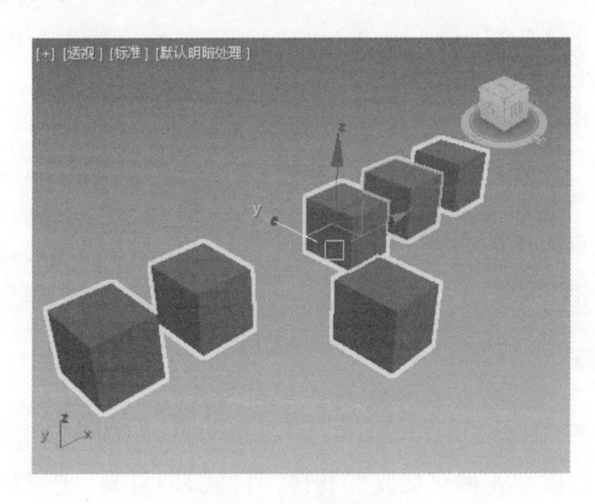

图 2-14　解组群组

在组中还可以嵌套其他的组，这时选择取消组命令和选择炸开命令结果是不同的。将最外层的组炸开时，嵌套的组也将解散；而将最外层的组取消时，不影响里面嵌套的组。

2.1.2 变换物体的几种方法

“变换物体”命令指的是对物体进行“选择并移动”(Select and Move)、“选择并旋转”(Select and Rotate)、“选择并均匀缩放”(Select and Uniform Scale)等操作，分别对应工具栏中的三个按钮，它们的快捷键分别是 W、E、R。

如果想使物体精确地进行移动、旋转和缩放，可以使用“变换输入对话框”(Transform Type-In)精确控制数据。在移动、旋转和缩放按钮上单击鼠标右键即可弹出变换输入对话框，如图 2-15 所示。也可以在菜单栏中选择“编辑”→“变换输入”(Edit→Transform Type-In)或是按快捷键 F12 调出变换输入对话框。

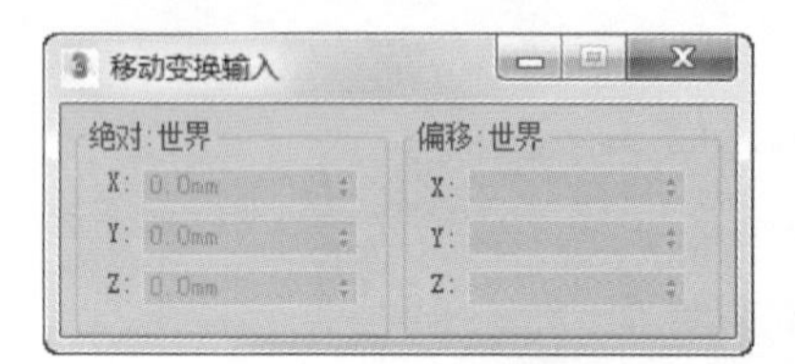

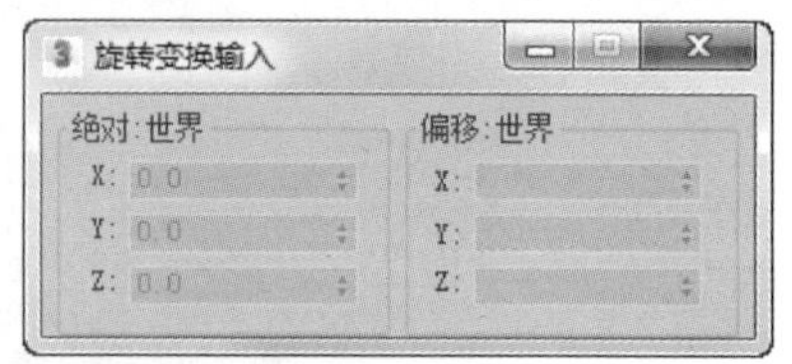

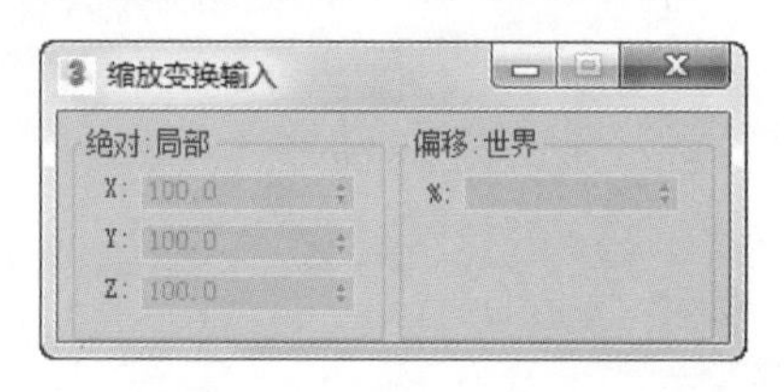

图 2-15 变换输入对话框

物体的旋转、缩放与其变换轴心密切相关。“变换轴心”按钮是一个下拉式按钮，为用户提供了以下 3 种轴心方式。

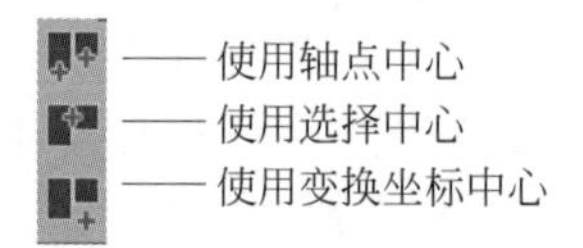

(1) “使用轴点中心”(Use Pivot Point Center)是指物体本身的局部基准点，例如圆柱的自身轴心是它的底面中心。

(2) “使用选择中心”(Use Selection Center)是指所有被选择物体边界的中心，例如同时选择 3 个圆柱，使用选择中心进行旋转，可以发现它们是围绕共同的中心旋转；如果使用轴点中心，它们则是围绕各自的轴心旋转。

(3) “使用变换坐标中心”(Use Transform Coordinate Center)是使用变换坐标系的原点作为旋转和缩放的中心。

2.1.3 复制物体

1. 直接复制物体

3ds Max 2018 提供了 3 种直接复制物体的方式，即复制、实例和参考，如图 2-16 所

示。这 3 种方式主要是从原物体和复制物体之间的关系来划分的。

(1) “复制”(Copy)：复制物体和原来的物体之间是完全相同，但又彼此独立的关系。复制完成后，它们之间没有任何关系，对其中任何一个物体进行修改都不会影响到其他物体。

(2) “实例”(Instance)：复制物体与原来的物体之间是完全相同、并且是相互关联的关系。复制完成后，对其中一个物体进行修改，其他物体也相应产生同样的改变。

(3) “参考”(Reference)：这种方式与关联复制相似，对原来的物体进行修改，会影响到复制物体；而对复制物体的修改不会影响到原来的物体。

2. 使用镜像复制物体

使用镜像复制物体就是利用“镜像”(Mirror)工具把物体以镜像的方式复制出来。在 3ds Max 2018 中创建一个物体，在工具栏中单击按钮，此时弹出如图 2-17 所示的“镜像”对话框。在对话框中有两个选项组。

(1) “镜像轴”选项组是用来控制以哪个轴向复制物体。

(2) “克隆当前选择”选项组是用来控制是否进行复制和以什么方式进行复制。

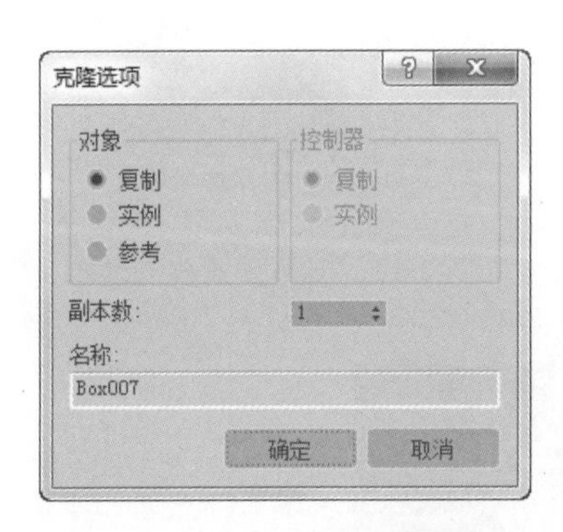

图 2-16 “克隆选项”对话框

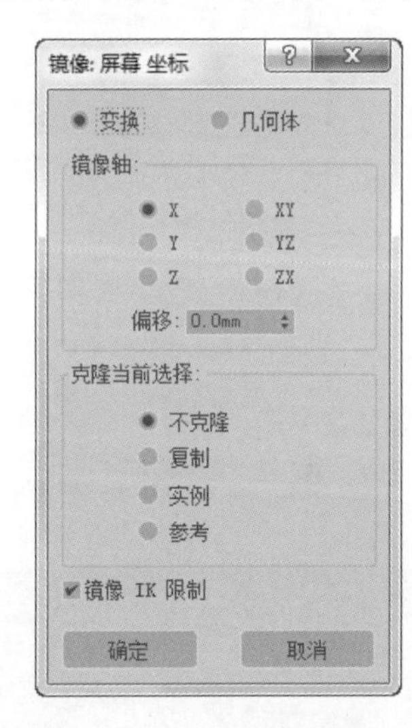

图 2-17 “镜像”对话框

2.2 创建内置模型

2.2.1 标准几何体的创建

1. 创建长方体

(1) 在菜单栏中选择“创建”→“标准基本体”→“长方体”(Create→Standard Primitives→Box)命令，或者直接在如图 2-18 所示的创建面板中单击“长方体”(Box)按钮，将鼠标指针移动到任意视图窗口中，按住鼠标左键不放并拖动，创建了一个长方体，

在适当位置松开鼠标左键，确定长方体的形状和大小；继续移动鼠标指针，产生长方体的宽度和高度，松开鼠标左键，长方体创建完成。

(2) 在单击“长方体”(Box)按钮时，将会出现一个如图 2-19 所示的下拉菜单。如果在“创建方法”(Creation Method)选项组中选择“立方体”(Cube)模式，可以利用上面的方法创建出正方体模型，也可以使用参数卷展栏中关于“长度”(Length)、“宽度”(Width)、“高度”(Height)的数值设定建立精确的正方体模型；使用片段数设定可以增加正方体在长、宽、高的方向上的段数，如果需要进行弯曲修改，则段数越大，曲面越光滑。也可以使用键盘输入建立模型，在如图 2-20 所示的“键盘输入”(Keyboard Entry)卷展栏中通过对 X、Y、Z 值的设定确定模型位置；通过对长度、宽度、高度的设定确定正方体的形状。

如果在“创建方法”(Creation Method)选项组中选择“长方体”(Box)模式，则设置长方体的大小与设置正方体类似，这里不再赘述。

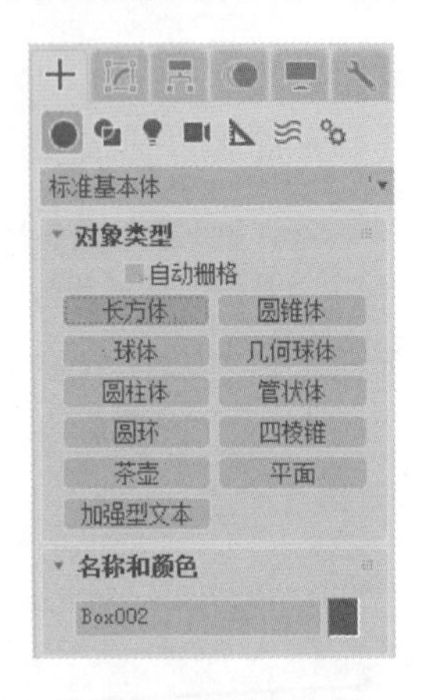

图 2-18　创建长方体

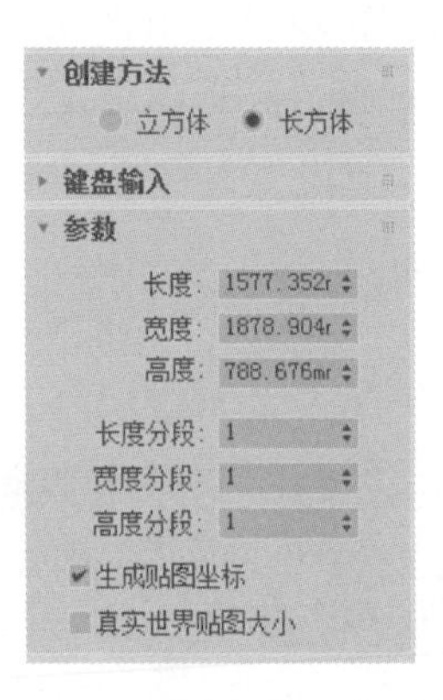

图 2-19　创建方式数值设定

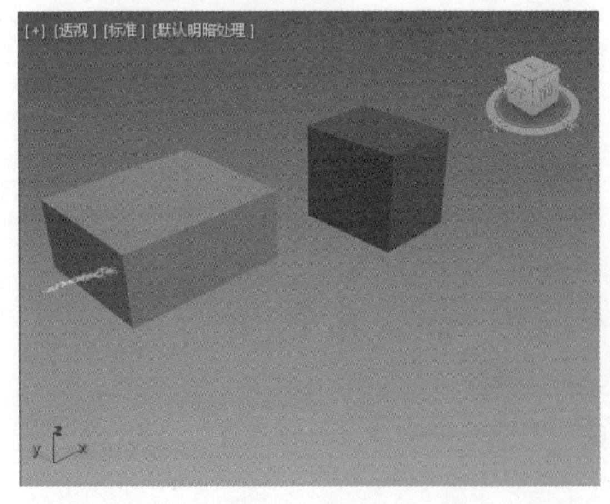

图 2-20　键盘输入

2. 创建普通球体和几何球体

(1) 在菜单栏中选择“创建”→“标准基本体”→“球体”(Create→Standard Primitives→

Sphere)命令或者在创建面板中单击“球体”(Sphere)按钮,即可创建普通球体。

(2) 单击“球体”按钮后,会出现下拉菜单,如图 2-21 所示。在“创建方法”(Creation Method)选项组中,可以选择通过“边”(Edge)或者“中心”(Center)为基准创建圆球;也可以通过“键盘输入”创建圆球。

① 在“参数”卷展栏中,我们可以通过设定“半径”(Radius)的数值来确定球体的大小,增加“分段”(Segment)值以增加球体的表面段数划分,选中“平滑”(Smooth)复选框可以使球体表面以光滑方式显示,如图 2-22 所示。

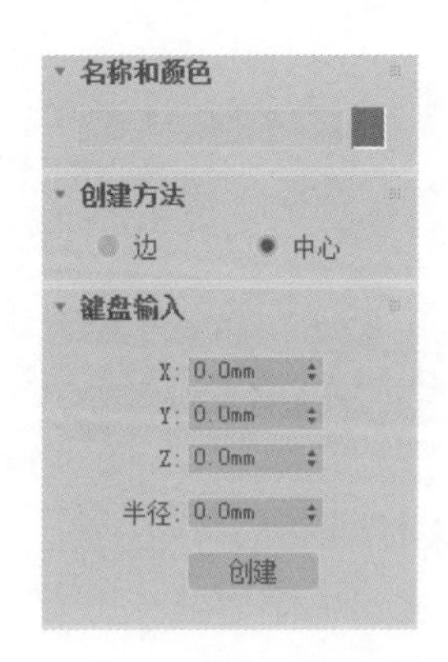

图 2-21 “创建方法”参数

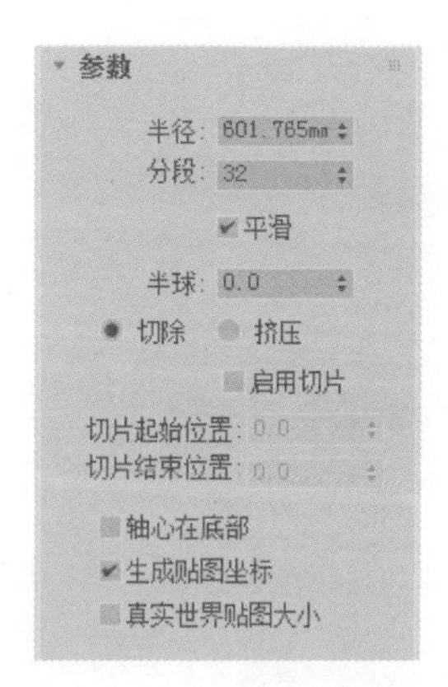

图 2-22 “参数”卷展栏

② “半球”(Hemisphere)微调框的值决定了球体在垂直方向上的完整程度。当它的值是 0 时,球体是完整的,越接近 1 越不完整,值是 0.5 时出现半球。选择“切除”(Chop)选项时,随着球体变得不完整片段数也随之减少。选择“挤压”(Squash)选项,球体变得不完整时片段数不减少,结果如图 2-23 所示。

③ “启用切片”(Slice On)复选框决定是否对球体进行纵向切割。“切片起始位置”(Slice From)用于设置切割的起始角度,“切片结束位置”(Slice To)用于设置切割的终止角度。

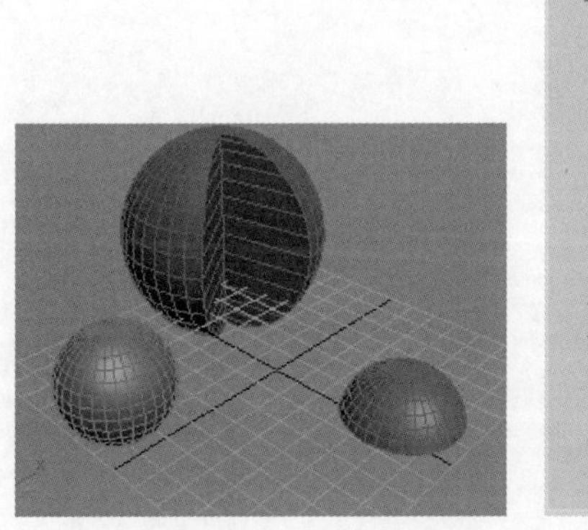

图 2-23 创建球体

④ 在菜单栏中选择“创建”→“标准基本体”→“几何球体”(Create→Standard Primitives→Geo Sphere)命令或者在创建面板中单击“几何球体”(Geo Sphere)按钮,

Note

即可创建几何球体。

(3) 几何球体与普通球体的不同之处在于,几何球体表面是由三角形面构成,而普通球体表面是由四边形面构成。几何球体与普通球体的创建过程基本相同,但是在"参数"卷展栏中有一些区别。

如图2-24所示,几何球体的"参数"卷展栏中增加了一个"基点面类型"(Geodesic Base Type)选项组,在这里可以选择球体分别以四面体、八面体和二十面体显示,结果如图2-25所示。

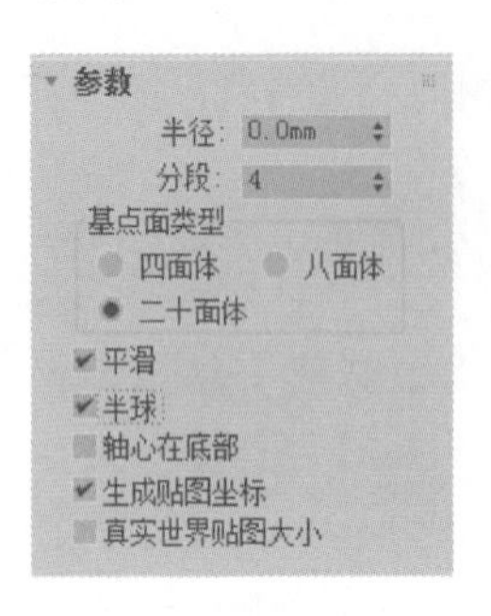

图2-24　几何球体参数

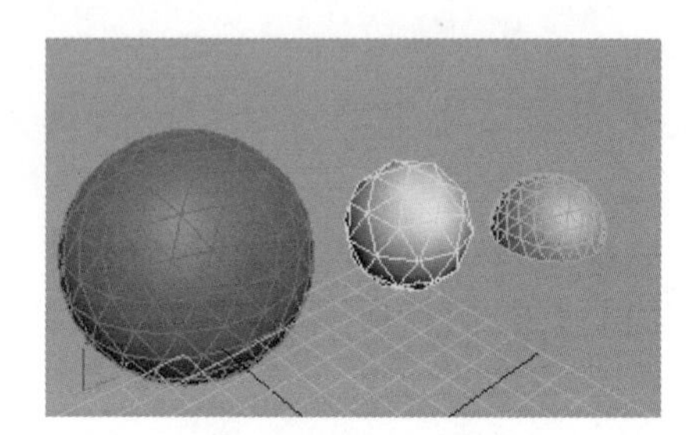

图2-25　创建几何球体

3. 创建圆柱体

(1) 在菜单栏中选择"创建"→"标准基本体"→"圆柱体"(Create→Standard Primitives→Cylinder)命令或者在创建面板中单击"圆柱体"(Cylinder)按钮,即可创建圆柱体。

(2) 单击圆柱体按钮时,将会出现一个如图2-26所示的下拉菜单,可以使用"参数"卷展栏中关于半径、高度的数值设定建立精确的圆柱体模型,也可以使用"键盘输入"建立模型,具体方法与创建长方体相同。

(3) 使用片段数设定可以增加圆柱在圆周和高度方向上的段数,如果要进行弯曲修改,段数越大,曲面越光滑,如图2-27所示。

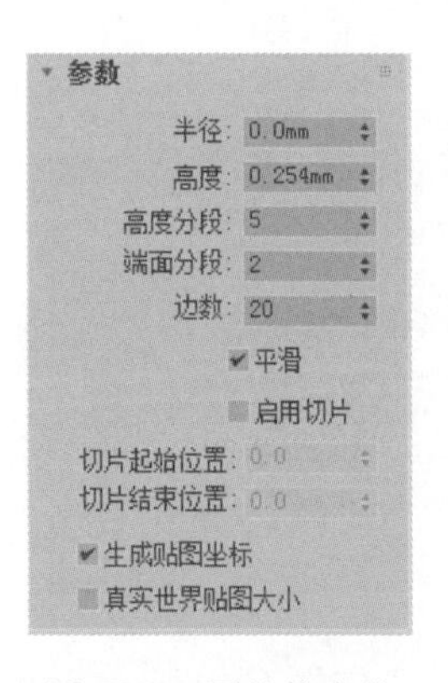

图2-26　圆柱体参数

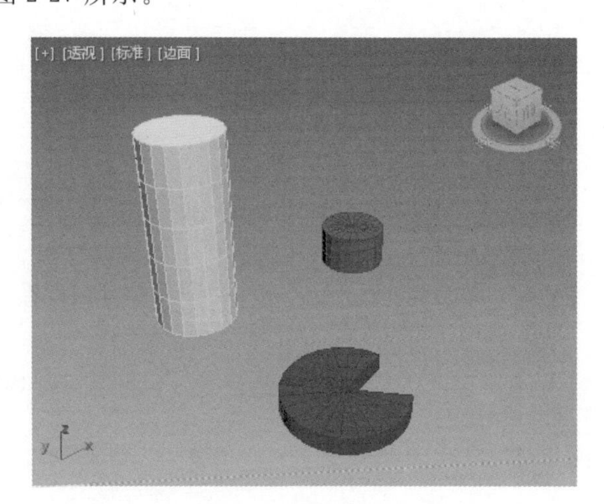

图2-27　创建圆柱体

4. 创建圆锥

(1) 在菜单栏中选择"创建"→"标准基本体"→"圆锥体"(Create→Standard Primitives→Cone)命令或者在创建面板中单击"圆锥体"(Cone)按钮，即可创建普通圆锥体，如图 2-28 所示。

(2) 圆锥或圆台同样可以使用"参数"卷展栏中的参数设置来产生，卷展栏中的"半径 1"(Radius1)是产生的第一个圆面即底面的半径，"半径 2"(Radius2)是第二个圆面的半径，当数值设为 0 时就是圆锥，大于 0 时则产生圆台，其他参数设置与圆柱体相同，如图 2-29 所示。

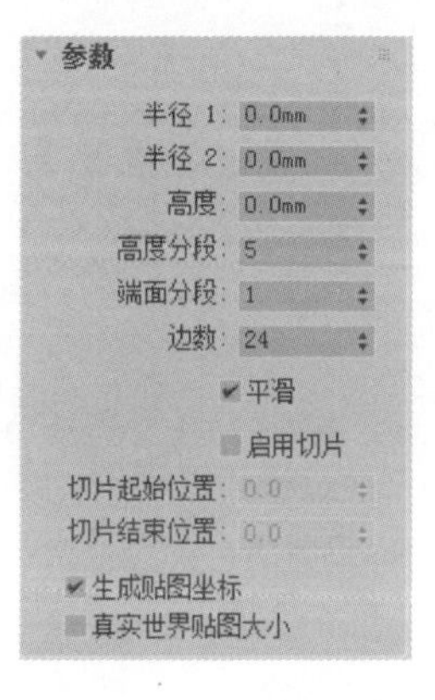

图 2-28　圆锥体参数

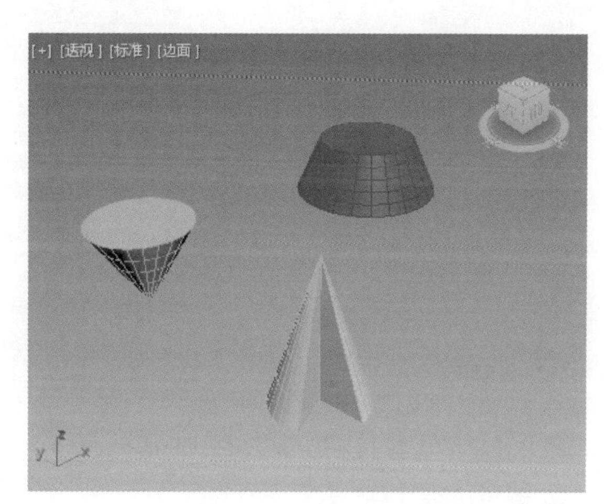

图 2-29　创建圆锥

5. 创建圆管

(1) 在菜单栏中选择"创建"→"标准基本体"→"管状体"(Create→Standard Primitives→Tube)命令或者在创建面板中单击"管状体"(Tube)按钮，即可创建普通圆管。

(2) 在"参数"卷展栏中，"半径 1"(Radius1)是产生第一个圆面即底面的半径，"半径 2"(Radius2)是第二个圆面的半径，两个圆的内外关系不一定，由创建时的拖动顺序决定。其他参数设置与圆柱体相同，结果如图 2-30 所示。

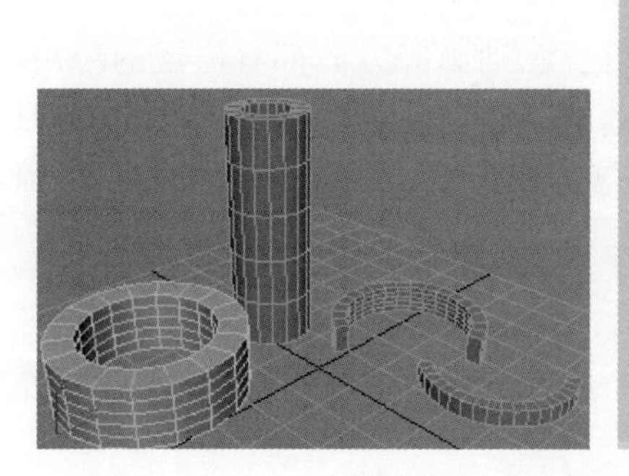

参数
半径 1: 2.54mm
半径 2: 2.54mm
高度: 0.0mm
高度分段: 5
端面分段: 1
边数: 18
平滑
启用切片
切片起始位置: 0.0
切片结束位置: 0.0
生成贴图坐标
真实世界贴图大小

图 2-30　创建圆管

Note

6. 创建圆环

(1) 在菜单栏中选择“创建”→“标准基本体”→“圆环”(Create→Standard Primitives→Torus)命令或者在创建面板中单击“圆环”(Torus)按钮，即可创建普通圆环。

(2) 圆环“参数”卷展栏如图 2-31 所示，我们可以通过设定“半径 1”和“半径 2”的数值确定圆环的精确形状。通过设定“扭曲”(Twist)的数值可以使圆环产生扭曲，如图 2-32 所示，这个数值必须为 360 的整除倍数否则将不会出现扭曲。

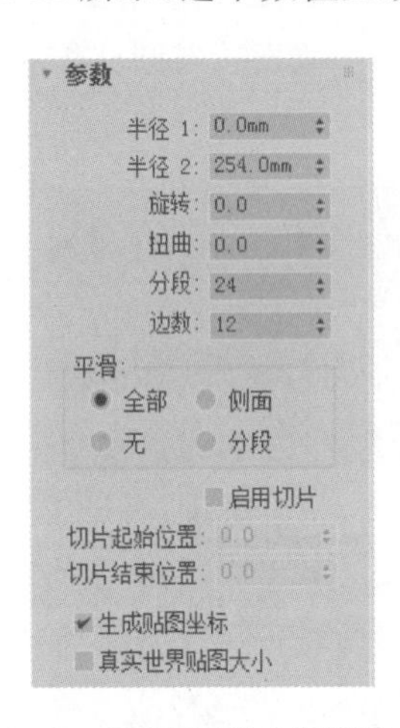

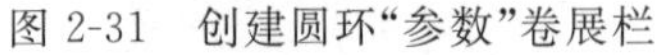
图 2-31　创建圆环“参数”卷展栏

图 2-32　创建圆环

7. 创建四棱锥

在菜单栏中选择“创建”→“标准基本体”→“四棱锥”(Create→Standard Primitives→Pyramid)命令或者在创建面板中单击“四棱锥”(Pyramid)按钮，即可创建普通四棱锥。四棱锥“参数”卷展栏相对简单，可以参考以上各几何体的设置。

8. 创建平面

在菜单栏中选择“创建”→“标准基本体”→“平面”(Create→Standard Primitives→Plane)命令或者在创建面板中单击“平面”(Plane)按钮，即可创建平面。将鼠标指针移动到任意视图窗口中，按住鼠标左键不放并拖动，产生平面，在适当位置放开鼠标确定平面的大小。

2.2.2　二维图形的创建

二维图形在创建复合物体、表面建模、动画等方面都有广泛的应用，一般通过菜单栏中的“创建”→“图形”(Create→Shapes)命令或者创建面板中的“图形”(Shape)子面板来创建二维图形。在创建面板中单击 按钮就可以进入“图形”子面板。本节只讲述子面板中“图形”(Shape)的创建。

1. 创建线

(1) 利用“线”(Line)命令可以创建各种样条曲线，这个命令在室外建模中也是常用命令。

(2) 单击“线”按钮后，出现如图 2-33 所示的“创建方法”(Creation Method)卷展

栏，在“初始类型”(Initial Type)选项组中可以选择初始创建的点是“角点”(Corner)类型，还是“平滑”(Smooth)类型；在“拖动类型”(Drag Type)选项组中可以选择拖动时创建的点是“角点”(Corner)类型、“平滑”(Smooth)类型，还是“Bezier”类型。这些点的类型特点会在下一节讲到。

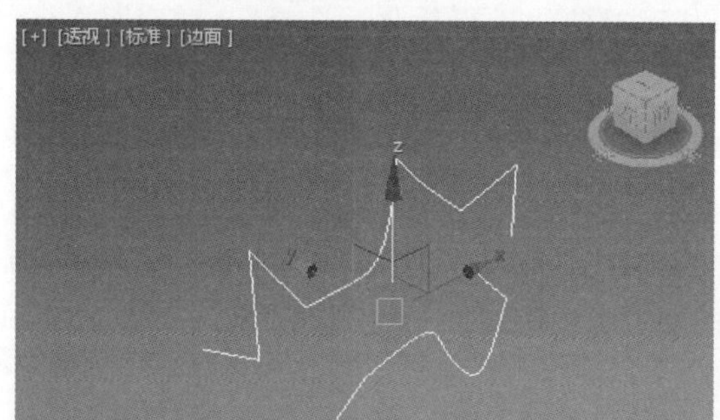

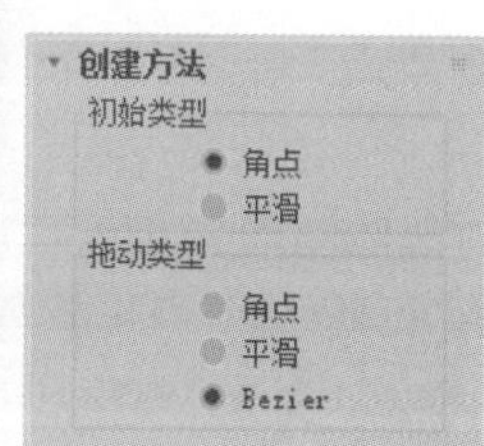

图 2-33　线“创建方法”卷展栏

(3) 选择好创建方法后，在视图任意位置单击，确定曲线的起始点后移动鼠标指针，产生一条线段，在适当的位置单击，即可确定曲线的第一条线段。根据所选择的创建方法可以在上一步单击后拖动鼠标指针创建曲线段，也可以放开鼠标左键，继续移动鼠标指针，创建直线段。重复上一步的操作，直至得到合适的曲线。

(4) 如果要创建开放的曲线，可以在适当位置单击鼠标右键，结束创建过程；如果要创建封闭的曲线，可以在曲线起始点上单击，在弹出的曲线对话框中单击“确定”按钮结束创建过程。

(5) 单击“线”按钮时，除了“创建方法”卷展栏外，还有其他四个卷展栏，如图 2-34 所示。

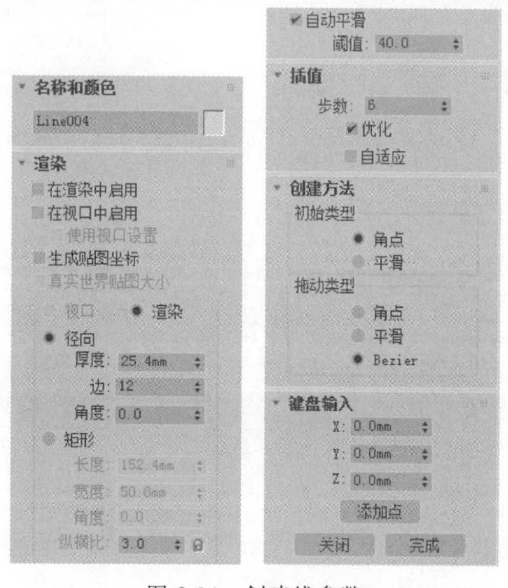

图 2-34　创建线参数

Note

① “名称和颜色”(Name and Color)卷展栏：用来设置曲线的名称和颜色。

② “渲染”(Rendering)卷展栏：用来设置曲线是否可以被渲染以及渲染的参数。

③ “插值”(Interpolation)卷展栏：用来设定曲线的步幅和属性。“步数”(Steps)用来设定曲线的光滑程度，其默认值为6。选择“优化”(Optimize)复选框可以将曲线中直线段部分中的多余段数删除，从而对曲线进行优化。选择“自适应”(Adaptive)复选框，将会取消用户自己设置的步幅和属性，自动使曲线段部分变得圆滑。

④ “键盘输入”(Keyboard Entry)卷展栏：使用键盘输入法创建曲线。

2. 创建圆与椭圆

(1) 在菜单栏中选择“创建”→“图形”→“圆”(Create→Shapes→Circle)命令或者在创建面板中单击“圆”(Circle)按钮，即可创建圆形。选择“椭圆”(Ellipse)可以创建椭圆。

(2) 圆和椭圆的创建过程比较简单，只要单击“圆”或者“椭圆”按钮，在任意视窗下单击鼠标并拖动，在适当位置放开左键即可完成圆或椭圆的创建。

(3) 在圆的“参数”卷展栏中只有“半径”(Radius)这一个参数，改变其数值大小即可改变圆的大小，如图2-35所示。

(4) 椭圆的参数卷展栏中有两个参数，“长度”(Length)和“宽度”(Width)，分别用于调整椭圆的长轴和短轴，如图2-36所示。

图2-35　创建圆参数

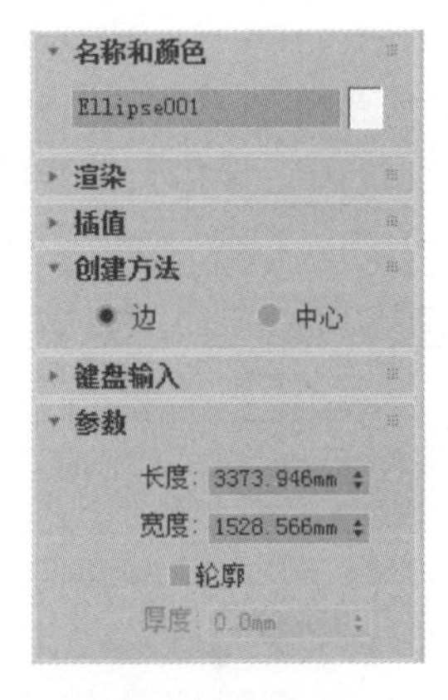

图2-36　创建椭圆参数

3. 创建圆环圆

在菜单栏中选择“创建”→“图形”→“圆环”(Create→Shapes→Donut)命令，或在创建面板中单击“圆环”(Donut)按钮，在任意视图中单击鼠标左键并拖动，在适当位置松开鼠标确定第一个圆，继续移动鼠标指针确定第二个圆，如图2-37所示。

在圆环的“参数”卷展栏中，“半径1”和“半径2”分别确定第一个圆和第二个圆的大小。

4. 创建弧线

(1) 在菜单栏中选择“创建”→“图形”→“弧”(Create→Shapes→Arc)命令，或者在创建面板中单击“弧”(Arc)按钮，即可创建弧线。

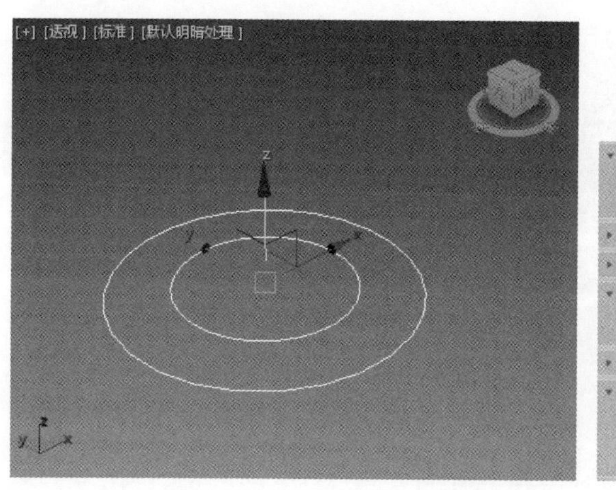

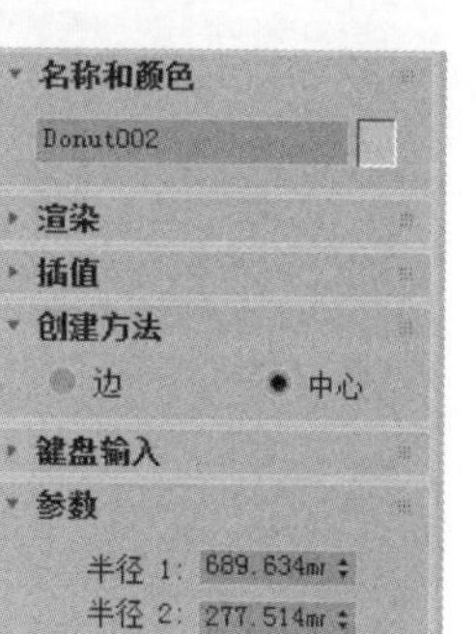

图 2-37　创建圆环参数

(2) 在弧的"创建方式"(Creation Method)卷展栏中，提供了两种创建方式，即"端点—端点—中央"(End-End-Middle)和"中间—端点—端点"(Center-End-End)。结果如图 2-38 所示。

① "端点—端点—中央"创建方法是在任意视图单击鼠标左键并拖动，在适当位置松开鼠标，确定弧线的两个端点，继续移动鼠标，在适当位置单击，确定弧的弯曲程度。

② "中间—端点—端点"创建方法是先在视图中确定弧的圆心位置，然后移动鼠标，在适当位置松开左键，确定第一个端点，继续移动，在适当位置单击，确定第二个端点，弧的创建完成。

(3) 弧的"参数"卷展栏如图 2-39 所示，"半径"(Radius)的值确定弧的半径，"从"(From)和"到"(To)的值分别确定弧的起始角度和结束角度。选择"饼形切片"(Pie Slice)选项后，将在弧的基础上产生一个扇形；选择"反转"(Reverse)选项后，弧的起点和终点会调换。

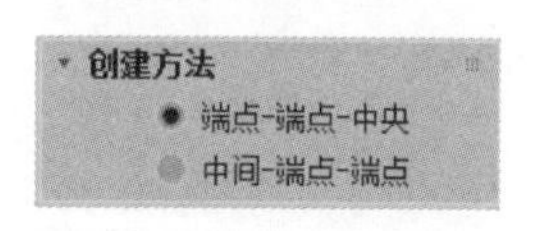

图 2-38　弧创建卷展栏

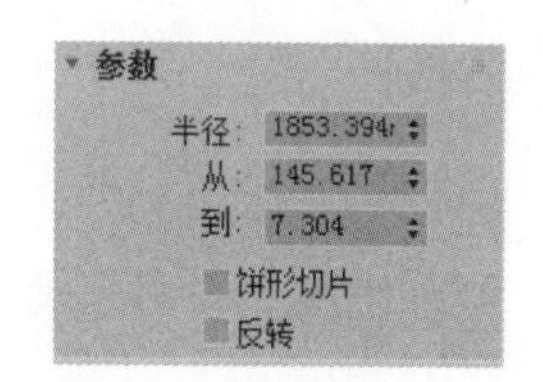

图 2-39　弧的参数卷展栏

5. 创建矩形、多边形和星形

(1) 在菜单栏中选择"创建"→"图形"→"矩形"(Create→Shapes→Rectangle)命令或者在创建面板中单击"矩形"(Rectangle)按钮，即可创建矩形。

(2) 矩形的创建参数卷展栏中有 3 个参数，即"长"(Length)、"宽"(Width)和"角半径"(Corner Radius)。通过这 3 个参数可以设置矩形的大小和倒角，结果如图 2-40 所示。

Note

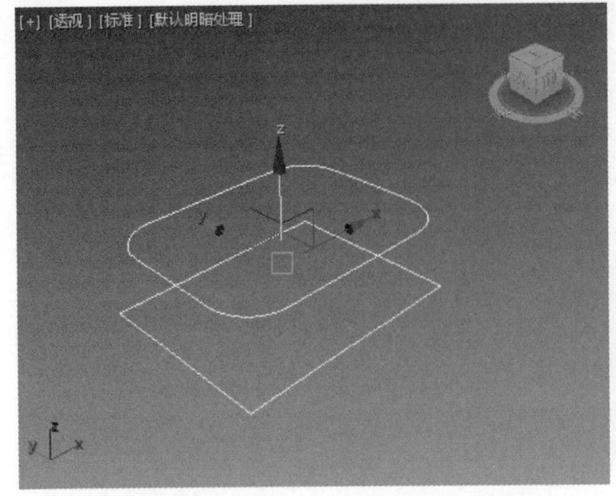

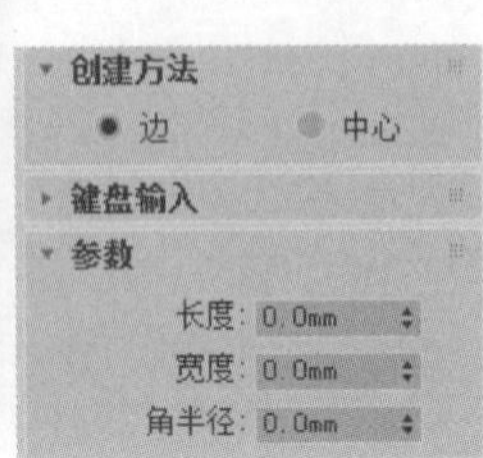

图 2-40　创建矩形

(3) 多边形的创建与矩形的创建基本相同,在菜单栏中选择“创建”→“图形”→“多边形”(Create→Shapes→NGon)命令或者在创建面板中单击“多边形”(NGon)按钮,即可创建多边形。

① “外接”(Circumscribed)和“内接”(Inscribed):两个选项控制多边形是外接于圆,还是内切于圆。

② “半径”(Radius):其数值决定了控制多边形的圆的大小。

③ “边数”(Sides):其数值用于设定多边形的边数。

④ “角半径”(Corner Radius):该项控制多边形的倒角,如果选中“圆形”(Circular)复选框,多边形就变成圆形,如图 2-41 所示。

(4) 在菜单栏中选择“创建”→“图形”→“星形”(Create→Shapes→Star)命令或者在创建面板中单击“星形”(Star)按钮,在任意视图中单击鼠标左键并拖动,在适当位置松开;然后继续移动鼠标,在适当位置单击即可完成星形的创建。圆角半径 1 和圆角半径 2 控制星形的倒角如图 2-42 所示。

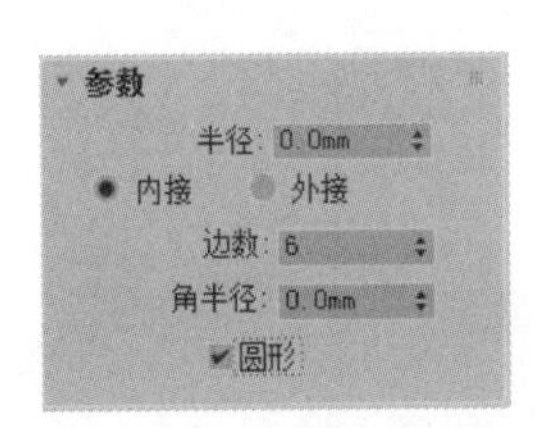

图 2-41　创建多边形参数

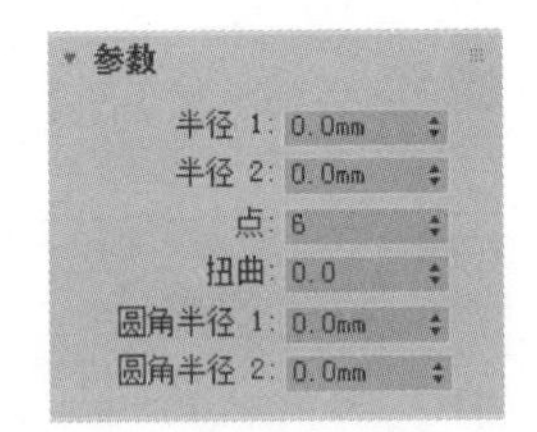

图 2-42　创建星形参数

① “半径 1”(Radius 1)和“半径 2”(Radius 2):分别确定两个圆的大小。

② “点”(Points):用于控制星形的顶点个数。

③ “扭曲”(Distortion):使星形中半径 2 所控制的点围绕其局部坐标系的 Z 轴旋转。当值为正时,逆时针旋转;值为负时,顺时针旋转,如图 2-43 所示。

6. 创建螺旋线

在菜单栏中选择“创建”→“图形”→“螺旋线”(Create→Shapes→Helix)命令或者

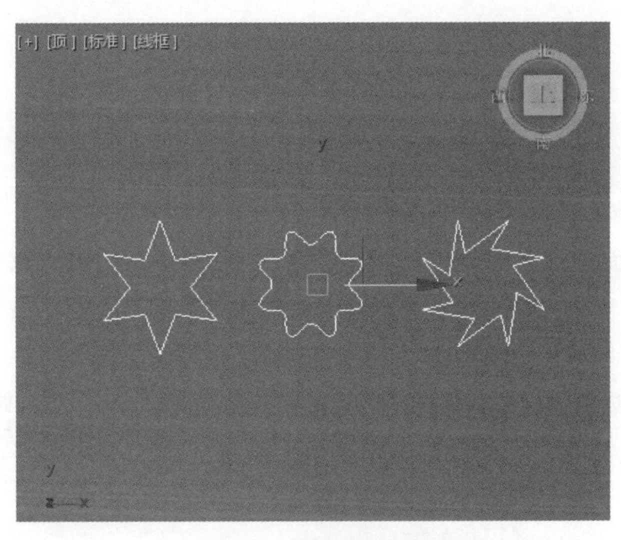

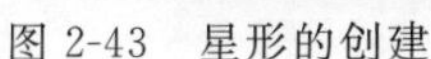

图 2-43 星形的创建

在创建面板中单击“螺旋线”(Helix)按钮，在任意视图中单击鼠标左键并拖动，在适当的位置松开，确定螺旋线的底面圆。继续移动鼠标，在适当位置单击，确定螺旋线的高度。再次移动鼠标，在适当位置单击，确定螺旋线的顶面圆，螺旋线创建完成结果如图 2-44 所示。

① “半径 1”(Radius 1)和“半径 2”(Radius 2)：分别决定底面和顶面圆的大小。

② “高度”(Height)：用于确定螺旋线的高度。

③ “圈数”(Turns)：用于确定螺旋线的旋转圈数。

④ “偏移”(Bias)：用于改变螺旋线的疏密程度，数值越大，螺旋线顶部密度越大；数值越小，螺旋线底部密度越大。

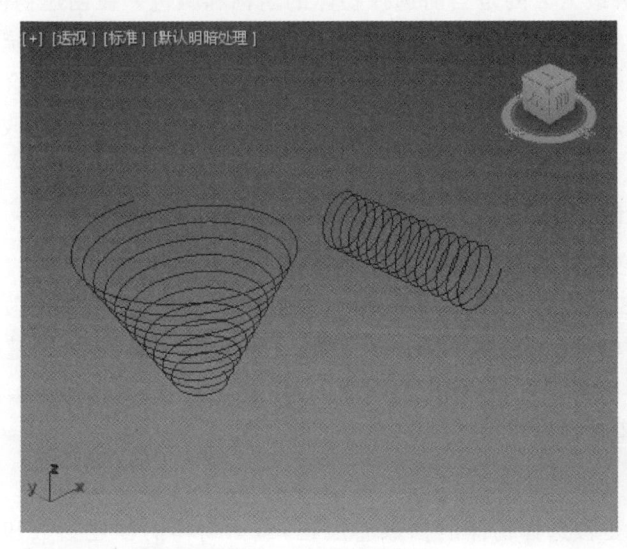

图 2-44 螺旋线的创建及参数

2.3 3ds Max 2018 修改器

Note

2.3.1 “修改”(Modify)命令面板

“修改”命令面板功能十分强大,同时它也是 3ds Max 的核心部分,通过它可以对所创建的物体和子物体进行任意编辑,直到达到用户满意为止。

1. 选择物体的名称和颜色

单击命令面板中的“修改”按钮,就可以进入“修改”命令面板,如图 2-45 所示。

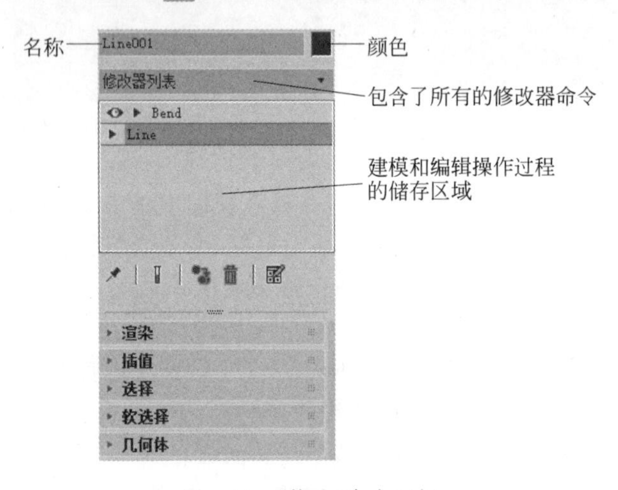

图 2-45 “修改”命令面板

首先,在“修改”命令面板最上方的是当前选择物体的名称和颜色。在创建物体时,系统会对所创建的每一个对象命名并赋予一种颜色。如果用户没有要求时,系统一般是用“名称/编号”(Name/Number)的形式来给对象命名,在默认的状态下,名称会根据所创建的物体自动编号,而颜色则是系统随机产生的,用户可以单击颜色方块来改变对象的颜色。

2. “修改器列表”(Modifier List)

在名称和颜色下方是“修改器列表”,其中包含了所有的修改器命令。

修改器是 3ds Max 2018 的核心部分,而修改器下拉列表下方的部分则是修改命令面板的核心部分,即“修改器堆栈”(Modify Stack)。“修改器堆栈”是 3ds Max 建模和编辑操作过程的储存区域。在 3ds Max 2018 中创建的每一个物体都有自己的修改器堆栈,其中记录了物体的创建参数以及所经历的修改过程。

3. “修改”参数卷展栏

修改命令面板的最下方是被选择物体的参数卷展栏,包括物体的创建参数和修改参数。如图 2-45 所示,在修改堆栈中选择“Line”(线)选项,在参数卷展栏中显示的则是曲线的创建参数,如果选择“Bend”(弯曲)选项,则会显示“Bend”修改命令参数。

Note

知识点提示：

在3ds Max 2018中，物体的计算顺序是首先处理创建参数，其次按堆栈的次序应用修改器，然后进行各种变换计算，最后应用空间扭曲约束。由此可见，不论变换操作是在应用修改器之前还是之后，变换计算总是在应用了所有的修改器之后才进行。这也更好地体现了Modify的灵活应用以及软件中的人性化设计。

要想使变化操作成为物体属性的一部分，可以使用XForm修改器，使用它可以将变换操作变成物体修改参数的一部分。

2.3.2 修改器堆栈

"修改器堆栈"(Modify Stack)是记录大多数建模操作的重要存储区域，在3ds Max 2018中所创建的每一个物体都有自己的"修改器堆栈"，用来储存物体的全部记录。可以使用多种方式来调整或修改一个物体，但不论使用哪一种方式，对物体所做的每一个改动操作都将被记录下来，并储存在"修改器堆栈"中，同时在修改的过程中可以自由选择修改命令的编辑。

"修改器堆栈"位于修改器下拉列表的下面，在"修改"命令面板中可以应用"修改器堆栈"来查看创建物体的过程记录，并可以对修改器堆栈进行各种操作。

1. 使用"修改器堆栈"

这一节中将学习如何使用堆栈列表来编辑堆栈，以及怎样利用堆栈修改以前的操作等内容。下面讲述使用"修改器堆栈"的方法。

(1) 在"透视图"(Perspective)中创建一个长10mm、宽10mm、高80mm、分段数为100的长方体，结果如图2-46所示。

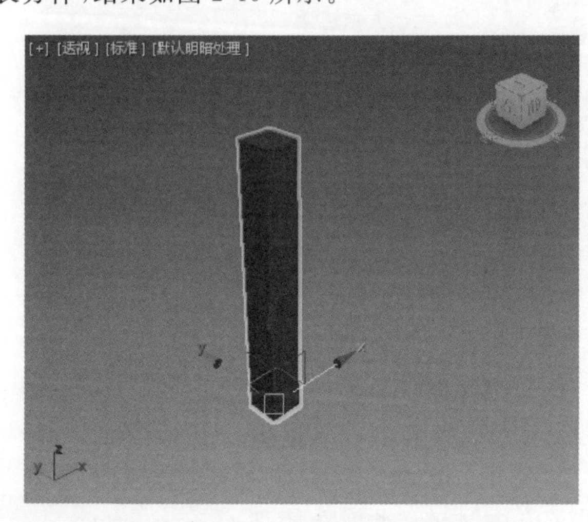

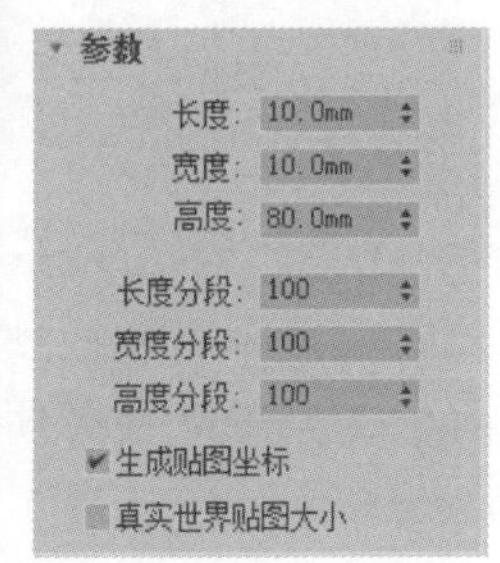

图2-46 创建长方体

(2) 单击"所有视图最大化显示"(Zoom Extents All)按钮，调整"长方体"(Box)在视图的位置。

(3) 进入修改命令面板，在修改器下拉列表中选择"弯曲"(Bend)修改器，将"弯曲"应用于新建的"长方体"。

Note

（4）在参数卷展栏的“弯曲”选项组中在“角度”（Anglc）中输入数值“50.0”，这时长方体被弯曲，如图 2-47 所示。

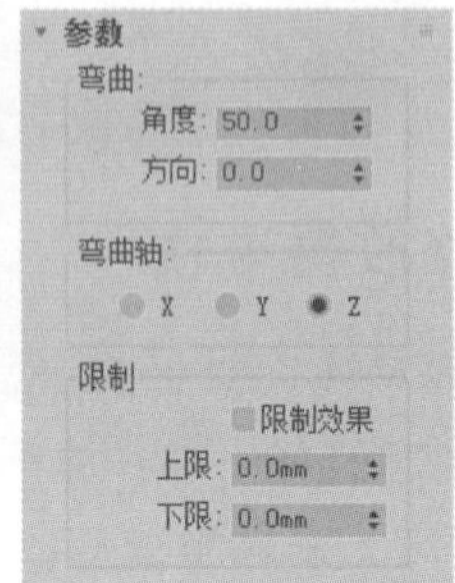

图 2-47 “弯曲”修改器

（5）在“修改”下拉列表中选择“锥化”（Taper）修改器，将它也应用于“长方体”。

（6）在参数卷展栏的“锥化”选项组的“数量”（Amount）中输入数值“−1.0”，结果如图 2-48 所示。

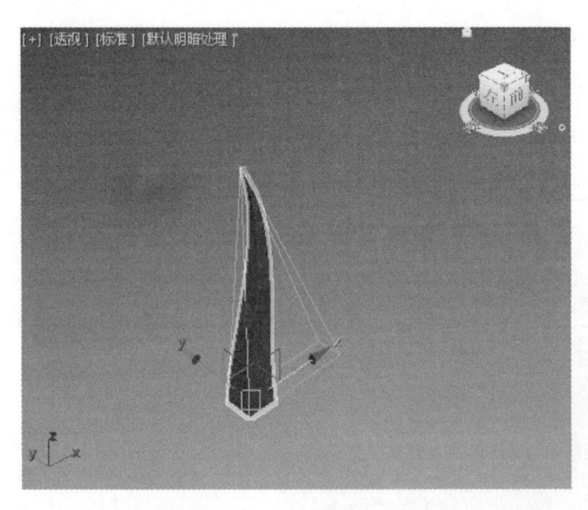

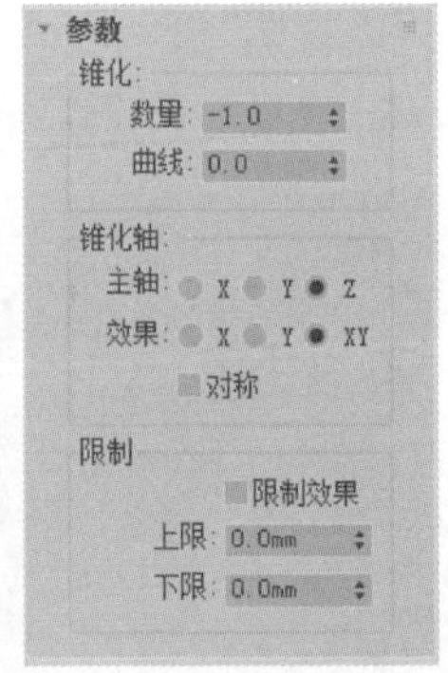

图 2-48 “锥化”修改器

（7）此时在修改器堆栈中，长方体的创建参数处于底层，依次向上为“Bend”（弯曲）、“Taper”（锥化），结果如图 2-49 所示。

（8）选择修改器堆栈中的“长方体”按钮，此时在修改命令面板的参数卷展栏中出现“长方体”的创建参数。这时可以对长方体的创建参数进行调整，将长方体的高度调整为 150.0，单击“所有视图最大化显示”（Zoom Extents All）按钮，此时长方体的高度增加，但“弯曲”（Bend）和“锥化”（Taper）效果仍然存在，只是对改变了高度后的长方体进行

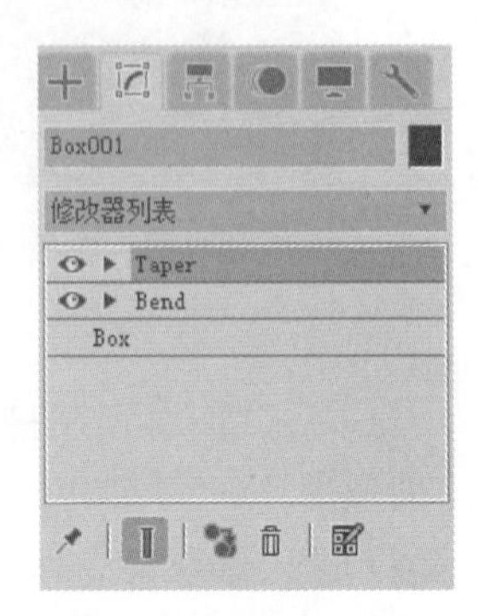

图 2-49 “修改器堆栈”记录

"Bend"和"Taper"，结果如图 2-50 所示。

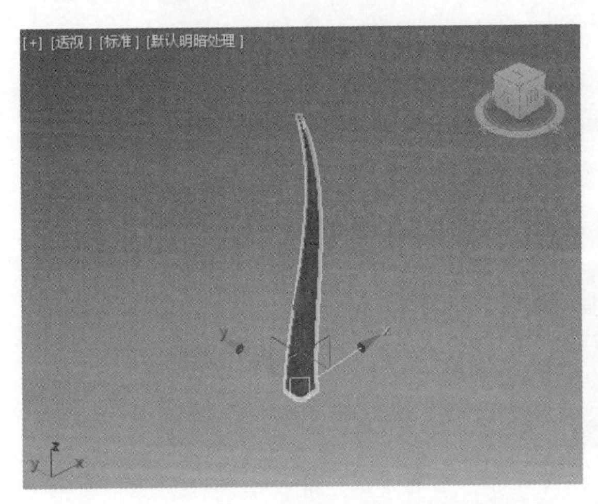

图 2-50　修改长方体参数

(9) 单击修改器堆栈中"Bend"前的加号，展开卷展栏会出现两个选项："范围"(Gizmo)和"中心"(Center)，它们是"Bend"的两个次对象。

"Gizmo"：用来确定修改器的范围和大小。

"中心"：用来确定修改器的中心，如图 2-51 所示。

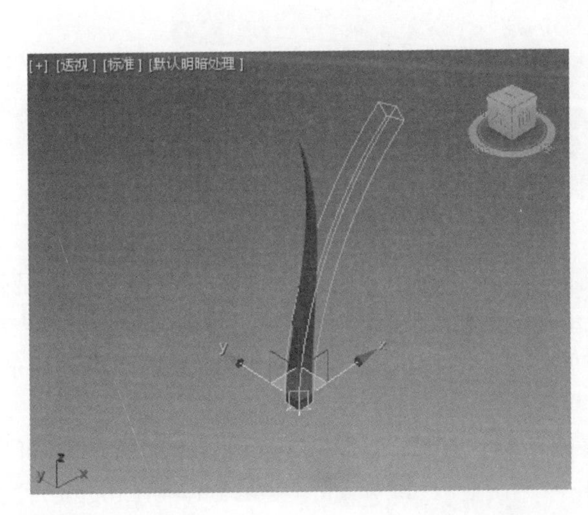

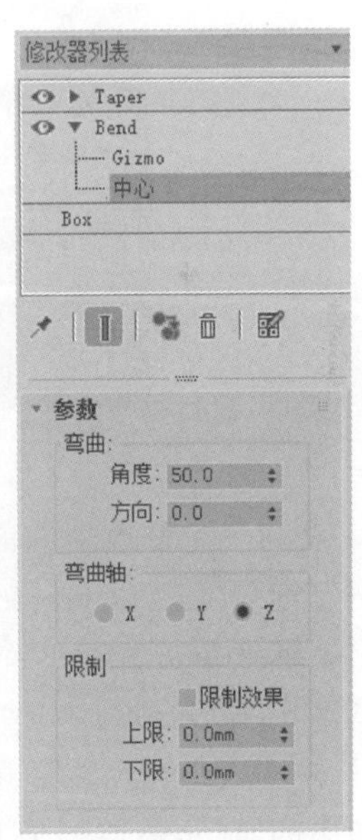

图 2-51　"弯曲"修改器

(10) 选择"弯曲"(Bend)中的"范围"(Gizmo)次对象，这时在视图中出现黄色弯曲的定位架。单击工具栏中的选择并移动按钮，移动定位架，便可改变长方体的外形，如图 2-52 所示。

(11) 选择"Bend"的"中心"次对象，视图中的线框变成红色，这时可以通过移动修改器的中心，来改变长方体的外形，如图 2-53 所示。

Note

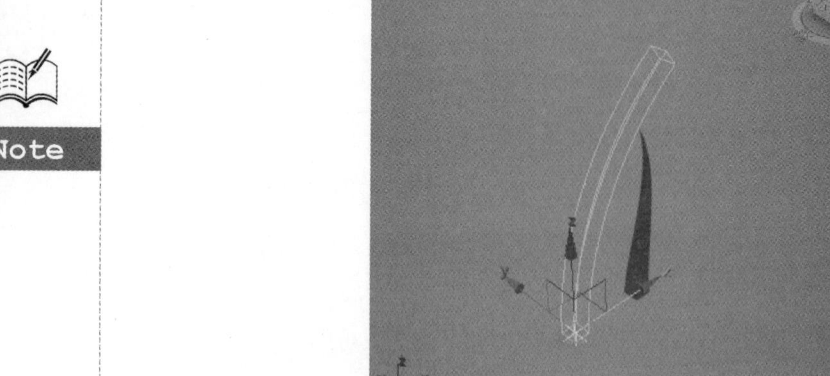

图 2-52 “Gizmo”次对象

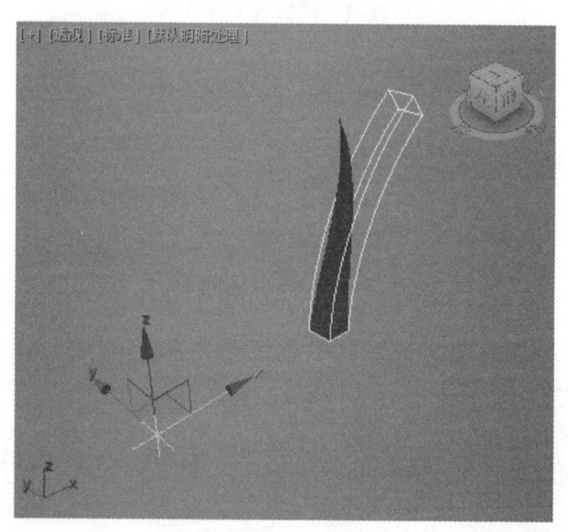

图 2-53 “中心”次对象

(12) 在每一个修改器的前面还有一个灯泡状的按钮,用来控制该修改器是否起作用。单击灯泡后,它会变暗,表示修改器已经关闭。再次单击灯泡,灯泡变亮,表示该修改器开启。继续单击“Bend”前的灯泡,关闭“Bend”修改器,观察视图中长方体的变化,结果如图 2-54 所示。

(13) 在堆栈中存在多个修改器时,如果想看当前修改器对物体的影响,可以单击功能按钮中的“显示最终结果开→关切换”(Show end result on→off toggle)按钮 ,将显示最终结果功能关闭,则视图中显示当前修改器及其以下的修改器对物体产生的作用。再次单击 按钮,又将显示最终结果。

(14) 如果用户对其中的某个修改器不满意,可以选择该修改器,然后单击功能按钮中的删除按钮,将其删除。

知识点提示:

在删除修改器时要单击删除按钮,不可以用 Delete 删除键来进行删除,按 Delete

Note

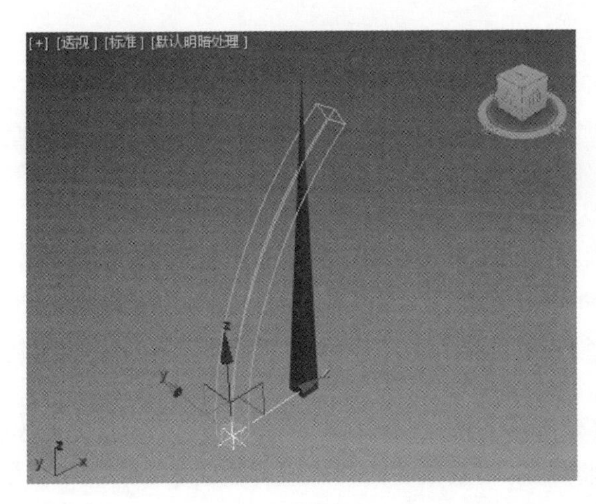

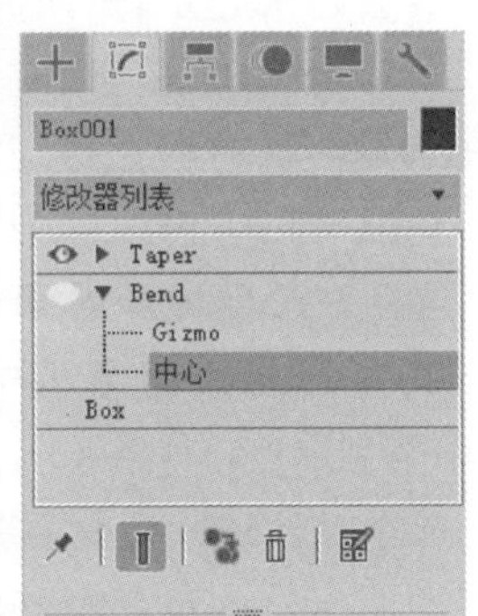

图 2-54　关闭“Bend”修改器

删除键只能删除视图中的物体。

2. 编辑修改器的顺序

在 3ds Max 2018 中，物体的计算从创建参数开始，沿着修改堆栈从底部向顶部进行。因此，应用物体的修改器的顺序对设计结果有很大影响，必须仔细规划应用修改器的顺序。

在前面已经提到过使用修改器堆栈，能够返回到物体创建的任何一步操作，再次进行编辑修改。此外，可以改变堆栈中已存在的修改器次序。

继续上节的操作，将“Bend”和“Taper”全部打开，“Bend”拖动到“Taper”的上面，将得到如图 2-55 所示效果。

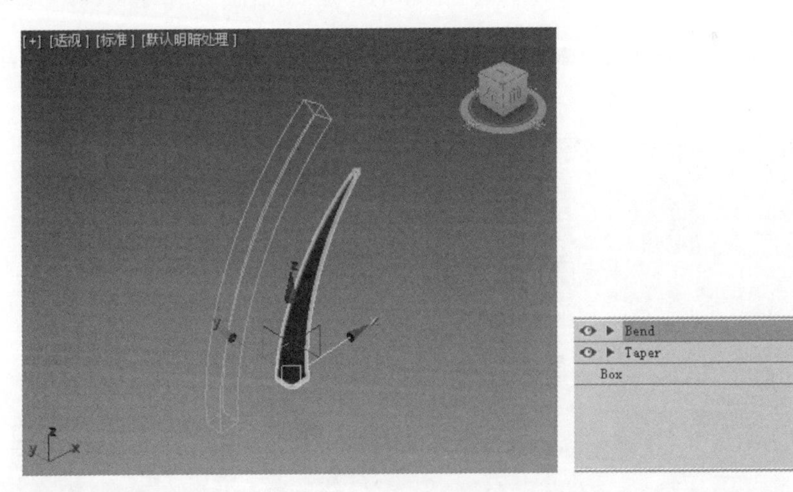

图 2-55　改变“Bend”与“Taper”的顺序

3. 塌陷修改器堆栈

使用修改器堆栈对物体修改和编辑十分方便，但它的缺点是要耗费大量的内存。修改器中的每一步都要占用一定的内存空间，不同的修改器占用的内存量也不一样，其中“编辑”(Edit)修改器中，“样条曲线”(Convert to Editable Spline)、“编辑网格”

Note

(Convert to Editable Mesh)、"编辑面片"(Convert to Editable Patch)是所有修改器中最消耗内存的修改器,因为它们包含了大量的点、线、面等信息。随着模型的建立,堆栈中的修改器会越来越多,占用的内存空间也会越来越大,从而导致系统运算速度变慢。

在 3ds Max 2018 中,完成某一物体的创建工作后,确认不再需要改动时,修改器堆栈的存在只是消耗内存变得毫无用处。

下面仍以"弯曲"修改器为例,讲解塌陷修改器堆栈。

(1) 选择修改堆栈中的"Taper"下面的第一个"Bend"修改器,在该修改器上单击鼠标右键。在弹出的快捷菜单中有两个关于塌陷堆栈的命令:"全部塌陷"(Collapse All)和"塌陷到"(Collapse to)。

(2) 选择"塌陷到"命令,将会弹出"警告:塌陷到"对话框,说明从创建参数到选择的修改器中间所有的选项都必将塌陷,塌陷部分的动画也将被删除。所以单击 暂存(H)/是 按钮,可以将塌陷前的场景保留,以便在以后的编辑中可以选择"编辑恢复"(Edit Fetch)命令恢复场景,如图 2-56 所示。

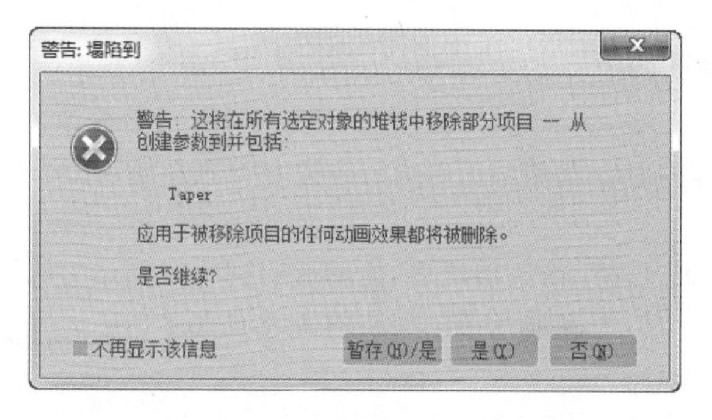

图 2-56 "警告:塌陷到"提示对话框

(3) 此时的堆栈列表中"Bend"被"可编辑网格"(Editable Mesh)所代替,"Taper"还可以使用,如图 2-57 所示。

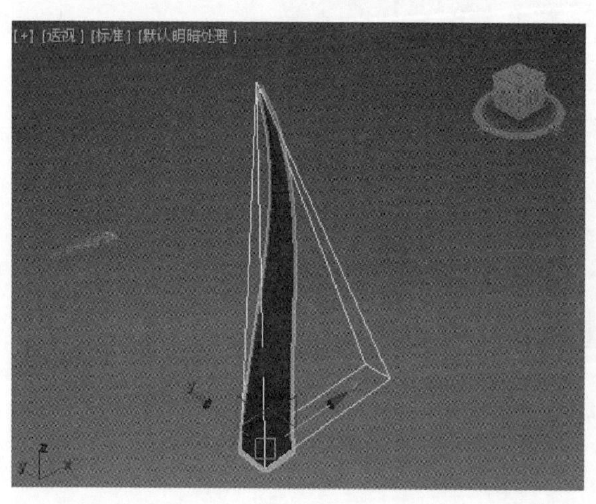

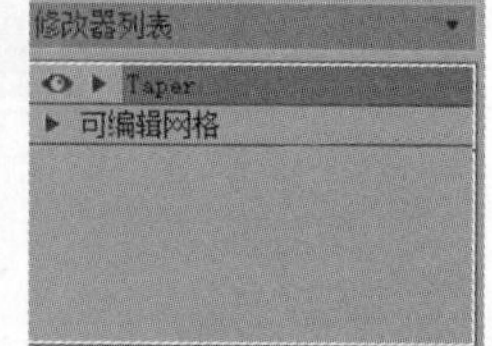

图 2-57 "Bend"被替换

Note

2.3.3　参数变形修改器

在对“修改”命令面板和修改器堆栈有了一定的了解之后，接下来将学习常用的修改器的作用和绘制过程。

对物体应用修改器的一般过程如下：

(1) 创建一个物体，或者选择场景中已有的物体。

(2) 进入“修改”命令面板。

(3) 在修改器下拉列表中单击要使用的修改器。

(4) 在修改器的参数卷展栏中设置参数。

1. 使用“扭曲修改器”(Twist Modify List)制作扭曲物体

“扭曲修改器”主要用于使物体产生扭曲效果，绘制过程如下。

(1) 在“透视图”(Perspective)中创建一个长10mm、宽10mm、高80mm、分段数为100的长方体，如图2-58所示。

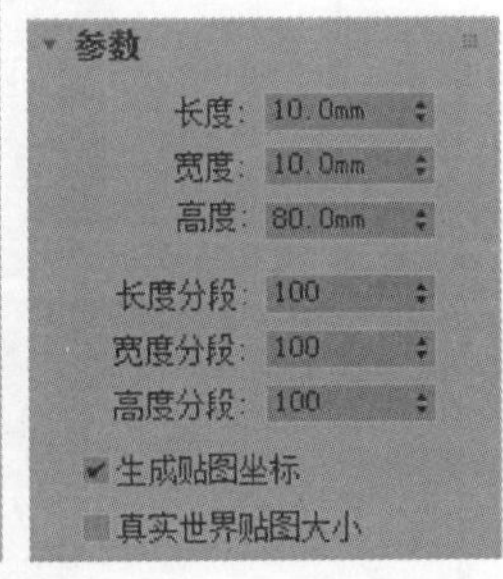

图2-58　创建长方体

(2) 进入“修改”命令面板，在修改器下拉列表中选择“扭曲”(Twist)修改器，将其应用在前面创建的长方体上。

(3) 在“扭曲”修改器的参数卷展栏中，“角度”值用来控制扭曲的角度。将“角度”值设置为360.0，长方体则会变成如图2-59所示的形状。

(4) “偏移”(Bias)微调框：用于控制扭曲现象集中的位置，将“偏移”数值设置为80.0，得到效果如图2-60所示。

(5) “扭曲轴”(Twist Axis)选项组用来控制扭曲沿哪个轴向发生。

(6) “限制”(Limits)选项组用于将扭曲效果限制在一定的范围内。

2. 使用“噪波”(Noise)修改器制作凹凸效果

“噪波”修改应用于物体后，系统将一个随机物体添加凹凸效果，利用它可以制作海水的凹凸效果。绘制过程如下：

Note

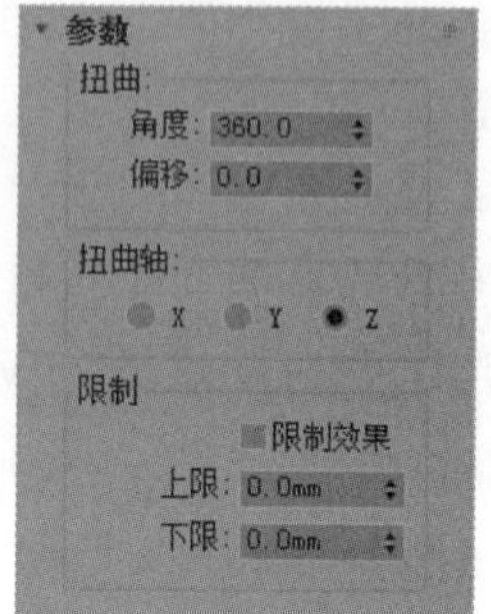

图 2-59 添加扭曲修改器

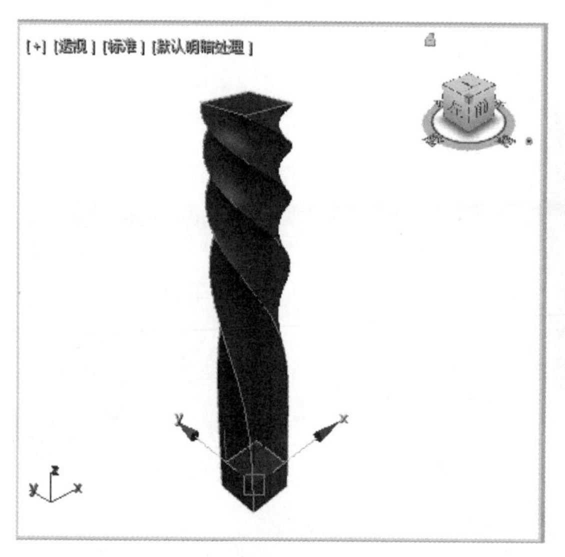
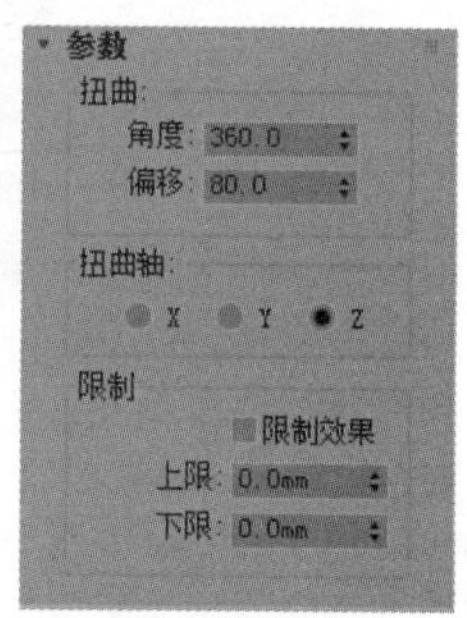

图 2-60 再添加偏移修改器

(1) 在"透视图"视图中创建一个"Plane""平面",设置长为 1500mm、宽为 1500mm、高与宽的分段数为 100。

(2) 进入"修改"命令面板,在修改器下拉列表中选择"噪波"修改器,将其应用在面片上。

(3) 在"噪波"修改器的参数卷展栏中,将"比例"(Scale)的数值中改为 4.0,将"强度"(Strength)中"Z"轴的数值改为 18.0mm,可以得到海面效果如图 2-61 所示。

技巧:

在设置"强度"(Strength)时可以加大对"Z"轴的强度,数值改为 90.0mm,将得到山体的效果,如图 2-62 所示。

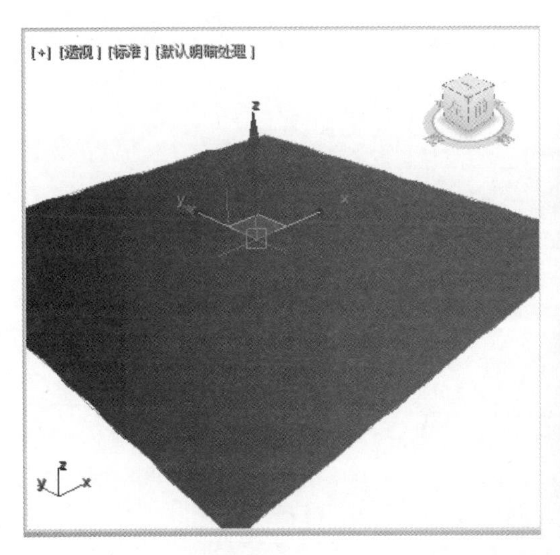

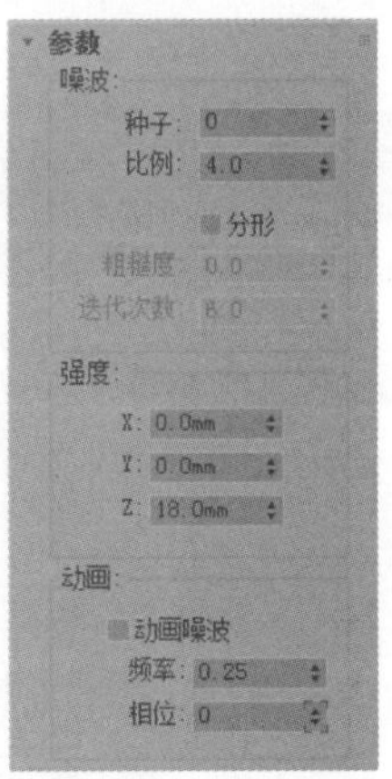

图 2-61　“噪波”修改器参数修改前

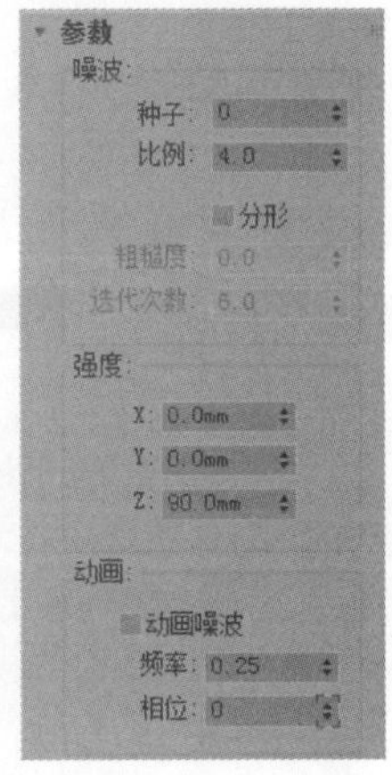

图 2-62　“噪波”修改器参数修改后

2.4　3种实用建模方法

2.4.1　导入 AutoCAD 模型并进行调整

(1) 运行 3ds Max 2018。

(2) 选择 3ds Max 2018“自定义”(Custom)菜单中的“单位设置”(Units Setup)命令,在弹出的“单位设置”对话框中设置计量单位为“毫米”(Millimeters),如图 2-63 所示。

(3) 选择“文件”(File)菜单下“导入”(Import)命令,然后在弹出的“选择要导入的文件”(Select File to Import)对话框的“文件类型”下拉选项中选择“AutoCAD 图形

Note

（*.DWG，*.DXF）”，并选择源文件中相应路径下的“室内平面.dwg”文件，单击“打开”(Open)按钮确定，如图 2-64 所示。

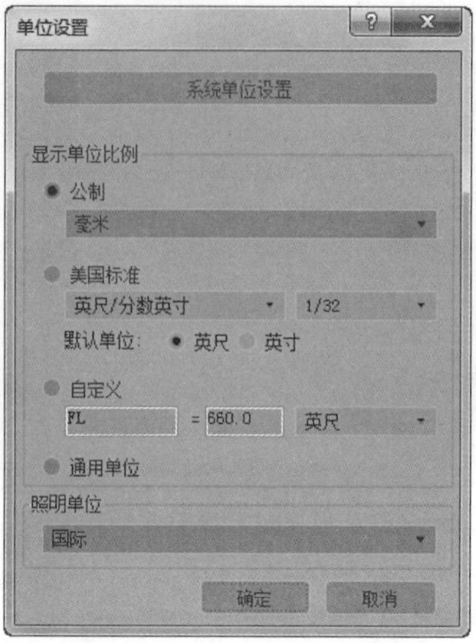

图 2-63 “单位设置”对话框

图 2-64 导入 DWG 平面图

Note

(4) 在弹出的“AutoCAD DWG/DXF 导入选项”(AutoCAD DWG/DXF Import Options DWG)对话框中设置参数,如图 2-65 所示。

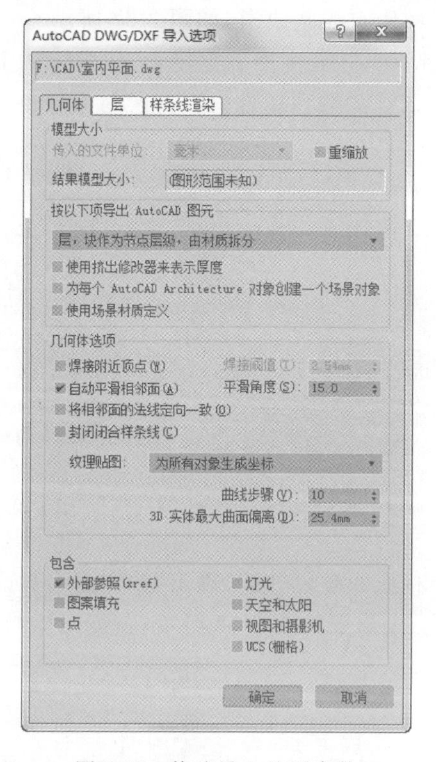

图 2-65　修改导入选项参数

(5) 单击 3ds Max 2018 右下角的“缩放”(Zoom)按钮,对导入的 DWG 平面图进行缩放,使其在视图中的大小结果如图 2-66 所示。

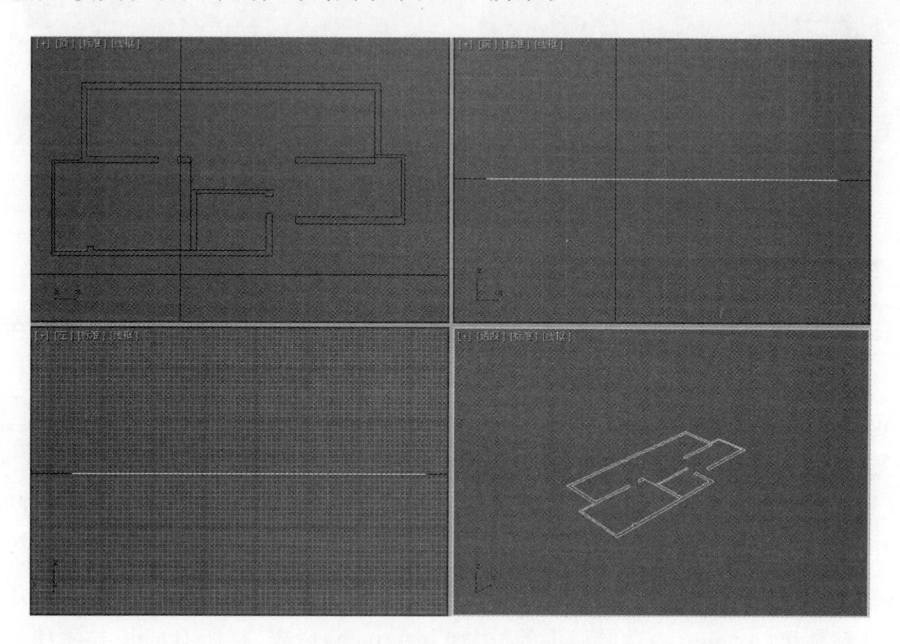

图 2-66　导入后的平面图

(6) 使用“全选”(Select all)命令或快捷键“Ctrl＋A”，选中平面图所有的线条，然后选择“组”菜单下的“组”命令，在弹出的“组”对话框中改名为“平面图”，然后单击“确定”按钮，把DWG平面图的所有线条成组，如图2-67所示。

(7) 为了利于在3ds Max 2018中准确建模，为成组后的DWG文件选择一种醒目的颜色。在修改面板单击该组的颜色属性框，打开“对象颜色”对话框，如图2-68所示。

图2-67　所有线条成组

图2-68　修改颜色属性

(8) 在对话框中选择相应的颜色并按“确定”按钮退出对话框。这时，DWG文件中所有的线条颜色得到了统一，结果如图2-69所示。

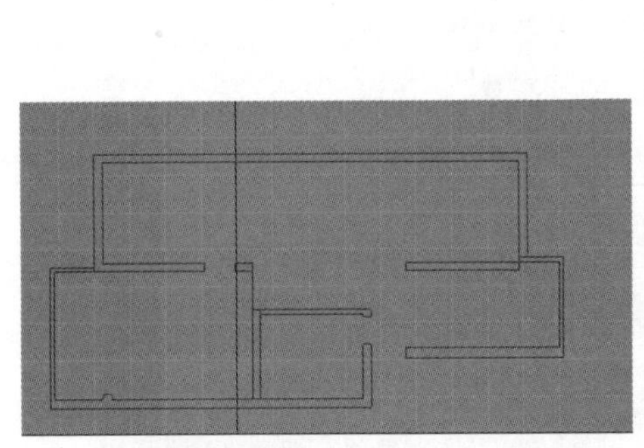

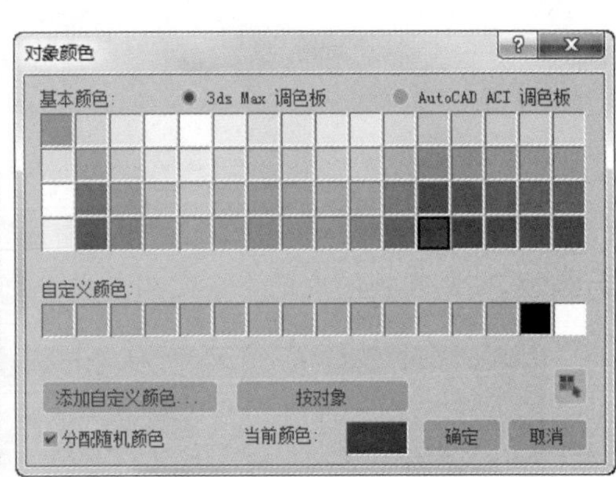

图2-69　统一线条颜色

2.4.2　建立室内墙面

(1) 单击鼠标左键，按住工具栏的“捕捉开关”(Snap Toggle)工具按钮，在下拉列表中选择，右击“捕捉开关”，在弹出的“栅格和捕捉设置”(Grid and Snap Settings)对话框中选中如图2-70所示的选项。选中后关闭对话框，并用左键单击“捕捉开关”或用快捷键“S”打开捕捉设置。

(2) 在“顶视图”(Top)中，单击形状创建面板中的“直线”(Line)按钮，打开“样条线”面板，如图2-71所示。

(3) 捕捉DWG文件中的墙体边缘线，进入修改面板，在“顶点”(Vertex)层级中选择“几何体”(Geometry)卷展栏中的“附加”(Attach)命令，将所有的长方体和二维线

Note

添加到一起，并改名为“墙体”，如图 2-72 所示。

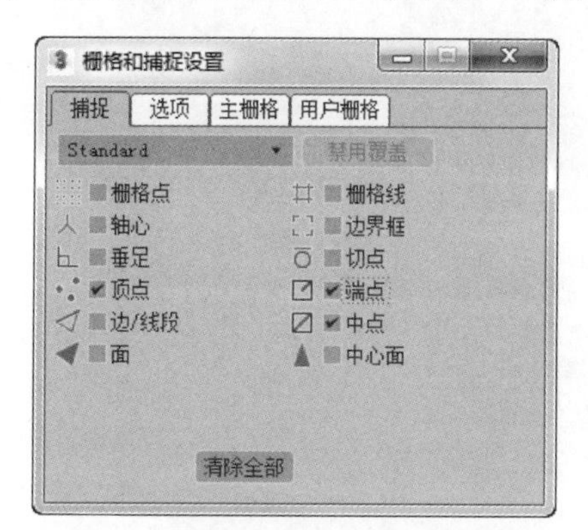

图 2-70 “栅格和捕捉设置”对话框

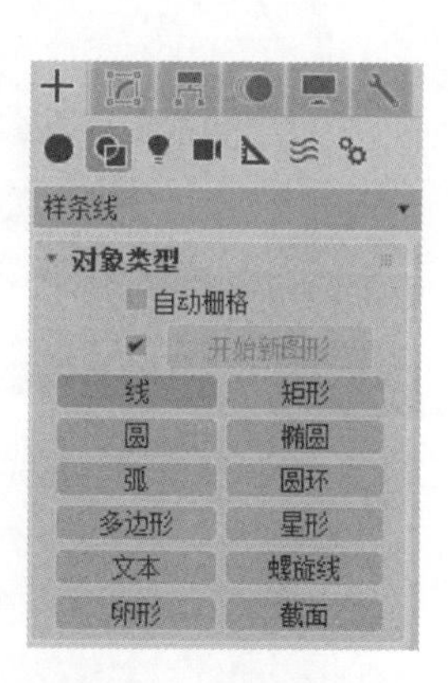

图 2-71 “样条线”面板

(4) 在修改面板 “修改器列表”(Modifier List)的下拉菜单中选择“挤出”(Extrude)命令拉伸二维线段，在其“参数”(Parameter)弹出菜单的“数量”(Amount)文本框中输入数值 2700.0mm，然后，按 Enter 键确定，如图 2-73 所示。

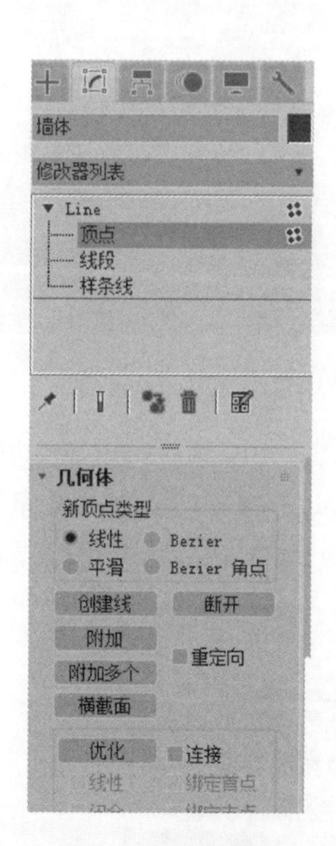

图 2-72 编辑墙体

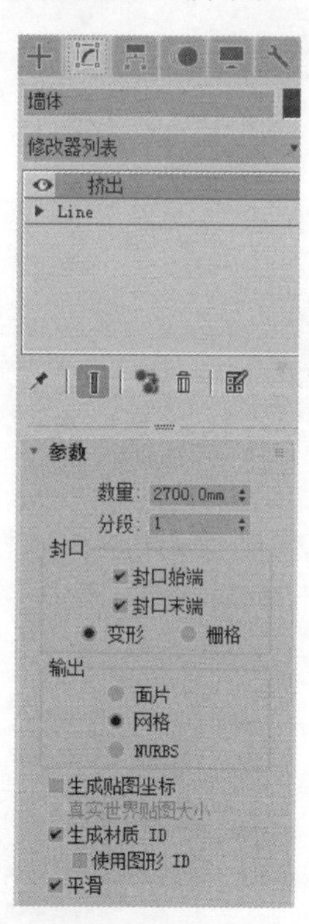

图 2-73 “挤出”命令

(5) 挤出的墙壁效果在“左视图”(Left)和“透视图”(Perspective)中显示出来，结果如图 2-74 所示。

(6) 在“顶视图”中，单击形状创建面板 中的“直线”(Line)按钮。然后，捕捉 DWG 文件中的外墙体边缘线，绘制一条连续的线条，如图 2-75 所示。

Note

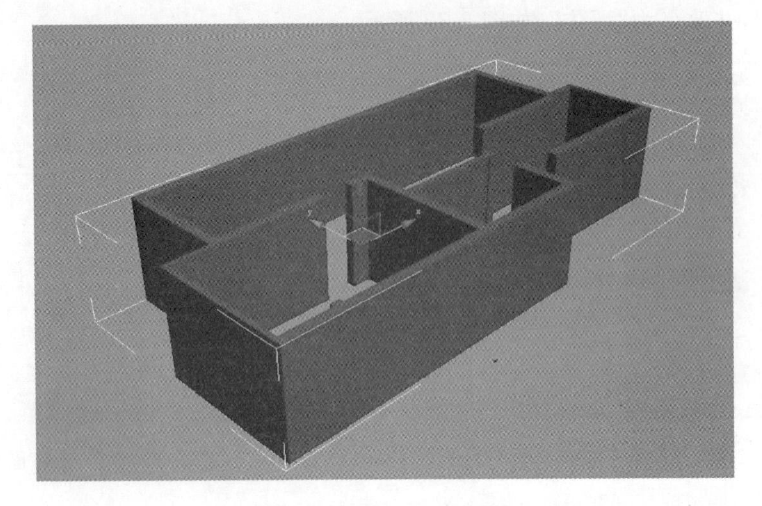

图 2-74　挤出的墙壁效果

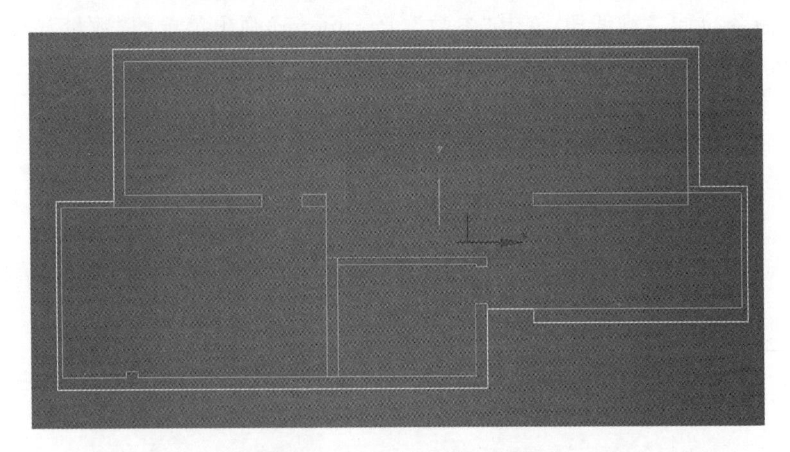

图 2-75　捕捉外墙体边缘线

(7) 在修改面板 的"修改器列表"(Modifier List)的下拉菜单中选择"挤出"(Extrude)命令拉伸二维线段,在其"参数"(Parameter)弹出菜单的"数量"(Amount)文本框中输入数值100,改名为"地面",然后按Enter键确定,结果如图2-76所示。

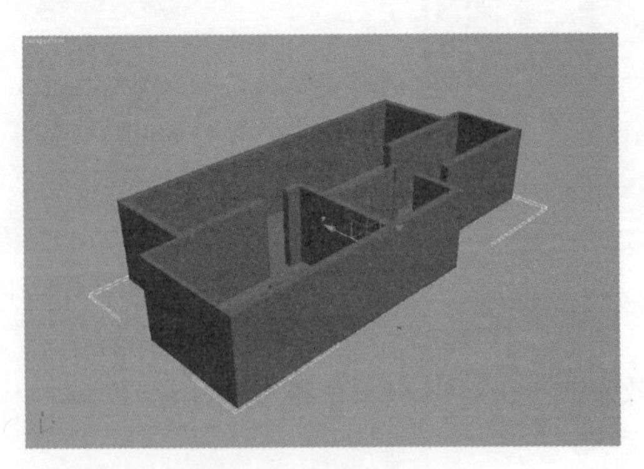

图 2-76　"挤出"命令

(8) 将视图转换成“前视图”(Front),选中地面,在坐标轴上单击“Y”轴复制地面,在弹出的“克隆选项”(Clone Options)对话框中选中“复制”(Copy)前的复选框,如图 2-77 所示。

Note

(9) 右键单击移动工具,在弹出的“移动变换输入”(Move Transform Type-In)对话框中,在右侧的“相对值:屏幕”(Offset:Screen)的“Y”轴中输入 1700.0mm,如图 2-78 所示。

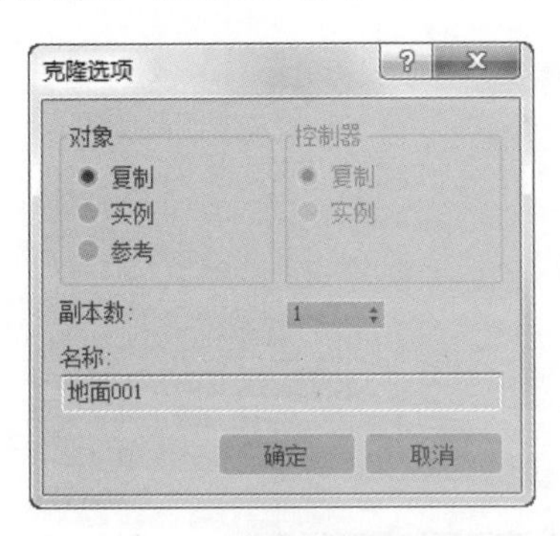

图 2-77　“克隆选项”对话框

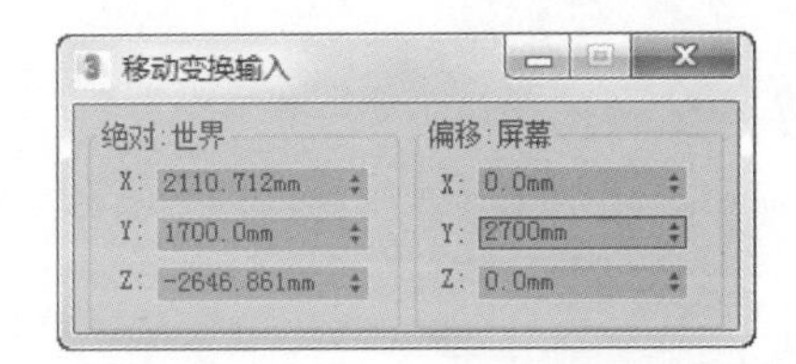

图 2-78　“移动变换输入”对话框

(10) 在修改面板中将复制的地面修改名字为“顶面”,在“透视图”中观看创建的模型,结果如图 2-79 所示。

(11) 在“顶视图”中单独编辑墙体,选中墙体后使用快捷键“Alt+Q”对墙体进行修改,结果如图 2-80 所示。

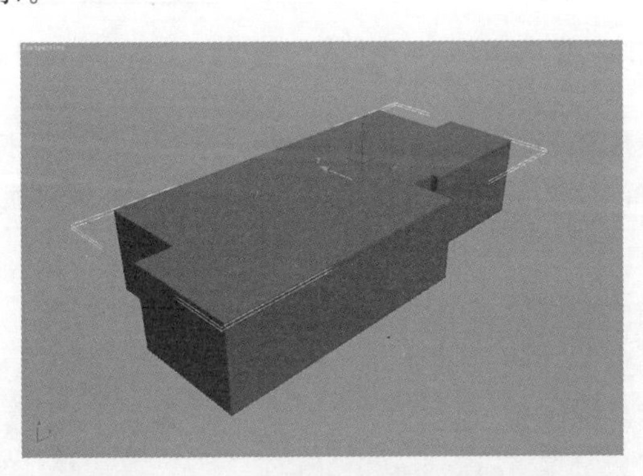

图 2-79　观看模型

图 2-80　单独编辑墙体

Note

（12）将视图转换成“顶视图”，在创建面板 ＋ 中选中几何体图标 ● ，单击“长方体”打开移动捕捉命令捕捉门，在长方体“高度”中输入 600.0mm，并修改名字为门框，如图 2-81 所示。

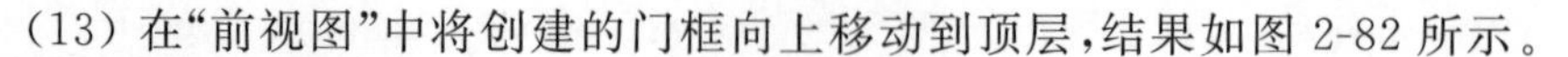

（13）在“前视图”中将创建的门框向上移动到顶层，结果如图 2-82 所示。

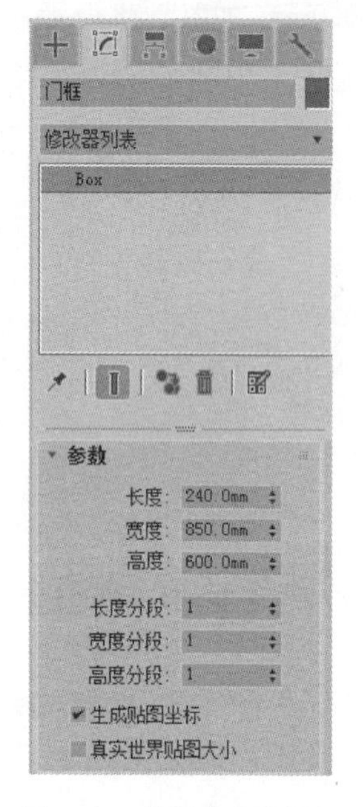

图 2-81　捕捉命令捕捉门

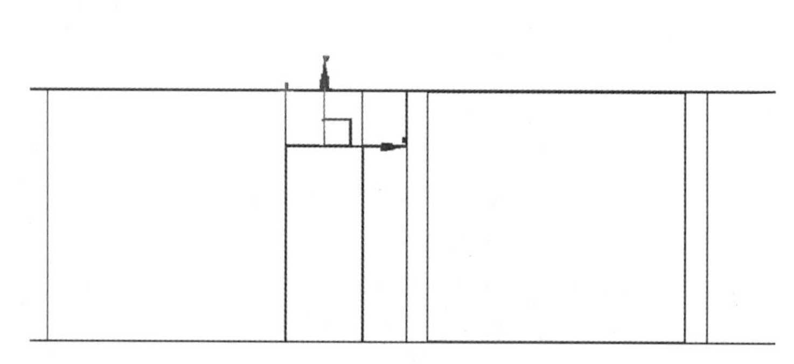

图 2-82　向上移动门框

（14）将视图转换成顶视图，在创建面板 ＋ 中选中几何体图标 ● ，单击“长方体”按钮创建一个长度为 3000.0mm、宽度为 400.0mm、高度为 2500.0mm 的长方体，如图 2-83 所示。

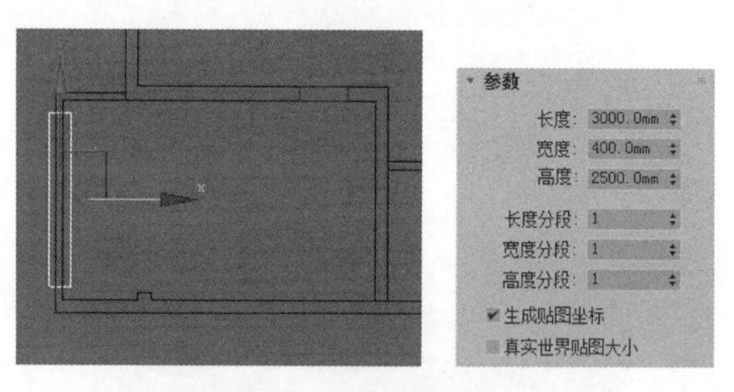

图 2-83　创建长方体

（15）在“顶视图”选中墙体，在创建面板 ＋ 中选中几何体图标 ● ，在下拉列表中选择“复合对象”(Compound Objects)，在合成物体控制面板中单击“布尔”(Boolean)按钮 布尔 ，如图 2-84 所示。

（16）在“布尔”运算控制面板中单击“添加运算对象”，拾取创建好的长方体，这时墙体因裁剪而形成窗框，如图 2-85 所示。

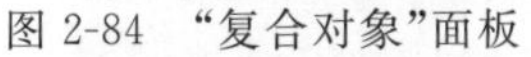
图 2-84　“复合对象”面板

图 2-85　拾取创建好的长方体

（17）关闭单独编辑命令回到“透视图”，自由观看模型，结果如图 2-86 所示。

图 2-86　模型效果

知识点提示：

至此，室内卧室墙体模型已经绘制完成，以上是简单墙体的绘制，运用最基本的命令变换而创建的模型。在 3ds Max 中创建的面越少，运算速度越快。同时面的完整也是必不可缺的一部分，使用基本命令创建的模型面比较多而且应用布尔运算会破坏面的完整，下面将介绍高级建模创建卧室墙体。学习 3ds Max 并不可以一步登天，学习制作模型要从基本入手，在以后复杂的创建过程中，读者要学会创建模型命令的变换，每个模型都不同，不能总以一种手法或是一种思路去思考，在学习绘制的过程中不断延伸，这样才能在以后的创建过程中举一反三，灵活运用。

2.4.3　Poly 高级建模

（1）将模型整体删除只保留 CAD 平面图，在“顶视图”中，单击形状创建面板 + 中的“直线”按钮，然后，捕捉 CAD 平面图中的墙体内线，结果如图 2-87 所示。

Note

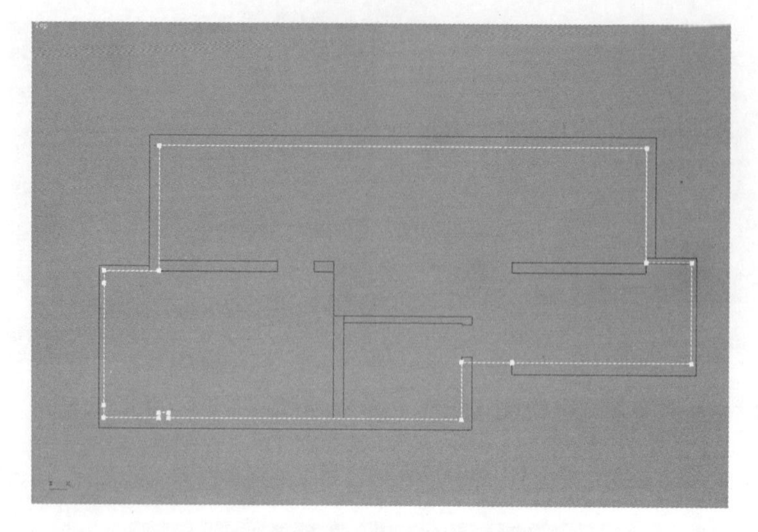

图 2-87　捕捉 CAD 平面图中的墙体内线

（2）墙体的线框不能一次绘制完成，再次用线进行捕捉，在有门和窗的位置上依次添加节点，结果如图 2-88 所示。

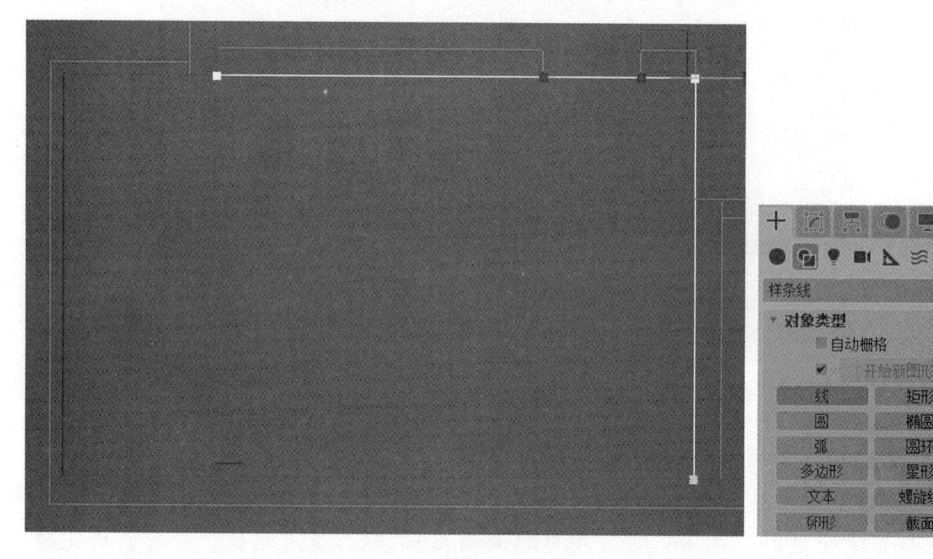

图 2-88　添加节点

（3）进入修改面板，在“顶点”（Vertex）层级中选择“几何体”（Geometry）卷展栏中的“附加”（Attach）命令，将所有的长方体和二维线结合到一起，并改名为“墙体”，结果如图 2-89 所示。

（4）进入修改面板，在“线段”（Segment）层级中，选中门和窗的内部线段，单击键盘上的 Delete 按钮将其删除，如图 2-90 所示。

（5）在修改面板“修改器列表”（Modifier List）的下拉菜单中选择“挤出”命令拉伸二维线段，在弹出“参数”（Parameter）菜单的“数量”（Amount）文本框中输入数值 2700mm，然后，按 Enter 键确定，结果如图 2-91 所示。

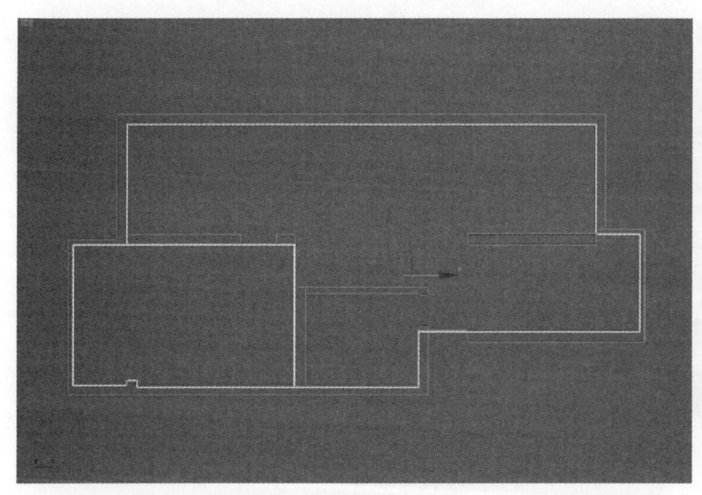

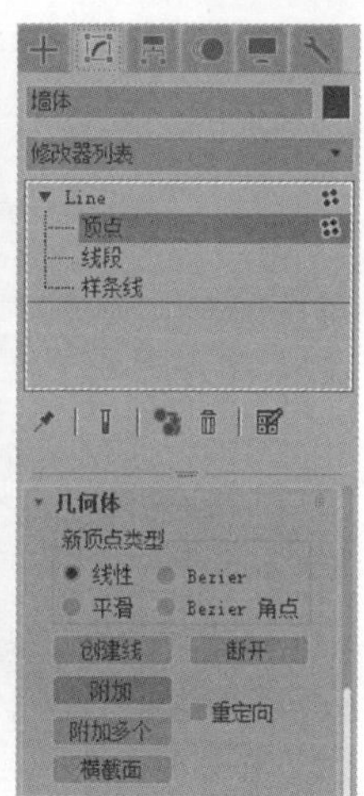

图 2-89 结合长方体和二维线

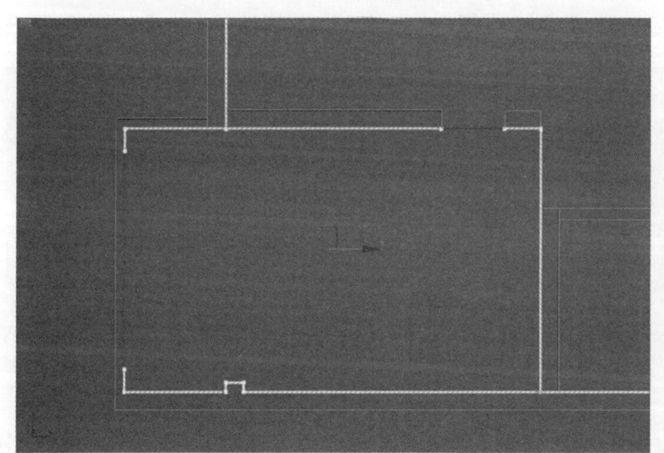

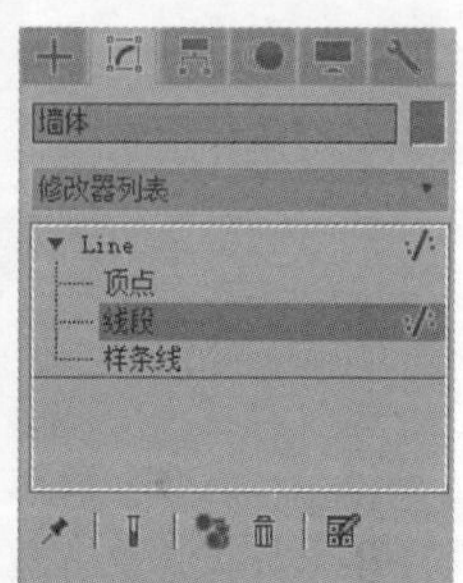

图 2-90 删除门窗线段

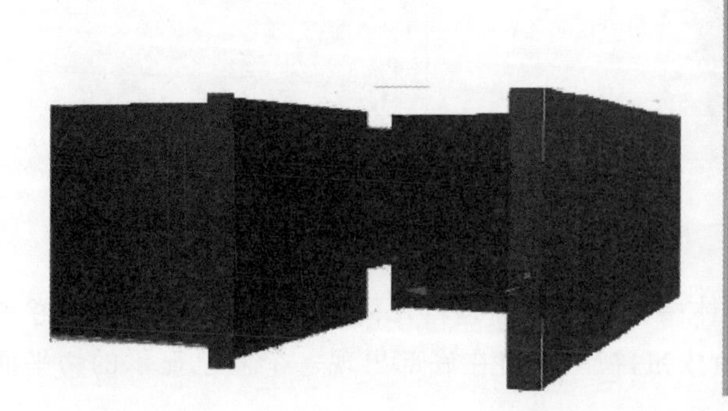

图 2-91 拉伸二维线段

Note

（6）在绘制好的墙体模型上单击鼠标右键，在弹出的子命令面板中转换成“可编辑多边形”（Editable Poly），结果如图 2-92 所示。

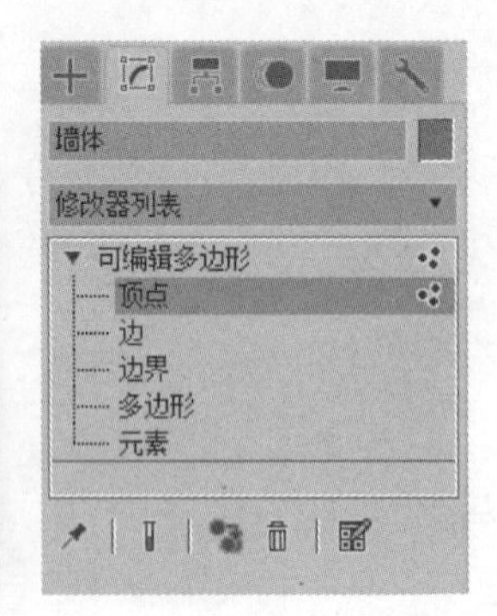

图 2-92　可编辑多边形

（7）打开“可编辑多边形”卷展栏中的“多边形”（Polygon）层级，在“透视图”中选中窗户两边的多边形，使用“反选”或通过快捷键“Ctrl＋I”将其反选，结果如图 2-93 所示。

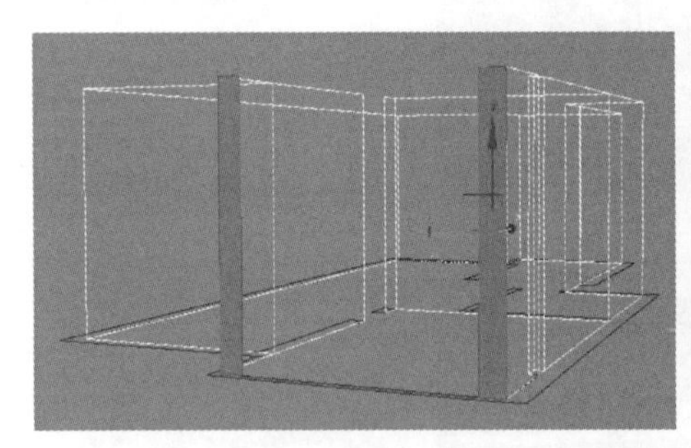

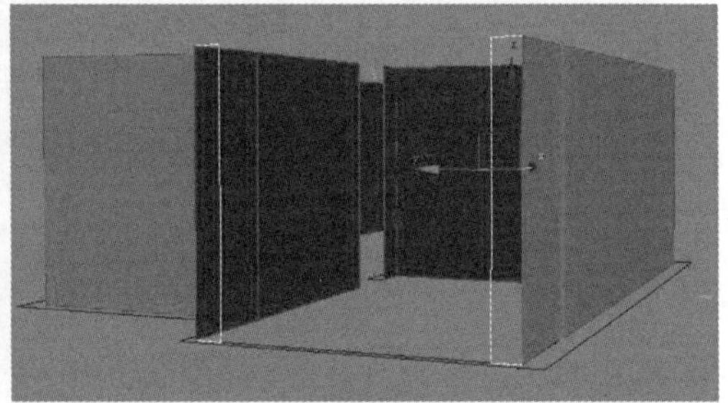

图 2-93　反选结果

（8）在“多边形”层级中，打开“编辑几何体”（Edit Geometry）卷展栏，选择“分离”（Detach）命令将窗框分离出来，如图 2-94 所示。

（9）在单击“分离”按钮的时候会弹出“分离”（Detach）对话框，在分离对话框中选中“以克隆对象分离”（Detach As Clone）前的复选框，如图 2-95 所示。

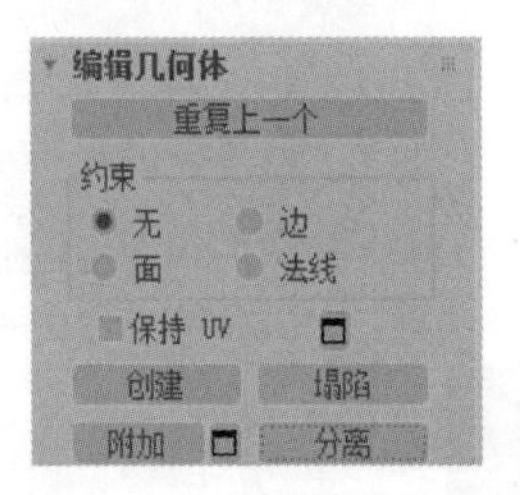

图 2-94　“编辑几何体”卷展栏

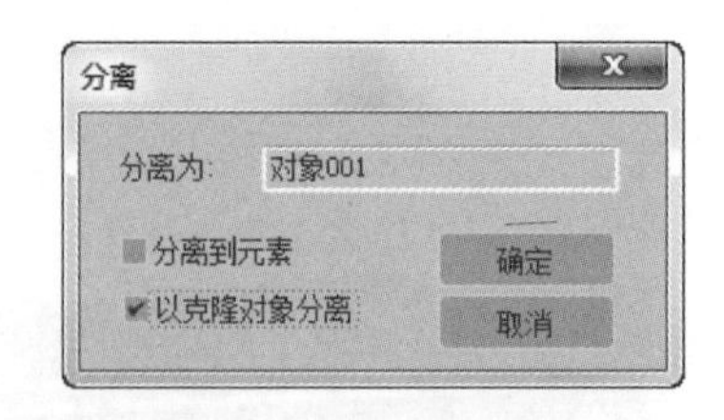

图 2-95　“分离”对话框

（10）现在窗框已经从整体中分离开，在“编辑几何体”（Edit Geometry）卷展栏中，单击“切片平面”（Slice Plane）按钮，视图中将在底部出现一个蓝色显示的切平面，结果如图 2-96 所示。

（11）将视图转换成“左视图”（Left），打开移动捕捉命令，将平切面捕捉到地面上，

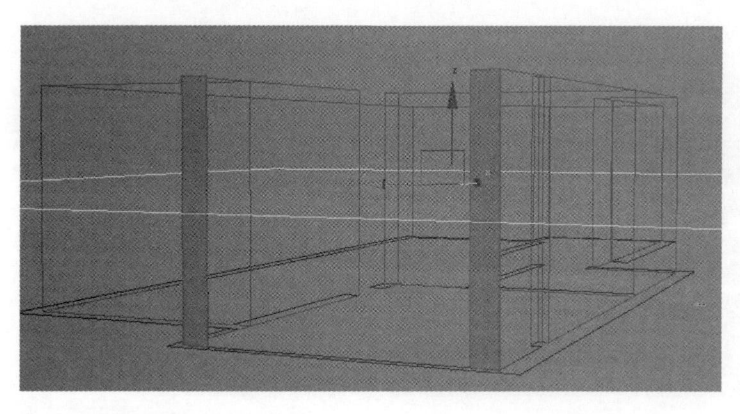

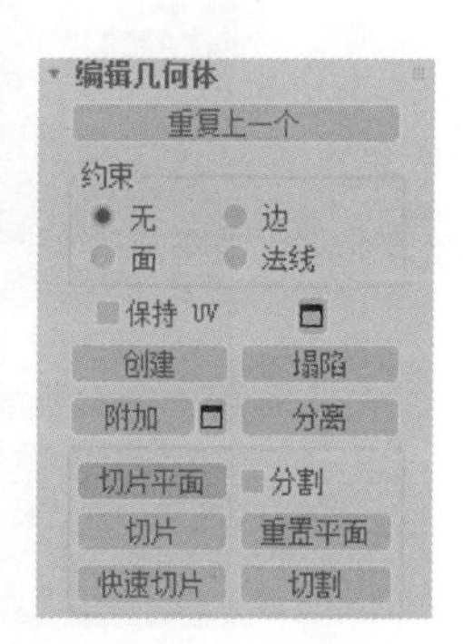

图 2-96 切平面

在移动按钮上单击鼠标右键打开"移动变换输入"(Move Transform Type-In)对话框，在右侧的"偏移：世界"(Offset：Screen)的"Y"轴中输入 2500.0mm，如图 2-97 所示。

(12) 单击"切片"(Slice)命令，将窗框在高度 2500.0mm 的地方切开，结果如图 2-98 所示。

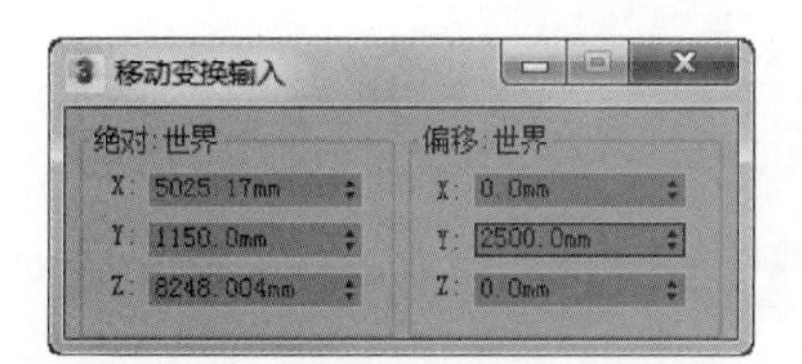

图 2-97 "移动变换输入"对话框

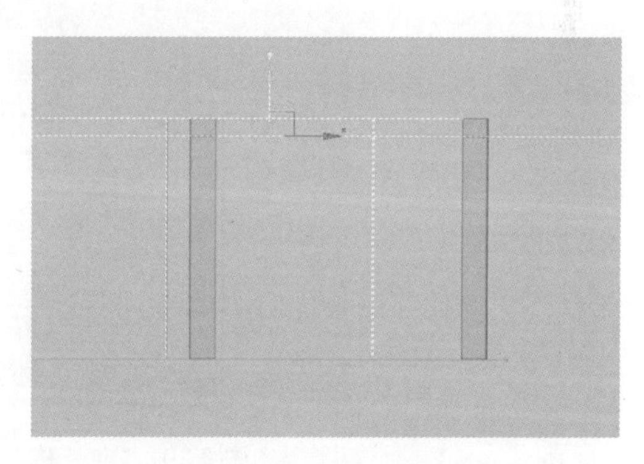

图 2-98 "切片"命令

(13) 关闭切片命令，在"多边形"(Polygon)层级中选择"边"(Edge)层级，选择窗框被分隔的上部分，按住 Shift 键单击鼠标选中"X"轴向右拖动，结果如图 2-99 所示。

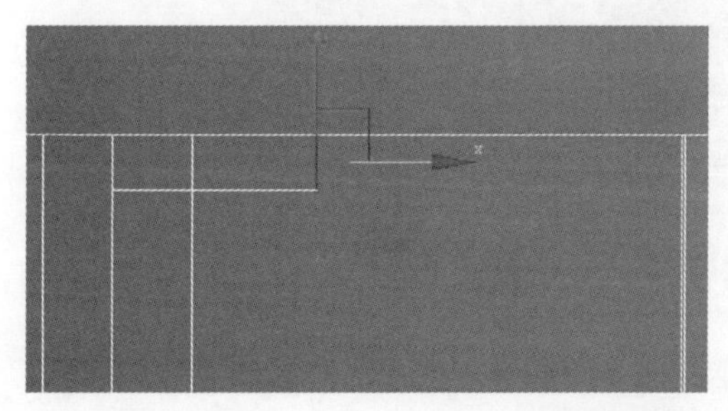

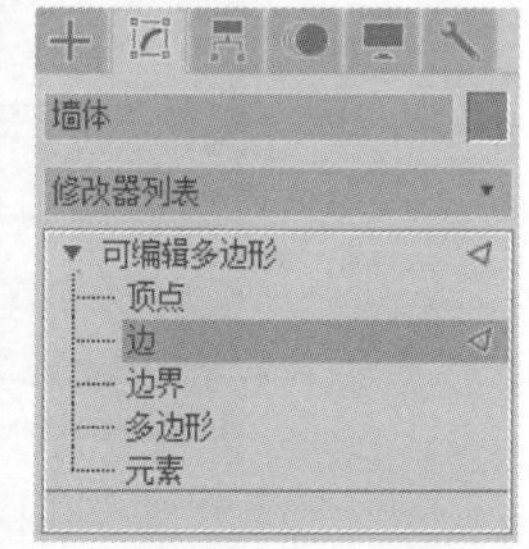

图 2-99 创建窗框上部分

(14) 在"多边形"层级中选择"边"层级，在"编辑边"(Edit Edges)卷展栏中，单击"目标焊接"(Target Weld)按钮，这时将两边焊接在一起，结果如图 2-100 所示。

(15) 在"边"层级中，按住 Ctrl 键将窗框的内边全都选中，单击鼠标左键进行复制，

Note

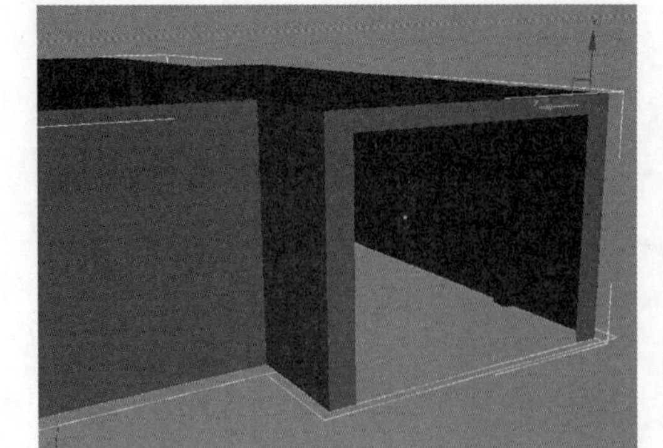

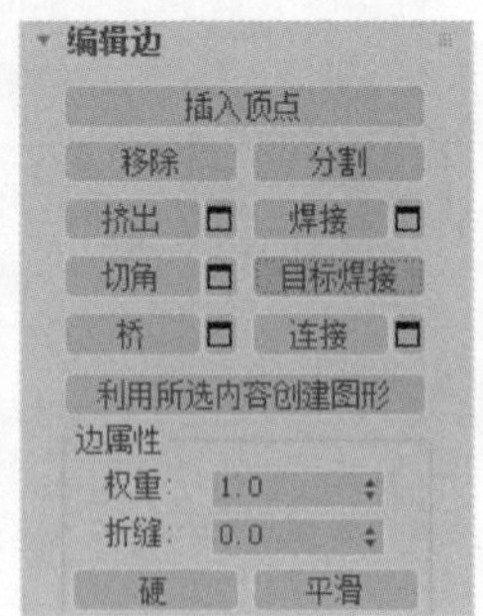

图 2-100　焊接两边

按照 CAD 平面的外墙体向外移动，结果如图 2-101 所示。

（16）在"透视图"中选中墙体，在修改面板中打开"多边形"层级下的"多边形"层级，选择墙体中门两侧的两个多边形，结果如图 2-102 所示。

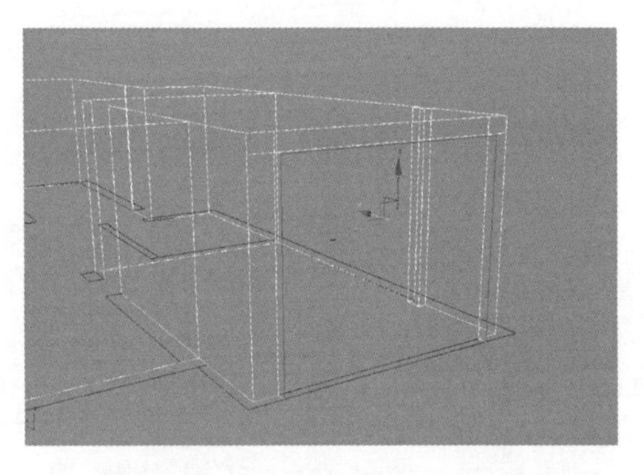

图 2-101　向外移动窗框的内边

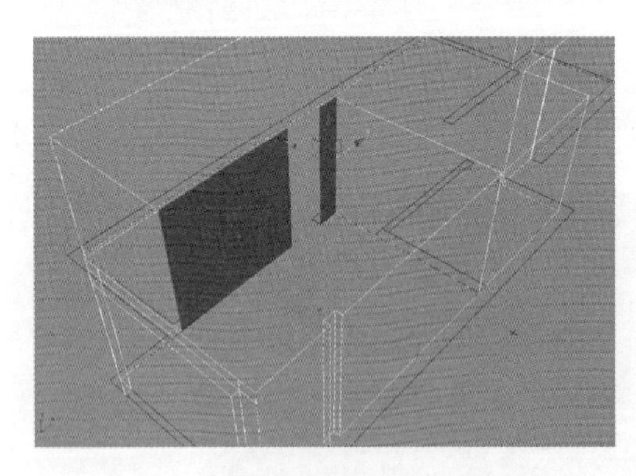

图 2-102　选择墙体中门部分

（17）在"透视图"中选中窗户两边的多边形，使用快捷键"Ctrl+I"将其反选，结果如图 2-103 所示。

（18）在"多边形"层级中，打开"编辑几何体"(Edit Geometry)卷展栏，选择"分离"(Detach)命令将窗框分离出来，如图 2-104 所示。

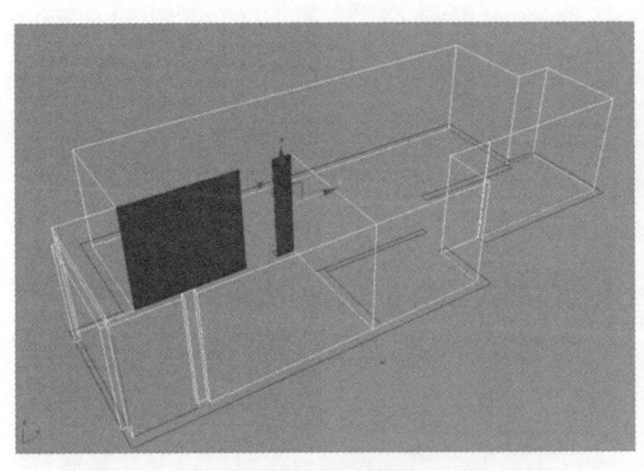

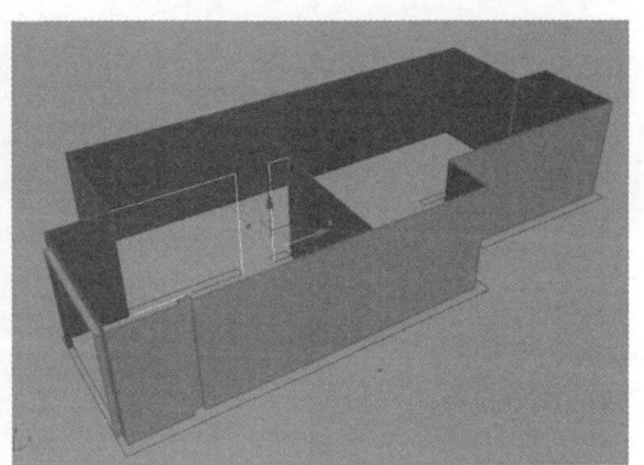

图 2-103 反选

(19) 在单击分离的时候会弹出“分离”对话框,在“分离”对话框中选中“以克隆对象分离”(Detach As Clone)前的复选框,如图 2-105 所示。

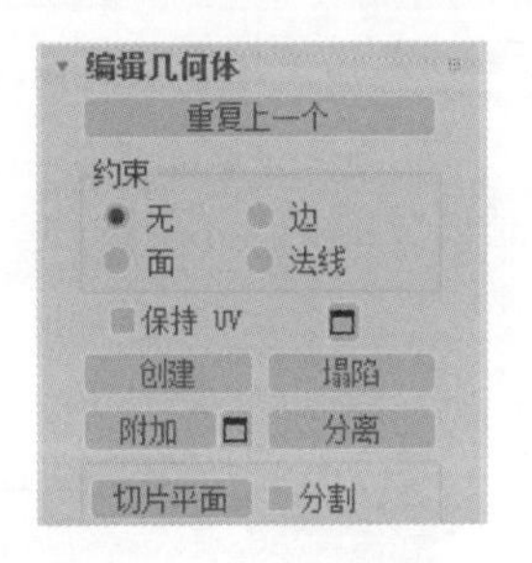

图 2-104 “分离”命令

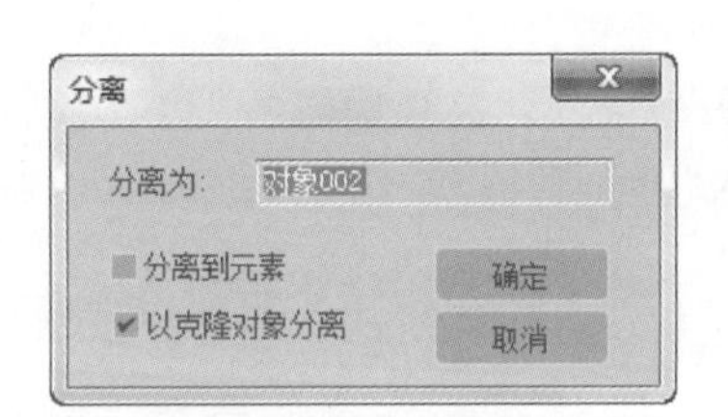

图 2-105 “分离”对话框

(20) 现在门框已经从整体中分离开,在“编辑几何体”(Edit Geometry)对话框中,单击“切片平面”(Slice Plane)按钮,视图中将出现一个蓝色显示的切平面,结果如图 2-106 所示。

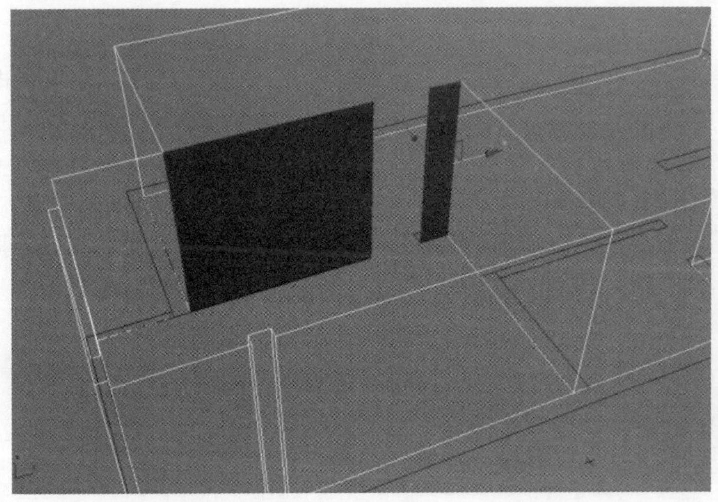

图 2-106 “切片平面”命令

Note

（21）将视图转换成“左视图”（Left），打开移动捕捉命令，将平切面捕捉到地面上，右击“选择并移动”按钮，打开“移动变换输入”（Move Transform Type-In）对话框，在右侧的“偏移：屏幕”（Offset：Screen）的“Y”轴中输入 2100，结果如图 2-107 所示。

（22）单击“切片”命令，将窗框在高度 2100 的地方被切开，结果如图 2-108 所示。

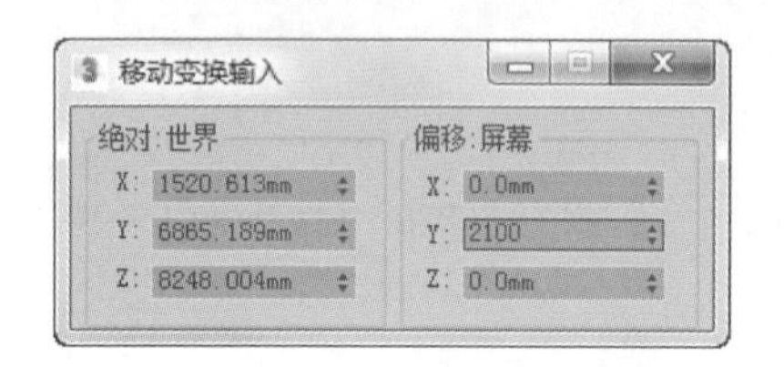

图 2-107 “移动变换输入”对话框

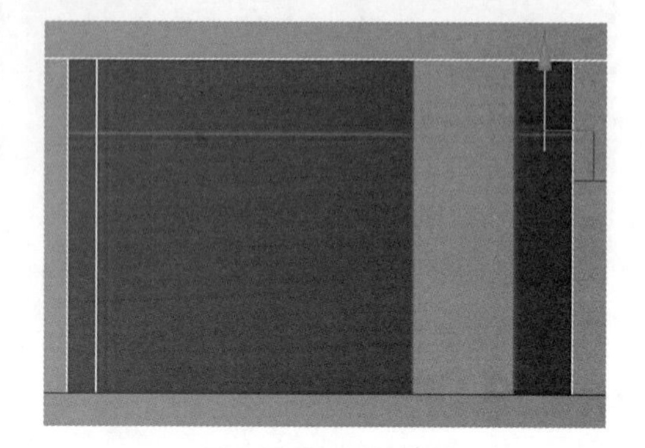

图 2-108 “切片”命令执行后的结果

（23）在“多边形”层级中选择“边”层级，选择窗框被分隔的上部，按住 Shift 键单击鼠标选中“X”轴向右拖动，结果如图 2-109 所示。

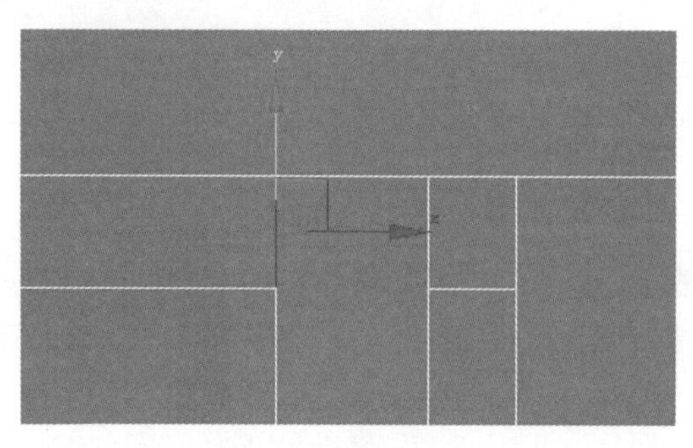

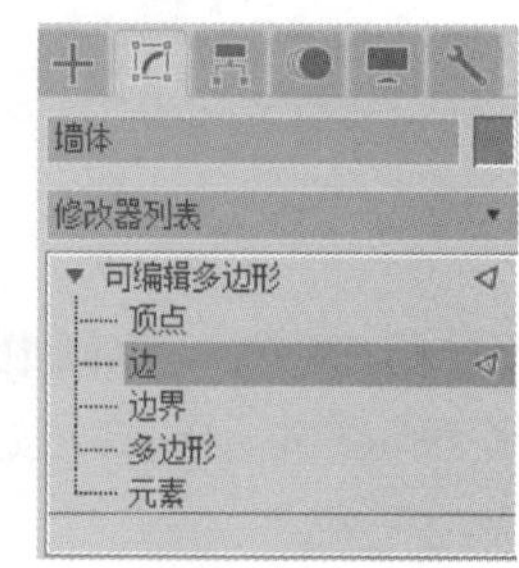

图 2-109 选择“边”

（24）在“多边形”层级中选择“边”层级，在“编辑边”（Edit Edges）卷展栏中，单击“目标焊接”（Target Weld）按钮，这时将两边焊接在一起，结果如图 2-110 所示。

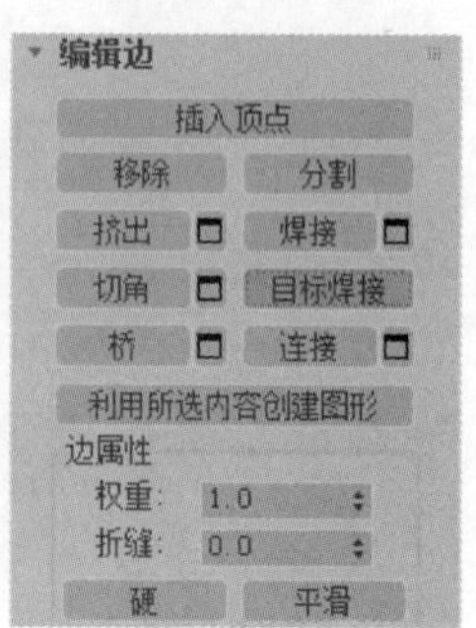

图 2-110 焊接两边

（25）在"边"层级中，按住 Ctrl 键将全部选中，单击鼠标进行复制，按照 CAD 平面的外墙体向外移动，结果如图 2-111 所示。

图 2-111　创建门框

（26）将视图转换成四视图观察墙体模型，结果如图 2-112 所示。

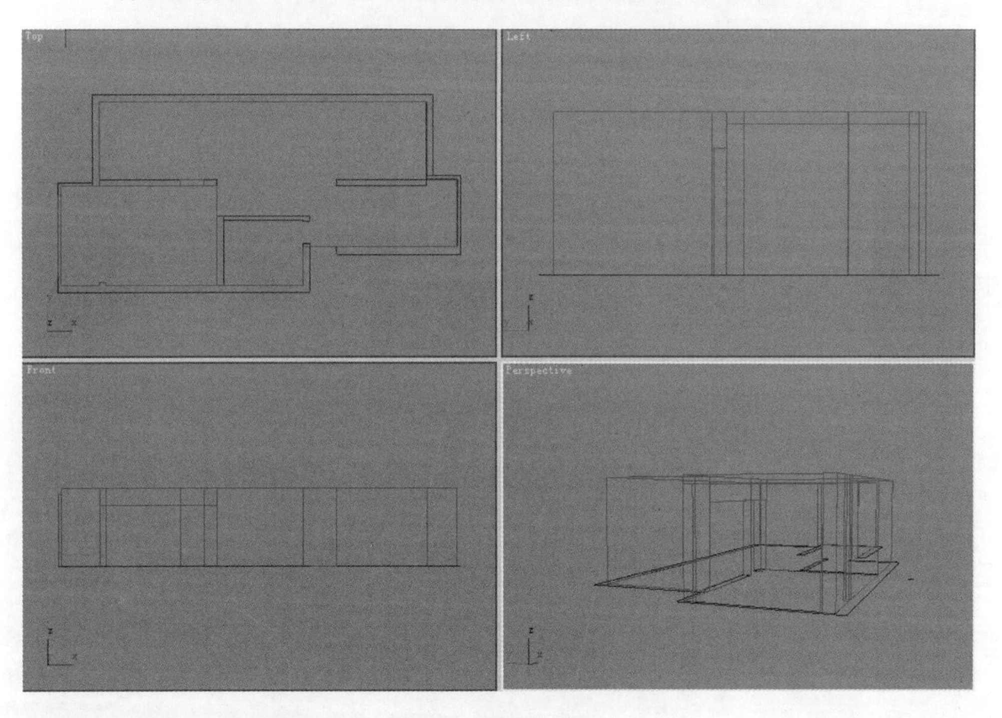

图 2-112　墙体模型

知识点提示：

以上为"编辑多边形"（Edit Poly）建模，这种建模方法比较简单，相比普通的建模方式要精细得多，因为它全部都是以面片形式创建，创建中的分隔并不是标准建模中的"布尔"运算方式，而是将整体的面进行整体分隔，分隔后的面成为单独的正方形，这样

Note

在以后的渲染过程中面的计算量大大减少，同时也将提高渲染速度，这种方式已经成为现在设计创建模型的主流之一。

2.4.4 Poly布尔方式建模

（1）将模型整体删除只保留CAD平面图，在“顶视图”中，单击形状创建面板＋中的“线”按钮，捕捉CAD平面图中的墙体内线，结果如图2-113所示。

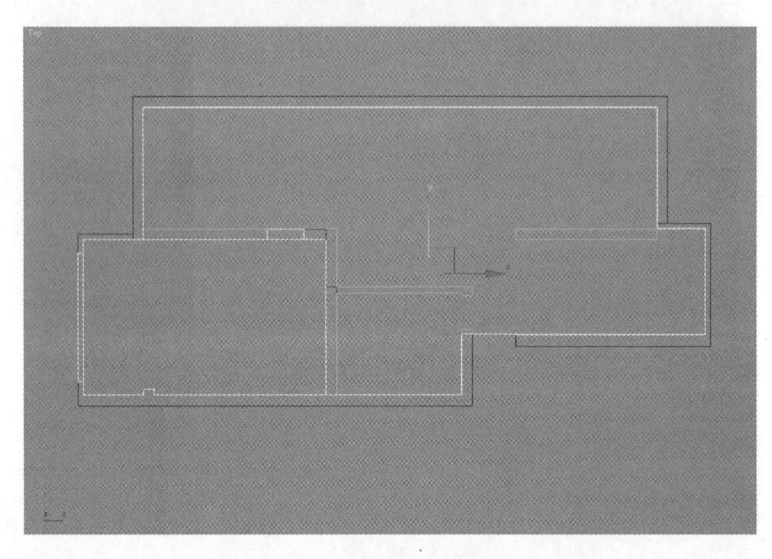

图2-113 捕捉墙体内线

（2）在修改面板的“修改器列表”的下拉菜单中选择“挤出”命令拉伸二维线段，在“参数”菜单的“数量”(Amount)文本框中输入数值2700.0mm，然后，按Enter键确定，如图2-114所示。

（3）将墙体转换成“编辑多边形”(Edit Poly)，如图2-115所示。

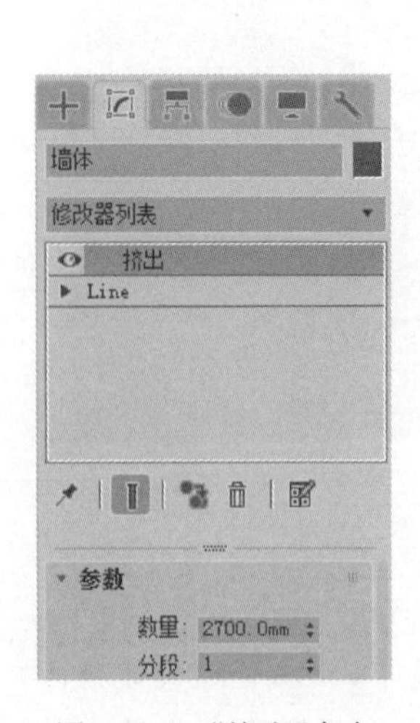

图2-114 “挤出”命令

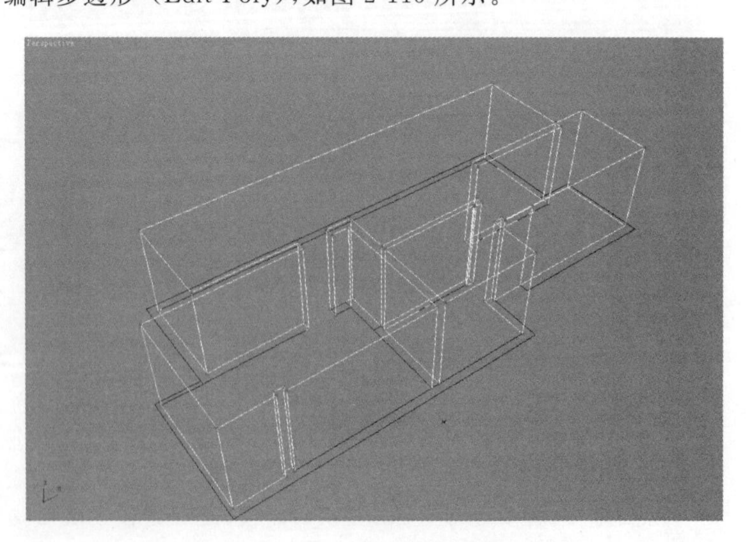

图2-115 墙体转换成“编辑多边形”

（4）将视图转换成“顶视图”，在创建面板 中选中几何体图标 ，单击“长方体”按钮创建一个长度为 3000.0mm、宽度为 400.0mm、高度为 2500.0mm 的长方体，结果如图 2-116 所示。

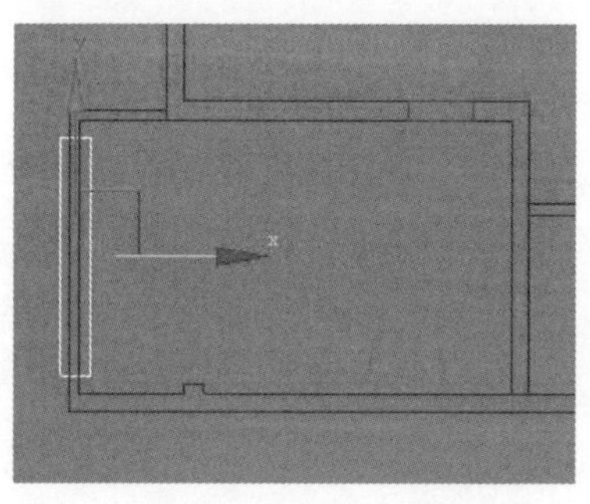

图 2-116　创建一个长方体

（5）在“顶视图”中继续创建“长方体”，打开移动捕捉命令，将长度改为 400.0mm，在高度中输入 2100.0mm，结果如图 2-117 所示。

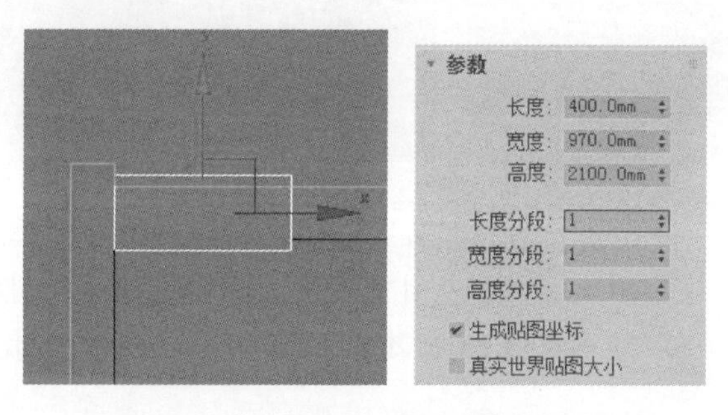

图 2-117　捕捉门框

（6）右击其中一个“长方体”(Box)，将其转换成“可编辑多边形”，在“顶点”(Vertex)层级中展开“编辑几何体”(Editable Geometry)卷展栏，单击“附加”(Attach)按钮，将另一个“长方体”组合到一起，结果如图 2-118 所示。

（7）在“顶视图”中选中墙体，在创建面板 中选中几何体图标 ，在下拉列表中选择“复合对象”(Compound Objects)，在“复合对象”控制面板中单击“布尔”(Boolean)按钮，如图 2-119 所示。

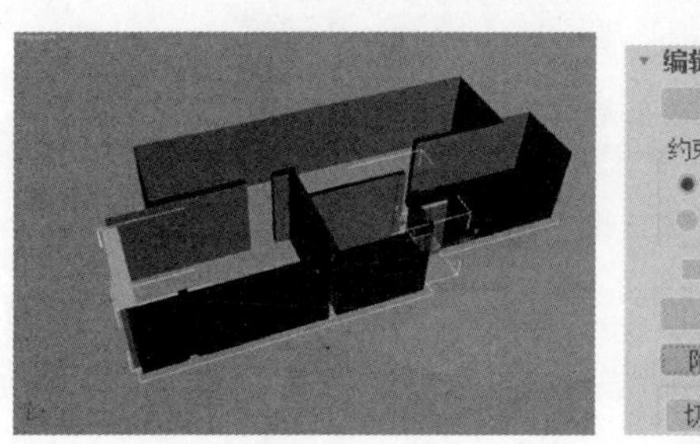

图 2-118　“附加”命令

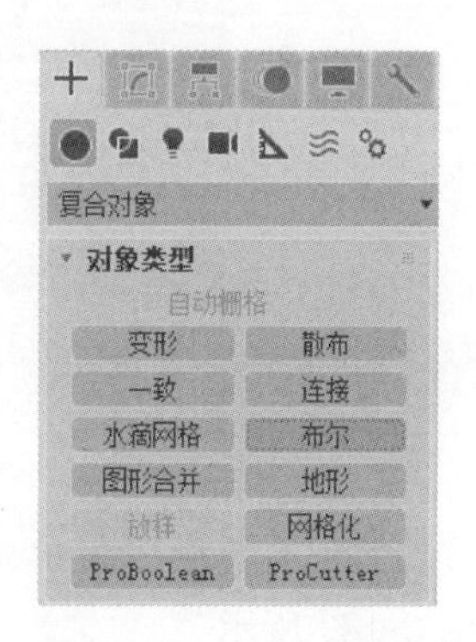

图 2-119　“布尔”命令

Note

（8）单击"布尔"按钮时在下面会出现布尔参数卷展栏，在"运算对象参数"中，选择"差集"按钮 差集 ，单击"添加运算对象"，拾取创建好的长方体，结果如图 2-120 所示。

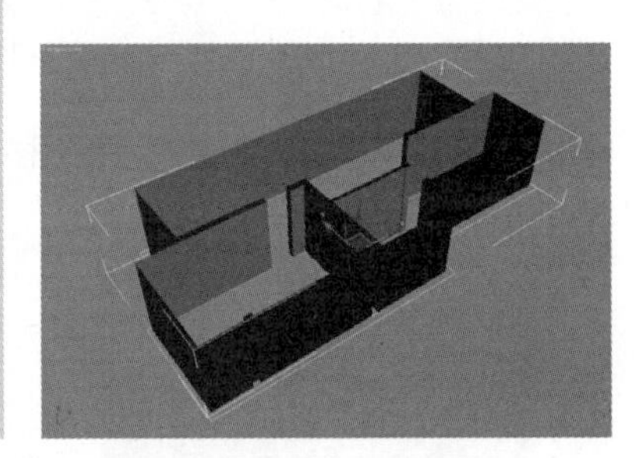

图 2-120 拾取创建好的长方体

（9）拾取后墙体模型看上去并没有什么变化，这时再将墙体转换成"编辑多边形"，在"多边形"中选择墙体，这时会发现刚才被布尔运算过的地方出现多边形，结果如图 2-121 所示。

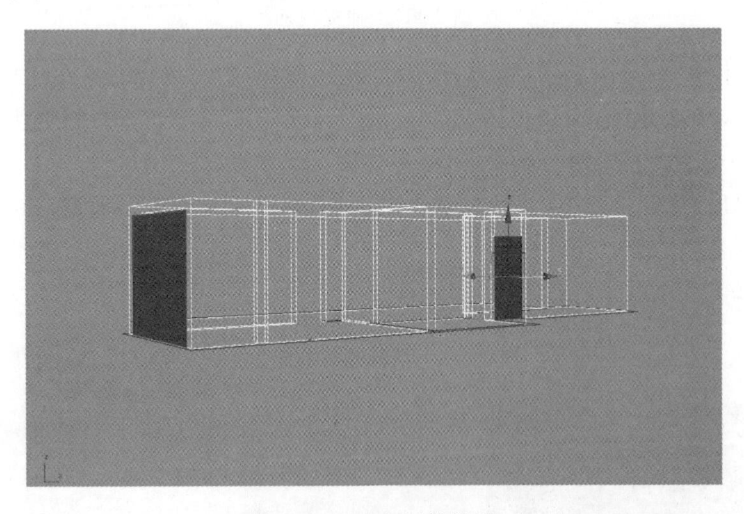

图 2-121 布尔运算效果

（10）单击其中一个"多边形"，在"编辑多边形"卷展栏中单击"挤出"右侧的"设置"按钮，在弹出的菜单中输入"挤出高度"为－70mm，挤出后将多边形删除，结果如图 2-122 所示。

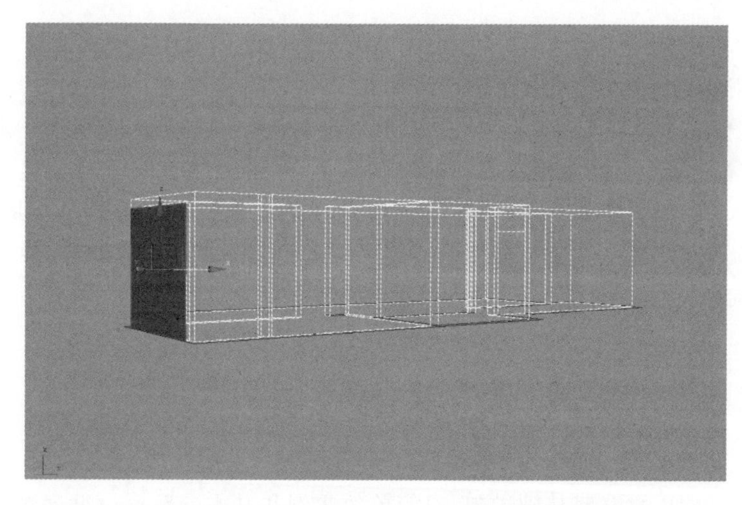

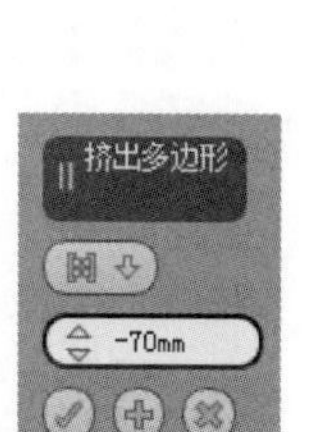

图 2-122 “挤出多边形”命令

(11) 单击另一个裁减过的“多边形”将其向外挤出，在挤出数值中输入－200mm，挤出后将多边形删除，结果如图 2-123 所示。

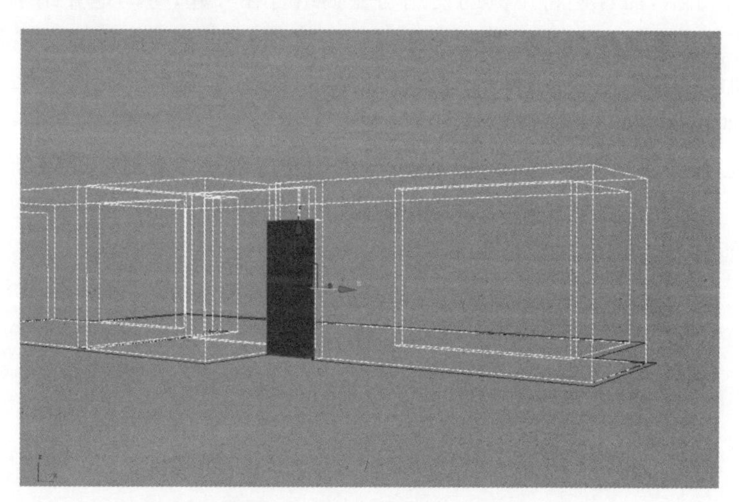

图 2-123 “挤出多边形”命令

(12) 将视图转换成四视图观看墙体模型，结果如图 2-124 所示。

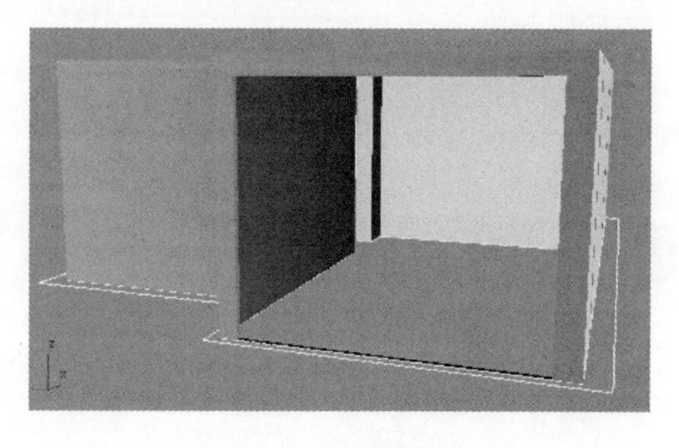

图 2-124 墙体模型效果

Note

知识点提示：

墙体模型已经创建完成，以上用多边形的布尔运算创建墙体模型，其特点是简单、快速，创建出来的模型属于单面的“多边形”。它可以自由地进行布尔运算。但一定要注意，在执行“挤出”命令时，一定要单个逐一地进行挤出，不能为了省事直接一起进行挤出。因为3ds Max 2018中有3个坐标轴，同时挤出时会沿着3个不同的方向挤出，这样就会破坏挤出效果，并且在添加几何体时一定要检查位置及大小是否符合，要裁减的物体尺寸是否相同。

本章小结

本章从3ds Max 2018的模型基础讲起，对简单的实例和基本参数通过循序渐进的方式，将读者带入一个三维的世界。在开始部分主要介绍了3ds Max 2018的基本操作，通过操作慢慢了解3ds Max 2018的基本知识。在模型的基本创建过程中不仅仅是对模型进行了介绍，而且还将工具的使用与变换结合在一起，生动地介绍了在创建过程中的操作，使得读者对操作与创建有一个很好的认识和了解。在后面的多种创建模型中，进一步加深了知识点，从最基本的模型开始，以同一个模型3种例子来说明模型在创建过程中的不同变换。在创建模型的过程中不仅对知识点进行补充，还使读者在学习中体会到创建模型的类似之处。以上的3种创建方式基本包括了现在所有的建模知识，在以后章节的创建过程中就是以这3种例子进行讲述。只有基本功扎实才能在以后的创建过程中体会到创建模型的乐趣。

3ds Max 2018材质贴图与灯光

3.1 3ds Max 2018 材质编辑器
3.2 材质类型详解
3.3 灯光分类
3.4 灯光的基本操作
3.5 灯光分类详解及参数调整
3.6 灯光的阴影
3.7 摄影机

学习目的

➢ 了解材质编辑器的结构,学习各种材质的编辑方法。
➢ 了解灯光的基本操作方法。
➢ 正确使用阴影及其参数设置。

学习思路

➢ 了解材质编辑器的基本结构和各自的用途,并熟练掌握编辑材质的基本技能。

学习如何使用材质编辑器将材质赋予物体，并大致了解一些材质的操作。本章将具体为用户讲解 3ds Max 2018 所提供的各种类型材质，以及相应的材质参数设置。

Note

➢ 学习 3ds Max 2018 灯光系统的第一步，即了解灯光的分类。在室外效果图制作中，灯光是一个十分重要的环节，布光的好坏往往影响到整个图面效果的好坏，要学好灯光系统，打好基础是十分必要的。在了解了灯光的分类之后，在本节中主要讲解灯光的基本操作方法，只有熟练掌握这些方法，才能在以后复杂的场景创作中游刃有余。

知识重点

材质编辑器的使用。
灯光设置。
阴影贴图，光线跟踪阴影。

3.1　3ds Max 2018 材质编辑器

3ds Max 2018 中创建的是一个虚拟的三维空间，如何能使创建的场景最大限度地符合现实世界的效果，是最终目的，而材质与贴图在其中起到了至关重要的作用。在 3ds Max 2018 中创建三维效果的基本步骤包括：创建模型、指定材质与贴图，然后是灯光与渲染。材质和贴图将毫无生气的三维场景带到了一个五光十色、绚丽多彩的世界，由此可见材质与贴图的重要性。

3ds Max 2018 推出功能强大的仿真新型照明系统，它的分析技术与先进的渲染能力，大大加强了灯光和 Pro-Materials 材质库以及摄影机的功能。

1. 材质编辑器

材质编辑器是一个专门生产各种材质的“梦工厂”(图 3-1)，在 3ds Max 中所有的材质都要在这里创建。因此，掌握好材质编辑器的使用方法对创建真实物体的材质具有重要的作用。

新的 Mental Ray R 材质库，为建筑师和设计师提供常用建筑和设计的数据。

新的“Mental Ray 代理对象”：增加了新的基本物体，用户依照需求来获取模型的分辨率，提高效能，并允许设计者制作更大场景的项目。

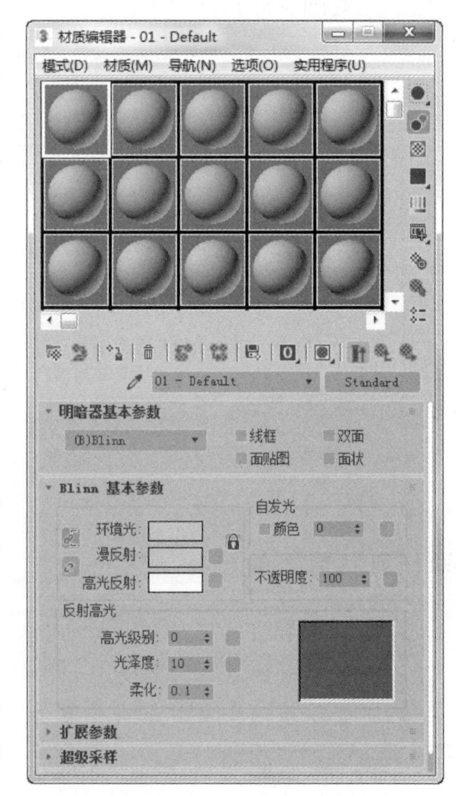

图 3-1　材质编辑器

材质编辑器在 3ds Max 2018 中以一个窗口的形式存在，单击工具栏上的按钮或者按键盘上的“M”快捷键，打开材质编辑器窗口。

Note

2. 参数控制区

因为材质类型及贴图类型的不同，参数控制区的内容也不同。一般参数控制区都包含多个项目，卷展栏可展开或收起，可用鼠标上下滑动。在安装了 V-Ray Adv 3.60.03 后，选择 V-Ray Mtl 材质，其基本参数如图 3-2 所示，可根据客户需求设置参数。材质示例窗是显示材质效果的窗口，其中每一个小的方形窗口都代表一种材质，在这里可以设置材质的颜色、反光特性、透明度以及贴图等效果，并可以在材质示例窗中显示出来。有了材质示例窗就可以方便地调节材质效果，不用将材质指定给物体并通过渲染来观察效果。

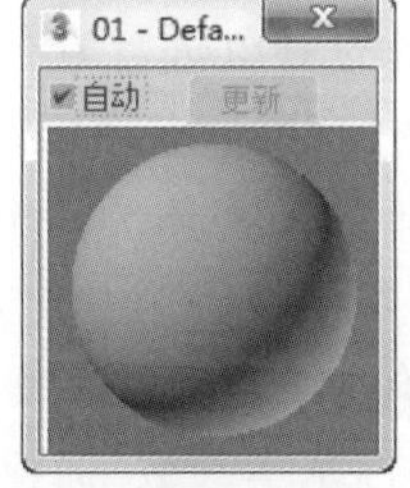

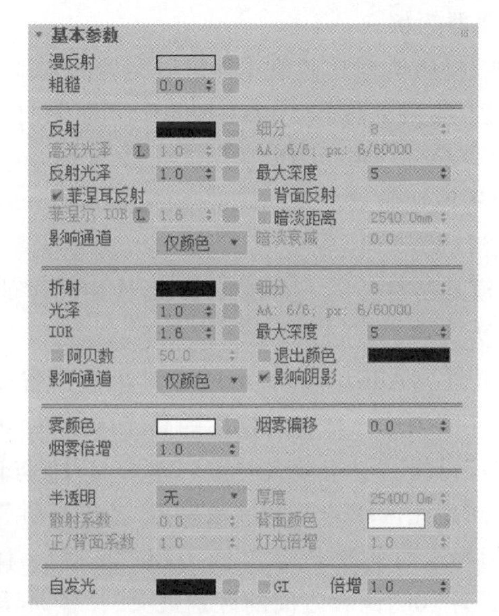

图 3-2　材质示例窗调整

3.1.1　物体的受光原理

如果要对材质进行设置，要先了解物体的受光原理，因为世界中的显示光线都是有方向的，所以受光的一面比较亮，背光的一面相对暗。学过美术明暗关系的人都应该明白，在画素描时画面表现的就是光线的明暗变幻。任何物体受光后所表现出来的整体效果都是相同的。但是由于物体表面的属性不同，有的反射光线能力强一些，而有的反射光线能力弱一些。还有某些物体自身具有自发光功能，其效果就又不同了。

在一个光源的照射下，物体具有高光区、过渡区及阴影区。在 3ds Max 2018 中也分高光区、过渡区及阴影区，通过这几个区域可以调节模型的反光量、反光强度等，结果如图 3-3 所示。

1. 材质的明暗模式

(1) 材质的受光原理反映了所有物体的共性，不同类型的材质又有各自的一些特性，例如有强烈反射光线特性的不锈钢材质和普通的木纹材质所表现出来的效果是不同的，3ds Max 2018 将这种材质间的差异用明暗模式来加以区别。

Note

图 3-3　光线的明暗变幻

在 3ds Max 2018 中选择“标准”(Standard)材质类型,在本书的其他章节中将以 V-ray 材质编辑器为例。

(2)“标准”材质类型是其他几种材质类型的基础。标准材质提供了 8 种典型的明暗模式,分别为“各向异性”(Anisotropic)、“宾士”(Blinn)、“金属”(Metal)、“多层”(Multi-Layer)、“Oren-Nayar-Blinn”、“平滑”(Phong)、“具有简单的光影分界线”(Strauss)、“半透明明暗器”(Translucent Shadier)。这 8 种明暗模式的区别在于它们处理明暗与光滑的方法不同。

(3) 明暗模式是材质的一种基本参数,使用同样的反光设置以及同样的贴图效果,得到的结果也大为不同,下面简单介绍一下。

① “各向异性”(Anisotropic):适合对场景中省略的对象进行着色。该明暗模式最适合在椭圆表面创建一种各向异性的高光区效果,例如毛发、玻璃以及绒毛面金属等物体。使用“各向异性”明暗模式时,3ds Max 2018 将计算从物体的两个正交方向看上去所得到的不同高光区域的差别。如果将“各向异性”参数设置为 0 时,这两个方向是没有区别的,因为这时的效果是如“宾士”和“平滑”一样的圆形高光区域。如果将“各向异性”参数设置为 100,两者之间的区别最大。“各向异性基本参数”面板如图 3-4 所示。

② “宾士”明暗模式:默认的着色方式,与“平滑”相似,适合为大多数普通的对象进行渲染。在 3ds Max 2018 中最为常见,它是在 3ds Max 2.0 版本的“平滑”明暗模式上发展出来的,两者之间差别不大,而且有着共同的基本参数控制。它也是 3ds Max 2018 默认的明暗模式。“Blinn 基本参数”面板如图 3-5 所示。

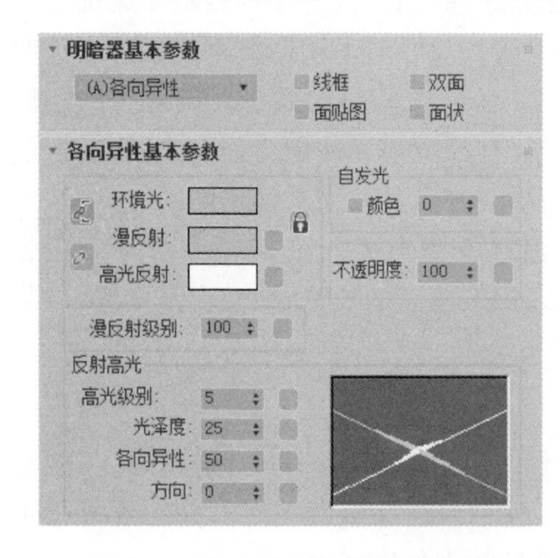

图 3-4　“各向异性基本参数”面板

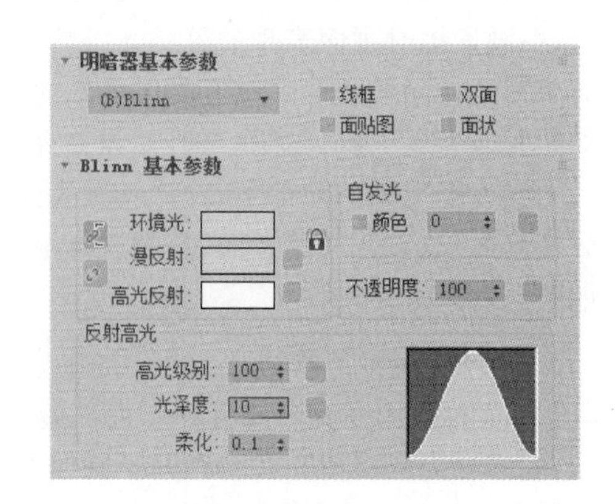

图 3-5　“Blinn 基本参数”面板

Note

③ “平滑”明暗模式：以光滑的方式进行着色，效果柔软细腻。能够计算出更为精确的细微变化，尤其是在高光区边缘的差别就更为明显一些。这种类型常用于表现玻璃制品、塑料等非常光滑的表面，它所呈现的反光是柔和的，这一点区别于“宾士”明暗模式。“平滑”的基本参数面板如图 3-6 所示。

④ “金属”明暗模式：专门用作金属材质的着色方式，体现金属所需的强烈高光。“金属”明暗模式在高光区有自己独特的计算曲线，它根据过渡区颜色计算出高光区应该有的颜色，而不像其他模式那样可以由用户指定高光区颜色，因此它们的参数面板也就大不相同，“金属基本参数”面板如图 3-7 所示。

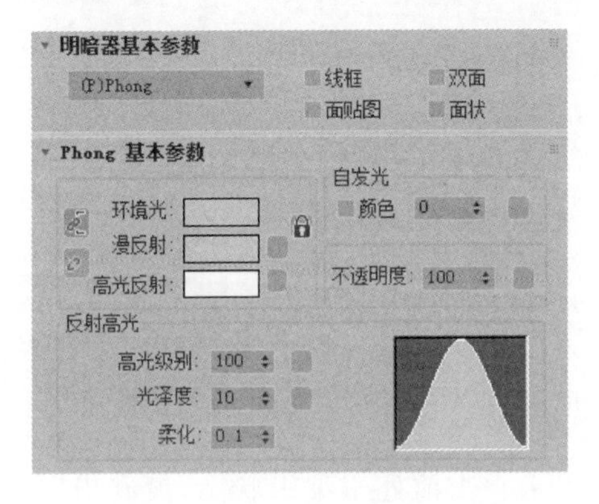

图 3-6　“Phong 基本参数”面板

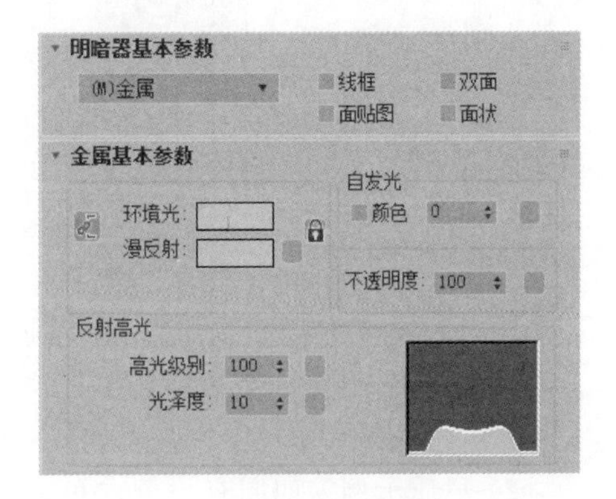

图 3-7　“金属基本参数”面板

⑤ “多层”明暗模式：对表面特征的复合对象着色。它包含两个光线反射控制，这两个反射控制就像层一样可以叠加反射效果，每一个反光都可以拥有不同的颜色和角度，适用于表现抛光的表面特殊效果，例如缎纹、丝绸和光芒四射的油漆等（其中粗糙度为表面粗糙度，值为 0 时，与使用“宾士”效果一样）。用它可以创建一些更为精确的反光效果以及一些特效等，参数面板如图 3-8 所示。

⑥ “Oren-Nayar-Blinn”明暗模式：为表面粗糙的对象如织物等进行着色的方式。它包括对“漫反射”的一些高级控制，如“漫反射”等级和粗糙度等。使用这些附加控制可以制作出一些表面粗糙效果，最适合应用在布料和瓦罐等物体上，一些织物和陶器的效果也可以用于模拟布、土坯和人的皮肤等效果，参数面板如图 3-9 所示。

⑦ “具有简单的光影分界线”明暗模式：也用于金属材质，它是 metal 的简化版，参数较少。但比金属材质做出的金属质感要好，制作的材质比较逼真。但不能调整自发光。

⑧ “半透明明暗器”明暗模式：专用于表现半透明的物体表面，例如蜡烛、玉饰品、彩绘玻璃等。

2. 为物体指定材质

在 3ds Max 2018 中主要是靠材质示例窗边框来区分不同的状态。材质示例窗在材质编辑窗口中一般可以有 4 种状态，如图 3-10 所示。

(1) 材质示例窗没有边框：表示它既没有指定给场景的某个物体，也不处于编辑状态，如图 3-10(a)所示。

Note

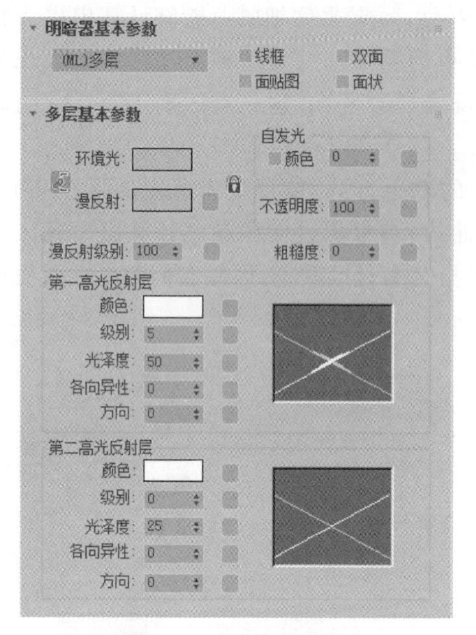

图 3-8 “多层”明暗模式

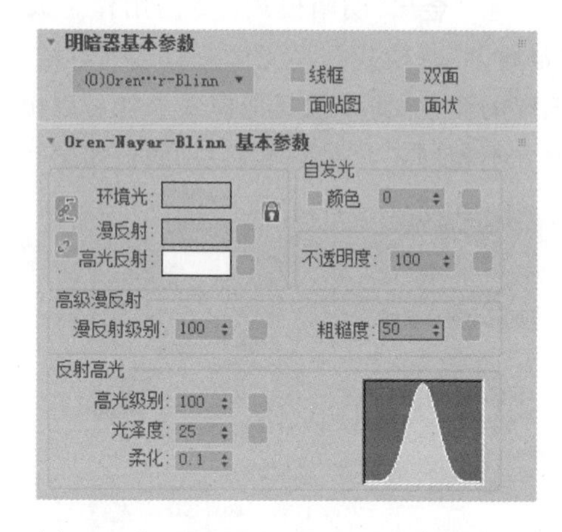

图 3-9 “Oren-Nayar-Blinn 基本参数”面板

(2) 材质示例窗四周有一个白色的边框：表示它当前处于编辑状态，没有指定给场景中的某个物体，如图 3-10(b)所示。

(3) 材质示例窗口四个角出现白色的小三角：表示该材质已经指定给了场景中的某个物体，如图 3-10(c)所示。

(4) 材质示例窗口既有白色边框又有白色小三角：表示该材质已经指定给物体且当前处于编辑状态，如图 3-10(d)所示。

(a) (b) (c) (d)

图 3-10 材质球的 4 种状态

经前面介绍了解使用材质编辑器的简单流程后，将简单木纹材质指定给物体，下面举例说明。

(1) 在场景中创建柜子模型，并对模型进行适当的修改，如图 3-11 所示。

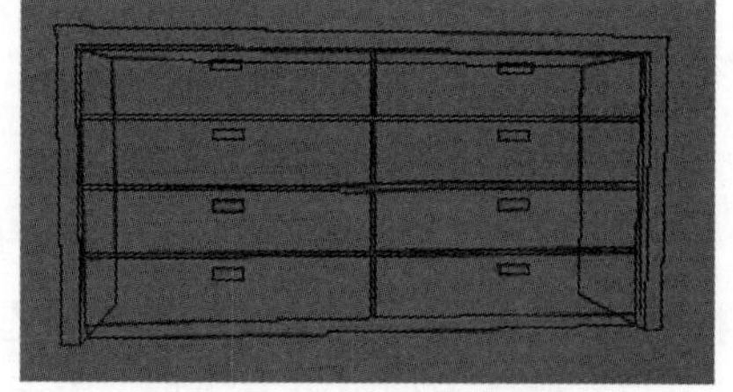

图 3-11 创建柜子模型

(2) 确认场景中模型处于被选中状态，按下快捷键“M”，打开“材质编辑器”。当前“材质编辑器”中显示都是 3ds Max 2018 默认材质。

(3) 打开“材质/贴图浏览器”，在左上角的

下拉菜单中，选择“显示不兼容”选项，如图 3-12 所示，则显示材质库，可从中调用已有的材质。

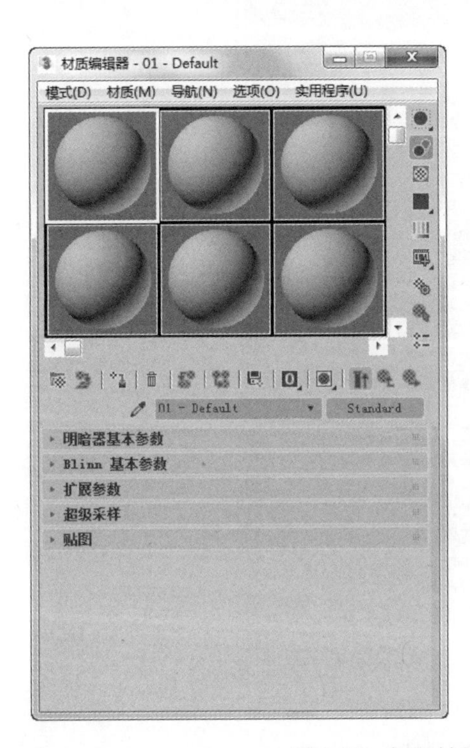

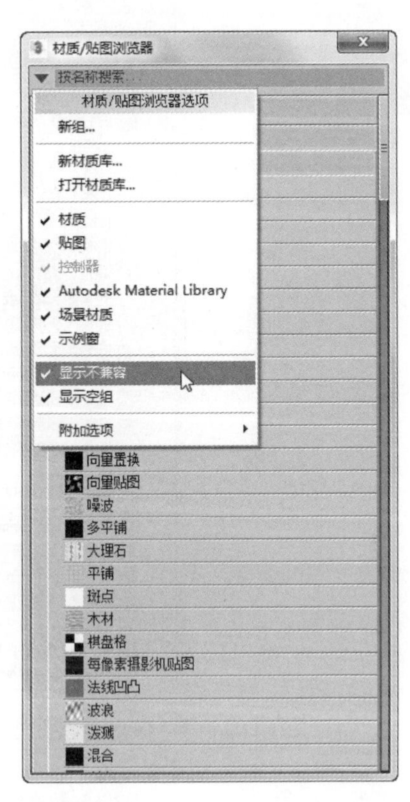

图 3-12　打开材质/贴图浏览器

(4) 在“材质库”中展开“木材”卷展栏，如图 3-13 所示，从中选择一种材质赋予柜子即可。

注意：

指定材质前图形是被选中状态。

(5) 单击“材质编辑器”中的按钮 ，将材质赋予场景中的柜子，并单击 按钮，使场景中的物体显示材质效果。在“透视图”中按 F9 键进行快速渲染，得到效果如图 3-14 所示。

(6) 在上面的例子中使用了材质编辑器、材质/贴图浏览器，并学会了如何给场景中的物体赋予设置好的材质。

知识点提示：

材质示例球显示了材质的预览效果，它是材质编辑器中最显著的一个区域，材质示例球的下方和右侧包含了一系列针对材质的工具按钮，工具按钮下方的下拉列表显示了当前材质的名称。

在定义一个新的材质球时或是在场景中创建新的材质球时，应该给材质指定一个名称，这样有利于对复杂场景的材质管理，否则，当材质球创建复杂场景中的某一个物体的材质时将不知编辑的是哪一部分材质，造成图形材质的混乱。

Note

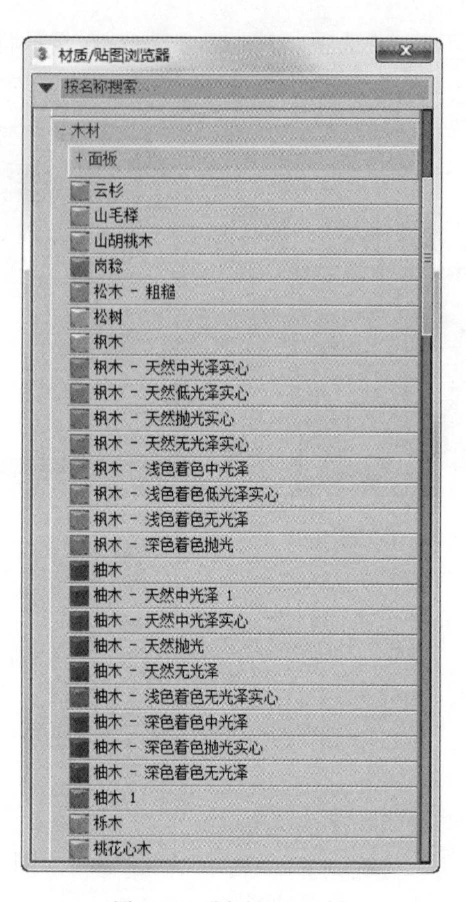

图 3-13 “木材”卷展栏

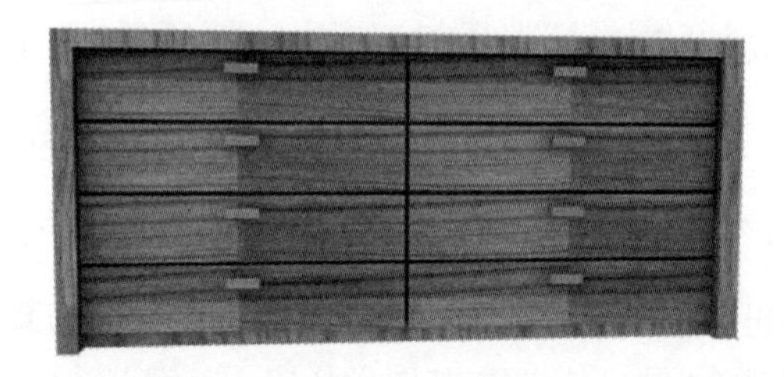

图 3-14 赋予材质

默认情况下材质编辑器中依次可以看到 6 个材质球，那是 3ds Max 2018 默认材质编辑器的初始状态，而实际上可以看到 24 个材质球，在材质球上单击鼠标右键，在弹出的对话框中可以增加材质球的个数，如图 3-15 所示。

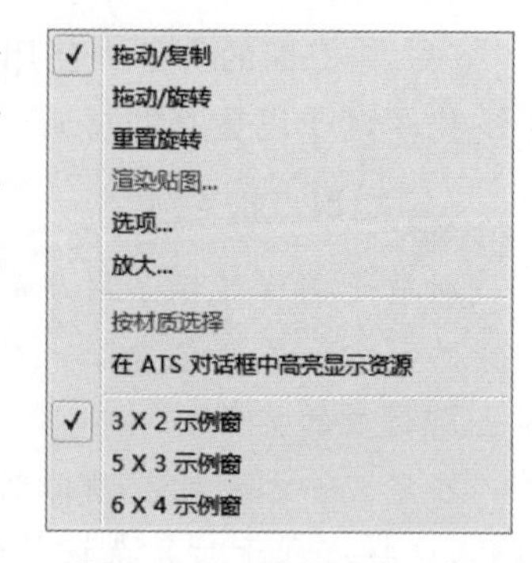

图 3-15 3 种形式的选择

知识点提示：

尽管在材质编辑器中有 24 个材质球，但是一个场景可以包含无数个材质，当将材质示例球代表的材质赋予

物体后，就可以继续使用这个示例球为场景中其他物体赋予材质或创建一个新材质，而原来赋予材质的物体，并不会受到影响。

Note

3. 保存材质

材质编辑器中的材质以及已经指定给物体的材质都是3ds Max 2018场景的一部分，这些材质都保存在场景文件中。但是对于一些非常复杂的场景，不可能将所有的材质都同时显示在材质编辑器中，用户可以把这些材质放到材质库中，以实现对材质的保存。在以后的使用中也可以随时根据需要调用自己保存好的材质，材质库是单独的文件，默认在3ds Max 2018的子目录中。

（1）首先设置好材质，然后单击"材质编辑器"下方横排工具栏中的▩按钮，打开"材质/贴图浏览器"。在左上角处单击▼按钮，打开下拉菜单，如图3-16所示。

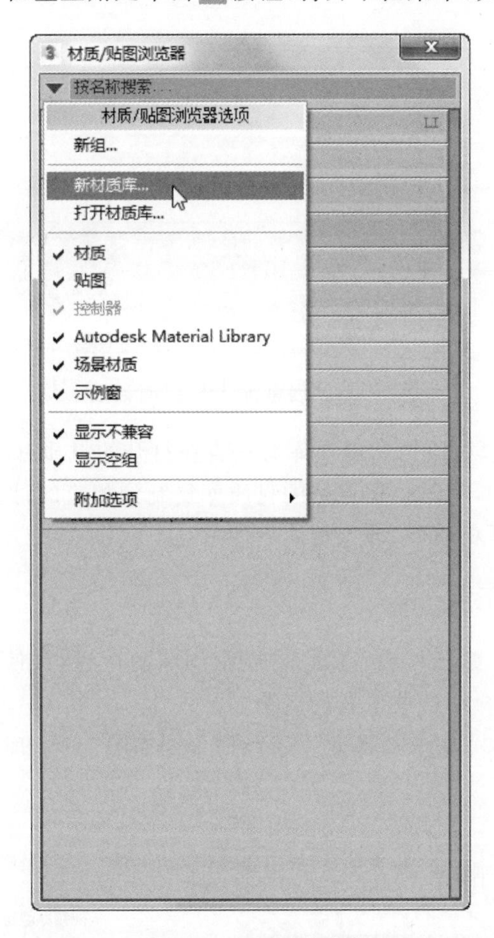

图3-16　打开下拉菜单

（2）从中选择"新材质库"选项，打开"创建新材质库"对话框，如图3-17所示，单击"保存"按钮即可。

（3）如果需要继续保存其他材质的话，只需打开之前保存的材质库，然后在"材质编辑器"上单击"放入库"按钮。

Note

图 3-17 “创建新材质库”对话框

(4) 如果不更换此软件的话，材质库会一直在打开的材质/贴图浏览器里。如果需要在其他计算机上使用，只需把保存好的材质库复制到相应的计算机，然后打开“材质/贴图浏览器”，选择打开材质库，导入材质库即可。

3.1.2 材质编辑工具

上节学习了为物体赋予材质及操作材质示例球的过程，并使用了几种材质编辑器中的工具，这里将简单介绍这些工具的名称。

在材质编辑器中水平工具栏和垂直工具栏分别如图 3-18 和图 3-19 所示。

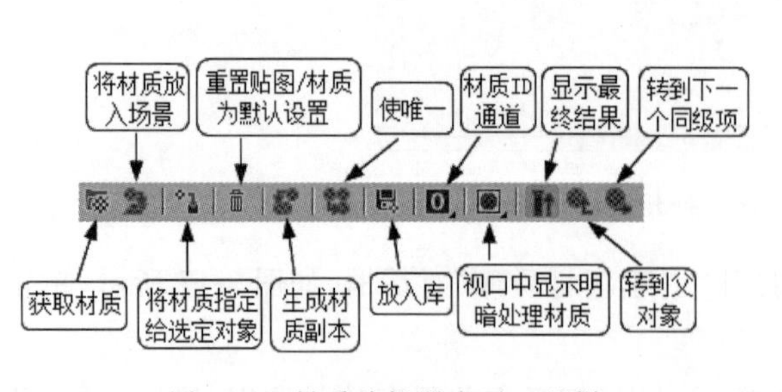

图 3-18 材质编辑器水平工具栏

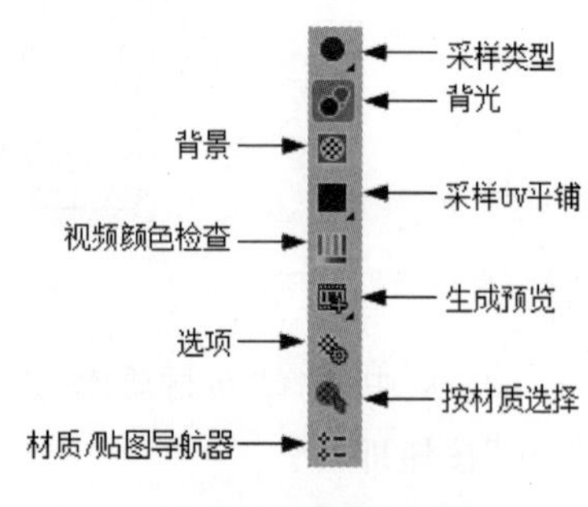

图 3-19 垂直工具栏

Note

3.2　材质类型详解

3.2.1　材质类型介绍

3ds Max 2018 中的材质用来定义场景中物体的反射或传输管线属性，用户可以将材质赋予不同的物体或所有选择物体，一个场景可以包含多种不同的材质，不同类型的材质用途不同。

(1)“标准”(Standard)材质：默认的材质类型，适用于各种模型的表面以及参数控制。

(2)“光线跟踪”(Ray Trace)材质：能够创建真实的反射与折射跟踪效果，同时也适合创建雾效、半透明、荧光以及其他效果。

(3)“无光/投影”(Matte/Shadow)材质：该材质是一种特殊的材质，其特点是使用该材质的物体本身渲染是不可见的，而且能够遮挡住它后边的所有对象。另外，使用了“无光/投影”材质的对象可以在背景上设阴影，也可以接收反射。

(4)“复合”(Compound)材质：其他类型的材质都被归纳为复合材质类型，包括“混合”(Blend)材质、“合成”(Compose)材质、“双面”(Double-Sided)材质、“变形器”(Morph)材质、“多维/子对象”(Multi/Sub-Object)材质、“虫漆”(Shellac)材质等。

(5)“高级照明覆盖”(Advanced Lighting Override)材质：通常是基本材质的补充，可以设置高级灯光对该物体材质进行渲染，如反射程度、折射程度。

(6)“建筑”(Architectural)材质：用于建筑专业中材质感的表现，同时比较善于表现全局渲染和光影跟踪的效果。

3.2.2　标准材质属性

“标准”材质是材质编辑器中材质示例球的默认类型，3ds Max 2018 中的材质类型对此作了调整，它提供了一种比较简单、直观的方式来描述模型表面属性，物体表面的外观取决于它反射光线的性质。在 3ds Max 2018 中，标准材质模拟的物体表面具有反射光线的属性，如果不使用贴图，标准材质将使用物体显示单一颜色。

1. 基本着色方式

(1) 标准材质的基本着色参数位于材质编辑器的“明暗器基本参数”(Shader Basic Parameters)卷展栏中，用户可以在材质编辑器中设置明暗方式以及其他显示形式等，如图 3-20 所示。

(2) 为材质选择明暗模式。在材质编辑器中单击选择一个未使用的示例球。

(3) 在基本参数中提供了 4 种类型的显示，单击 4 种类型中的任意复选框，材质球将以不同形式显示。如选中第一个“线框”前的复选框，材质球将以线框形式显示，如图 3-21 所示。

图 3-20 “明暗器基本参数”

图 3-21 线框形式

2. 基本参数

对每种材质类型来说，选择不同的明暗模式，其基本参数都是不同的。其中的“宾士”是 3ds Max 2018 中标准材质默认的明暗模式。下面具体介绍“宾士”明暗模式下的基本参数设置。

(1) 标准材质的“宾士”明暗模式下，“基本参数”(Basic Parameters)卷展栏如图 3-22 所示。

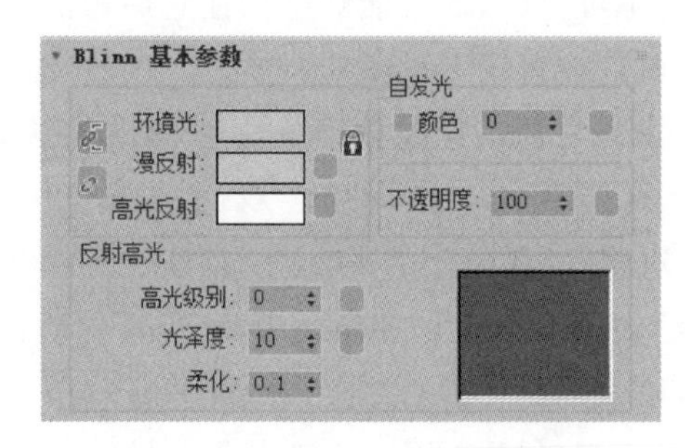

图 3-22 “Blinn 基本参数”卷展栏

① “环境光”(Ambient)：用于控制阴影区颜色。

② “漫反射”(Diffuse)：用于控制过渡区颜色。

③ “高光反射”(Specular)：用于控制高光区颜色。单击其后面的颜色按钮，可以打开“高光颜色”对话框，在其中选择需要的颜色，如图 3-23 所示。为了方便用户对颜色进行修改，材质编辑器允许用户通过拖动的方法复制颜色，将两种颜色锁定在一起，如图 3-24 所示。

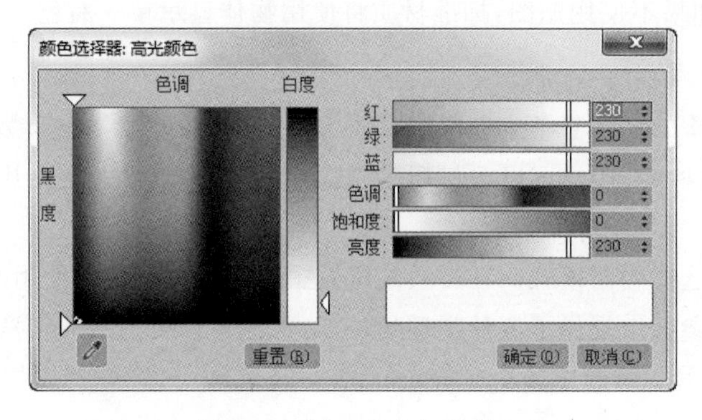

图 3-23 “高光颜色”对话框

Note

(2)“自发光”(Self-Illumination)选项组：可以设置材质的自发光属性使物体产生自发光效果，同一材质，设置自发光后的效果可能变化很大，如图 3-25 所示。

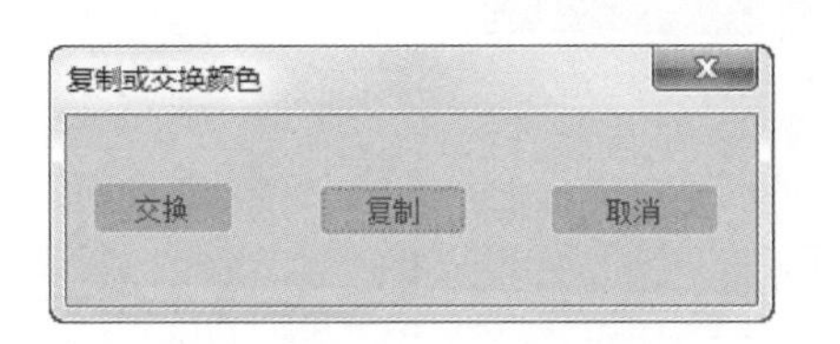

图 3-24　用拖动的方法复制颜色

图 3-25　自发光后的效果

用户可以在“颜色”(Color)右侧的微调框中输入自发光数值，也可以单击“颜色”左侧的复选框，此时原来的微调框变为颜色按钮，单击该颜色按钮，在弹出的调色板对话框中可以选择自发光颜色。

① “不透明度”(Opacity)选项组：用于设置材质的透明效果，透明度以百分比表示，透明材质在创建玻璃、水面时非常有用，如图 3-26 所示。

图 3-26　透明材质在创建玻璃

② “反射高光”(Specular Highlights)选项组。

a) “高光级别”(Specular Level)：用于设置高光区域的强度。增加该数值，将使光斑更亮，默认值为 5。单击右侧的按钮可以设置贴图。

b) “光泽度”(Glossiness)：设置光斑的大小。增加该值，光斑变小，同时材质也显得更亮，默认值为 25，单击右侧按钮可以设置贴图。

c) “柔化”(Soften)：使高光区域的光斑变得更加柔和。当“高光等级”设置得比较高，而“光泽度”设置得比较低时，就可以在表面得到一个非常刺目的背光效果，最大值为 1，最小值为 0，默认值为 0.1。

d) “光斑曲线图”(Highlight Graph)：该曲线显示了“高光级别”和“光泽度”的调

Note

整效果。如果降低"光泽度"数值,则曲线变得宽一些,如图3-27所示;如果增加"高光级别"数值,则曲线变得高一些。

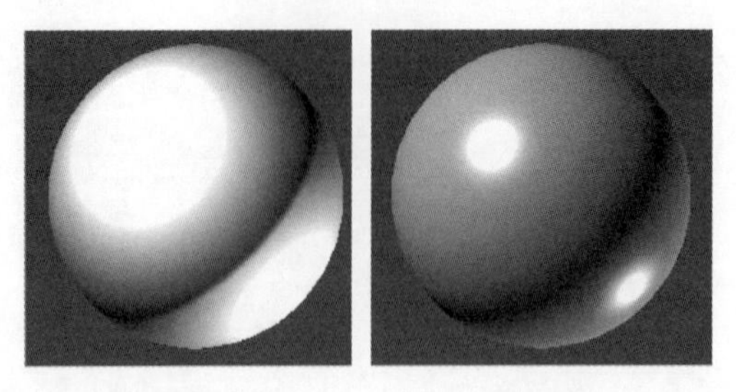

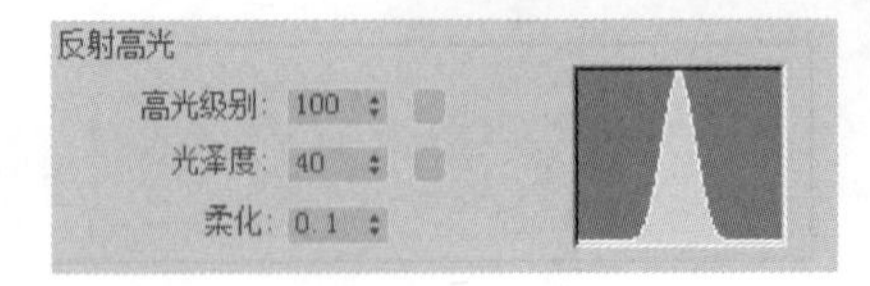

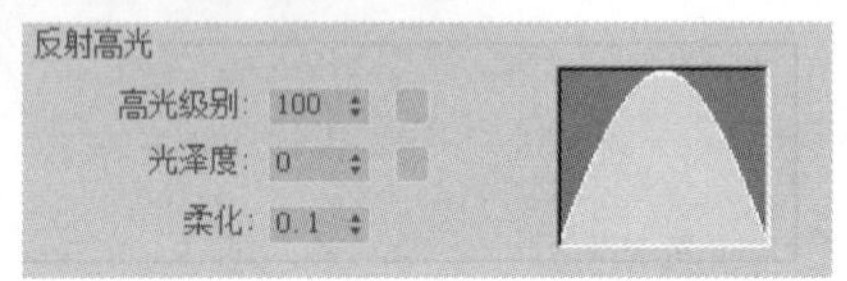

图 3-27 "光斑曲线图"卷展栏

其他明暗模式下的基本参数设置与之相似,不再具体介绍。

3. 扩展参数

标准材质的扩展参数位于"扩展参数"(Extended Parameters)卷展栏中,各种明暗模式的扩展参数都是相同的,如图3-28所示。

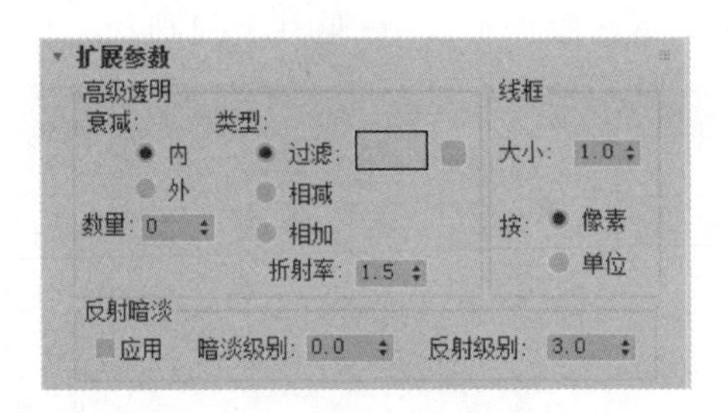

图 3-28 "扩展参数"卷展栏

(1)"高级透明"(Advanced Transparency)选项组,用于控制透明材质的透明度衰减效果。

① 左侧的"衰减"(Falloff)用于设置衰减方式及程度。

a)"内"(In)单选按钮:增加向物体内部的透明度,如玻璃瓶等。

b)"外"(Out)单选按钮:增加向物体外部的透明度,如烟雾等。选择了透明模式后在"数量"(Amt)微调框中设置向内或向外的透明值。

② 右侧的"类型"(Type)用于设置透明方式。

a)"过滤"(Filter)单选按钮:可以设置透明的过滤颜色,如图3-29所示。

b)"相减"(Subtractive)单选按钮:将减去透明表面后面的颜色。

c)"相加"(Additive)单选按钮,将添加透明表面后面的颜色。

d)"折射率"(Index of Refraction):用于设置折射贴图或光影跟踪材质的折射率。折射率是透明物体折射光线的基本属性,不同的折射率,折射效果也不同,空气的折射率为1.0,位于该折射率中的物体不会发生扭曲变形;玻璃的折射率为1.5左右,玻璃

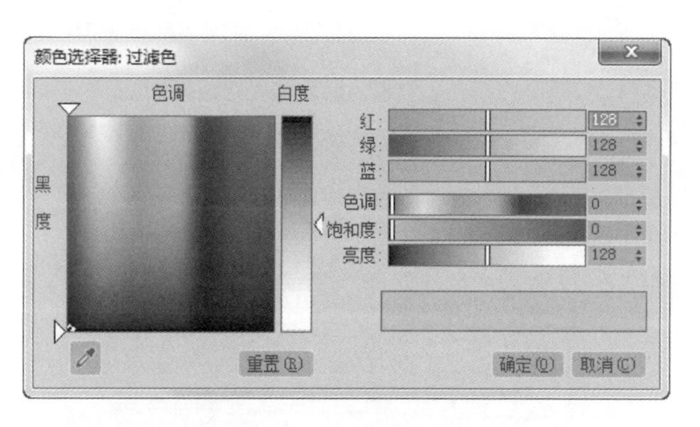

图 3-29 设置过滤颜色

Note

中的物体会产生明显的折射效果。

(2)“线框”(Wire)选项组：用于设置渲染时线框的参数。

“大小”(Size)微调框：用于设置线框的大小。用户可以选择使用像素单位或使用当前所用单位,使用相同的圆为模型,将“大小”分别设置为 1、4、8,得到的球体模型如图 3-30 所示。

  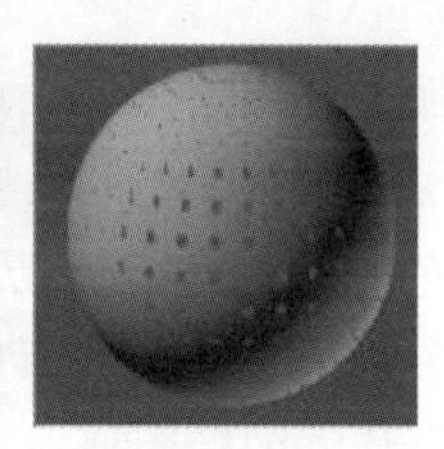

图 3-30 设置线框

(3)“反射暗淡”(Reflection Dimming)选项组：用于阴影模糊反射贴图效果。

① “应用”(Apply)复选框：可启用模糊处理功能。

② “暗淡级别”(Dim Level)：用于设置模糊的程度,数值越小,模糊程度越大。

③ “反射级别”(Refl Level)：用于设置不在阴影区部分的反射程度。

3.2.3 贴图通道与贴图

本节主要介绍 3ds Max 2018 中的贴图原理,以及材质中应用贴图的方法。

1. 贴图卷展栏

贴图不是简单应用在材质中,是需要指定具体应用在哪个贴图通道中,对于标准材质来说,打开“贴图”(Maps)卷展栏,可以看到各种贴图通道,如图 3-31 所示。

(1)“环境光颜色”(Ambient Color)贴图通道：将贴图应用于材质的阴影区,默认为禁用状态,通常不单独使用。

(2)“漫反射颜色”(Diffuse Color)贴图通道：物体过渡区将显示所选的贴图,应用漫反射原理将贴图平铺在对象上,用以表现材质的纹理效果,是最常用的一种贴图。

(3)“高光颜色”(Specular Color)贴图通道：将贴图应用于材质的高光区。

(4)“高光级别”(Specular Level)贴图通道：与高光区贴图相似,但强弱效果取决

Note

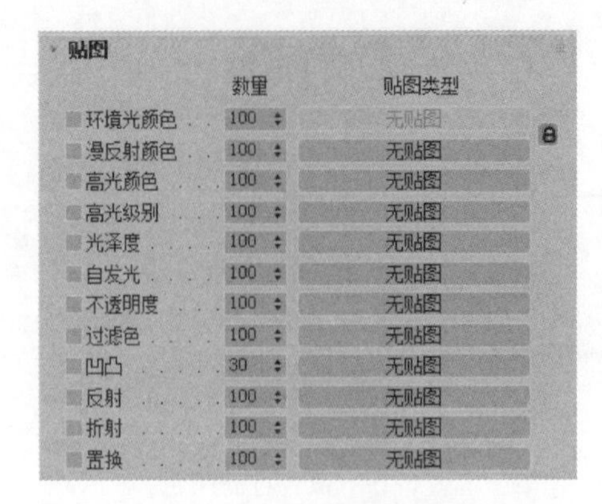

图 3-31 标准材质的“贴图”

于参数区中的高光强度的设置。

(5)“光泽度”(Glossiness)贴图通道：贴图出现在物体的高光处，控制对象在高光处贴图的光泽度。

(6)“自发光”(Self-Illumination)贴图通道：当使用自发光贴图后，贴图的颜色部分会产生发光效果。

(7)“不透明度”(Opacity)贴图通道：依据贴图的明暗程度在物体表面产生透明效果，贴图颜色越深越透明，颜色越浅的地方越不透明。

(8)“过滤色”(Filter Color)贴图通道：根据贴图图像的像素深浅程度产生透明效果，使用“过滤色”贴图通道，可以创建光穿过毛玻璃的效果。

(9)“凹凸”(Bump)贴图通道：贴图颜色浅的部分产生凸起的效果，颜色深的部分产生凹陷的效果，是创建材质的重要方法。

(10)“反射”(Reflection)贴图通道：用于表现材质反射光线效果，是创建反射特效的重要方法。

(11)“折射”(Refraction)贴图通道：用于制作水和玻璃灯材质的折射。

(12)“置换”(Displacement)贴图通道：使物体产生一定的位移，再对物体上的点进行拉伸，使物体产生一种肿胀的感觉。

2. 贴图的使用方法

在了解了可以在哪些贴图通道中使用贴图后，就可以开始学习贴图的使用方法。用位图图像作为贴图是3ds Max 2018贴图中的一种方式，3ds Max 2018还为用户提供了二维贴图、三维贴图、程序贴图、反射贴图与折射贴图等五大类，几十种贴图方式。这些贴图方式一半都可以应用于材质的各种贴图通道中，从而产生了变化无穷的贴图组合方式，也就产生了千变万化的贴图效果。

(1) 为物体设置贴图坐标可以使用“UVW贴图”(UVW Map)修改器，如果不设置贴图坐标，在渲染时3ds Max 2018会提示某些物体需要设置贴图坐标。

(2) 在为物体指定了贴图后，就应该为其添加“UVW贴图”修改器。单击“修改列表”(Modify List)命令面板中的“修改列表”下拉列表，在弹出的下拉列表中选择“UVW贴图”修改器，如图3-32所示。

(3) 用户可以通过移动、旋转及缩放贴图来调整位置。在“修改列表”面板的“参

数"卷展栏中显示了可以应用的坐标方式以及贴图调整工具。在命令区中包含了使用坐标的方式，如图 3-33 所示。

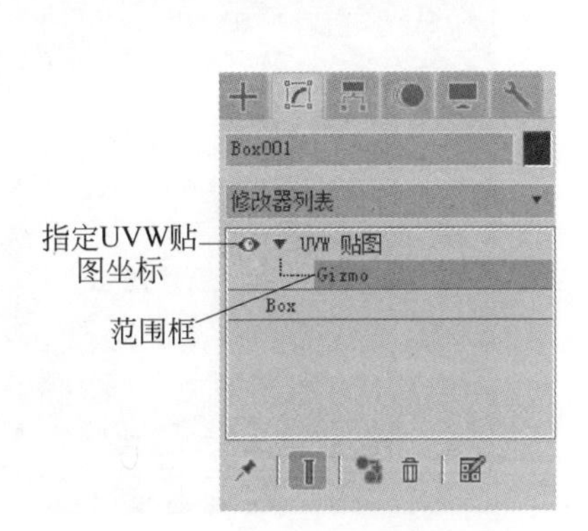

图 3-32　"UVW 贴图"修改器

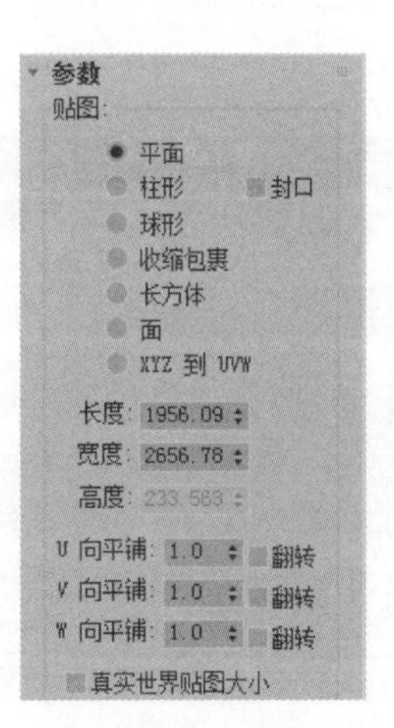

图 3-33　使用坐标的方式

① "平面"(Planar)贴图：它将贴图以平面的形式贴在物体的表面，如图 3-34 所示。

② "柱形"(Cylindrical)贴图：它将贴图以圆柱的形式贴在物体的表面，如果选择其右侧"封口"(Cap)复选框，则圆柱的上下两个底面也会出现，如图 3-35 所示。

图 3-34　"平面"贴图

图 3-35　"柱形"贴图

③ "球形"(Spherical)贴图：将贴图以球体的形式贴在物体表面，如图 3-36 所示。

④ "收缩包裹"(Shrink Wrap)贴图：收缩式贴图，它也是球形贴图的一种，但是会截取图像的四角，产生一种单一的收缩效果，如图 3-37 所示。

⑤ "长方体"(Box)贴图：长方体贴图是给场景对象 6 个表面同时赋予贴图的一种贴图方式，如图 3-38 所示。

⑥ "面"(Face)贴图：对物体每一个小面都进行贴图。

图 3-36　"球形"贴图

Note

⑦ XYZ到UVW(XYZ to UVW)贴图：使三维程序贴图按照UVW坐标进行贴图，该属性会强制三维贴图与物体表面的结合，如果物体延长，则三维物体程序贴图也相应延长。

图3-37 “收缩包裹”贴图

图3-38 “长方体”贴图

3.3 灯光分类

3.3.1 标准灯光

3ds Max 2018中的标准灯光是用计算机模拟现实中的灯光效果，一般日常生活中常见的灯光都可以通过标准灯光进行模拟，比如室内人造光源和室外阳光等。标准灯光包括多种类型，每种类型的灯光因为其照射方式不同，作用不同，应用的场合也不同，产生的效果和编辑方式也不一样。在3ds Max 2018中，可以在创建面板或者通过菜单栏的“创建”(Create)命令进行标准灯光的创建，如图3-39所示。

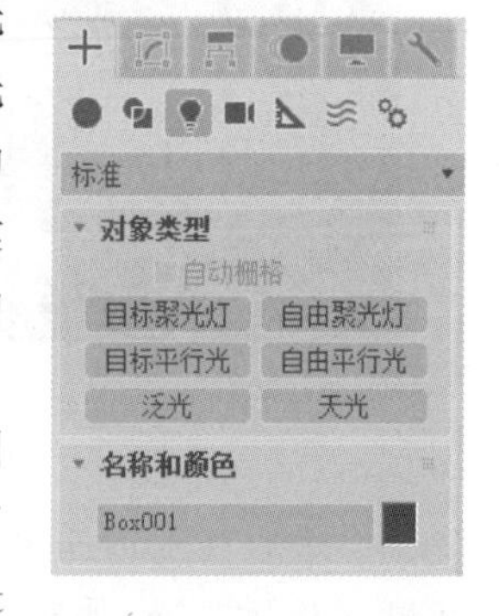

图3-39 “标准”灯光

首先在3ds Max 2018界面右侧的控制面板中单击“创建”按钮，进入创建面板，单击“灯光”(Light)按钮，在下拉列表中选择“标准”创建方式。下面的“对象类型”(Object Type)卷展栏中列出了6种标准灯光的创建按钮，即“目标聚光灯”(Target Spot)、“自由聚光灯”(Free Spot)、“目标平行光”(Target Direct)、“自由平行光”(Free Direct)、“泛光”(Omni)和“天光”(Skylight)。

3.3.2 光度学灯光

“光度学”(Photometric)灯光是采用光度测量值表示的灯光，它可以通过现实灯光物理属性的精确数值准确地进行模拟。使用“光度学”灯光，可以很容易地解决一些标准灯光不能达到或者难以达到的效果，比如气温的控制、光域网的使用。“光度学”灯光

在某些场景的创建中起到了巨大的作用，它为用户提供了一种快捷方便的灯光模拟方式，如图 3-40 所示。

在“创建”命令面板中单击“灯光”按钮，在下拉列表中选择“光度学”创建方式，“光度学”对灯光作了一定的整合，物体类型卷展栏中即可显示出 3 种“光度学”灯光的创建按钮，它们分别是：“目标灯光”(Target Light)、“自由灯光”(Free Light)和“太阳定位器”(Sun Positioner)。

使用光度学灯光，配合光能传递渲染的使用，可以创作出更加真实的效果图。

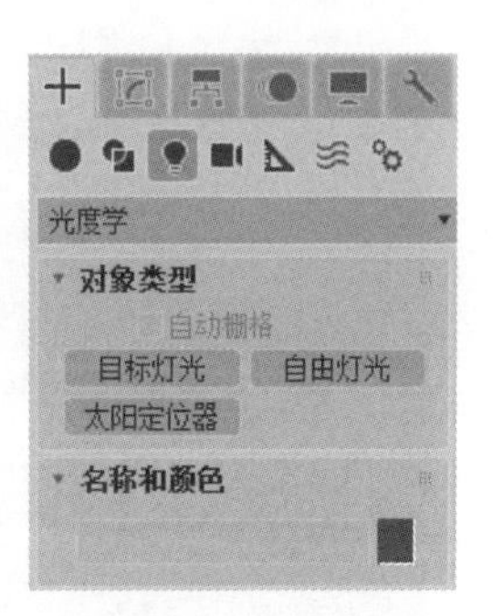

图 3-40　“光度学”灯光

Note

3.4　灯光的基本操作

3.4.1　创建灯光

3ds Max 2018 中的灯光创建可以分为目标点灯光创建和无目标点灯光创建，下面分别以目标聚光灯和泛光灯为例进行灯光创建的讲解。

1. 目标聚光灯的创建

(1) 在 3ds Max 2018 的创建面板中单击“灯光”按钮，在下拉列表中选择“标准”创建方式。

(2) 展开“创建类型”(Create Object)卷展栏，单击“目标聚光灯”按钮。

(3) 在场景中任意视图的合适位置单击，首先确定目标聚光灯的发光点，之后拖动鼠标，在合适位置单击，确定灯光的目标点，目标聚光灯创建完成，结果如图 3-41 所示。

2. 泛光灯的创建

(1) 在 3ds Max 2018 的创建面板中单击“灯光”按钮，在下拉列表中选择“标准”创建方式。

(2) 展开“创建类型”卷展栏，单击“泛光”按钮。在场景中任意视图的合适位置单击，泛光灯创建完成，结果如图 3-41 所示。

3.4.2　灯光的基本控制方法

1. 灯光的选择

灯光的选择是对灯光进行编辑的基础，因此我们需要了解灯光的选择方法和特点。当选择有发光点的对象，例如目标聚光灯时，单击发光点和目标点的作用是不一样的。如果想改变发光点位置，进入修改面板设置参数时，可以选择灯光的发光点；如果选择灯光的目标点则只能改变该点的位置，但是不能修改灯光的参数。如果想选择无目标点物体，例如泛光灯，则只需要单击灯光本身即可。

在以后的室外效果图制作中，模型往往比较复杂，灯光会隐藏在众多模型中，难以选择，此时可以按名称来选取灯光。

Note

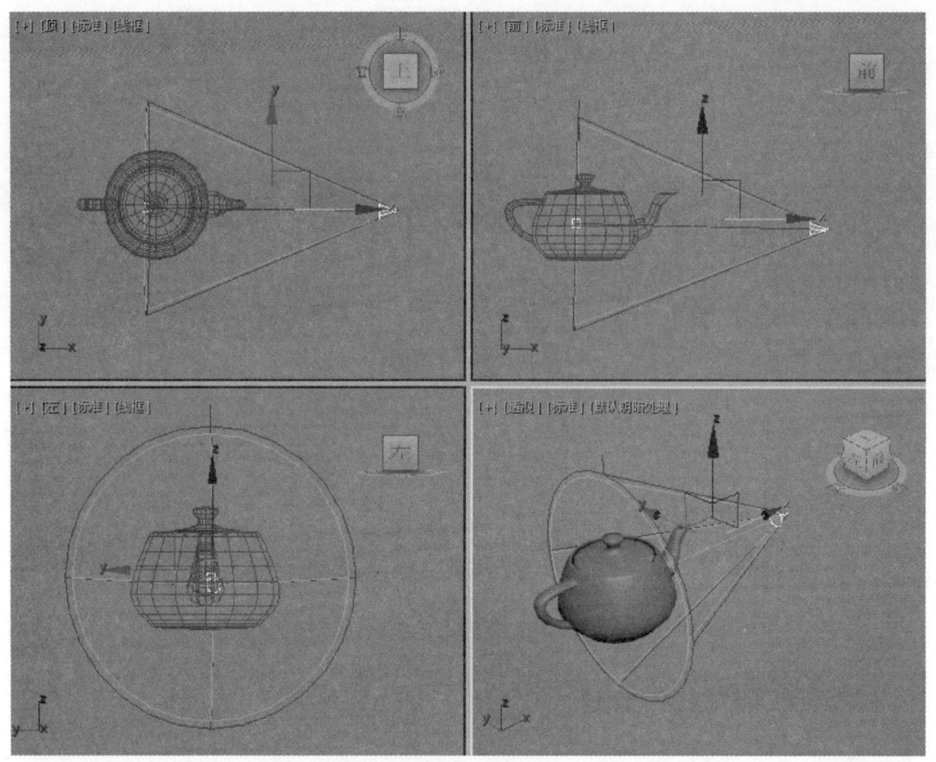

(a) 创建目标聚光灯

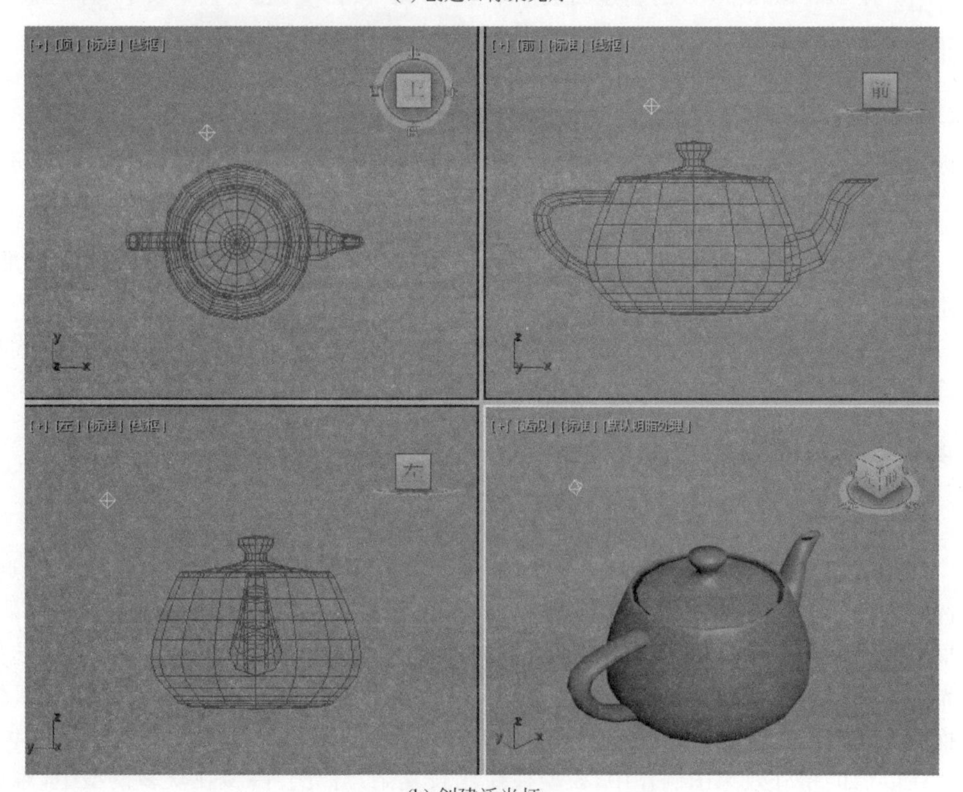

(b) 创建泛光灯

图 3-41　目标聚光灯和泛光灯的创建

Note

2. 灯光的移动

如果想改变灯光的位置或者照射角度，最直接的方法就是移动灯光。移动灯光的操作比较简单，但是如果要移动的物体是有发光点的灯光，例如目标聚光灯，移动的结果与选择的点具有一定的关系。单独选择发光点或目标点、同时选择发光点和目标点进行移动的结果不同，要根据实际需要进行选择。在视图中创建一盏“目标聚光灯”(Target Spot)，仔细观察灯光与物体的位置关系，以及灯光发光点与目标点的位置关系。下面将分别移动发光点和目标点，整体移动发光点，来观察产生的变化。

(1) 单独选中灯光的发光点进行移动，可以发现发光点和目标点的相对位置改变，灯光的照射角度发生了变化，但是目标点位置不变，如图 3-42 所示。

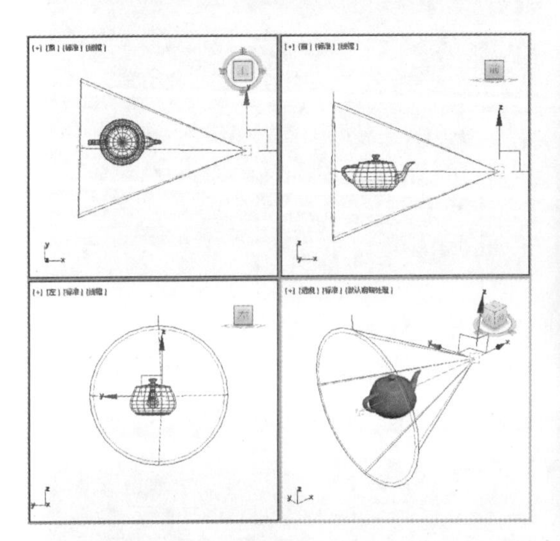

(a) 移动发光点前渲染结果

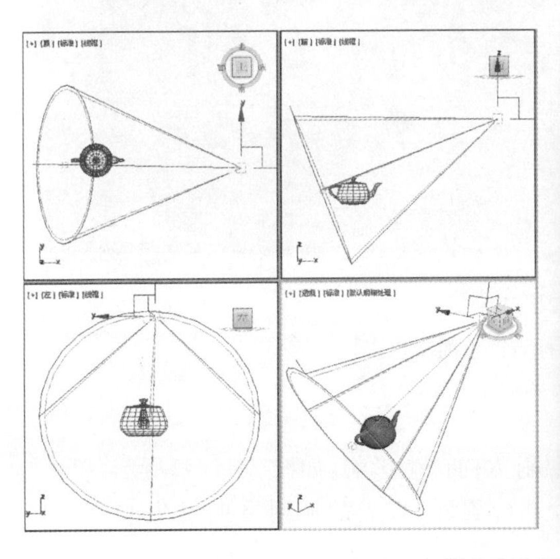

(b) 移动发光点后渲染结果

图 3-42　移动发光点产生的变化

Note

（2）单独选中灯光的目标点进行移动，可以发现发光点和目标点相对位置改变，照射角度也发生了变化，但是发光点的位置不变。同时选中灯光的发光点和目标点进行移动，可以发现灯光的照射角度不变，发光点和目标点的相对位置不变，但是整体灯光和被照射物体之间产生了位置的变化，结果如图 3-43 所示。

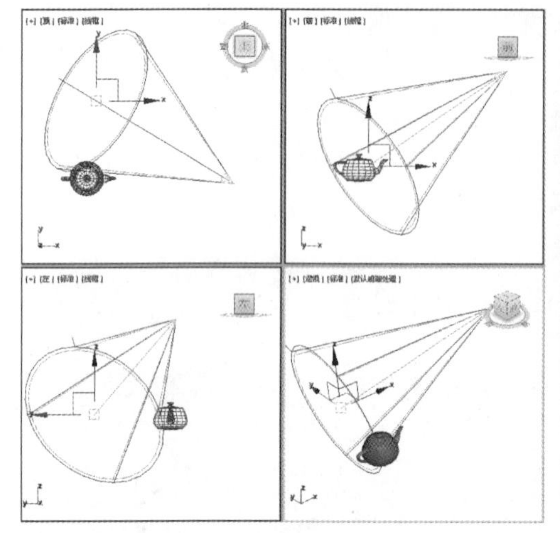

(a) 移动目标点前渲染结果

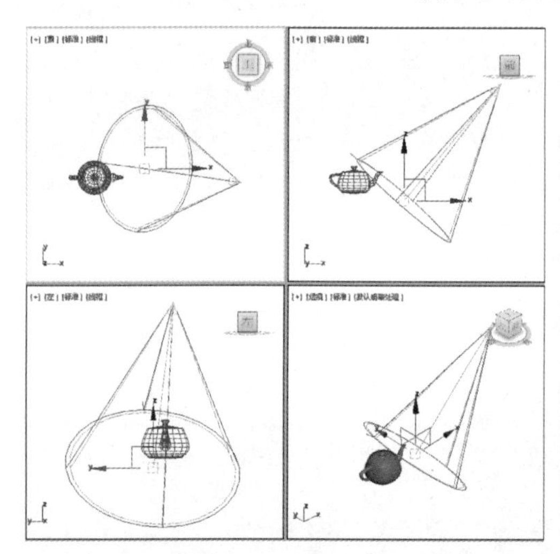

(b) 移动目标点后渲染结果

图 3-43　移动目标点产生的变化

3. 灯光的旋转

（1）对灯光进行旋转操作会对灯光的照射方向产生影响，如图 3-44(a)所示，单击工具栏中的旋转按钮，选中灯光的发光点，进行旋转，灯光的照射方向发生改变，如图 3-44(b)所示。

（2）对于目标类灯光，使用旋转工具无法让灯光按照 X 轴或者 Y 轴旋转，有些灯光在各个方向上发出的光线是一致的，因此不需要进行旋转。

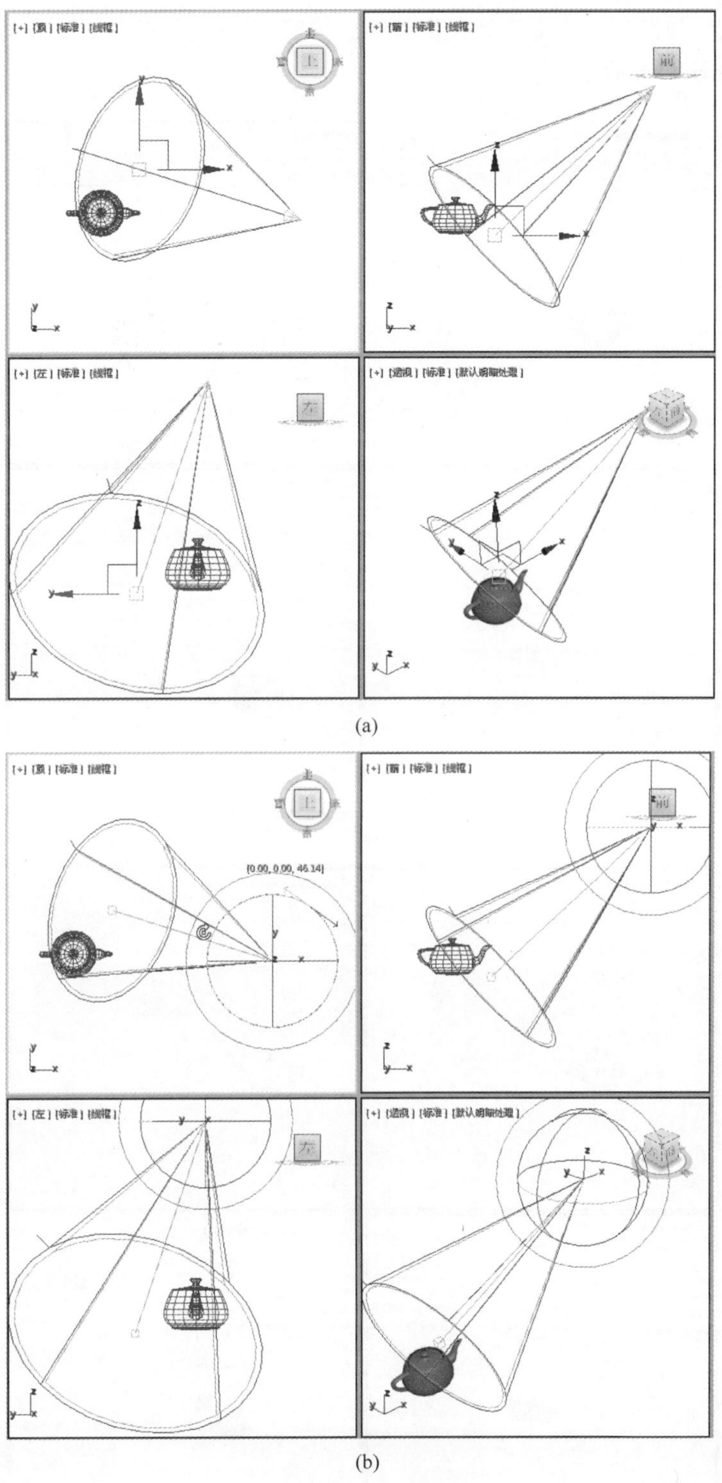

图 3-44　灯光旋转

4. 灯光的缩放

缩放灯光可以改变其照射范围，通常应用于目标点灯光。在缩放灯光时，需要将发

Note

光点与目标点同时选中，单击工具栏中的缩放按钮，对其进行缩放。缩放后产生的照射范围变化，如图 3-45 所示。

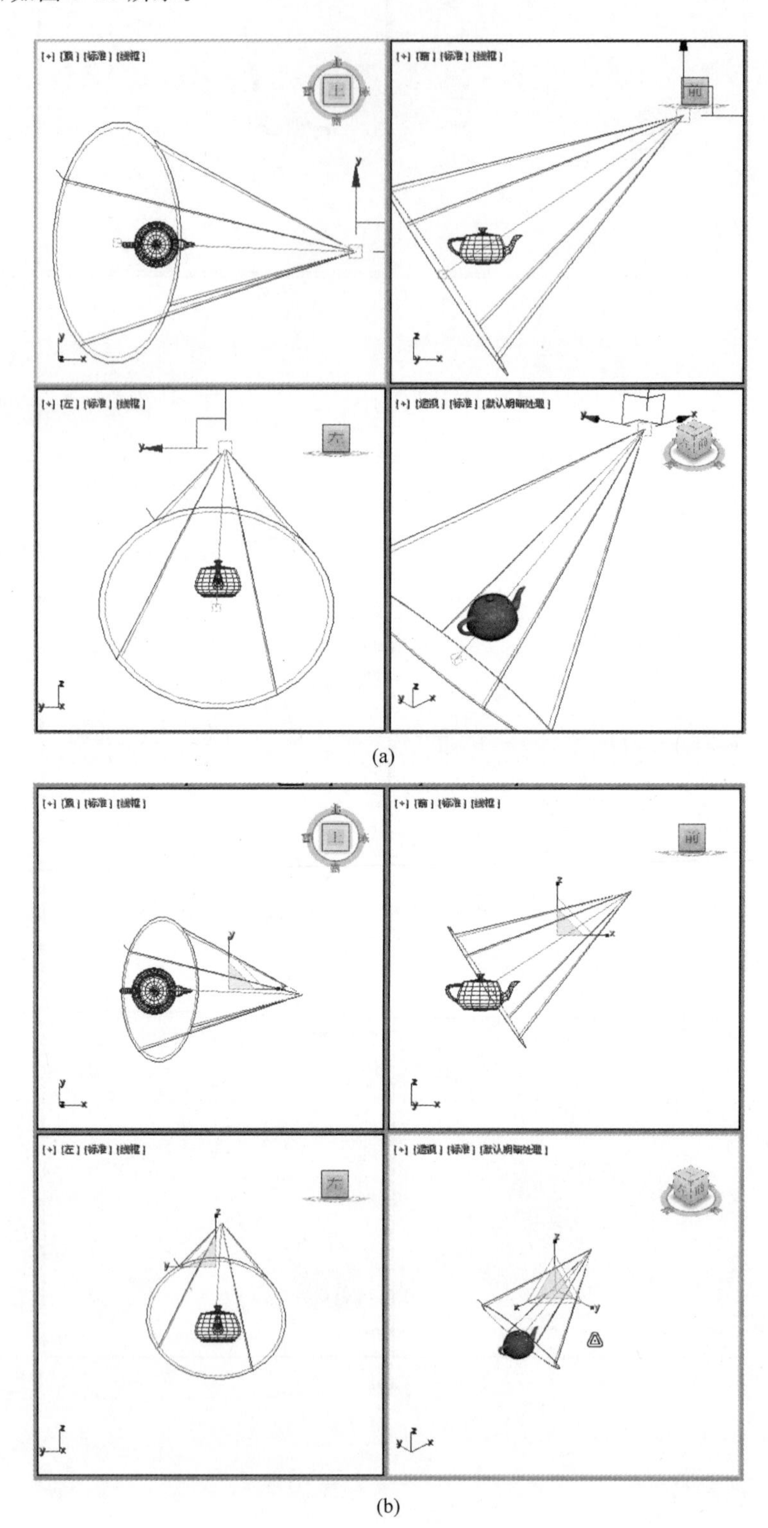

(a)

(b)

图 3-45　灯光的缩放

Note

5. 让灯光投射阴影

现实中的物体在光源照射下，通常会产生阴影。在效果图的制作中，让灯光照射的物体产生阴影也是让效果图更接近真实的方法之一，丰富的光影变化可以让画面更加丰富、逼真。在 3ds Max 2018 中通常会采取两种方法让灯光产生投影。

（1）一种方法是选择灯光的发光点右击，在弹出的快捷菜单中选择“投射阴影”（Cast Shadow）选项，被这个灯光照射的物体就会产生投射阴影。

（2）另一种方法是选中灯光的发光点，在修改命令面板中的“常用参数”（General Parameters）卷展栏中的“阴影”（Shadow）选项组中选中“启用”（On）复选框，被灯光照射的物体就可以投射阴影，如图 3-46 所示。

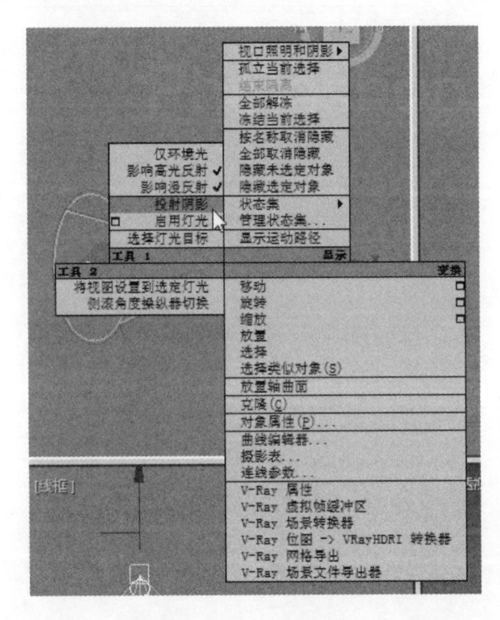

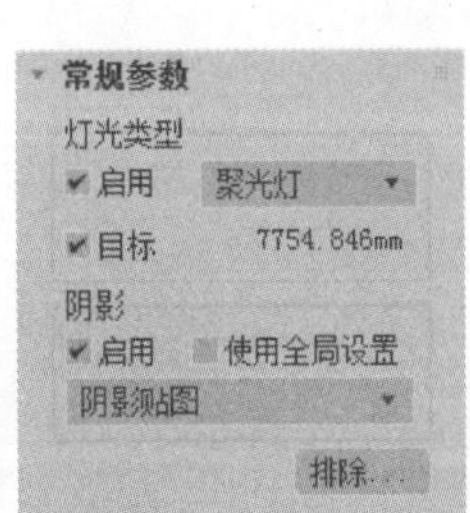

图 3-46　设置阴影

如图 3-47 所示，左边的画面是没有打开阴影的效果，右边是打开阴影的效果，通过对比就可以知道阴影对于画面效果的重要性。

图 3-47　阴影的效果

Note

(3) 在默认的情况下，一旦打开灯光的投射阴影功能，被灯光照射的所有物体都会产生阴影。如果制图过程中某些物体不需要投射阴影，可以单独将这个物体的阴影取消，下面举例说明。

① 选中要取消阴影的物体，右击，在弹出的快捷菜单中选择“对象属性”(Properties)命令，如图 3-48 所示。

② 在弹出的“对象属性”(Object Properties)窗口中选择上方的“常规”(General)标签，在右下角的“渲染控制”(Rendering Control)选项组中有两个可以控制阴影的选项，即“可见性”(Receive)和“接收阴影”(Cast)，可以选中或者取消这两个选项来决定物体是否投射或接收阴影，如图 3-49 所示。

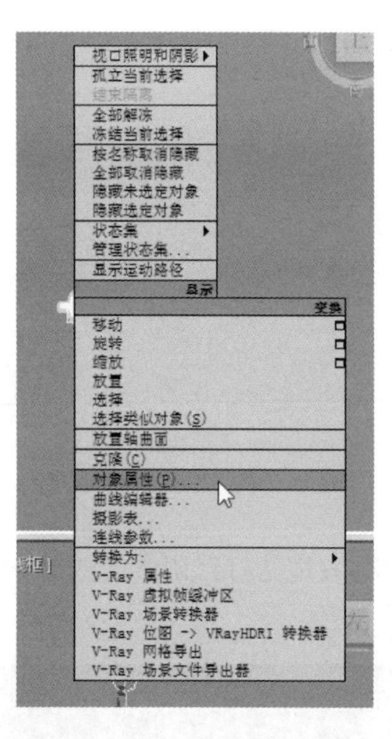

图 3-48　属性快捷菜单

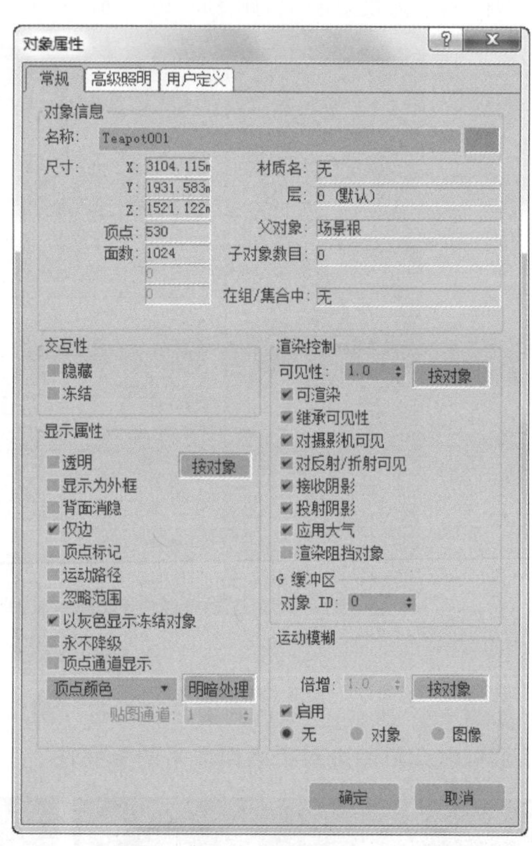

图 3-49　“对象属性”面板

③ 在图 3-50(a)中，茶壶和长方体都正常地投射灯光和接收阴影，这是开启灯光投射阴影后的默认形式；如果选中茶壶，在物体属性对话框中将“投射阴影”的选择取消，可以发现茶壶的阴影消失了，而长方体的阴影不受影响，如图 3-50(b)所示；如果继续在物体属性对话框中将“接收阴影”的选择取消，可以发现茶壶不再接收长方体投射的阴影，如图 3-50(c)所示。

6. 设置灯光的包括和排除

如果在场景中创建了灯光，那么所有在灯光照射范围内的物体都会被灯光照亮。但是在实际效果图的制作中，有些物体并不需要被照亮；或者在成组的灯光照射下，物体接

(a)

(b)

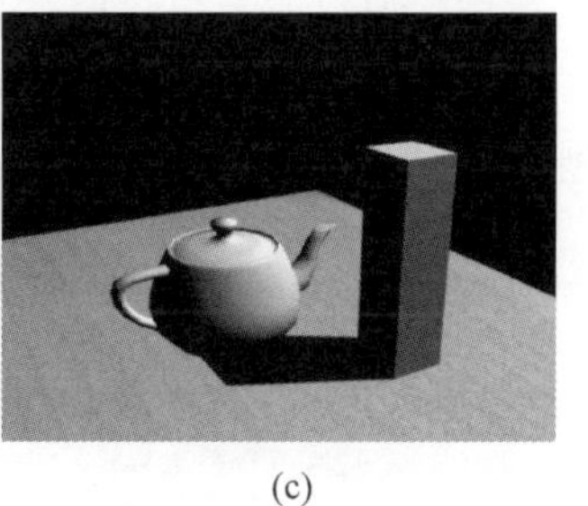

(c)

图 3-50　投射阴影效果

收灯光，这时就需要用到灯光的包含和排除。下面我们举例介绍灯光的包含和排除。

(1) 以茶壶和长方体场景为例，选中需要进行包含与排除操作的灯光，进入修改面板，展开下方的“常规参数”(General Parameters)卷展栏，在“阴影”(Shadow)选项组中有一个设置包含与排除的“排除/包含”(Exclude/Include)按钮，如图 3-51 所示。

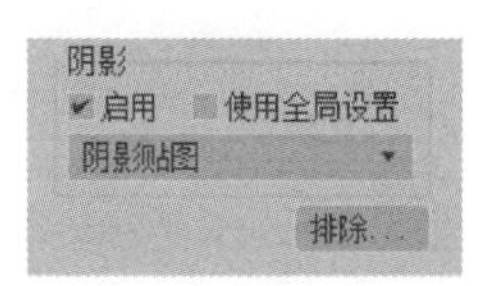

图 3-51　设置灯光的包含与排除

(2) 单击“排除/包含”按钮以后，会出现“排除/包含”对话框，如图 3-52 所示。

① 选择“排除”(Exclude)复选框，就可以让灯光不对某个物体进行照射；

② 选择“包含”(Include)复选框，就可以让灯光只对某个物体进行照射。

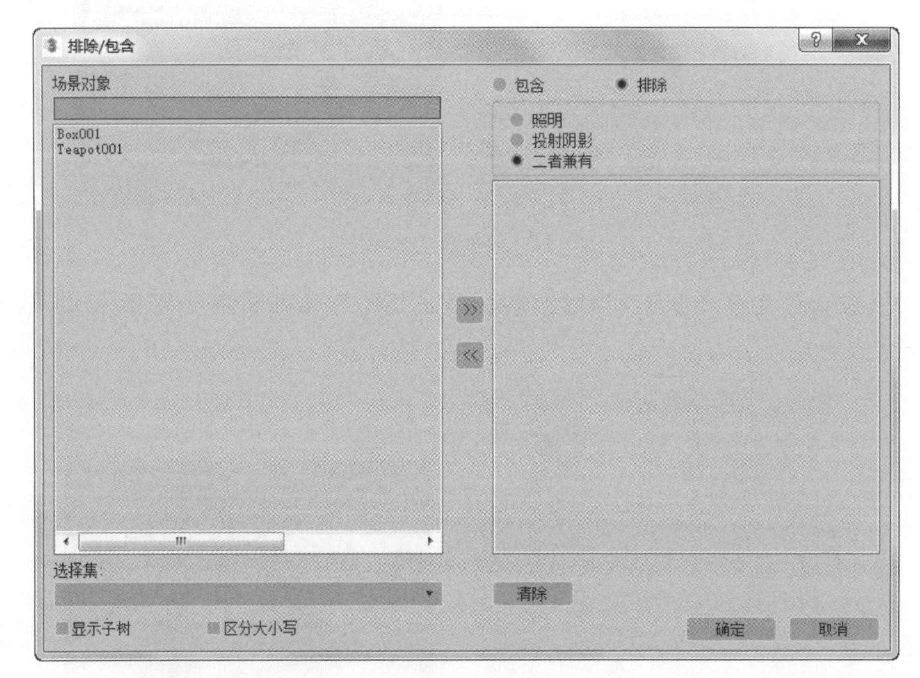

图 3-52　“排除/包含”对话框

(3) 选择功能完成后，在左侧的场景对象列表中选择要包含或排除的对象，并单击“添加”按钮 » ，将其添加到右侧的“排除/包含”列表中。在渲染中，被添加的物体就可

以被排除照射或者包含照射了，如图 3-53 所示。

(4) 茶壶的亮度被排除，它的阴影、其他物体的阴影和亮度不变，结果如图 3-53 所示。

Note

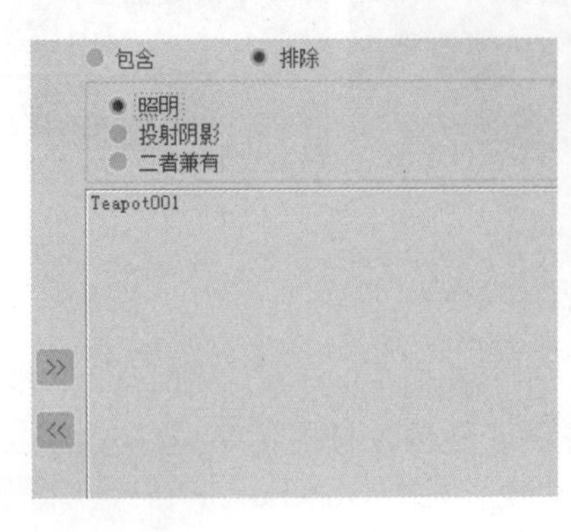

图 3-53　茶壶的亮度被排除

(5) 茶壶的阴影被排除，但是它的明度、其他物体的明度和阴影不变，结果如图 3-54 所示。

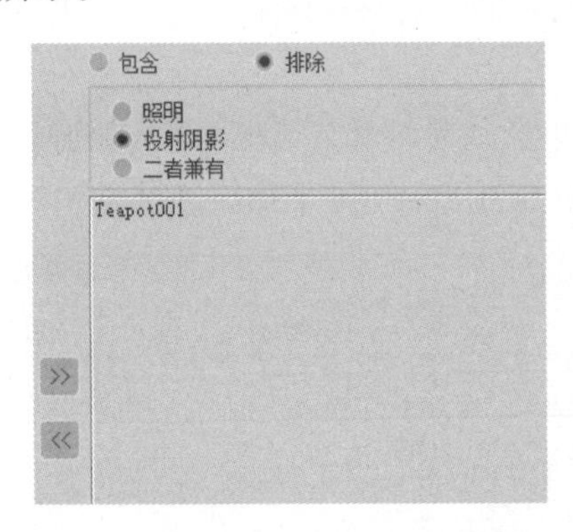

图 3-54　茶壶的阴影被排除

(6) 茶壶的明度和阴影同时被排除，但是其他物体的明度和阴影不变，结果如图 3-55 所示。

图 3-55　茶壶的明度和阴影同时被排除

(7)“包含”复选框的功能与排除相似，此处不再赘述。包含和排除的功能在后期灯光使用过程中至关重要，某些场景只有使用这个功能才能完成一些灯光的细节处理，使场景更加逼真。

3.5　灯光分类详解及参数调整

3.5.1　标准灯光详解

1. 目标聚光灯和自由聚光灯

“目标聚光灯”(Target Spot)和“自由聚光灯”(Free Spot)类型相近，不同之处在于“自由聚光灯”没有目标点，可以应用在动画的创作中，而目标聚光灯主要应用于内外场景的照明。

通过目标聚光灯卷展栏中参数的设置可以调整灯光的亮度、颜色、衰减等属性，指定灯光的照射方向和约束范围等。

(1)“强度/颜色/衰减”(Intensity/Color/Attenuation)卷展栏，如图 3-56 所示。

①“倍增”(Multiplier)：用于增加灯光的亮度，数值越大，灯光的亮度越强，默认的数值为 1。在“倍增”后面有一个色块，默认为白色，单击可以修改灯光的颜色。例如在做一个白天的室外建筑效果图时，可以把灯光调为偏黄的颜色。除了能够修改颜色之外，这也是一种改变灯光亮度的方法，通常白色是最强的光，如果改变成别的颜色，相应的亮度也会降低。

注意：

在使用“倍增”命令时要注意，一旦颜色改变，整个场景的色调都会改变，所以调整颜色要谨慎，以免导致偏色。

②“衰退”(Decay)：这个选项组十分重要，它是用来模拟现实灯光距离与强度关系的一组参数。“衰退”选项组中一共提供了 3 种灯光衰减方式，在图 3-56 中，通过同一场景对这 3 种不同的衰减方式进行说明。

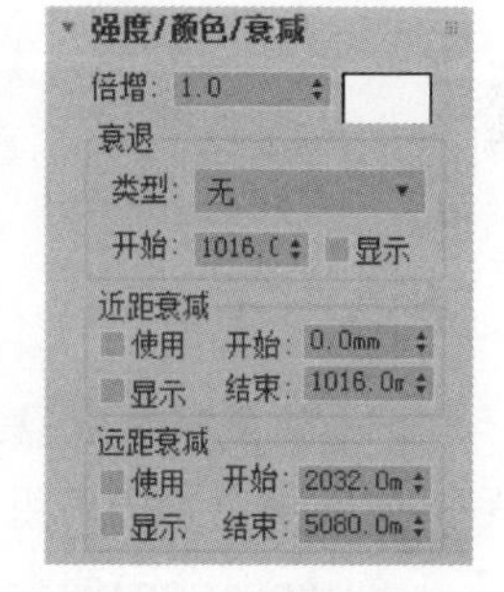

图 3-56　“强度/颜色/衰减”卷展栏

提示：

这里有一个公式：$L=1/R^2$，L 等于亮度，R 等于距离。这个公式说明灯光的亮度与距离的平方的倒数成正比例关系，如果对象与灯光的距离增加 1 倍，亮度就会减少到原来的 1/4。可以通过这组参数的设置来模拟现实灯光效果。

a)“无衰减”(None)，不使用自然衰减，而是通过“近距衰减”(Near Attenuation)和“远距衰减”(Far Attenuation)进行设置，如图 3-57(a)所示，结果如图 3-57(b)。

b)“倒数”(Inverse)，灯光亮度与距离成反比例关系衰减，即设置如图 3-58(a)所示，结果如图 3-58(b)所示。

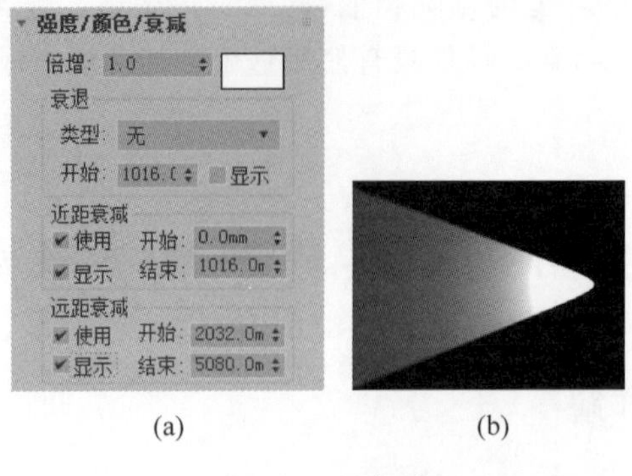

(a)　　　　(b)

图 3-57　无衰减

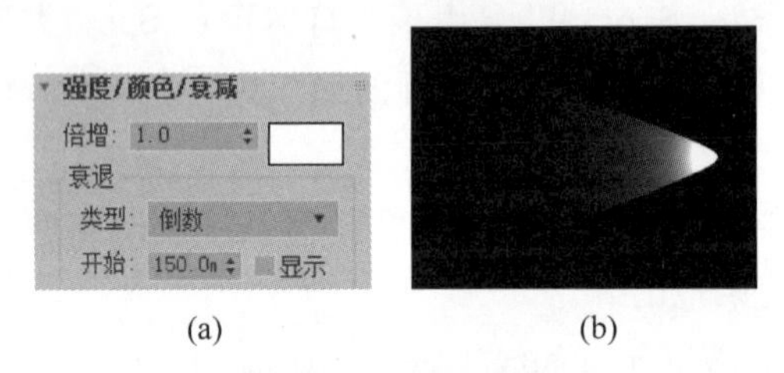

(a)　　　　(b)

图 3-58　反比例衰减

c)“平方反比”(Inverse Square)，灯光亮度与距离的平方成反比例衰减，这也是现实生活中的灯光衰减方式，即设置如图 3-59(a)所示，结果如图 3-59(b)所示。

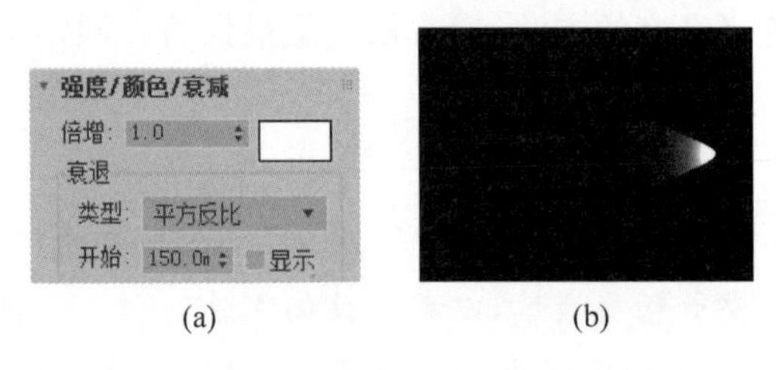

(a)　　　　(b)

图 3-59　平方反比衰减

(2) 除了在衰减设置选项组中直接选择衰减方式外，我们也可以自己定义衰减范围。在衰减设置选项组下方的面板中，有“近距衰减”(Near Attenuation)和“远距衰减”(Far Attenuation)两个选项，下面介绍其参数名称的含义和设置方法，如图 3-60 所示。

①“近距衰减”：控制灯光从不可见到最大亮度的距离。

“使用”(Use)：使用该功能。

“显示”(Show)：显示衰减范围。

“开始”(Start)：亮度最大。

“结束”(End)：亮度最弱。

②“远距衰减”：控制灯光从最大亮度到最弱亮度的距离。

(3) 自定义近距衰减和远距衰减的效果设置如图 3-60 所示。在这两种衰减中，近距衰减用于设定从无灯光到灯光最强的效果，在现实中这种情况很少存在，所以基本不使用；而远距衰减是模拟真实灯光效果的方法，结果如图 3-61 所示。

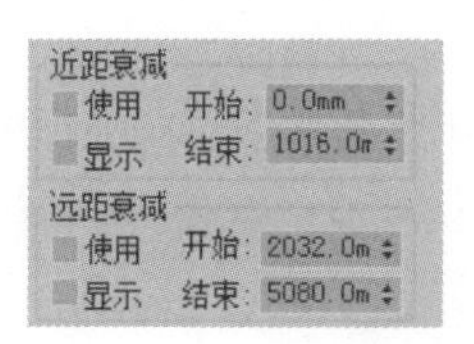

图 3-60 定义衰减范围

图 3-61 自定义近/远距衰减的效果

2. “聚光灯参数”(Spotlight Parameters)卷展栏

(1) “聚光灯参数”卷展栏中两个重要的参数,“聚光区/光束”(Hotspot/Beam)和“衰减区/区域”(Falloff/Field)。下面具体讲解该卷展栏中各个参数的含义,如图 3-62 所示。

① “显示光锥”(Show Cone):选中这个选项可以显示聚光区和衰减区范围。

② “泛光化”(Overshoot):选中这个选项后聚光灯将变成一盏泛光灯。

③ “聚光区/光束”(Hotspot/Beam):此范围内的灯光亮度完全相同。

④ “衰减区/区域”(Falloff/Field):此范围内的灯光亮度逐渐衰减至无。

聚光灯参数
光锥
显示光锥 泛光化
聚光区/光束: 43.0
衰减区/区域: 45.0
圆 矩形
纵横比: 1.0 位图拟合

图 3-62 “聚光灯参数”卷展栏

(2) 衰减区与聚光区之间,距离越大,灯光衰减越柔和;距离越小,灯光衰减越生硬,如图 3-63 所示。

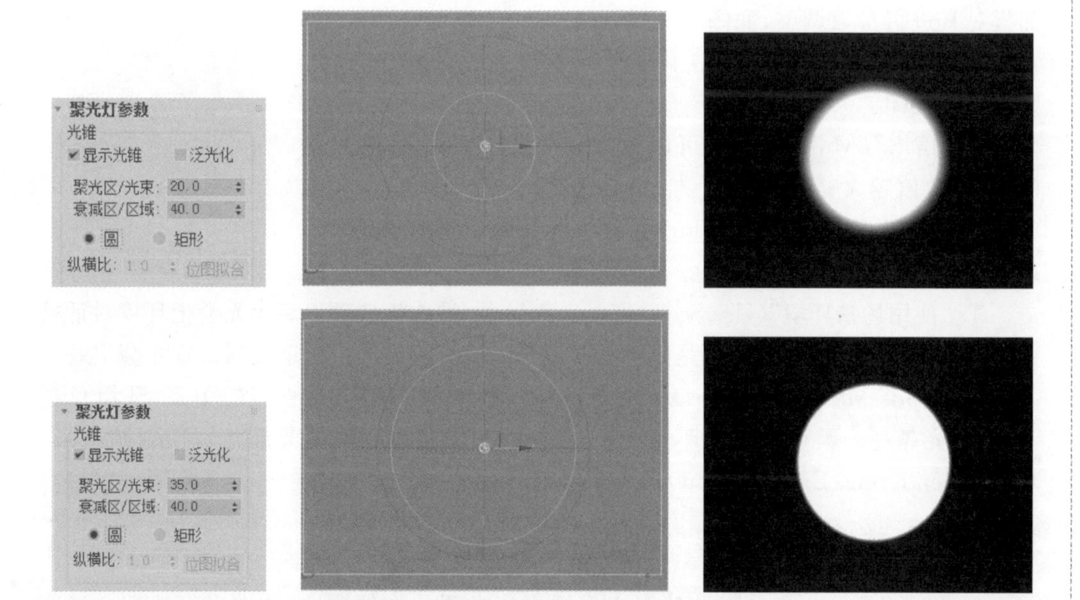

图 3-63 衰减区与聚光区之间的线性衰减

3. 目标平行光和自由平行光

(1) “平行光”(Direct):从某个方向发出的“平行光”,光束呈圆柱形或四棱柱形,而不是像目标聚光灯式的锥体。因为“平行光”的光线是平行的,就像太阳光一样,所以

经常会应用在室外场景中模拟太阳光效果。

“平行光”也分为“目标平行光”(Target Direct)和“自由平行光”(Free Direct)。

①“目标平行光”：有目标点，可以应用在固定场景中；

②“自由平行光”：没有目标点，所以经常用在动画中。

Note

(2)“目标(自由)平行光”(Target/(free)Direct)的参数设置和“目标/自由聚光灯”(Target(Free)Spot)大同小异，在此不作赘述。

4. 泛光

(1)“泛光”(Omni)指从单个光源向各个方向投射光线。“泛光”用于在场景中添加“辅助照明”和模拟点光源。

“泛光”可以投射阴影和投影。单个投射阴影的泛光灯等同于6个投射阴影的聚光灯，从中心指向外侧。

(2)“泛光”最多可以生成6个光束，因此它们生成光线跟踪阴影的速度比聚光灯要慢。避免将光线跟踪阴影与泛光灯一起使用(除非场景中有这样的要求)。

5. 天光

(1)“天光”(Skylight)主要用来模拟天光对物体的照射。在现实生活中，除了太阳光的照射，还有因空气散热而形成的天光，这种光线没有方向性和约束性，而是从四面八方对物体进行照射。可以把天光假想为一个发光的穹顶，照射的方向和亮度可以通过移动灯的位置和参数的调整来改变。选择创建好天光后，可以进入修改命令面板对其进行参数调整，如图3-64所示。

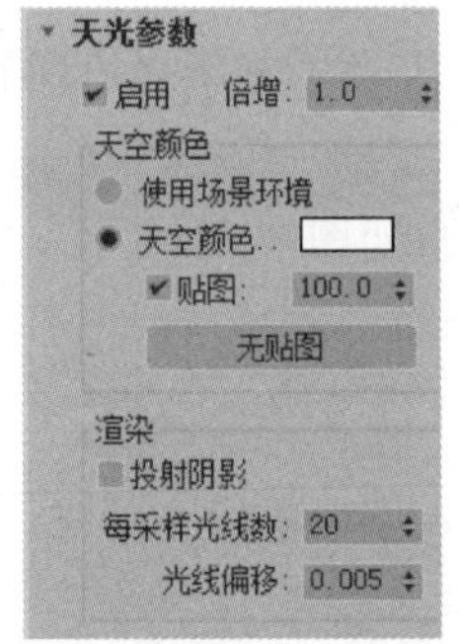

图3-64 “天光参数”卷展栏

①“启用”(On)：打开或关闭天光。默认为打开，取消选中则将天光关闭。

②“倍增”(Multiplier)：可以通过调节此项参数提高天光的亮度，数值越大亮度越高。

(2)“天空颜色”(Sky Color)：在默认情况下为浅蓝色，可以单击右侧的色块来修改颜色。

①“使用场景环境”(Use Scene Environment)：选中该选项以后天光会把环境对话框中的设置作为天光的颜色。但是只有在使用光线跟踪渲染的情况下此项设置才会生效。

② 在3ds Max 2018中环境光颜色的深浅与光线的明暗有直接的关系，环境色越浅，环境光越亮。默认情况下环境光都是黑色，如果要改变环境光颜色，可执行“渲染/环境”(Rendering/Environment)命令来修改环境色。

3.5.2 光度学灯光详解

“光度学”(Photometric)灯光可以模拟真实光源的物理属性，能够很好地配合光能传递渲染方式，利用光度学灯光可以创作出真实的室外场景效果。本节主要介绍光度学灯光的几个分类，并对其基本参数调整进行讲解。

1. 目标灯光

(1)“目标灯光”(Target Light)光源用途广泛，尤其是在室内外效果图制作中经常

用于模拟壁灯、顶灯、筒灯的照射效果，是光度学灯光中使用频率最高的光源。目标点光源与自由点光源的区别在于是否存在目标点，如图 3-65 所示。

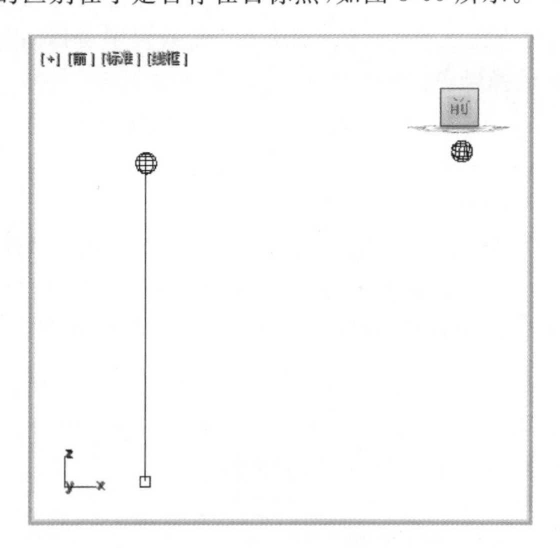

图 3-65 目标点光源

(2) 为了修改目标(自由)点光源参数，先要在场景中选择光源，然后进入“强度/颜色/衰减”(Intensity /Color/Attenuation)卷展栏，如图 3-66 所示。

(3) “灯光分布”(Distribution)：这是光度学灯光特有的属性，用于描述灯光光线的分布情况，目标点光源有 4 种分布方式：“光度学 Web”(Photometric Web)、“聚光灯”(Spotlight)、“统一漫反射”(Uniform Diffuse)和“统一球形”(Uniform Spherical)。

① “颜色”(Color)：该选项组用于调整灯光的颜色。

灯光类型下拉列表：如果对灯光的颜色没有比较准确的设定，可在灯光类型下拉列表中选择一种灯光型号，灯光的颜色会随着灯光型号的设定而发生变化。通常使用默认的 D65Illuminant 灯光类型，该灯光为白色。此外还给出了荧光灯、卤素灯、高压钠灯、水银灯等多种实际的人造光源类型，可以根据需要选择，如图 3-67 所示。

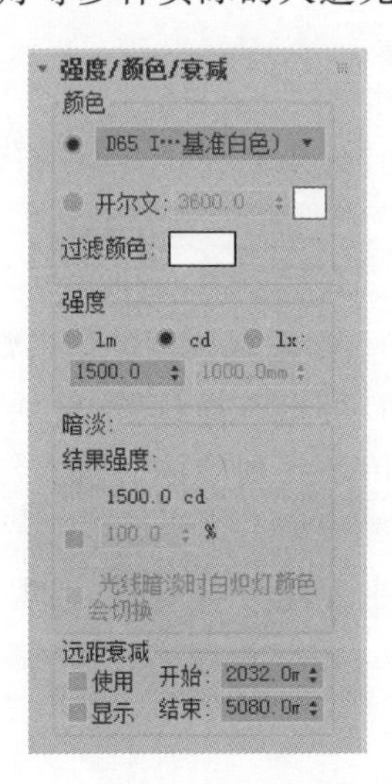

图 3-66 “强度/颜色/衰减”卷展栏

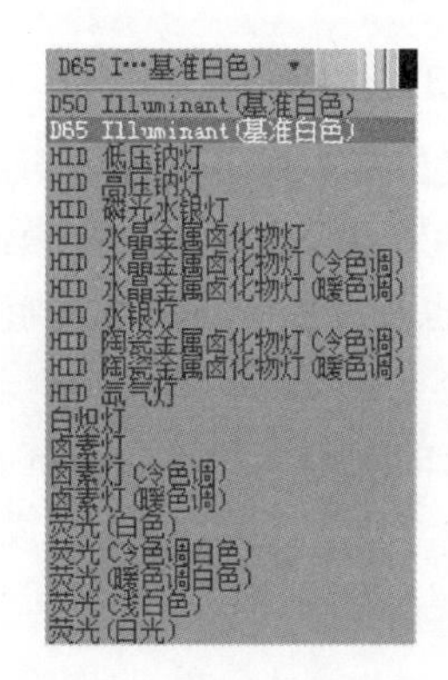

图 3-67 灯光类型下拉列表

② “开尔文”(Kelvin)：在国际单位制中灯光的颜色用色温来表示，单位为“开尔文”(Kelvin)，色温的变化范围为1000～20000，对应从红色到蓝色的灯光。默认情况下灯光的色温为3600，对应为浅黄色。在“开尔文”参数栏中可以直接输入色温值，或者通过单击右侧的色块选择颜色。

③ “过滤颜色”(Filter Color)：用颜色过滤器模拟放在光源上的滤色镜效果。

④ “强度”(Intensity)：该区域用于设置灯光的亮度。

(4) 在3ds Max 2018的“强度/颜色/衰减”(Intensity/Color/Attenuation)修改面板中比以往版本增加了“图形/区域阴影”(Shape/Area Shadows)选项。它包含了几种来自形状的发光类型如“点光源”(Point)、“线”(Line)、“矩形”(Rectangle)、“圆形”(Disc)、“球体”(Sphere)、“圆柱体”(Cylinder)。在模型中很少运用，所以不详细介绍。

2. 自由灯光

(1) “自由灯光”(Free Light)经常用于模拟现实生活中的白炽灯或者灯槽中的溢光。创建光源以后产生如图3-68所示的场景效果。

图3-68 “自由灯光”效果

(2) 与目标点光源不同，自由点光源可以通过旋转发光点来改变线光源的照射角度。

3. 太阳定位器

太阳定位器类似于其他可用的太阳光和日光系统。太阳定位器使用的灯光遵循太阳在地球上某一给定位置的符合地理学的角度和运动，可以选择位置、日期、时间和指南针方向，也可以设置日期和时间的动画。该系统适用于计划中的和现有结构的阴影研究。

与传统的太阳光和日光系统相比，太阳定位器的主要优势是高效、直观的工作流。传统系统由5个独立的插件组成：指南针、太阳对象、天空对象、日光控制器和环境贴图。

3.6 灯光的阴影

3.6.1 灯光阴影的类型

阴影可以更加真实地表现物体的位置和距离。正确地使用阴影及其参数设置,可以使场景更加逼真。

3ds Max 2018 中可供使用的阴影类型有 5 种:“高级光线跟踪”(Adv Ray Traced)、“区域阴影”(Area Shadows)、“Ray 阴影贴图”(Mental Ray Shadow Map)、“阴影贴图”(Shadow Map)、“光线跟踪阴影”(Ray Traced Shadows)。

由于“Ray 阴影贴图”只有在 3ds Max 2018 中的 Mental Ray 渲染器中才能生效,我们着重介绍其他 4 种阴影。

1. “阴影贴图”

(1) “阴影贴图”最为常用,它的优点比较明显:“阴影贴图”计算量较小,渲染速度是所有灯光类型中最快的;在某些情况下,由于“阴影贴图”的边缘比较柔和,能够产生比较真实的效果。

(2) 由于这种方法生成的阴影不是由真实光线产生的,而是对象底部的图片产生,因此具有一定的缺点。由于阴影由一张图产生,所以场景中的透明物体的阴影没有体现;由于“阴影贴图”不需要精细的计算,在建筑细节方面得不到很好的体现。

2. “光线跟踪阴影”

“光线跟踪阴影”是一种真实的阴影,是通过精细计算得到的,阴影的边缘非常清晰。它可以用来弥补“阴影贴图”在细节方面的不足。但是“光线跟踪阴影”计算时间较长,边缘生硬,不太符合实际效果,最重要的是这种方式无法对阴影进行高质量的抗锯齿优化,无法显著提高阴影的质量。

3. “高级光线跟踪阴影”

与光线跟踪阴影相比,“高级光线跟踪阴影”是以长时间的渲染为代价,换取更高质量的一种阴影。

4. “区域阴影”

在实际的生活场景中,真实的阴影既不像“阴影贴图”一样始终保持柔和,也不会像“光线跟踪阴影”一样始终生硬,因此 3ds Max 2018 提供了“区域阴影”来更准确地体现真实阴影的效果。

3.6.2 阴影参数的设置

阴影参数分为两部分:各种阴影的公用参数和每种阴影的独特参数。

1. 公用参数卷展栏

(1) “阴影参数”(Shadow Parameters)卷展栏可以选择所有灯光阴影都会涉及的

阴影浓度和颜色等，如图 3-69 所示。

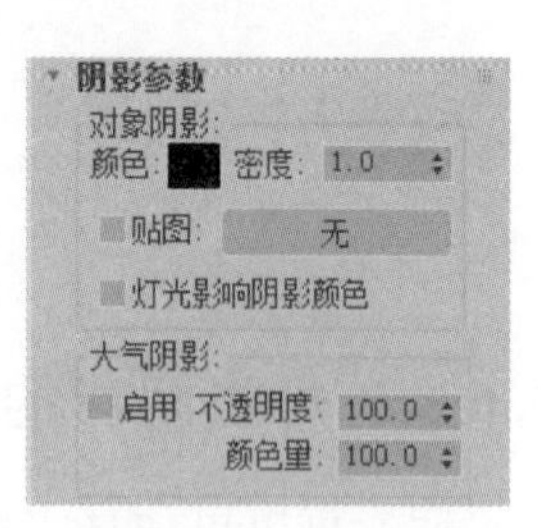

图 3-69　阴影参数

(2) 整个卷展栏分为“对象阴影”(Object Shadows)和“大气阴影”(Atmosphere Shadows)。

Note

① “对象阴影”

a) “颜色”(Color)：用于阴影颜色的设定，默认为黑色。

b) “密度”(Dens)：用于阴影密度的设置，数值越大阴影越黑，如图 3-70 所示。

c) “贴图”(Map)：可以通过此项载入一张图片填充阴影区域。

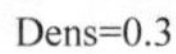

Dens=0.3

Dens=0.8

图 3-70　阴影效果

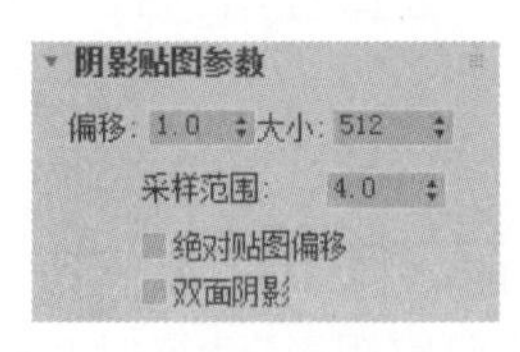

图 3-71　阴影贴图参数

d) “灯光影响阴影颜色”(Light Affects Shadow Color)：选中此项将使灯光颜色与阴影颜色叠加。

② “大气阴影”(Atmosphere Shadows)：该区用于控制体积光线是否投射阴影，一般不使用。

(3) “阴影贴图参数”(Shadow Map Params)卷展栏：用于灯光阴影设定后的阴影调整，如图 3-71 所示。

a) “偏移”(Bias)：用于决定阴影与对象根部之间的距离，数值越大距离越大，通常在建筑效果图中该值设为 1，如图 3-72 所示。

Bias=1

Bias=5

Bias=10

图 3-72　阴影的偏移

b) “大小”(Size)：用于控制贴图质量，数值越大贴图越精细，结果如图 3-73 所示。

c) “采样范围”(Sample Range)：该数值用于虚化阴影边缘，数值越大虚化越严重，结果如图 3-74 所示。

Size=3000

Size=1000

Size=200

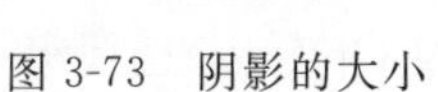

图 3-73 阴影的大小

Sample Range=1

Sample Range=10

Sample Range=50

图 3-74 阴影的采样范围

d）“绝对贴图偏移”(Absolute Map Bias)：通过绝对值方式计算贴图的偏移数值。

e）“双面”(2 Sides)：选择此项后渲染时将计算物体背面的阴影。在建筑效果图中尤其重要，当场景中存在单片建模时，需要选择双面，以获得准确的阴影效果。

(4)“光线跟踪阴影参数”(Ray Traced Shadow Params)卷展栏，如图 3-75 所示。

①“光线偏移”(Ray Bias)：用于设定阴影和对象各部分之间的相对位置。

②“双面阴影”(2 Sides Shadows)：与“双面”的用法相同。

③“最大四元树深度”(Max Quadtree Depth)：用于控制光线跟踪生成的时间和内存的占用空间，数值越大，阴影生成得越快，内存占用也就越大，建议值为 4～8。

(5)“高级光线跟踪参数”卷展栏，如图 3-76 所示。

①“基本选项”(Basic Options)选项组：在“基本选项”中，3ds Max 2018 提供了 3 种光线跟踪的方式，如图 3-77 所示。

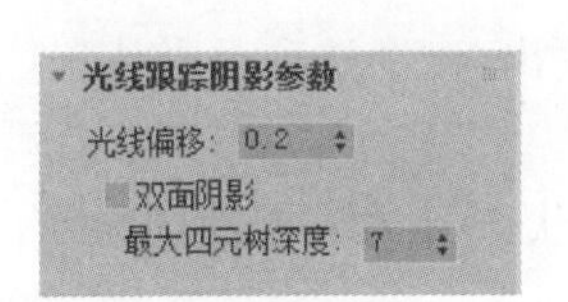

图 3-75 “光线跟踪阴影参数”卷展栏

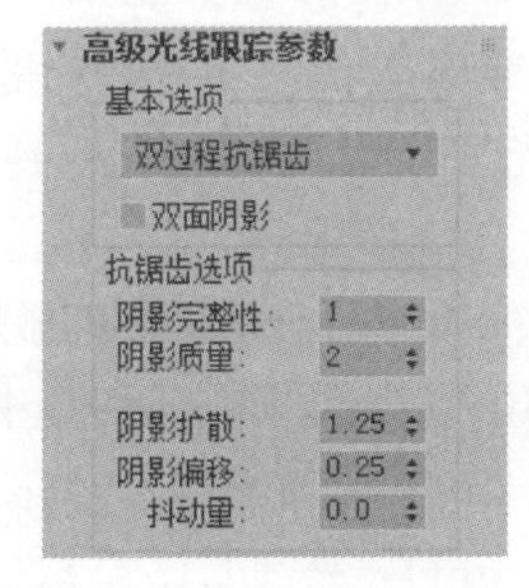

图 3-76 “高级光线跟踪参数”卷展栏

图 3-77 “基本选项”选项组

Note

a) “简单”(Simple)方式，没有抗锯齿功能，直接将光线投向被照射物体；

b) “单过程抗锯齿”(1-Pass Antialias)，投射两束光线，分别精确定位被照射物体的位置和阴影，这个选项是在选择高级光线跟踪后的默认选项；

c) “双过程抗锯齿”(2-Pass Antialias)，只投射一束光线，每个受光面散发的光线相同。

② “双面阴影”(2 Side Shadows)，这个选项的功能与前面讲述的灯光类型中的“双面阴影”功能一样，可以参照前面的叙述。

③ “抗锯齿选项”(Antialiasing Options)选项组

a) “阴影完整性”(Shadow Integrity)，从一个发光面发出的光线，默认数值为 1，上限为 15，数值越大，阴影质量越好，同时渲染时间会增加。这项参数设置与下面的“阴影质量”(Shadow Quality)一起控制阴影的渲染效果。

b) “阴影质量”(Shadow Quality)，默认数值为 2，上限为 15，数值越大，阴影的渲染质量越好。

c) “阴影扩散”(Shadow Spread)，这个选项用来控制阴影边缘的模糊半径，数值越大，阴影边缘和被照射物体边缘越不准确。所以在实际应用中，一般会根据需要尽量缩小这个选项的数值。

d) “阴影偏移”(Shadow Bias)，阴影偏移是与着色点的最小距离，对象必须在这个距离内投射阴影。这样将使模糊的阴影避免影响它们不应影响的曲面。

e) “抖动量”(Jitter Amount)，向光线位置添加随机性。设置的参数不同，可以让阴影产生不同的变化效果，一般在实际应用中不会用到这个选项。

2. 区域(面)阴影卷展栏

如果将灯光类型设置为“区域阴影”(Area Shadow)，那么原先阴影方式卷展栏的位置就会被“区域阴影”卷展栏取代，如图 3-78 所示。

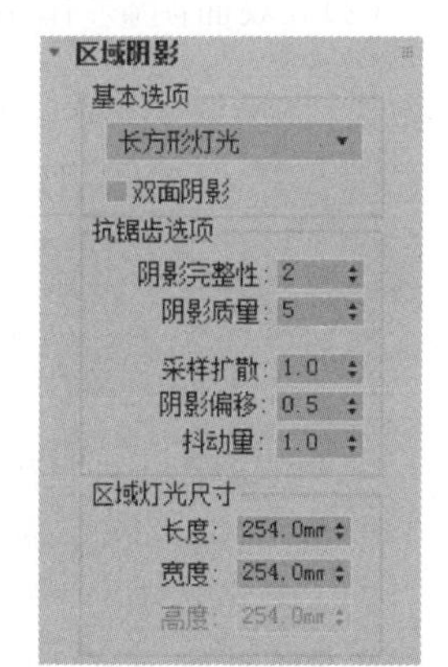

图 3-78 “区域阴影”卷展栏

(1) “基本选项”(Basic Options)选项组。

灯光类型下拉列表：如果在场景中对灯光应用“区域阴影”，就可以根据当前的光源类型，在灯光类型下拉列表中选择与之相匹配的方式，从而更准确地表现灯光的效果。

① “简单”(Simple)：从光源投射单一的光线到被照射对象表面，不提供抗锯齿功能。

② “长方形灯光”(Rectangle Light)：光线从矩形灯具中发出，这个选项是默认选项。

③ “圆形灯光”(Disc Light)：光线从圆形灯具中发出。

④ “长方体形灯光”(Box Light)：光线从一个长方体形状灯具的 6 个面同时发出。

⑤ “球形灯光”(Sphere Light)：光线从一个球体发出。

以上 5 种灯光类型所获得的效果对比如图 3-79 所示。

从图 3-79 可以看出，除了第一种“简单”方式以外，其他 4 种都满足真实生活中阴

简单

长方形灯光

圆形灯光

长方体形灯光

球形灯光

图 3-79　灯光的类型

影近实远虚的效果。在实际的效果图制作中，要为场景中的灯光选择合适的方式，这样才能创作出真实的效果。

(2) “双面阴影”作用与前面的一致。

(3) “抗锯齿选项”(Antialiasing Options)选项组。此选项组与“高级光线跟踪阴影参数”卷展栏下的“抗锯齿选项”作用基本一致，可以作为参考。

(4) “区域灯光尺寸”(Area Light Dimensions)选项组。这部分参数用于设定被赋予区域阴影方式的灯具的灯光尺寸。这些尺寸决定了场景中阴影的大小和强弱程度，但是对光源本身的参数不产生影响，如图 3-80 所示。

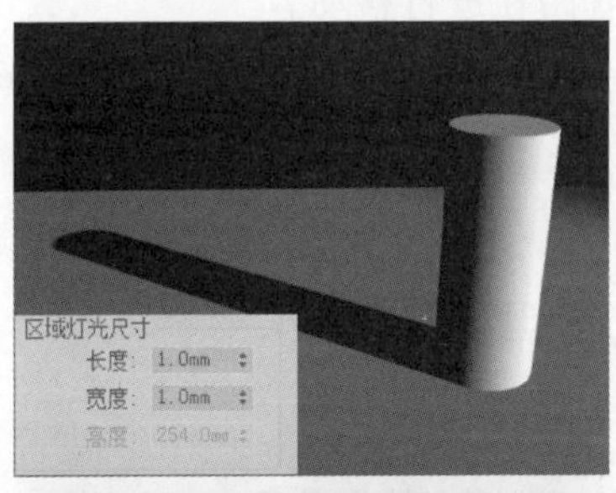

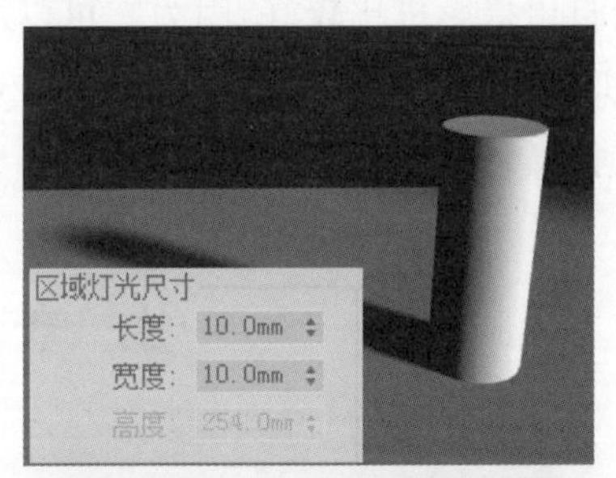

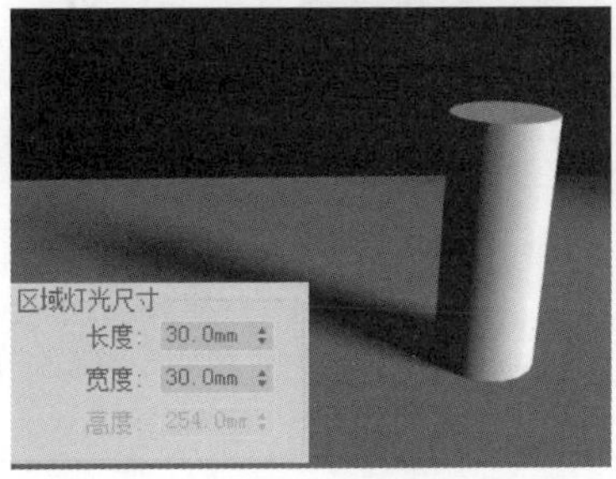

图 3-80　区域灯光的尺寸变化

①“长度”(Length),用于设定灯光光线的长度。

②“宽度”(Width),用于设定灯光光线的宽度。

③“高度”(Height),用于设定灯光光线的高度。

Note

这组参数与前面选择的灯光类型有密切的关系。当选择“简单”类型时,3 个参数都不能使用;当选择“长方形灯光”或者“圆形灯光”时,只能使用“长度”和“宽度”两个参数;当选择“长方体形灯光”或者“球形灯光”工具时,3 个参数都能使用。

3.7 摄 影 机

“摄影机”(Camera)提供了一种以精确角度观察场景的方式,摄影机观察物体可以模拟出静态图像、运动图像的效果,“摄影机视角”(Camera View Port)可以像通过镜头一样观看视图,使用多个摄影机还可以随时在不同的场景中观察同一个物体。

3ds Max 2018 中提供了三种类型的摄影机。

1.“物理摄影机”(Target Cameras)

物理摄影机将场景的帧设置与曝光控制和其他效果集成在一起,是用于基于物理的真实照片级渲染的最佳摄影机类型。

2.“目标摄影机”(Target Cameras)

目标摄影机可以围着创建的目标物体进行观看,当摄影机不是沿着一条路径运动时可以使用目标摄影机。

3.“自由摄影机”(Free Cameras)

自由摄影机在摄影机瞄准的方向进行观看,当创建摄影机沿着一个路径运动的动画时,使用自由摄影机比较好,因为它可以沿着路径进行移动。

摄影机最普通的用处除了观察模型外,就是用来渲染场景。在创建摄影机对场景进行观察时,最好使用目标摄影机。

本 章 小 结

本章介绍了材质与灯光的基本知识。第 2 章的创建模型是对 3ds Max 2018 的一个基本认识。材质与灯光是 3ds Max 2018 中的两个分类,虽说这两个部分是独立的,但在整体的制作过程中互有联系。

Photoshop CC 2018入门

学习目的

➢ 了解和掌握 Photoshop CC 2018 的基本操作。
➢ 掌握利用 Photoshop CC 2018 处理图片的基本技巧。

学习思路

Photoshop CC 2018 是非常重要的图形后期合成与处理的工具。本章将带领读者循序渐进地了解 Photoshop CC 2018 的基本操作和颜色运用方法。

知识重点

➢ 颜色的运用。
➢ 视图控制。

Note

4.1 Photoshop CC 2018 简介

本节全面地介绍 Photoshop CC 2018 的界面、基本要点和主要注意事项，使读者能快速地对 Photoshop CC 2018 有一定的认识。

4.1.1 Photoshop CC 2018 主要界面介绍

1. Photoshop CC 2018 的工作界面简介

(1) 选择菜单栏的“文件”→“打开”命令来打开一张图像，出现一个图像窗口，Photoshop CC 2018 的工作界面如图 4-1 所示。

图 4-1 Photoshop CC 2018 的工作界面

(2) Photoshop CC 2018 的工作界面主要由菜单栏、选项栏、工具栏、控制面板和状态栏等组成，其主要功能为：

① 菜单栏：显示 Photoshop CC 2018 的菜单命令。一共包括文件、编辑、图像、图层、文字、选择、滤镜、3D、视图、窗口和帮助 11 个菜单。

② 选项栏：提供对应的工具或命令的各种选项。

③ 工具栏：显示 Photoshop CC 2018 常用工具。在每个工具的图标上单击即可使用该工具，在每个工具的图标上右击或按住图标不动，可显示该系列的工具。

④ 图像窗口：用来显示图像。窗口上方显示图像的名称、大小比例和色彩模式。右上角显示最小化、最大化和关闭 3 个按钮。

⑤ 状态栏：显示当前打开图像的信息和当前操作的提示信息。

⑥ 控制面板：列出 Photoshop CC 2018 操作的功能设置和参数设置。

2. 主菜单栏的组成及使用

Photoshop CC 2018 菜单栏一共包括 11 个主菜单，单击菜单就可弹出菜单命令，可以单击选取要使用的命令，如图 4-2 所示。

知识点提示：

在弹出的菜单中有呈灰色的选项，说明这些选项在当前状态下不能使用。

子菜单后跟“…”符号，表示单击此菜单将出现一个对话框。

子菜单后跟一个黑三角符号，说明这个菜单下还有子菜单。

子菜单后跟的组合键是打开此菜单的快捷键，直接按下快捷键即可执行命令。

3. 工具箱构造

Photoshop CC 2018 的所有图像编辑工具都存放在工具箱中，工具栏如图 4-3 所示。

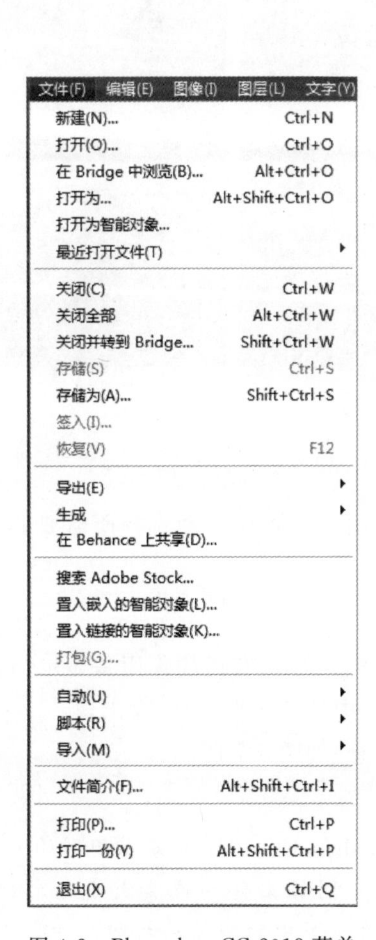

图 4-2　Photoshop CC 2018 菜单

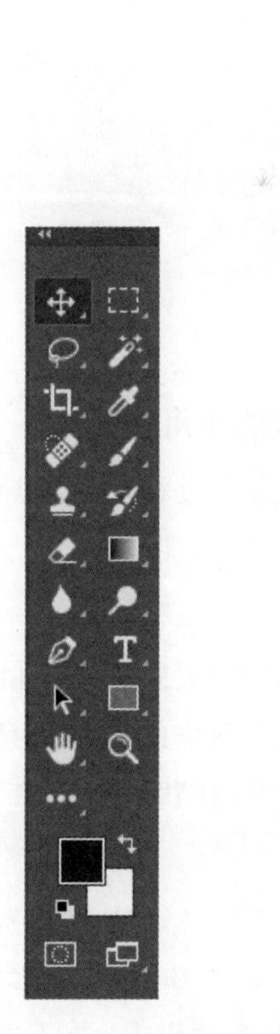

图 4-3　长单条和短双条的工具栏

Note

在 Photoshop CC 2018 的工具栏中，有些工具图标右下角有一个黑三角，表示此工具还有一些隐藏工具。用鼠标左键单击并保持不动或者用鼠标右键单击这些工具栏，这时工具图标旁会弹出它的隐藏工具，然后把鼠标指针移到工具上放开鼠标即可选取隐藏工具，如图 4-4 所示。同时在选定某个工具后，在工具箱上方的选项栏中将显示该工具对应的属性设置，如图 4-5 所示。

图 4-4　选择隐藏工具

图 4-5　选项栏

4. 控制面板介绍

位于 Photoshop CC 2018 屏幕右边的 5 个浮动面板是控制面板，它们的作用是显示当前的一些图像信息并控制当前的操作方式，控制面板如图 4-6 所示。

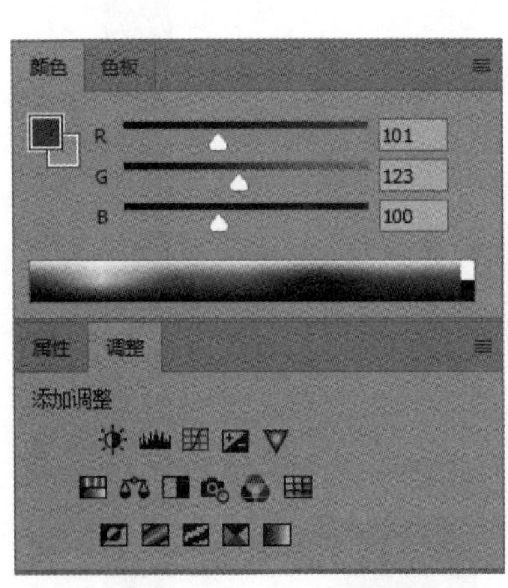

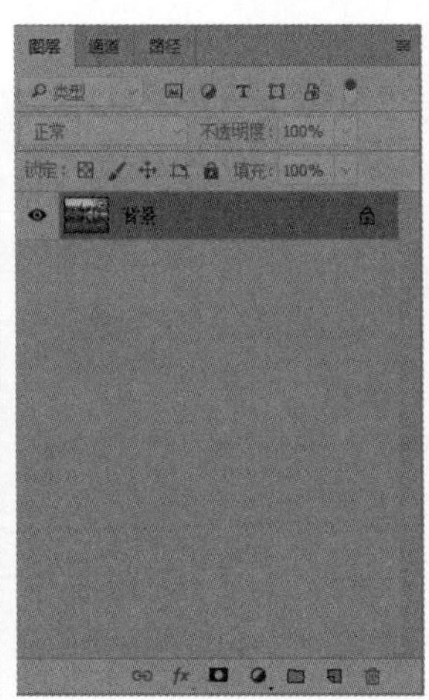

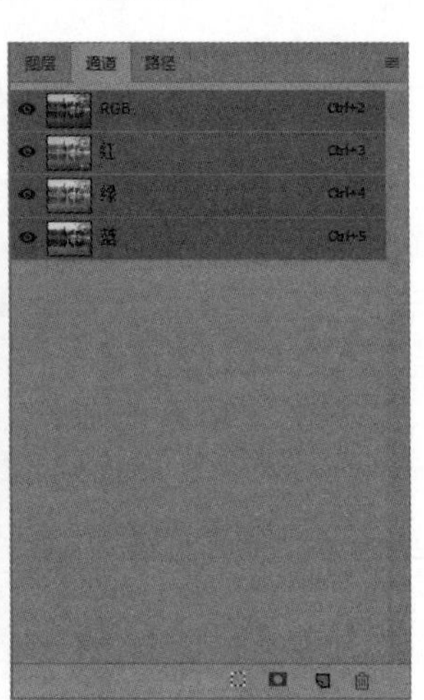

图 4-6　控制面板

5. 控制面板的作用

控制面板在操作过程中各有所用。例如，在图层面板中单独选择所需要的图层进行编辑，而不会影响其他的图层。

6. 状态栏介绍

Photoshop CC 2018 操作窗口的最底部是状态栏，状态栏的作用是显示当前打开图像的信息和当前操作的提示信息。单击状态栏中的三角形图标，会出现一个子菜单，选择菜单上的选项，在状态栏上会出现相应的信息，如图 4-7 所示。

注意：

图 4-7 中左下角显示的数字 25%是指 Photoshop CC 2018 中屏幕视图的大小。改变它的数值能改变屏幕视图的大小，但不能改变图像文件的像素大小。比如，当以 100%的比例值来查看图像，并不意味着所看到的视图中的图像为打印尺寸大小，它只是表示图像文件中的每个像素都在屏幕中以 1 像素出现。

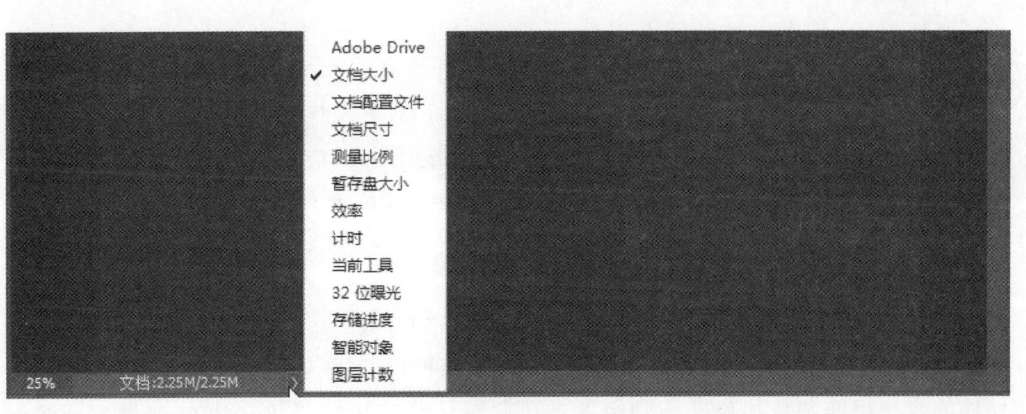

图 4-7 状态栏信息显示

7. 帮助菜单

Photoshop CC 2018 中的帮助菜单具有查询及索引功能，它可以有效地帮助读者掌握 Photoshop CC 2018 的基本使用方法。通过“帮助”下拉菜单可以进入 Photoshop CC 2018 的帮助主题、技术支持等。在操作 Photoshop CC 2018 时，系统还提供了“Internet 在线帮助”。当单击 F1 快捷键时，窗口中会弹出 Photoshop CC 2018 “在线帮助”对话框，通过它可以获得丰富的帮助信息。

4.1.2 Photoshop CC 2018 新增功能

(1) 选择主体。

通过选择主体功能，只需单击一次，即可选择图像中最突出的主体。凭借先进的机器学习技术，能够识别图像上的多种对象，包括人物、动物、车辆、玩具，等等。

(2) 支持 Microsoft Surface Dial。

结合使用 Surface Dial 与 Photoshop，无需将目光从画布上移开即可调整工具设置。使用 Dial 调整所有画笔类工具的大小、不透明度、硬度、流量和平滑。使用“控制”选项，还可以在进行画笔描边的同时，转动转盘以对设置进行动态调整。

(3) 高密度显示器支持和每个显示器的缩放比例。

在 Windows 10 Creators Update 和更高版本中，Photoshop 为 UI 缩放提供了全方位的选择，即以 25%为增量，从 100%到 400%进行缩放。无论显示器像素密度如何，这种增强功能都能让 Photoshop 用户界面看起来更加清晰锐利。Photoshop 可根据 Windows 设置自动调整分辨率。

此外，Adobe 还与 Microsoft 密切合作，针对每种显示器提供缩放，各个显示器可以采用不同的缩放系数。此增强功能可确保高分辨率(HiDPI)笔记本电脑与低分辨率桌面显示器之间无缝协作，反之亦然。

(4) 画笔相关的功能。

Photoshop 现在可以对画笔描边执行智能平滑。在使用以下工具之一时，只需在选项栏中输入平滑的值(0～100)：画笔、铅笔、混合器画笔或橡皮擦。值为 0 等同于 Photoshop 早期版本中的旧版平滑。应用的值越高，描边的智能平滑量就越大。

（5）在 Photoshop 中访问 Lightroom 照片。

现在可以直接从 Photoshop 内的“开始”工作区中访问所有同步的 Lightroom 照片。在“开始”工作区中，单击 Lightroom 照片选项卡，可选择要打开的图像并单击导入选定项。如果在 Photoshop 运行的同时从任何 Lightroom 应用程序中对照片或相册进行了更改，可单击“刷新”按钮以查看所做的更改。单击“查看更多”可查看按日期组织并以网格形式呈现的所有照片。

（6）可变字体。

Photoshop 现在支持可变字体，这是一种新的 OpenType 字体格式，支持倾斜度、视觉大小等自定义属性。此版 Photoshop 附带几种可变字体，可以使用“属性”面板中便捷的滑块控件调整其宽度和倾斜度。在调整这些滑块时，Photoshop 会自动选择与当前设置最接近的文字样式。

（7）快速共享您的创作。

现在可以直接从 Photoshop 内将您的创作通过电子邮件发送或共享到多个服务器。在通过电子邮件共享文档时，Photoshop 将发出一个原始文档（.psd 文件）。对于某些特定服务和社交媒体渠道，在共享之前，Photoshop 会将文档自动转换为 JPEG 格式。

（8）弯度钢笔工具。

弯度钢笔工具可让您以同样轻松的方式绘制平滑曲线和直线段。使用这个直观的工具，可以在设计中创建自定义形状，或定义精确的路径，以便毫不费力地优化图像。在执行该操作的时候，根本无需切换工具就能创建、切换、编辑、添加或删除平滑点或角点。

（9）路径选项。

路径线和曲线不再只有黑白两色。现在可定义路径线的颜色和粗细，使其更符合自己的审美且更加清晰可见。

（10）拷贝粘贴图层。

可以使用拷贝、粘贴命令，在 Photoshop 的一个文档内和多个文档之间拷贝并粘贴图层。

在不同分辨率的文档之间粘贴图层时，粘贴的图层将保持其像素大小。根据颜色管理设置和关联的颜色配置文件，系统可能提示您指定如何处理导入数据中的颜色信息。

（11）富媒体工具提示。

现在了解各种 Photoshop 工具的用途比以往任何时候都更加容易。将鼠标指针悬停在“工具”面板中某些工具的上方，Photoshop 会显示相关工具的描述和简短视频。

（12）在 Photoshop 中编辑球面全景图。

可以在 Photoshop 中编辑使用不同相机拍摄的投影球面全景图。在导入全景图资源并选择其图层后，通过选择“3D”→“球面全景”→“通过选中的图层新建全景图图层”，调用全景图查看器。或者，可以通过选择“3D”→“球面全景”→“导入全景图”，将球面全景图直接载入查看器。

（13）“属性”面板的改进。

- 可以在“属性”面板中调整文字图层的行距和字距。

Note

- 可以使用“属性”面板调整多个文字图层的设置，例如颜色、字体和大小。

（14）“选择并遮住”功能改进。

Photoshop CC 2018 改进了算法，在前景与背景颜色看起来相似的情况下减去前景时，可提供更准确、更真实的结果。

（15）“学习”面板。

可以直接在 Photoshop 内访问有关基本概念和任务的分步教程。这些教程涵盖基本的摄影概念、修饰与组合图像以及图形设计等基础知识。

（16）技术预览功能。

在使用某些技术预览功能之前，可能需要从首选项→技术预览中启用它们。

（17）Camera Raw | 新增功能。

- 使用颜色和明亮度范围蒙版快速选择：使用新的颜色和明亮度范围蒙版控件，可快速在照片上创建一个精确的蒙版区域以应用局部调整。根据颜色和色调，这些新的精确蒙版工具可检测到光线和对比边缘中的变化。可以通过调整画笔或径向滤镜/渐变滤镜快速创建初始蒙版选区。然后使用位于“调整画笔”工具选项中“自动蒙版”下的范围蒙版优化选区。
- 颜色范围蒙版：在使用调整画笔或径向滤镜/渐变滤镜在照片上做出一个初始选区蒙版后，可以基于蒙版区域中的取样颜色使用颜色范围蒙版优化选区蒙版。
- 明亮度范围蒙版：在使用调整画笔或径向滤镜/渐变滤镜在照片上做出一个初始选区蒙版后，可以基于选区的明亮度范围使用明亮度范围蒙版优化蒙版区域。

4.1.3 Photoshop CC 2018 的优化和重要快捷键

为了加快在 Photoshop CC 2018 中图像处理的速度和效率，需要优化 Photoshop CC 2018 的性能和使用一些常用的键盘快捷键。

1. 优化 Photoshop CC 2018 性能的方法

（1）在图像处理过程中，如果想要清理剪贴板和其他缓存数据，可以使用复制粘贴的方法，则复制的图像像素仍然保留在剪贴板上，占用一定的内存。同时，在历史记录面板中也会保留大量的数据，此时使用“撤销”命令，则可以清理不再使用的剪贴板内容和历史记录来释放内存。

选择 Photoshop CC 2018 菜单中的“编辑”→“清理”命令，即可清除剪贴板或历史记录的数据。

（2）不使用剪贴板进行文件复制。复制和粘贴命令如果使用较多会使剪贴板占用内存而降低 Photoshop CC 2018 的运行速度。对此，可以采取一些不使用剪贴板而直接进行复制的方法。

① 在同一个图像文件中复制选区，按快捷键 Ctrl＋J，复制的图像就不会保留在剪贴板上。

② 复制一个图层的内容时，可以把该图层直接拖到“创建新图层”的图标◻上，这

Note

样就在图层面板上自动生成一个复制出来的新图层。

③ 从一个图像文件中复制选区到另一个图像文件时，直接使用工具箱中的"移动"工具把选区拖到另一个图像文件中。如果要把复制的选区置于要粘贴的图像中心位置，则在停止拖动前按住 Shift 键。

(3) 在低分辨率下进行草稿图绘制，如果是进行较复杂的图像处理时，可以在降低图像文件的分辨率状态下进行草图的处理。这样，能减少用于生成操作和比较操作的处理时间。在进行图像处理时，进入高分辨率状态进行图像处理，并且在低分辨率下制作的矢量图形和图层样式可以直接拖放到高分辨率图像中继续使用。

选择菜单中的"图像"→"图像大小"命令，弹出"图像大小"对话框，在分辨率文本框中输入需要的分辨率大小值。更改分辨率后，图像文件的尺寸不会改变，但文件的大小会随着分辨率值的大小不同而改变。

2. 在 Photoshop CC 2018 中较常用的快捷键

(1) "隐藏"→"显示调板"：为了避免 Photoshop CC 2018 的视图和控制面板混淆，影响观察图像效果，可以按 Tab 键来隐藏所有调板，如果再次单击则会重新显示。如果按快捷键 Shift+Tab 则打开或关闭除了工具箱以外的所有调板。

(2) 基本工具：在工具箱中使用最频繁的作图工具是"移动"工具和"选框"工具，它们的快捷键分别为 V 和 M。

(3) 变形工具：按快捷键 Ctrl+T 相当于执行菜单中的"编辑"→"自由变形"命令。如果需要进一步的局部变形，在保持自由变形工具编辑状态下再次按快捷键 Ctrl+T。按快捷键 Ctrl+Shift+T 则是再次自动变形。

(4) 多次使用滤镜：使用了一次滤镜后，如果没有达到预期的效果，可以按快捷键 Ctrl+F，再次使用和上一次同样设置的滤镜。如果想再次使用同样滤镜，但需要修改这个滤镜相应的设置，这时可以按快捷键 Ctrl+Alt+F。

(5) 复制粘贴：按快捷键 Ctrl+C 是执行菜单中的"编辑"→"拷贝"命令，按快捷键 Ctrl+V 则是对复制的图像进行粘贴。需要注意的是快捷键 Ctrl+C 复制的是选区内当前所激活图层的图像，如果希望复制选区内所有图层的合并图像，则需要按快捷键 Ctrl+Shift+C。

(6) 撤销操作：对当前的操作效果不满意时，按快捷键 Ctrl+Z 即可撤销操作，再次单击则会重做。如果需要多步撤销操作，而不是仅撤销一步时，则按快捷键 Ctrl+Alt+Z。

(7) 存储文件：按快捷键 Ctrl+S 将存储文件，按快捷键 Ctrl+Shift+S 打开"存储为"对话框，把当前文件保存为另一个格式或名称。

(8) 颜色填充：按快捷键 Alt+Delete 给一个选区或图层填充前景色。按快捷键 Ctrl+Delete 给一个选区或图层填充背景色。

(9) 画笔尺寸：使用工具箱的"画笔"工具和"铅笔"工具时，括号键"["和"]"分别是用来减小和增大绘图时所用到的画笔尺寸大小。

(10) 选取：使用工具箱中的"快速选择"工具、"套索"工具或"框选"工具时，在选取的同时按 Shift 键，能继续添加选取对象。反之，要减去当前选取的一些

选区时，则在选取的同时按 Alt 键。如果要选择当前选区和新添加选区的相交区域，选取的同时按 Alt 和 Shift 键。

(11) 前景色和背景色：如果要使前景色和背景色变为默认的黑色和白色，按 D 键。如果使前景色和背景色的颜色进行交换，则按 X 键。

Note

4.2　Photoshop CC 2018 的基本操作

本节详细介绍 Photoshop CC 2018 的文件管理、视图控制和色彩理论，以使读者能进一步地了解和掌握 Photoshop CC 2018 的基本操作。

4.2.1　图像文件的管理

1. 图像文件的新建和保存

新版本的 Photoshop CC 2018 启动完成后的界面中不会出现工具栏和浮动面板。当我们新建或者打开文件后才会出现如图 4-8 所示的新建文件窗口，在这个窗口中有最近使用项、已保存、照片、打印、图稿和插图、Web、移动设备、胶片和视频几个选项，可以根据需求来选择对应的选项。

在这里以“打印”这个选项为例，选择其中一个 A4 的尺寸。在这个窗口的右侧预设详细信息里还可以更改文件的名称(系统默认新建的文件名称为未标题-1)、尺寸的大小、单位、分辨率、颜色模式，以及背景内容，然后单击“创建”按钮。

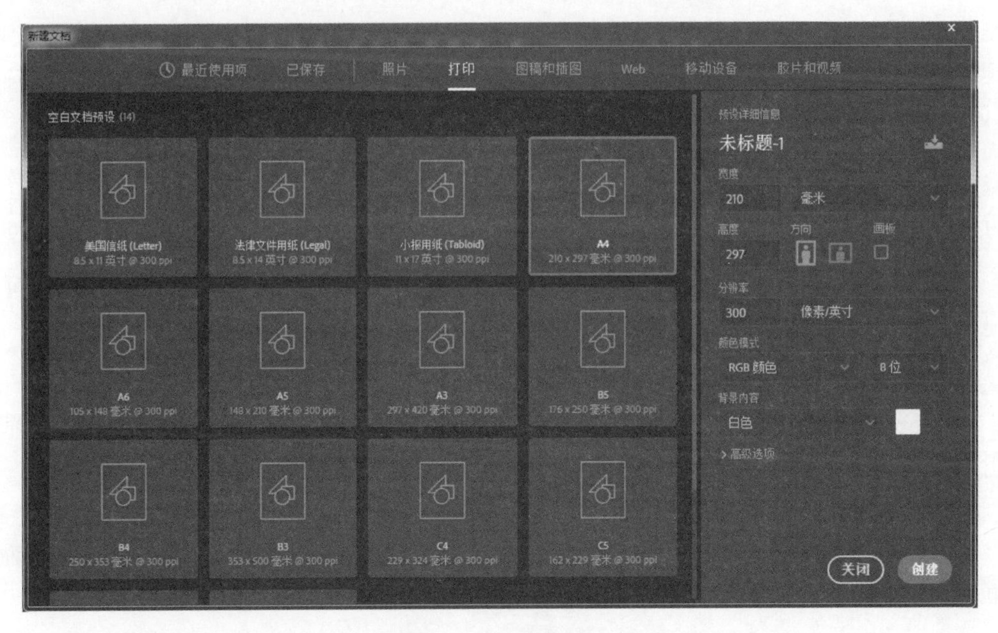

图 4-8　新建文件窗口

在“新建文档”对话框中的主要选项如下：

预设详细信息：在此文本框中填写的文字为图像文件保存的文件名称。

宽度/高度：如果不想使用系统预设的图像尺寸，可以在文本框中输入图像文件需要的高和宽的尺寸。在第2个选择框中的下拉菜单中是图像尺寸的度量单位。

分辨率：是一种像素尺寸。该数据越大，图像文件就越大。

Note

颜色模式：在模式的下拉菜单中提供了5种色彩模式和相应的色彩通道数值。色彩通道数值越大，图像色彩越丰富，同时图像文件也会相应变大。

背景内容：在背景选项的下拉菜单中提供了3种背景色，分别为白色、透明色和背景色。

在系统的默认情况下创建的图像文件为白色背景。如果选择透明色，则创建的是一张没有颜色的图像。选择背景色则会生成一个Photoshop CC 2018工具箱中以所设置的背景色为背景的图像文件。

2. 色彩模式的选择

色彩模式是Photoshop CC 2018以颜色为基础，用于打印和显示图像文件的方法。在创建图像文件时提供了5种色彩模式，选择不同的模式会生成不同的色域，它们之间的区别如下。

RGB颜色：RGB表示的颜色为红、黄、蓝三原色，每种颜色在RGB色彩模式中都有256种阶调值。在所有的色彩模式中，RGB色彩模式有最多的功能和较好的灵活性，是应用最广泛的色彩模式。因为除了RGB色彩模式拥有较宽的色域外，Photoshop CC 2018所有的工具和命令都能在这个模式下工作，而其他的模式则受到了不同程度的限制。

CMYK颜色：在处理完Photoshop CC 2018中的图像需要打印时，CMYK颜色则是最常用的打印模式。CMYK颜色主要是指青色、洋红、黑色和黄色。需要转换到CMYK色彩模式来打印时，可以选择"编辑"→"颜色设置"命令进行编辑或者直接选择"图像"→"模式"→"CMYK模式"命令。

位图：位图模式只有黑色、白色两种颜色。

灰度：灰度模式下只有亮度值，没有色相和饱和度数据，它生成的图像和黑白照片一样。该模式经常用于表现质感或是复古风格的图像上。

Lab颜色：Lab模式是Photoshop CC 2018所提供的模式中色域范围最大的，是可显示色彩变化最多的模式，也最接近人类眼睛所能感知的色彩表现范围。

3. 图像文件的保存

Photoshop CC 2018有两种保存模式：存储和存储为。当执行"存储"命令后，在弹出的"存储"对话框中，可以设定文件的类型、名称和存储路径等内容。

(1) 如果选择的是"文件"→"存储"命令，即可直接完成对文件的保存。

(2) 如果选择的是"文件"→"存储为"命令，会弹出一个"另存为"对话框。在对话框中，可以编辑图像的存储名称和选择图像的存储格式。

4.2.2 图像文件的视图控制

Photoshop CC 2018中有许多关于视图控制的命令，这在图像处理的过程中会经常地使用，给图像编辑带来极大的方便，并提高图像运作效率。

Note

1. 图像的放大和缩小

Photoshop CC 2018 有 4 种视图缩放的操作方法：使用“视图”菜单命令、使用“缩放”工具、使用控制面板中的导航器和使用“抓手”工具。

(1) 使用“视图”菜单命令的操作方法如下。

① 在菜单栏中执行“视图”→“放大(缩小)”命令,图像就会自动放大 1 倍或缩小至原来的一半。

② 执行“视图”→“按屏幕大小缩放”命令可将图像在 Photoshop CC 2018 界面中以最合适的比例显示。

③ 执行“打印尺寸”命令使图像以实际打印的尺寸显示。

(2) 使用“缩放”工具编辑图像的方法如下。

① 选择工具箱中的“缩放”工具,在 Photoshop CC 2018 的选项栏中会出现相应的选项,选择选项栏中的“放大”图标或“缩小”图标后在图像上单击,可以使图像放大 1 倍或缩小至原来的一半。选项栏中还有“适合屏幕”和“填充屏幕”等按钮,直接单击需要的按钮,即可实现对视图所需大小的控制。

② 选择工具箱中的“缩放”工具,直接在图像上单击,即可使图像放大 1 倍。如果需要对图像缩小的话,可以按住 Alt 键,在图像中单击,就可将图像缩小到原来的一半。

(3) 使用导航器控制图像大小的方法如下。

选择在控制面板中的导航器,当左右拖动导航器中的横向划块时,图像会随着划块的左右移动而进行相应的自动缩放,如图 4-9 所示。

图 4-9　在导航器中控制图像大小

(4) 使用“抓手”工具进行图像编辑的方法如下。

① 选择工具箱中的“抓手”工具,这时选项栏上会出现“适合屏幕”和“填充屏幕”等按钮,直接单击需要的按钮,即可实现对视图所需的大小控制。

② 选择工具箱中的“抓手”工具,在图像上单击鼠标右键,在弹出的快捷菜单中选择所需要的视图大小选项。

Note

③ 当视图大小为超出满画布显示的尺寸时，可以使用“抓手”工具 上下左右拖动图像来观察图像局部效果。

2. 图像定位

在图像编辑中，经常要确定一个图像的位置，只利用眼睛来衡量图像位置的准确与否是很难的。为此，Photoshop CC 2018 专门提供了“标尺”“参考线”和“网格”3 个功能，给图像的定位带来极大的方便。

(1) 制作标尺。执行菜单栏中的“视图”→“标尺”命令或按 Ctrl+R 键，就会在图像窗口的上边和左边弹出标尺，图 4-10 和图 4-11 都为显示了标尺的图像。

(2) 制作参考线。显示了标尺后，用鼠标往图像中心拖动标尺，就能出现相应的参考线。如果需要精确地定位标尺的位置，选择菜单栏上的“视图→新建参考线”命令，在弹出的“新参考线”对话框中点选需要的参考线取向，填入参考线与光标的距离位置，即会在图像上出现相应的参考线，如图 4-10 所示。把鼠标指针放在参考线上，还能左右或上下移动它。

如果想固定参考线，选择菜单栏的“视图”→“锁定参考线”命令；如果想删除参考线，则选择菜单栏上的“视图”→“清除参考线”命令。

图 4-10　在图像上显示参考线

(3) 制作网格。定位图像最精确的方法是“网格”。选择菜单栏上的“视图”→“显示”→“网格”命令，就能在图像上显示“网格”，如图 4-11 所示。如果需要清除“网格”，在菜单栏上去掉“视图”→“显示”→“网格”命令前面的“√”即可。

3. 图像变形

图像变形在处理图像时会经常用到。图像变形包括图像的缩放、旋转、斜切、扭曲和透视，这些变形命令可应用到每个选区、图层中。“缩放”命令可将图像选区部分的大

Note

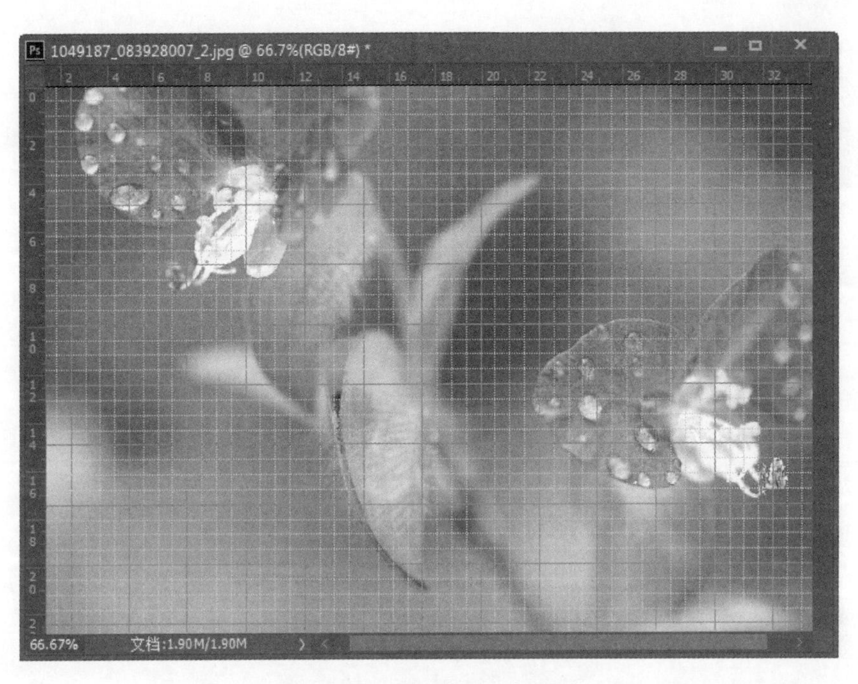

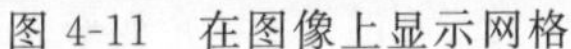

图 4-11　在图像上显示网格

小改变；“旋转”命令可将图像向各个角度旋转，改变图像的方向；“斜切”命令是把图像倾斜；“扭曲”命令能将图像沿不同的方向拉伸，使图像扭曲变形；“透视”命令可以使图像产生透视的效果。

这些命令都在菜单栏的“编辑”→“变换”的子选项中。用工具箱中的选取工具(包括“快速选择”工具、“套索”工具和“框选”工具)在图像上选定需要变形的区域后，执行菜单栏中的“编辑”→“变换”所需要的变形命令，在图像上的所选区域就会出现一个变形编辑边框。用鼠标单击并拖动边框上的图标能预览到变形效果，如图 4-12 所示。然后，按 Enter 键就能完成变形效果的应用，在按 Enter 键之前如果按 Esc 键就能将变形命令取消。

另外，这些命令只能应用于图层中不透明的图像选区、路径和“快速蒙版”模式中的蒙版。

注意：

要取消选取工具选择的图像变形选区，按 Ctrl＋Shift 快捷键。要按比例缩放对象，可在使用缩放命令的同时按住 Shift 键。如果要一次应用几种效果，在图像选区内右击即可弹出变换菜单。

4. 图像的排列和查看

当在 Photoshop CC 2018 中打开多个图像窗口时，可以使用菜单栏中“窗口”菜单中的命令按需要排列图像窗口。

(1) 执行“窗口”→“排列”→“层叠”命令可将图像窗口层叠显示，如图 4-13 所示。

(2) 执行“窗口”→“排列”→“平铺”命令可将图像以水平平铺的形式显示，如图 4-14 所示。

Note

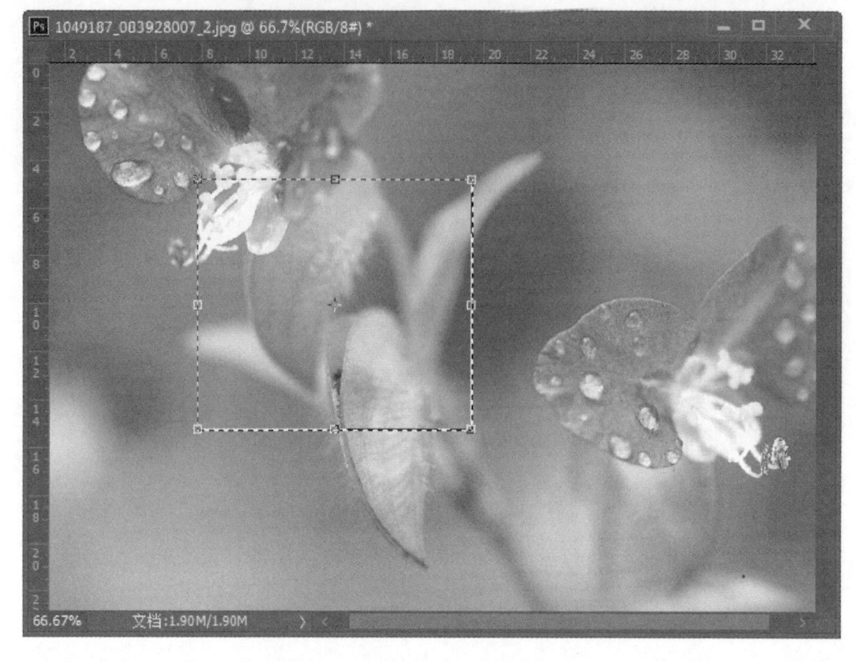

图 4-12　在图像上使用变形命令

图 4-13　图像窗口层叠显示

图 4-14 图像窗口水平平铺显示

4.3 Photoshop CC 2018 的颜色运用

Photoshop CC 2018 有强大的选择、混合、应用和调整色彩的功能。本节详细地讲解色彩选择工具的使用以及色彩的调整，并用简单实例巩固对色彩操作的应用。

4.3.1 选择颜色

在使用 Photoshop CC 2018 处理数码图像文件时，掌握选择颜色的方法是非常重要的，它决定了图像处理质量的好坏。Photoshop CC 2018 为用户选择色彩提供了很多方法，包括使用"拾色器"工具箱的吸管工具、色板等，用户可根据自己的需要选择应用。

1. 使用拾色器

单击工具箱中或控制面板中色板的"前景色"→"背景色"图标■，就会弹出"拾色

器”对话框，用户可以根据对话框进行颜色的选择，如图 4-15 所示。拾色器是 Photoshop CC 2018 中最常用的标准选色环境，在“HSB”“RGB”“CMYK”“Lab”等色彩模式下都可以用它来进行颜色选择。

Note

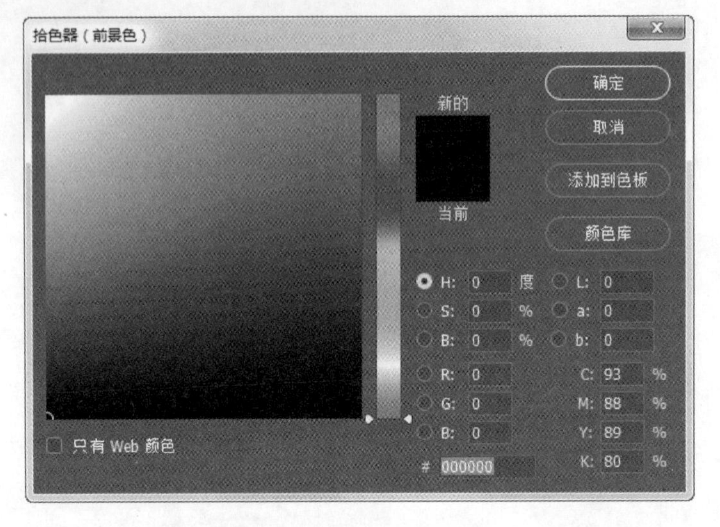

图 4-15 “拾色器”对话框

(1) 使用拾色器选择颜色的方法如下。

① 使用色域：拾色器左方大片的颜色区域叫“色域”，将鼠标指针移到色域内时，鼠标指针会变成圆形的图标。通过拖动这个圆形图标可以在色域内选择所需要的颜色。

② 使用色杆：拾色器中色域的右方有一条长方形的色彩区域，叫作“色杆”。拖动色杆两边的滑块可以选择颜色区域。当色杆的颜色发生变化时，色域中的颜色也会相应地发生变化，形成一个以在色杆中选取的颜色为中心的色彩范围，从而能在色域中进一步更准确地选取颜色。

③ 拾色器右上方的矩形区域显示了两个色彩，上方的色彩表示在色域中选取的当前色彩；下方的色彩表示在色域中上一次所选择的色彩。

④ 使用数值文本框：拾色器提供了 4 种色彩模式来选择颜色，分别是 HSB、RGB、CMYK、Lab 模式，可以根据需要进行选择。在右下方相应的文本框中填入色彩数值，就能得到精确的颜色。

(2) 使用“自定颜色”选择颜色方法如下。

① 激活“自定颜色”：在拾色器中单击“颜色库”按钮，弹出“颜色库”对话框，如图 4-16 所示。“颜色库”对话框中显示的颜色是 Photoshop CC 2018 系统预先定义的颜色。对话框右方的数据表示的是颜色的信息。

② 选择颜色：对话框中色库的下拉列表中有多种预设的颜色库。选择需要的颜色库后，色杆和色域上将会出现与颜色库相对应的颜色，这时可以滑动色杆上的滑块和单击色域中的颜色块来选择颜色。

2. 使用色板

选择菜单栏中的“窗口”→“色板”命令，即可显示色板，如图 4-17 所示。在色板中，

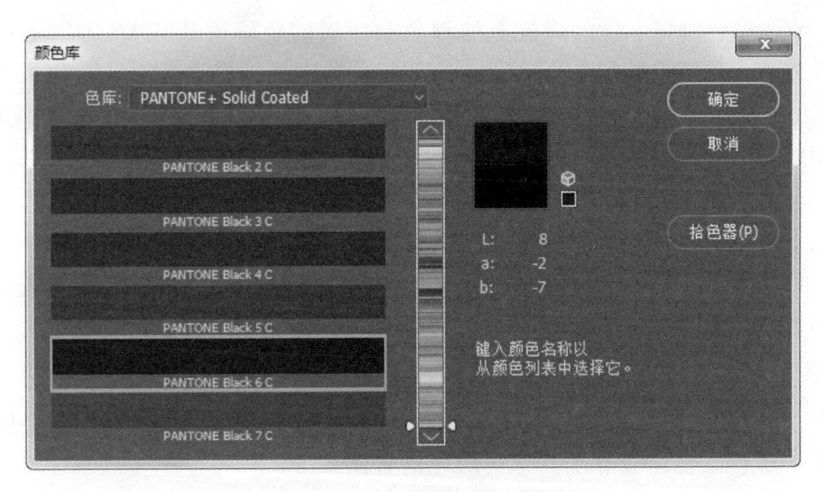

图 4-16　“颜色库”对话框

可以任意选择由 Photoshop CC 2018 所设定的色块，将之设定为前景色或背景色。使用色板选择颜色的方法如下。

（1）挑选颜色：将鼠标指针移动到所需要的色彩方格范围内单击选择颜色。

（2）加入新颜色：将鼠标指针放到色板中尚未储存色彩的方格内，鼠标指针将变成“油漆桶”图标。然后，用鼠标左键单击这个方格，会弹出“色板名称”对话框。在对话框的文本框中输入新颜色的名称，单击“确定”按钮，当前设定的前景色就会被存放到色板的新方格内，以便随时调用。

（3）删除色板中的颜色：选择色板中需要删除的色彩方格，将其拖放到色板右下角的“垃圾桶”图标上即可删除色板中的颜色。

（4）使用色板菜单：单击色板右上角的三角形按钮，将会弹出“色板”菜单，如图 4-17 所示。单击选择菜单中需要的选项即可使用色板菜单。

3. 使用颜色调板

颜色调板的功能类似于绘画时使用的调色板。选择菜单栏中的“窗口”→“颜色”命令或按 F6 键，即可显示颜色调板，如图 4-18 所示。

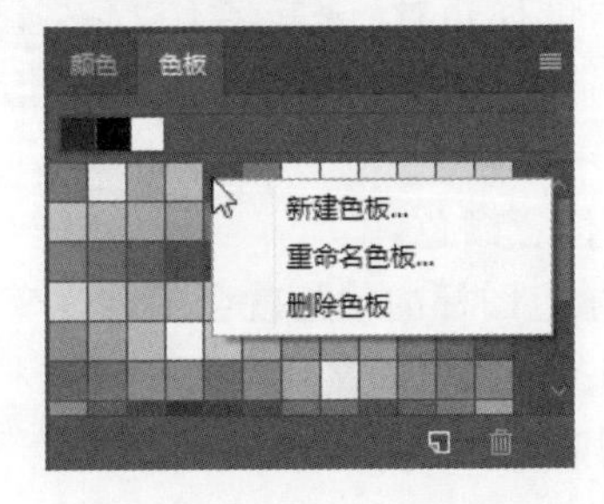

图 4-17　色板和“色板”菜单

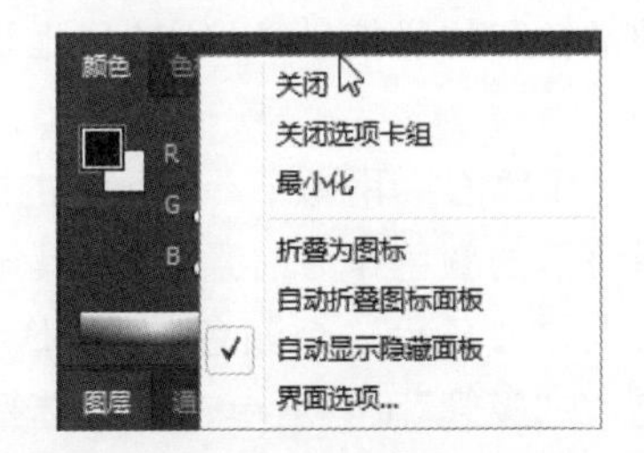

图 4-18　颜色调板和“颜色调板”菜单

使用调板选择颜色的方法如下。

（1）设定前景色/背景色：在颜色调板的左上角显示了前景色/背景色的图标，用鼠标单击前景色或背景色，使其激活成为选择颜色的对象。

Note

(2) 使用调色滑杆：颜色调板上的颜色和所属的色彩模式有关，可以通过移动滑块来选择滑杆上的颜色，如图 4-18 所示。调板上的颜色是属于 RGB 的，如果想选择其他色彩模式的色彩滑块，单击调板右上角的三角形图标，在"颜色调板"菜单中选择其他的色彩滑块。

(3) 设置数值文本框：可以在滑块后面的文本框中输入色彩参数值，从而获得精确的颜色。

(4) 颜色横条：在颜色调板下方有一色彩横条，其中显示了图像所使用的色彩模式下的所有颜色，可以直接从中点取所需使用的颜色。

4. 使用吸管工具

除了用拾色器、色板和颜色调板来选择颜色外，吸管工具也常常使用，主要是用于选取现有的颜色。使用吸管工具选择颜色的方法如下。

(1) 选择采样单位：单击工具箱中的"吸管"工具按钮，Photoshop CC 2018 的选项栏上会出现"吸管"工具编辑栏，其中有一个"取样大小"的列表框。单击列表框会出现 3 个选项，如图 4-19 所示。

图 4-19 "取样大小"列表框

① "取样点"表示以一个像素点作为采样单位。

② "3×3 平均"表示以 3×3 的像素区域作为采样单位。

③ "5×5 平均"表示以 5×5 的像素区域作为采样单位。

(2) 使用信息调板：按 F8 键，会显示控制面板中的信息调板。选中吸管工具后，鼠标指针在图像文件上会变成吸管图标。鼠标指针在图像上移动的同时，信息调板上的数据也会随着鼠标指针的移动而变化，用于显示鼠标指针所在点的颜色和位置信息，以便准确地选择颜色，如图 4-20 所示。

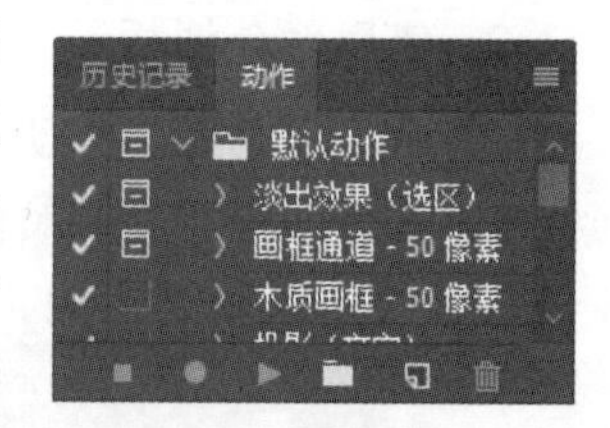

图 4-20 信息调板

(3) 选择颜色：用"吸管"工具单击图像上的任意颜色，即可选择该点的颜色作为前景色，工具箱中的前景色图标的颜色就会随之改变。同时，信息调板上也会显示这个颜色的 RGB 参数值和 CMYK 参数值。如果要选择颜色作为背景色，在"吸管"工具上单击图像选择颜色，同时按住 Alt 键。

4.3.2 使用填充工具

Photoshop CC 2018 的填充工具主要包括"油漆桶"工具和"渐变"工具。这两种工具能对图像文件的选区填入选定颜色、添加渐变效果和花纹图案等，被广泛地应用于绘制图像背景、填充选区和制作文字效果上，是图像处理的有力工具。

Note

1. 使用“油漆桶”工具填充颜色。

“油漆桶”工具是将图像或图像的选区填充前景色或图案的填充工具。在工具箱选择“油漆桶”工具后，只要在图像或图像的选区上单击，Photoshop CC 2018 就能根据设定好的颜色、容差值和模式进行填充。

“油漆桶”工具的具体使用方法如下：

在工具箱上选择“油漆桶”工具后，在 Photoshop CC 2018 的选项栏上会出现“油漆桶”工具的参数选项，如图 4-21 所示。

图 4-21　“油漆桶”工具的选项栏

① 在选项栏上的第 1 项为填充方式的选项，可以在下拉菜单中选择填充前景色还是图案。填充前景色是指使用设定的当前前景色来对所选择的图像区域进行填充；填充图案是指使用 Photoshop CC 2018 系统内设置的图案来对所选择的图像区域进行填充。选择“图案”选项后，“图案”选项将被激活，可在“图案”选项的下拉菜单中选择需要的图案。

② 除了使用 Photoshop CC 2018 系统预置的图案进行填充外，还可以通过执行菜单栏中的“编辑”→“定义图案”命令来自定义使用图案。

③ 选项栏上的第 3 项为填充模式，在其下拉菜单中选择 Photoshop CC 2018 提供的模式，给图像填充增加附加效果。

④ 用鼠标指针滑动“不透明度”选项的滑杆，选择填充需要的透明度。

⑤ 设定“容差”选项的参数值，在填充时 Photoshop CC 2018 会根据这个参数值的大小来扩大或缩小以鼠标单击点为中心的填色范围。

2. 使用“渐变”工具填充颜色。

“渐变”工具是一种特殊的填充工具，使用它能使图像或图像选区填充一种连续的颜色。这种连续的颜色包括从一种颜色到另一种颜色和从透明色到不透明色，可根据需要灵活选择运用。

“渐变”工具在工具箱中和“油漆桶”工具处于同一位置。在 Photoshop CC 2018 默认情况下，工具箱上显示的是油漆桶工具。按住油漆桶工具不放，即会出现渐变工具的图标。选择渐变工具后，在 Photoshop CC 2018 选项栏上会出现渐变工具的工具编辑条。

单击工具条上“渐变”显示框的下拉菜单，会出现 Photoshop CC 2018 系统预置的 16 种色彩渐变效果，单击任意一个色彩渐变效果方格，可以直接使用这种效果来填充图像或图像选区，如图 4-22 所示。

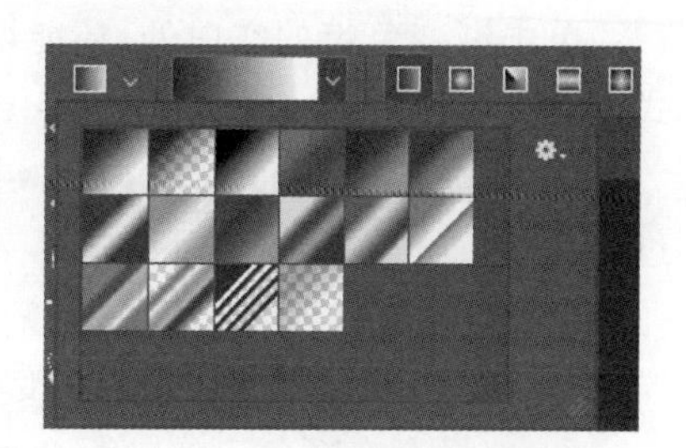

图 4-22　“渐变”工具条

如果需要自定义渐变的色彩，直接单击工具条上的“渐变”显示框，则会弹出“渐变编辑器”对话框，可直接使用 Photoshop CC 2018 预置的渐变效

果进行编辑，如图 4-23 所示。

工具条上还提供了 5 种渐变形状模式的选择，包括“线性渐变模式”■、“径向渐变模式”■、“角度渐变模式”■、“对称渐变模式”■、“菱形渐变模式”■，可以根据图像的效果需要单击选择任意一种形状模式，再进行颜色的编辑。

Note

图 4-23　渐变编辑器

（1）使用渐变编辑器

① 新建渐变效果：从预置的预览框中选择一种渐变效果，改变它的设置，就能在它的基础上建立一种新的渐变效果。新的渐变效果编辑完成后，单击“新建”按钮，就把新的渐变效果添加到当前显示的预置框中。

② 删除建立的渐变效果：单击要删除的渐变效果的同时，在预置框中按住 Alt 键。

③ 重命名：双击预置框中的渐变效果，可以在“名称”文本框中输入新名称。

④ 使用渐变色带：在渐变编辑器下方的长方形的颜色显示框称为渐变色带。

在渐变色带上方的控制点，表示颜色的透明度，下方的控制点表示颜色。单击任何一个控制点，会有一个小的菱形图标出现在单击的控制点和距离它最近的控制点之间，这个菱形代表着每一对颜色或不透明度之间过渡的中心点。拖动控制点就能改变渐变的颜色或透明度效果。

单击渐变色带的空白处，还能增加颜色或透明度的控制点，并移动控制点使渐变模式变得更富于变化。

⑤ 渐变的平滑度设置：提高“平滑度”选项的参数，能使渐变得到更加柔和的过渡。

（2）创建实底渐变

① 在“渐变”编辑器中的“渐变类型”选项的下拉菜单中选择“实底”。

② 选择渐变颜色：单击渐变色带下方的任意控制点，在“渐变”编辑器色标栏的“颜色”显示框中会显示该控制点的颜色，如图 4-24 所示。单击颜色显示框的颜色，可

以在弹出的拾色器中选择渐变色彩。

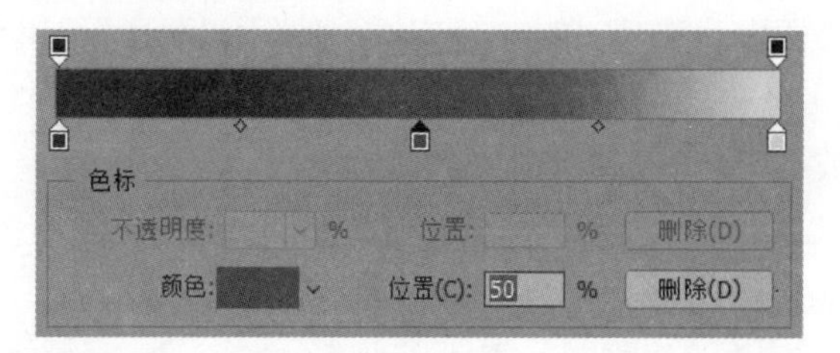

图 4-24 设置控制点的颜色

③ 选择渐变透明度：单击渐变色带上方的任意控制点，在渐变编辑器色标栏的"不透明度"的文本框中会显示该控制点的透明度，如图 4-25 所示。单击"不透明度"文本框中的三角形图标，会显示"不透明度"的滑动栏。可通过移动滑动栏上的滑块来调节控制点"不透明度"，也可直接在"不透明度"文本框中输入相应的参数。

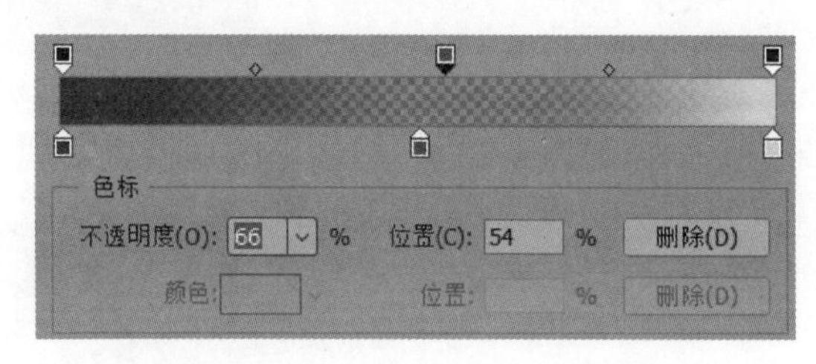

图 4-25 设置控制点的不透明度

④ 设置控制点的位置：设置好控制点的不透明度和颜色后，就能在渐变色带上左右移动控制点来调节该控制点的位置。除此之外，还能在设置控制点的颜色和不透明度时，在其对应"位置"文本框中输入相应的参数来设置该控制点在透明色带上的位置。

⑤ 增加和删除控制点：在渐变色带的空白处单击就能增加颜色控制点和透明度控制点，如果需要删除多余的控制点，则选择该控制点，单击色标栏里的删除按钮，或者选择要删除的控制点后，向渐变色带中心拖动该控制点，即能删除。

（3）制作渐变效果

① 执行菜单栏的"文件"→"打开"命令，打开一张图像文件。

② 选择工具箱上的"渐变"工具，然后单击选项栏的渐变显示框，在弹出的"渐变"编辑器中编辑实底渐变效果，结果如图 4-26 所示。

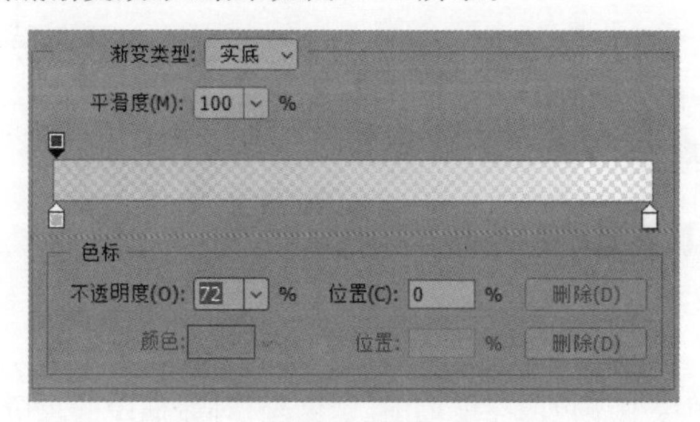

图 4-26 编辑的渐变效果

③ 设置完渐变效果后,单击"渐变"编辑器的"新建"按钮,把新设置的渐变效果添加到当前显示的预置框中。然后,单击"确定"按钮关闭"渐变"编辑器。

④ 按 F7 键,单击弹出的图层调板中的"创建新图层"图标创建一个新的图层,并确定新建图层在被选中状态,并将图层激活。

Note

⑤ 选择工具箱上的"渐变"工具,此时选项栏上的"渐变"显示框上显示的是刚设置好的渐变效果(黄色和白色的渐变)。单击选项栏上的"径向渐变"图标,使当前选择为径向渐变的模式。

⑥ 在图像上用"渐变"工具拉出一条编辑线,如图 4-27 所示,从而确定渐变在图像中的方向。完成编辑后,图像会马上呈现出渐变效果,如图 4-28 所示。

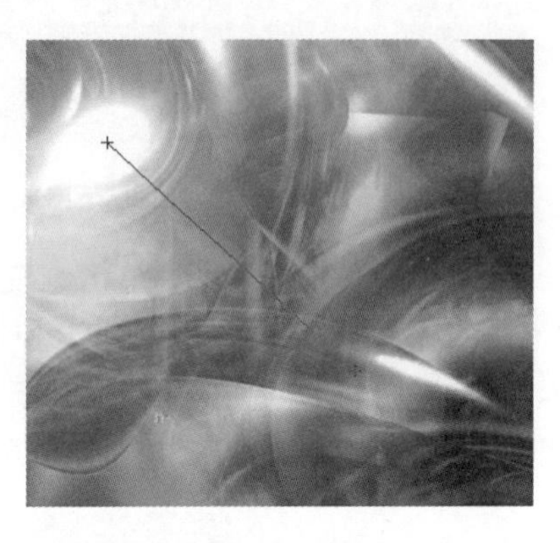

图 4-27　确定渐变在图像中的方向

⑦ 返回到图层调板,在渐变图层上调节该图层的不透明度,使背景图层更清晰,如图 4-29 所示。

图 4-28　创建的渐变效果

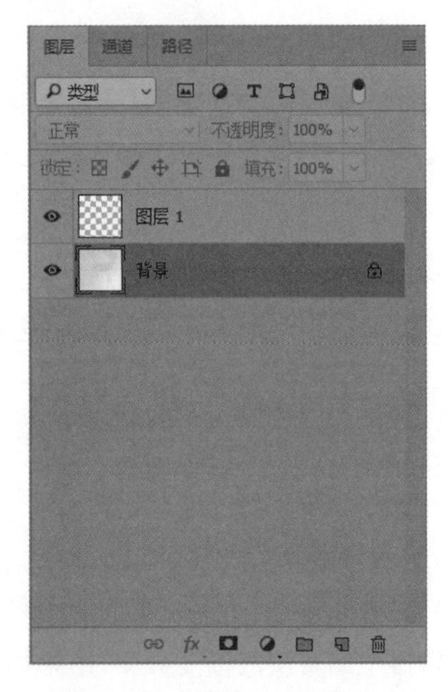

图 4-29　调节图层的透明度

4.3.3　快速调整图像的颜色和色调

1. 颜色和色调调整选项的使用

在 Photoshop CC 2018 菜单栏的"图像"→"调整"子菜单中有十几项关于图像的颜色和色调调整的命令,它们的用途分别如下。

(1) 色阶:指图像中颜色的亮度范围。"色阶"对话框中的色阶分布图表示颜色在图像中亮度的分配。通过设置"色阶"对话框的选项能使图像的色阶趋于平滑。

(2) 自动色阶：执行菜单栏中的“图像”→“调整”→“色阶”命令，Photoshop CC 2018 就会自动调整整体图像的色彩分布。

(3) 自动对比度：执行菜单栏中的“图像”→“调整”→“亮度/对比度”命令，Photoshop CC 2018 会自动调整整体图像的色调对比度，而不会影响颜色。

(4) 曲线：“曲线”命令可以调节图像中从 0～255 的各色阶的变化，拖动曲线对话框中的曲线能灵活地调整色调和图像的色彩特效。

(5) 色彩平衡：使用“色彩平衡”命令可以从高光、中间调、暗调 3 部分来调节图像的色彩，并通过色彩之间的关联控制颜色的浓度，修复色彩的偏色问题，达到平衡的效果。

(6) 亮度/对比度：使用“亮度/对比度”命令能整体改善图像的色调，一次性地完成图像所有像素的调节。

(7) 色相/饱和度：调整色相是指调整颜色的名称类别；调整饱和度则使颜色更饱满。颜色饱和度越高，颜色就越鲜艳。

(8) 去色：使用“去色”命令能删除色彩，使之成为黑白图像效果，但在文件中仍保留颜色空间，以便还原色彩的需要。

(9) 替换颜色：使用“替换颜色”命令能改变图像中某个特定范围内色彩的色相和饱和度变化。可以通过颜色采样制作选区，然后再改变选区的色相、饱和度和亮度。

(10) 可选颜色：这项调色命令比较适合于 CMYK 色彩模式，它能增加或减少青色、洋红、黄色和黑色油墨的百分数。当执行打印命令时，打印机提示需要增加一定百分比原色时，就可以使用这个命令。

(11) 通道混合器：“通道混合器”命令适用于调整图像的单一颜色通道，也可以将彩色图像转化为黑白图像。

(12) 渐变映射：使用“渐变映射”命令能使设置的渐变色彩代替图像中的色调。

(13) 反相：使用“反相”命令能反转图像的颜色和色调，生成类似于照相底片的颠倒色彩的效果，将图像中所有的颜色都变成其补色。

(14) 色调均化：使用“色调均化”命令能重新调整图像的亮度值，用白色代替图像中最亮的像素，用黑色代替图像中最暗的像素，从而使图像呈现更均匀的亮度值。

(15) 阈值：使用“阈值”命令制作一些高反差的图像，能把图像中的每个像素转化为黑色或白色。其中，阈值色阶控制图像色调的黑白分界位置。

(16) 色调分离：使用“色调分离”命令能指定图像中的色阶数目，将图像中的颜色归并为有限的几种色彩从而简化图像。

2. 调整图像的颜色和色调

(1) 执行菜单栏中的“文件”→“打开”命令，打开下载的源文件中的“第 4 章”的图像文件“1.jpg”。

(2) 按 F7 键，单击弹出的图层面板上的“创建新的填充或调整图层”图标，在弹出的“图层”菜单上选择“色阶”命令。

(3) 选择“色阶”命令后，Photoshop CC 2018 会弹出“色阶”对话框，如图 4-30 所示。这时，会发现“色阶”对话框中的色阶分布偏向暗调部分，说明图像整体色彩表现偏暗。

(4) 单击“色阶”对话框中的“自动”按钮，让 Photoshop CC 2018 对图像进行自动

Note

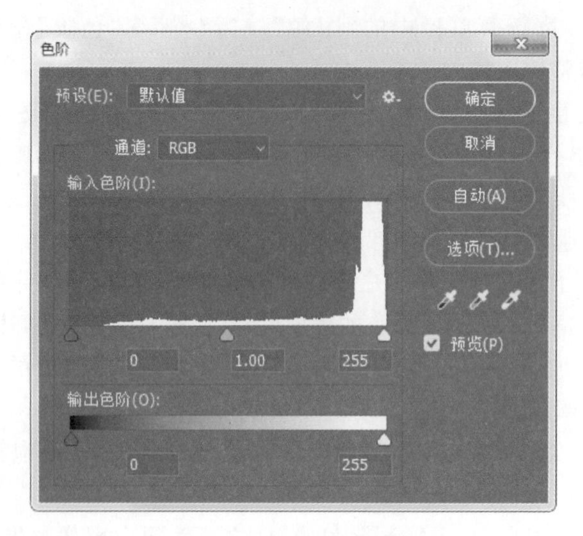

图 4-30 "色阶"对话框

色阶调节。自动色阶调节后,会发现图像的整体亮度已经变得明亮和谐,但整体颜色却偏黄。显然,"自动色阶"命令调整了整体色调,但却对图像的颜色产生了不符合需要的影响,如图 4-31 所示。

(5) 激活图层面板自动生成的"色阶 1"图层,把该图层的图层模式由系统默认的"正常"改为"变亮",如图 4-32 所示。这样,"自动色阶"命令将只会调整图像的色调而不会影响颜色。

图 4-31 自动色阶调整后的图像

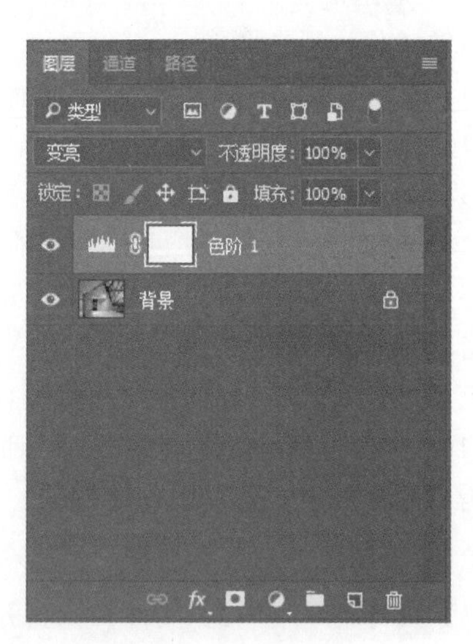

图 4-32 改变图层模式

注意:

使用菜单中的"图像"→"调整"→"色阶"命令,通常会改变图像的全部色调,而使用"图层"菜单中的"色阶"命令,就能在自动生成的新图层中进行自动色阶的调整,而不会影响原始图像。

（6）现在需要进一步调整图像的整体色调。选择菜单栏上的“图像”→“调整”→“色彩平衡”命令或按快捷键 Ctrl+B，打开“色彩平衡”对话框进行图像的色相调整。

（7）在“色彩平衡”对话框中，点选“中间调”选项进行图像中间调的调整，往蓝色方向拖动“黄色/蓝色”滑杆上的滑块来减少图像中的黄色像素。同时，在调整的过程中可以观察图像调整的预览效果不断进行调整，最后“色彩平衡”对话框如图 4-33 所示。确定色彩调整效果后，单击对话框上的“确定”按钮退出色彩平衡的编辑。这时，可以看到图像不再有黄色的偏色，色彩比较平均。

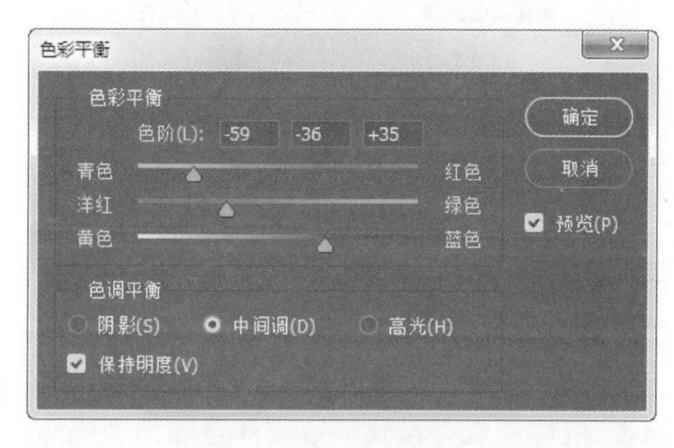

图 4-33　“色彩平衡”对话框

（8）选择菜单栏上的“图像”→“调整”→“曲线”命令或按快捷键 Ctrl+M，打开“曲线”对话框进行图像的亮度调整。在“曲线”对话框中，往上拖动曲线如图 4-34 所示。通过预览确定图像的亮度效果后，单击对话框上的“确定”按钮退出曲线的编辑。最后，图像调整的效果如图 4-35 所示。

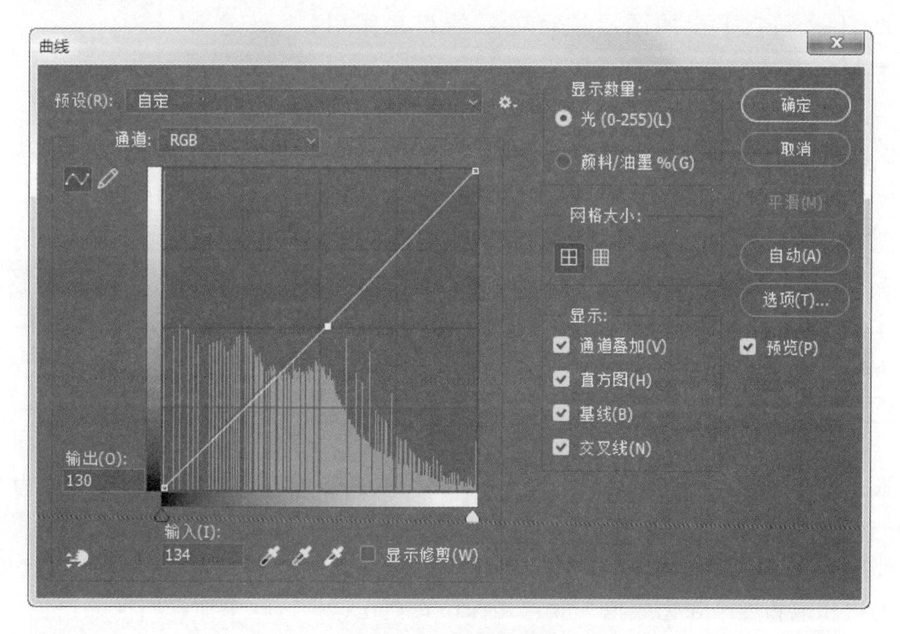

图 4-34　“曲线”对话框

图 4-35　图像调整效果

4.3.4　重新着色控制

1. 概述

在图像处理当中，经常会遇到图像的某些区域需要进行重新着色，这时就要用到图层的混合模式。图层的混合模式是控制当前图层的颜色和下层图层颜色之间的合成效果。在“正常”模式下，添加的颜色会完全覆盖原始图像的颜色像素，但应用混合模式能改变颜色和添加的颜色之间的作用方式。

按 F7 键打开图层面板，在图层面板的模式下拉菜单中共提供了 27 种混合模式，如图 4-36 所示。

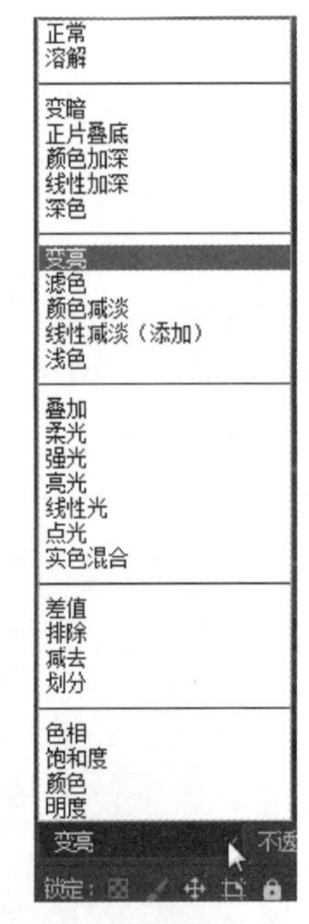

图 4-36　图层的混合模式

图层混合模式的功能如下。

(1) 正常模式：图层模式处于正常模式下时，图层的颜色是正常化的，不会和它下面的图层进行色彩的相互作用(快捷键为 Shift+Alt+N)。

(2) 溶解模式：在图层的不透明度值为 100%时，溶解模式和正常模式的效果是一样的。减少图层的不透明度值，溶解模式会使图像产生许多像溶解效果般的扩散点。

不透明度值越低，图像的溶解扩散点就越疏，越能看见下层图层的图像(快捷键为 Shift+Alt+I)。

(3) 变暗模式：使用变暗模式后，Photoshop CC 2018 系统会自动比较出图像通道中最暗的通道，并从中选择这个通道使图像变暗(快捷键为 Shift+Alt+K)。

(4) 正片叠底模式：正片叠底模式使当前图层和下层图层如同 2 张幻灯片重叠在一起，能同时显示出 2 个图层的图像，但颜色加深(快捷键为 Shift+Alt+M)。

(5) 颜色加深模式：颜色加深模式和颜色减淡模式会增加下层图像的对比度，并通过色相和饱和度来强化颜色。颜色加深模式会在这个过程中加深图像的颜色。

(6) 线性加深模式：线性加深模式根据在每个通道中的色彩信息和基本色彩的暗度，通过减少亮度来表现混合色彩。其中，和白色像素混合不会有变化(快捷键为 Shift+Alt+A)。

(7) 深色模式：它是通过计算混合色与基色的所有通道的数值，然后选择数值较小的作为结果色。

(8) 变亮模式：变亮模式和变暗模式相反，Photoshop CC 2018 会选择图像通道中最暗的通道使图像变暗(快捷键为 Shift＋Alt＋G)。

(9) 滤色模式：查看每个通道的颜色信息，并将混合色的互补色与基色进行正片叠底，结果色总是较亮的颜色。用黑色过滤时颜色保持不变，用白色过滤时将产生白色。此效果类似于多个摄影幻灯片在彼此之上投影。

(10) 颜色减淡模式：和颜色加深模式一样，只是颜色减淡模式在增加下层图像的对比度时，使图像颜色变亮(快捷键为 Shift＋Alt＋D)。

(11) 线性减淡(添加)模式：查看每个通道中的颜色信息，并通过增加亮度使基色变亮以反映混合色；与黑色混合则不发生变化。

(12) 浅色模式：比较混合色和基色的所有通道值的总和并显示值较大的颜色。"浅色"不会生成第三种颜色(可以通过"变亮"混合获得)，因为它将从基色和混合色中选取最大的通道值来创建结果色。

(13) 叠加模式：使用叠加模式除了保留基本颜色的高亮和阴影颜色不会被替换外，使其他颜色混合起来表现原始图像颜色的亮度或暗度(快捷键为 Shift＋Alt＋O)。

(14) 柔光模式：柔光模式使下层图像产生透明、柔光的画面效果(快捷键为 Shift＋Alt＋F)。

(15) 强光模式：强光模式使下层图像产生透明、强光的画面效果(快捷键为 Shift＋Alt＋H)。

(16) 亮光模式：亮光模式根据混合的颜色来增加或减少图像的对比度。如果混合颜色亮于 50%的灰度，图像就会通过减少对比度使整体色调变亮；如果混合颜色暗于 50%的灰度，图像就会通过变暗来增加图像色调的对比度(快捷键为 Shift＋Alt＋V)。

(17) 线性光模式：线性光模式根据混合的颜色来增加或减少图像的亮度。如果混合颜色亮于 50%的灰度，图像就会通过增加亮度使整体色调变亮；如果混合颜色暗于 50%的灰度，图像就会通过减少亮度来使图像变暗(快捷键为 Shift＋Alt＋J)。

(18) 点光模式：根据混合色替换颜色，如果混合色(光源)比 50%灰色亮，则替换比混合色暗的像素，而不改变比混合色亮的像素。如果混合色比 50%灰色暗，则替换比混合色亮的像素，而比混合色暗的像素保持不变。这对于向图像添加特殊效果非常有用。

(19) 实色混合：将混合颜色的红色、绿色和蓝色通道值添加到基色的 RGB 值。如果通道的结果总和大于或等于 255，则值为 255；如果小于 255，则值为 0。因此，所有混合像素的红色、绿色和蓝色通道值要么是 0，要么是 255。这会将所有像素更改为原色：红色、绿色、蓝色、青色、黄色、洋红、白色或黑色。

(20) 差值模式：差值模式会比较上下两个图层的图像颜色，使形成图像的互补色效果。同时，如果像素之间没有差别值，会使该图像上显示的像素呈现出黑色(快捷键为 Shift＋Alt＋E)。

(21) 排除模式：排除模式和差值模式的功能是一样的，但会使图像的颜色更为柔和，整体为灰色调(快捷键为 Shift＋Alt＋X)。

Note

（22）减去模式：从目标通道中相应的像素上减去源通道中的像素值。

（23）划分模式：如将上方图层划分，则下方图层颜色的纯度，相应减去了同等纯度的该颜色，同时上方颜色的明暗度不同，被减去区域图像明暗度也不同。

（24）色相模式：使用色相模式会改变图像的颜色而不改变亮度和其他数值（快捷键为 Shift＋Alt＋U）。

（25）饱和度模式：使用饱和度模式将增加图像整体的饱和度，使图像色调更明丽（快捷键为 Shift＋Alt＋T）。

（26）颜色模式：使用图像基本颜色的亮度和混合颜色的饱和度、色相来生成一个新的颜色。该模式适用于灰色调和单色的图像（快捷键为 Shift＋Alt＋C）。

（27）明度模式：用基色的色相和饱和度以及混合色的明亮度创建结果色。此模式创建与颜色模式相反的效果（快捷键为 Shift＋Alt＋Y）。

2. 使用图层混合模式重新着色实例

（1）执行菜单栏中的“文件”→“打开”命令，打开下载的源文件中的“第 4 章”的“2.jpg”。

（2）右键单击 Photoshop CC 2018 的工具箱的“套索”工具图标，在其弹出的隐藏菜单中选择“磁性套索”工具。使用磁性套索工具选取图像上的沙发坐垫，如图 4-37 所示。

图 4-37　选择图像选区

（3）按 F7 键，打开 Photoshop CC 2018 的“图层”面板。然后，在按住 Alt 键的同时单击“图层”面板的“创建新的填充或调整图层”图标，在弹出的“图层”菜单上选择“纯色”。

（4）打开“拾色器（纯色）”对话框，将 L 设置为 30，a 设置为 39，b 设置为 21，按“颜色库”按钮，进入“颜色库”对话框，在色库的下拉菜单中选择“PANTONE＋Solid Coated”，然后，在颜色选框中选择颜色“PANTONE 1815 C”，如图 4-38 所示，再单击“确定”按钮退出对话框。

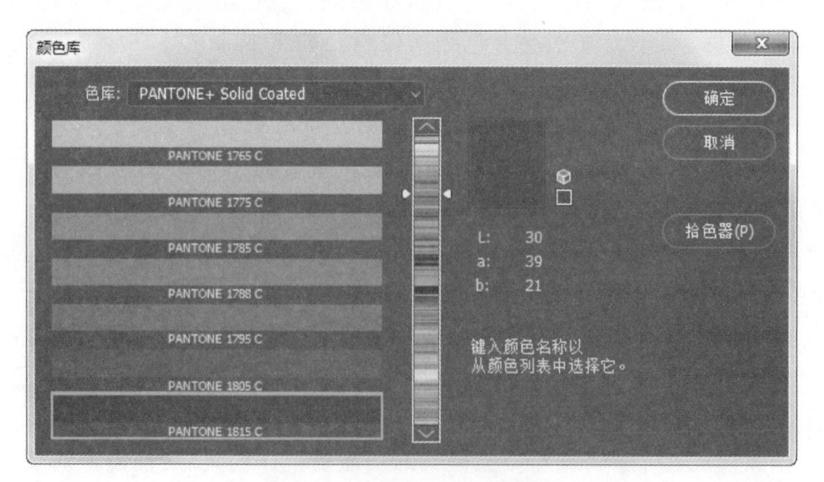

图 4-38　选择色库中的颜色

Note

(5) 在“设置图层的混合模式”下拉选项中选择“色相”，这时图像上的沙发坐垫的颜色已经变成了刚选择的颜色，但沙发的亮度、饱和度等都没有变化，如图 4-39 所示。

(6) 在“图层”面板上，会自动增加一个蒙版图层，可以在这个图层上进一步修改色彩效果，而不会影响原始的背景图层，如图 4-40 所示。如果对重新着色效果不满意，还可以直接把这个图层拖到“图层”面板的“删除图层”图标上删除这个图层。

图 4-39　着色后的图像效果

图 4-40　图层面板的新增图层

4.3.5　通道颜色混合

1. 通道概述

通道是 Photoshop CC 2018 提供给用户的一种观察和储存图像色彩信息的手段，它能以单一颜色信息记录图像的形式。一幅图像通过多个通道来体现色彩信息。同时，Photoshop CC 2018 色彩模式的不同决定了不同的颜色通道。比如，RGB 色彩模式分为 3 个通道，分别表示红色(R)、绿色(G)、蓝色(B)3 种颜色信息。

选择菜单栏中的“窗口”→“通道”命令，就能打开“通道”面板，“通道”面板如图 4-41 所示。可以使用图像的其中一个通道进行单独操作，观察通道所表示的色彩信息，并改变该通道的特性。

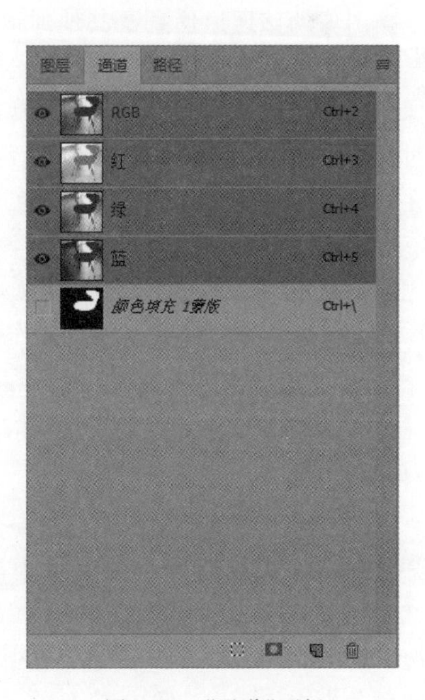

图 4-41　“通道”面板

2. 通道混合器

选择菜单栏中的“图像”→“调整”→“通道混合

器”命令，就能打开“通道混合器”面板，如图 4-42 所示。通过使用通道混合器，可以完成以下操作：

(1) 有效地校正图像的偏色状况。

(2) 从每个颜色通道选取不同的百分比创建高品质的灰度图像。

(3) 创建高品质的带色调彩色图像。

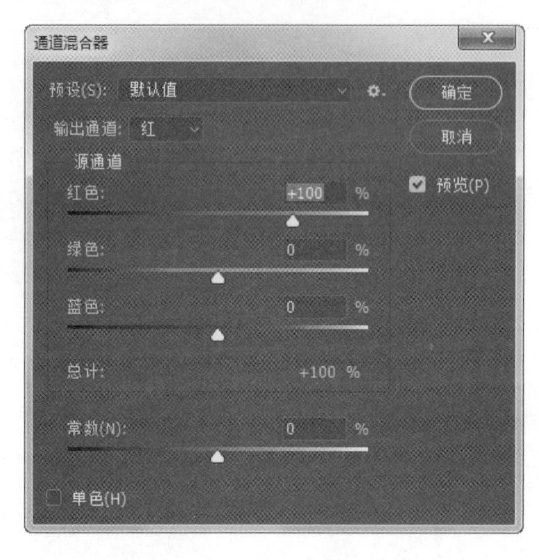

图 4-42 “通道混合器”对话框

3. 通道混合器的使用

(1) 通道混合器的工作原理：选定图像中其中一个通道作为输出通道，然后可以根据图像的该通道信息及其他通道信息进行加减计算，达到调节图像的目的。

(2) 通道混合器的功能：输出通道可以是图像的任意一个通道，源通道则根据图像色彩模式的不同而变化，色彩模式为 RGB 时源通道为 R、G、B，色彩模式为 CMYK 时，源通道为 C、M、Y、K。假设以绿色通道为当前选择通道，则在图像中操作的结果只在绿色通道中发生作用，因此绿色通道为输出通道。

通道混合器中的“常数”是指该通道的信息直接增加或减少颜色量最大值的百分比。通道混合器只在图像色彩模式为 RGB、CMYK 时才起作用，在图像色彩模式为 LAB 或其他模式时，不能进行操作。

4. 使用通道混合器制作灰度图像实例

(1) 在 Photoshop CC 2018 中执行“文件”→“打开”命令。

(2) 选择菜单栏中的“窗口”→“通道”命令，打开“通道”面板。在“通道”面板中，分别单击选择红、绿和蓝 3 个通道来观察图像中各个颜色的情况，如图 4-43～图 4-45 所示。从比较这 3 个通道的颜色来看，由于图像中右面的墙壁和地面的红色成分较多，所以红色通道中的右面墙壁和地面

图 4-43 红色通道

较为明亮；而在绿色通道中窗户和带窗户的墙壁较为明亮，而且有丰富的细节；但由于照片中蓝色成分较少，所以蓝色通道很暗，并且比较模糊。

(3) 在通道面板单击选择RGB通道，回到彩色视图下。为了便于以后对图像的进一步修改和调整，按F7键打开“图层”面板，在当前使用图层下调整通道颜色。

(4) 单击“图层”面板的“创建新的填充或调整图层”图标，在弹出的“图层”菜单上选择“通道混合器”，如图4-46所示。这样，Photoshop CC 2018会在背景图层上建立“通道混合器”调整图层，而对于背景图层则毫无影响。

图4-44 绿色通道

图4-45 蓝色通道

(5) 在弹出的“通道混合器”面板中选中“单色”复选框，如图4-47所示，这时，输出通道则变为“灰色”选项，图像也由彩色变为灰度图像。

注意：

在默认的情况下，通道混合器的源通道中红色通道值为100%，绿色通道值和蓝色通道值均为0%。所以，在输出通道转为灰色通道时，绿色通道和蓝色通道被扔掉，而红色通道则全部输出到灰色通道。在图像窗口的预览中可以看到，得到的效果实际上与在通道调板中只选择红色通道是一样的。

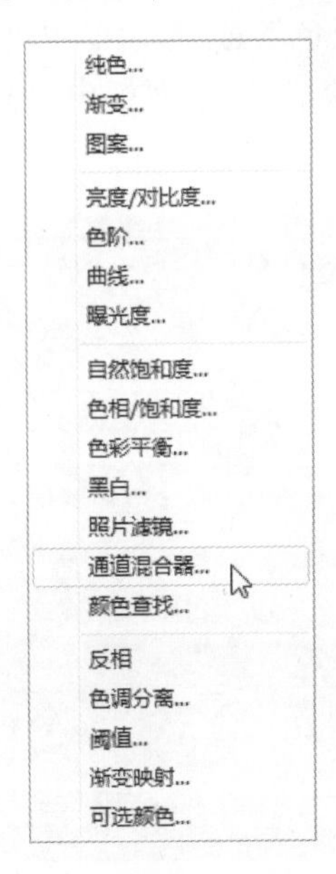

图4-46 选择通道混合器

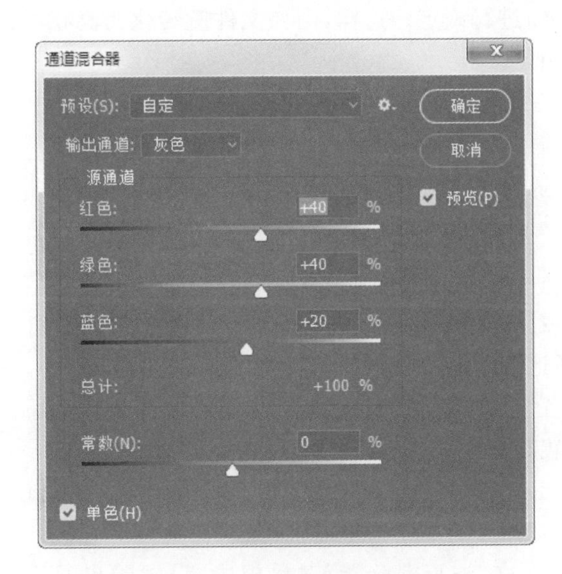

图4-47 “通道混合器”对话框

Note

(6) 根据图像预览效果,需要调整各个通道的输出比例,从而得到最理想的灰度图像效果。另外,为了调整的图像效果不出现过暗或者过亮,3个通道的比例之和应保持在100%左右。调整各个通道的比例,如图4-48所示。

(7) 单击“确定”按钮关闭“通道混合器”对话框。这时,图像的灰度效果如图4-49所示。如果需要继续进一步地对图像的灰度效果进行修改,在“图层”面板上双击通道混合器图层,就会再次弹出“通道混合器”对话框进行修改。

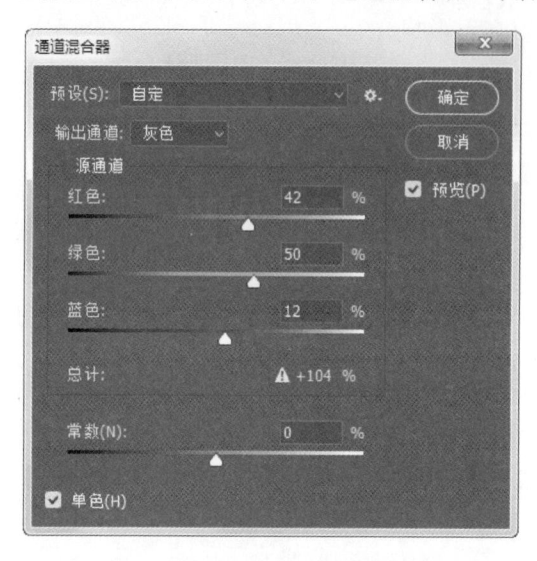

图4-48 通道混合器参数设置

图4-49 灰度图像效果

(8) 通过通道混合器调整后的图像仍然是RGB色彩模式。在“图层”面板的通道混合器图层上按快捷键Ctrl+E,将调整图层和背景图层进行合并。然后,执行菜单栏中的“图像”→“模式”→“灰度”命令,在弹出的“是否要扔掉颜色信息”对话框中单击“确定”按钮进行确定。这样,图像文件就转化为真正的灰度图像,“通道”面板中也只有灰色通道了。

5. 使用通道混合器调整图像色调实例

(1) 在Photoshop CC 2018中执行“文件”→“打开”命令,打开一张计算机中存储的jpg格式的文件。这时,可以看到图像整体色调偏红,颜色较暗。

(2) 选择菜单栏中的“窗口”→“通道”命令,打开“通道”面板,如图4-50所示。在“通道”面板中,观察各个通道颜色的情况,可以看到绿色和蓝色通道比较暗。

(3) 选择菜单栏中的“图像”→“调整”→“通道混合器”命令,打开“通道混合器”对话框。

(4) 在“通道混合器”对话框中,设置输出通道为绿色,并调整参数如图4-51所示,单击“确定”按

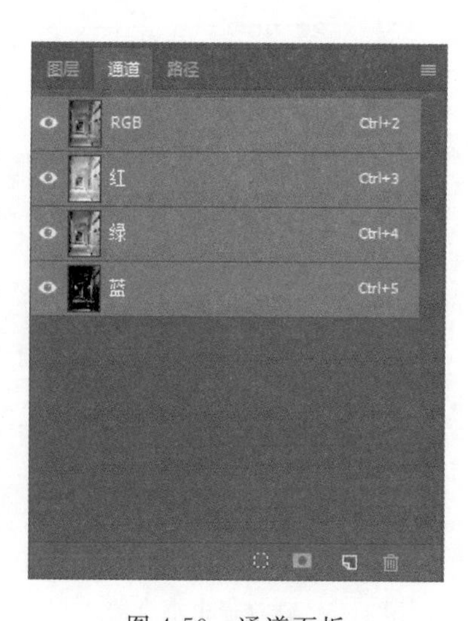

图4-50 通道面板

钮完成设置。

（5）选择菜单栏中的“图像”→“调整”→“通道混合器”命令，再次打开“通道混合器”对话框，调整参数如图 4-52 所示。

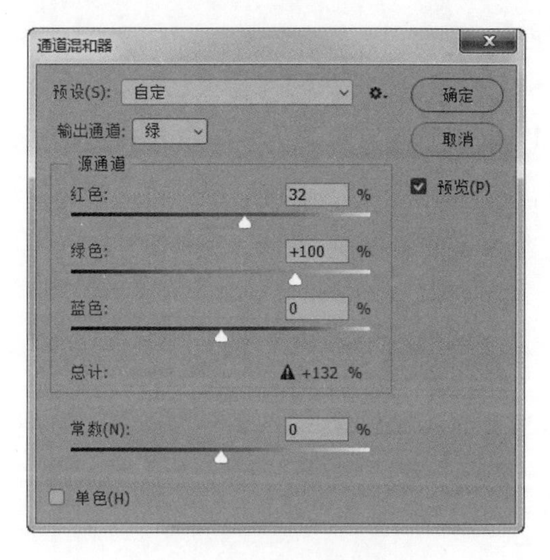

图 4-51　通道混合器设置 1

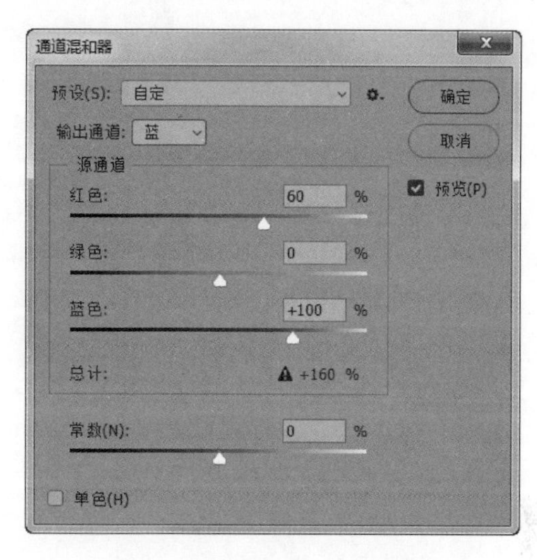

图 4-52　通道混合器设置 2

（6）在“图层”面板上单击选择背景图层，按快捷键 Ctrl＋M，打开“曲线”面板，调整曲线如图 4-53 所示，单击“确定”按钮进行确定。这时，图像色调效果如图 4-54 所示。

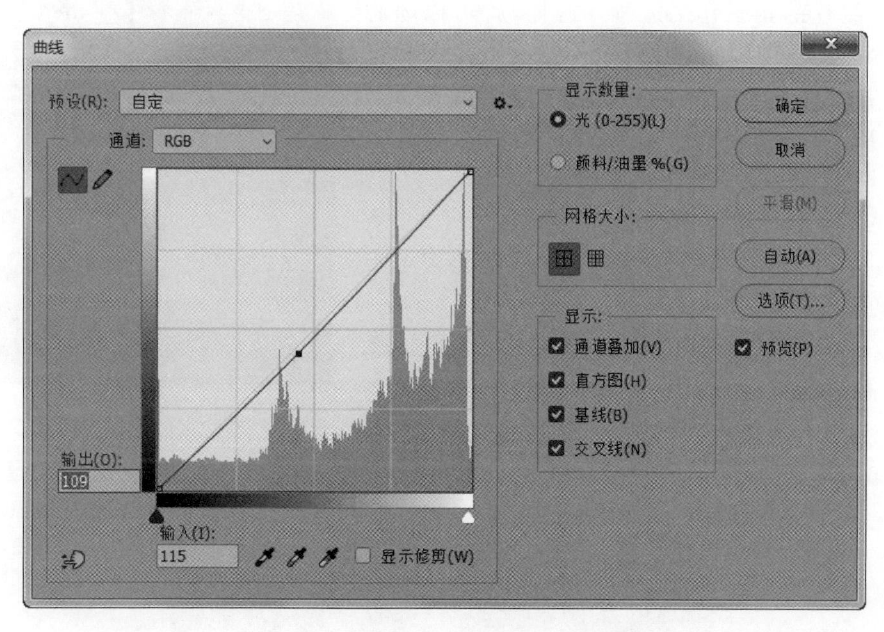

图 4-53　调整曲线

Note

图 4-54　图像色调效果

4.3.6　黑白图像上色

在早期的摄影史中，照片都是黑白的，照片上色专家使用颜料和染料来为黑白照片上色。当今天彩色照片广泛传播时，在计算机上手工上色似乎也很流行。尤其在Photoshop CC 2018 中，为每种颜色创建一个单独的图层，可以有很大的灵活空间来控制每种颜色和黑白照片的相互作用过程。这样，就可以随心所欲地为黑白图像上色和修改，创造出让人耳目一新的效果。下面举例说明。

图 4-55　原始图像

(1) 在 Photoshop CC 2018 中执行“文件”→“打开”命令，打开一张 jpg 图像文件，如图 4-55 所示。然后，在工具栏中选择“图像”→“模式”→“RGB 颜色”命令，把图像由灰度模式转化为可上色的色彩模式。

(2) 按 F7 键打开图层面板，按住 Alt 键单击“图层”面板底部的“创建新图层”按钮，打开“新建图层”对话框，分别设置“模式”和“不透明度”的参数，如图 4-56 所示。然后，单击“确定”按钮完成设置。

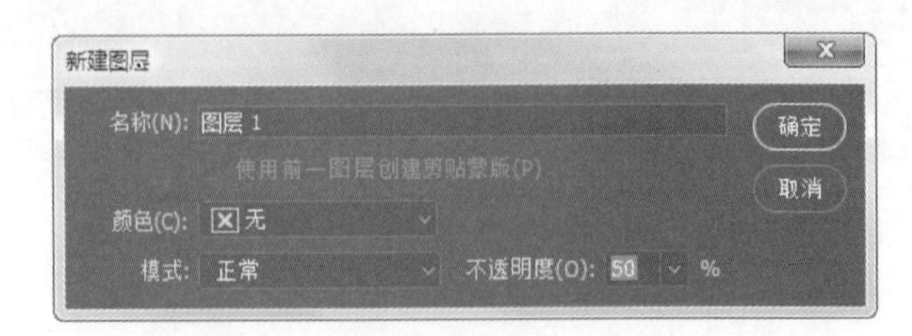

图 4-56　设置“新建图层”对话框参数

(3) 在刚刚创建的图层上添加颜色。单击工具箱的"前景色设置"工具，在弹出的拾色器中选择需要添加的颜色，然后单击"确定"按钮进行确定，如图 4-57 所示。

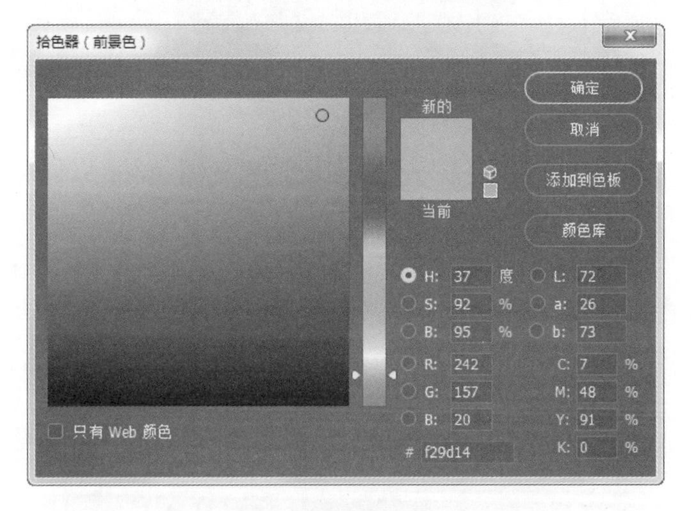

图 4-57　选择颜色

(4) 单击工具箱的"画笔"工具按钮，在选项栏上设定相应的画笔大小，在图像上进行描绘。如果需要修改描绘的效果，可以使用工具箱的"橡皮擦"工具把描绘的颜色擦除。描绘完后，单击"图层"面板上背景图层前面的"指示图层可视性"图标，关闭背景图层。这时，在图层 2 上进行的描绘如图 4-58 所示。

图 4-58　在图层 2 进行描绘

(5) 重新打开背景图层，这时的图像效果如图 4-59 所示。用同样的方法，为每一个需要添加的颜色单独设置一个图层然后进行上色。这样当某一个图层上的颜色不合适时，就可以调节图层的"不透明度"或"模式"，比较容易调整画面效果。

(6) 完成上色后，需要调整色彩的整体效果。选择"图层"→"新建"→"组"命令，在弹出的"新建组"对话框中，设置如图 4-60 所示。然后，单击"确定"按钮进行确定。这样，就可以编辑图层组来改变图层组中所有图层属性。另外，还可以单独编辑图层组中每一个图层。

Note

图 4-59　上色效果

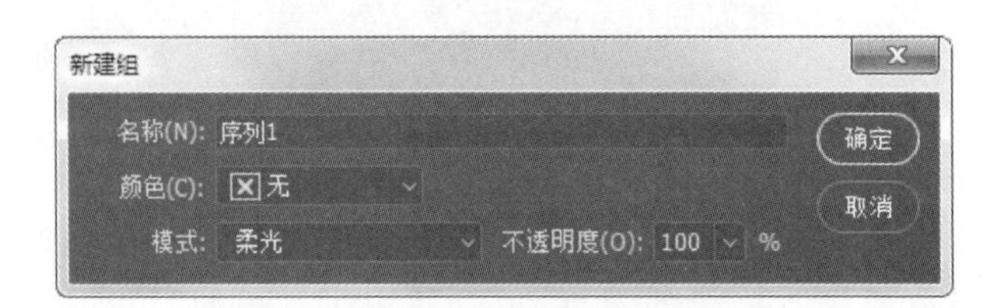

图 4-60　创建新图层组

(7) 在图层面板上调整图层的位置。然后，根据画面效果，通过编辑图层的"不透明度"或"模式"来调整画面的颜色强度效果。最后的图像效果如图 4-61 所示。

图 4-61　图像效果

本 章 小 结

本章详细介绍了 Photoshop CC 2018，使读者能够快速认识 Photoshop CC 2018，并且能够熟练操作该软件，以后的实战应用中会更加具体介绍其主要功能。

别墅效果图制作

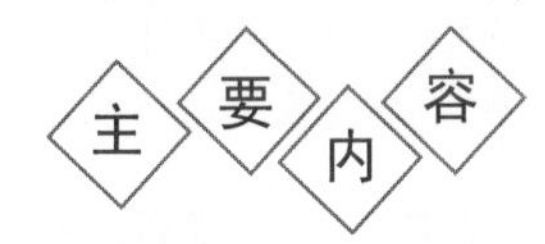

学习目的

➢ 综合运用所学知识创建室外模型，学习捕捉节点进行创建模型，室外灯光的设置、渲染输出以及后期处理与出图，学习制作室外效果的步骤。

学习思路

➢ 主要介绍别墅的立体模型的建立、模型材质和灯光的设置及渲染。主要思路是：先导入别墅的平面图进行必要的调整，然后建立别墅的基本墙面；依照这些图形生成室外模型准确具体的立体模型。本章模型如图 5-1 所示。

知识重点

Note

➢ 学习捕捉 AutoCAD 平面图和立面图的端点进行准确建模。
➢ 设置室外灯光渲染输出以及后期处理与出图。

图 5-1 别墅模型

5-1

5.1 3ds Max 2018 制作别墅模型

5.1.1 绘图准备

(1) 启动 AutoCAD 2018,打开下载的源文件中的"第 5 章"的"别墅.dwg"文件,如图 5-2 所示。

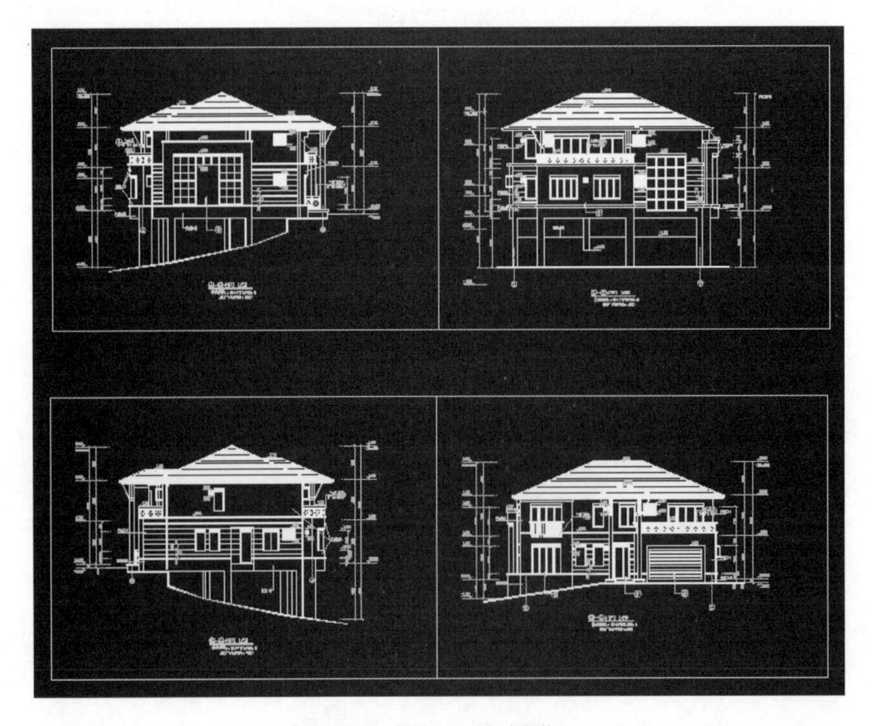

图 5-2 AutoCAD 图形

Note

(2) 在图 5-2 中有大量的多余轮廓线，为了便于在 3ds Max 2018 中建模，可以将图中的部分轮廓线删除，只留黄色的标准线框，利用鼠标框选住要删除的轮廓线，单击键盘中的 Delete 键进行删除。也可通过“图层特性”管理器将不必要的轮廓线进行隐藏，单击“图层特性”管理器中的图层前的“灯泡”按钮就能关闭不需要轮廓线的图层，如图 5-3 所示。这时图形中将隐藏已关闭图层的轮廓线。

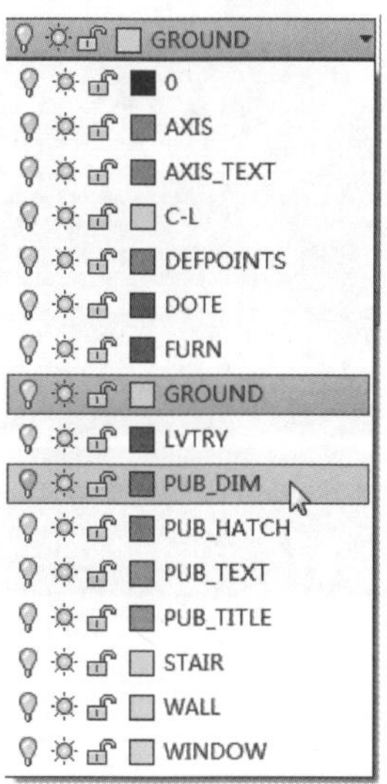

图 5-3　“图层特性”管理器

(3) 按上述步骤将图 5-2 中除墙体线以外的表示线全部隐藏或删除，这样将得到整体的 AutoCAD 的前视图、侧视图及顶视图等，结果如图 5-4 所示。

5.1.2　设置图形单位

(1) 双击桌面 3ds Max 2018 图标启动程序，在导入 AutoCAD 图形时，需要对 3ds Max 2018 场景中的单位进行设置，以便和 AutoCAD 导入的尺寸统一，在“自定义”(Customize)下拉菜单中选择“单位设置”(Units Setup)命令，弹出“单位设置”对话框，将“米”(Meters)改为“毫米”(Millimeters)，如图 5-5 所示。

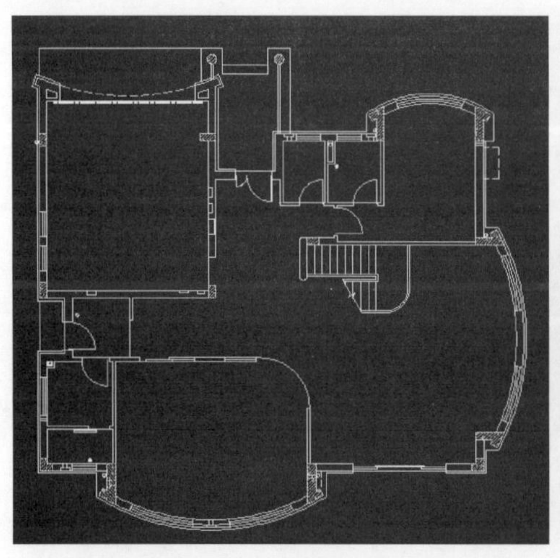

(a) 平面图

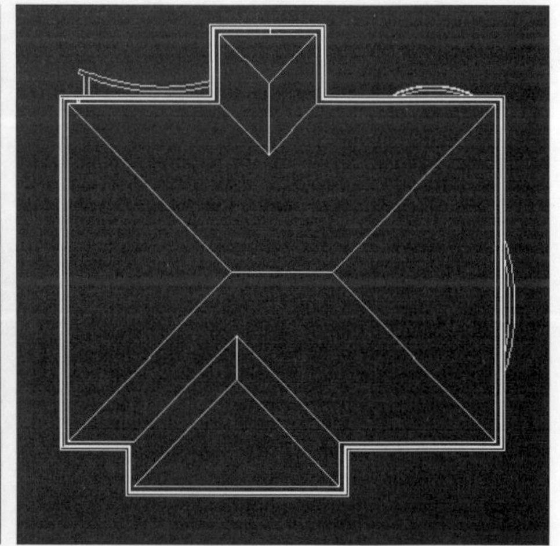

(b) 顶视图

(c) 前视图

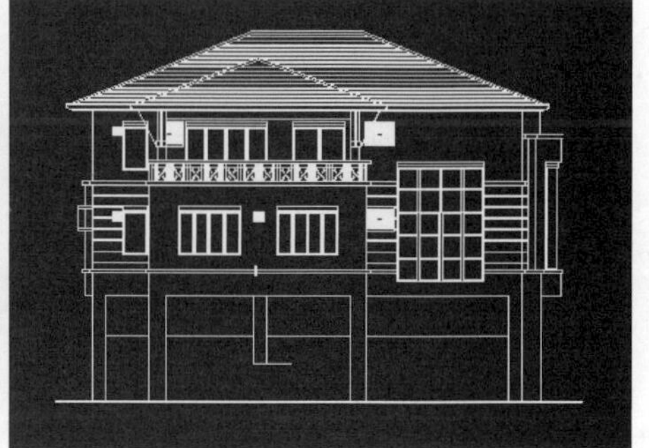

(d) 后视图

图 5-4　修整后的图形

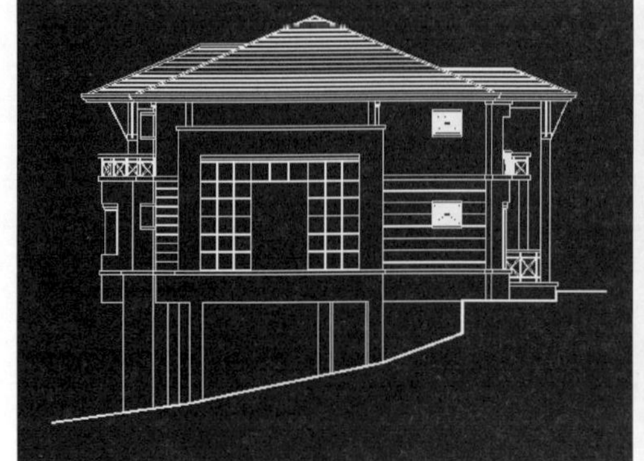

(e) 左视图

(f) 右视图

图 5-4 （续）

（2）单击“系统单位设置”(System Units Setup)按钮，打开“系统单位设置”对话框，将系统单位设置为毫米，如图 5-6 所示。

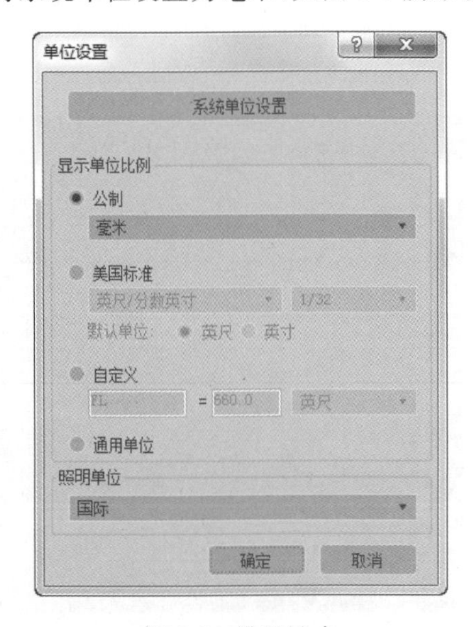

图 5-5 设置尺寸

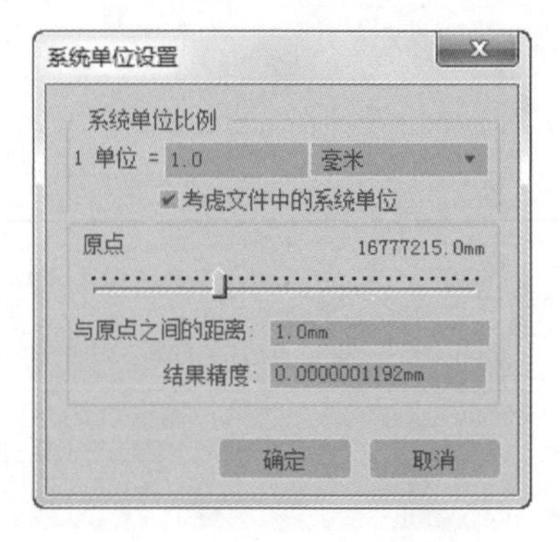

图 5-6 “系统单位设置”对话框

5.1.3 组合参考图

（1）单击“文件”(File)菜单栏中的“导入”(Import)→“导入”命令，在弹出的“选择要导入的文件”(Select File Import)对话框中，单击“文件类型”中的下拉箭头，选择后缀为“DWG”的文件名称，在打开范围中找到别墅 CAD 文件，如图 5-7 所示。

（2）单击“打开”(Open)按钮，打开要导入别墅的“DWG”文件。

（3）单击 3ds Max 2018 右下角的“缩放工具”(Zoom)，对导入的 DWG 平面图进行缩放观察，结果如图 5-8 所示。

（4）按下快捷键 Ctrl+A，单击平面图的所有线条，选择“组”菜单下的“组”命令，在弹出的“组”对话框“组名”(Group Name)文本框中输入“顶层”，如图 5-9 所示。单击

图 5-7　导入 AutoCAD 图形

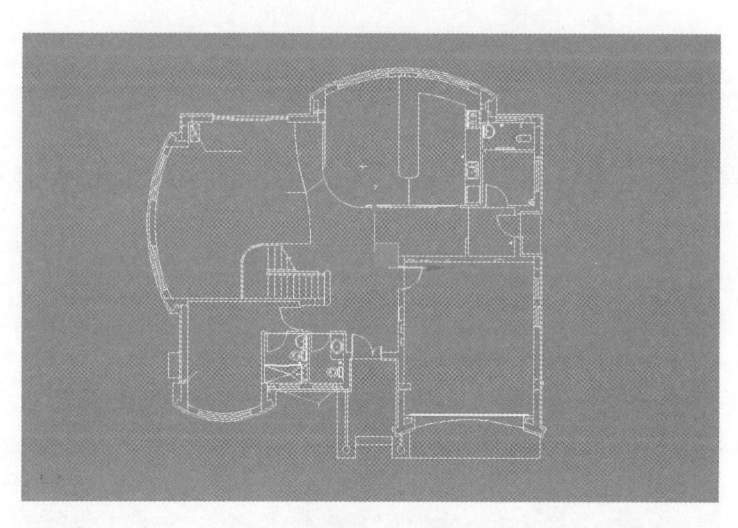

图 5-8　调整平面图大小

“确定”按钮，这时 DWG 平面图的所有线条成组。

（5）为成组后的 DWG 文件选择一种醒目的颜色，如图 5-10 所示。

（6）调整导入图形在 3ds Max 2018 的“顶视图”(Top)的位置，整体观看 AutoCAD 图纸的颜色，如图 5-11 所示。

Note

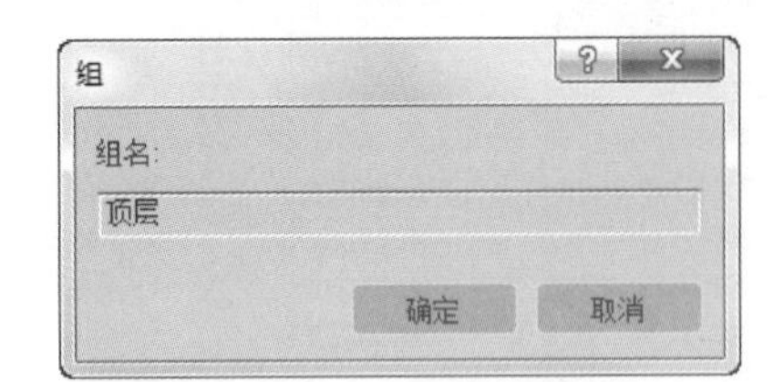

图 5-9　所有线条成组

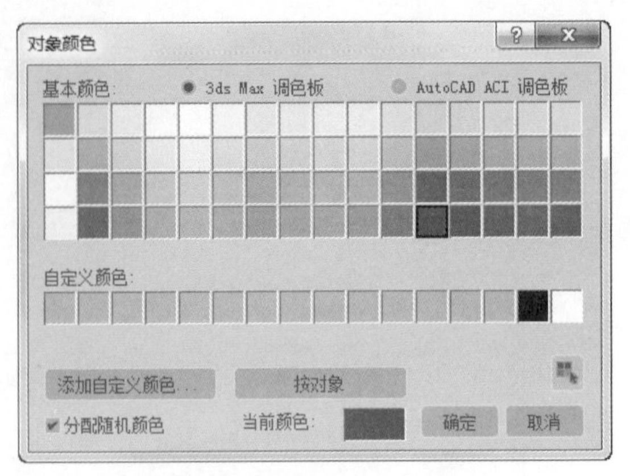

图 5-10　通过颜色板修改颜色

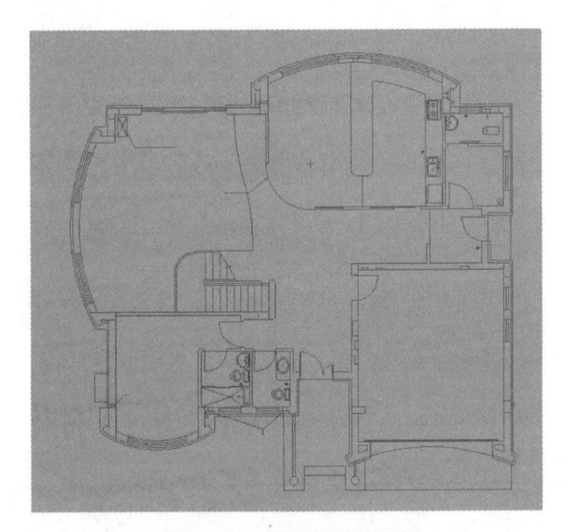

图 5-11　调整图纸颜色

(7) 按照上述方法将其他的 AutoCAD 图纸导入 3ds Max 2018 中，并通过“移动”与“旋转”工具将 AutoCAD 图纸进行调整，结果如图 5-12 所示。

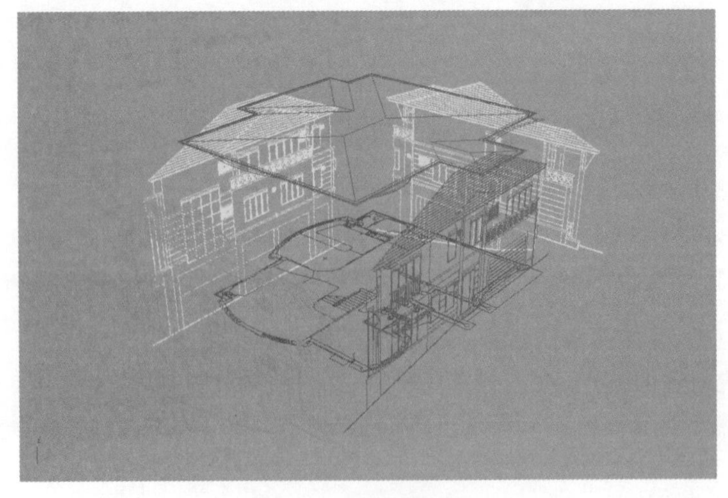

图 5-12　组合参考图

(8) 对导入的 AutoCAD 图纸群组并重新命名，群组完成后修改群组颜色（群组在上面已经讲过在此不再具体阐述）。

群组后的图形便于观察，也为图纸以后的建模操作提供了方便。

Note

5.2 别墅模型的创建

5.2.1 别墅整体墙面材质的创建

(1) 单击工具栏上的“捕捉开关”(Snap Toggle)按钮，在列表中选择“2.5 捕捉”，这时的捕捉介于三维物体与二维物体之间。利用鼠标右键单击按钮，弹出“栅格和捕捉设置”(Grid and Snap Settings)窗口，对其进行选择，如图 5-13 所示。

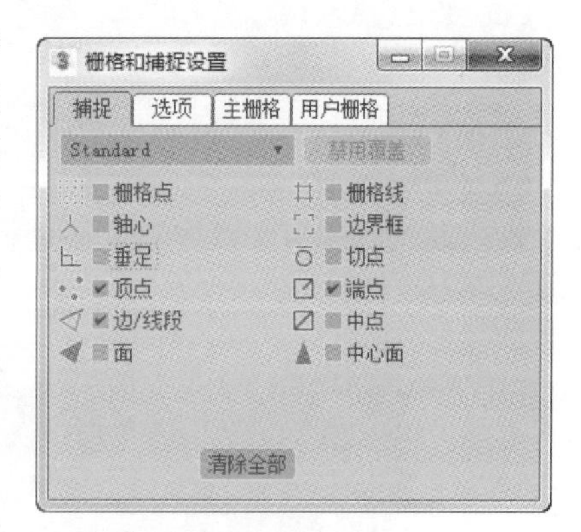

图 5-13 “栅格与捕捉设置”窗口

(2) 在“顶视图”中单击“形状创建”面板中“线”按钮，捕捉 AutoCAD 文件中的内墙体边缘线，绘制一层的底座，结果如图 5-14 所示。

(3) 在绘制墙体线时可能会有断开的情况，此时可继续绘制墙体，在绘制完成后可以使用“附加”(Attach)命令将线结合在一起。单击其中一条线，右击，在弹出的子列表中选择“附加”命令将线添加到一起，如图 5-15 所示。

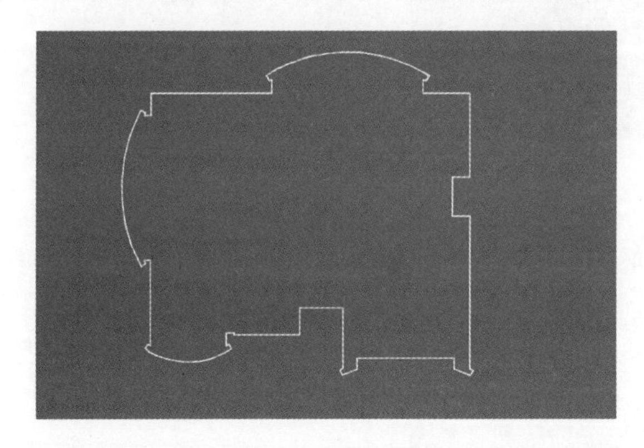

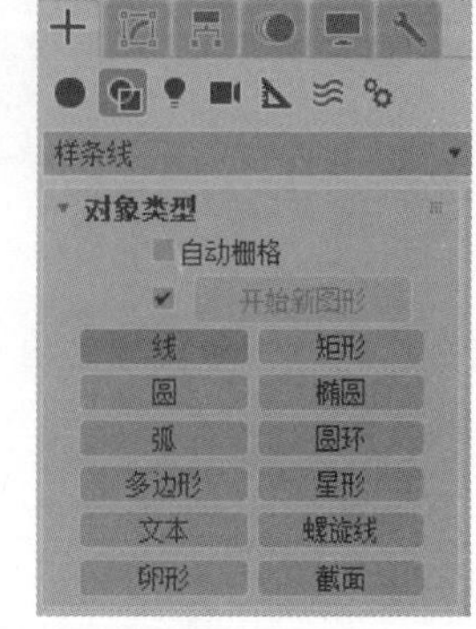

图 5-14 绘制一层的底座

(4) 进入“修改”面板将刚刚绘制的墙体线重命名为“一层”，并在“修改”面板的“修改器列表”(Modifier List)下拉菜单中选择“挤出”(Extrude)命令，拉伸二维线段，在其“参数”(Parameter)弹出菜单的“数量”(Amount)文本框中输入数值 6300mm，结果如图 5-16 所示。

(5) 在“左视图”(Left)中，按照视图中的 CAD 屋顶线框绘制屋顶线，利用移动捕捉命令绘制屋顶线，并在“修改”面板的“修改器列表”下拉菜单中选择“挤出”命令拉

Note

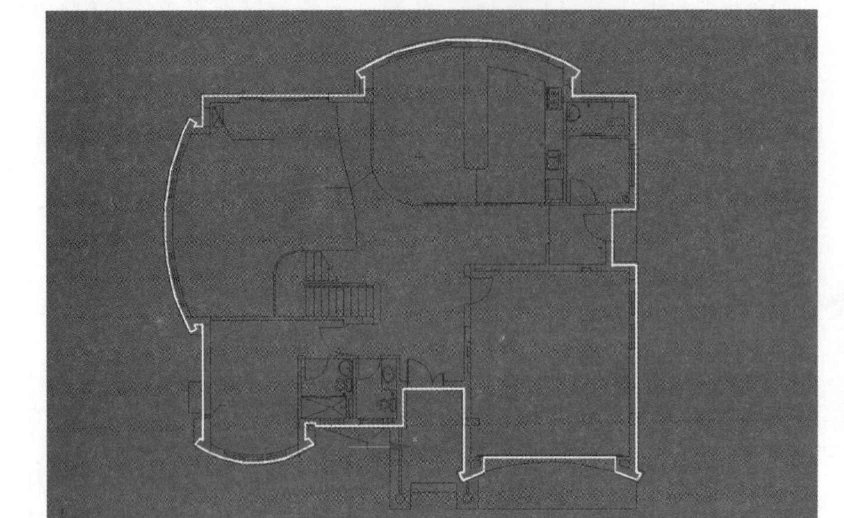
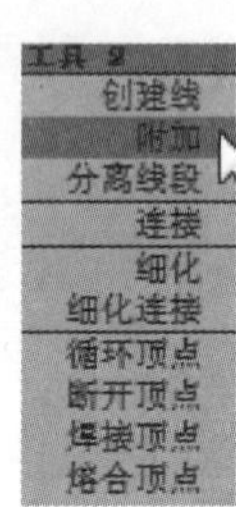

图 5-15　线添加到一起

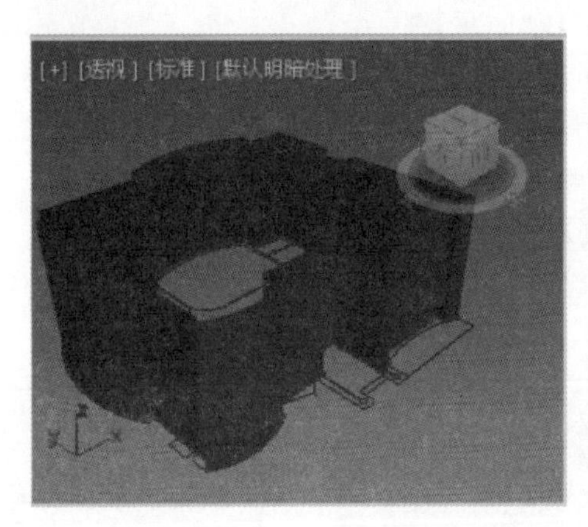

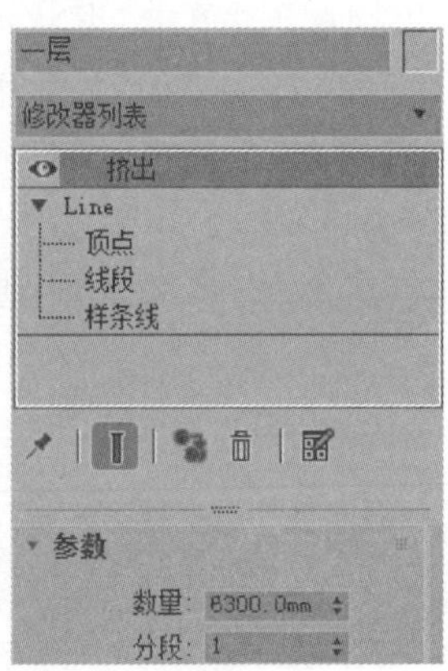

图 5-16　拉伸二维线段

伸二维线段，在其“参数”弹出菜单的“数量”文本框中输入数值 300.0mm，结果如图 5-17 所示。

(6) 在“顶视图”中选择上一步挤压的图形，单击右键在弹出的子列表中选择“转换为可编辑多边形”(Convert To Editable Poly)，在编辑多边形的“顶点”(Vertex)层级中对顶点进行编辑，结果如图 5-18 所示。

(7) 右击，在弹出的子列表中选择“目标焊接”(Target Weld)或在“编辑点”(Vertices)卷展栏中选择“目标焊接”(Target Weld)按钮，将两侧的顶点按“顶视图”进行焊接，结果如图 5-19 所示。

(8) 在“顶视图”中单击“形状创建”面板 + 中“线”“Line”，利用捕捉命令，捕捉 DWG 文件中的屋顶边缘线，绘制屋顶。

(9) 在“修改”面板 的“修改器列表”下拉菜单中选择“挤出”命令拉伸二维线段，在其“参数”弹出菜单的“数量”文本框中输入数值 300.0mm，结果如图 5-20 所示。

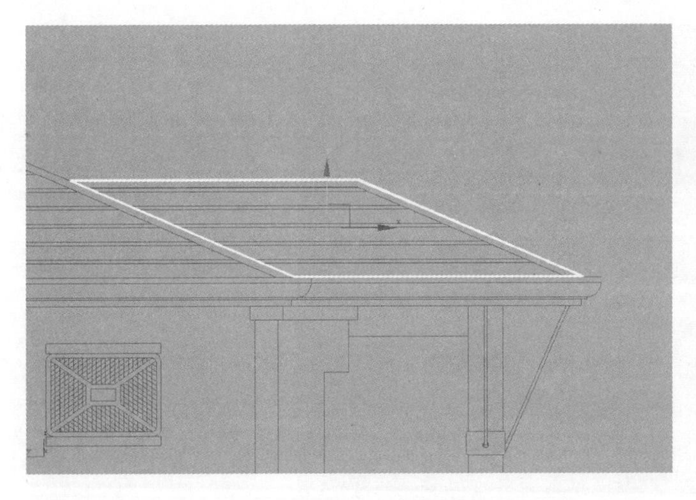

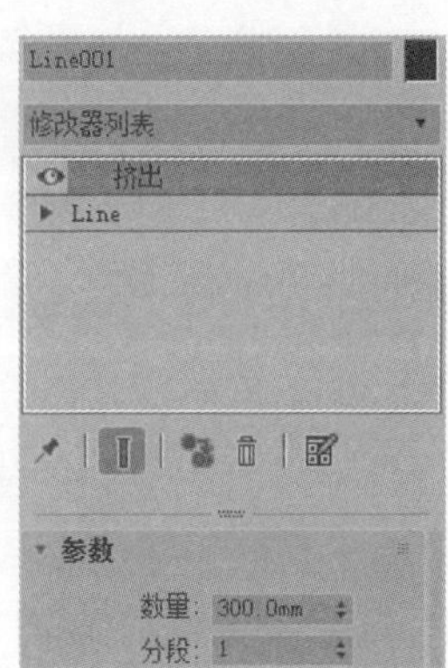

图 5-17 绘制屋顶并拉伸二维线段

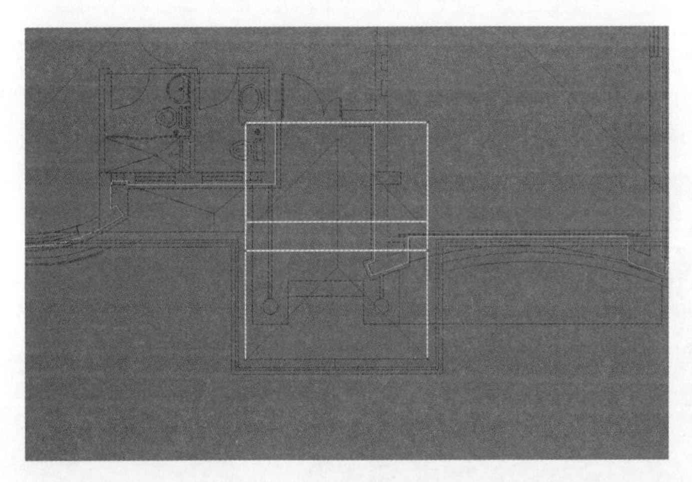

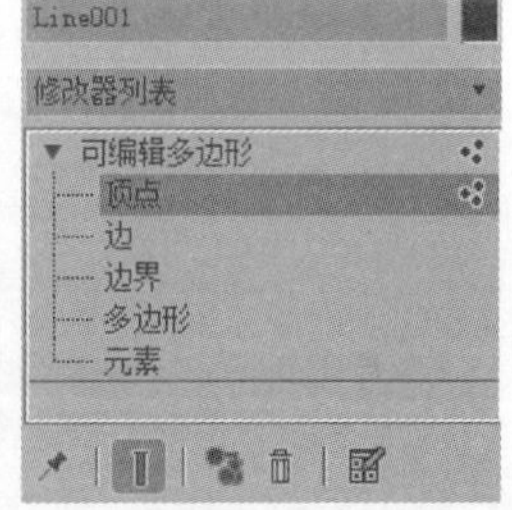

图 5-18 顶点的编辑

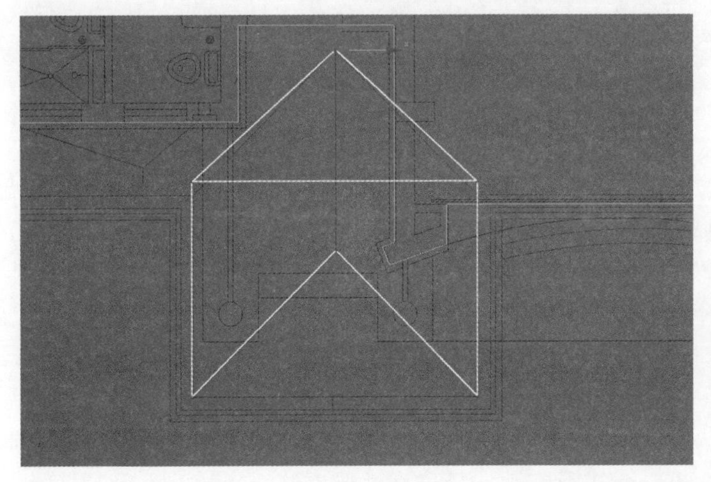

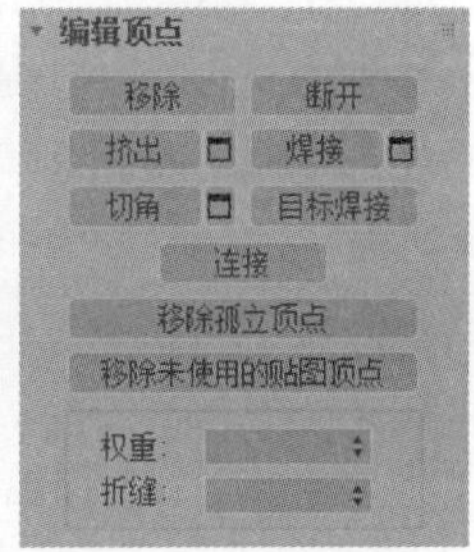

图 5-19 焊接两侧的顶点

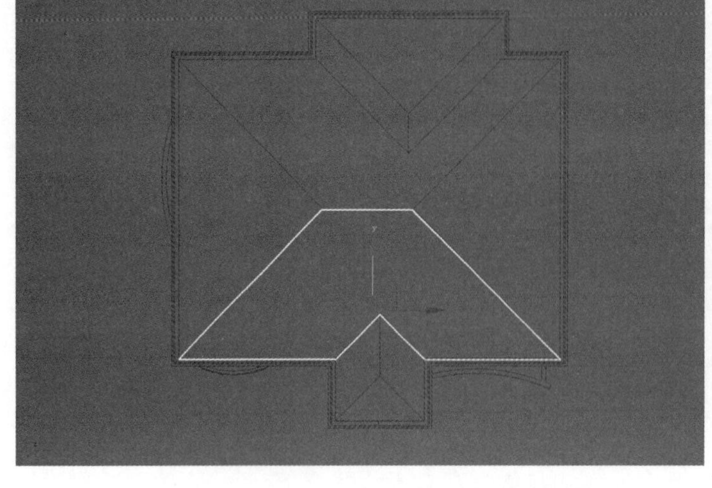
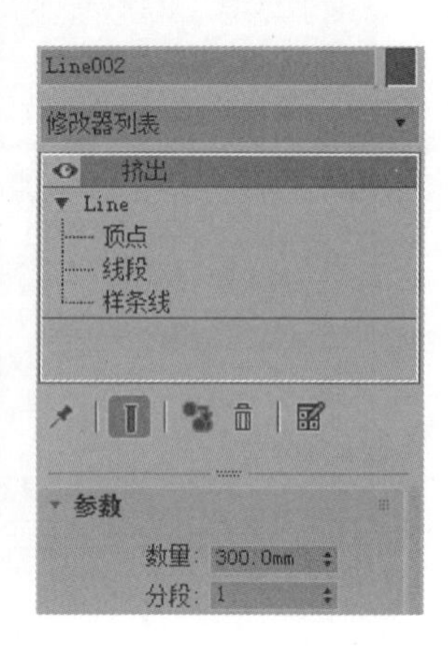

图 5-20　绘制屋顶

(10) 在“左视图”中选择图形，右击并拉伸二维线段，在弹出的子列表中选择“转换为可编辑多边形”(Convert To Editable Poly)，在编辑多边形的“顶点”层级中进行顶点的编辑，结果如图 5-21 所示。

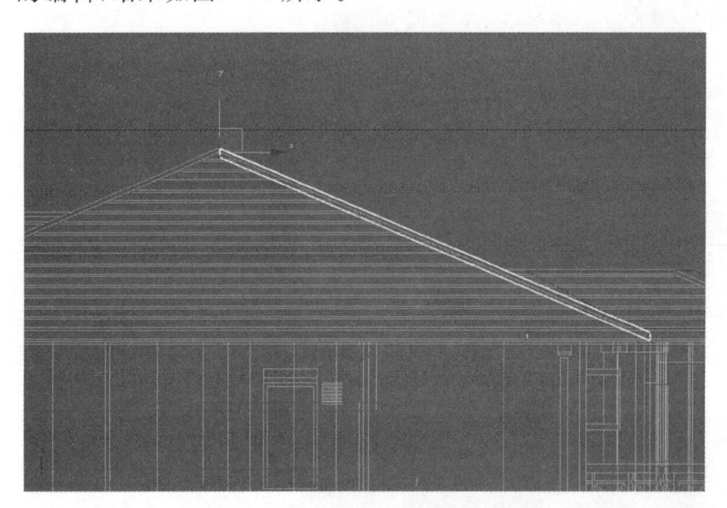

图 5-21　编辑屋顶顶点

(11) 在“透视图”(Perspective)中选择一个绘制好的屋顶，按上述步骤对其“顶点”进行调节，打开移动捕捉命令将顶点捕捉到一起，结果如图 5-22 所示。

(12) 在“左视图”中单击“形状创建”面板 ＋ 中“线”按钮，捕捉 DWG 文件中的剩余屋顶边缘线，绘制屋顶，并在“修改”面板 的“修改器列表”下拉菜单中选择“挤出”命令拉伸绘制二维线段，在其“参数”弹出菜单的“数量”文本框中输入数值 300.0mm，结果如图 5-23 所示。

(13) 在“左视图”中对挤出的模型按上述步骤在“顶点”层级中进行顶点的编辑。选择绘制好的模型，按住 Shift 键进行拖动，弹出“克隆选项”(Clone Options)对话框如图 5-24 所示，将绘制好的模型进行复制，结果如图 5-24 所示。

图 5-22　捕捉顶点

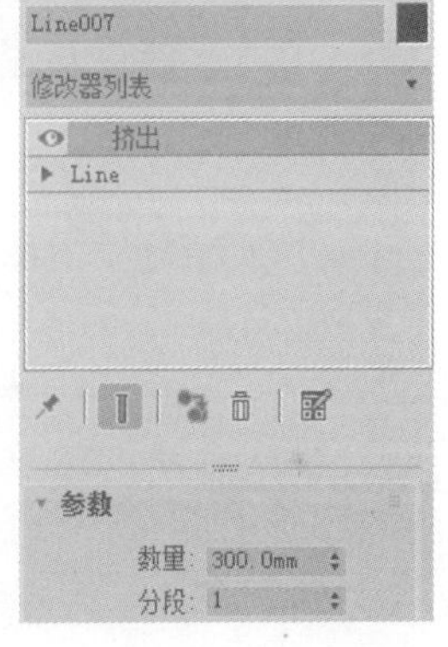

图 5-23　绘制屋顶

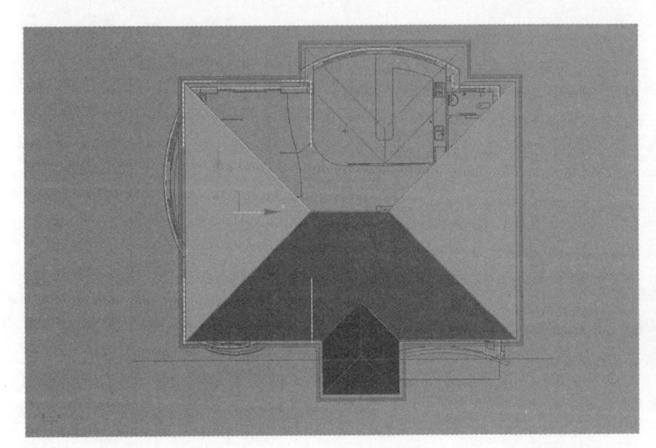

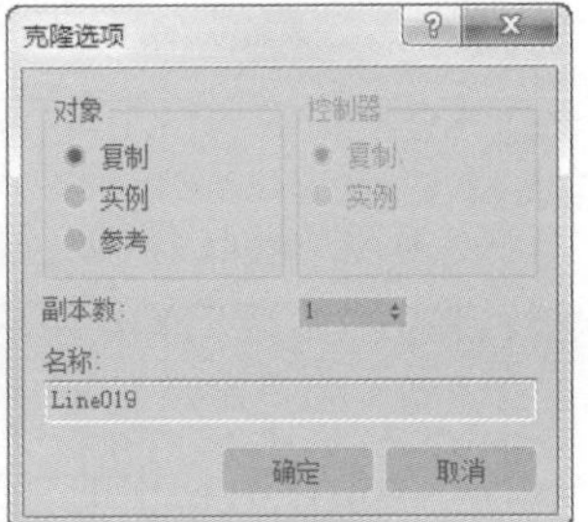

图 5-24　编辑屋顶顶点

(14) 按上述步骤将后面的屋顶绘制完成。并使用捕捉命令选择绘制图形的顶点，按照 AutoCAD 图捕捉在一起，屋顶模型绘制完成，结果如图 5-25 所示。

Note

(15) 在"顶视图"中选择拉伸过的墙体图形，同时按住 Shift 键拖动墙体复制墙体，选择"样条线"选项，展开"几何体"卷展栏，在"轮廓"(Outline)文本框内输入数值 120mm，结果如图 5-26 所示。

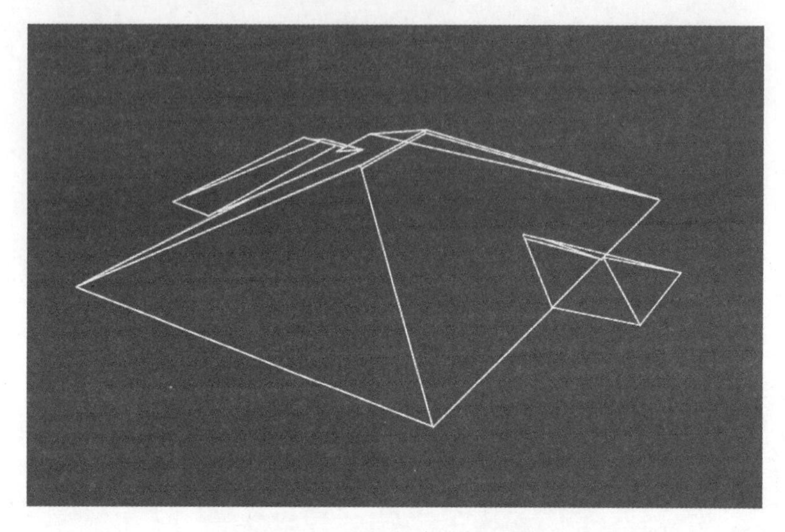

图 5-25　绘制完成后的屋顶模型

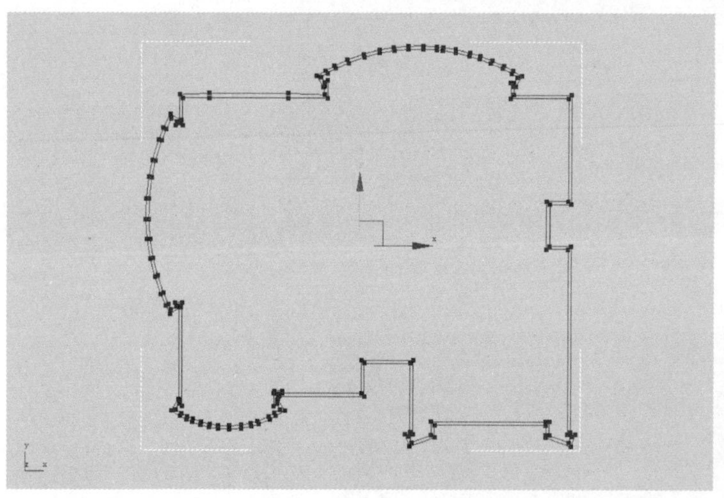

图 5-26　复制墙体

(16) 单击"修改"面板，在"修改器列表"的下拉菜单中选择"挤出"命令拉伸二维线段，在其"参数"弹出菜单的"数量"文本框中输入数值 300.0mm，结果如图 5-27 所示。

(17) 单击工具栏中的"渲染帧窗口"按钮进行渲染(快捷键 F9)，得到基本模型，结果如图 5-28 所示。

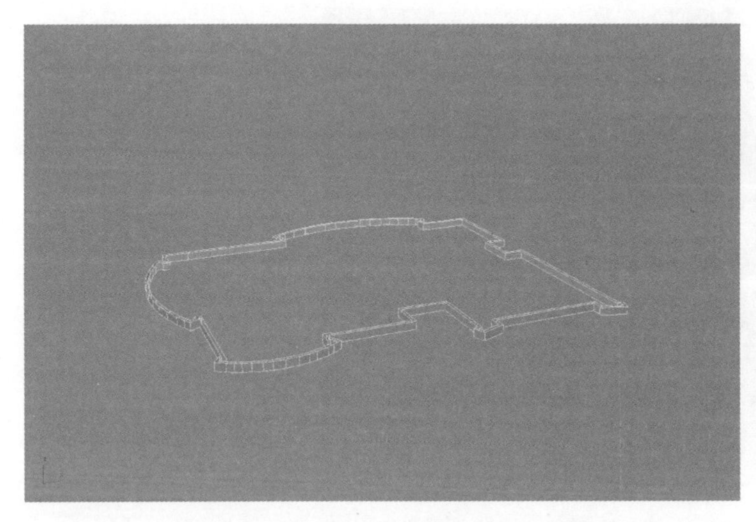

图 5-27　拉伸图形

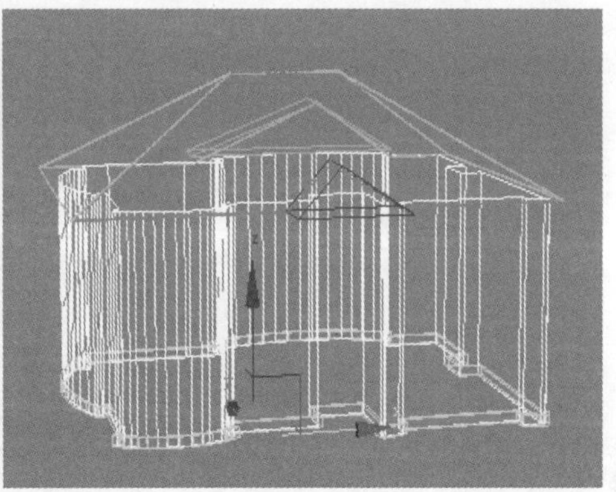

图 5-28　基本模型效果

5.2.2　别墅门窗洞口的创建

在 5.2.1 节中，最基本的墙体模型已经绘制完成，现在需要对门窗进行编辑，为了方便编辑可以使用快捷键 Alt+Q 命令对选择的模型进行单独编辑。

(1) 选择复制出来的墙体，单击鼠标右键在弹出的子列表中选择“转换为可编辑多边形”，在编辑多边形的“顶点”层级中进行顶点的编辑，如图 5-29 所示。

(2) 在“前视图”中选择要编辑墙体，继续上步操作，在“修改”面板 中单击“多边形”层级，如图 5-30 所示，使用快捷键 Ctrl+I 反选命令将墙体反选，展开“编辑几何体”卷展栏，单击“分离”(Detach)命令将墙体分离，如图 5-31 所示。

(3) 选择窗户及门做单独的编辑，选择与窗对应的面进行分割，在“修改”面板 的 Poly 层级中选择编辑“多边形”，展开“编辑几何体”卷展栏，单击“切片平面”(Slice Plane)命令，将门裁剪出来，结果如图 5-32 所示。

(4) 继续上述操作，在“边”层级中选择门的内边，在“顶视图”中利用右键单击“选

Note

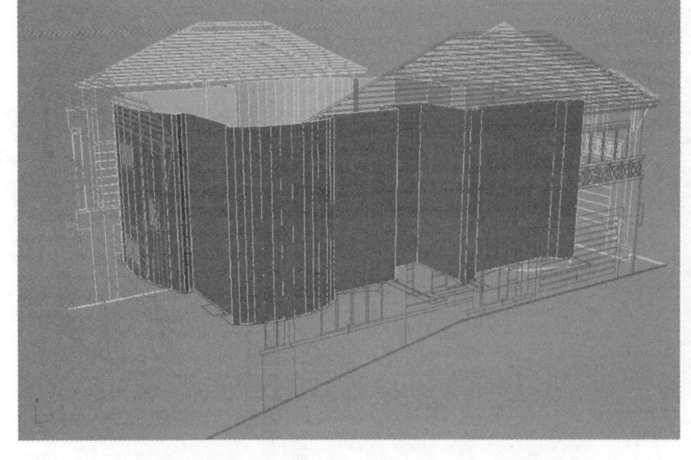
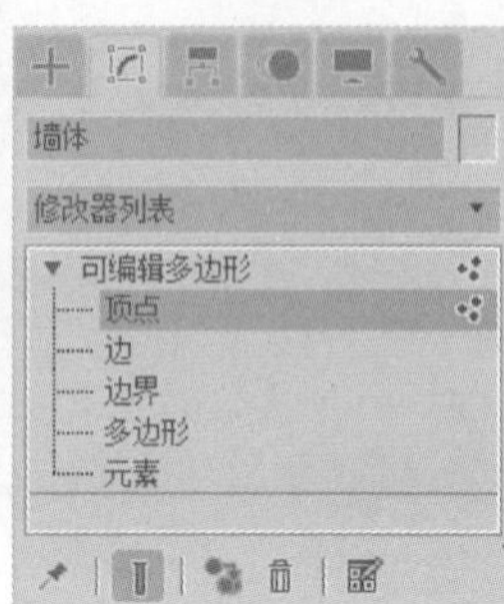

图 5-29　墙体编辑

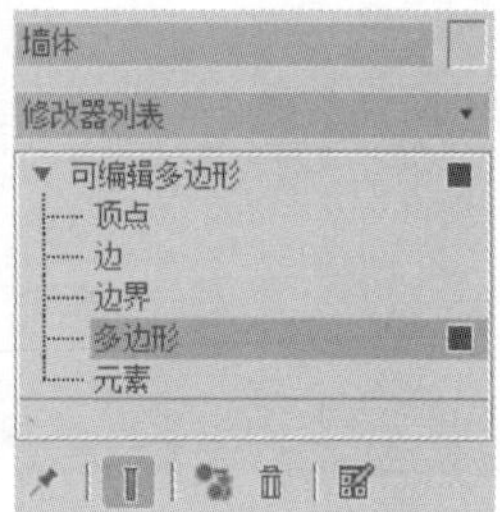

图 5-30　选择切片平面

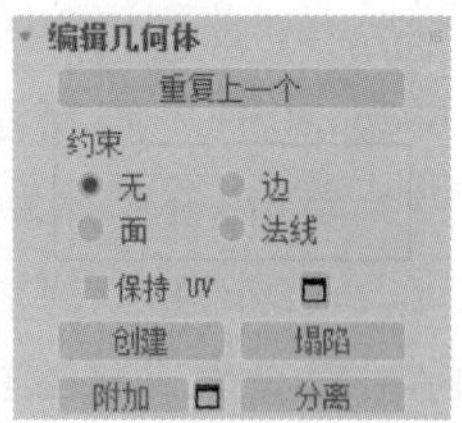

图 5-31　分离墙体

Note

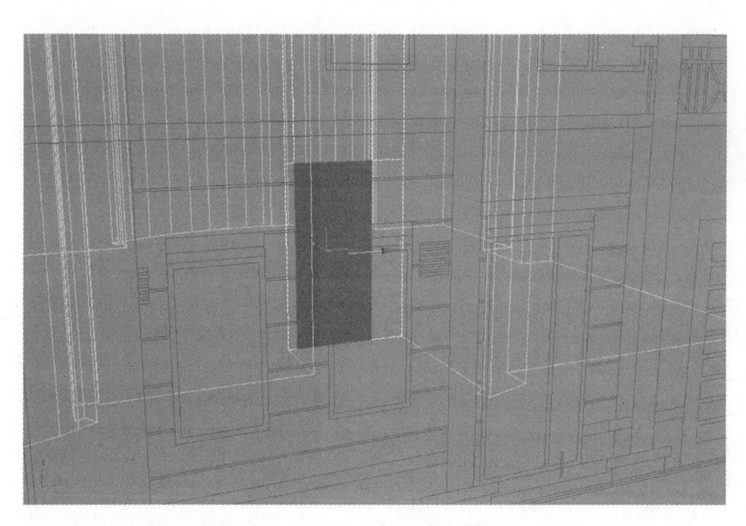

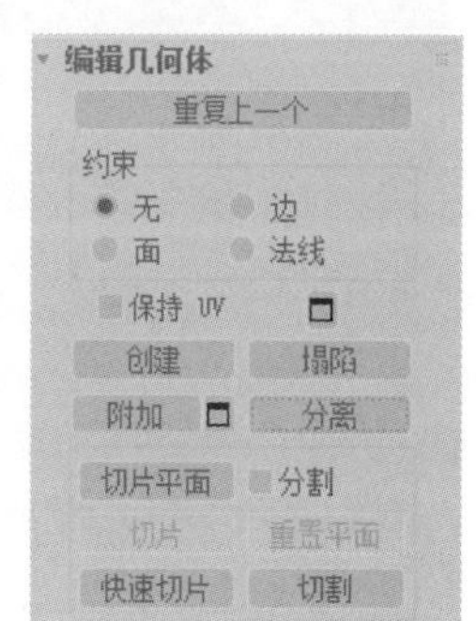

图 5-32 裁剪门

择并移动”工具，弹出“移动变换输入”(Move Transform Type-IN)对话框，在“相对值：世界”(Offset：World)的“Y”轴中输入数值 220.0mm，如图 5-33 所示。

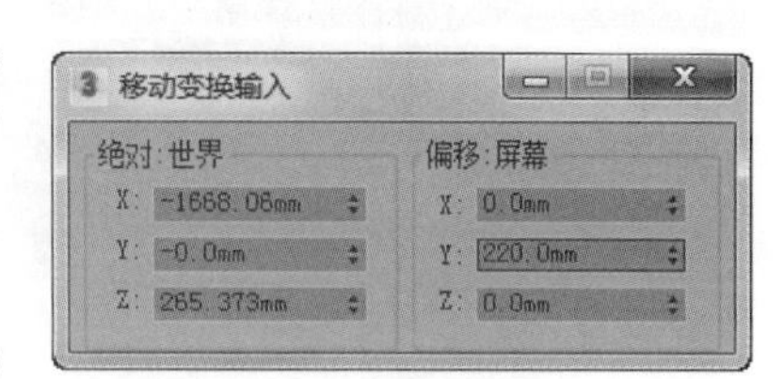

图 5-33 复制图形边

(5) 回到“透视图”中查看模型，按上述步骤将门上面的窗框绘制出来，窗框部分由于裁剪门框时面不切分，只要按住 Ctrl 键用鼠标单击即可，结果如图 5-34 所示。选择刚刚绘制的窗框面利用 Delete 键将其删除。

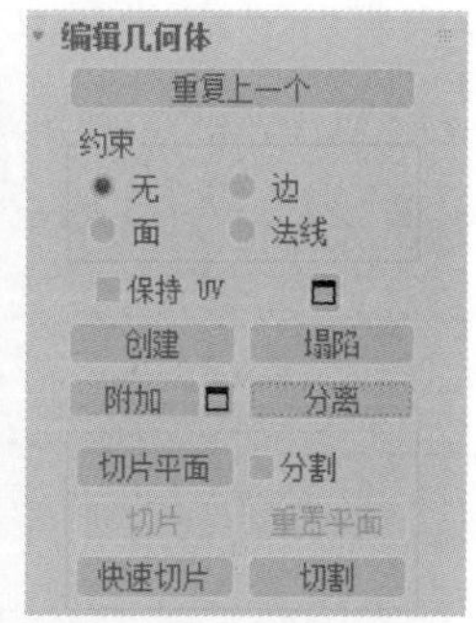

图 5-34 绘制窗框

(6) 按上述步骤，在“顶视图”中选择门的内边，利用鼠标右击“选择并移动”工具，弹出“移动变换输入”对话框，在“相对值：世界”的“Y”轴中输入数值 220mm，结果如图 5-35 所示。

Note

图 5-35　绘制门洞

（7）按上述步骤，利用"切片平面"(Slice Plane)命令，将模型中的门窗的洞口全部绘制出来，结果如图 5-36 所示。

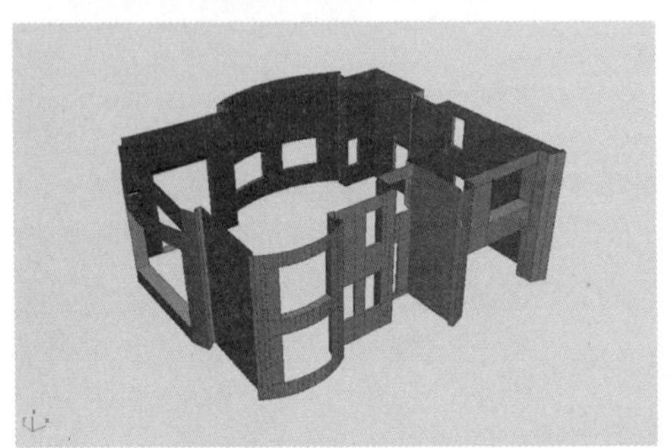
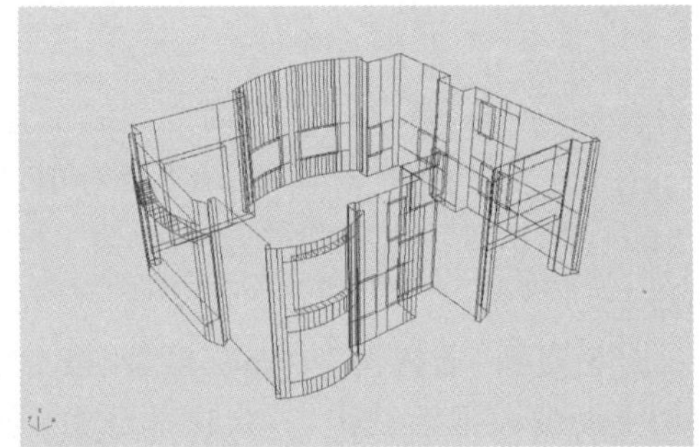

图 5-36　全部门窗洞口

5.2.3　别墅窗框与玻璃的创建

（1）在"左视图"中，单击"形状创建"面板 中"线"按钮，单击工具栏上的"捕捉开关"按钮，捕捉屋顶的 AutoCAD 线框绘制阳台曲线，并在"顶视图"中将屋顶的外轮廓线绘制出来，结果如图 5-37 所示。

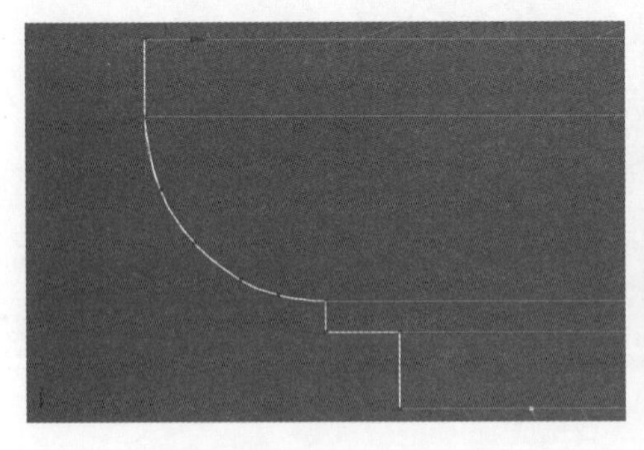
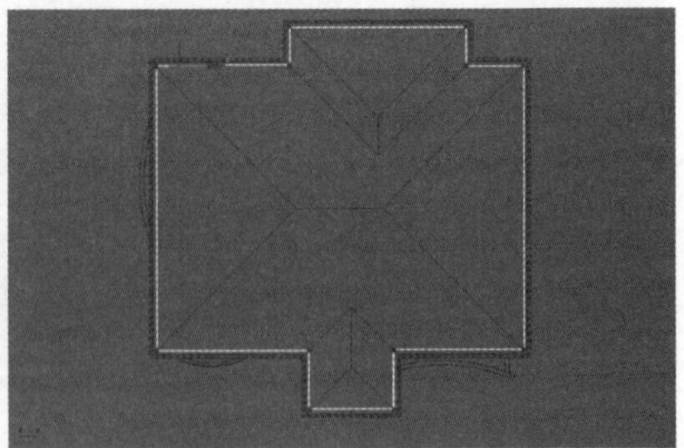

图 5-37　绘制阳台曲线

（2）在"形状创建"面板 中选中几何体 ，在下拉列表中选择"复合对象"(Compound Objects)，如图 5-38 所示。

Note

（3）在“对象类型”中单击“放样”(Loft)按钮，选择绘制好的屋顶曲线，在“创建方式”(Creation Method)中单击“获取路径”(Get Path)按钮，拾取绘制的曲线，完成屋顶外轮廓的绘制，结果如图 5-39 所示。

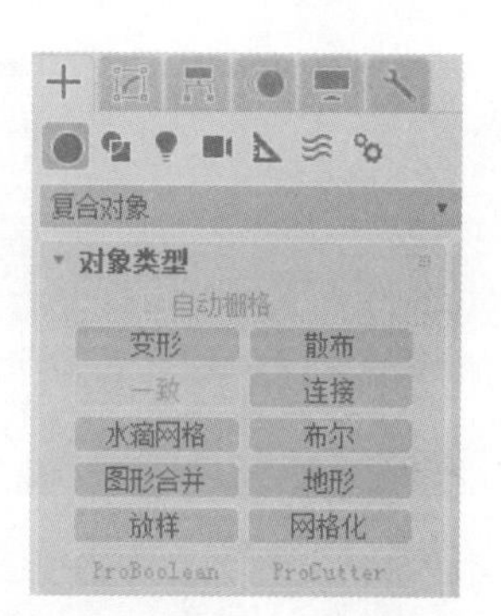

图 5-38　“复合对象”选项板

（4）在前视图中选择墙体，使用快捷键 Alt+Q 进行单独编辑，单击“形状创建”面板中“线”按钮，单击工具栏上的“捕捉开关”按钮，捕捉图形绘制窗框轮廓。进入其子层级选择“样条线”(Spline)，在“几何体”卷展栏中单击“轮廓”(Outline)按钮，在其文本框中输入数值 −45mm，结果如图 5-40 所示。

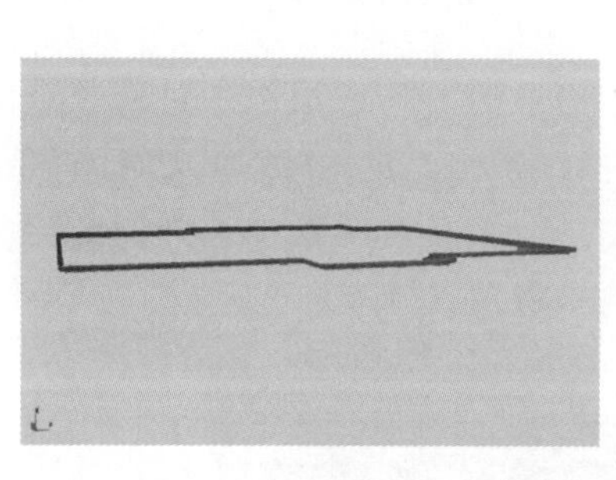

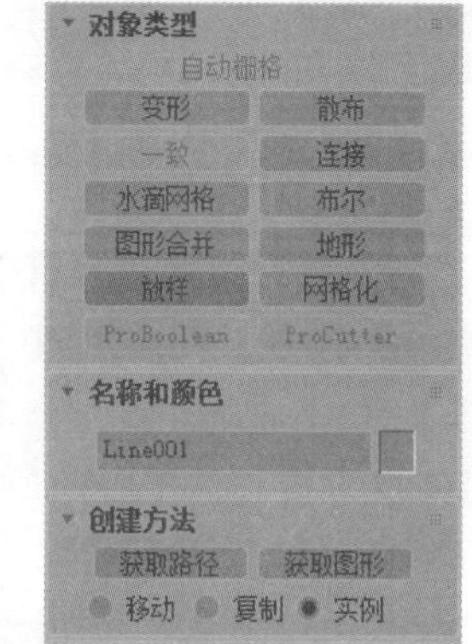

图 5-39　完成屋顶外轮廓

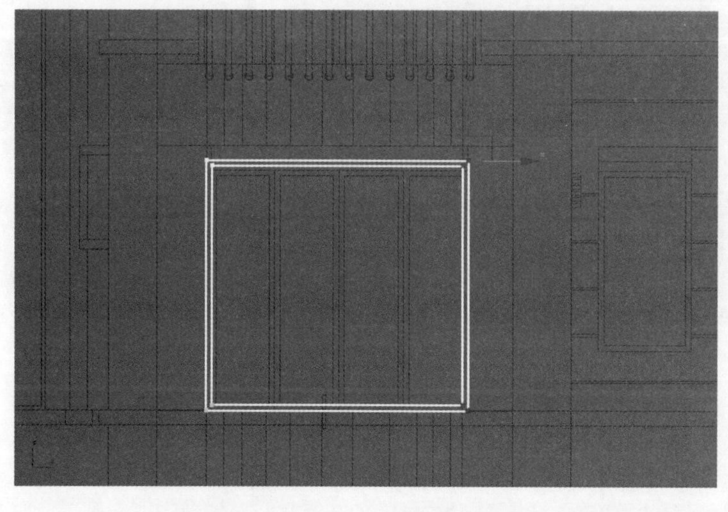

焊接 2.54mm
连接 插入
设为首顶点 熔合
反转 循环
相交 2.54mm
圆角 0.0mm
切角 0.0mm
轮廓 -45mm
中心

图 5-40　绘制窗户轮廓

（5）在“修改”面板的“修改器列表”的下拉菜单中选择“挤出”命令拉伸二维线段，在其“参数”弹出菜单的“数量”文本框中输入数值 50.0mm，结果如图 5-41 所示。

（6）选择挤压后的模型，右击，在弹出的子列表中选择“转换为可编辑网格”

Note

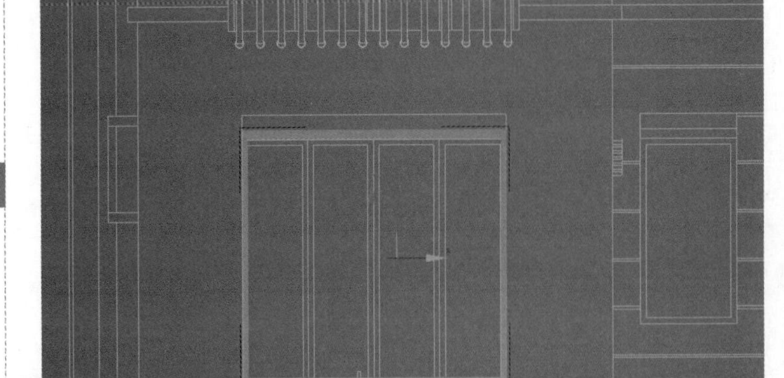
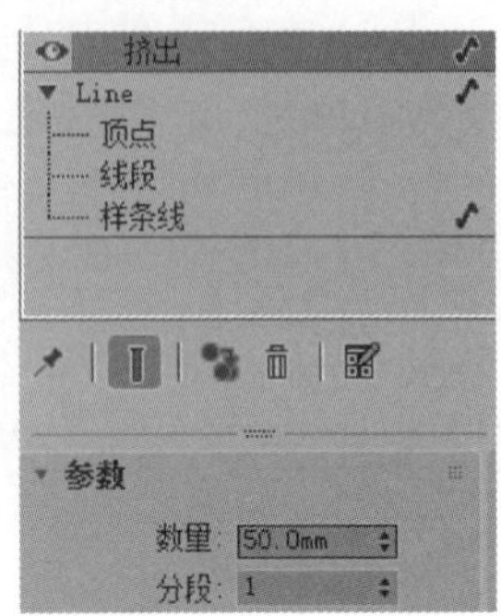

图 5-41　拉伸图形

(Convert To Editable Mesh),在编辑多边形的"顶点"层级中进行顶点的编辑,利用鼠标框选住窗框的所有顶点,结果如图 5-42 所示。展开"编辑几何体"卷展栏,单击"分离"按钮,弹出"分离"对话框,如图 5-43 所示,在对话框中选择"分离到元素"(Detach To Element)前的复选框,如图 5-44 所示,将顶点分离。

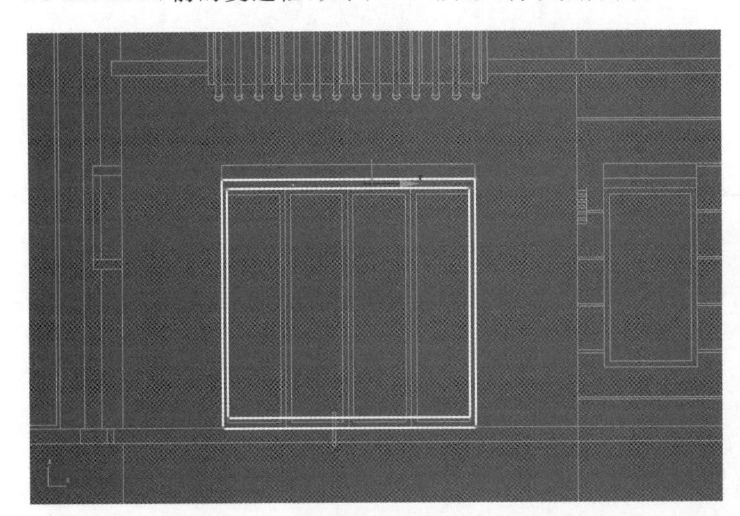
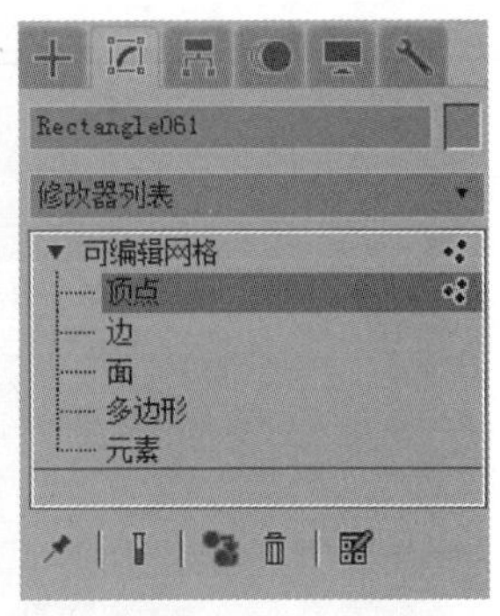

图 5-42　编辑图形

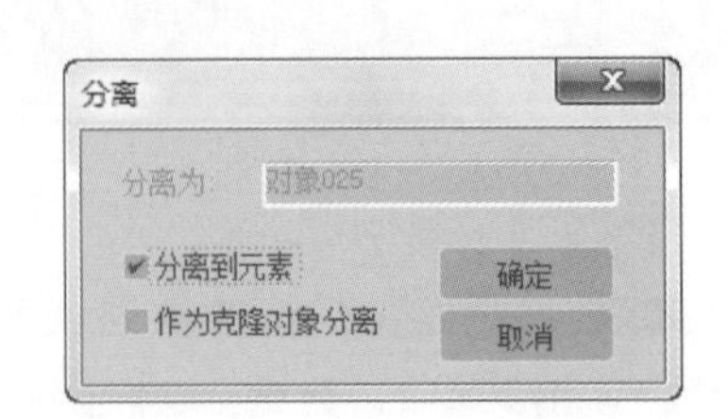

图 5-43　编辑几何体　　图 5-44　"分离"对话框

(7) 回到“修改”面板中单击“多边形”层级，如图 5-45 所示，利用上述操作将选中的多边形分离出来。单击被分离出来的多边形，按住 Shift 键向上拖动进行复制，在弹出的“克隆部分网格”(Clone Part Of Mesh)对话框中选中“克隆到元素”(Clone to Element)，如图 5-46 所示。单击“确定”按钮完成多边形的复制。

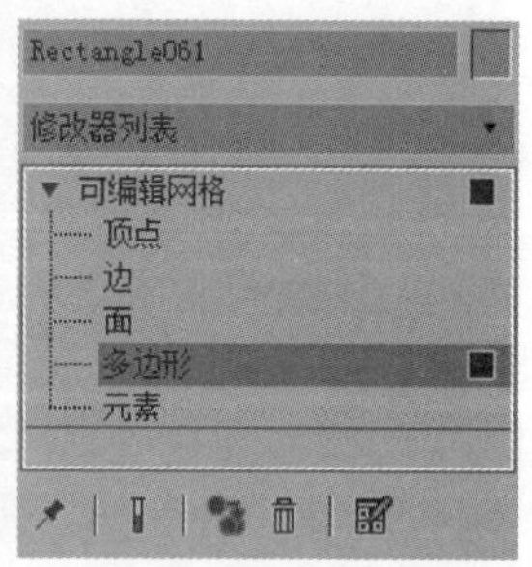

图 5-45　分离多边形

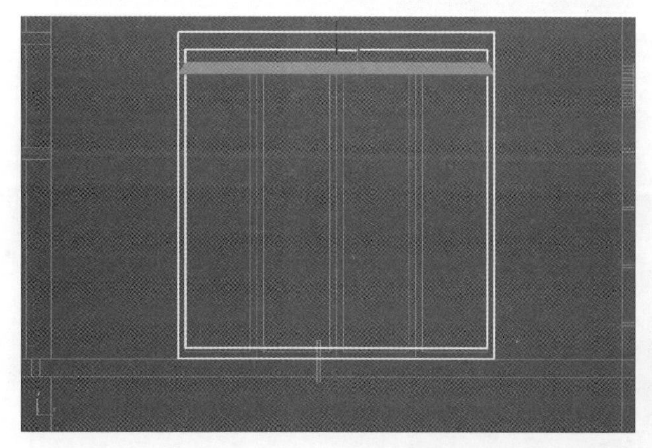

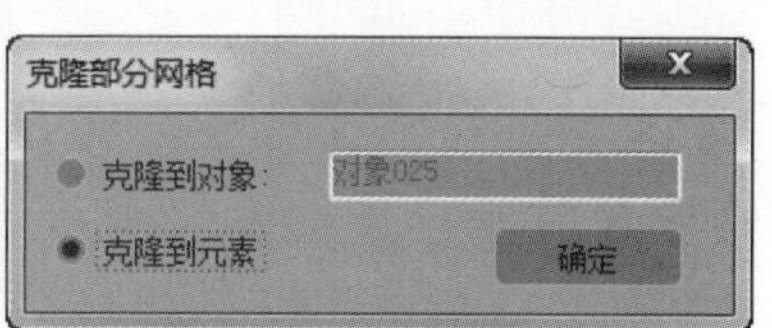

图 5-46　复制多边形

(8) 按横向窗格的绘制方法将竖向的窗框制作出来，单击“形状创建”面板中“矩形”(Rectangle)按钮，捕捉窗框，在“修改”面板的“修改器列表”的下拉菜单中选择“挤出”命令拉伸二维线段，在其“参数”弹出菜单的“数量”文本框中输入数值 10.0mm，竖向窗框图形绘制完成，结果如图 5-47 所示。

(9) 选择绘制好的窗框及玻璃，在“组”菜单栏中选择“组”命令，弹出的“组”对话框如图 5-48 所示。将窗框和玻璃重命名为窗户，单击“确定”按钮，完成群组操作。

(10) 单击上部群组的窗户图形，同时按住 Shift 键向上拖动，在弹出的“克隆选项”对话框中设置复制数目，将复制的窗户移动到二层的窗框中，如图 5-49 所示。

Note

图 5-47　制作竖向窗框

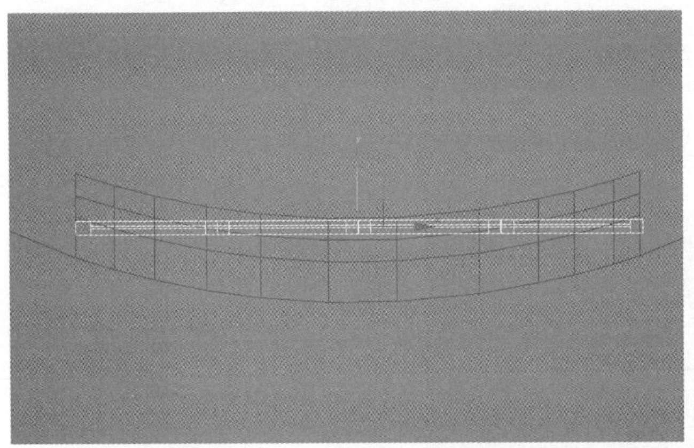

图 5-48　群组窗框及玻璃

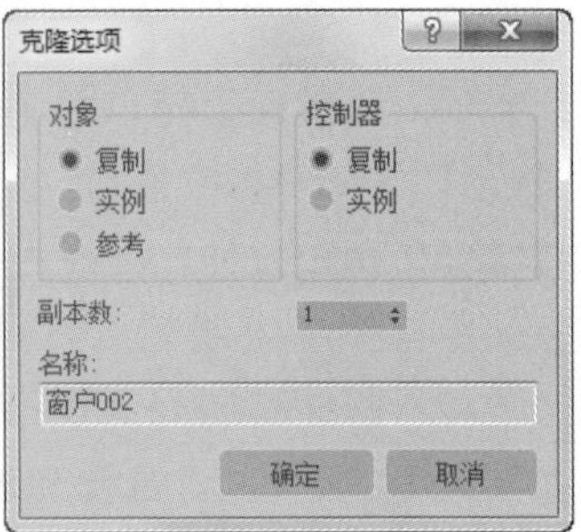

图 5-49　复制窗户

(11) 按上述步骤将门以及窗全部复制出来，结果如图 5-50 所示。

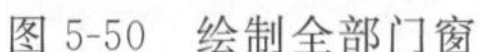
图 5-50 绘制全部门窗

(12) 在“前视图”中，单击“形状创建”面板中“线”按钮，单击工具栏上的“捕捉开关”按钮，捕捉车库门，在“修改”面板的“修改器列表”的下拉菜单中选择“挤出”命令拉伸二维线段，在其“参数”弹出菜单的“数量”文本框中输入数值 200.0mm，绘制车库门结果如图 5-51 所示。

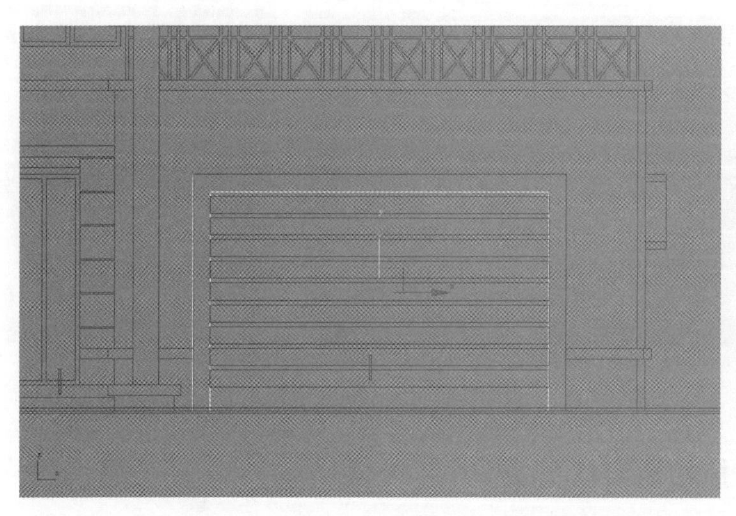

图 5-51 绘制车库门

(13) 在“左视图”中，单击“形状创建”面板中“线”按钮，按上述步骤绘制车库门。单击“样条线”选项，展开“几何体”卷展栏，在“轮廓”后面的数值内输入 10mm，结果如图 5-52 所示。

(14) 在“修改”面板的“修改器列表”的下拉菜单中选择“挤出”命令拉伸二维线段，在其“参数”弹出菜单的“数量”文本框中输入数值 200.0mm。在前视图中选择挤压后的二维线段，在“顶点”层级中进行顶点的编辑，完成车库门的绘制，结果如图 5-53 所示。

Note

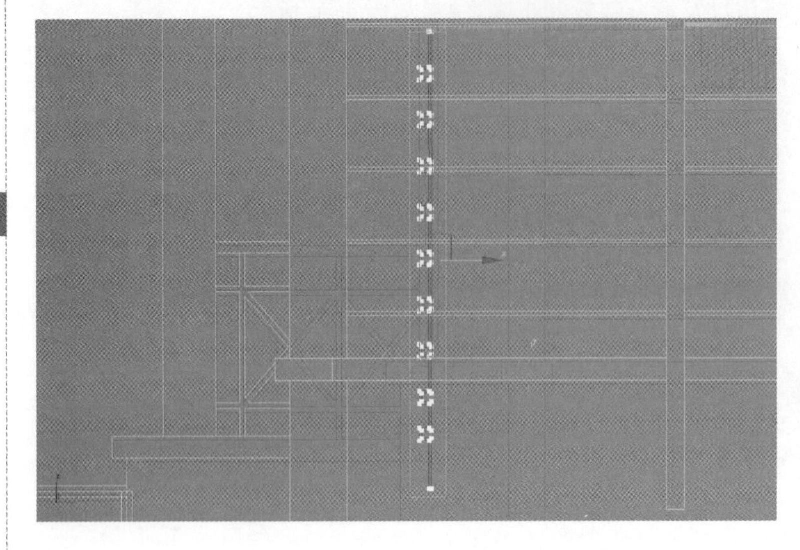
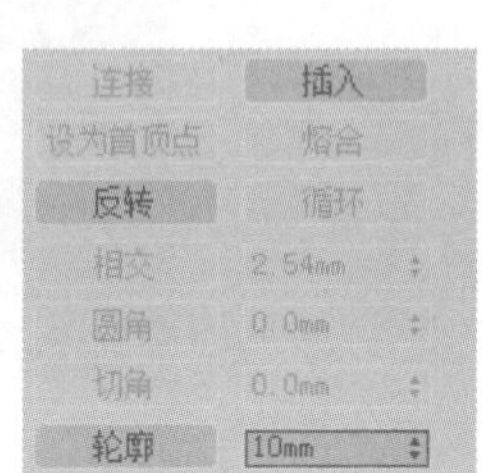

图 5-52　绘制轮廓

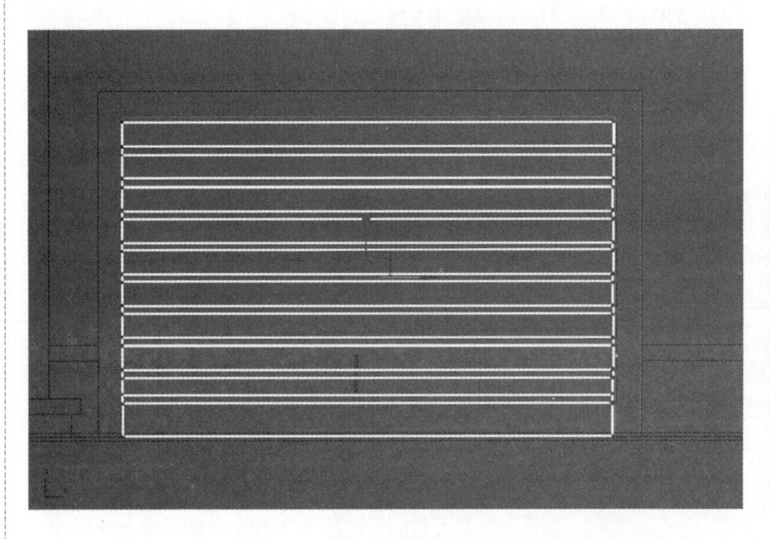
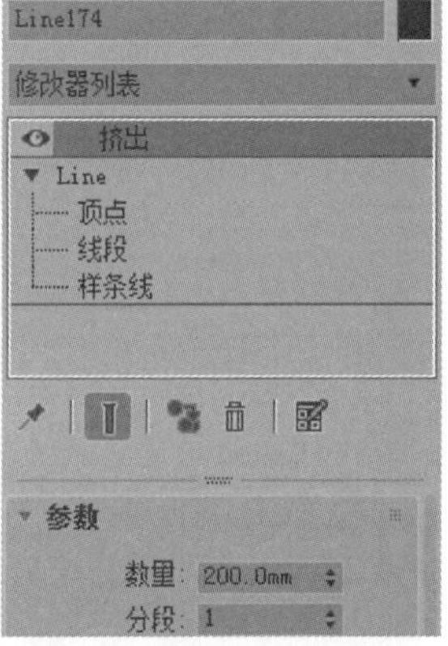

图 5-53　完成车库门绘制

5.2.4　别墅的阳台护栏及台阶的绘制

(1) 在“顶视图”中，单击“形状创建”面板 中“线”按钮，利用“捕捉”命令捕捉窗台绘制窗台线，回到“修改”面板，在“顶点”层级中进行顶点的编辑，如图 5-54 所示。在“修改器列表”的下拉菜单中选择“挤出”命令拉伸二维线段，在其“参数”弹出菜单的“数量”文本框中输入数值 100，在“前视图”中调整位置，结果如图 5-55 所示。

(2) 在“前视图”中选择阳台，使用“单独编辑”(Warning: Isolation Mode)或通过快捷键“Alt+Q”命令进行编辑，单击“形状创建”面板 中“线”按钮，捕捉栏杆的线框绘制单扇的护栏。单击“顶点”选项，展开“几何体”卷展栏，单击“附加”按钮将线添加到一起，结果如图 5-56 所示。

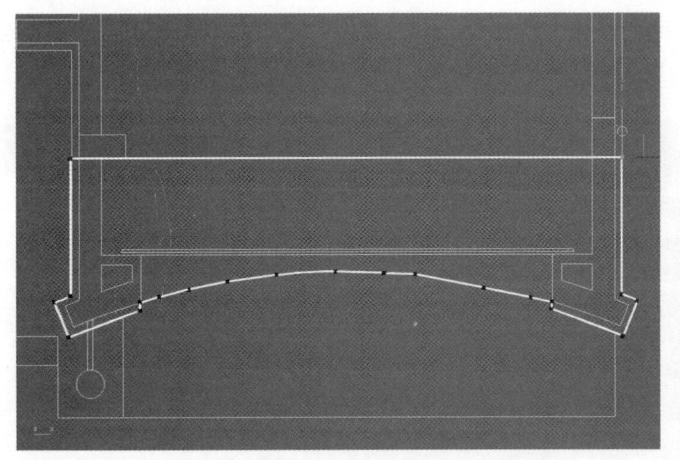

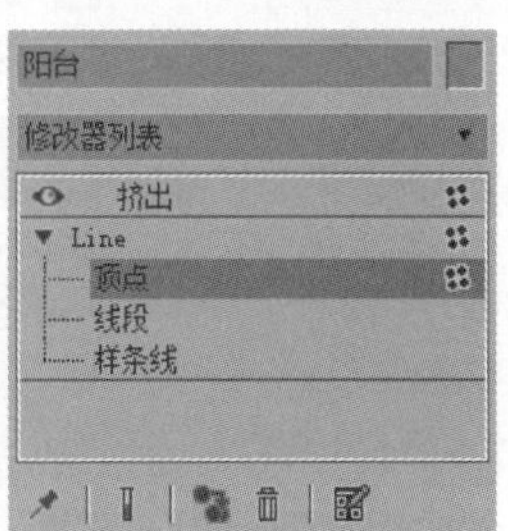

图 5-54　绘制窗台线

图 5-55　拉伸图形

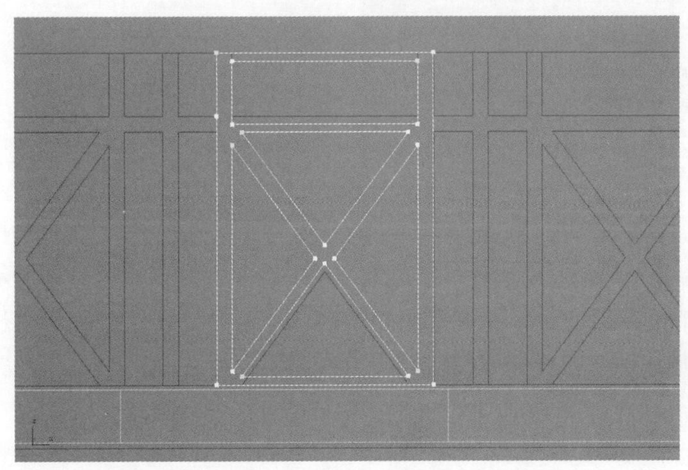

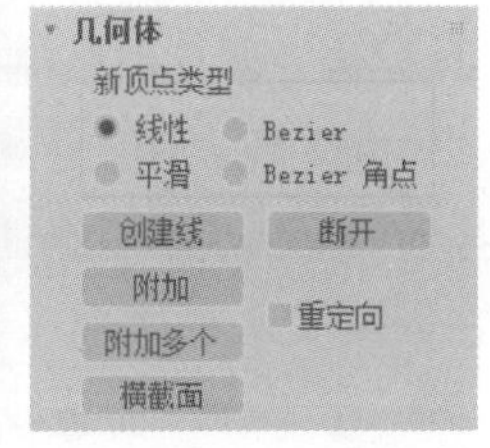

图 5-56　添加线

Note

(3) 在“修改”面板的“修改器列表”的下拉菜单中选择“挤出”命令拉伸二维线段，在其“参数”弹出菜单的“数量”文本框中输入数值20.0mm，结果如图5-57所示。

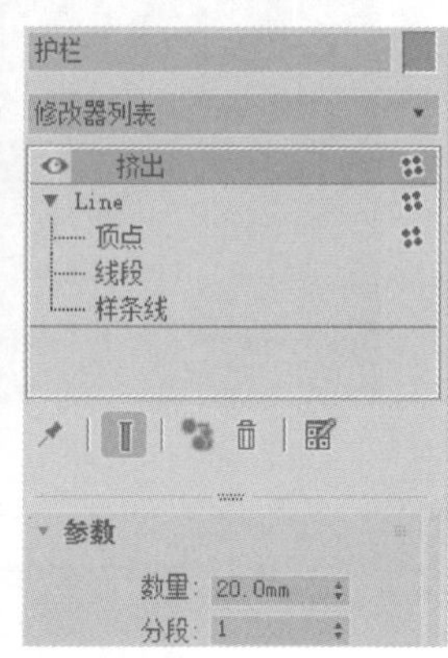

图5-57　拉伸图形

(4) 选择绘制完成的护栏同时按住Shift键进行拖动，弹出“克隆选项”对话框，设置要复制的副本数，正面护栏复制完成。

(5) 按上述步骤将左侧和右侧的护栏复制出来，如图5-58所示。

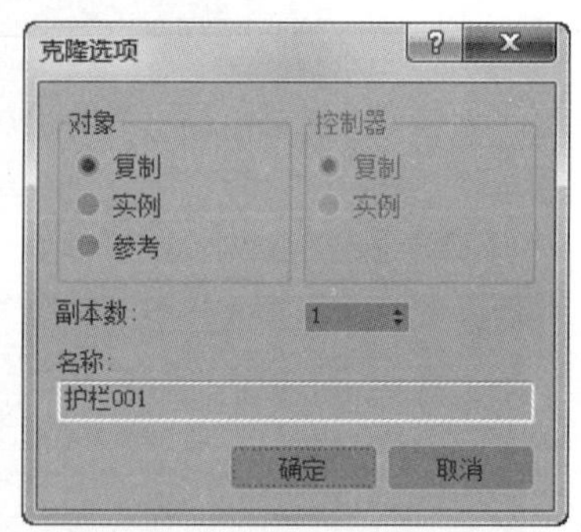

图5-58　复制护栏

(6) 选择所有护栏，在“组”菜单栏中，选择“组”命令并重命名为“护栏”，如图5-59所示。

(7) 在“顶视图”中，单击“形状创建”面板中“线”按钮，单击工具栏上的“捕捉开关”按钮，捕捉绘制阳台曲线。单击“样条线”选项，打开“几何体”卷展栏，单击“轮廓”按钮，在数值文本框中输入参数为170，结果如图5-60所示。

(8) 在“修改”面板的“修改器列表”的下拉菜单中选择“挤出”命令拉伸二维线段，在其“参数”弹出菜单的“数量”文本框中输入数值200.0mm，并在“前视图”中调节位置，结果如图5-61所示。

图 5-59　群组护栏

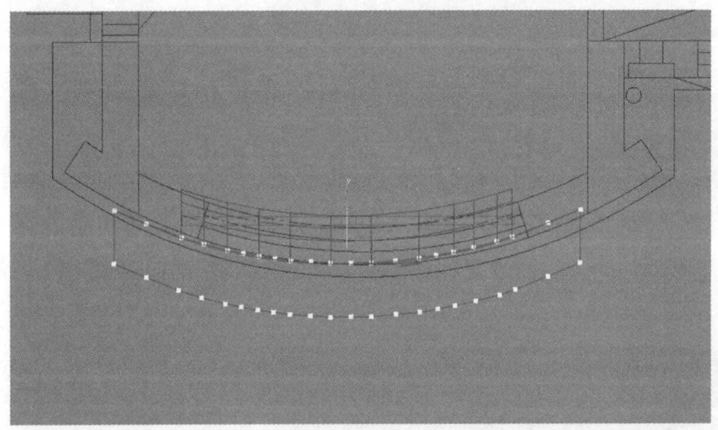

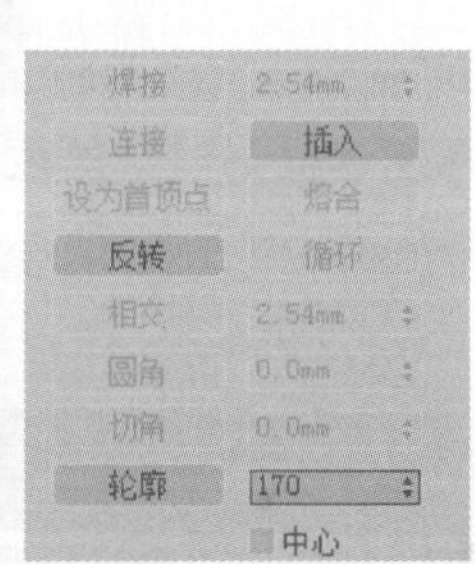

图 5-60　绘制阳台线

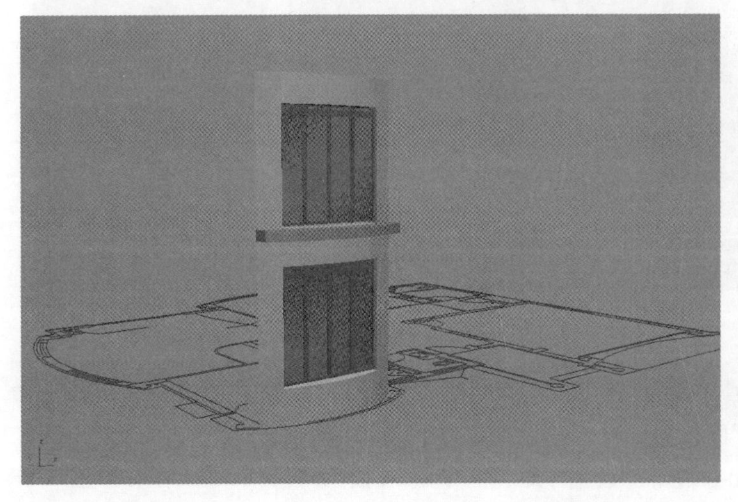

图 5-61　拉伸图形

(9) 在“前视图”中将阳台向上复制，回到“编辑样条曲线”中的“顶点”层级中，删除两侧的顶点，结果如图 5-62 所示。

Note

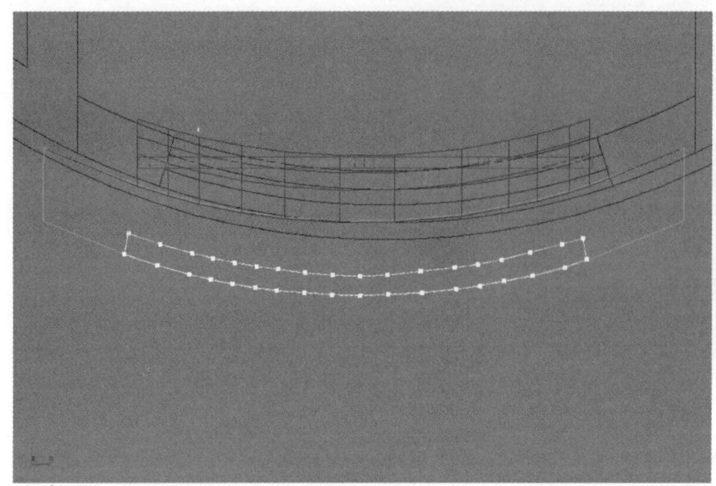

图 5-62　复制并编辑阳台顶点

(10) 在“前视图”中，单击“形状创建”面板 中“线”按钮，在阳台之间垂直画线，展开“渲染”(Rendering)卷展栏，选中除了“使用视口设置”(Use Viewport Settings)的全部复选框，并在“厚度”(Thickness)文本框内输入数值 20.0mm，按上述步骤复制阳台栏杆，如图 5-63 所示。在“顶视图”中调节栏杆的位置，完成阳台的绘制，结果如图 5-64 所示。

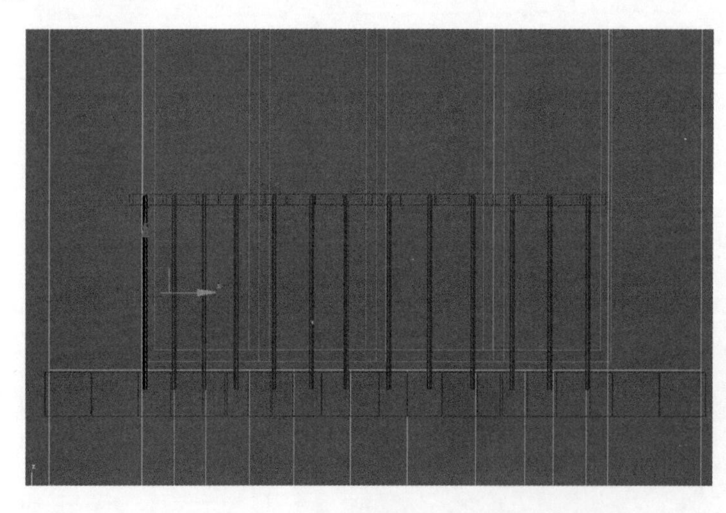

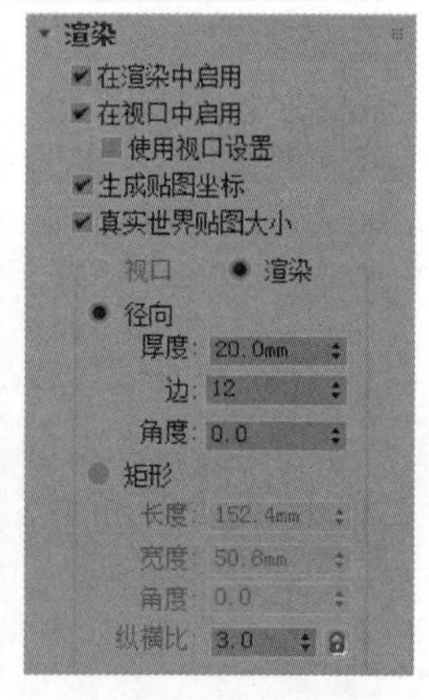

图 5-63　复制阳台栏杆

(11) 在“左视图”中，单击“形状创建”面板 中“线”按钮，按上述步骤利用捕捉命令，创建台阶。在“修改”面板 的“修改器列表”的下拉菜单中选择“挤出”命令拉伸二维线段，在其“参数”弹出菜单的“数量”文本框中输入数值 360.0mm，结果如图 5-65 所示。

右击挤出后的图形，在弹出的子列表中选择“转换为可编辑网格”，在编辑多边形的

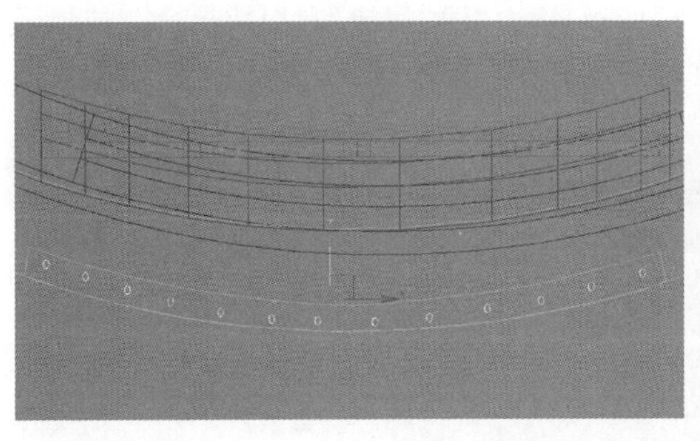

图 5-64　完成绘制的阳台

“顶点”层级中进行顶点的编辑，在编辑网格的子层级中选择“顶点”层级，调节两侧的顶点，结果如图 5-66 所示。

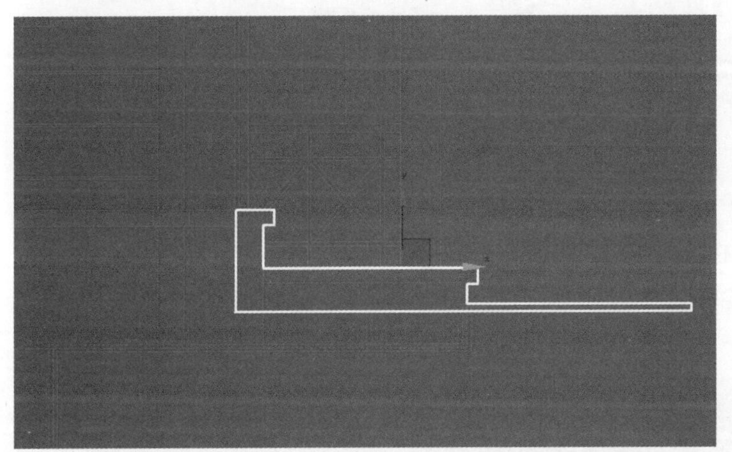

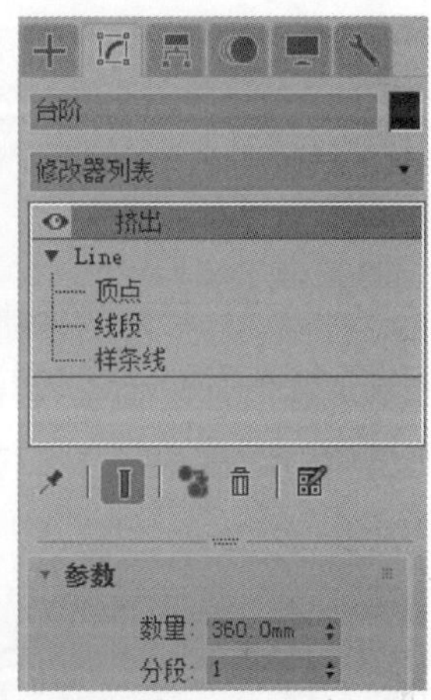

图 5-65　绘制台阶曲线

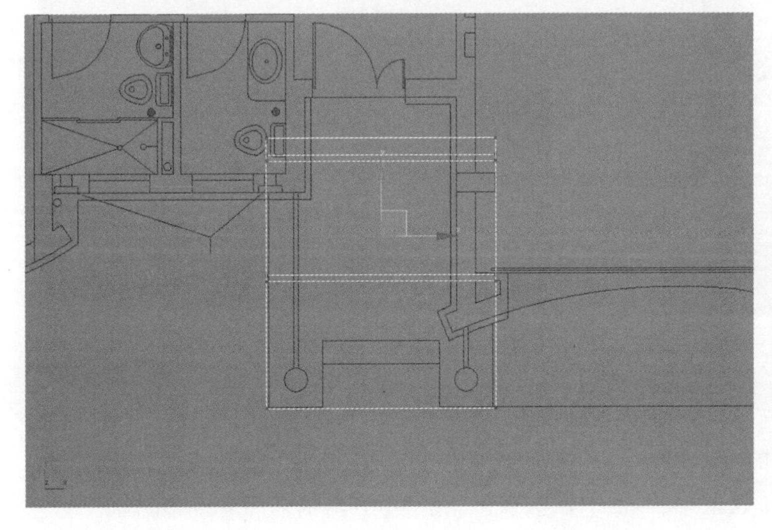

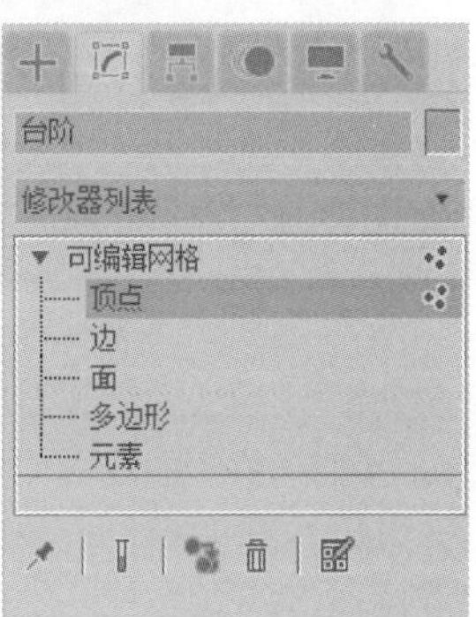

图 5-66　调节顶点

Note

（12）在“顶视图”中，单击“形状创建”面板中“线”按钮，利用捕捉命令捕捉图形，在“顶点”层级中调节顶点位置，在“修改器列表”中选择“车削”(Lathe)修改器，对图形进行旋转，结果如图 5-67 所示。

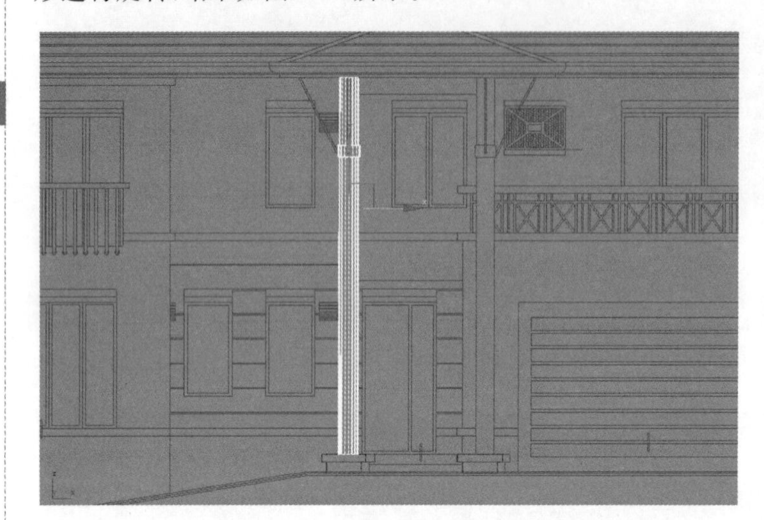

图 5-67　旋转图形

（13）单击“形状创建”面板中“线”按钮，按上述方法利用捕捉命令将底座绘制出来。在“修改”面板的“修改器列表”的下拉菜单中选择“挤出”命令拉伸二维线段，在其“参数”弹出菜单的“数量”文本框中输入数值 360.0mm，将底座转换成“编辑网格”，在“顶点”层级中编辑顶点，将绘制好的柱子图形复制到右侧，结果如图 5-68 所示。

图 5-68　复制柱子

（14）在“左视图”中，单击“形状创建”面板中“线”按钮，利用捕捉命令绘制支架，并在“修改”面板的“修改器列表”的下拉菜单中选择“挤出”命令拉伸二维线段，在其“参数”弹出菜单的“数量”文本框中输入数值 20.0mm，结果如图 5-69 所示。

回到“修改”面板，在“修改器列表”的下拉菜单中选择“车削”修改器命令，对图

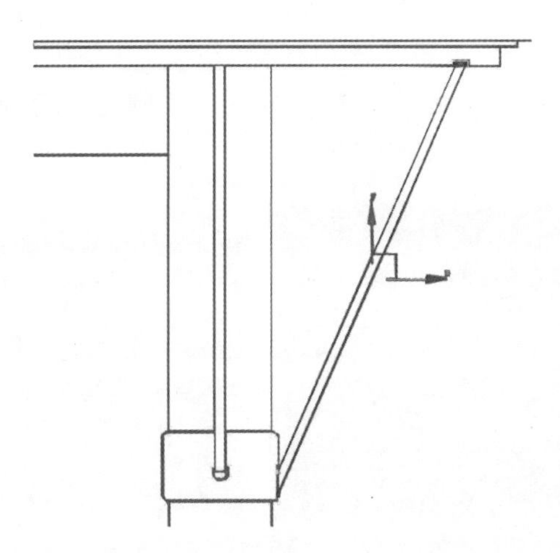

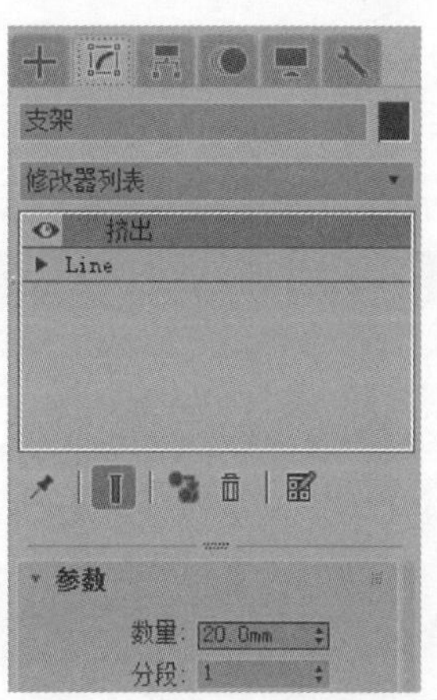

图 5-69 绘制支架

形进行旋转,完成图形的绘制。利用"复制"命令,向 4 个方向进行复制,完成柱子的创建,结果如图 5-70 所示。

图 5-70 完成柱子的创建

(15) 在"顶视图"中创建一个长 38000.0mm、宽 50000.0mm、高 100.0mm 的长方体,重命名为"地面",单击"形状创建"面板 中"线"按钮绘制一个长方形,并在"顶点"子层级中调节顶点,如图 5-71 所示。

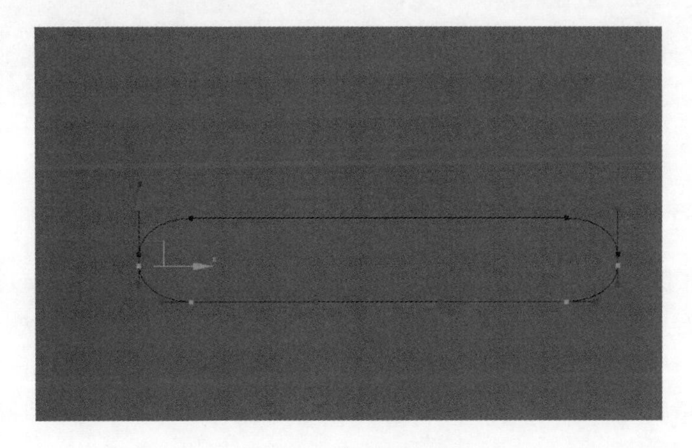

图 5-71 绘制长方体

Note

（16）在“修改”面板 的“修改器列表”下拉菜单中选择“挤出”命令拉伸二维线段，在其“参数”弹出菜单的“数量”文本框中输入数值 120.0mm。绘制完成后利用“复制”命令复制 3 个图形，结果如图 5-72 所示。

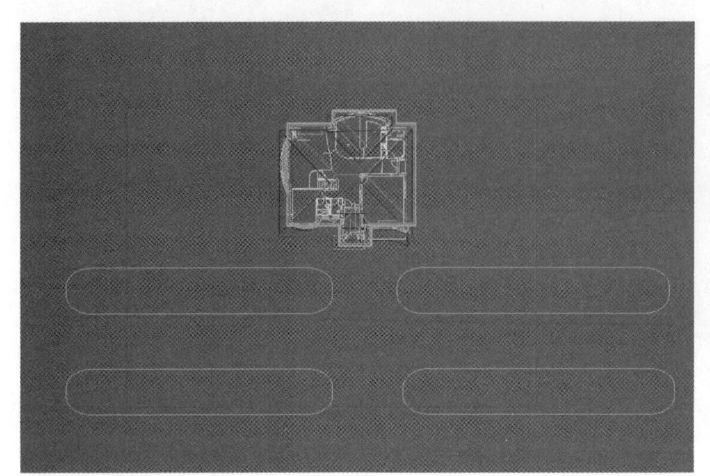

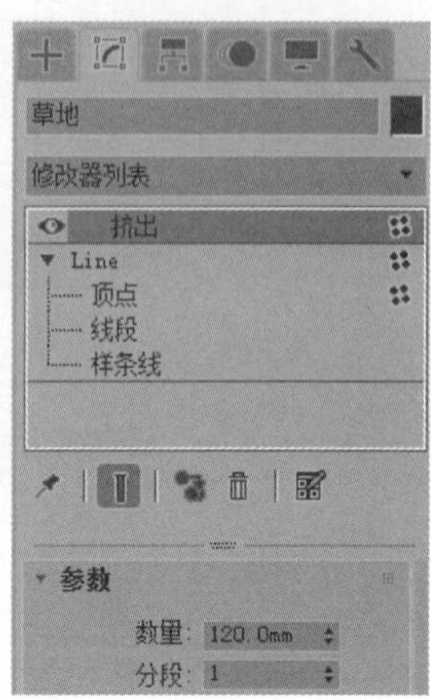

图 5-72　复制长方体

（17）选择视图中所有的 AutoCAD 平面图和立面图，按下 Delete 键进行删除，最后创建的别墅模型如图 5-73 所示。

图 5-73　别墅模型

5.2.5　别墅摄影机的创建

（1）单击“摄影机创建”面板 中“目标摄影机”（Target Camera）按钮，在“前视图”中创建一台摄影机。

（2）在单个视图的左上角右击，弹出下拉菜单，在下拉菜单中单击“视图”，在其子菜单中单击“摄影机”（Camera），这时视图的模式就转化为摄影机视图，结果如图 5-74 所示。

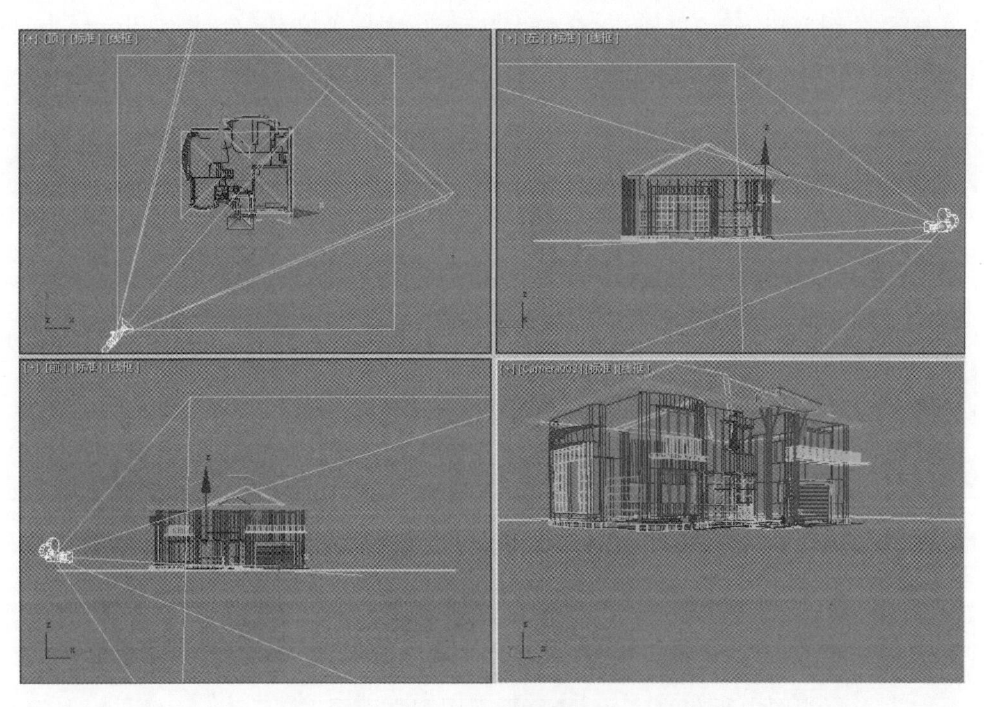

图 5-74　创建摄影机

5.3　别墅材质的赋予

别墅模型已经建立完成，下面针对别墅的一些材质进行讲解。

5.3.1　别墅室内墙面材质的创建

(1) 单击工具栏上按钮 或按下快捷键 M，打开“材质编辑器”，如图 5-75 所示。

(2) 在材质球上右击，在弹出的子菜单中选择“6×4 示例窗”(6×4 Sample Windows)，材质球将以 6×4 显示。

(3) 在材质样本窗口中单击一个空白材质球，重命名为“墙壁”，在“Blinn 基本参数”(Blinn Basic Parameters)卷展栏中设置“颜色”数值为 25，在“高光级别”(Specula Level)文本框中输入 14，在“光泽度”(Glossiness)文本框中输入 4，如图 5-76 所示。

(4) 单击“环境光”(Ambient)后的色块，在弹出的“环境光”控制器中调节红、绿、蓝的数值分别为 250、249、238，如图 5-77 所示。

(5) 在“贴图”(Maps)通道中单击“凹凸”(Bump)后面的“无贴图”(None)按钮，添加“噪波”(Noise)命令，并在“凹凸”(Bump)对应的“数量”文本框中输入 5，如图 5-78 所示。

(6) 选择模型中的墙体部分，将材质赋予墙体，完成墙体材质的制作。

(7) 选择一个新的材质球，重命名为“文化石”，单击“漫反射颜色”(Diffuse Color)后面的“无贴图”(None)按钮，打开“材质/贴图浏览器”(Material/Map Browser)面板，

Note

从中选择“位图”(Bitmap)并单击，会弹出“选择位图图像文件”(Select Bitmap Image File)面板，打开下载的源文件中的“别墅材质/文化石.jpg”贴图，单击打开完成操作。

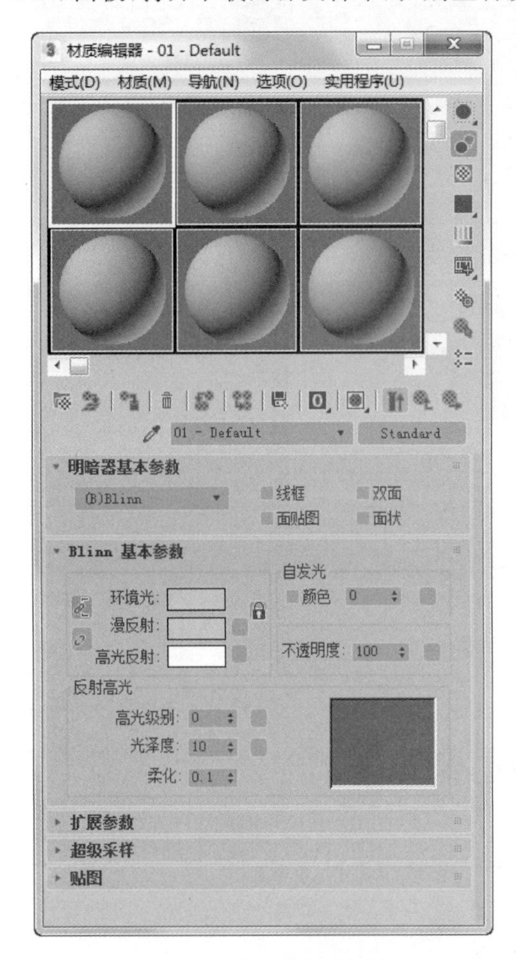

图 5-75　打开“材质编辑器”

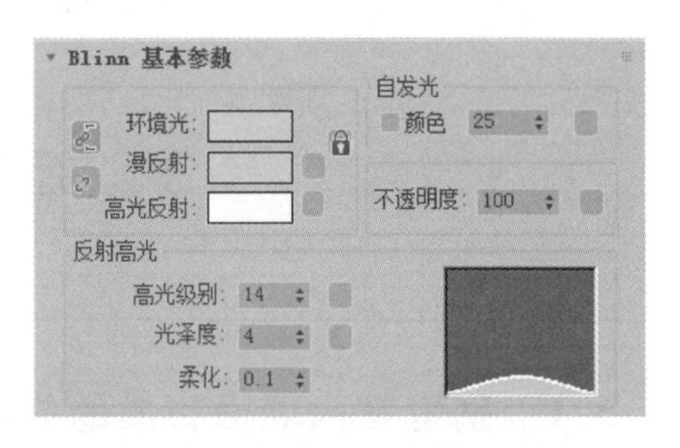

图 5-76　Blinn 基本参数

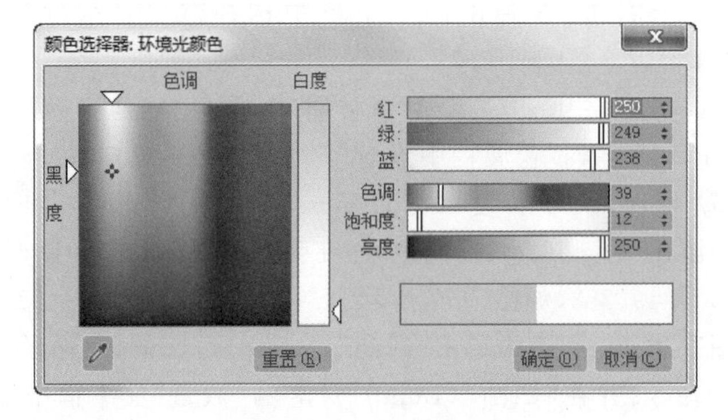

图 5-77　环境光控制器

(8) 单击“贴图”前面的(＋)，在其下拉菜单中的“凹凸”(Bump)后面输入数值 200，单击 图标把材质分别赋予墙面。在赋予墙面时因为有些墙面被分隔，所以需要回到

Note

“编辑网格”(Edit Mesh)中单独进行赋予,如图 5-79 所示。

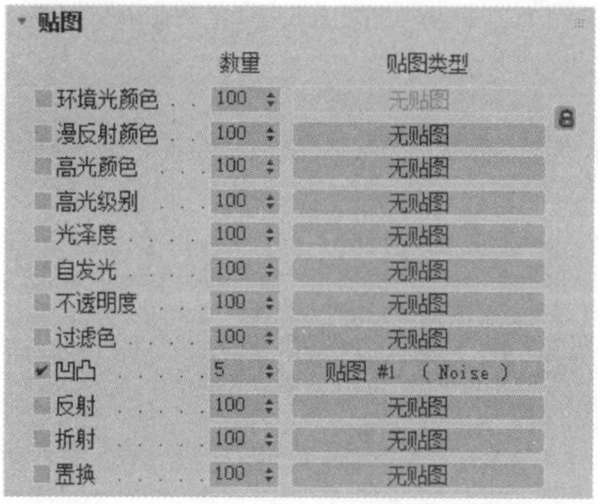

贴图

	数量	贴图类型
环境光颜色	100	无贴图
漫反射颜色	100	无贴图
高光颜色	100	无贴图
高光级别	100	无贴图
光泽度	100	无贴图
自发光	100	无贴图
不透明度	100	无贴图
过滤色	100	无贴图
✔凹凸	5	贴图 #1 (Noise)
反射	100	无贴图
折射	100	无贴图
置换	100	无贴图

图 5-78　添加噪波

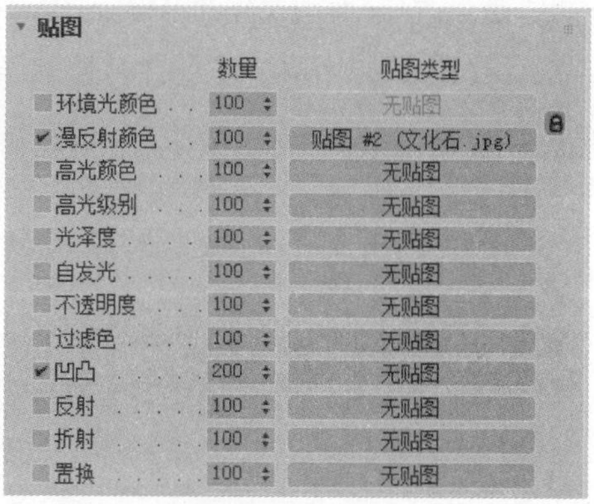

贴图

	数量	贴图类型
环境光颜色	100	无贴图
✔漫反射颜色	100	贴图 #2 (文化石.jpg)
高光颜色	100	无贴图
高光级别	100	无贴图
光泽度	100	无贴图
自发光	100	无贴图
不透明度	100	无贴图
过滤色	100	无贴图
✔凹凸	200	无贴图
反射	100	无贴图
折射	100	无贴图
置换	100	无贴图

图 5-79　墙面材质

(9) 在“Blinn 基本参数”卷展栏中设置“颜色”文本框数值为 30,在“高光级别”文本框中输入 128,在“光泽度”文本框中输入 20,如图 5-80 所示。

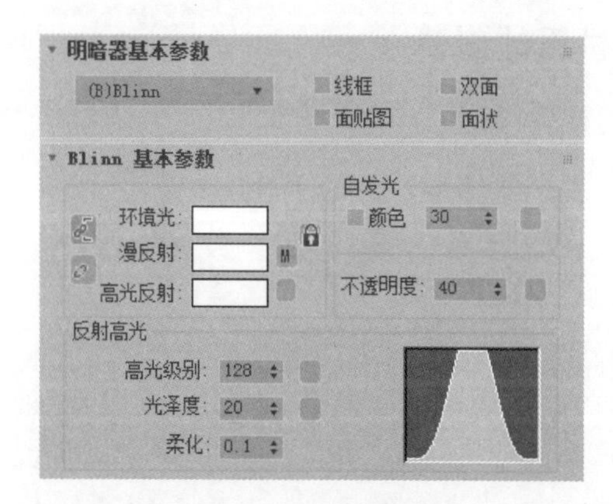

图 5-80　基本参数

(10) 单击“环境光”(Ambient)后的色块,在弹出的“环境光”控制器中调节红、绿、蓝的数值分别为 223、253、254,如图 5-81 所示。

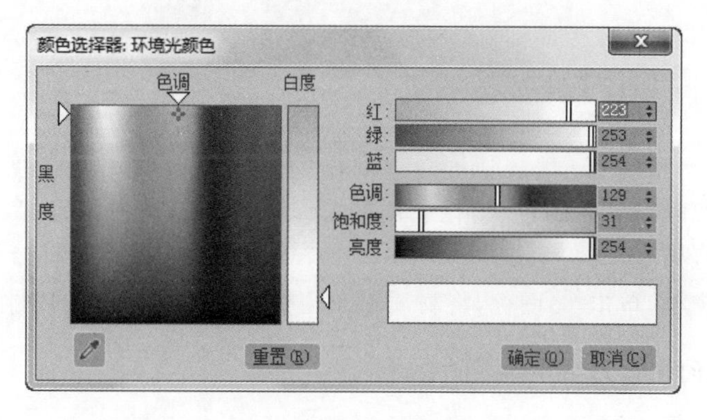

图 5-81　环境光控制器

Note

（11）在“贴图”通道中单击“反射”（Reflection）后面的“无贴图”按钮，添加“反射/折射”命令，在前面的文本框中输入45，如图5-82所示。

（12）将材质单独赋予部分墙体墙完成文化墙材质的制作。

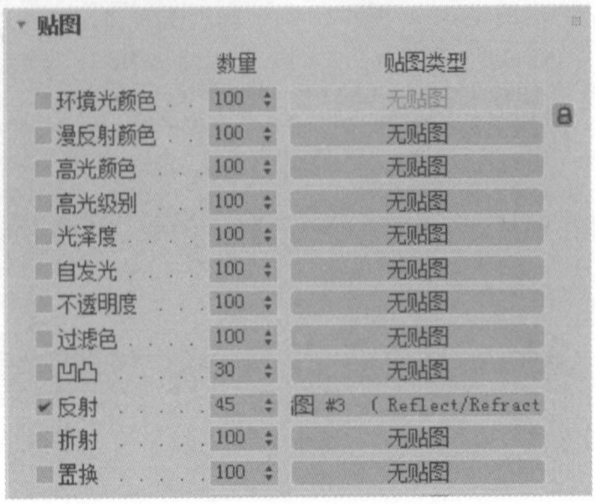

贴图

	数量	贴图类型
环境光颜色	100	无贴图
漫反射颜色	100	无贴图
高光颜色	100	无贴图
高光级别	100	无贴图
光泽度	100	无贴图
自发光	100	无贴图
不透明度	100	无贴图
过滤色	100	无贴图
凹凸	30	无贴图
✔反射	45	图 #3 （Reflect/Refract
折射	100	无贴图
置换	100	无贴图

图5-82　添加反射/折射

5.3.2　别墅窗框材质的创建

（1）选择一个新的材质球，重命名为“窗框”，在“明暗器基本参数”中选择“各向异性”类型，并选中“双面”前的复选框，在“高光级别”文本框中输入170，在“光泽度”文本框中输入64，在“各向异性”文本框中输入33，如图5-83所示。

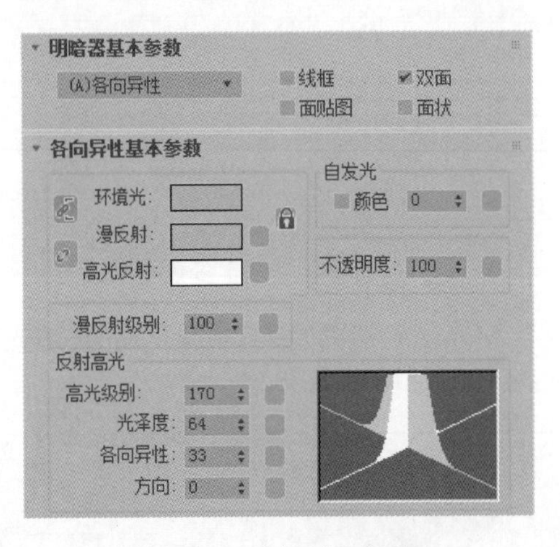

图5-83　窗框材质创建

（2）单击“环境光”后的色块，在弹出的“环境光”控制器中调节红、绿、蓝的数值分别为42、42、42，如图5-84所示。

（3）选择窗框，单击 图标，将材质赋予窗框，完成窗框材质的制作。

5.3.3　别墅屋顶及护栏材质的创建

（1）选择一个新的材质球，重命名为“屋顶”，单击“漫反射颜色”后面的“无贴图”按钮，打开“材质贴图浏览器”面板，从中选择“位图”单击，会弹出“选择位图图像文件”面

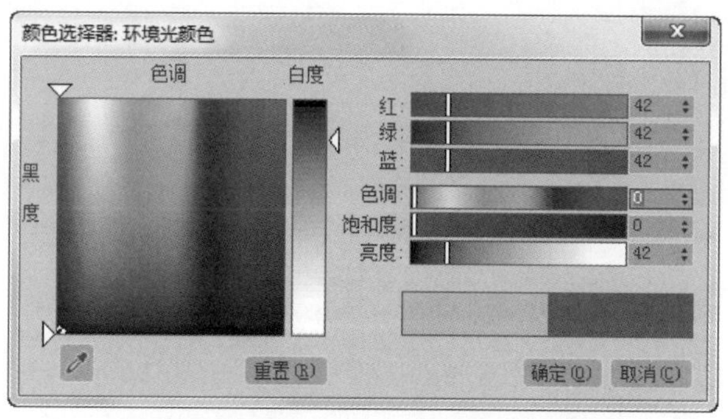

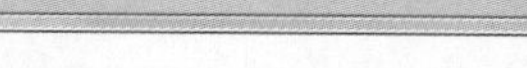

图 5-84　环境光控制器

板,打开下载的源文件中的“别墅材质/瓦”。单击“贴图”前面的(+)号,在“凹凸”文本框中输入数值 30,如图 5-85 所示。

(2) 选择屋顶,单击 图标,将材质赋予屋顶,完成屋顶材质的制作。

(3) 选择一个新的材质球,重命名为“护栏”。展开“Blinn 基本参数”卷展栏,在“高光级别”文本框中输入 58,在“光泽度”文本框中输入 38,如图 5-86 所示。

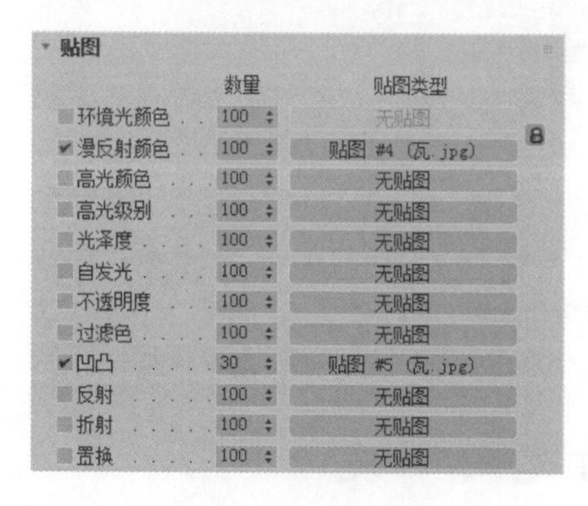

图 5-85　添加凹凸贴图

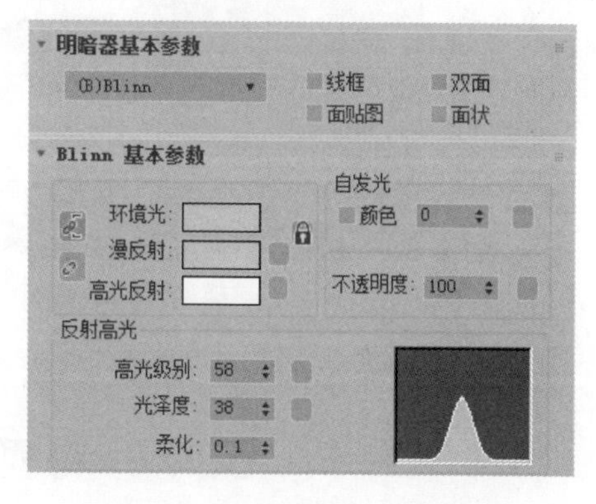

图 5-86　设置 Blinn 基本参数

(4) 单击“漫反射颜色”(Diffuse Color)后面的“无贴图”按钮,打开“材质贴图浏览器”面板,从中选择“位图”单击,弹出“选择位图图像文件”面板,打开下载的源文件中的“别墅材质/红木”。单击“贴图”前面的(+),在其下拉菜单中的“凹凸”文本框中输入数值 50,单击“反射”后面的“无贴图”按钮,从中选择“反射与折射”命令,在前面的文本框中输入 12,如图 5-87 所示。

(5) 选择护栏,单击 图标,将材质赋予护栏,完成护栏材质的制作。

(6) 设置完模型贴图后,在相应的贴图材质编辑面板中按下 显示贴图图标,观察材质贴图在视图中的贴图纹理效果是否正确。

(7) 至此,所有的模型都已经指定了材质。激活摄影机视图,按下快捷键 F9 进行快速渲染,结果如图 5-88 所示。

在没有灯光的情况下进行渲染始终无法模拟真实灯光下的材质效果,下面将进行灯光的简单设置。

Note

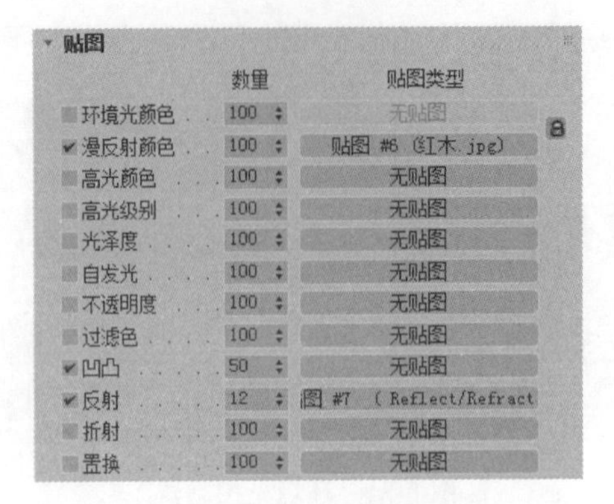

图 5-87　添加贴图路径

图 5-88　快速渲染效果

5.4　别墅灯光的创建

5.4.1　别墅主光源的创建

(1) 执行“创建”→“灯光”→“标准灯光”→“目标聚光灯”(Create→Lights→Standard Lights→Target Spotlight)命令,如图 5-89 所示。

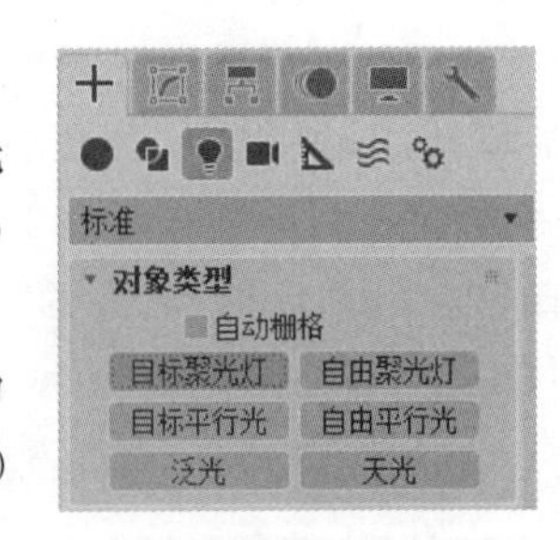

图 5-89　创建目标聚光灯

(2) 在视图上按住鼠标拖动创建一盏目标聚光灯,作为场景的主光源。调整视图的角度和灯光的位置,如图 5-90 所示。

5.4.2　别墅辅光源的创建

(1) 在“修改”面板 中展开“常规参数”(General Parameters)卷展栏,在其中选中“阴影”(Shadows)前的复选框,在“倍增”(Multiplier)后面的文本框中输入数值 0.5,如图 5-91 所示。

Note

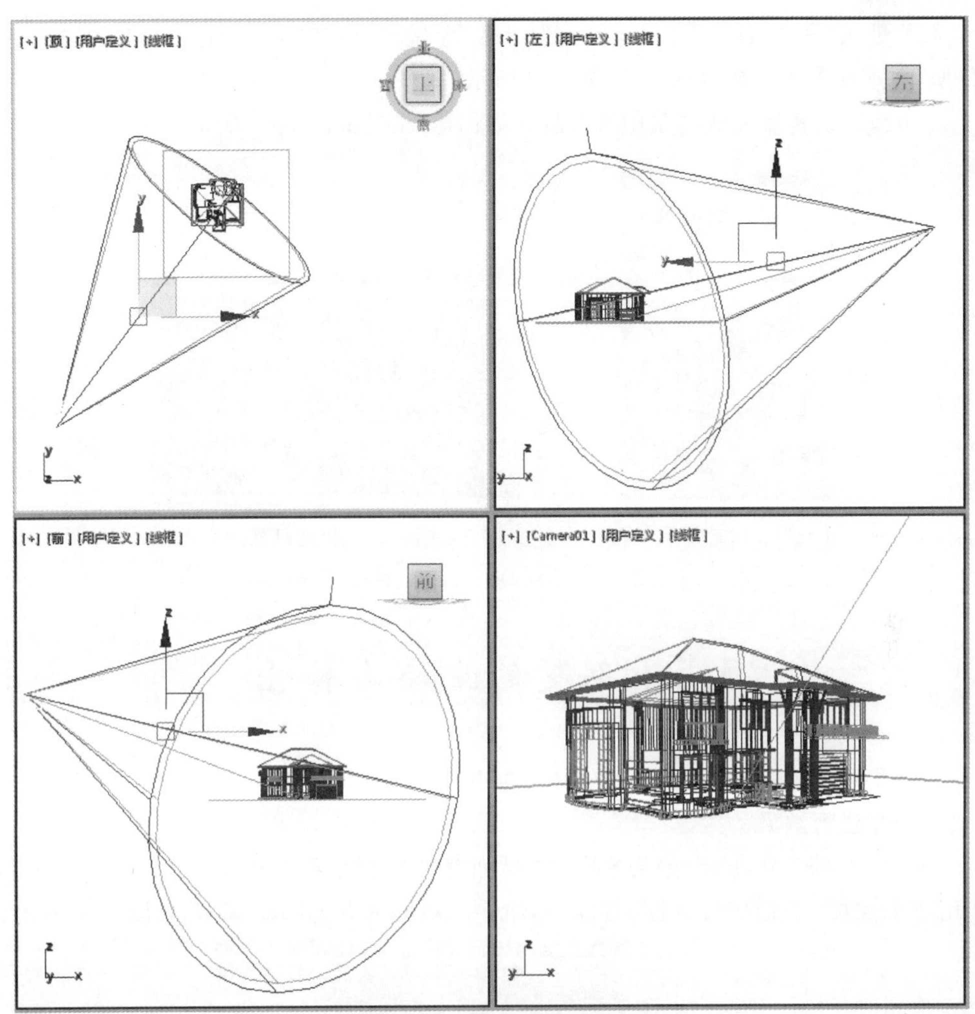

图 5-90　调整角度与灯光

(2) 在布置灯光时需要注意的是在场景中首先要确认主灯的位置,然后根据需要去创建其他灯光作为场景中的辅助光源,在“顶视图”中复制两盏灯光,位置如图 5-92 所示。

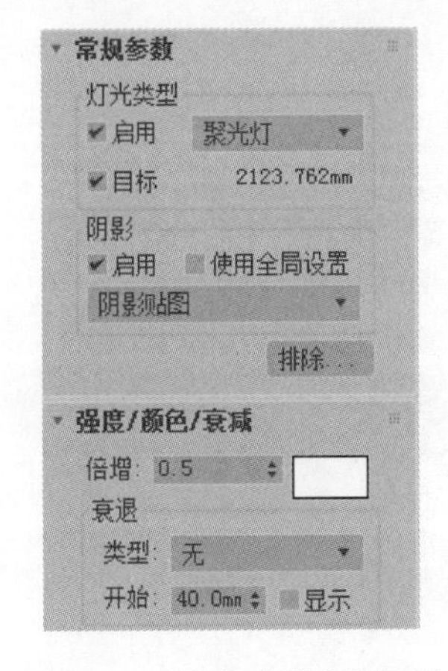

图 5-91　“常规参数”卷展栏

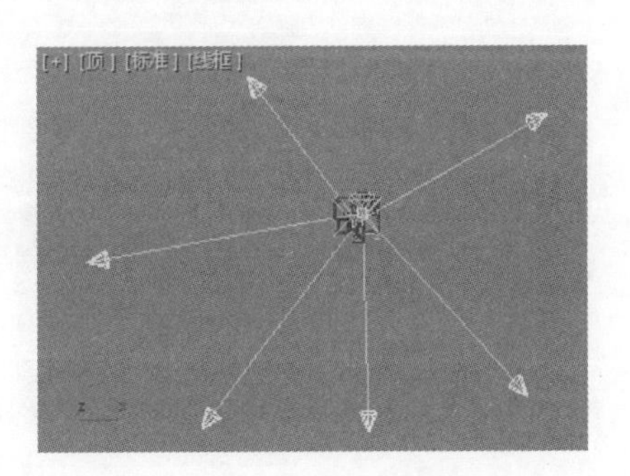

图 5-92　复制灯光

Note

(3) 进入“修改”面板，展开“常规参数”卷展栏，取消“阴影”前复选框的选择，在“倍增”文本框中输入数值0.2，如图5-93所示。

(4) 按上述步骤完成场景中所有灯光的创建，结果如图5-94所示。

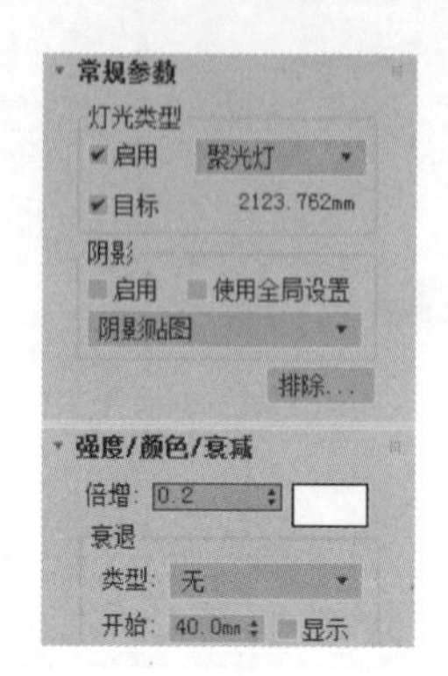

图5-93 设置常规参数

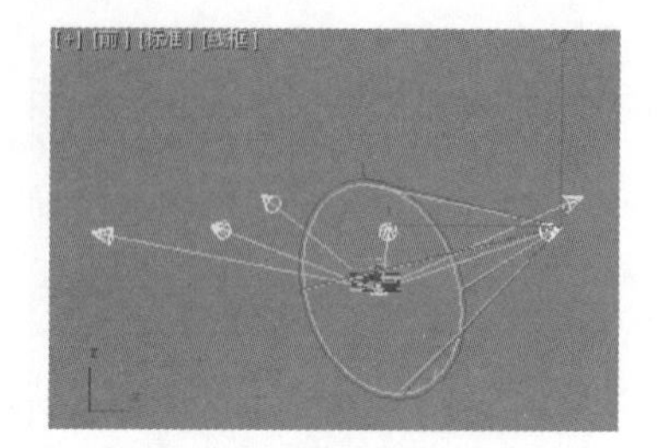

图5-94 创建灯光效果

5.5 别墅的渲染与输出

现在别墅的模型已经创建完成，材质的调节与灯光的设置都已经完成，下面将对所创建的模型进行渲染。

(1) 在“渲染”(Rendering)菜单栏的下拉列表中选择“渲染设置”(Render Setup)命令，弹出“渲染设置：扫描线渲染器”(Render Setup：Scanline Renderer)窗口，如图5-95所示。

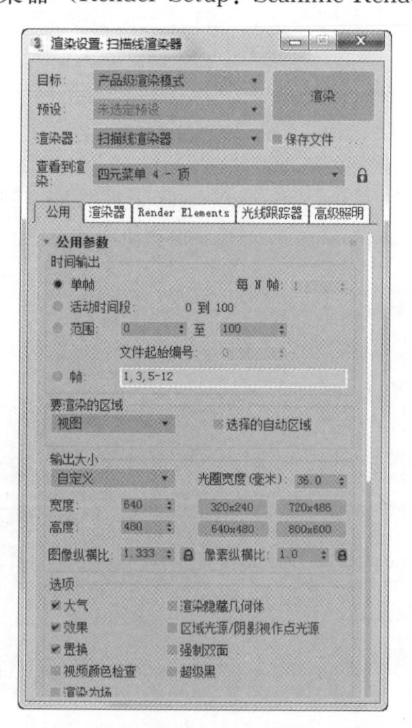

图5-95 “渲染设置：扫描线渲染器”窗口

Note

(2) 在弹出的“渲染设置：扫描线渲染器”窗口中展开“公用”(Common)卷展栏，在“输出大小”(Output Size)选项中选择要渲染输出的尺寸，或者在“宽度”(Width)和“高度”(Height)中自定义输入、输出尺寸，如图 5-96 所示。

图 5-96　输出尺寸选项

(3) 单击右上角的“渲染”“Render”按钮，或通过快捷键 F9 对场景进行快速渲染，结果如图 5-97 所示。

(4) 渲染输出的尺寸与效果图的清晰度有关，输出的尺寸越大得到的效果图就越清晰，但是渲染时间也会加长，将输入尺寸改为 3200×4200 后渲染场景，结果如图 5-98 所示。

图 5-97　快速渲染效果

(5) 单击“保存图像”(Save Image)按钮，弹出“保存图像”对话框，在“保存类型”下拉选项中选择 jpg 格式，将“文件名”设置为“别墅”，单击“保存”按钮进行保存，如图 5-99 所示。

(6) 单击“保存”按钮后，在弹出的“JPEG 图像控制”(JPEG Image Control)面板中直接单击“确定”按钮进行保存，如图 5-100 所示。

以上是普通渲染输出的过程，在以后的章节中将为读者介绍 3ds Max 2018 不同的渲染器以及插件形式的 V-Ray 渲染器。

Note

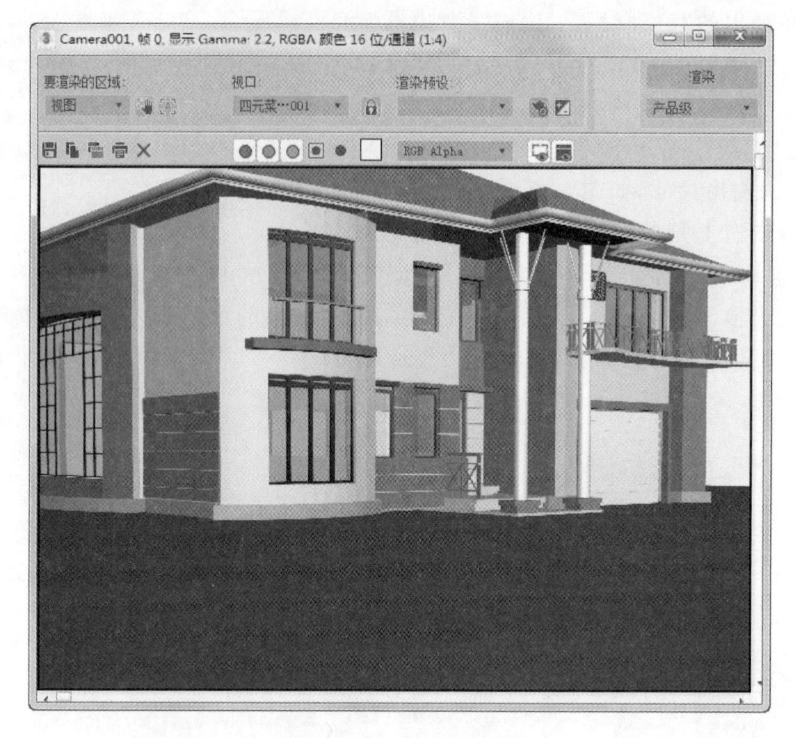

图 5-98　大尺寸效果图

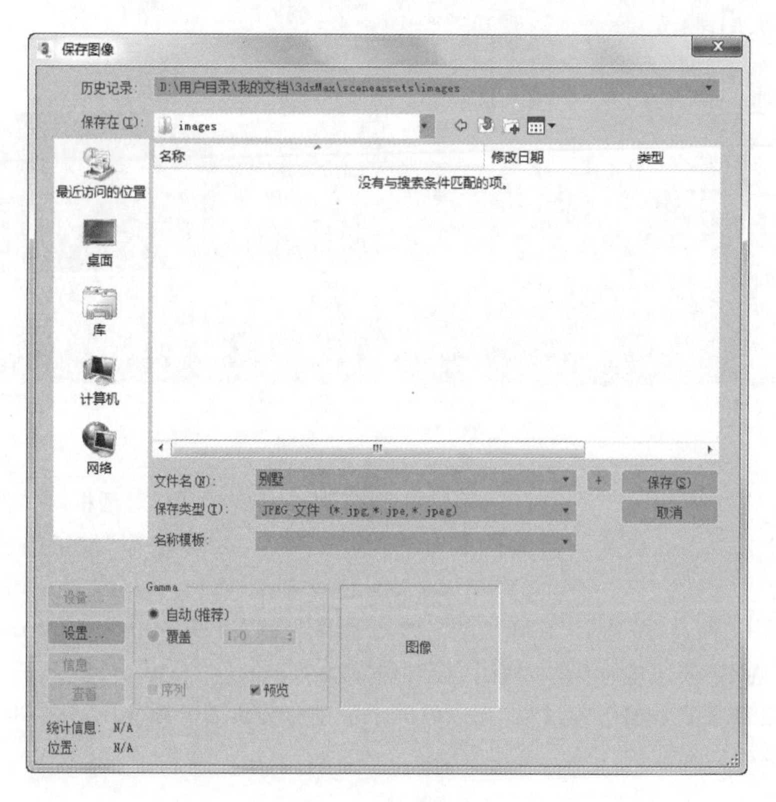

图 5-99　保存图像

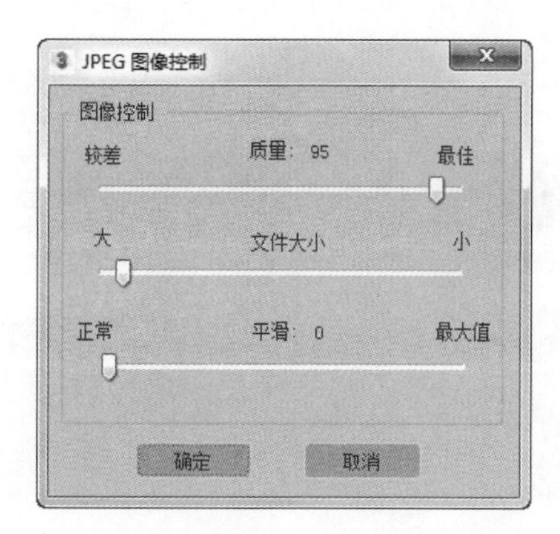

图 5-100　“JPEG 图像控制”面板

5.6　别墅的图像合成

(1) 运行 Photoshop CC 2018，执行“文件”→“打开”命令，选择下载的源文件中的“别墅”图片，单击打开。

(2) 在图层面板中单击效果图，按住鼠标左键不放，将其拖到下面的“创建新图层”按钮上，这时背景图层被复制，如图 5-101 所示。

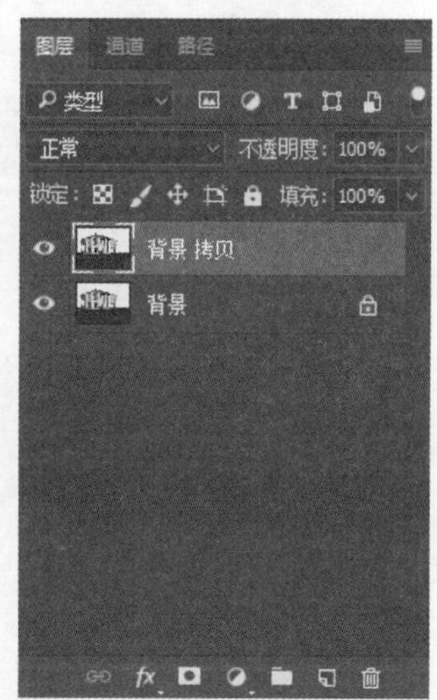

图 5-101　创建新图层

(3) 将锁定的背景图层删除，单击工具条中的“魔棒”工具选取天空，按 Delete 键将天空删除，结果如图 5-102 所示。

(4) 打开下载的源文件中的“天空”图片，单击菜单栏中的图像，调整色阶命令或通过快捷键 Ctrl+L，调节数值如图 5-103 所示。

(5) 按住 Shift 键将天空移动到“别墅”图层中并调节位置，结果如图 5-104 所示。

Note

图 5-102　将天空删除

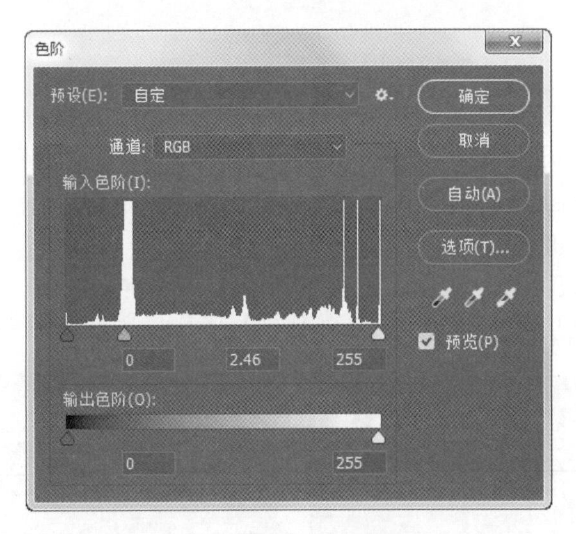

图 5-103　调节"天空"数值

图 5-104　天空移动到别墅图层

(6) 打开下载的源文件中的"草地"图片，使用"自由变换"命令调节大小，移动到所示位置，结果如图 5-105 所示。

图 5-105　调入"草地"图片

(7) 按住 Shift 键复制上一步导入的"草地"图片，使其与天空相接留出中间马路部分，结果如图 5-106 所示。

图 5-106　复制"草地"图片

(8) 打开下载的源文件中的"树"图片，使用"自由变化"命令调整大小，多余的部分删除，结果如图 5-107 所示。

图 5-107　调入"树"图片

（9）执行"文件"→"存储"命令，在"另保存"对话框中存储为"别墅.JPEG"文件格式，完成最后的室外别墅效果。为了便于以后修改，可以将创建的室外别墅储存为"别墅.psd"文件格式，这样就可以对图像进行自由修改。

5.7 案例欣赏

图 5-108　案例欣赏 1

图 5-109　案例欣赏 2

图 5-110　案例欣赏 3

图 5-111　案例欣赏 4

图 5-112　案例欣赏 5

Note

图 5-113　案例欣赏 6

图 5-114　案例欣赏 7

图 5-115　案例欣赏 8

图 5-116　案例欣赏 9

图 5-117　案例欣赏 10

本章小结

本章中系统地运用了前面所介绍的知识，包括模型的建立、材质的调节、灯光的设置以及渲染效果的后期处理，主要目的是将制作效果图的整个过程展现给读者。在创建模型的过程中使用多边形建模方式，这种创建过程并不适应所有的模型，在以后的学习过程中将会学习多种建模方式的结合使用方法，本章只是为以后做一个铺垫。而材质的调节也是基本的，在室外材质调节方面上可能没有室内那么丰富多彩，但这却是入门所必需的基本知识点。不同表面将会有不同的材质调节方法，因此只有掌握好基本知识才能更加丰富地表达效果中的质感。灯光的使用需要读者长时间的摸索，想要模拟更为真实的天光效果就要多观察、多练习。针对后期的制作也是一般的效果处理方法，重要的是让读者系统地了解创建过程中的每一个环节。

第6章

办公楼效果图制作

6.1　办公楼模型的创建
6.2　办公楼材质的赋予
6.3　办公楼灯光的创建
6.4　办公楼的光能传递渲染
6.5　办公楼的图像合成
6.6　案例欣赏

学习目的

➢ 熟练应用“多边形”创建模型。

学习思路

➢ 综合介绍办公楼立体模型的建立、材质与灯光的调节、利用光能传递进行渲染。通过本章的介绍,学习在整体中创建模型的技巧。整体的模型可以利用多边形建模,单独或是独立的部分模型中,可以依靠二维线来绘制模型,主要思路是:依照 AutoCAD 精确的线框绘制室外建筑模型,进行必要的调整,然后建立办公

楼的基本墙面；依照这些图形生成室外模型的准确立体模型。本章模型如图 6-1 所示。

Note

知 识 重 点

➢ 多边形建模与二维线建模的结合。
➢ 多边形建模中的分离、复制与切平面。
➢ 利用编辑网格创建细节。

图 6-1　室外办公楼模型效果图

6.1　办公楼模型的创建

6-1

室外模型会根据不同的要求、不同的图样而改变，模型可以是一个独立的整体，也可以是多个整体，因此在创建的过程中要根据模型的简易或繁杂程度来选择适合的建模方式。在以上章节中主要介绍了几种不同形式的创建过程，在以后的创建过程中要熟练掌握建模技巧及方法，这样才能提高建模速度，将 AutoCAD 导入 3ds Max 2018 中，如图 6-2 所示。

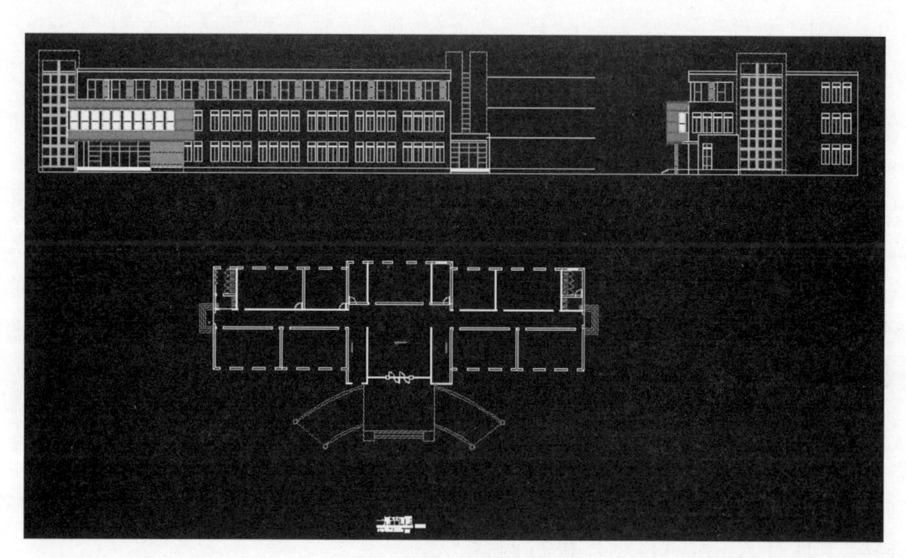

图 6-2　室外平面图

Note

6.1.1 设置图形单位

(1) 双击桌面 3ds Max 2018 图标启动程序，在导入平面图时，需要对 3ds Max 2018 场景中的单位进行设置，以便和 AutoCAD 导入的尺寸统一。在“自定义”(Customize)的下拉菜单中选择“单位设置”(Units Setup)命令，弹出“单位设置”对话框，将“米”改为“毫米”，如图 6-3 所示。

(2) 单击“系统单位设置”(System Units Setup)按钮，打开“系统单位设置”对话框，将系统单位设置为毫米，如图 6-4 所示。

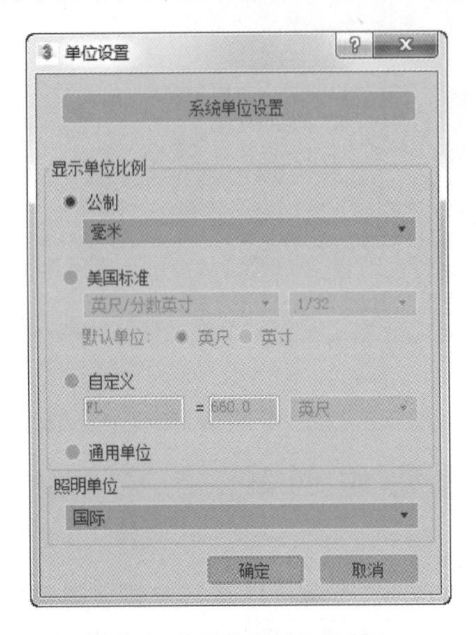

图 6-3 “单位设置”对话框

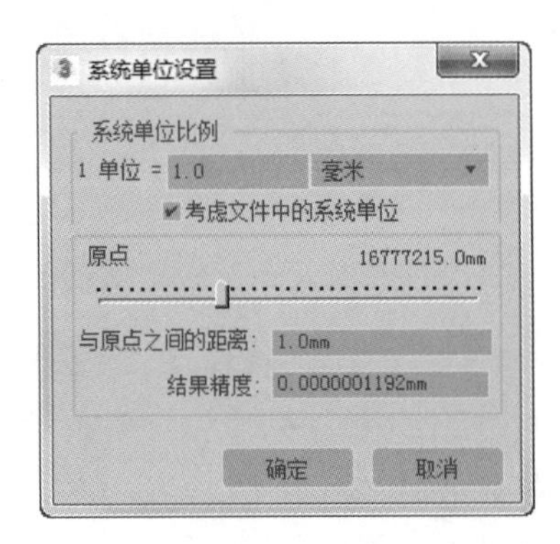

图 6-4 “系统单位设置”对话框

6.1.2 导入 CAD 图形文件

(1) 单击“文件”→“导入”→“导入”命令，弹出“选择要导入的文件”(Select File Import)对话框，在文件类型中选择后缀为“DWG”的文件，打开下载的源文件中的“办公楼 AutoCAD 图样”，如图 6-5 所示。

(2) 单击“打开”按钮，导入办公楼的 DWG 文件。

(3) 单击 3ds Max 2018 右下角的“缩放”工具，对导入的 DWG 平面图进行缩放，调节视图中图形大小，结果如图 6-6 所示。

(4) 按下快捷键 Ctrl+A(全部选择)，框选平面图的所有线条，选择“组”菜单下的“组”命令，在弹出的“组”对话框中输入顶层，单击“确定”按钮，这时 DWG 平面图的所有线条成组。

(5) 为成组后的 DWG 文件选择一种醒目的颜色，单击“颜色”按钮，打开“对象颜色”对话框，如图 6-7 所示，选择蓝色后的平面图如图 6-8 所示。

(6) 按照上述方法将其他的 AutoCAD 图样导入 3ds Max 2018 中，并通过“移动”与“旋转”工具对 AutoCAD 图样进行调整。

Note

图 6-5　导入室外顶面 CAD

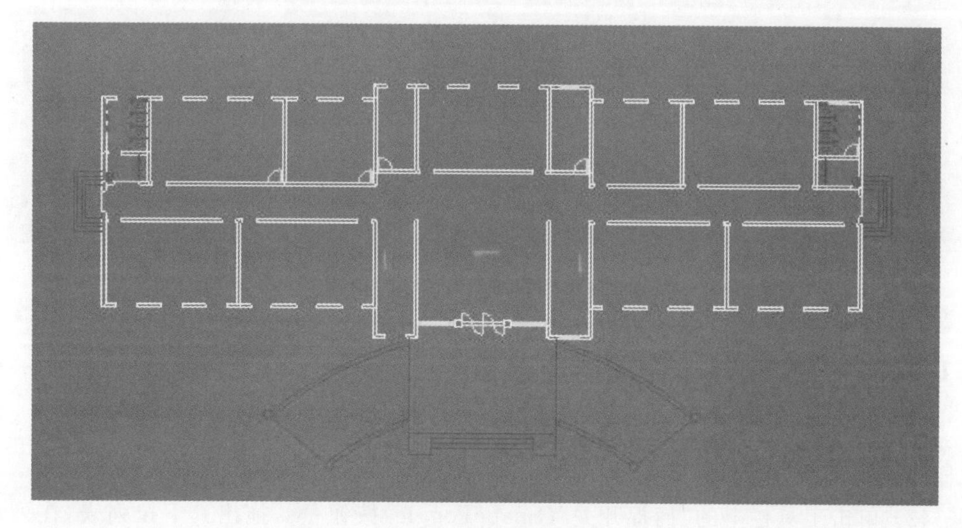

图 6-6　调节视图大小

(7) 对导入的 AutoCAD 图样群组并重新命名，群组完成后修改群组颜色，结果如图 6-9 所示(群组在上面已经讲过在此不再具体阐述)。

Note

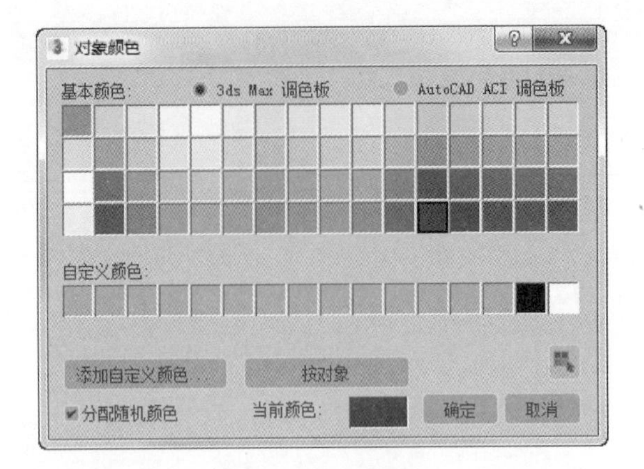

图 6-7　修改颜色

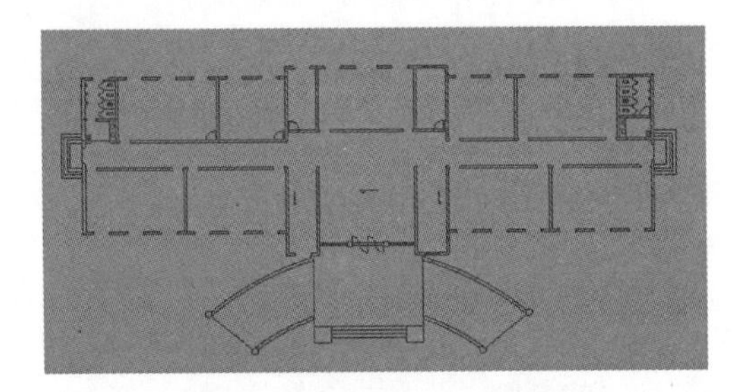

图 6-8　统一颜色后的平面图

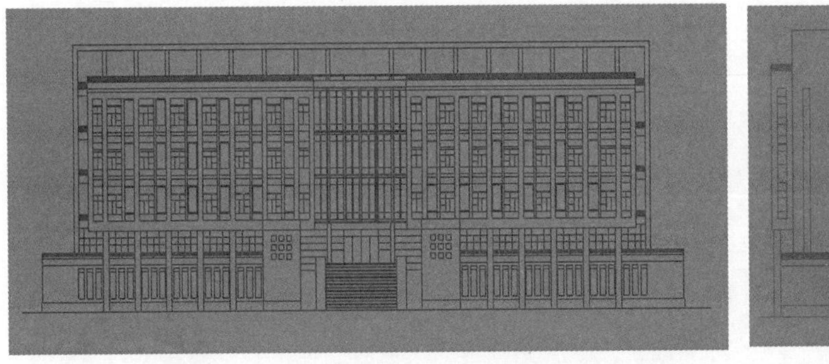

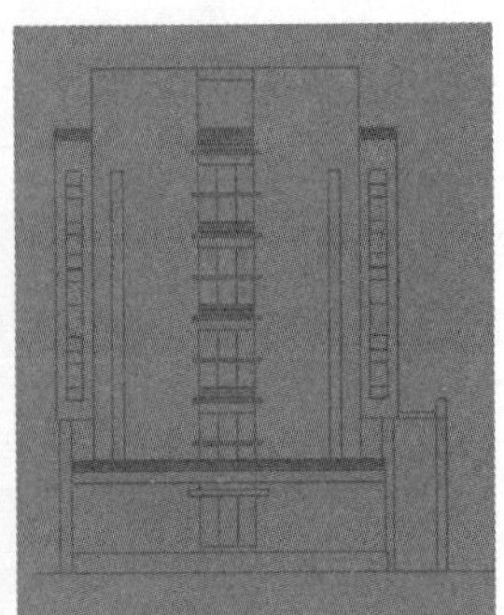

图 6-9　办公楼前视图及左视图

6.1.3　办公楼室外单面墙体的创建

(1) 在“顶视图”中,选中已经群组的 AutoCAD 平面,按下快捷键 Alt+Q,这时被选择的模型可以进行单独编辑。

(2) 单击工具栏上的“捕捉开关”(Snap Toggle)按钮,拖出其下拉列表,在列表中选择 2.5 捕捉,这时的捕捉介于三维物体与二维物体之间。利用右键单击按钮,弹出“栅格和捕捉设置”窗口框。对其进行选择,如图 6-10 所示。

(3) 在“顶视图”中单击“形状创建”面板中的“线”按钮,如图 6-11 所示,捕捉 AutoCAD 文件中的墙体边缘线。

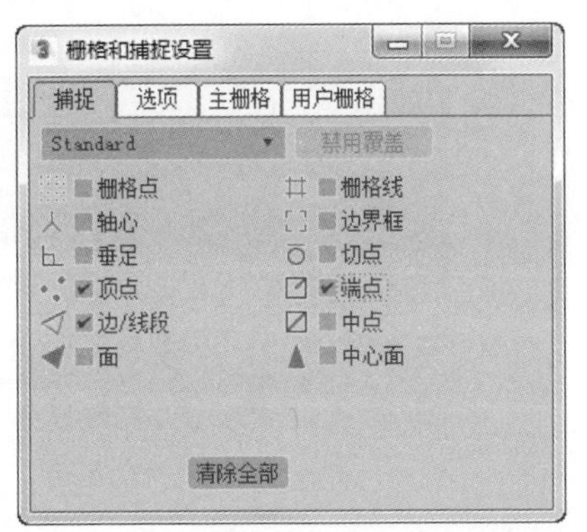

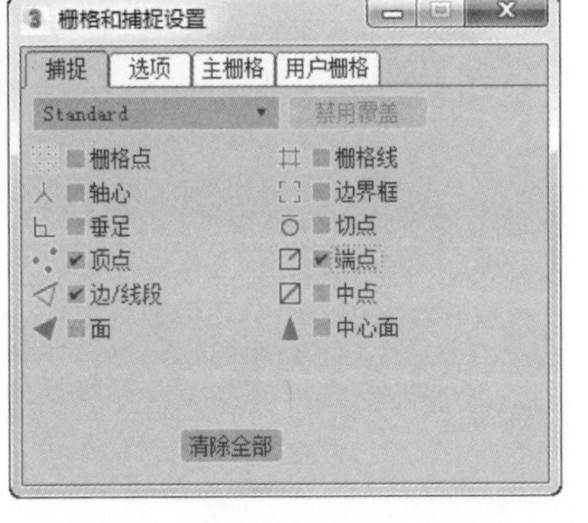

图 6-10 “栅格和捕捉设置”窗口

图 6-11 形状创建面板

绘制一条连续的线条，进入“修改”面板将它重命名为“墙”(Wall)，如图 6-12 所示。

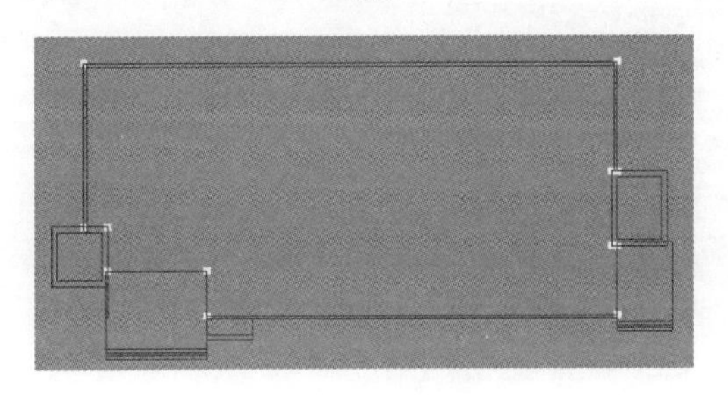

图 6-12 绘制墙体线

(4) 在“修改”面板的“修改器列表”下拉菜单中选择“挤出”命令拉伸二维线段，在其“参数”弹出菜单的“数量”文本框中输入数值 15000mm，结果如图 6-13 所示。

图 6-13 拉伸墙体边缘线

(5) 在“顶视图”中，选择上部创建的墙体，单击右键在弹出的子列表中选择“转换为可编辑多边形”，在编辑多边形的“多边形”层级中进行面的编辑，选择底面和顶面按 Delete 键进行删除，得到室外模型的单面模型，结果如图 6-14 所示。

(6) 在得到墙体的单面模型后，需要对正面及侧面进行局部细分，为了能更好地单独编辑正面及侧面墙体，需要将墙体的多边形模型进行分解。

(7) 选中要分离的物体，单击右键在弹出的子列表中选择“转换为可编辑多边形”，在编辑多边形的子层级中选择“多边形”，结果如图 6-15 所示。

(8) 按快捷键 Ctrl+I 进行反选，除了选择的面没选中外，其他的面全部被选中，结果如图 6-16 所示。

Note

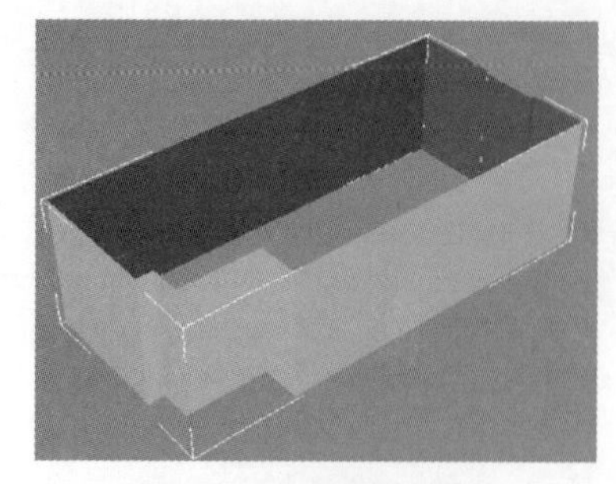

图 6-14　单面模型

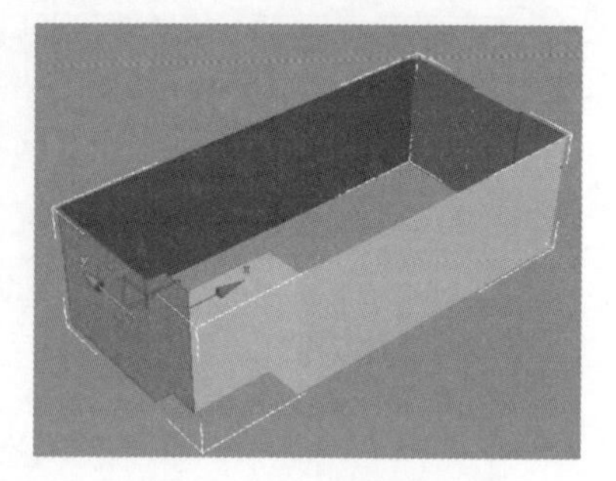

图 6-15　选择多边形

(9) 展开"编辑几何体"(Edit Geometry)卷展栏,选择"分离"(Detach)命令,弹出"分离"对话框,如图 6-17 所示。单击"确定"按钮,完成对侧面的分离。

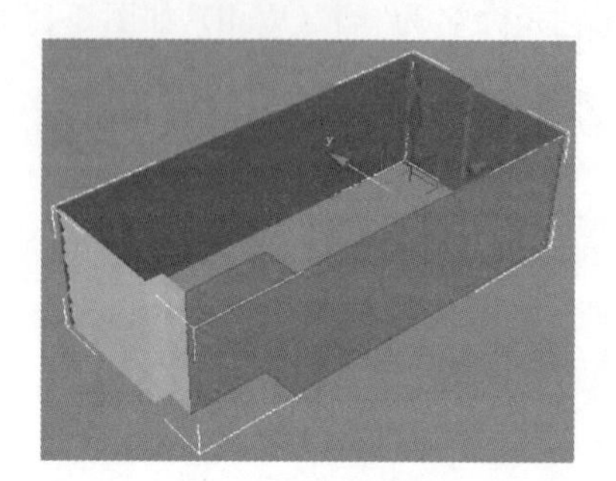

图 6-16　反选命令

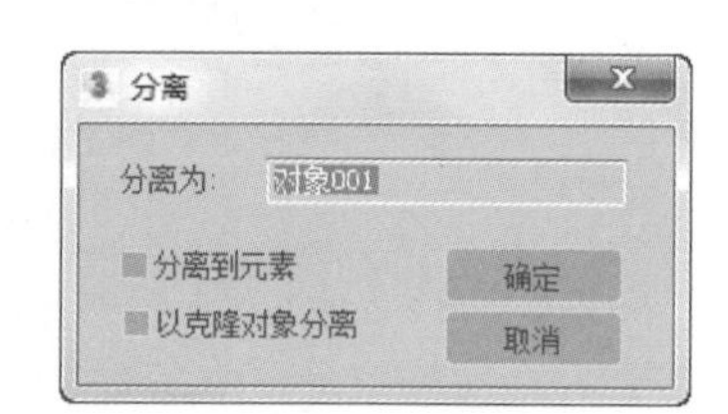

图 6-17　"分离"对话框

(10) 侧面已经从整体的墙体中分离出来,成为单独的一个"多边形",选择侧面墙体及 AutoCAD 线框,按快捷键 Alt+Q,这时被选择的模型可以进行单独编辑,结果如图 6-18 所示。

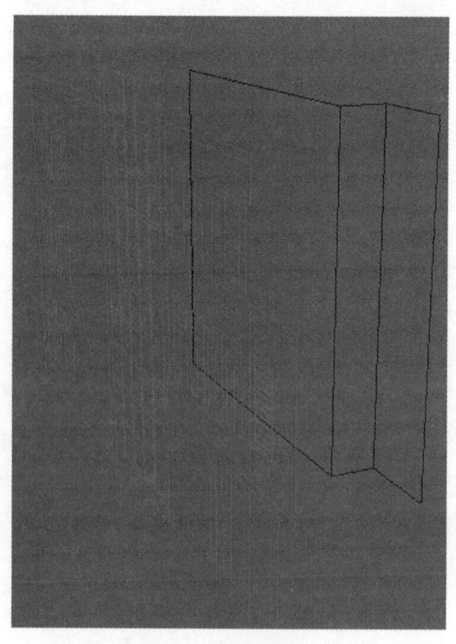

图 6-18　单独编辑命令

(11) 选择窗户及门做单独的编辑，选择与窗对应的面进行分割，在“修改”面板的“可编辑多边形”层级中选择编辑“多边形”，展开“编辑几何体”卷展栏，单击“切片平面”(Slice Plane)命令，如图 6-19 所示。

(12) 选中“切片平面”命令后，底下灰色的“切片”(Slice)命令会弹起，在图中会显示一条线，表示切片命令已启用，结果如图 6-20 所示。

图 6-19　切片平面命令

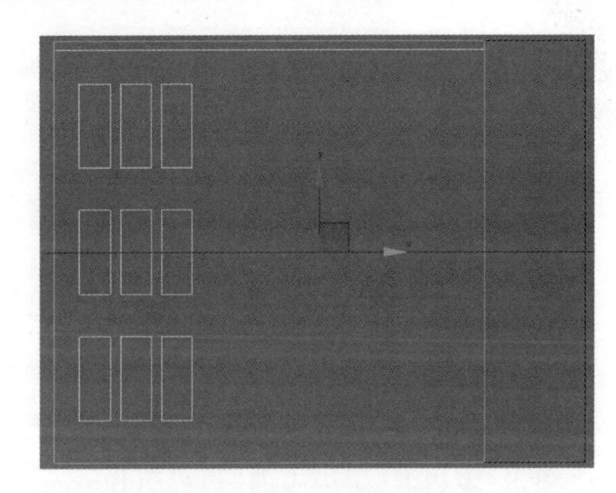

图 6-20　切片平面

(13) 选中“编辑多边形”命令中的“多边形”后，面是以红色显示，按下 F2 键，转换面的显示，要编辑面的周围以红色显示，可以清楚地看见相对应的 AutoCAD 线框。

(14) “切片平面”以黄色线显示，可以随便移动坐标轴，可以利用捕捉来配合移动，按照后面的 AutoCAD 线框将“面”进行分割，在同一水平面时按下“切片”命令将其分割，被分割的面会有一条红色的线显示，结果如图 6-21 所示。

(15) 水平方向时，在旋转命令按钮上单击右键，在弹出的“栅格和捕捉设置”窗口中，选择“选项”(Options)，在其选项组中将“角度”参数设置为 90，如图 6-22 所示。

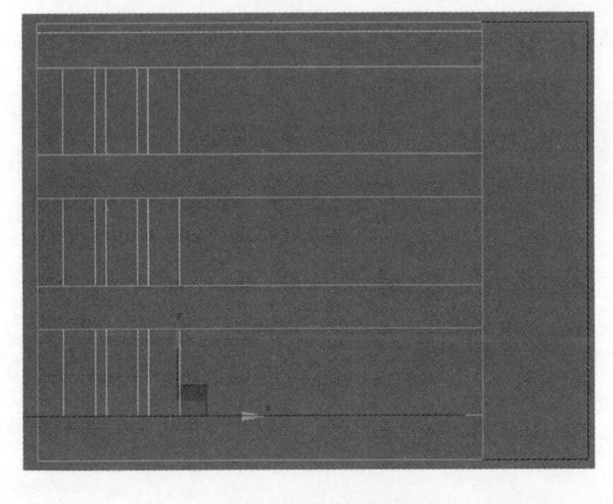

图 6-21　切片的运用

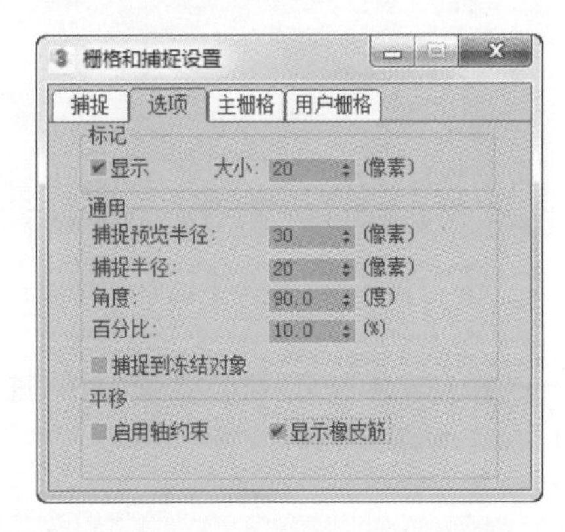

图 6-22　“栅格和捕捉设置”窗口

(16) 将“切片平面”的轴线旋转 90°，这样再将窗口进行分割，分割完后再单击一下“切片平面”，就可关闭此命令，窗框被分割完成，结果如图 6-23 所示。

(17) 回到“修改”面板的“多边形”层级中选择“多边形”，按住 Ctrl 键选择全部

Note

图 6-23　分割好的窗框

的窗面并删除，结果如图 6-24 所示。

(18) 单击“多边形”层级中的“边界”(Border)命令，选取窗口，选择好的窗口边界以红色显示，按住 Shift 键在坐标轴上单击，将在“前视图”(Front)中观看图形，利用右键单击“选择并移动”(Select and Move)工具，弹出“移动变换输入”(Move Transform Type-IN)窗口，在“偏移：屏幕”(Offset：Screen)的“Y”轴中输入数值 350mm，如图 6-25 所示。

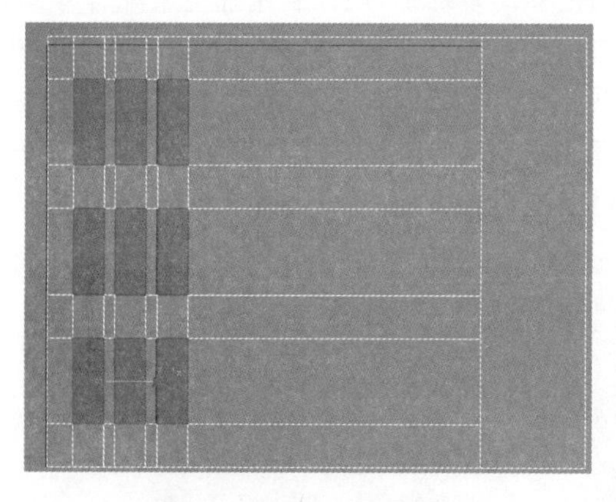

图 6-24　删除全部的窗面

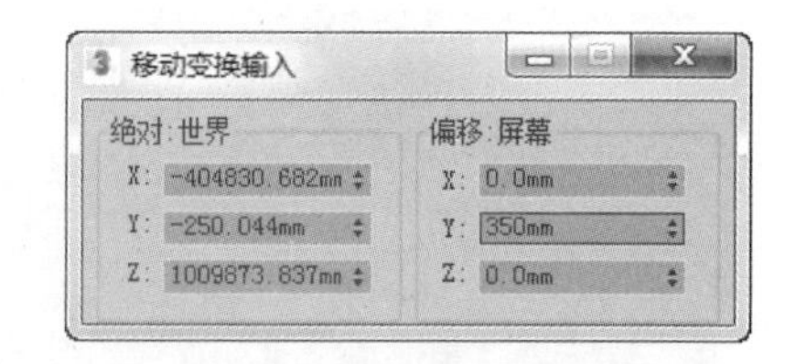

图 6-25　“移动变换输入”窗口

(19) 按住 Shift 键单击坐标轴，进行原地复制，利用上述步骤在“移动变换输入”窗口中的“偏移：屏幕”文本框中输入数值，移动所复制的物体。完成侧面墙体模型的创建，结果如图 6-26 所示。

(20) 在“顶视图”中，单击“形状创建”面板中“矩形”按钮，绘制一个 5600×5400 的矩形，单击右键在弹出的子列表中选择“转换为可编辑样条线”(Convert To Editable Spline)，在“可编辑样条线”层级中选择“样条线”编辑，展开“几何体”卷展栏，在“轮廓”(Outline)文本框中输入数值 600mm，如图 6-27 所示。在“修改”面板的“修改器列表”下拉菜单中选择“挤出”命令拉伸二维线段。

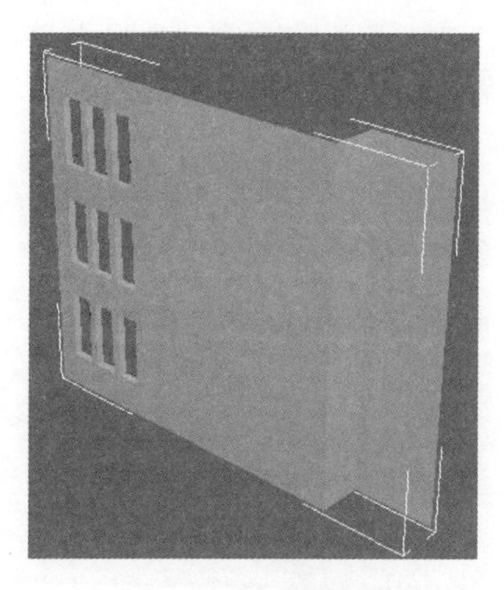

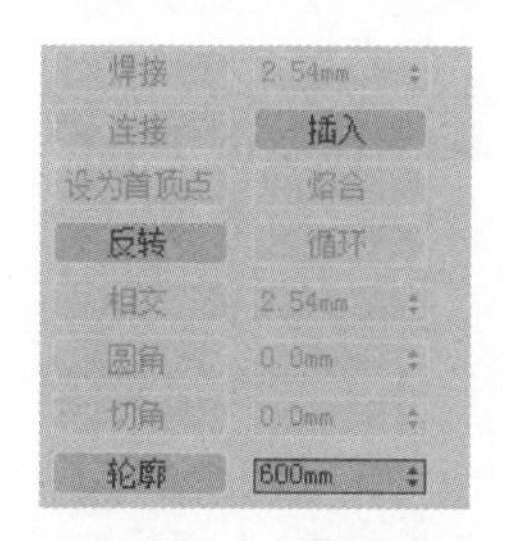

图 6-26　侧面墙体模型　　　　图 6-27　创建楼层底座

(21) 单击"形状创建"面板 中"矩形"按钮，单击工具栏上的"捕捉开关"按钮 ，在刚才绘制的矩形中间绘制一个一样的矩形，在"修改"面板 的"修改器列表"下拉菜单中选择"挤出"命令拉伸二维线段，在其"参数"弹出菜单的"数量"文本框中输入数值 120.0mm，结果如图 6-28 所示。

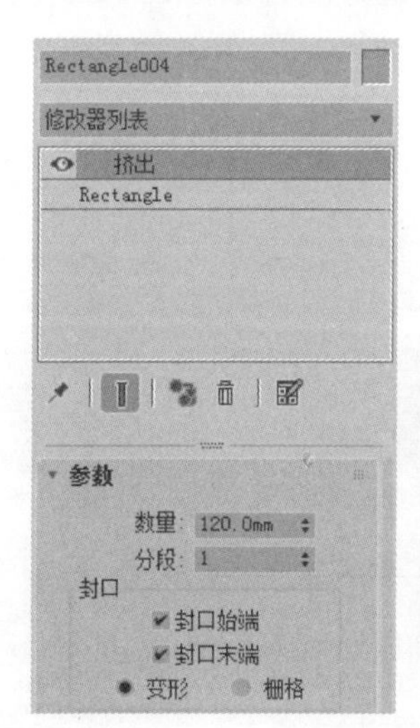

图 6-28　完成楼层底座

6.1.4　办公楼侧面墙体的创建

(1) 在"前视图"中，单击"形状创建"面板 中"线"按钮，在上部绘制的底座上，以 AutoCAD 高度为基准进行绘制，结果如图 6-29 所示。

(2) 在"修改"面板 的"修改器列表"下拉菜单中选择"挤出"命令拉伸二维线段，在其"参数"弹出菜单的"数量"文本框中输入数值 2400mm，在"顶视图"中复制绘制的图形并利用移动命令将其移动到底座的另一边，完成外轮廓的绘制，结果如图 6-30 所示。

(3) 在"左视图"中单击"形状创建"面板 中"线"按钮，根据"左视图"中的

AutoCAD线框绘制相对应的线，在“修改”面板的“修改器列表”下拉菜单中选择“挤出”命令拉伸二维线段，在其“参数”弹出菜单的“数量”文本框中输入数值11050mm，结果如图6-31所示。

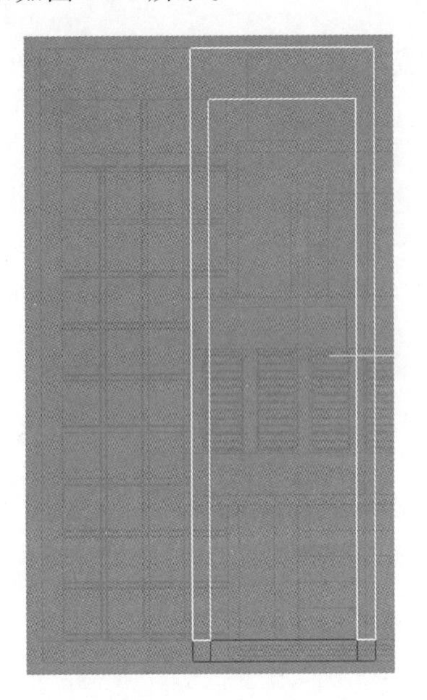

图 6-29　侧面墙体

图 6-30　外轮廓效果

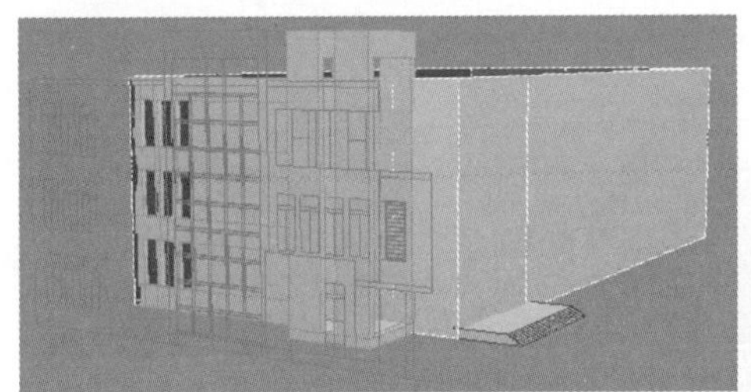

图 6-31　创建线并拉伸二维线段

（4）在“左视图”中，根据AutoCAD线框画出形状，在“顶视图”中单击“形状创建”面板中“矩形”按钮，创建一个3333mm×16670mm的矩形并在“修改”面板的“修改器列表”下拉菜单中选择“挤出”命令拉伸二维线段，在其“参数”弹出菜单的“数量”文本框中输入数值300.0mm，如图6-32所示。

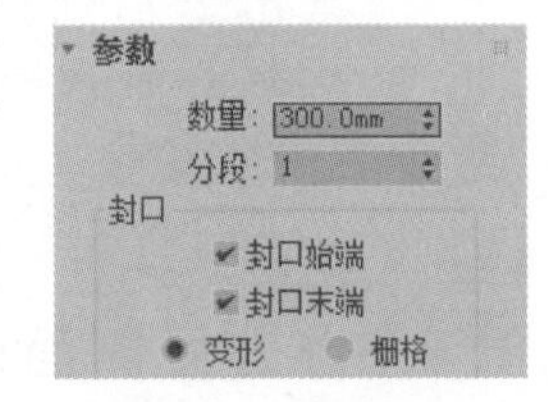

图 6-32　设置拉伸

（5）在“顶视图”中单击“形状创建”面板中“矩形”按钮，创建一个360mm×1450mm的矩形。在“修改”面板的“修改器列表”下拉菜单中选择“挤出”命令拉伸二维线段，在其“参数”弹出菜单的“数量”文本框中输入数值5400.0mm，结果如图6-33所示。

（6）在“左视图”中单击“形状创建”面板中“矩形”按钮，创建一个1200mm×2658mm的矩形，并在“修改”面板的“修改器列表”下拉菜单中选择“挤出”命令拉伸

二维线段，在其“参数”弹出菜单的“数量”文本框中输入数值 300.0mm，在工具栏移动按钮上单击右键，在弹出的“移动变换输入”对话框中右侧的“偏移：屏幕”复选框 Y 坐标值中输入 4200.0mm，结果如图 6-34 所示。

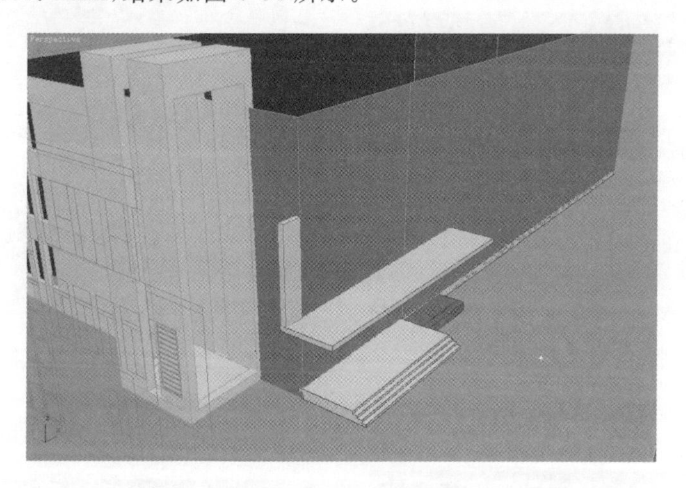

图 6-33　拉伸二维线段

(7) 在“前视图”中，单击“形状创建”面板 中“线”按钮，按照 AutoCAD 边缘绘制二维线，并在“修改”面板 的“修改器列表”下拉菜单中选择“挤出”命令拉伸二维线段，在其“参数”弹出菜单的“数量”文本框中输入数值 360mm，结果如图 6-35 所示。

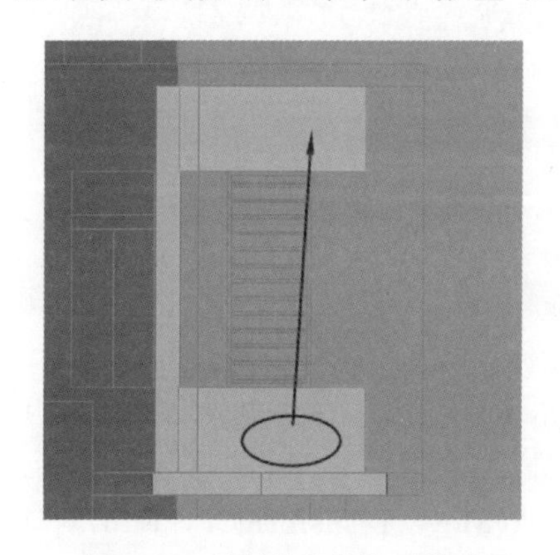

图 6-34　复制并上移墙面模型

图 6-35　拉伸二维线段

(8) 在“左视图”中，单击“形状创建”面板 中“矩形”按钮，创建一个 3000mm×400mm 的矩形，并在“修改”面板 的“修改器列表”下拉菜单中选择“挤出”命令拉伸二维线段，在其“参数”弹出菜单的“数量”文本框中输入数值 300mm，利用上述步骤复制一个矩形，并移动到右边与“前视图”中的墙体相交，结果如图 6-36 所示。

(9) 在“左视图”中，单击“形状创建”面板 中“矩形”按钮，创建墙体，并在“修改”面板 的“修改器列表”的下拉菜单中选择“挤出”命令拉伸二维线段，在其“参数”弹出菜单的“数量”文本框中输入数值 360mm，结果如图 6-37 所示。

(10) 在“顶视图”中，单击“形状创建”面板 中“线”按钮，沿着外墙体绘制二维

Note

线，并在“修改”面板的“修改器列表”下拉菜单中选择“挤出”命令拉伸二维线段，在其“参数”弹出菜单的“数量”文本框中输入数值 130mm，结果如图 6-38 所示。

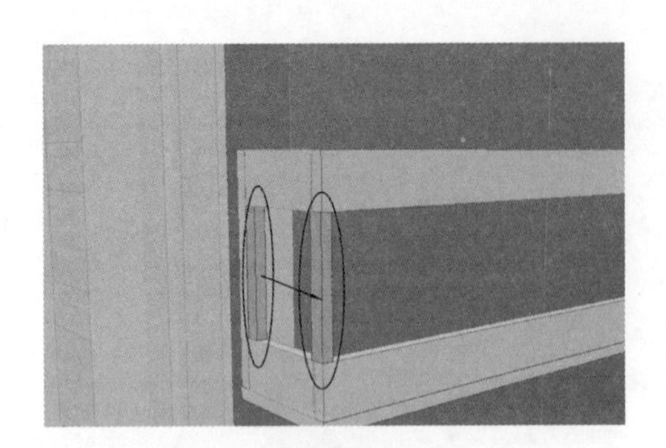

图 6-36　创建并复制外墙柱体结构

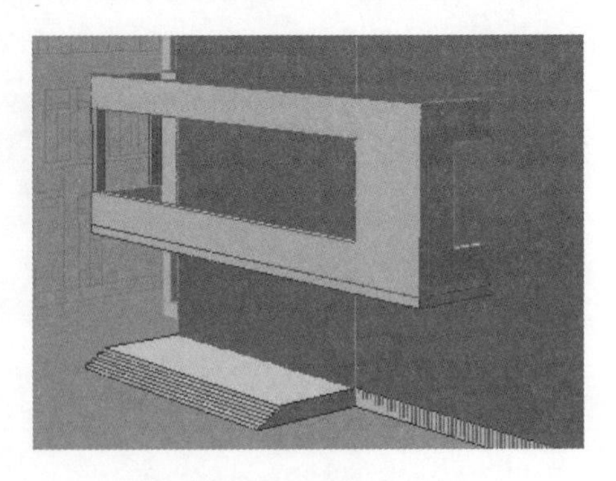

图 6-37　创建墙体

（11）在“左视图”中，复制底座，并用移动命令向上移动 4200mm，结果如图 6-39 所示。

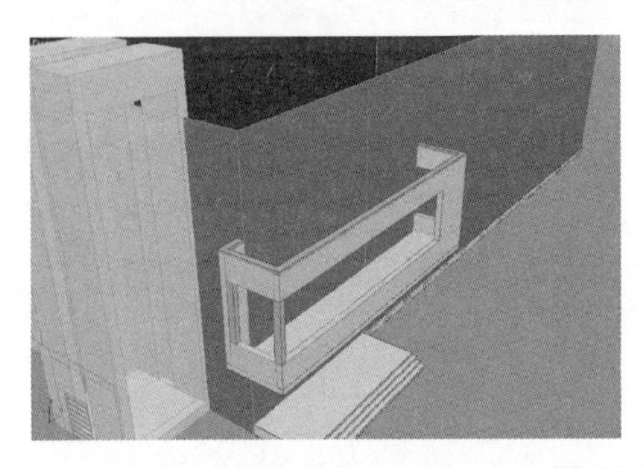

图 6-38　创建外墙体底座

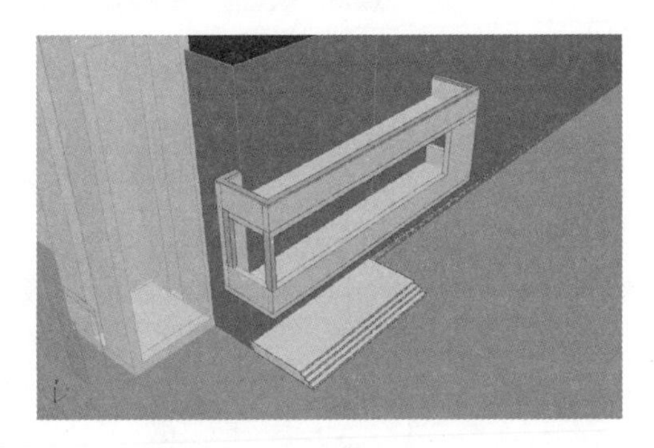

图 6-39　复制并上移底座

（12）在“前视图”中，选中墙体，在“修改”面板中单击“多边形”层级，展开“编辑几何体”卷展栏，单击“分离”命令将面分离，结果如图 6-40 所示。

（13）按键盘上的 Delete 键删除选择的面，单击 Poly 层级中的“边界”命令，按住 Shift 键同时利用鼠标在坐标轴上单击，在“左视图”中利用右键单击“选择并移动”(Select and Move)工具，在弹出的“移动变换输入”(Move Transform Type-In)对话框中右侧的“偏移：屏幕”复选框的 X 坐标值中输入数值 250mm，结果如图 6-41 所示。

图 6-40　分割门框与窗框

图 6-41　删除选择的面

(14) 在“修改”面板 中单击“多边形”层级，利用快捷键 Ctrl＋I 命令将墙体反选，展开“编辑几何体”卷展栏，单击“分离”命令将墙体分离，在弹出的“分离”对话框中单击“确定”按钮，完成对侧面的分离，结果如图 6-42 所示。

Note

(15) 在“左视图”中选择 AutoCAD 线框，在“修改”面板 的“可编辑多边形”层级中选择“多边形”，展开“编辑几何体”卷展栏，单击“切片平面”(Slice Plane)命令，将窗口分割出来，结果如图 6-43 所示。

图 6-42　分离墙体

图 6-43　分割出窗口

(16) 在“顶视图”中单击“形状创建”面板 中“矩形”按钮，创建一个 7000mm×5256mm 的矩形，单击鼠标右键在弹出的子列表中选择“转换为可编辑样条线”(Convert To Editable Poly)命令，在“可编辑样条线”层级中选择“样条线”编辑，展开“几何体”卷展栏，在“轮廓”文本框内输入数值 600，结果如图 6-44 所示。

(17) 在“顶视图”中，单击“形状创建”面板 中“线”按钮，从刚才绘制的底座上，以 AutoCAD 高度为准绘制二维线，结果如图 6-45 所示。

图 6-44　绘制底座

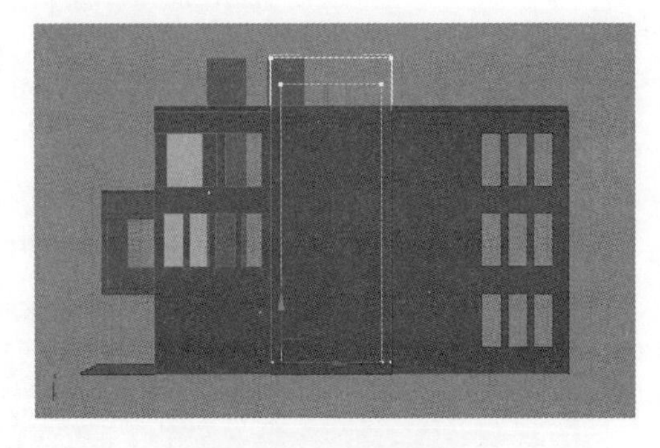

图 6-45　绘制二维线

(18) 在“修改”面板 的“修改器列表”下拉菜单中选择“挤出”命令拉伸二维线段，在其“参数”弹出菜单的“数量”文本框中输入数值 2400mm，在“顶视图”中复制图形并将其移动到底座的另一边，完成外轮廓的绘制，结果如图 6-46 所示。

(19) 单击“形状创建”面板 中“线”按钮，在墙体内侧绘制二维线，在“修改”面板 的“修改器列表”下拉菜单中选择“挤出”命令拉伸二维线段，在其“参数”弹出菜单的“数量”文本框中输入数值 5900mm，结果如图 6-47 所示。

Note

图 6-46　完成外轮廓

图 6-47　按墙体内侧绘制二维线

(20) 在“左视图”中，根据 AutoCAD 线框，单击“形状创建”面板中“线”(Line)按钮，绘制二维线，结果如图 6-48 所示。

(21) 在“修改”面板的“修改器列表”下拉菜单中选择“挤出”命令拉伸二维线段，在其“参数”弹出菜单的“数量”文本框中输入数值 240mm，结果如图 6-49 所示。

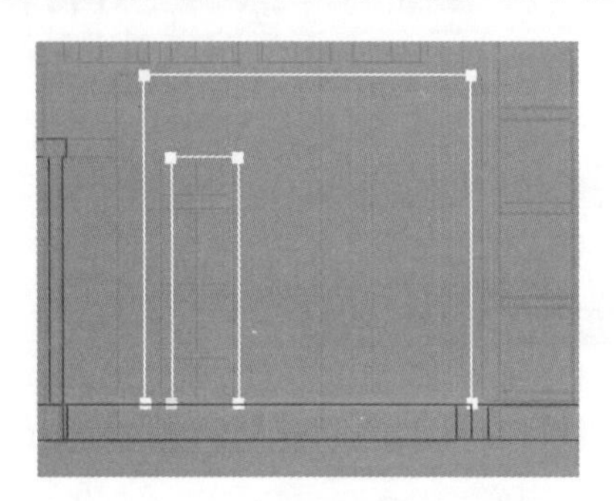

图 6-48　绘制二维线

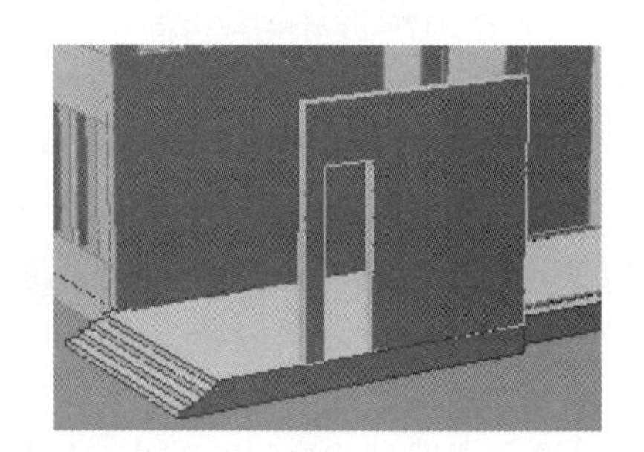

图 6-49　拉伸二维线段

(22) 按上述步骤，在“前视图”中，单击“形状创建”面板中“线”按钮，绘制二维线，结果如图 6-50 所示。

(23) 在“修改”面板的“修改器列表”下拉菜单中选择“挤出”命令拉伸二维线段，在其“参数”弹出菜单的“数量”文本框中输入数值 240mm，结果如图 6-51 所示。

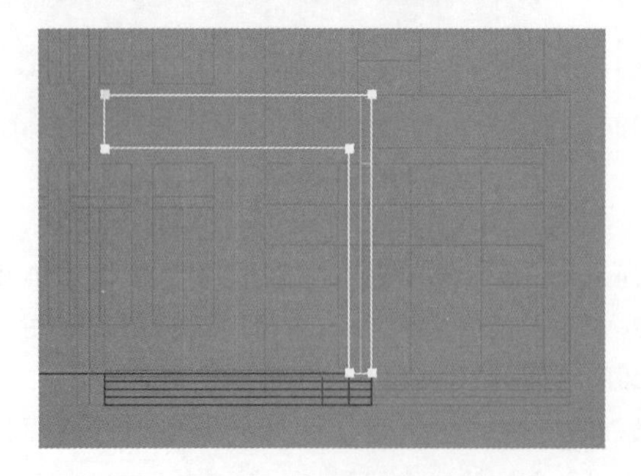

图 6-50　绘制二维线

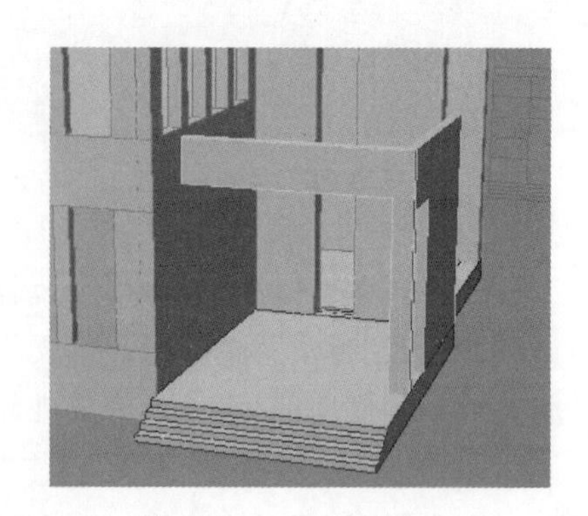

图 6-51　拉伸二维线段

6.1.5 办公楼门窗洞口的创建

(1) 在“顶视图”中单击“形状创建”面板 中“矩形”按钮,单击工具栏上的“捕捉开关”(Snap Toggle)按钮,在墙体内绘制矩形。在“修改”面板 的“修改器列表”下拉菜单中选择“挤出”命令拉伸二维线段,在其“参数”弹出菜单的“数量”文本框中输入数值 120mm,结果如图 6-52 所示。

(2) 在“顶视图”中单击“形状创建”面板 中“线”按钮,捕捉 AutoCAD 线框绘制地面与顶面的二维线,结果如图 6-53 所示。

图 6-52 拉伸二维线段

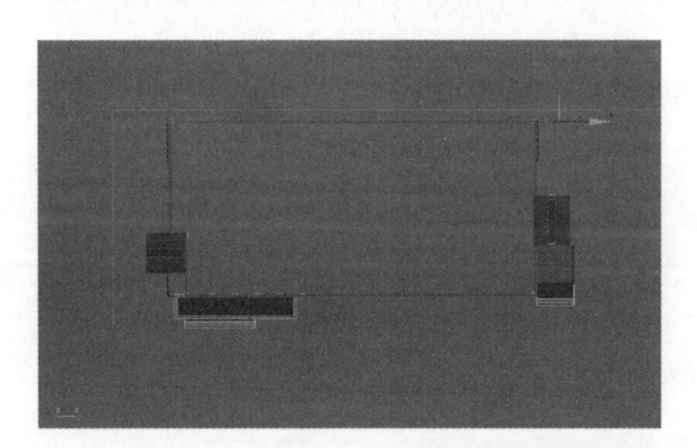

图 6-53 绘制地面与顶面的二维线

(3) 在“修改”面板 的“修改器列表”下拉菜单中选择“挤出”命令拉伸二维线段,在其“参数”弹出菜单的“数量”文本框中输入数值 120mm,结果如图 6-54 所示。

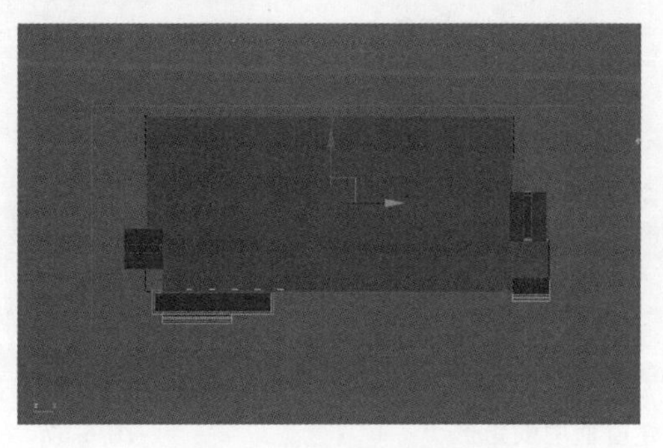

图 6-54 拉伸二维线段

Note

(4) 在“前视图”中，选择刚绘制的底面，用鼠标右键单击“选择并移动”工具，弹出“移动变换输入”(Move Transform Type-In)对话框，在“相对值：世界”(Offset：World)的“Y”轴中输入数值4500mm。重复上述操作创建楼层及楼顶，完成办公楼的基本墙体的创建，结果如图6-55所示。至此，室外模型的基本模型绘制完成。

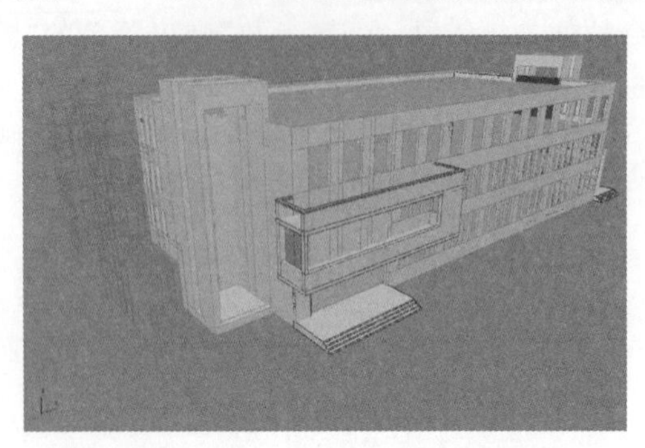

图6-55　室外模型的基本墙体模型

6.1.6　办公楼窗框及玻璃的创建

(1) 在“左视图”中，根据AutoCAD窗框的大小来制作窗户，单击“形状创建”面板中“矩形”按钮，利用捕捉命令依次将窗框中的矩形绘制出来，结果如图6-56所示。

(2) 选择绘制的矩形，单击鼠标右键在弹出的子列表中选择“转换成可编辑多边形”，在编辑多边形的“顶点”层级中进行顶点的编辑。展开“几何体”卷展栏，单击“附加”将线添加到一起。

在“修改”面板的“修改器列表”下拉菜单中选择“挤出”命令拉伸二维线段，在其“参数”弹出菜单的“数量”文本框中输入数值60mm，中间的二维矩形“挤出”数值为200mm。利用“捕捉”功能在窗框中间创建“矩形”，并利用“挤出”命令向外拉伸10，将绘制好的窗复制到其他窗框中，结果如图6-57所示。

图6-56　创建窗框中的矩形

图6-57　完成窗框

(3) 在“前视图”中，按上述方法绘制右侧的支柱，如图 6-58 所示。

(4) 在“顶视图”中单击“形状创建”面板 + 中“线”按钮，利用捕捉命令依次将支柱边缘绘制出来，结果如图 6-59 所示。

Note

图 6-58　绘制右侧的支柱

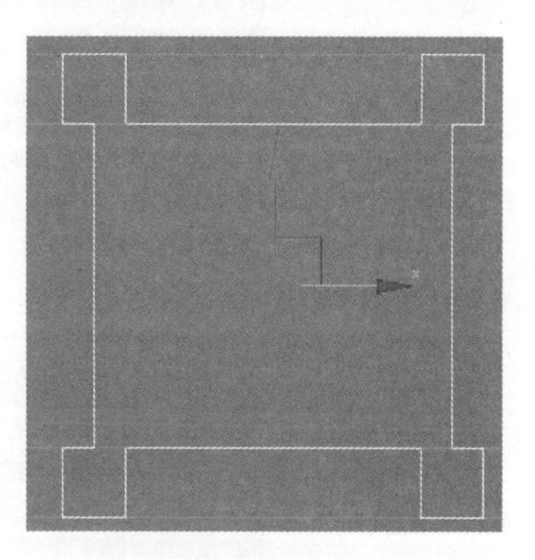

图 6-59　绘制支柱边缘

(5) 在“修改”面板 的“修改器列表”下拉菜单中选择“挤出”命令拉伸二维线段，在其“参数”弹出菜单的“数量”文本框中输入数值 15600mm，按 AutoCAD 位置复制支柱并调节高度，两侧的高度数值为 13700mm，利用旋转工具将支柱旋转 90°并调节长度为 4400，并向上复制，结果如图 6-60 所示。

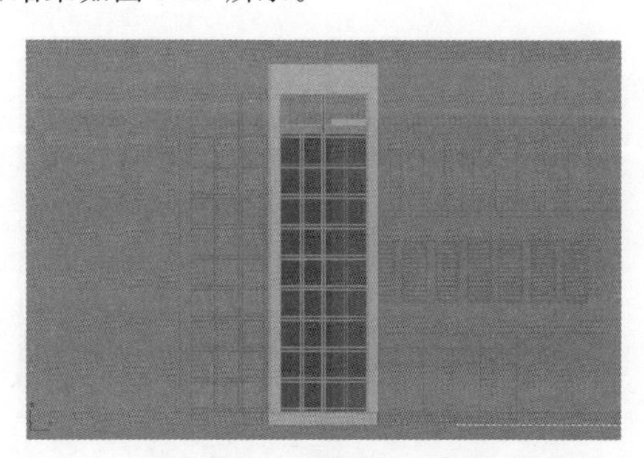

图 6-60　拉伸并复制支柱

(6) 单击“形状创建”面板 + 中“矩形”按钮，利用捕捉命令在支柱前绘制玻璃，复制整体支柱及玻璃到另一侧，结果如图 6-61 所示。

(7) 在“左视图”中选择底座上的层板，将其进行复制并通过移动命令向上移动 4500mm，单击“形状创建”面板 + 中的“矩形”按钮，按上述方法绘制长方形窗框。在“修改”面板 的“修改器列表”下拉菜单中选择“挤出”命令拉伸二维线段，在其“参数”弹出菜单的“数量”文本框中输入数值 50mm，结果如图 6-62 所示。

(8) 在“前视图”中，利用快捷键 Alt＋Q 将前视图中的墙体及 AutoCAD 进行独立编辑，结果如图 6-63 所示。

Note

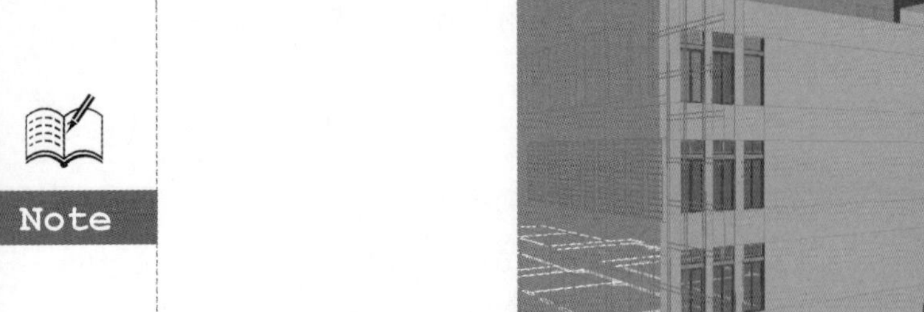

图 6-61　绘制玻璃

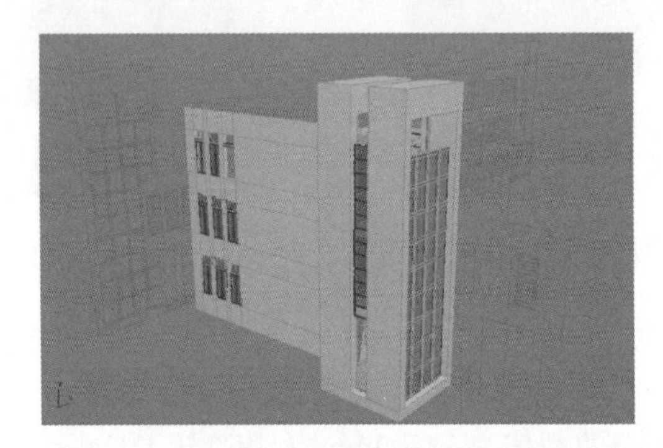

图 6-62　绘制长方形窗框

图 6-63　独立编辑命令

(9) 因为办公楼中大部分窗户规格是一样的，所以只需要绘制一个标准窗型，然后对其进行移动复制即可。单击“形状创建”面板 中的“矩形”按钮，参照 AutoCAD 线框绘制窗框，在“修改”面板 的“修改器列表”下拉菜单中选择“挤出”命令拉伸二维线段，在其“参数”弹出菜单的“数量”文本框中输入数值 50mm，结果如图 6-64 所示。

(10) 剩余窗户的绘制方法与侧面中绘制的方法相同，先绘制一个标准窗，将绘制好的窗户依次复制并移动到相应的窗口中，结果如图 6-65 所示。

(11) 在“前视图”中，单击“形状创建”面板 中“长方体”按钮，利用捕捉命令绘制和门一样大小的“长方体”，厚度为 40mm，结果如图 6-66 所示。“长方体”的长和宽的分段数值分别设置为 12mm 和 14mm，如图 6-67 所示。

Note

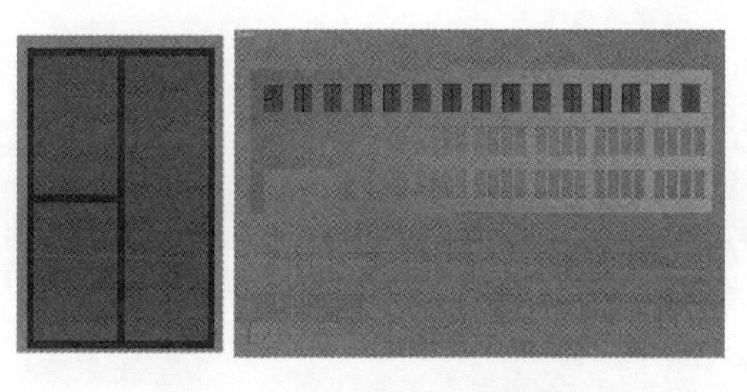

图 6-64　创建绘制一个标准窗型

图 6-65　复制并移动到相应的窗口

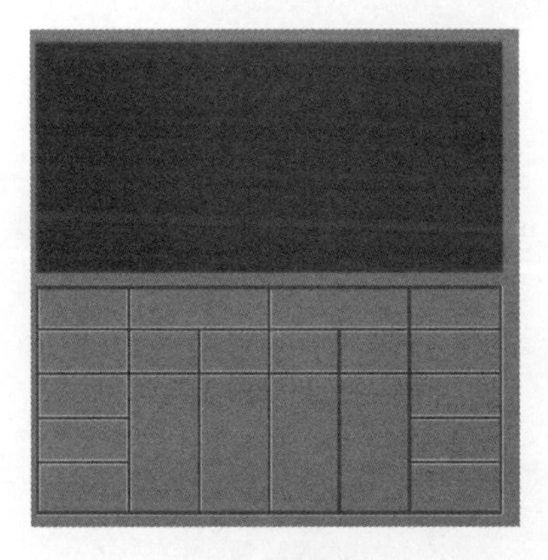

图 6-66　捕捉门

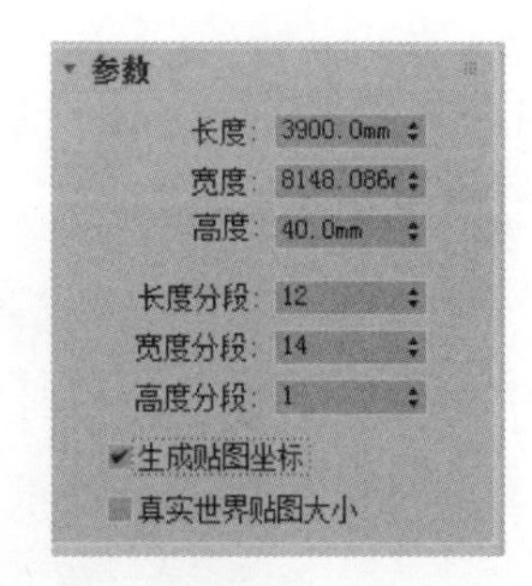

图 6-67　长方体参数设置

(12) 选择上面绘制的长方体，单击鼠标右键在弹出的子列表中选择“转换成可编辑多边形”，在编辑多边形的“多边形”层级中按照 AutoCAD 的线框对多边形进行编辑，回到“修改”面板中，在“多边形”层级中单击“多边形”命令，将多余的部分删除，结果如图 6-68 所示。

(13) 将编辑好的模型移动到门框里，完成前视图中所有门与窗的编辑。

(14) 在“顶视图”中单击“形状创建”面板中“圆柱体”按钮，在门口处创建圆柱，如图 6-69 所示。

(15) 在“前视图”中，单击“形状创建”面板中“长方体”按钮，利用捕捉命令绘制出和门一样大小的“长方体”，厚度为 40mm、长度片段为 10mm、宽度片段为 10mm，结

Note

果如图 6-70 所示。

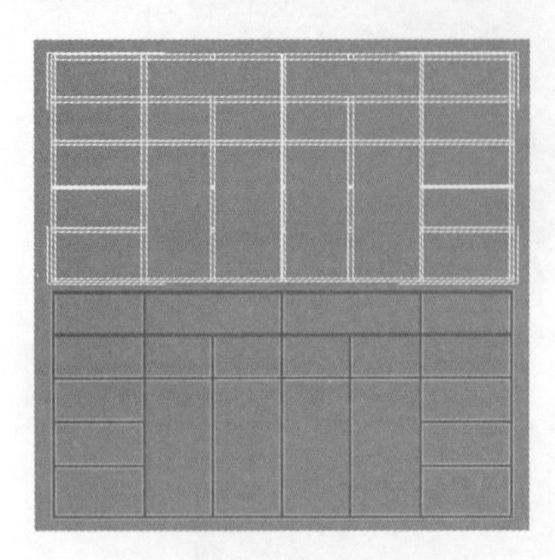

图 6-68　删除多余部分

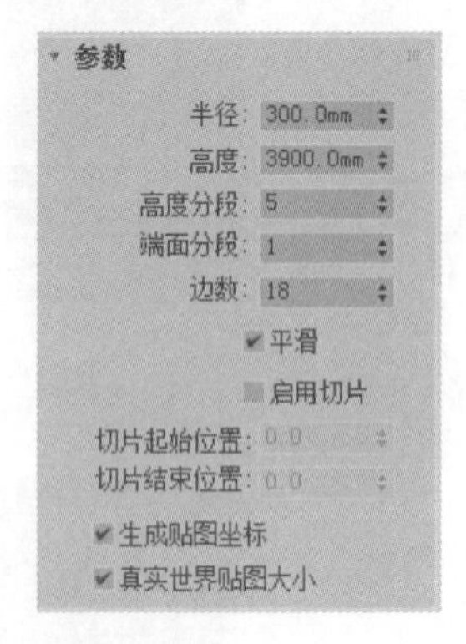

图 6-69　圆柱参数

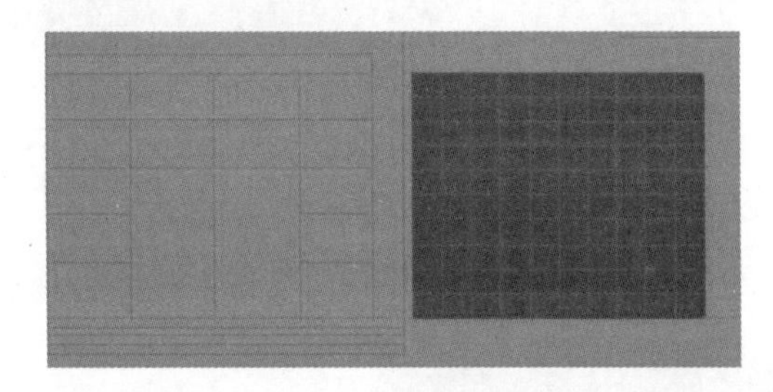

图 6-70　捕捉长方体

(16) 按上述方法将“长方体”转换为“多边形”，在“多边形”层级中，在编辑多边形的“顶点”层级中进行顶点的编辑，按照 AutoCAD 的线框对“多边形”进行编辑，将多余的部分删除，结果如图 6-71 所示。

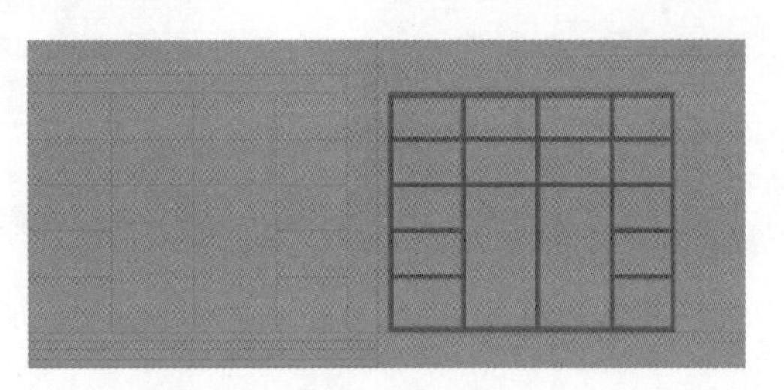

图 6-71　多边形层级编辑

(17) 单击形状创建面板中的“矩形”按钮，在“修改”面板的“修改器列表”下拉菜单中选择“挤出”命令拉伸二维线段，在其“参数”弹出菜单的“数量”文本框中输入数值 2640mm，结果如图 6-72 所示。

(18) 在“左视图”中，利用捕捉命令绘制小门，单击“形状创建”面板中的“矩形”按钮，绘制门框线，在“修改”面板的“修改器列表”下拉菜单中选择“挤出”命令拉伸二维线段，在其“参数”弹出菜单的“数量”文本框中输入数值 50mm，结果如图 6-73 所示。

图 6-72　拉伸二维线段

图 6-73　绘制小门

Note

(19) 在“左视图”中，选中底座上的楼层，利用“选择并移动”工具，按住 Shift 键，向上移动 4400，沿 Y 轴向上复制 3 个，结果如图 6-74 所示。

(20) 按照绘制左侧的支柱方法绘制右侧的支柱，也可直接将其复制过来，单击旋转按钮或是通过快捷键 E 将其选中，结果如图 6-75 所示。

图 6-74　复制楼层

图 6-75　绘制右侧的支柱

(21) 将左侧绘制的窗户复制并移动到右侧，结果如图 6-76 所示。

图 6-76　绘制右侧窗户

Note

6.1.7 绘制办公楼的顶面

（1）在"顶视图"中，单击"形状创建"面板 中的"线"按钮，利用捕捉命令按墙体内侧绘制顶面，结果如图 6-77 所示。

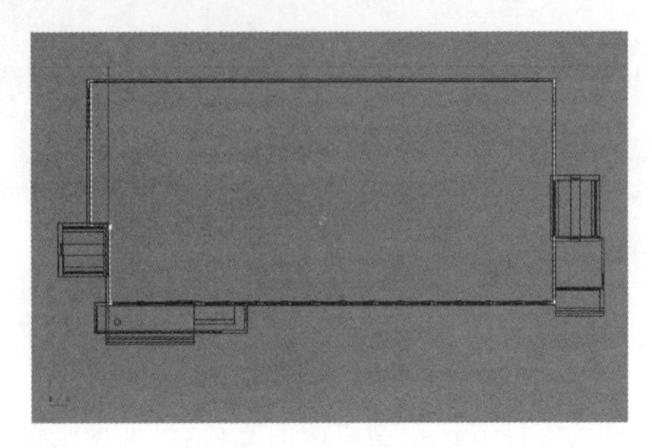

图 6-77 绘制顶面二维线

（2）在"修改"面板 的"修改器列表"下拉菜单中选择"挤出"命令拉伸二维线段，在其"参数"弹出菜单的"数量"文本框中输入数值 120mm，结果如图 6-78 所示。

图 6-78 拉伸顶面

（3）利用复制命令将顶面向上复制，单击右键在弹出的子列表中选择"转换成可编辑多边形"，在编辑多边形的"顶点"层级中进行顶点的编辑，展开"几何体"卷展栏，在"轮廓"后面的数值内输入 350mm，如图 6-79 所示。

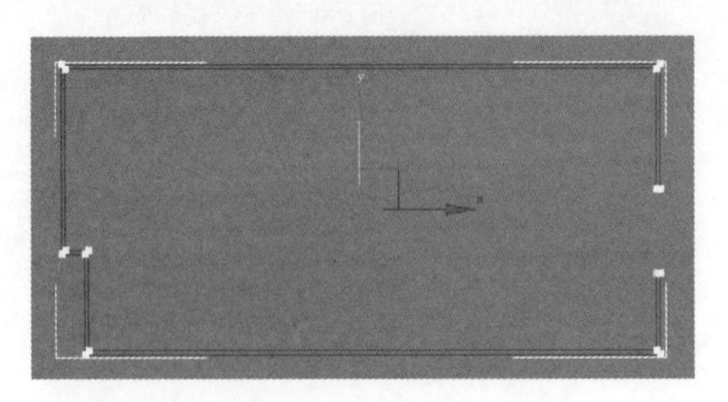

图 6-79 偏移轮廓线

(4) 在“修改”面板 的“修改器列表”下拉菜单中选择“挤出”命令拉伸二维线段，在其“参数”弹出菜单的“数量”文本框中输入数值 300mm，结果如图 6-80 所示。

图 6-80　完成楼顶的绘制

(5) 完成所有模型的绘制，在四视图工具界面观看模型，单击视图区中的按钮 或通过快捷键 Alt＋W 恢复四视图，结果如图 6-81 所示。

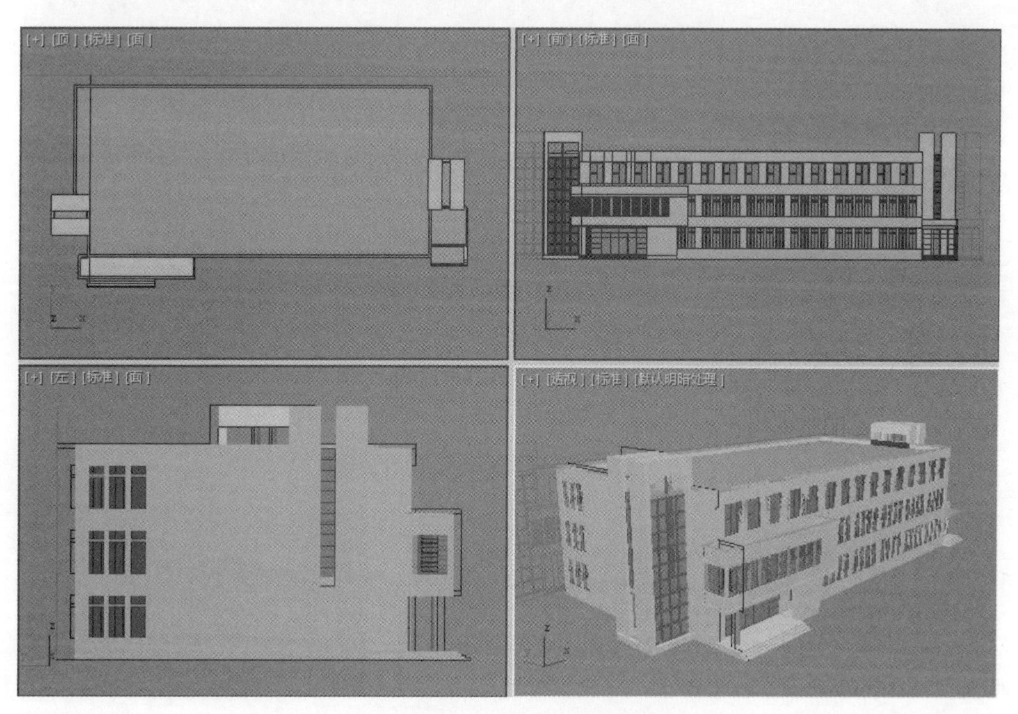

图 6-81　完成室外模型

(6) 选择视图中所有的平面图和立面图，按下 Delete 键进行删除。

注意：

完成办公楼的基本模型的创建，创建模型是最基本的步骤之一。创建方法有两三种形式，在以后的实践过程中只要多多练习，就可以快速而有效地建立模型。

Note

6.1.8　办公楼摄影机的创建

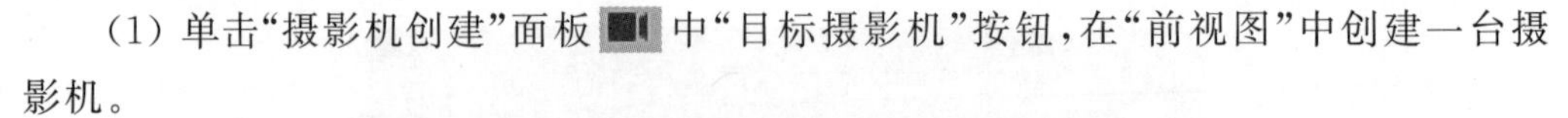

（1）单击“摄影机创建”面板中“目标摄影机”按钮，在“前视图”中创建一台摄影机。

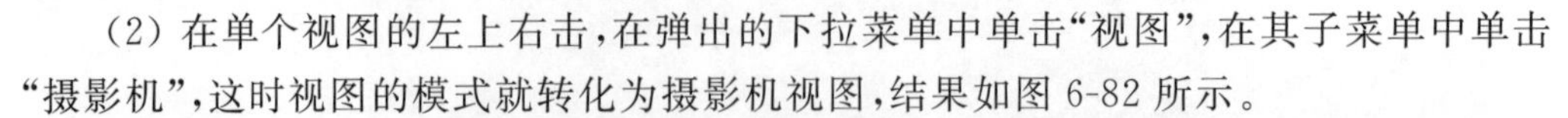

（2）在单个视图的左上右击，在弹出的下拉菜单中单击“视图”，在其子菜单中单击“摄影机”，这时视图的模式就转化为摄影机视图，结果如图6-82所示。

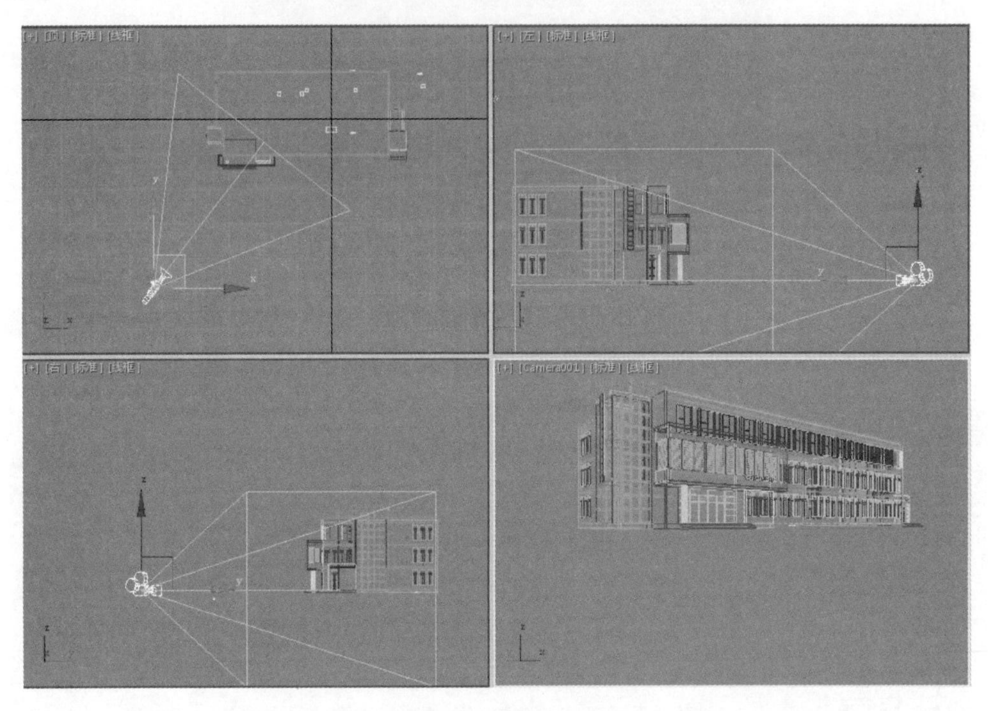

图6-82　摄影机视图

6.2　办公楼材质的赋予

6.2.1　办公楼墙面材质的创建

（1）单击工具栏按钮或按下快捷键M，打开“材质编辑器”窗口，如图6-83所示。

（2）在材质球上单击鼠标右键，在弹出的子菜单中选择“6×4示例窗”，材质球将以6×4显示，如图6-84所示。

（3）在材质样本窗口中选中一个空白材质球，重命名为“墙体”，单击“漫反射颜色”(Diffuse Color)后面的“无贴图”按钮，打开“材质/贴图浏览器”对话框，如图6-85所示，从中选择“位图”单击，会弹出“选择位图图像文件”(Select Bitmap Image File)面板，打开下载的源文件中的“斧剁石/墙”贴图。然后，在弹出的选择框中双击打开该贴图。

（4）选择模型中的墙体部分，将材质赋予墙体，完成墙体材质的制作。

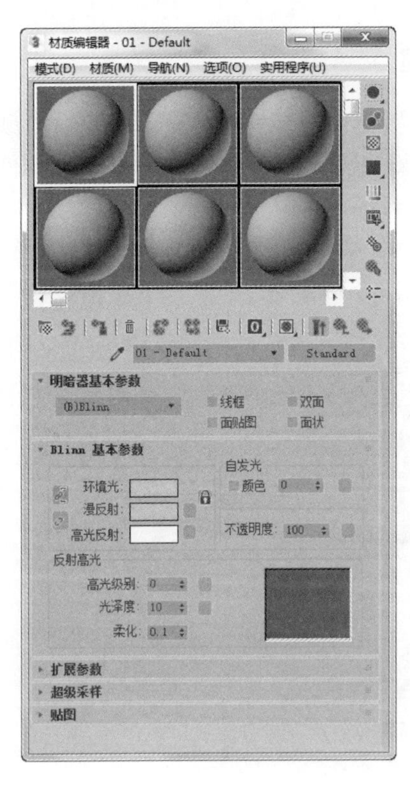

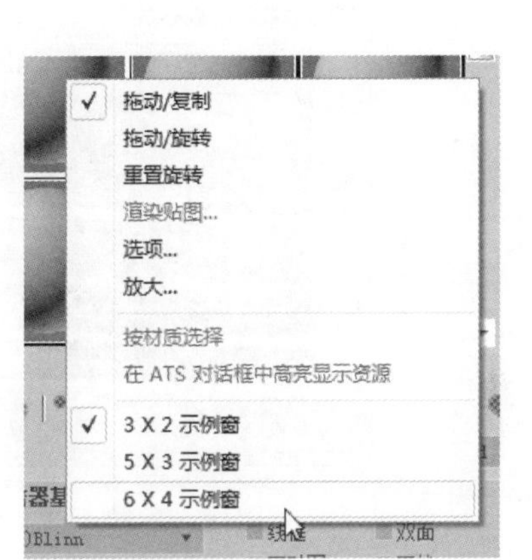

图 6-83　“材质编辑器”窗口

图 6-84　选择材质球

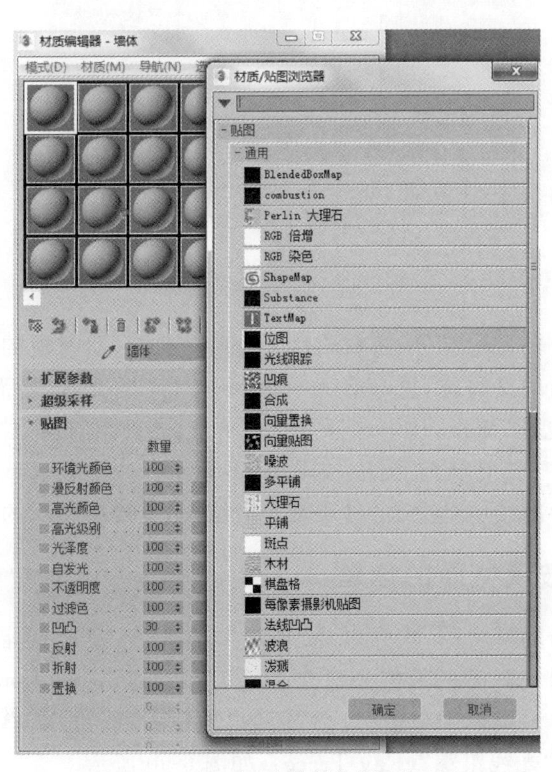

图 6-85　“材质/贴图浏览器”对话框

Note

6.2.2 办公楼台阶及楼层材质的创建

(1) 选择一个新的材质球,重命名为"台阶",单击"环境光"(Ambient)后的颜色选择器,在弹出的环境光控制器中调节红、绿、蓝的数值分别为205、213、222,如图6-86所示。

(2) 在"Blinn基本参数"卷展栏中"高光级别"中设置数值,输入10,在"光泽度"中输入数值23,"柔化"参数保持默认值为0.1,如图6-87所示。

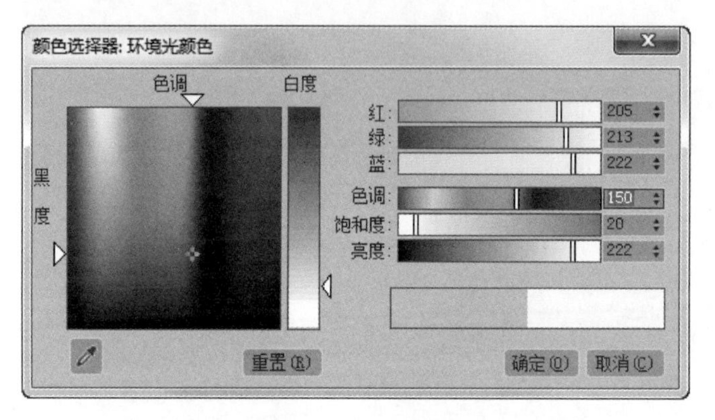

图6-86 选择颜色

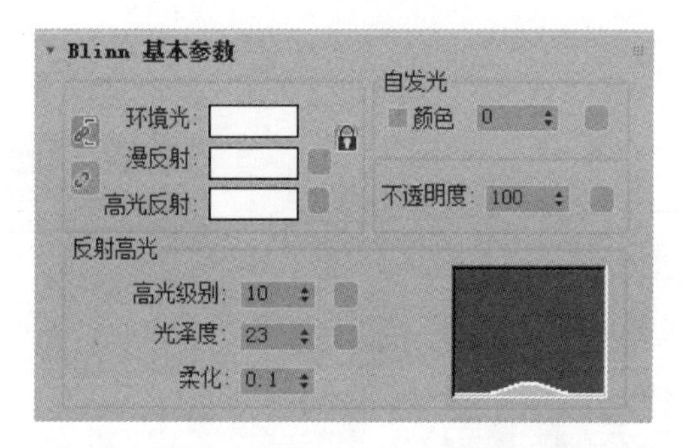

图6-87 基本参数卷展栏

(3) 选择模型中的台阶部分,将材质赋予台阶,完成台阶材质的制作。

(4) 选择一个新的材质球,重命名为"楼层",单击"漫反射"后面的"无贴图"按钮,打开"材质/贴图浏览器"面板,从中选择"位图"单击,会弹出"选择位图图像文件"面板,打开下载的源文件中的"混凝土"图片,如图6-88所示。

(5) 选择模型中的楼层部分,将材质赋予楼层,完成楼层材质的制作。

6.2.3 办公楼玻璃材质的创建

(1) 选择一个新的材质球,重命名为"玻璃",单击"环境光"后面的颜色,在弹出的颜色对话框中调节红、绿、蓝的数值分别为82、86、89,如图6-89所示。

(2) 在"贴图"弹出菜单中单击"反射"后的"无贴图"按钮,在弹出的"材质/贴图浏览器"对话框中选择"光线跟踪"(Ray Trace),如图6-90所示。

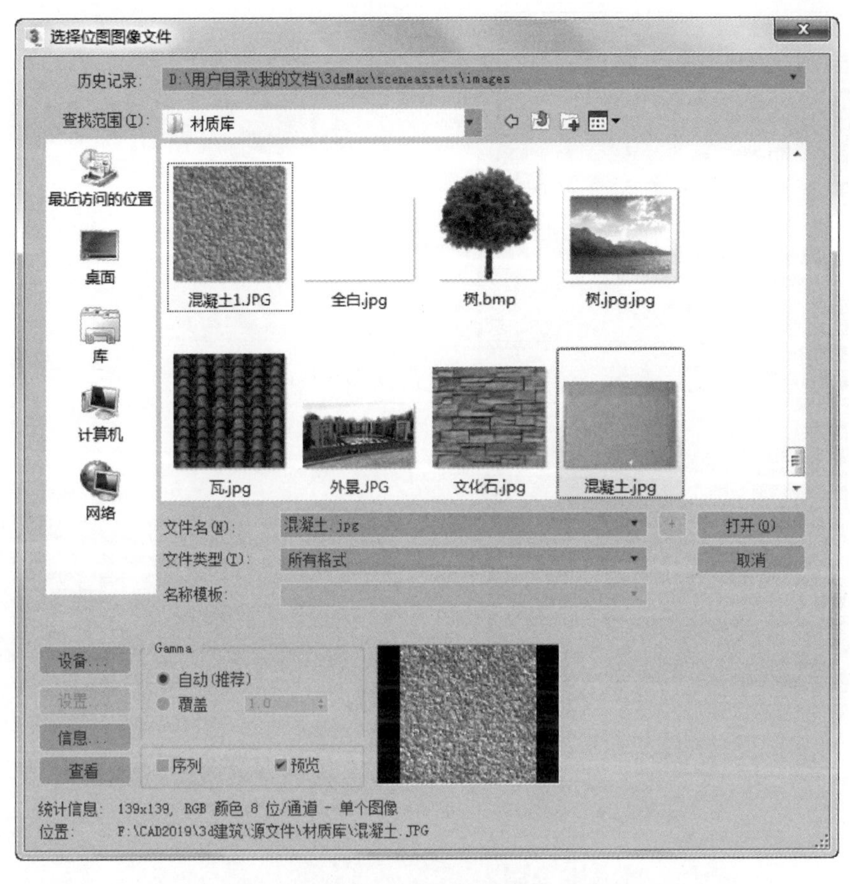

图 6-88　添加贴图路径

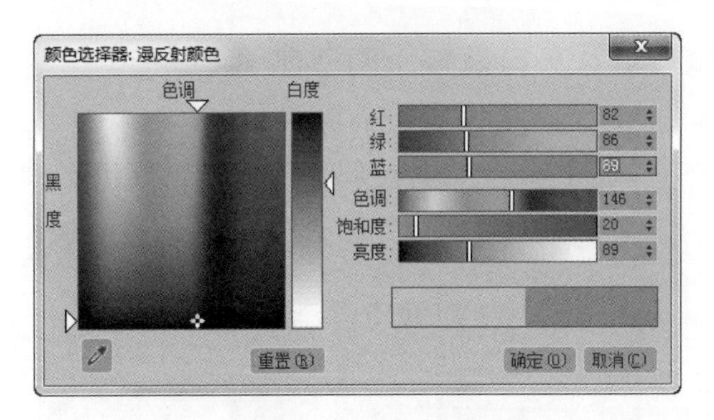

图 6-89　选择颜色

(3) 在"光线跟踪器参数"(Raytrace Parameters)面板中将"光线跟踪大气"(Raytrace Atmospherics)、"启用自反射/折射"(Enable Self Reflect/Refract)、"反射/折射材质 ID"(Reflect/Refract Material IDs)的复选框取消选中,如图 6-91 所示。

(4) 选择窗户,单击"将材质指定给选定对象"图标 ,将材质赋予物体,完成办公楼玻璃材质的制作。

Note

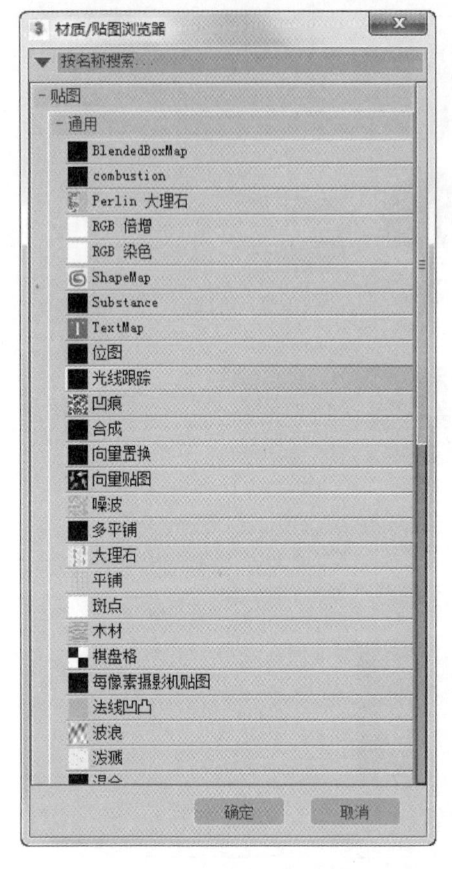

图 6-90 “材质/贴图浏览器”对话框

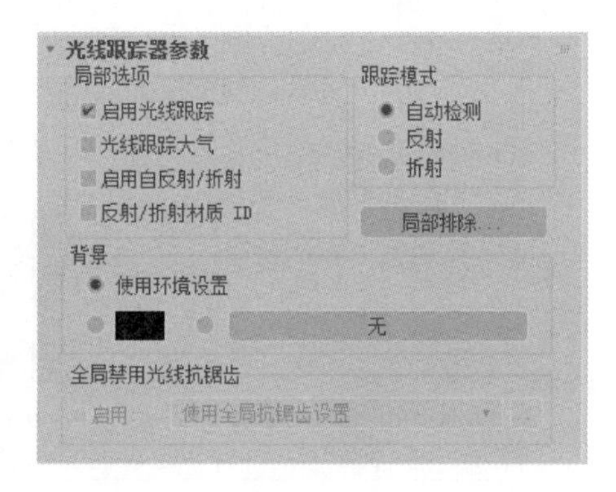

图 6-91 “光线跟踪器参数”面板

6.2.4 办公楼砖墙及灰白条材质的创建

(1) 选择一个新的材质球，重命名为“砖墙”，单击“环境光”后面的颜色选择器，在弹出的颜色对话框中调节红、绿、蓝的数值分别为 99、99、99，如图 6-92 所示。

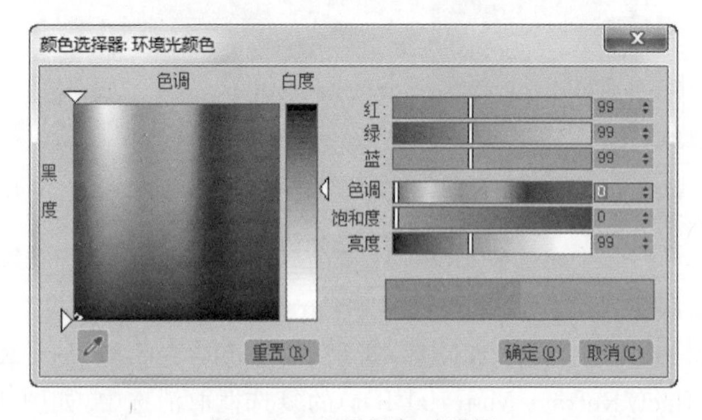

图 6-92 选择颜色对话框

(2) 在“Blinn 基本参数”卷展栏中对高光数值进行设置，在“高光级别”中输入数值 10，在“光泽度”中输入数值 23，“柔化”保持 0.1 为默认值，如图 6-93 所示。

（3）在“贴图”中单击“漫反射颜色”后的“无贴图”按钮，在弹出的“材质/贴图浏览器”中选择“平铺”(Tiles)。

（4）单击“反射”后面的“无贴图”按钮，在弹出的“材质/贴图浏览器”中选择“光线跟踪”，在“光线跟踪”参数面板中将“光线跟踪大气”、“启用自反射/折射”、“反射/折射材质 ID”的复选框取消，在参数设置中输入 9，如图 6-94 所示。

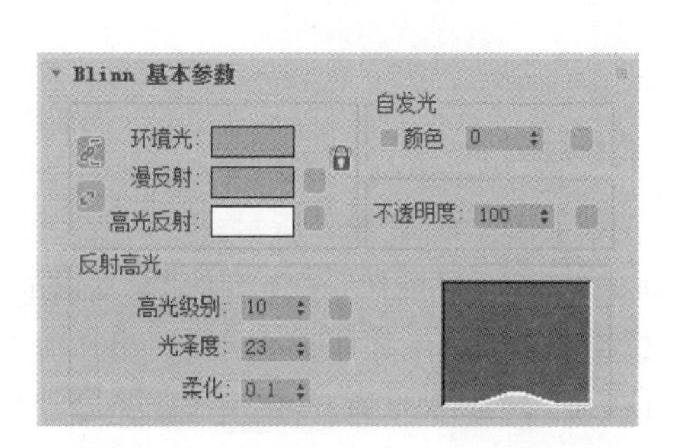

图 6-93 “Blinn 基本参数”卷展栏

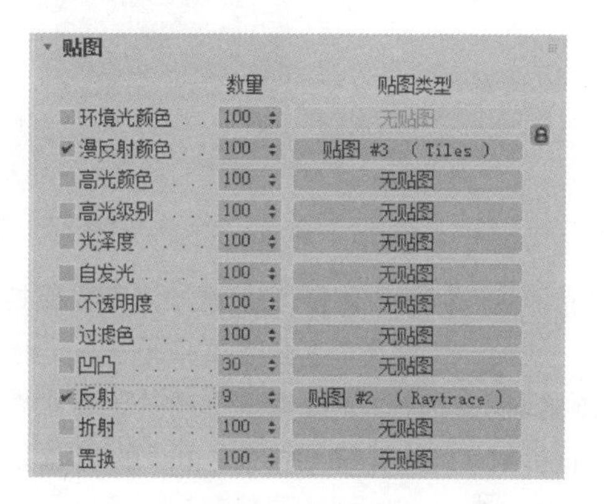

图 6-94 添加贴图

（5）选择办公楼砖墙部分，单击图标，将材质赋予物体，完成办公楼砖墙材质的制作。

（6）选择一个新的材质球，重命名为“灰白条”，单击“环境光”后面的颜色选择器，在弹出的颜色对话框中调节红、绿、蓝的数值分别为 209、209、206，如图 6-95 所示。

（7）在基本参数卷展栏中调节高光数值，在“高光级别”中输入数值 10，在“光泽度”中输入数值 23，“柔化”保持 0.1 为默认值，如图 6-96 所示。

（8）选择灰白条，单击图标，将材质赋予物体，完成办公楼灰白条材质的制作。

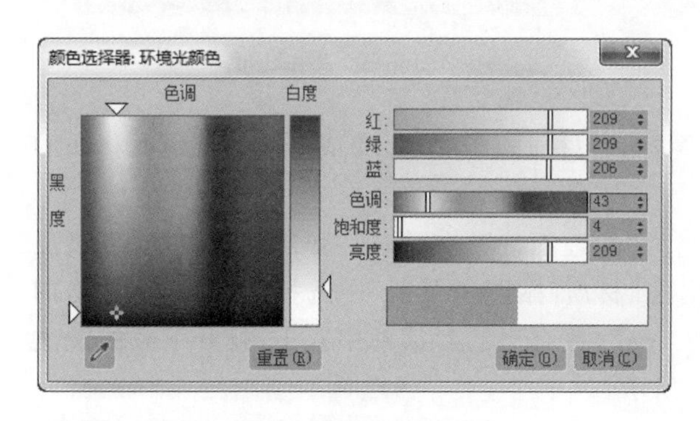

图 6-95 选择颜色对话框

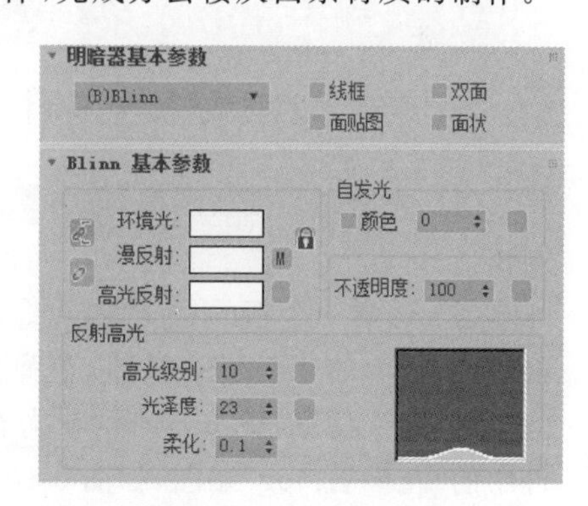

图 6-96 基本参数卷展栏

6.2.5 办公楼玻璃框及大理石柱材质的设置

（1）选择一个新的材质球，重命名为“玻璃框”，单击“环境光”后面的颜色选择器，在弹出的颜色对话框中调节红、绿、蓝的数值分别为 91、94、96，如图 6-97 所示。

（2）在“Blinn 基本参数”卷展栏中调节高光数值，在“高光级别”中输入数值 153，在

Note

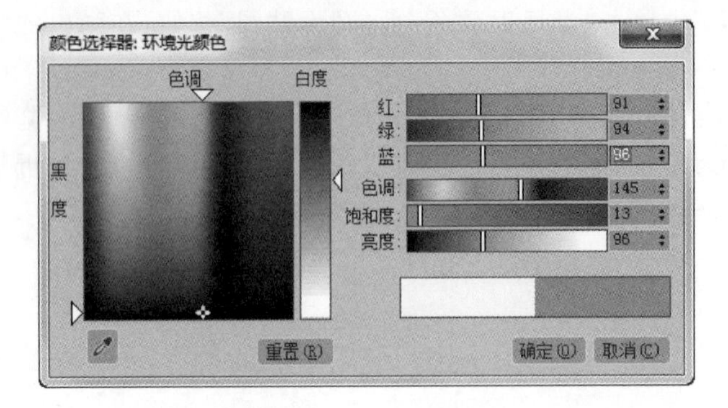

图 6-97 选择颜色对话框

“光泽度”中输入数值 53，“柔化”参数保持 0.1 为默认值，如图 6-98 所示。

(3) 在“贴图”弹出菜单中单击“反射”后面的“无贴图”按钮，在弹出的“材质/贴图浏览器”中选择“光线跟踪”，在“光线跟踪参数”面板中将“光线跟踪大气”、“启用自反射/折射”、“反射/折射材质 ID”的复选框取消选中，在参数设置中输入 15，如图 6-99 所示。

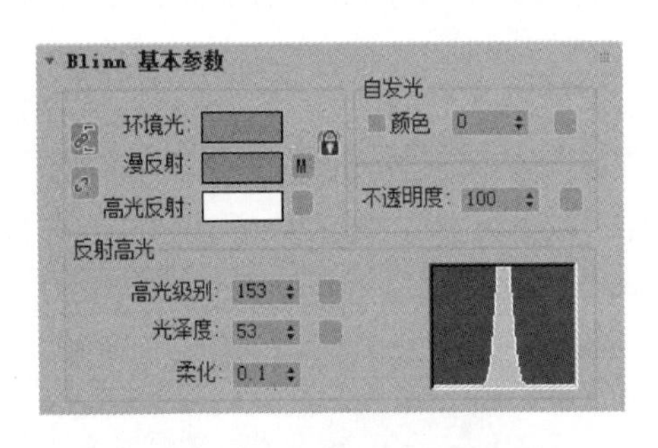

图 6-98 “Blinn 基本参数”卷展栏

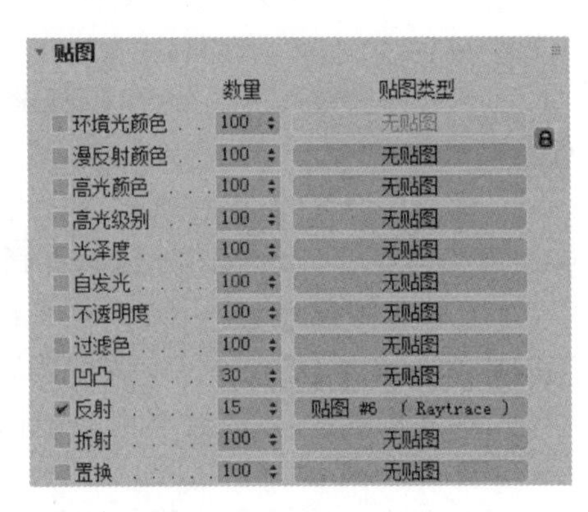

图 6-99 “贴图”面板

(4) 选择办公楼玻璃框，单击 图标，将材质赋予物体，完成办公楼玻璃框材质的制作。

(5) 选择一个新的材质球，重命名为“大理石柱”，在“贴图”弹出菜单中单击“漫反射颜色”后面的“无贴图”按钮，在弹出的“材质/贴图浏览器”中选择“位图”，在弹出的“选择位图文件”面板中，选择“花岗石.jpg”，在弹出的对话框中双击，打开下载的源文件中的“花岗石.jpg”贴图，如图 6-100 所示。

(6) 在“贴图”弹出菜单中单击“反射”后的“无贴图”按钮，在弹出的“材质/贴图浏览器”中选择“光线跟踪”，在“光线跟踪参数”面板中将“光线跟踪大气”、“启用自反射/折射”、“反射/折射材质 ID”的复选框取消选中，在参数设置中输入 15，如图 6-101 所示。

(7) 在“Blinn 基本参数”卷展栏中调节高光数值，在“高光级别”中输入数值 160，在“光泽度”中输入数值 85，“柔化”参数保持 0.1 为默认值，如图 6-102 所示。

Note

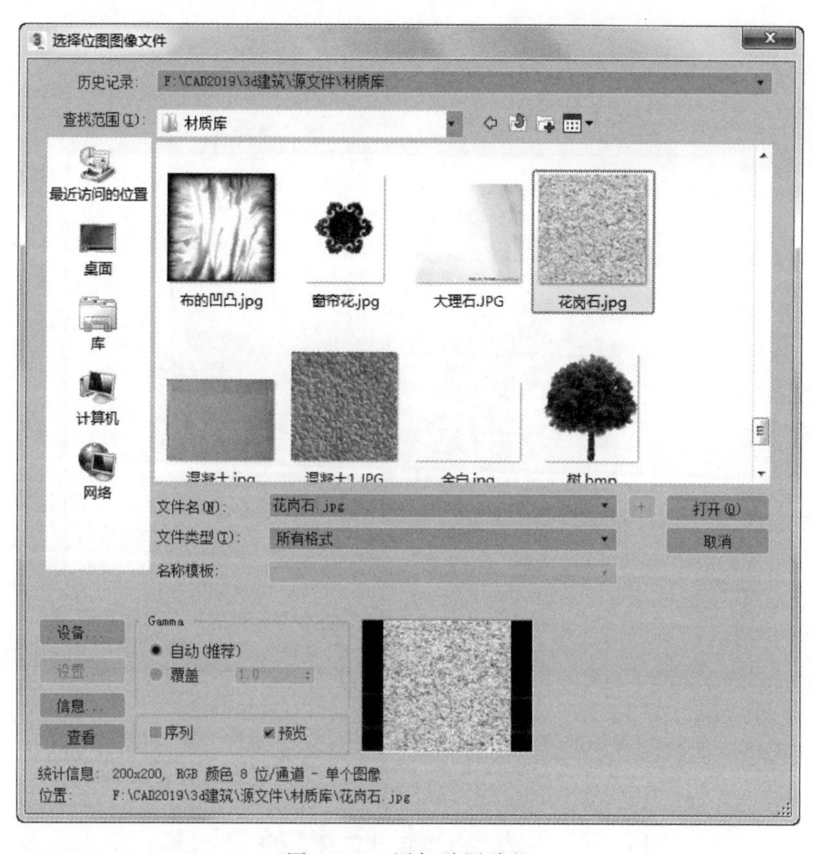

图 6-100 添加贴图路径

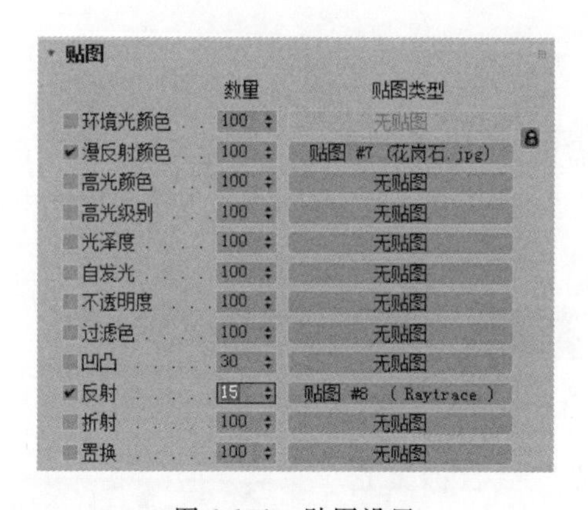

图 6-101 贴图设置

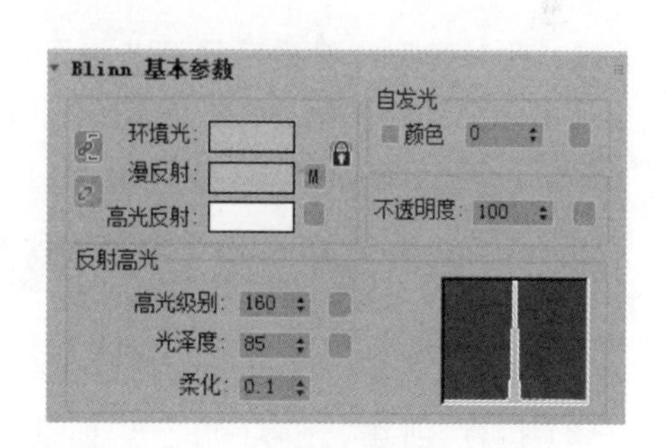

图 6-102 “Blinn 基本参数”卷展栏

(8) 设置完模型贴图后,在相应的贴图材质编辑面板中按下■显示贴图图标,观察材质贴图在视图中的贴图纹理效果是否正确。

(9) 至此,所有的模型都已经指定了材质。激活摄影机视图,按下快捷键 F9 进行快速渲染,结果如图 6-103 所示。

(10) 从渲染效果看来,整张图像显得比较灰暗,这是因为没有设置灯光的原因,下面为场景添加灯光,继续观察效果。

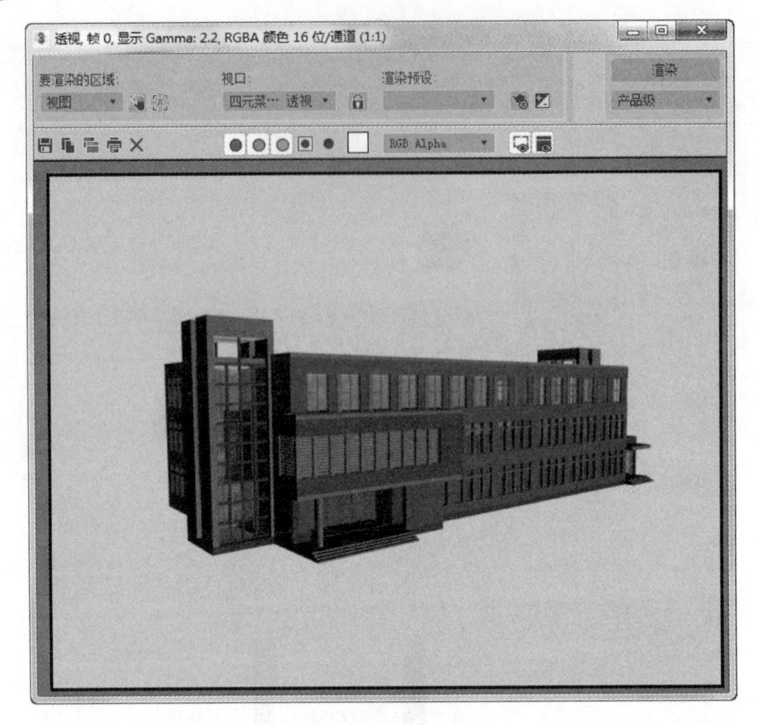

图 6-103　渲染效果

6.3　办公楼灯光的创建

6.3.1　办公楼主光源的创建

(1) 此时模型及材质已经调节好了，不需要再对场景中的物体进行编辑了，为了避免选到不需要选择的物体，在工具栏的“选择过滤器”(Selection Filter)下拉列表框中选择“灯光”(Lights)，如图 6-104 所示。

图 6-104　物体类型面板

(2) 执行“创建”→“灯光”→“标准灯光”→“目标聚光灯”(Create→Lights→Standard Lights→Target Spotlight)命令，如图 6-105 所示。

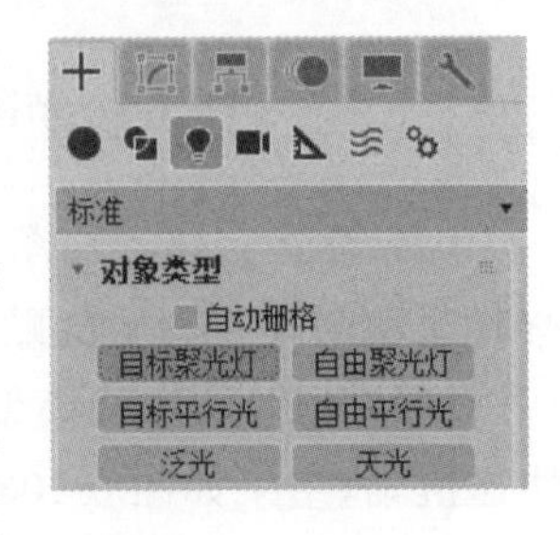

图 6-105　标准灯光

(3) 在“左视图”中，建立一盏“目标聚光灯”(Target Spot)，位置调整如图 6-106 所示。

(4) 在“修改”面板中设置目标聚光灯的各项参数，具体设置如图 6-107 所示。“倍增”(Multiplier)中输入数值 0.25，单击后面的颜色选择器，在弹出的倍增器颜色面板中

调节红、绿、蓝的数值分别为 211、219、234，如图 6-108 所示。

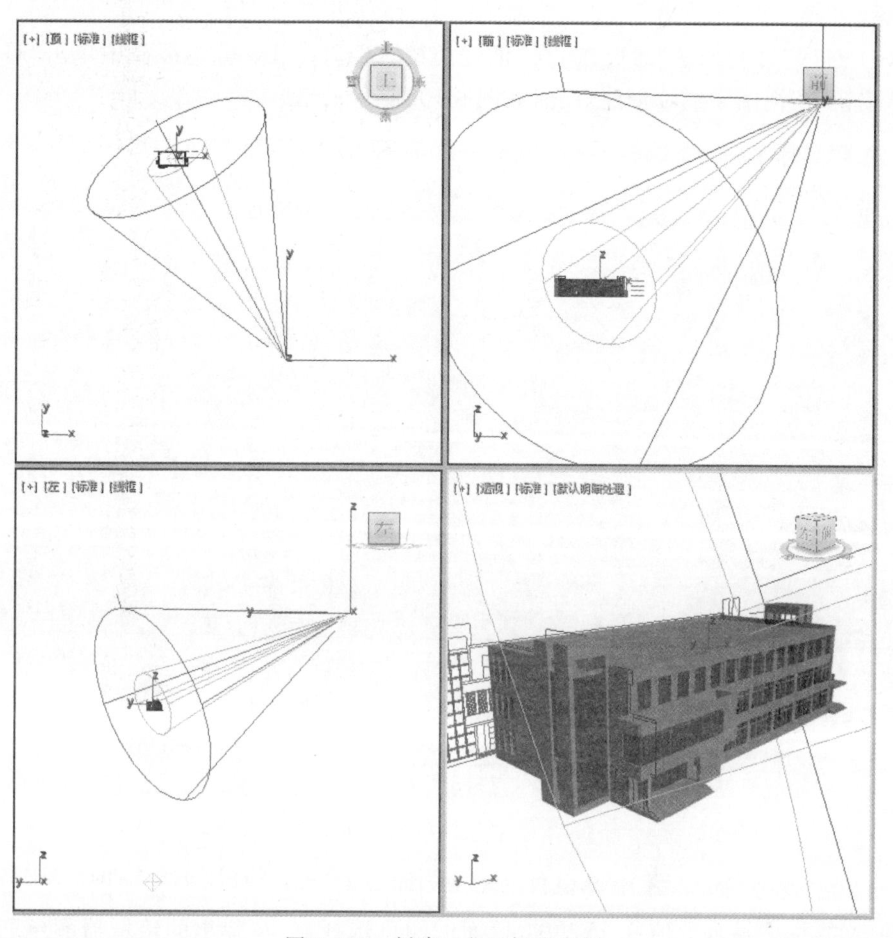

图 6-106　创建一盏目标聚光灯

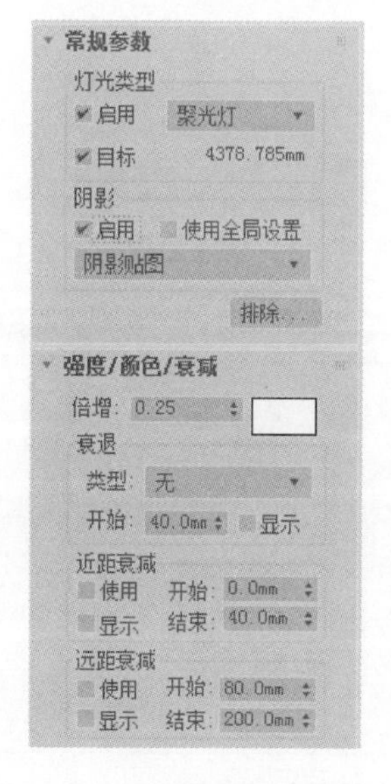

图 6-107　目标聚光灯各项参数

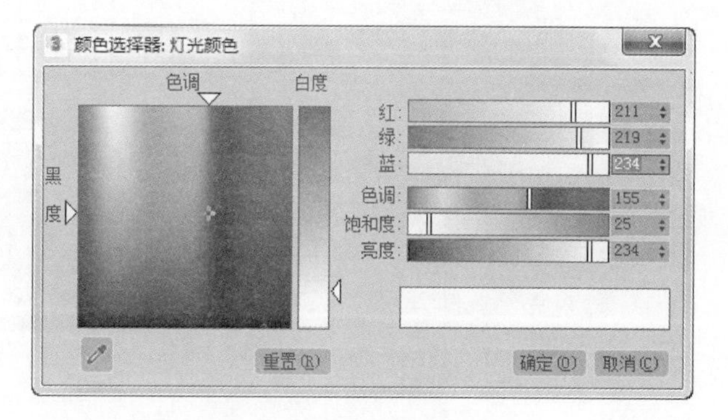

图 6-108　选择颜色对话框

Note

(5) 通过渲染观察图形,这时图形比较灰暗,为了达到最佳的灯光效果还要创建几盏光源。

(6) 进入"灯光创建"面板,在"创建类型"(Create Type)卷展栏中单击"目标聚光灯"按钮,在视图中继续创建灯光,如图 6-109 所示。

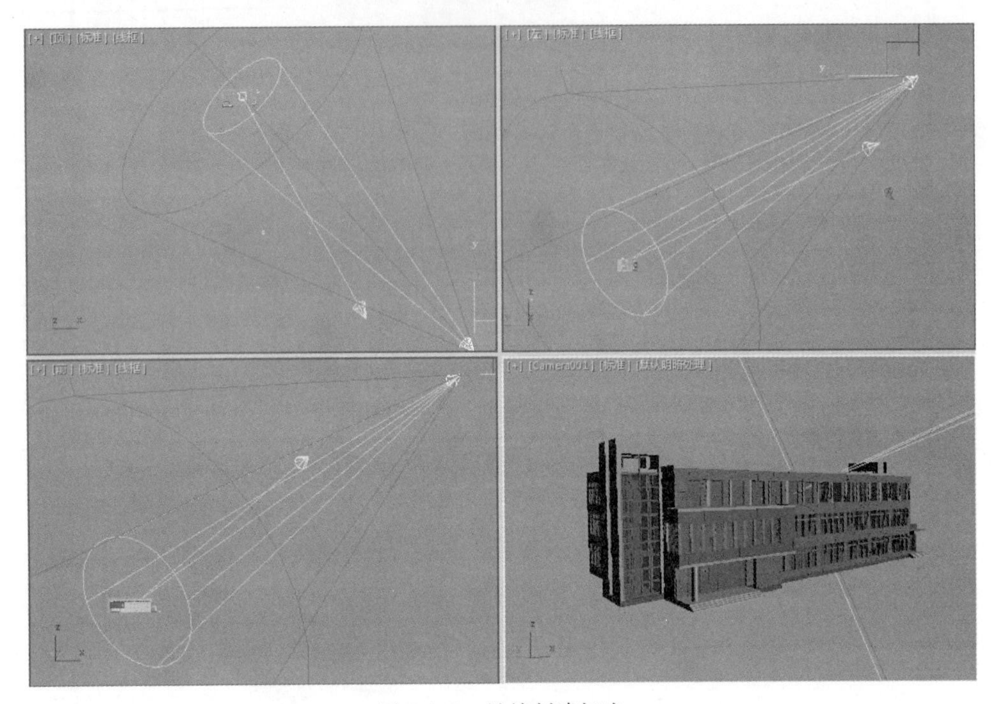

图 6-109 继续创建灯光

(7) 在"修改"面板中设置目标聚光灯的各项参数,具体设置如图 6-110 所示。"倍增"文本框中输入数值 0.25,单击后面的颜色选择器,在弹出的倍增器颜色面板中调节红、绿、蓝的数值分别为 254、245、230,如图 6-111 所示。

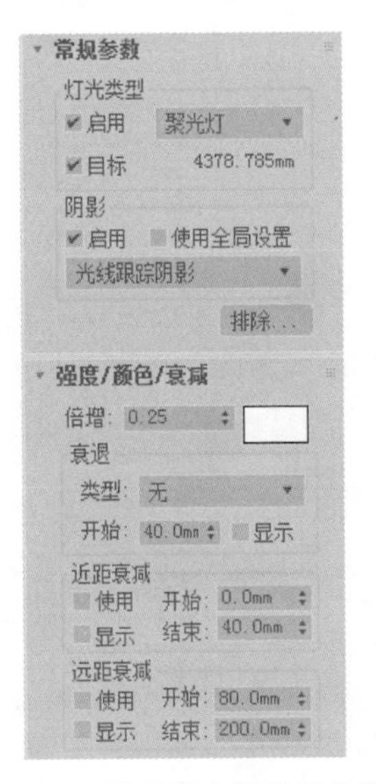

图 6-110 目标聚光灯各项参数 1

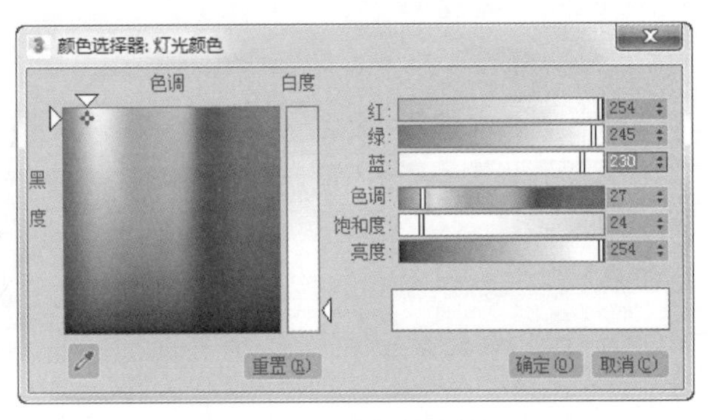

图 6-111 选择颜色对话框 1

(8) 按 F9 键快速渲染,观察效果图效果,复制灯光,来增加效果图中的明暗关系,如图 6-112 所示。

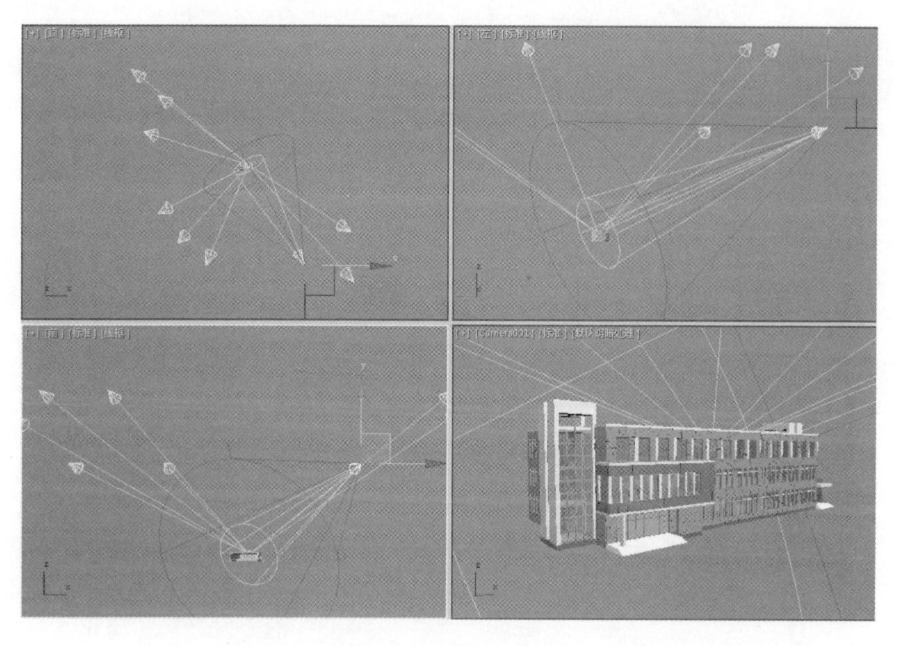

图 6-112　复制灯光

6.3.2　办公楼辅光源的创建

(1) 在视图中调整灯光的位置,并增加一盏泛光灯,进入"灯光创建"面板,在"创建类型"卷展栏中单击"泛光"(Omni)按钮,如图 6-113 所示。

(2) 在"修改"面板中设置泛光灯的各项参数,具体设置如图 6-114 所示。"倍增"文本框中输入数值 0.25,单击后面的颜色选择器,在弹出的倍增器颜色面板中调节红、绿、蓝的数值分别为 211、219、234,如图 6-115 所示。

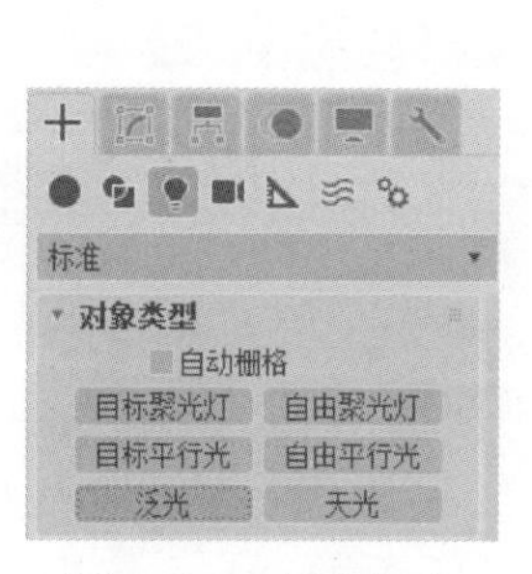

图 6-113　标准灯光

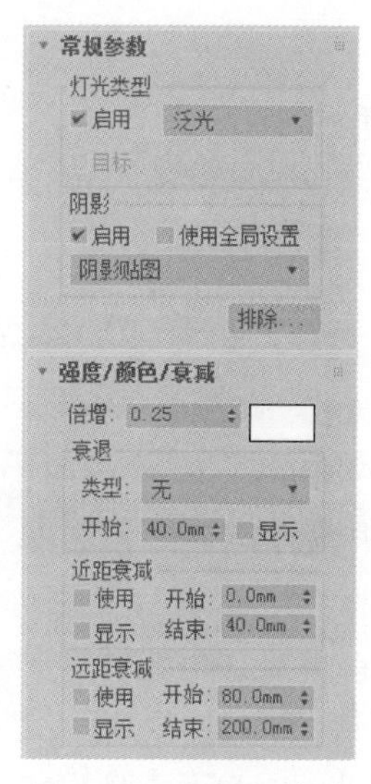

图 6-114　泛光灯参数

Note

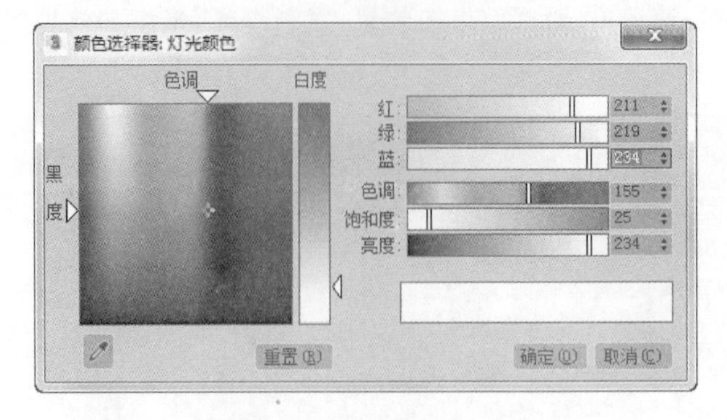

图 6-115　选择颜色对话框

(3) 按 F9 键快速渲染，单击渲染图片的“保存图像”按钮，把图片保存为文件名为“室外模型”的 jpg 文件，结果如图 6-116 所示。

图 6-116　渲染效果图

注意：

在渲染时仔细调节摄影机位置，这也是以后处理的重点之一，好的视角关系也是一幅好效果图的关键所在。

6.4　办公楼的光能传递渲染

(1) 选择“渲染”下拉菜单中的“渲染设置”命令，单击“高级照明”(Advanced Lighting)选项卡，如图 6-117 所示。

(2) 在“选择高级照明”(Select Advanced Lighting)下拉菜单中选择“光能传递”(Radiosity)，这时渲染面板将转换成光能传递渲染面板，如图 6-118 所示。

(3) 在“光能传递处理参数”卷展栏中将“优化迭代次数(所有对象)”(Refine Iterations(All Objects))文本框内输入 30，如图 6-119 所示。

Note

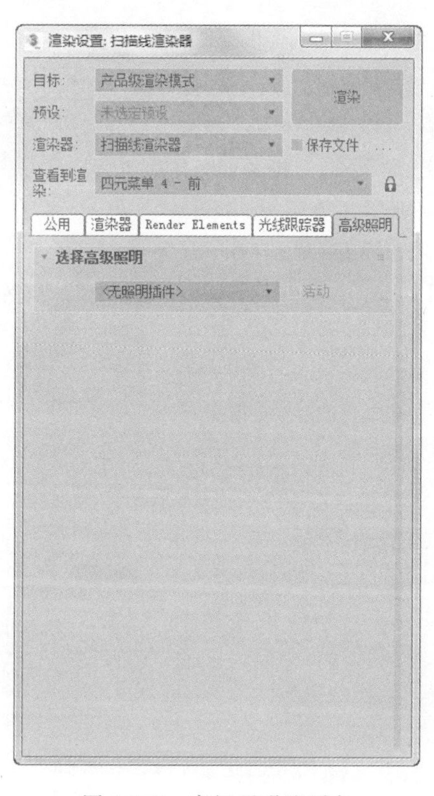

图 6-117　高级照明选项卡

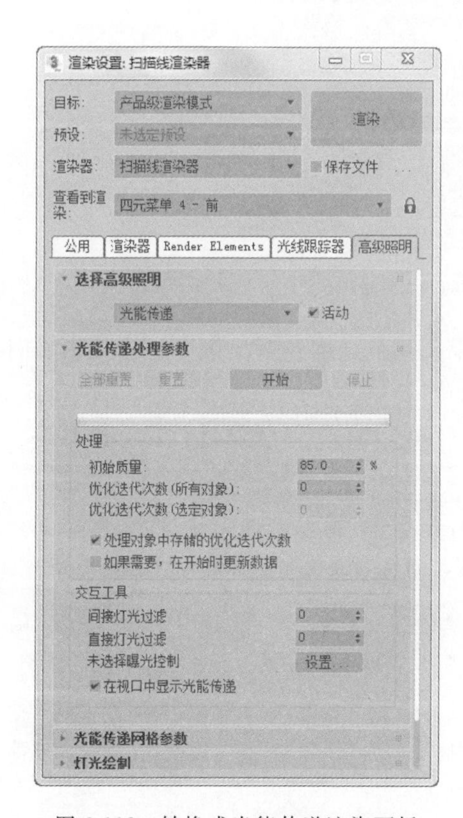

图 6-118　转换成光能传递渲染面板

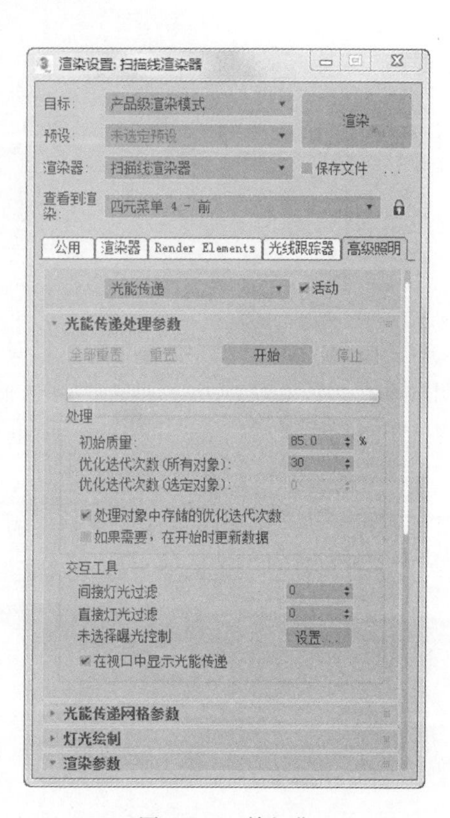

图 6-119　精细化

Note

(4) 单击"交互工具"(Interactive Tools)中的"设置"按钮,如图 6-120 所示。

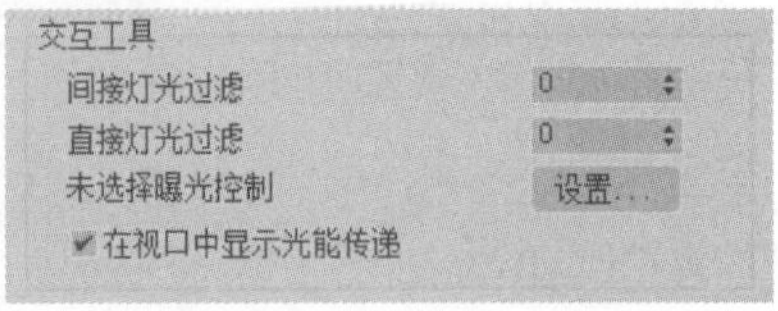

(5) 在弹出的"环境和效果"(Enviroment and Effects)窗口中为用户提供了 4 种不同的曝光形式,如图 6-121 所示。

图 6-120　交互工具

(6) 在"曝光控制"(Exposure Control)面板中选择"对数曝光控制"(Loganithmic Exposure Control),如图 6-122 所示。

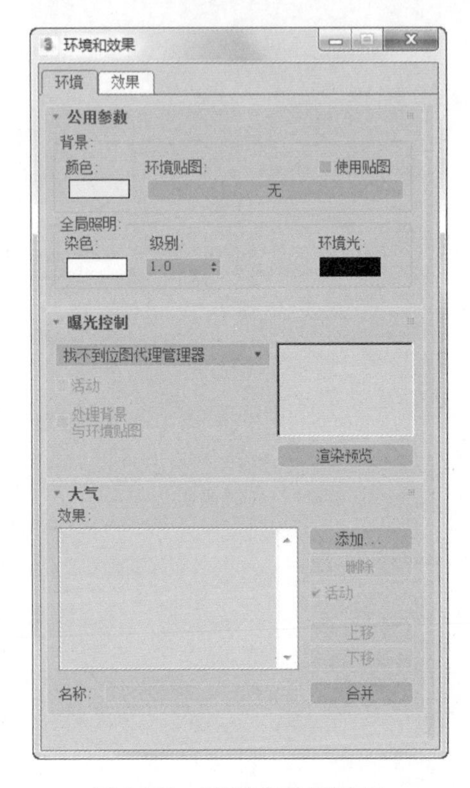

图 6-121　"环境和效果"窗口

(7) 在"对数曝光控制"参数中可以对效果图调节亮度及对比度,选中"仅影响间接照明"(Affect Indirect Only)前面的复选框,如图 6-123 所示。

(8) 回到光能传递对话框中,单击"起始"(Start)按钮,对场景进行光能传递。

注意:

光能传递的原理是将物体所有的表面进行细分,系统会自动进行计算,当计算完成后,观察会发现模型中多出很多的线,那是因为表面已经被细分,如图 6-124 所示。

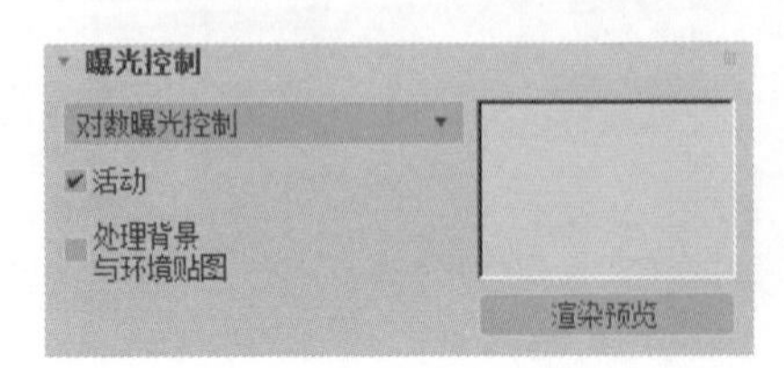

图 6-122　曝光控制

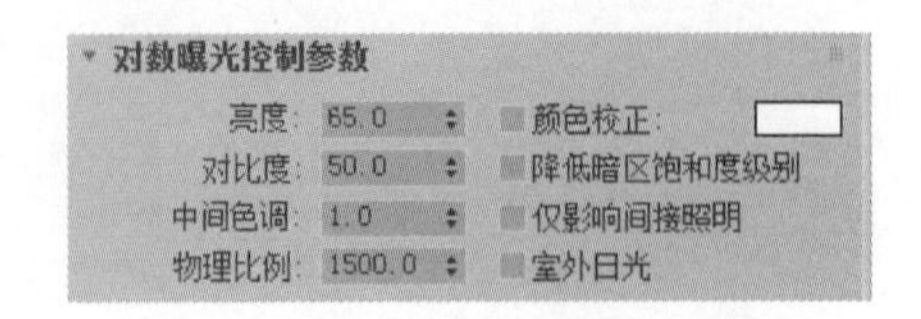

图 6-123　调节亮度及对比度

（9）光能传递将表面细分后并不会显示最终的渲染效果，回到摄影机视图中按快捷键 F9 进行渲染，得到最终效果如图 6-125 所示。

图 6-124　场景进行光能传递

图 6-125　渲染效果图

6.5　办公楼的图像合成

（1）运行 Photoshop CC 2018，执行“文件”→“打开”命令，打开渲染好的效果图进行后期处理，如图 6-126 所示。

图 6-126　打开渲染好的效果图

（2）在“图层”面板中“办公大楼”“背景”图层后面有一个锁型按钮，说明图层已经被锁定，单击“背景”图层按住不放并向下拖动到“复制图层”按钮上，将图层进行复制，如图 6-127 所示。

Note

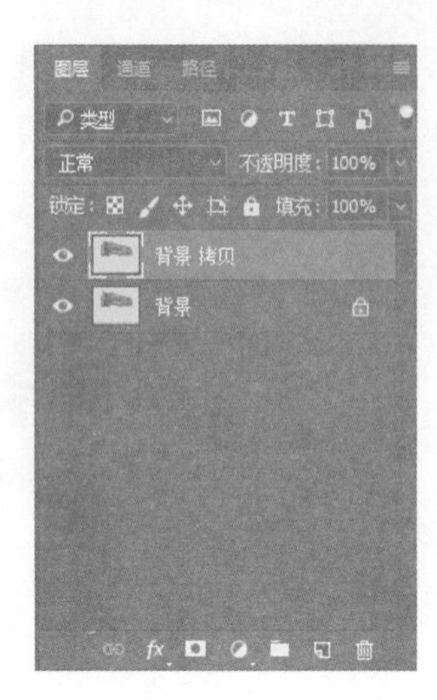

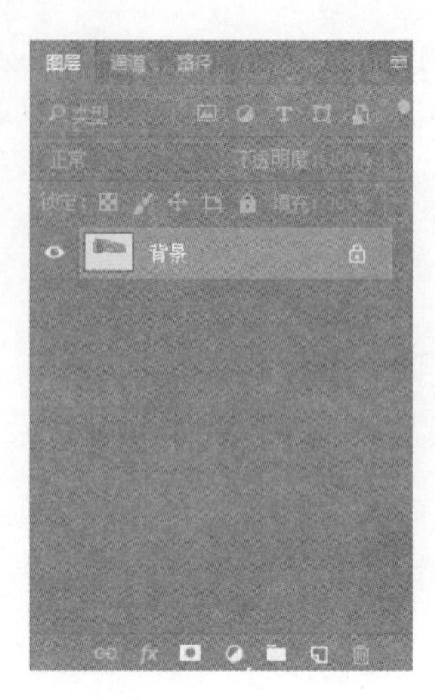

图 6-127　复制图层

（3）将“背景”图层删除，利用“魔棒”工具在图层中单击“背景”，选中的背景会有“蚂蚁线”表示，将“背景”图层删除，删除后的背景将以透明形式显示，如图 6-128 所示。

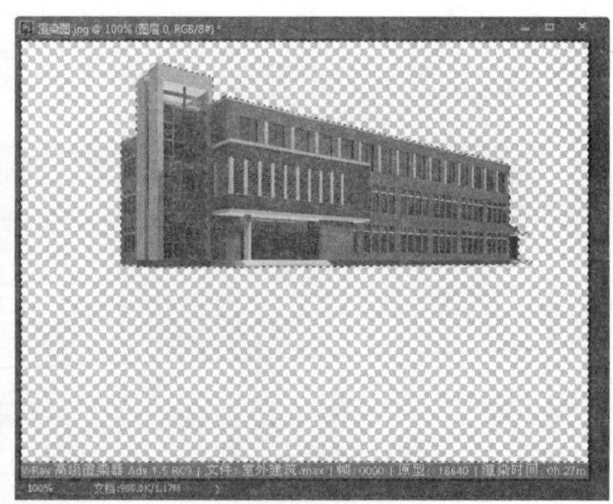

图 6-128　删除背景

（4）利用“自由变换”命令或通过快捷键 Ctrl＋T 将模型尺寸自由调节，在调节时要整体进行放大或缩小，按住 Shift 键在自由变换框上进行缩放，如图 6-129 所示。

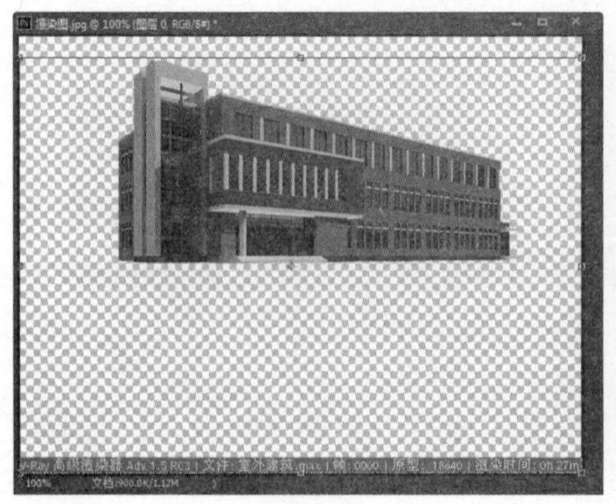

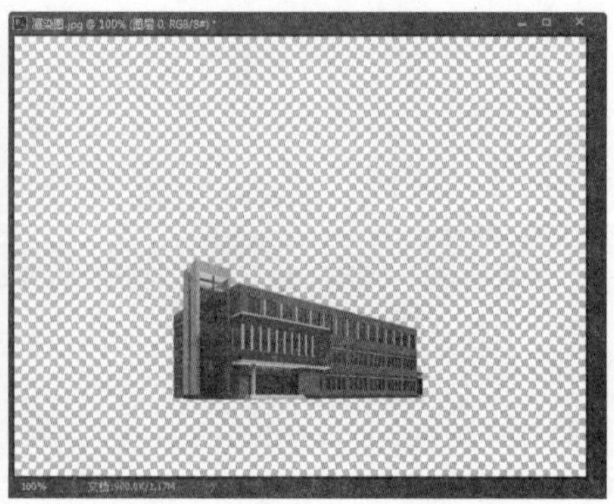

图 6-129　尺寸自由调节

(5) 打开下载的源文件中的“天空.JPEG”文件，执行“图像”→“调整”→“色阶”命令，或通过快捷键 Ctrl+L 对天空进行调节，如图 6-130 所示。

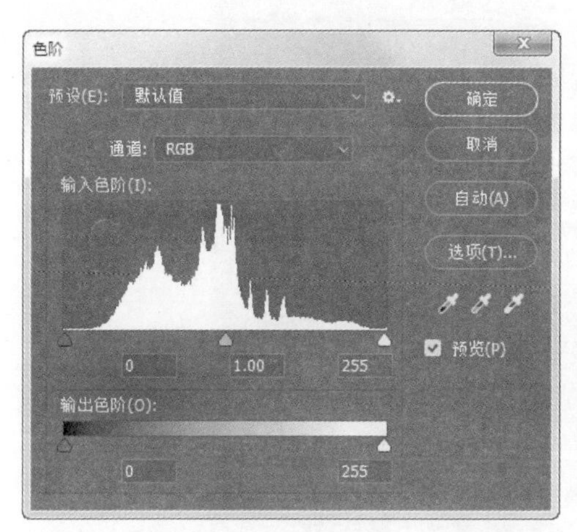

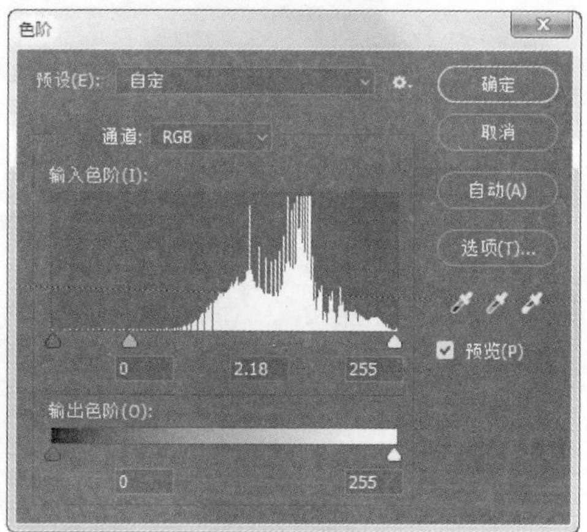

图 6-130　色阶调整

(6) 天空调节完成，如图 6-131 所示。

图 6-131　天空调整后的图形

(7) 利用“移动”工具将“天空”图层拖放到办公楼“背景”图层中，在移动拖放时按住 Shift 键，这样在拖放时，图形会按原来图层的大小整体被放入到“背景”图层中，拖放进来后的天空挡住了“背景”图层，在“图层”面板中将“天空”图层拖放到“背景副本”图层的下面，如图 6-132 所示。

(8) 利用“自由变换”命令调整“天空”图层，调整好的背景如图 6-133 所示。

(9) 利用“橡皮擦”工具，将“透明度”数值改为 2，在“画笔”中选择模糊 250，在前背景色中设置为白色，将办公楼右侧轻轻涂抹提高亮度，利用“色阶”命令或快捷键 Ctrl+L 将办公楼整体调亮，如图 6-134 所示。

(10) 打开下载的源文件中的“办公背景.jpg”图片，利用“自由变换”工具调整大小，在调整时按住 Shift 键整体进行调节。

(11) 利用“橡皮擦”工具将挡住办公楼的部分进行擦拭，在橡皮擦“透明度”中设置为 3，将其擦拭，如图 6-135 所示。

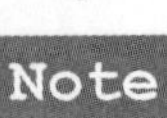

Note

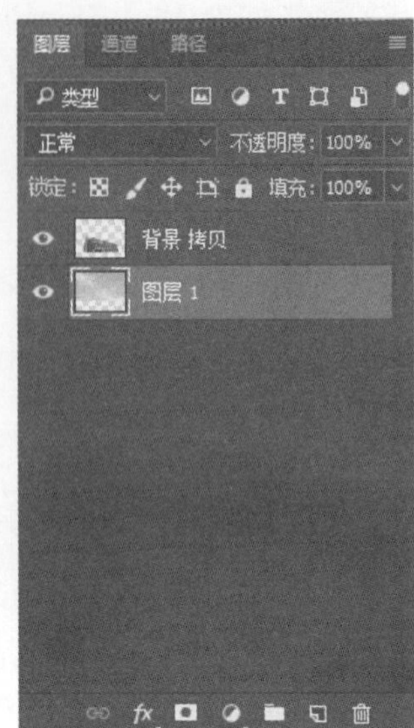

图 6-132 调换图层位置

图 6-133 调整图片背景

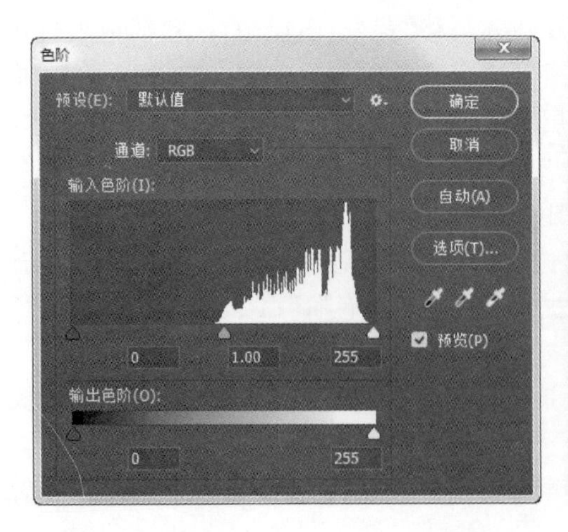

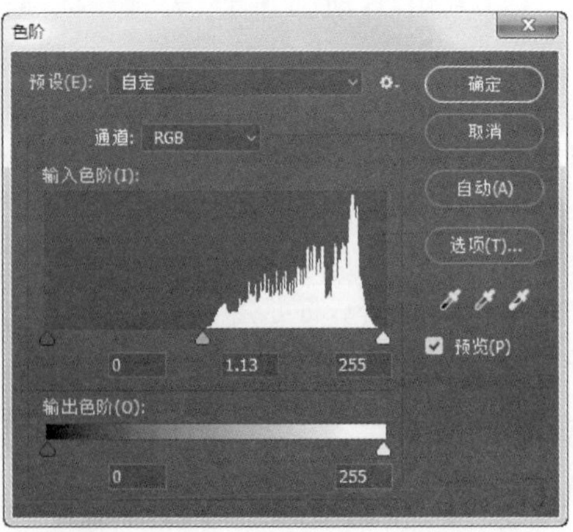

图 6-134 调整整体亮度

图 6-135　橡皮擦工具

(12) 执行“文件”→“存储”命令，在弹出的对话框中保存为“jpg”格式的图片，选择保存的路径后单击“保存”按钮，如图 6-136 所示。

图 6-136　“另存为”对话框

Note

6.6 案例欣赏

图 6-137 案例欣赏 1

图 6-138 案例欣赏 2

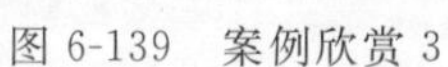
图 6-139　案例欣赏 3

图 6-140　案例欣赏 4

Note

图 6-141　案例欣赏 5

图 6-142　案例欣赏 6

Note

图 6-143　案例欣赏 7

图 6-144　案例欣赏 8

Note

图 6-145　案例欣赏 9

教学楼效果图制作

7.1 教学楼模型的创建
7.2 教学楼材质的赋予
7.3 教学楼灯光的创建
7.4 教学楼的 V-Ray 渲染
7.5 教学楼的图像合成
7.6 案例欣赏

学习目的

➢ 了解二维线如何创建局部模型。
➢ 通过点的捕捉来提高模型创建的准确度及速度。

学习思路

先导入下载的源文件中的教学楼的顶视图、侧面图及正面图，进行必要的调整，然后建立教学楼的基本墙面；依照这些图形生成教学楼模型准确具体的立体模型。和以往不同，这次在创建模型时将会大量使用二维线命令，通过单独的创建模型来完成整体模型的绘制，如图 7-1 所示。

Note

图 7-1　教学楼模型

➢ 使用移动捕捉工具精确创建二维线。

7.1　教学楼模型的创建

7-1

本章主要介绍利用二维线创建模型的过程。在制作效果图时首先要仔细观察AutoCAD线框及侧视图,下面主要通过大量重复地使用二维线命令来创建模型。

7.1.1　设置图形单位

(1) 双击桌面 3ds Max 2018 图标启动程序,在导入平面图时,需要对 3ds Max 2018 场景中的单位进行设置,以便和 AutoCAD 导入的尺寸统一。

(2) 在"自定义"下拉菜单中选择"单位设置"(Units Setup)命令,弹出"单位设置"对话框,将"米"改为"毫米",如图 7-2 所示。

(3) 单击"系统单位设置"(System Units Setup)按钮,打开"系统单位设置"对话框,将系统单位设置为毫米,如图 7-3 所示。

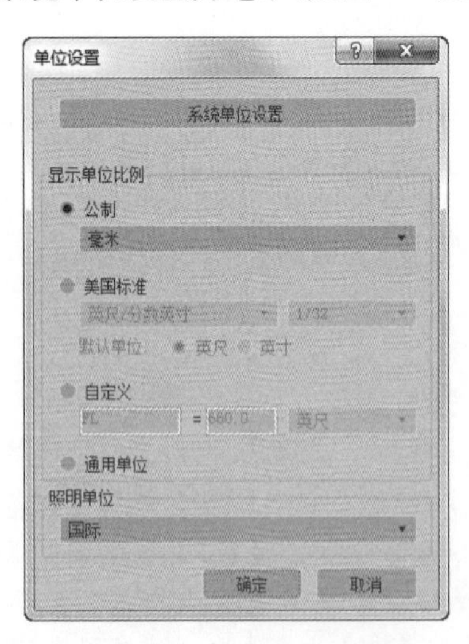

图 7-2　3ds Max 2018 中设置尺寸

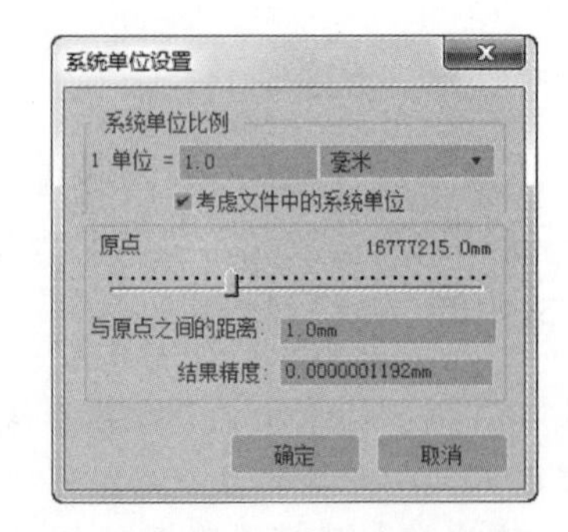

图 7-3　"系统单位设置"对话框

7.1.2 组合参考图

（1）单击“文件”→“导入”→“导入”命令，弹出“选择要导入的文件”对话框，在文件类型中选择后缀为“DWG”，在查找范围中找到下载的源文件中的顶视图，如图7-4所示。

图7-4　导入AutoCAD图形

（2）单击“打开”按钮，导入教学楼的“DWG”文件。

（3）单击3ds Max 2018右下角的“缩放”工具 ，对导入的DWG平面图进行缩放，调节视图中图形大小，结果如图7-5所示。

（4）按下快捷键Ctrl+A（全部选择），框选平面图的所有线条，选择“组”菜单下的“组”命令，在弹出的“组”对话框中输入顶层，单击“确定”按钮，这时DWG平面图的所有线条成组，如图7-6所示。

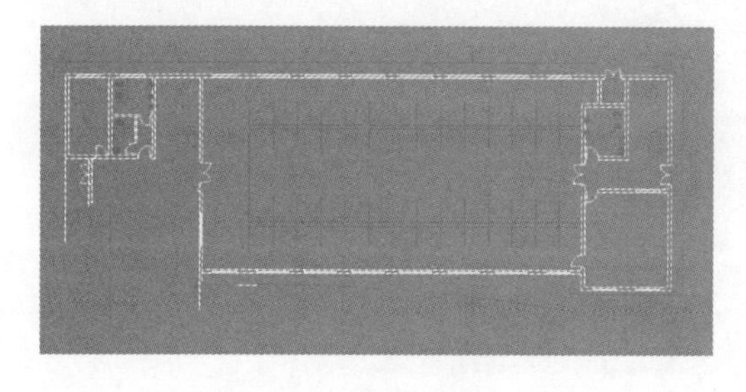

图7-5　调整平面图大小

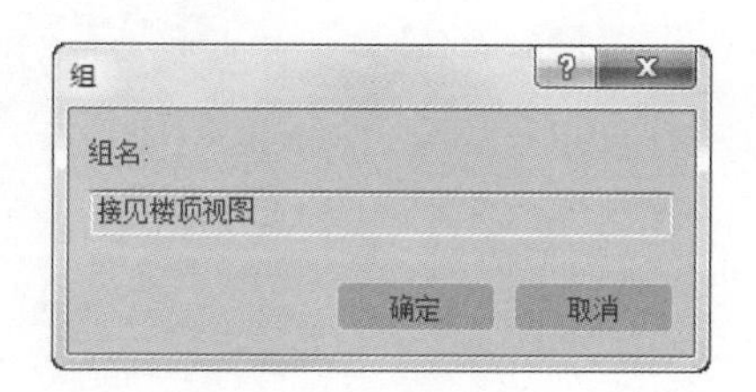

图7-6　成组

Note

（5）为成组后的 DWG 文件选择一种醒目的颜色，单击“颜色”按钮□，打开“对象颜色”对话框，如图 7-7 所示，选择蓝色后的平面图如图 7-8 所示。

对象颜色
基本颜色： 3ds Max 调色板 AutoCAD ACI 调色板
自定义颜色：
添加自定义颜色...
分配随机颜色 活动颜色： 确定 取消

图 7-7 “对象颜色”对话框

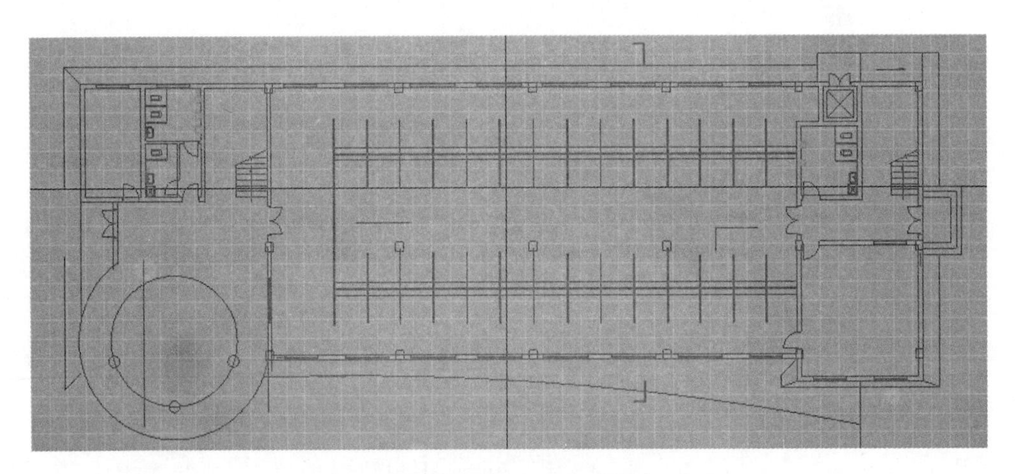

图 7-8 统一颜色后的平面图

（6）按照上述方法将其他的 AutoCAD 图样导入 3ds Max 2018 中，并通过“移动”与“旋转”工具调整 AutoCAD 图样。

（7）按以上步骤将侧面图导入 3ds Max 2018 的“左视图”中，并统一颜色，如图 7-9 所示。

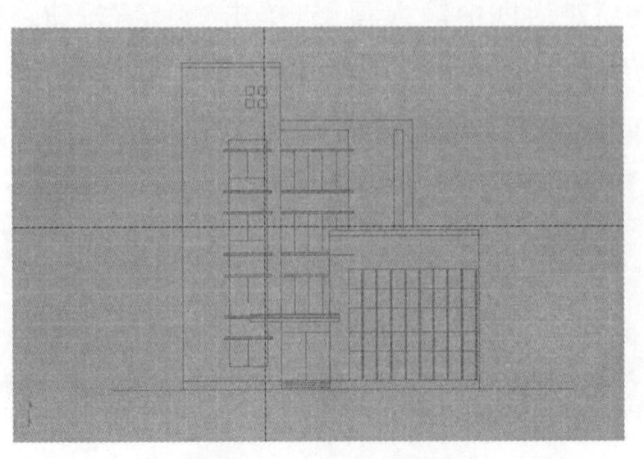

图 7-9 导入侧面图

(8) 按以上步骤将另一张侧面图导入 3ds Max 2018 的“左视图”中，并统一颜色，如图 7-10 所示。

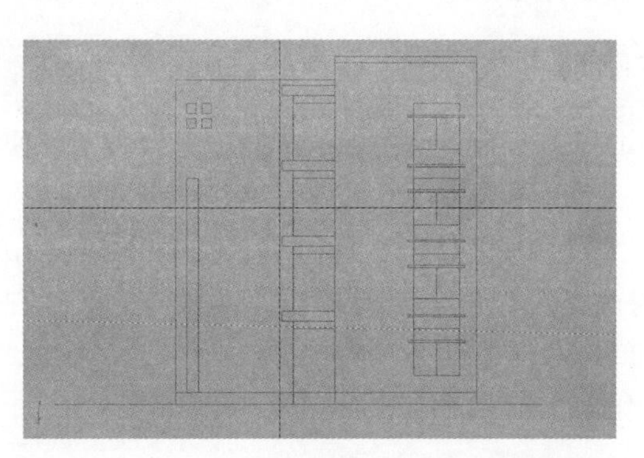

图 7-10　导入另一侧面图

(9) 按以上步骤将正面图导入 3ds Max 2018 的“左视图”中，并统一颜色，如图 7-11 所示。

(10) 按照名称将“左侧图”和“右侧图”在 3ds Max 中的“前视图”中调整好位置，如图 7-12 所示。

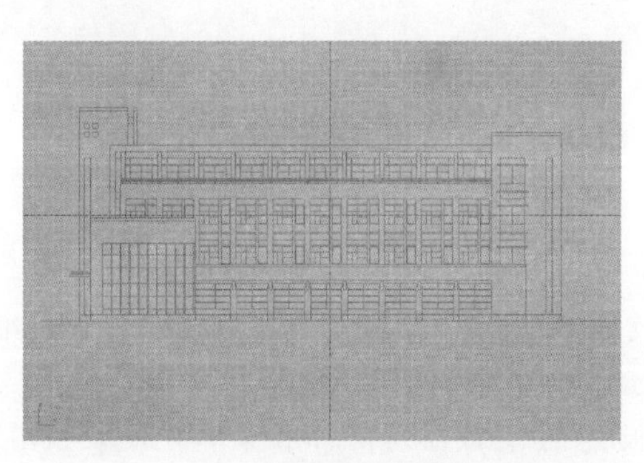

图 7-11　导入正面图

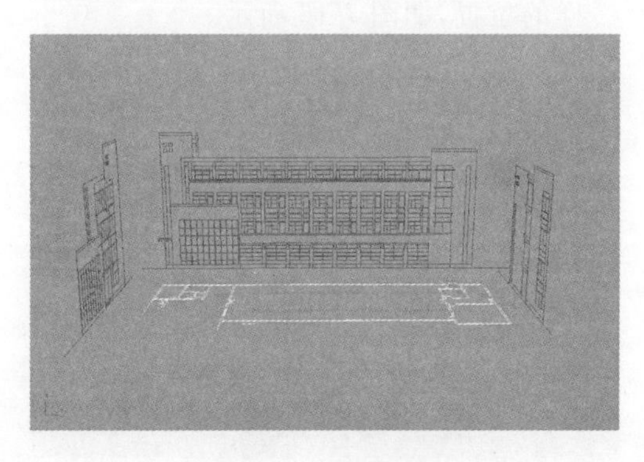

图 7-12　调整图样

注意：

在创建室外模型时会遇到各种各样的问题，因此需要加强自己的建模方法及技巧。在没有整体的建模能力前最好先从一个面开始创建，慢慢地熟悉这个过程。虽然模型

Note

不同，但在创建时会有很多的共同点。下面将从模型的侧面开始创建。通过独立地创建模型来引导读者完成绘制过程。

7.1.3 教学楼左侧墙面的创建

(1) 在“左视图”中选中已经群组的AutoCAD平面，为了方便编辑可以通过快捷键Alt+Q执行命令，这时被选择的模型可以进行单独编辑。

(2) 单击工具栏上的“捕捉开关”(Snap Toggle)按钮，拖出其下拉列表，在列表中选择2.5捕捉，这时的捕捉介于三维物体与二维物体之间。右键单击按钮，弹出“栅格和捕捉设置”窗口。对其进行选择，如图7-13所示。

(3) 在“顶视图”中单击“形状创建”面板中的“线”按钮，如图7-14所示。

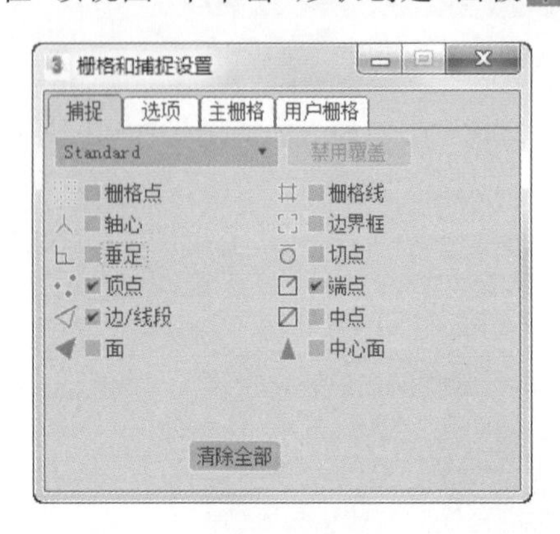

图7-13 “栅格和捕捉设置”窗口

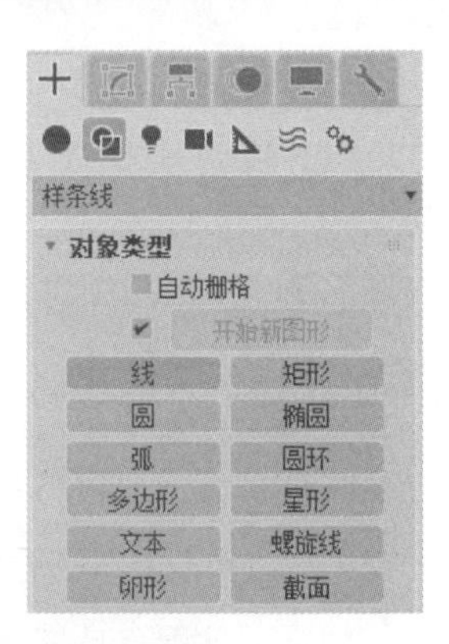

图7-14 创建面板

(4) 捕捉DWG文件中的左侧墙体边缘线及窗框线，绘制二维线，进入“修改”面板将其重命名为“左墙”，如图7-15所示。

(5) 在“修改”面板的“修改器列表”下拉菜单中选择“挤出”命令拉伸二维线段，在其“参数”弹出菜单的“数量”文本框中输入数值240mm，并将编辑好的“左墙”墙体捕捉移动到和AutoCAD一样的位置，如图7-16所示。

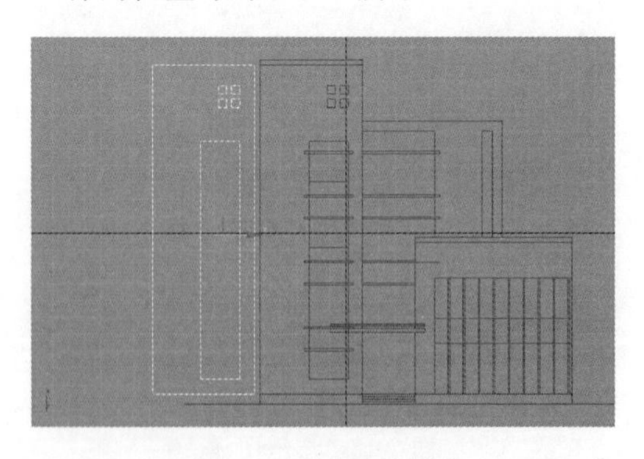

图7-15 绘制的二维线

(6) 在“前视图”中选择建立的左侧墙体，为了方便编辑可以通过快捷键Alt+Q对选择的图形进行单独编辑。

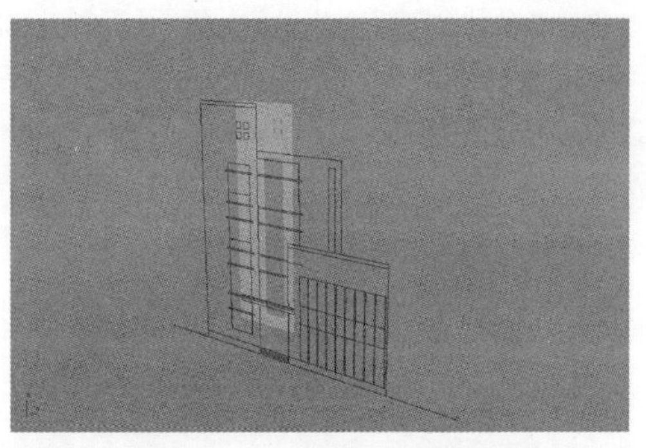

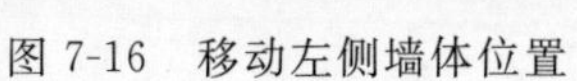

图 7-16 移动左侧墙体位置

(7) 单击“形状创建”面板中的“线”按钮，捕捉 DWG 文件中的左侧墙体边缘线及窗框线，绘制二维线，进入“修改”面板，将它重命名为“左墙 1”，如图 7-17 所示。

(8) 在“修改”面板的“修改器列表”下拉菜单中选择“挤出”命令拉伸二维线段，在其“参数”弹出菜单的“数量”文本框中输入数值 240mm，如图 7-18 所示。

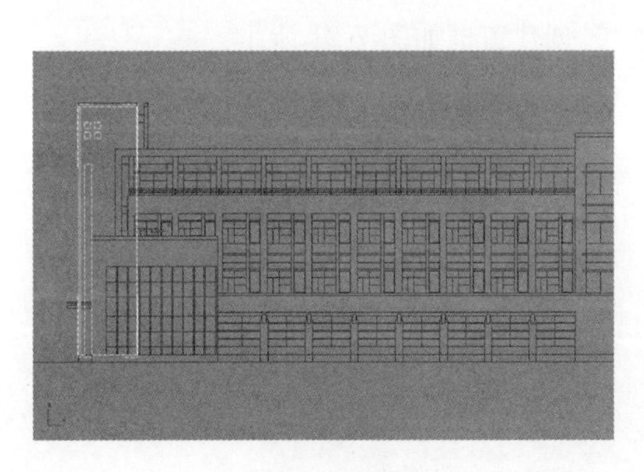

图 7-17 绘制左墙 1

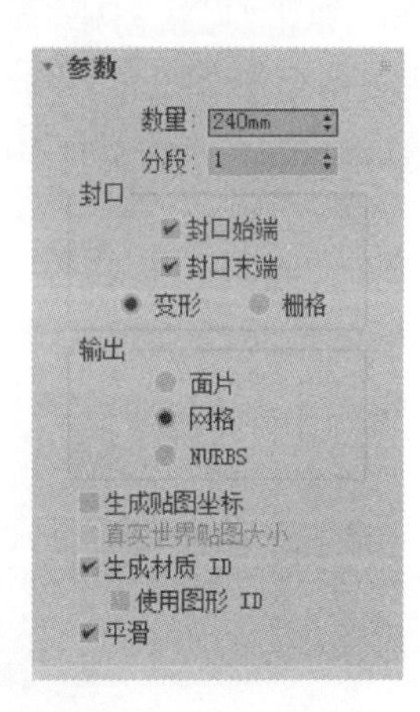

图 7-18 拉伸二维线段

利用“移动”及“捕捉”命令在“顶视图”中将模型捕捉到一起，观察视图中的模型，结果如图 7-19 所示。

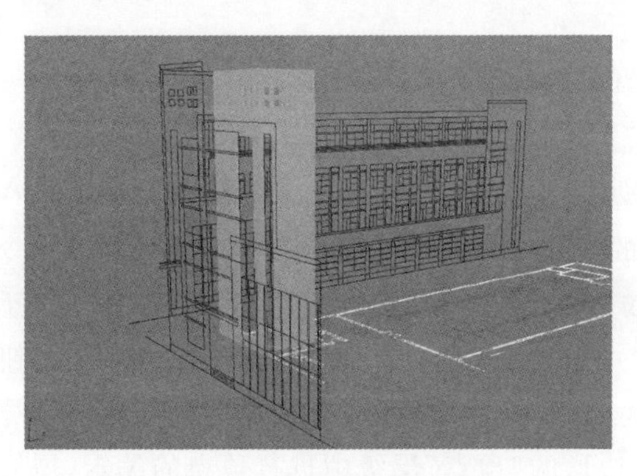

图 7-19 将模型捕捉到一起

Note

(9) 在"左视图"中单击"形状创建"面板 中的"线"按钮，捕捉 DWG 文件中的左侧窗户边缘，选择步骤(8)拉伸的二维线，单击右键在弹出的子列表中选择"转换成可编辑多边形"，在编辑多边形的"顶点"层级中进行顶点的编辑，展开"几何体"卷展栏，在"轮廓"文本框内输入数值 40，如图 7-20 所示。

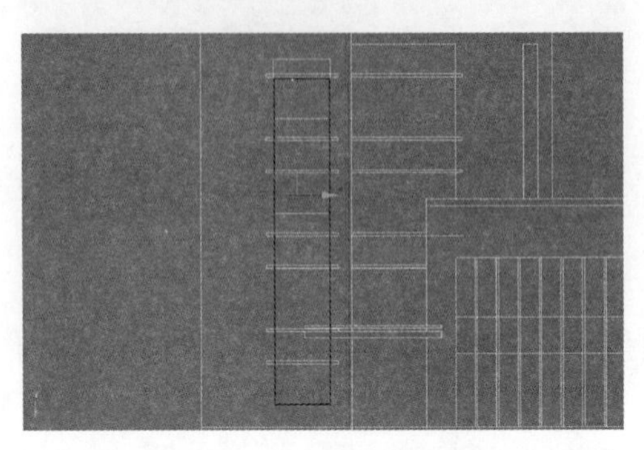

图 7-20　偏移轮廓线

(10) 单击"形状创建"面板 中的"矩形"按钮，捕捉 AutoCAD 线框创建窗框。在"修改"面板 的"修改器列表"下拉菜单中选择"挤出"命令拉伸二维线段，在其"参数"弹出菜单的"数量"文本框中输入数值 40，创建窗框如图 7-21 所示。

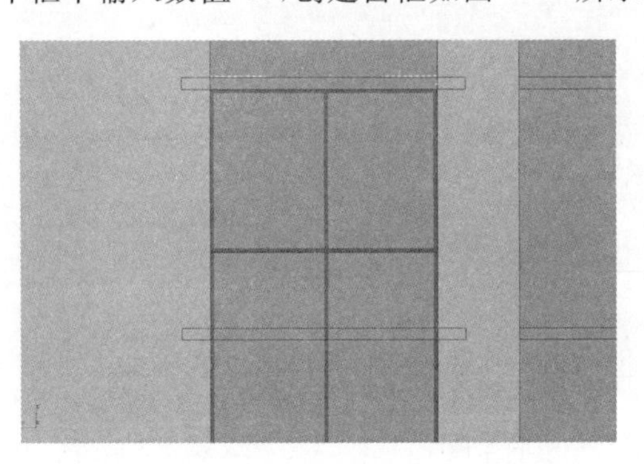

图 7-21　创建窗框

(11) 单击"形状创建"面板 中的"矩形"按钮，单击工具栏上的"捕捉开关"按钮捕捉窗格。

在"修改"面板 的"修改器列表"下拉菜单中选择"挤出"命令拉伸二维线段，在其"参数"弹出菜单的"数量"文本框中输入数值 15000，结果如图 7-22 所示。

(12) 单击"形状创建"面板 中的"矩形"按钮，捕捉 AutoCAD 的楼层线框绘制矩形，在"修改"面板 的"修改器列表"下拉菜单中选择"挤出"命令拉伸二维线段，在其"参数"弹出菜单的"数量"文本框中输入数值 360，结果如图 7-23 所示。

(13) 在"顶视图"中单击"形状创建"面板 中的"矩形"按钮，利用捕捉功能绘制二维矩形。选择步骤(12)拉伸的二维线，单击右键在弹出的子列表中选择"转换成可编辑多边形"，在编辑多边形的"顶点"层级中进行顶点的编辑，展开"几何体"卷展栏，在"轮廓"文本框内输入数值 250。

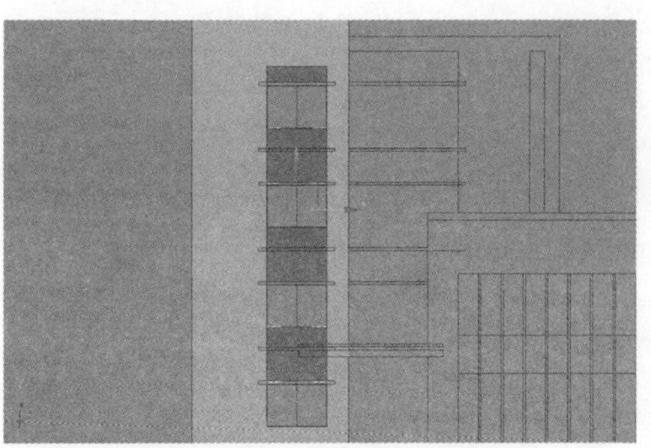

图 7-22 捕捉窗格模型

在“修改”面板的“修改器列表”下拉菜单中选择“挤出”命令拉伸二维线段，在其“参数”弹出菜单的“数量”文本框中输入数值 300，创建顶部，如图 7-24 所示。

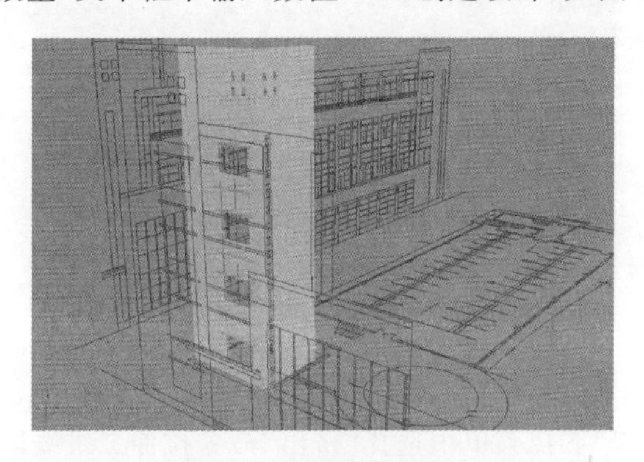

图 7-23 绘制楼层线

图 7-24 顶部的创建

(14) 在“顶视图”中，单击“形状创建”面板中的“矩形”按钮，利用捕捉功能绘制二维矩形，在“修改”面板的“修改器列表”下拉菜单中选择“挤出”命令拉伸二维线段，在其“参数”弹出菜单的“数量”文本框中输入数值 100，选中图形同时按住 Shift 键向下拖动复制底层，如图 7-25 所示。

(15) 在“左视图”中，单击形状创建面板中的“线”按钮，利用捕捉功能绘制墙体，在“修改”面板的“修改器列表”下拉菜单中选择“挤出”命令拉伸二维线段，在其“参数”弹出菜单的“数量”文本框中输入数值 240，绘制墙体如图 7-26 所示。

(16) 单击“形状创建”面板中的“矩形”按钮，利用捕捉功能绘制窗框，在“修改”

Note

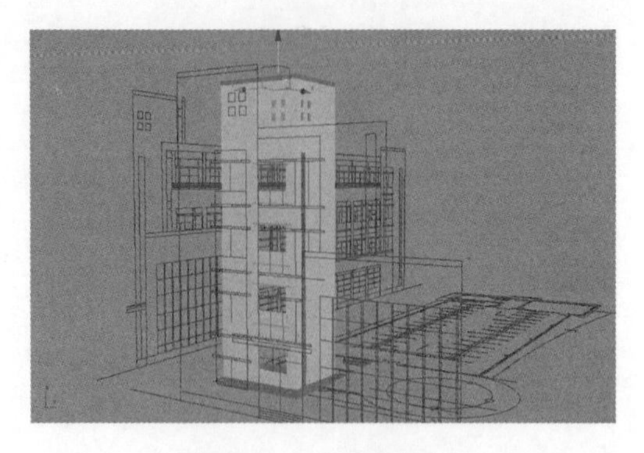

图 7-25　复制底层

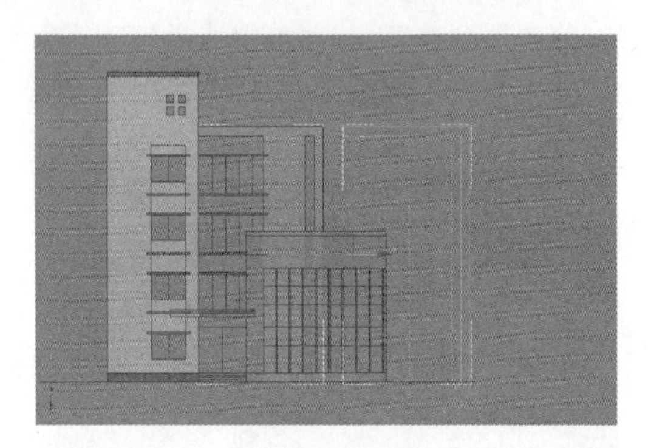

图 7-26　绘制墙体

面板 的"修改器列表"下拉菜单中选择"挤出"命令拉伸二维线段，在其"参数"弹出菜单的"数量"文本框中输入数值 300.0mm，绘制窗框如图 7-27 所示。

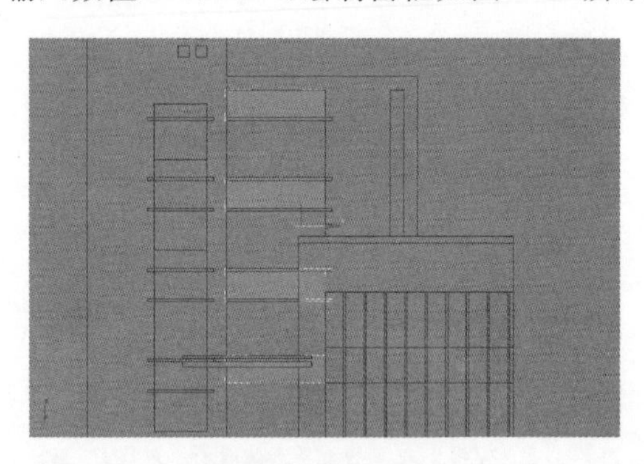

图 7-27　绘制窗框

(17) 在"前视图"中单击"形状创建"面板 中的"线"按钮，用捕捉功能绘制二楼顶层及台阶，在"修改"面板 的"修改器列表"下拉菜单中选择"挤出"命令拉伸二维线段，在其"参数"弹出菜单的"数量"文本框中输入数值 6885.0mm 及 3000.0mm，完成二楼顶层及台阶的创建如图 7-28 所示。

(18) 在"顶视图"中单击"形状创建"面板 中的"圆形"按钮，在"修改"面板 的"修改器列表"下拉菜单中选择"挤出"命令拉伸二维线段，在其"参数"弹出菜单的"数量"文本框中输入数值 600.0mm，完成圆形底座的绘制，结果如图 7-29 所示。

Note

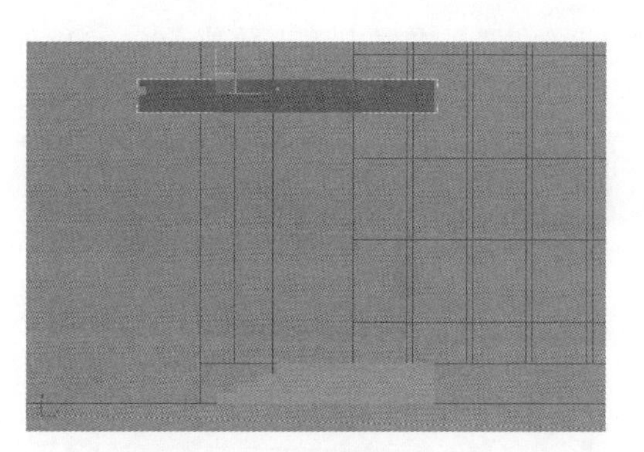

图 7-28 绘制二楼顶层及台阶

(19) 在“左视图”中，选择圆形底座，右键单击“选择并移动”工具，弹出“移动变换输入”对话框，在“偏移：屏幕”的“Y”文本框中输入数值 7510.0mm 如图 7-30 所示。

图 7-29 绘制圆形底座

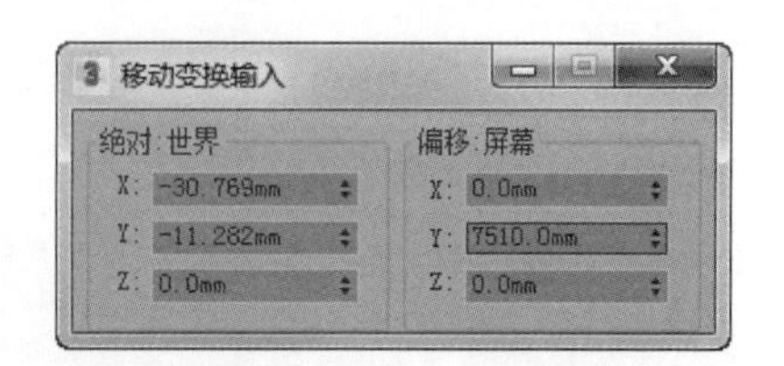

图 7-30 复制位移参数

在“修改”面板的“修改器列表”下拉菜单中选择“挤出”命令拉伸二维线段，在其“参数”弹出菜单的“数量”文本框中输入数值 2100。

(20) 在“顶视图”中单击“形状创建”面板中的“线”按钮，利用“捕捉”功能捕捉圆形内侧的 AutoCAD 线框绘制二维线，选择绘制的二维线，在“线”层级中选择“样条线”，展开“几何体”卷展栏，在“轮廓”文本框内输入数值 250，完成内侧二维线的绘制，如图 7-31 所示。

图 7-31 绘制内侧二维线

Note

(21) 按上述步骤在"轮廓"文本框内输入数值 600，完成外侧二维线的绘制，如图 7-32 所示。

图 7-32　绘制外侧二维线

(22) 在"左视图"中选择步骤(21)绘制的半圆，同时按住 Shift 键向上拖动复制出半圆，选择复制出的半圆回到"顶点"层级。

在"修改"面板 的"修改器列表"下拉菜单中选择"挤出"命令，拉伸二维线段，在其"参数"弹出菜单的"数量"文本框中输入数值 1500.0mm，完成半圆的绘制，如图 7-33 所示。

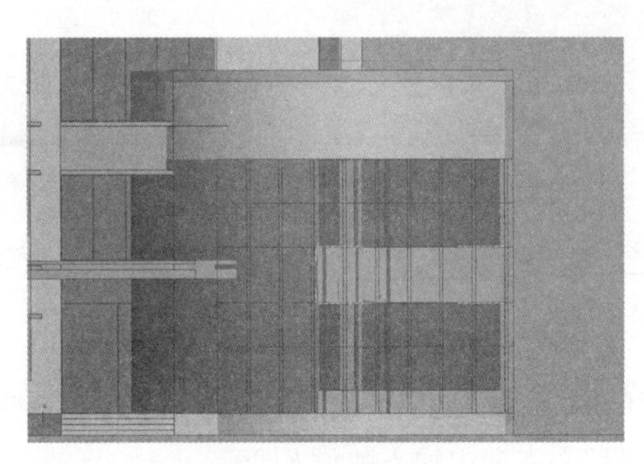

图 7-33　复制半圆

(23) 在"左视图"中复制出 6 个步骤(22)绘制的半圆，按上述步骤在"数量"文本框中输入数值 50，利用"捕捉"命令复制出 6 个半圆并按图形中的 AutoCAD 线框进行移动，如图 7-34 所示。

图 7-34　复制 6 个半圆

Note

(24) 在“顶视图”中，单击“形状创建”面板 中的“线”按钮，利用“捕捉”命令按照圆形外侧的 AutoCAD 线框绘制二维线，选择绘制好的二维线，在“线”层级中选择“样条线”，展开“几何体”卷展栏，在“轮廓”文本框中输入数值 250。

在“修改”面板 的“修改器列表”下拉菜单中选择“挤出”命令拉伸二维线段，在其“参数”弹出菜单的“数量”文本框中输入数值 6900。

(25) 回到“顶点”层级中编辑顶点，以两个点为一个单位，隔一个单位删除一个点，如图 7-35 所示。在“修改”面板 的“修改器列表”下拉菜单中选择“挤出”命令拉伸二维线段，在其“参数”弹出菜单的“数量”文本框中输入数值 200，利用复制命令复制绘制的半圆二维线作为玻璃，如图 7-36 所示。

图 7-35 绘制的半圆二维线

图 7-36 创建圆形外侧玻璃模型

7.1.4 教学楼曲线形底座的创建

(1) 在“顶视图”中，单击“形状创建”面板 中的“线”按钮，利用“捕捉”命令捕捉图形边缘绘制二维线。在“修改”面板 的“修改器列表”下拉菜单中选择“挤出”命令拉伸二维线段，在其“参数”弹出菜单的“数量”文本框中输入数值 100，如图 7-37

Note

所示。

（2）在“前视图”中，单击“形状创建”面板中的“线”按钮，利用“捕捉”命令捕捉图形边缘绘制二维线。在“修改”面板的“修改器列表”下拉菜单中选择“挤出”命令拉伸二维线段，在其“参数”弹出菜单的“数量”文本框中输入数值 240，在“修改”面板的“修改器列表”下拉菜单中选择“弯曲”修改器，在“参数”卷展栏中输入弯曲角度 11.5，弯曲方向 90，如图 7-38 所示。

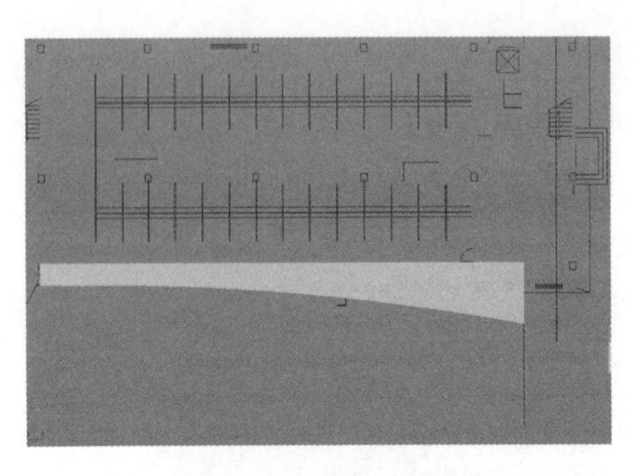

图 7-37　绘制曲线形底座

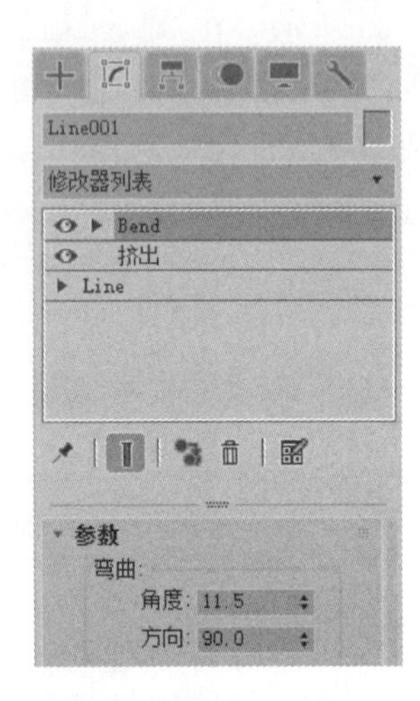

图 7-38　弯曲修改器

（3）在“前视图”中，单击“形状创建”面板中的“矩形”按钮，利用“捕捉”命令捕捉 AutoCAD 线框中的一层顶部来绘制二维矩形。在“修改”面板的“修改器列表”下拉菜单中选择“挤出”命令拉伸二维线段，在其“参数”弹出菜单的“数量”文本框中输入数值 240，在“修改”面板的“修改器列表”下拉菜单中选择“弯曲”修改器，在“参数”卷展栏中输入弯曲角度 11.5，弯曲方向 90，按上述步骤将底部绘制出来，如图 7-39 所示。

（4）在“顶视图”中，单击“形状创建”面板中的“矩形”按钮，利用“捕捉”命令捕捉一层顶部绘制的二维矩形。

在“修改”面板的“修改器列表”下拉菜单中选择“挤出”命令拉伸二维线段，在其“参数”弹出菜单的“数量”文本框中输入数值 240，在“修改”面板的“修改器列表”下拉菜单中选择“弯曲”修改器，在“参数”卷展栏中输入弯曲角度－11.5，弯曲方向 90，按上述步骤，将顶部绘制出来，如图 7-40 所示。

（5）在“前视图”中，单击“形状创建”面板中的“矩形”按钮，利用“捕捉”命令捕捉 AutoCAD 窗框线绘制窗框。

在“修改”面板的“修改器列表”下拉菜单中选择“挤出”命令拉伸二维线段，在其“参数”弹出菜单的“数量”文本框中输入数值 50。在“修改”面板的“修改器列表”下拉菜单中选择“弯曲”修改器，在“参数”卷展栏中输入弯曲角度 11.5，弯曲方向 90，按上述步骤将窗框绘制出来，如图 7-41 所示。

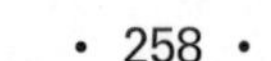

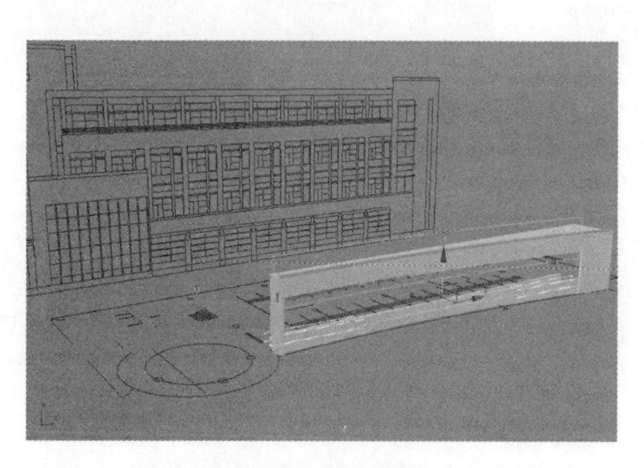

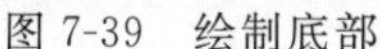

图 7-39 绘制底部

图 7-40 弯曲修改器

(6) 在“顶视图”中单击“形状创建”面板中的“圆”按钮，创建一个半径为 300 的圆形。

在“修改”面板的“修改器列表”下拉菜单中选择“挤出”命令拉伸二维线段，在其“参数”弹出菜单的“数量”文本框中输入数值 3300。

(7) 在“前视图”中，利用“捕捉”命令捕捉 AutoCAD 线框绘制两个矩形，在“修改”面板的“修改器列表”下拉菜单中选择“挤出”命令拉伸二维线段，在其“参数”弹出菜单的“数量”文本框中输入数值 500、810，如图 7-42 所示。

图 7-41 绘制窗框

图 7-42 创建柱体

(8) 选择创建好的柱体，选择“组”菜单下的“组”命令，在弹出的“组”对话框中输入“一层圆柱”。在“顶视图”中选中“一层圆柱”，在“修改”面板的“修改器列表”下拉菜单中选择“弯曲”修改器，在“参数”卷展栏中输入弯曲角度 11.5，弯曲方向 90，如图 7-43 所示。

(9) 在“前视图”中，单击“形状创建”面板中的“矩形”按钮，利用“捕捉”命令捕捉 AutoCAD 的线框绘制前窗玻璃，在“修改”面板的“修改器列表”下拉菜单中选择“挤出”命令拉伸二维线段，在其“参数”弹出菜单的“数量”文本框中输入数值 10，在“修

Note

改器列表"下拉菜单中选择"弯曲"修改器,在"参数"卷展栏中输入弯曲角度11.5,弯曲方向90,如图7-44所示。

图7-43　群组一层圆柱

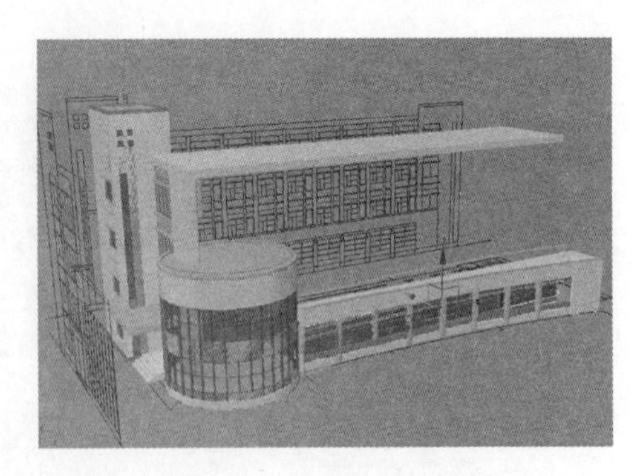
图7-44　绘制前窗玻璃

(10) 在"前视图"中单击"形状创建"面板中的"线"按钮,利用"捕捉"命令捕捉AutoCAD的线框绘制墙体二维线,在"修改"面板的"修改器列表"下拉菜单中选择"挤出"命令拉伸二维线段,在其"参数"弹出菜单的"数量"文本框中输入数值400,如图7-45所示。

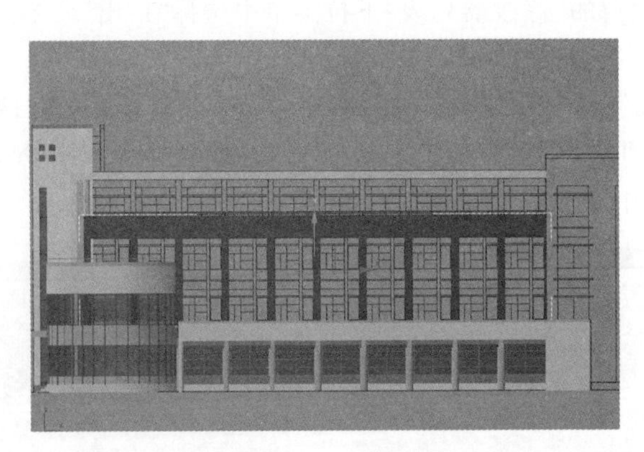
图7-45　绘制墙体

7.1.5　教学楼正面墙面的创建

(1) 单击"形状创建"面板中的"矩形"按钮,利用"捕捉"命令捕捉AutoCAD的线框绘制墙体及楼层的二维线段,在"修改"面板的"修改器列表"下拉菜单中选择"挤出"命令拉伸二维线段,在其"参数"弹出菜单的"数量"文本框中输入数值180、500,如图7-46所示。

提示:

因为模型中所要创建的窗户规格一样,所以只需要创建一个标准窗框通过复制就可以完成。

(2) 单击"形状创建"面板中的"矩形"按钮,利用"捕捉"命令捕捉AutoCAD的线框绘制窗框二维线,在"修改"面板的"修改器列表"下拉菜单中选择"挤出"命令

拉伸二维线段，在其“参数”弹出菜单的“数量”文本框中输入数值30，结果如图7-47所示。

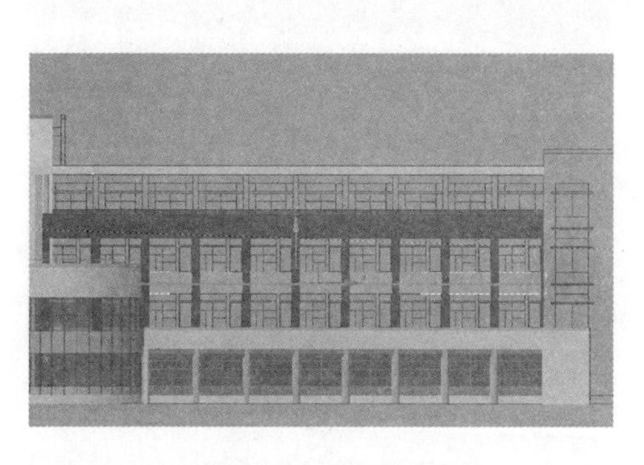

图7-46　绘制墙体及楼层

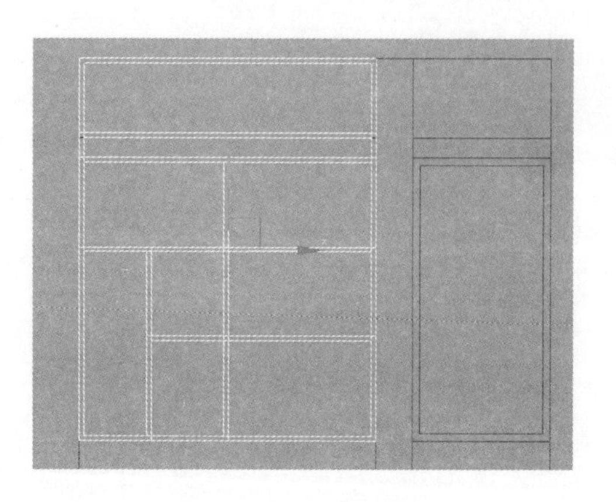

图7-47　绘制窗框

(3) 根据以上步骤绘制窗框装饰，单击“形状创建”面板中的“矩形”按钮按照AutoCAD的窗框绘制窗框，在“修改”面板的“修改器列表”下拉菜单中选择“挤出”命令拉伸二维线段，在其“参数”弹出菜单的“数量”文本框中输入数值30，如图7-48所示。

(4) 单击“形状创建”面板中的“矩形”按钮，按照AutoCAD的窗框绘制窗框，在“修改”面板的“修改器列表”下拉菜单中选择“挤出”命令拉伸二维线段，在其“参数”弹出菜单的“数量”文本框中输入数值300，打开“捕捉开关”将创建好的窗户复制并移动，如图7-49所示。

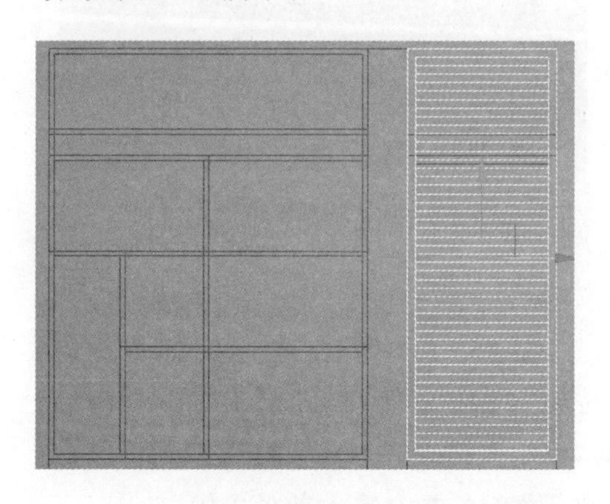

图7-48　绘制窗框装饰

图7-49　绘制窗框外墙体

(5) 在“前视图”中单击“形状创建”面板中的“线”按钮，按照AutoCAD的线框绘制墙体及楼层，在“修改”面板的“修改器列表”下拉菜单中选择“挤出”命令拉伸二维线段，在其“参数”弹出菜单的“数量”文本框中输入数值300，如图7-50所示。

(6) 在“前视图”中单击“形状创建”面板中的“线”按钮，按照AutoCAD的线框绘制窗框二维线段。在“修改”面板的“修改器列表”下拉菜单中选择“挤出”命令拉

伸二维线段，在其“参数”弹出菜单的“数量”文本框中输入数值 40，打开“捕捉开关”将窗框复制并移动到相应的窗户中，如图 7-51 所示。

Note

图 7-50　绘制墙体及楼层 1

图 7-51　绘制窗框

(7) 选中群组的“圆柱”向上复制，如图 7-52 所示。

(8) 单击“形状创建”面板 中的“捕捉开关”按钮，利用“捕捉”命令捕捉 AutoCAD 的线框绘制楼层夹板的二维线段，在“修改”面板 的“修改器列表”下拉菜单中选择“挤出”命令拉伸二维线段，在其“参数”弹出菜单的“数量”文本框中输入数值 50，并向下复制两个，如图 7-53 所示。至此，前视图中的模型建立完成。

图 7-52　复制圆柱

图 7-53　绘制楼层夹板

7.1.6　教学楼右侧墙体的创建

(1) 单击“形状创建”面板 中的“线”按钮，利用“捕捉”命令捕捉 AutoCAD 的线框绘制墙体二维线段，在“修改”面板 的“修改器列表”下拉菜单中选择“挤出”命令拉伸二维线段，在其“参数”弹出菜单的“数量”文本框中输入数值 240，如图 7-54 所示。

(2) 单击“形状创建”面板 中的“矩形”按钮，利用“捕捉”命令捕捉 AutoCAD 的线框绘制二维线段，在“修改”面板 的“修改器列表”下拉菜单中选择“挤出”命令拉伸二维线段，在其“参数”弹出菜单的“数量”文本框中输入数值 200，如图 7-55 所示。

(3) 单击“形状创建”面板 中的“矩形”按钮，利用“捕捉”命令捕捉 AutoCAD 的线框，在“修改”面板 的“修改器列表”下拉菜单中选择“挤出”命令拉伸二维线段，在

Note

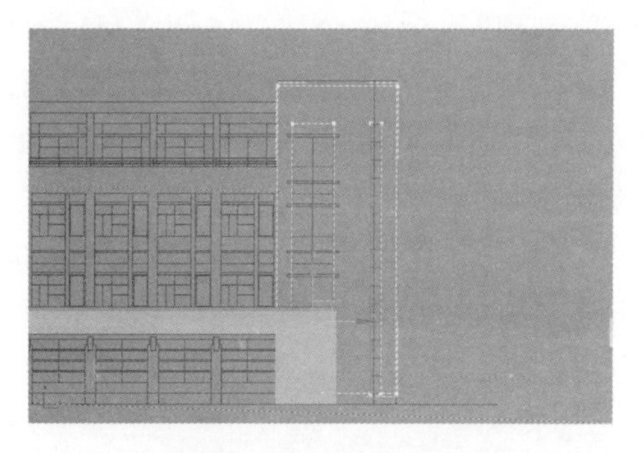

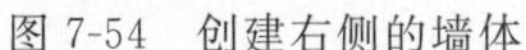
图 7-54　创建右侧的墙体

图 7-55　绘制矩形

其“参数”弹出菜单的“数量”文本框中输入数值 40，如图 7-56 所示。

（4）在“右视图”中，单击“形状创建”面板 中的“线”按钮，利用“捕捉”命令捕捉 AutoCAD 线框绘制二维线段，在“修改”面板 的“修改器列表”下拉菜单中选择“挤出”命令拉伸二维线段，在其“参数”弹出菜单的“数量”文本框中输入数值 240，如图 7-57 所示。

图 7-56　绘制窗框

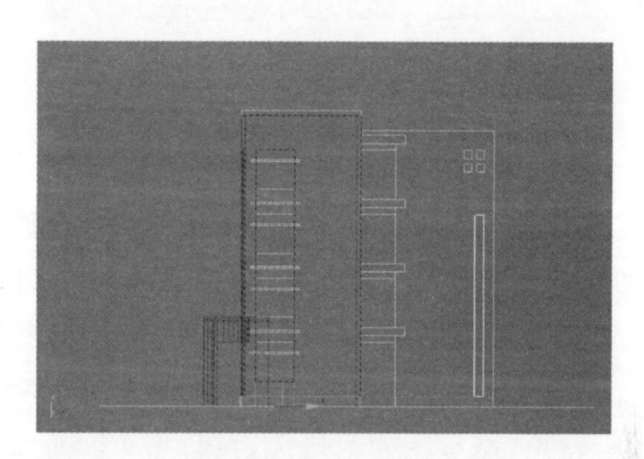

图 7-57　绘制墙体

（5）按上述步骤绘制右侧的墙体模型，如图 7-58 所示。

（6）在“顶视图”中，利用“捕捉”命令捕捉 AutoCAD 线框绘制二维线段，在“修改”面板 的“修改器列表”下拉菜单中选择“挤出”命令拉伸二维线段，在其“参数”弹出菜单的“数量”文本框中输入数值 600，如图 7-59 所示。

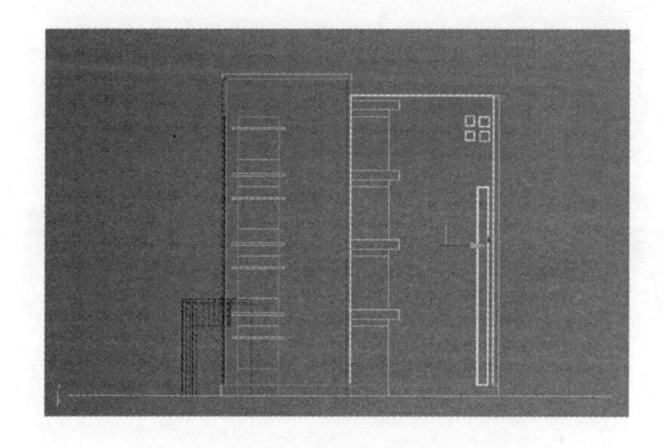

图 7-58　绘制右侧的墙体模型

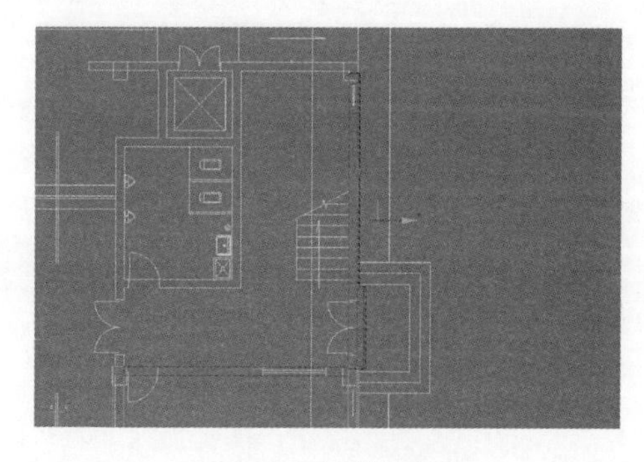

图 7-59　绘制墙体 1

Note

(7) 单击“形状创建”面板中的“线”按钮，利用“捕捉”命令捕捉 AutoCAD 线框绘制二维线段，在“修改”面板的“修改器列表”下拉菜单中选择“挤出”命令拉伸二维线段，在其“参数”弹出菜单的“数量”文本框中输入数值 9000，如图 7-60 所示。

(8) 在“左视图”中，单击“形状创建”面板中的“矩形”按钮，利用“捕捉”命令捕捉 AutoCAD 线框绘制窗框二维线段，在“修改”面板的“修改器列表”下拉菜单中选择“挤出”命令拉伸二维线段，在其“参数”弹出菜单的“数量”文本框中输入数值 40，如图 7-61 所示。

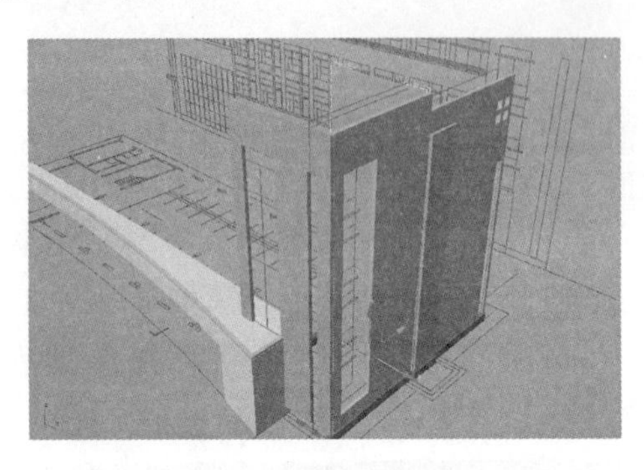

图 7-60　绘制墙体 2

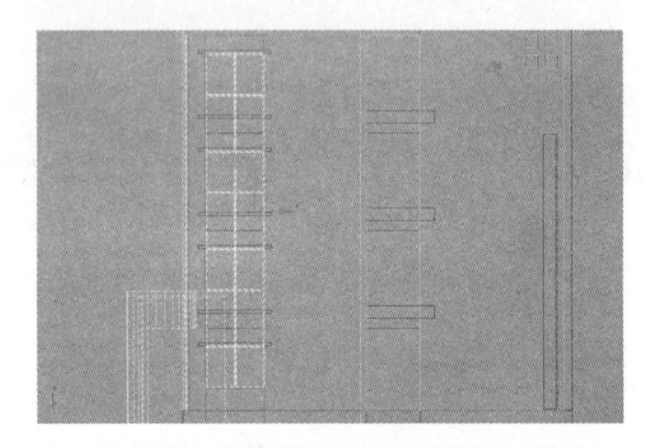

图 7-61　绘制窗框

(9) 单击“形状创建”面板中“矩形”按钮，利用“捕捉”命令捕捉 AutoCAD 线框绘制墙体二维线，在“修改”面板的“修改器列表”下拉菜单中选择“挤出”命令拉伸二维线段，在其“参数”弹出菜单的“数量”文本框中输入数值 40，如图 7-62 所示。

(10) 在“前视图”中，单击“形状创建”面板中的“线”按钮，利用“捕捉”命令捕捉 AutoCAD 线框绘制外墙体二维线段，在“修改”面板的“修改器列表”下拉菜单中选择“挤出”命令拉伸二维线段，在其“参数”弹出菜单的“数量”文本框中输入数值 2740，并向上复制 3 个，如图 7-63 所示。

(11) 在“顶视图”中，单击“形状创建”面板中的“线”按钮，利用“捕捉”命令捕捉 AutoCAD 线框绘制楼层底座二维线段，在“修改”面板的“修改器列表”下拉菜单中选择“挤出”命令拉伸二维线段，在其“参数”弹出菜单的“数量”文本框中输入数值 900，如图 7-64 所示。

图 7-62　绘制墙体 3

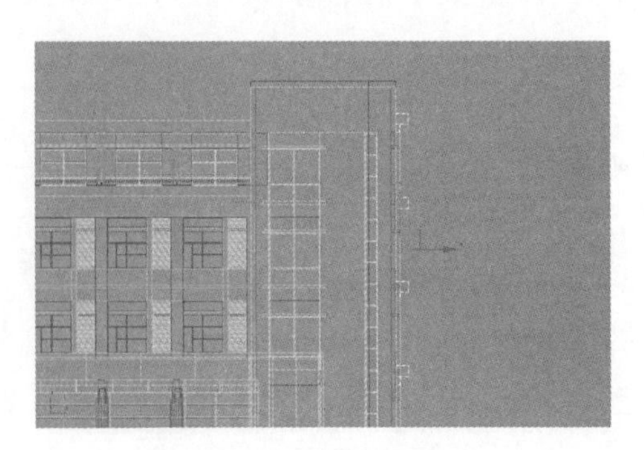

图 7-63　绘制外墙体

(12) 在“顶视图”中单击“形状创建”面板中的“线”按钮，利用“捕捉”命令捕捉AutoCAD线框绘制楼梯顶层二维线，在“线”层级中选择“样条线”，展开“几何体”卷展栏，在“轮廓”文本框中输入数值235。

在“修改”面板的“修改器列表”下拉菜单中选择“挤出”命令拉伸二维线段，在其“参数”弹出菜单的“数量”文本框中输入数值300，如图7-65所示。

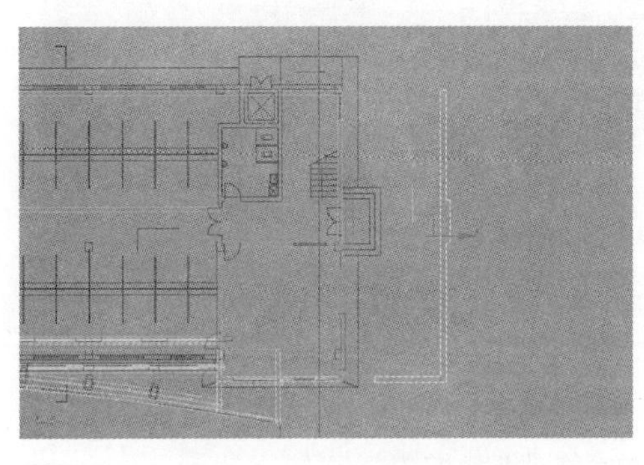

图7-64　绘制楼层底座

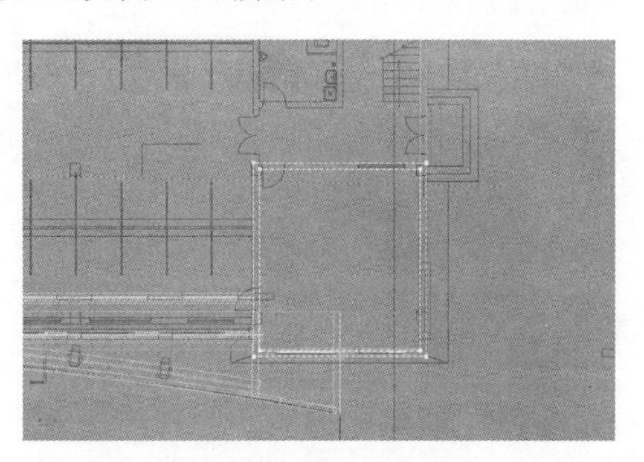

图7-65　绘制楼层顶层

(13) 在“顶视图”中，单击“形状创建”面板中的“线”按钮，利用“捕捉”命令捕捉AutoCAD线框绘制楼层顶部二维线段，在“修改”面板的“修改器列表”下拉菜单中选择“挤出”命令拉伸二维线段，在其“参数”弹出菜单的“数量”文本框中输入数值100，如图7-66所示。

(14) 在“顶视图”中使用Alt＋Q(单独编辑)快捷建单独编辑模型，单击“形状创建”面板中的“线”按钮，利用“捕捉”命令捕捉AutoCAD线框绘制内墙体二维线，在“修改”面板的“修改器列表”下拉菜单中选择“挤出”命令拉伸二维线段，在其“参数”弹出菜单的“数量”文本框中输入数值100，如图7-67所示。

图7-66　绘制楼层顶盖

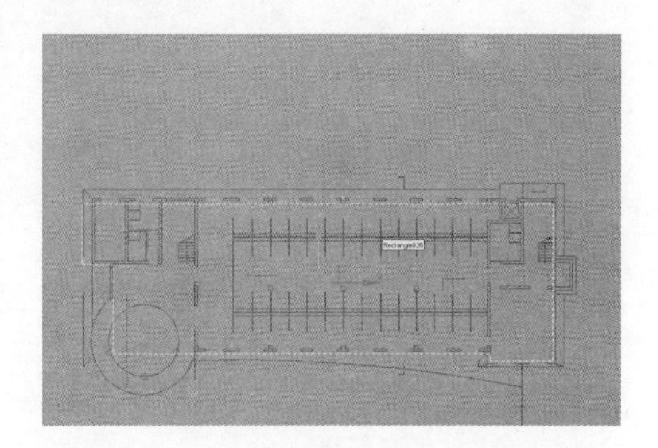

图7-67　绘制内墙体

(15) 在“前视图”中选中楼层，按住Shift键单击坐标轴，进行原地复制，利用上述步骤在“移动变换输入”窗口中的“偏移：屏幕”下的“Y”文本框中输入数值3580，如图7-68所示。

(16) 按上述步骤复制楼层，用工具沿Y轴向上移动2742、4411，复制楼层如图7-69所示。

Note

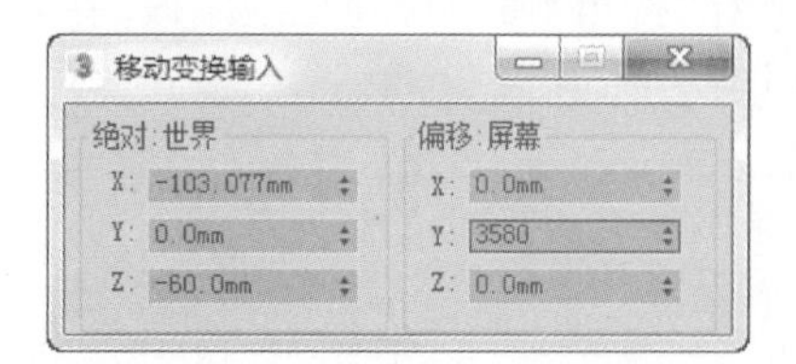

图 7-68 复制位移参数

图 7-69 继续复制楼层

7.1.7 教学楼背立面的创建

（1）在“顶视图”中，单击“形状创建”面板 中的“矩形”按钮，利用“捕捉”命令捕捉 AutoCAD 线框绘制教学楼背面二维线段，在“修改”面板 的“修改器列表”下拉菜单中选择“挤出”命令拉伸二维线段，在其“参数”弹出菜单的“数量”文本框中输入数值 9000，如图 7-70 所示。

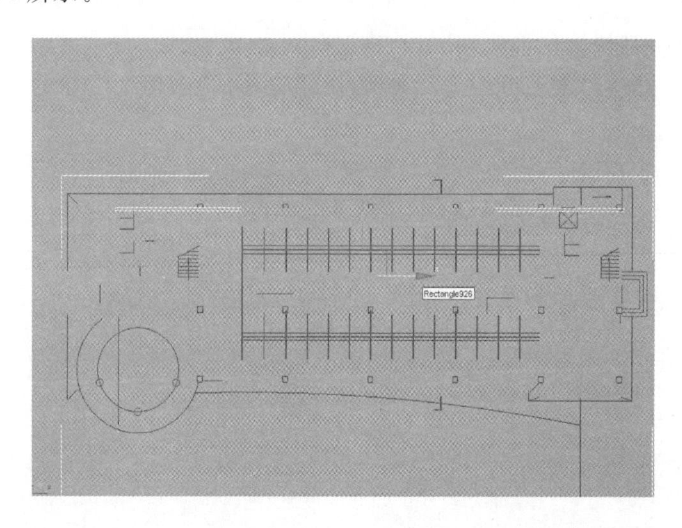

图 7-70 绘制楼背面

（2）关闭单独编辑对话框，所有图形显示出来，将视图转换成四视图模式观察模型，如图 7-71 所示。

知识点提示：

以上是模型独立构建的过程，从局部开始到总体，运用简单的命令创建复杂的模型，这种建模方法能使读者在创建模型时避免复杂的操作，最简单的方法就是最有效的方法。当场景模型过大或过于复杂时，不妨从最简单的部分做起，结合 AutoCAD 一步步将模型创建出来，并且通过重复使用命令提高对操作的熟练程度，有效地完成场景模型的创建。

Note

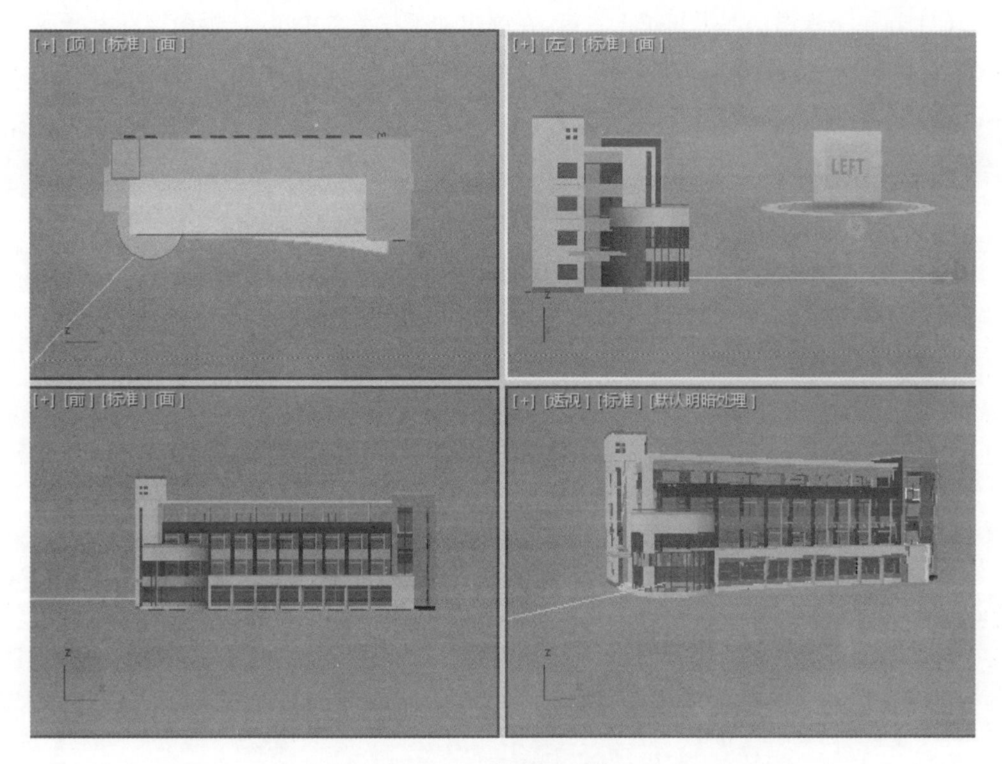

图 7-71　四视图观察模型

(3) 选择视图中所有的平面图和立面图,按下 Delete 键删除,如图 7-72 所示。

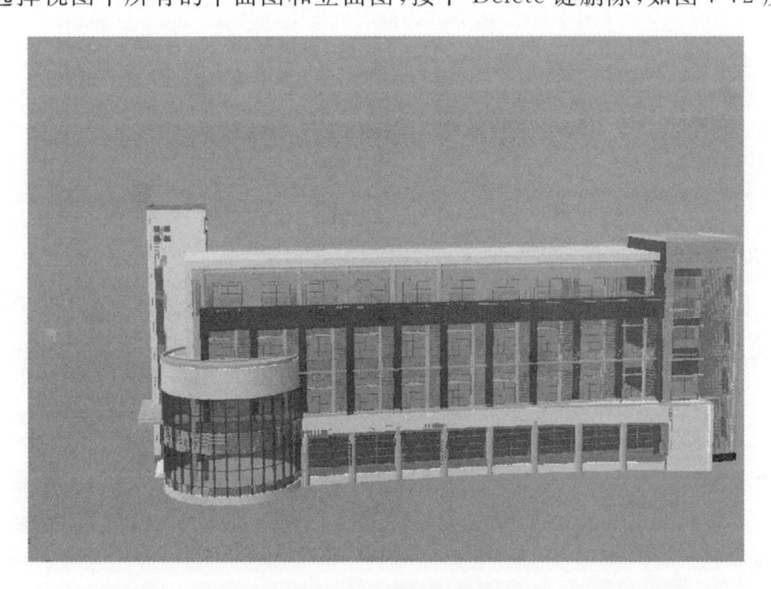

图 7-72　删除参考图

7.1.8　教学楼摄影机的创建

(1) 单击创建面板中的"目标摄影机"按钮 ,在"前视图"中创建一台摄影机。

Note

(2) 在单个视图的左上角单击右键,在弹出的下拉菜单中单击“视图”,在其子菜单中单击“摄影机”,这时视图的模式就转化为摄影机视图,结果如图 7-73 所示。

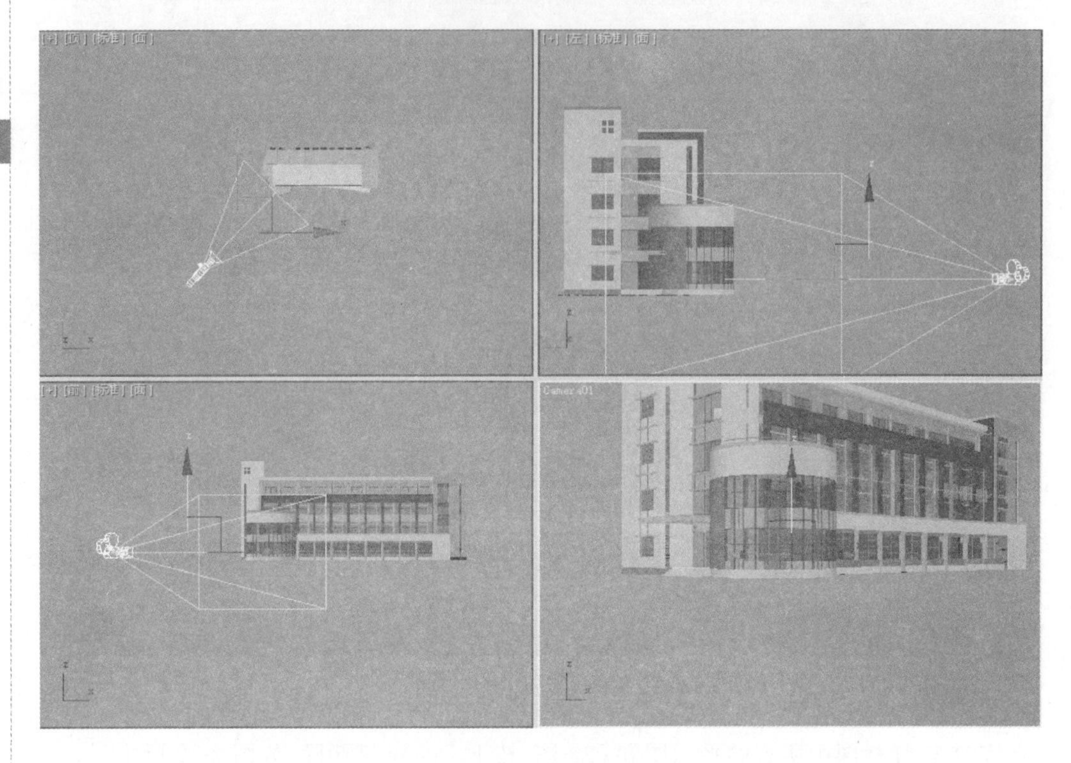

图 7-73 摄影机视图

7-2

7.2 教学楼材质的赋予

7.2.1 教学楼墙面及台阶材质的创建

(1) 单击工具栏上的按钮或按下快捷键 M,打开材质编辑器,如图 7-74 所示。

(2) 在材质球上单击右键,在弹出的子菜单中选择“6×4 示例窗”,材质球将以 6×4 显示,如图 7-75 所示。

(3) 在材质样本窗口中选中一个空白材质球,重命名为“墙体”,单击“漫反射颜色”后面的“无贴图”按钮,打开“材质/贴图浏览器”面板,从中选择“位图”单击,如图 7-76 所示,会弹出“选择位图图像文件”面板,选择下载的源文件中的“斧剁石/墙.jpg”贴图。

选择模型中的墙体部分,将材质赋予墙体。在“修改”面板的“修改列表”下拉菜单中选择“UVW 贴图”,在坐标贴图参数卷展栏中选择“长方体”前的复选框,在长度、宽度、高度后的数值内输入 900,如图 7-77 所示。

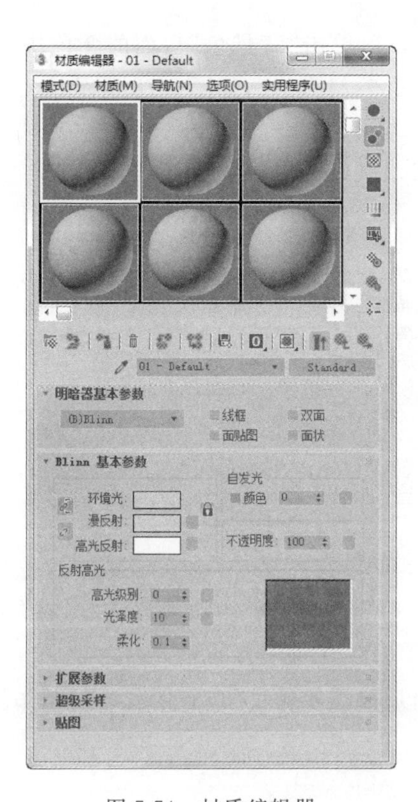

图 7-74 材质编辑器

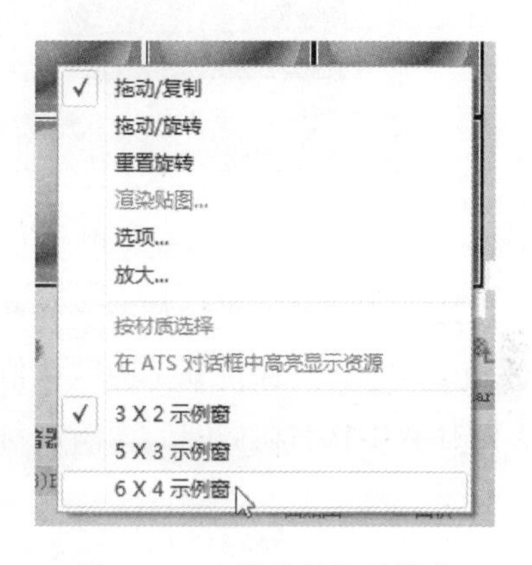

图 7-75 右键选择显示模式

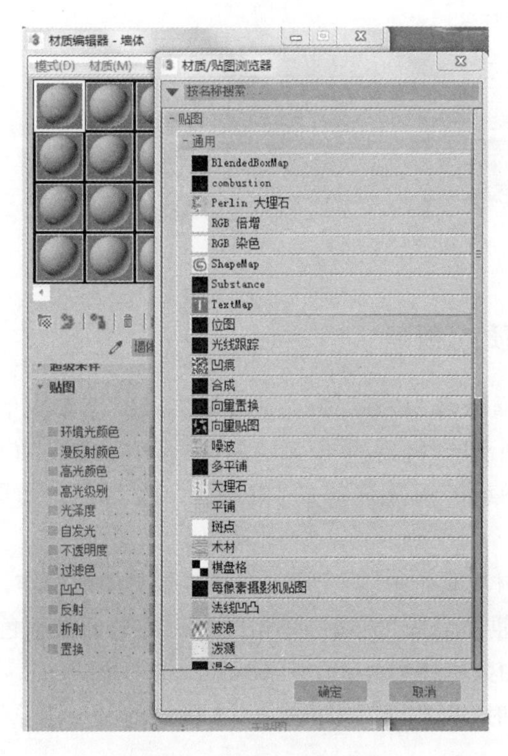

图 7-76 给墙壁模型贴图

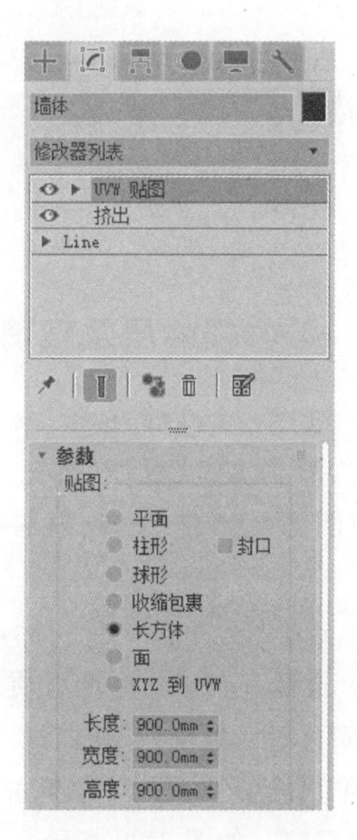

图 7-77 UVW 坐标参数

（4）选择一个新的材质球，重命名为“台阶”，单击“背景色”后面的颜色块，在弹出的颜色对话框中调节红、绿、蓝的数值分别为205、213、222，如图7-78所示。

Note

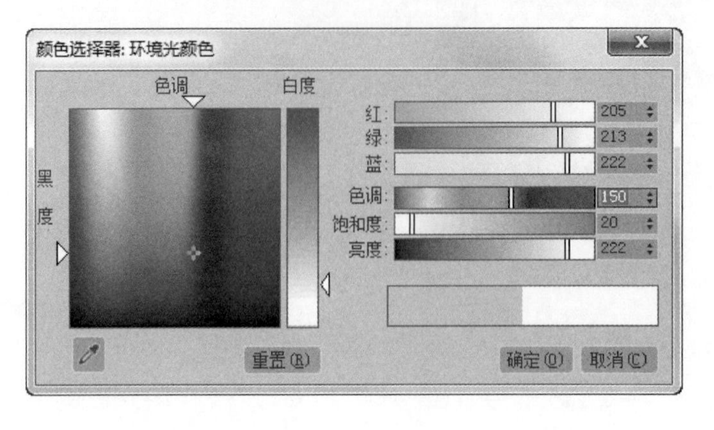

图7-78　调节背景色

（5）在基本参数卷展栏中调节高光数值，在“高光级别”中输入数值10，在“光泽度”中输入数值23，“柔化”保持0.1为默认值，如图7-79所示。

（6）选择教学楼台阶，单击 图标，将材质赋予物体，完成台阶材质的制作。

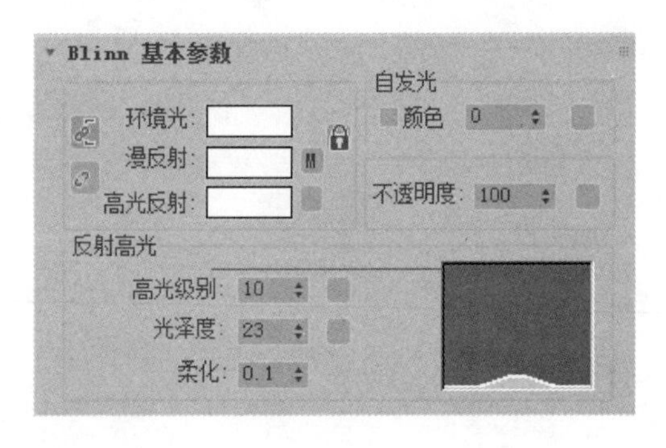

图7-79　基本参数卷展栏

7.2.2　教学楼楼层及玻璃材质的创建

（1）选择一个新的“标准”材质，重命名为“楼层”，在弹出的“贴图”菜单中单击“漫反射颜色”后面的“无贴图”按钮，在弹出的“材质/贴图浏览器”中选择“位图”，在弹出的“选择位图图像文件”面板中选择下载的源文件中的“混凝土.jpg”贴图，如图7-80所示。

（2）选择楼层，单击 图标，将材质赋予物体，完成办公楼楼层材质的制作。

（3）选择一个新的标准材质球，重命名为“玻璃”，单击“环境光”后面的颜色块，在弹出的颜色对话框中调节红、绿、蓝的数值分别为82、86、89，如图7-81所示。

在弹出的“贴图”菜单中单击“反射”后的“无贴图”按钮，在弹出的材质浏览器中选择“光线跟踪”，如图7-82所示。

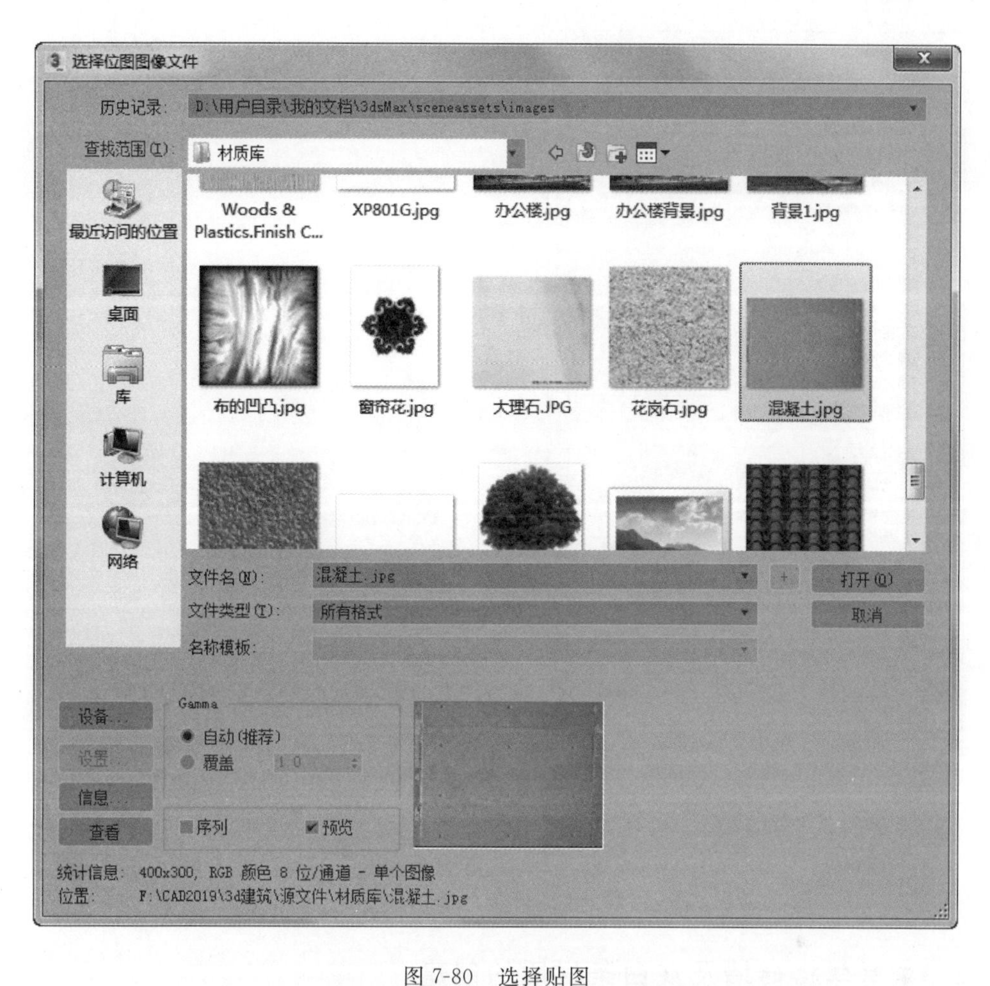

图 7-80 选择贴图

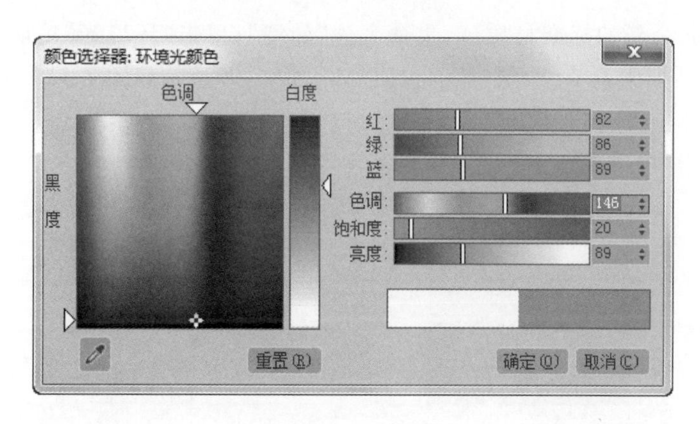

图 7-81 颜色调节

(4) 在"光线跟踪器参数"面板中将"光线跟踪大气""启用自反射/折射""反射/折射材质 ID"的复选框取消选中,如图 7-83 所示。

(5) 选择玻璃,单击 图标,将材质赋予物体,完成办公楼玻璃材质的制作。

Note

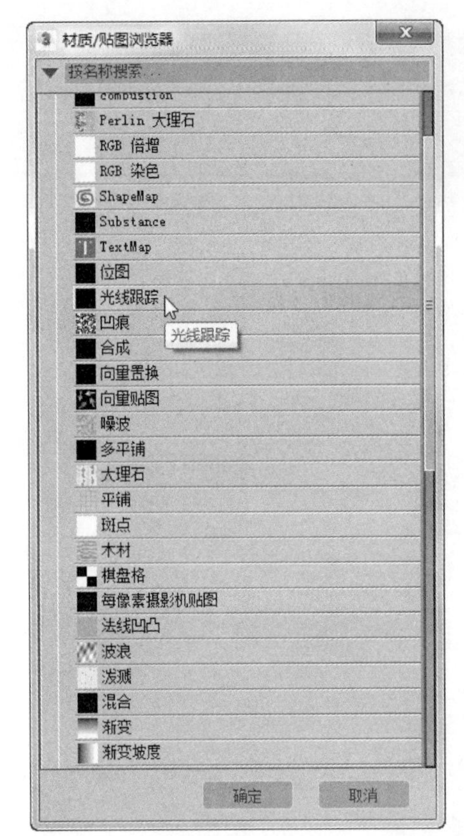

图 7-82　光线跟踪

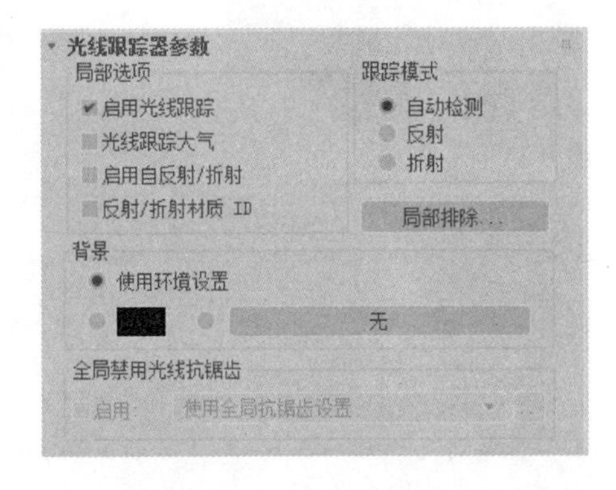

图 7-83　光线跟踪器参数

7.2.3　教学楼砖墙及灰白条材质的创建

（1）选择一个新的标准材质球，重命名为“砖墙”，单击“环境光”后面的颜色块，在弹出的颜色对话框中调节红、绿、蓝的数值分别为 99、99、99，如图 7-84 所示。

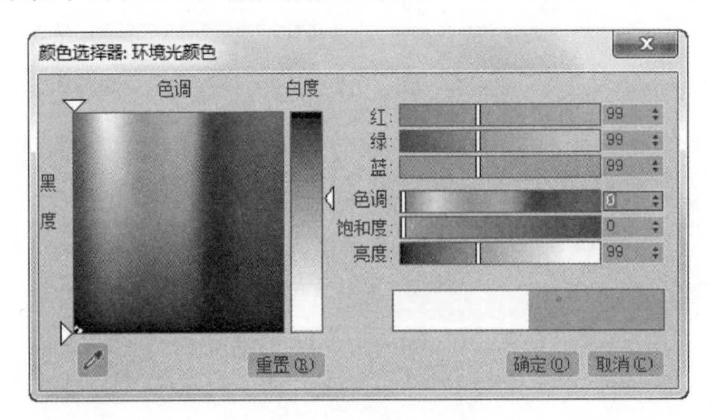

图 7-84　背景色调节

（2）在基本参数卷展栏中对高光数值进行设置，在“高光级别”中输入数值 10，在“光泽度”中输入数值 23，“柔化”保持 0.1 为默认值，如图 7-85 所示。

Note

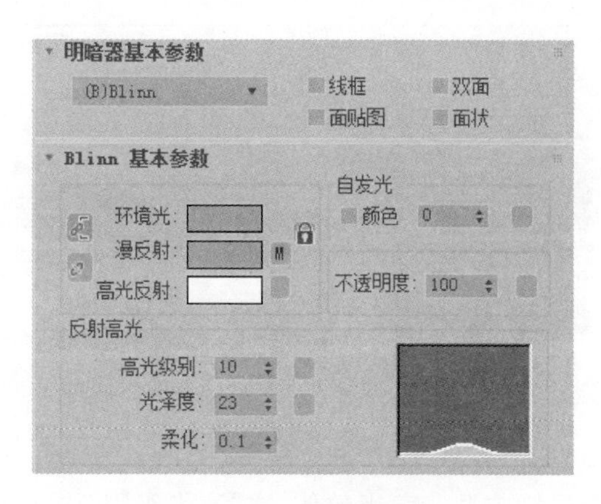

图 7-85　基本参数卷展栏

(3) 在赋予墙体的同时在“修改”面板的“修改列表”下拉菜单中选择“UVW 贴图”，在坐标贴图参数卷展栏中选择“长方体”前的复选框，在长度、宽度、高度后面的文本框中分别输入 3000mm，如图 7-86 所示。

(4) 在弹出的“贴图”菜单中单击“反射”后的 “无贴图”按钮，在弹出的材质浏览器中选择“光线跟踪”，在“光线跟踪参数”面板中将“光线跟踪大气”“启用自反射/折射”“反射/折射材质 ID”的复选框取消选中，在参数设置中输入 9，如图 7-87 所示。

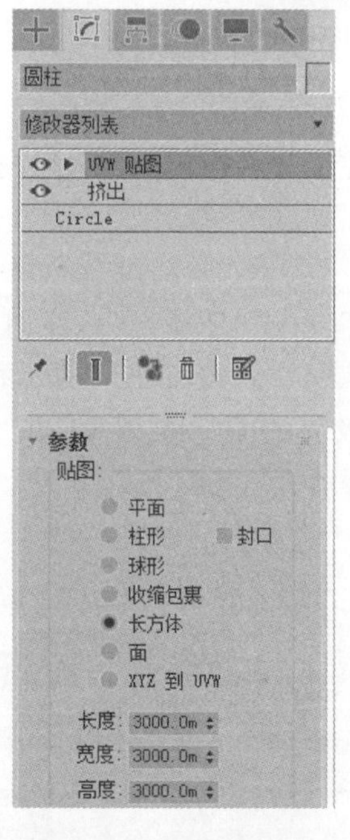

图 7-86　UVW 贴图

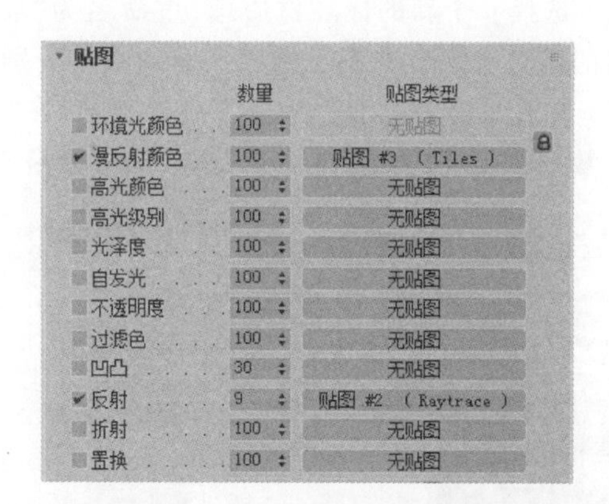

图 7-87　光线跟踪设置

(5) 选择办公楼砖墙部分，单击图标，将材质赋予物体，完成办公楼砖墙材质的制作。

(6) 选择一个新的材质球，重命名为“灰白条”，单击“环境光”后面的颜色块，在弹出的颜色对话框中调节红、绿、蓝的数值分别为 209、209、206，如图 7-88 所示。

Note

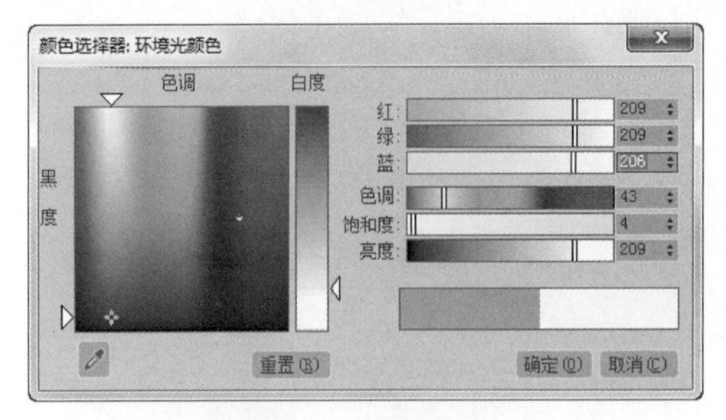

图 7-88　背景色调节

(7) 在基本参数卷展栏中调节高光数值，在“高光级别”中输入数值 10，在“光泽度”中输入数值 23，“柔化”保持 0.1 为默认值，如图 7-89 所示。

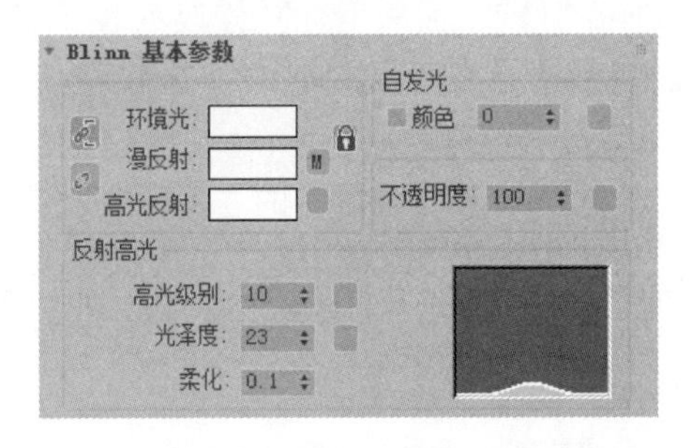

图 7-89　基本参数卷展栏

(8) 选择灰白条，单击图标，将材质赋予物体，完成教学楼灰白条材质的制作。

7.2.4　教学楼玻璃框及圆柱材质的创建

(1) 选择一个新的标准材质球，重命名为“玻璃框”，单击“环境光”后面的颜色块，在弹出的颜色对话框中调节红、绿、蓝的数值分别为 91、94、96，如图 7-90 所示。

(2) 在基本参数卷展栏中调节高光数值，在“高光级别”中输入数值 10，在“光泽度”中输入数值 23，“柔化”保持 0.1 为默认值，如图 7-91 所示。

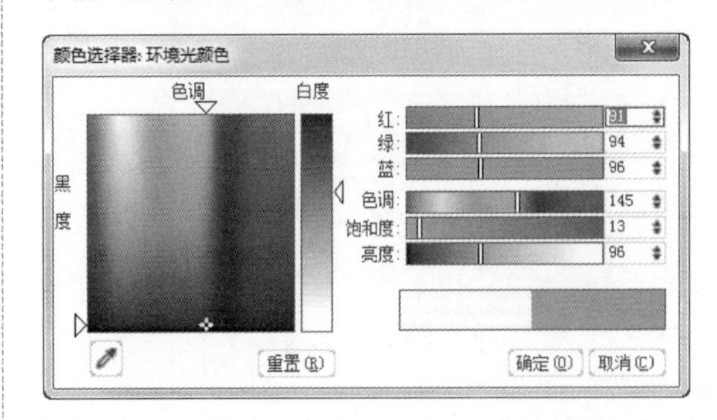

图 7-90　背景色调节

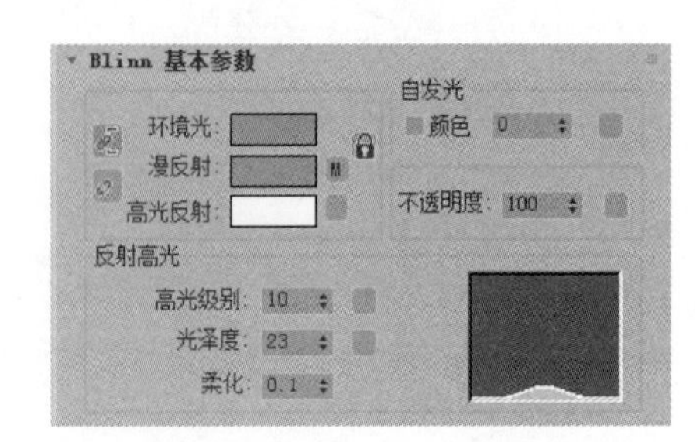

图 7-91　基本参数卷展栏

(3) 在弹出的“贴图”菜单中单击“反射”后的“无贴图”按钮，在弹出的材质浏览器中选择“光线跟踪”，在“光线跟踪器参数”面板中将“光线跟踪大气”“启用自反射/折射”

“反射/折射材质 ID”的复选框取消选中，在参数设置中输入 15，如图 7-92 所示。

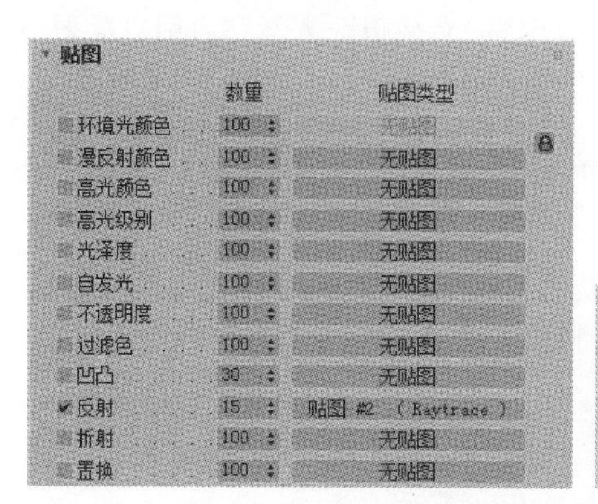

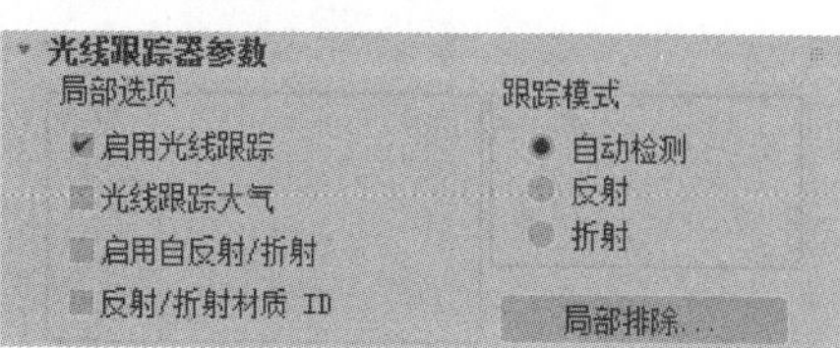

图 7-92　光线跟踪器参数设置

（4）选择教学楼玻璃框，单击 图标，将材质赋予物体，完成教学楼玻璃框材质的制作。

（5）选择一个新的标准材质球，重命名为“圆柱”，在弹出的“贴图”菜单中单击“漫反射颜色”后面的“无贴图”按钮，在弹出的“材质/贴图浏览器”中选择“位图”，在弹出的选择框中双击，打开下载的源文件中的“花岗石.jpg”贴图，如图 7-93 所示。

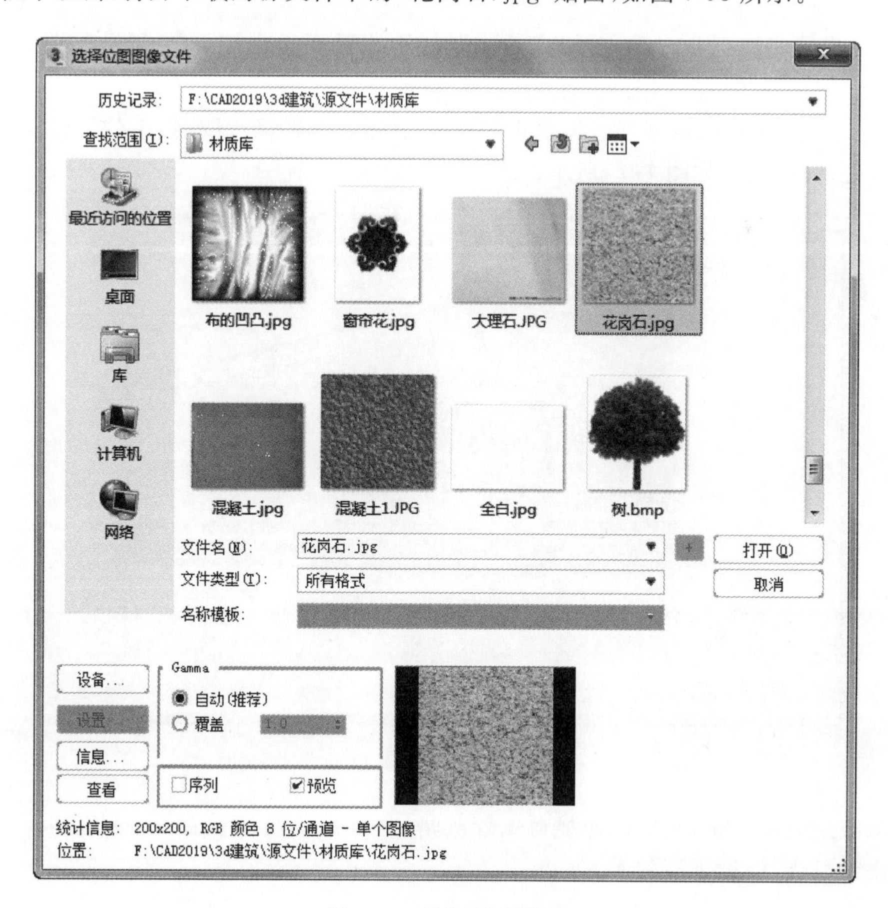

图 7-93　选择材质贴图

(6) 在弹出的“贴图”菜单中单击“反射”后的“无贴图”按钮，在弹出的材质浏览器中选择“光线跟踪”，在“光线跟踪器参数”面板中将“光线跟踪大气”“启用自反射/折射”“反射/折射材质 ID”的复选框取消选中，在参数设置中输入 15，如图 7-94 所示。

Note

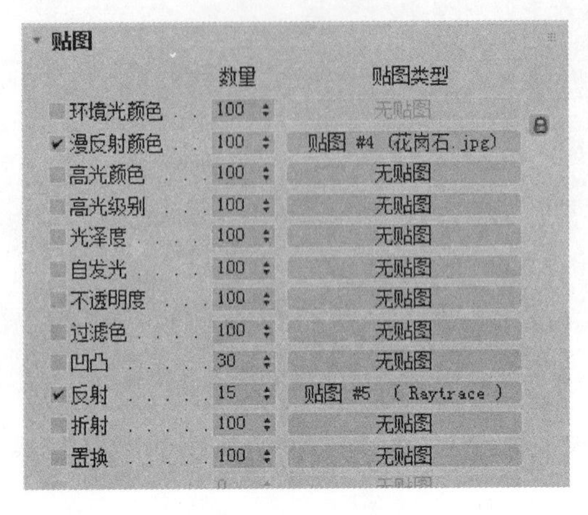

图 7-94　光线跟踪器设置

(7) 选择教学楼圆柱，单击 图标，将材质赋予物体，完成教学楼圆柱材质的制作。

(8) 设置完模型贴图后，在相应的贴图材质编辑面板中按下 显示贴图图标，观察材质贴图在视图中的贴图纹理效果是否理想。

(9) 至此，所有的模型都已经指定了材质。激活摄影机视图，按下快捷键 F9 进行快速渲染，渲染效果如图 7-95 所示。

图 7-95　渲染效果

从渲染效果看来，整张图像显得比较灰暗，这是因为没有设置灯光的原因，下面为场景添加灯光，继续观察效果。

7.3 教学楼灯光的创建

Note

7-3

在图形中为了避免选到不需要选择的物体，在工具栏的“选择过滤器”(Selection Filter)下拉列表框中选择“灯光”，如图 7-96 所示，这样，在场景中能针对性地选择灯光模型。下面为图形添加光源。

图 7-96 工具栏选择过滤器

7.3.1 教学楼主光源的创建

(1) 执行“创建”→“灯光”→“标准灯光”→“目标聚光灯”(Create→Lights→Standard Lights→Target Spotlight)命令，如图 7-97 所示。

(2) 在工具栏中选择“选择并移动”工具，在“前视图”中调整“目光聚光灯”的位置，位置如图 7-98 所示。

(3) 在“修改”面板中设置目标聚光灯的各项参数，具体设置如图 7-99 所示。

(4) 在“倍增器”(Multiplier)中输入数值 0.25，单击后面的颜色选择器，在弹出的倍增器颜色面板中调节红、绿、蓝的数值分别为 211、219、234，如图 7-100 所示。

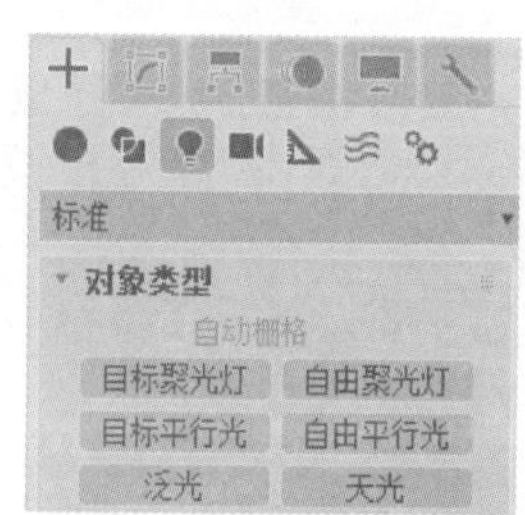

图 7-97 灯光创建面板

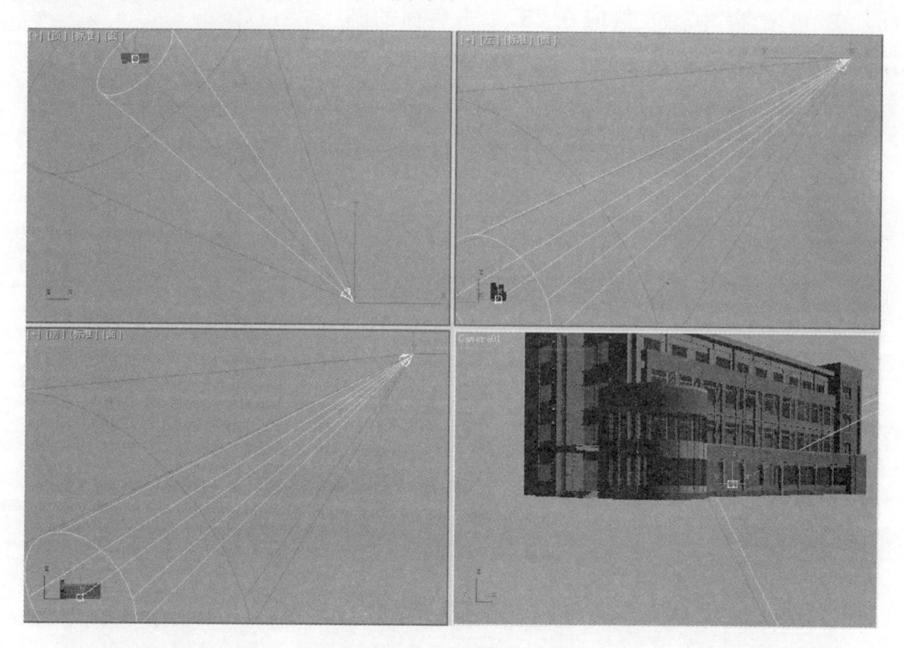

图 7-98 调整聚光灯位置

Note

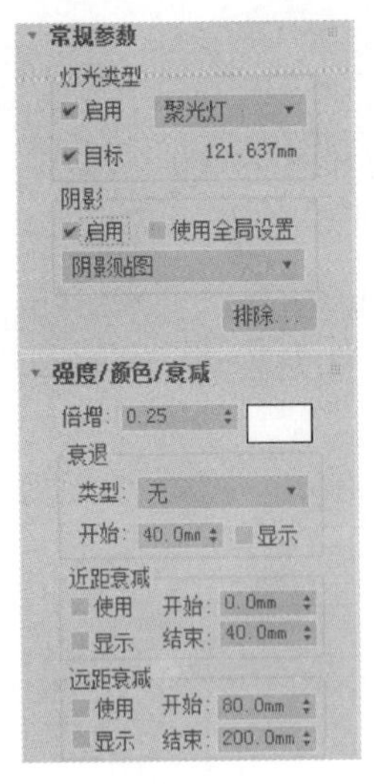

图 7-99　目标聚光灯的各项参数

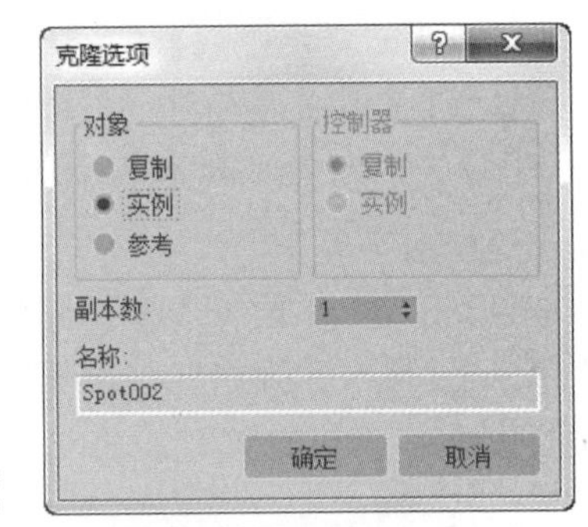

图 7-100　倍增器颜色面板

(5) 将灯光进行复制，在复制时选择“实例”(Instance)复选框，如图 7-101 所示。

(6) 执行“创建”→“灯光”→“标准灯光”→“目标聚光灯”命令，在视图中继续创建目标聚光灯，如图 7-102 所示。

(7) 在“修改”面板中设置目标聚光灯的各项参数，具体设置如图 7-103 所示。

(8) 在“倍增器”中输入数值 0.25，单击后面的颜色选择器，在弹出的倍增器颜色面板中调节红、绿、蓝数值分别为 254、245、230，如图 7-104 所示。

克隆选项

对象　控制器

复制　复制

实例　实例

参考

副本数: 1

名称:

Spot002

确定　取消

图 7-101　“实例”复制

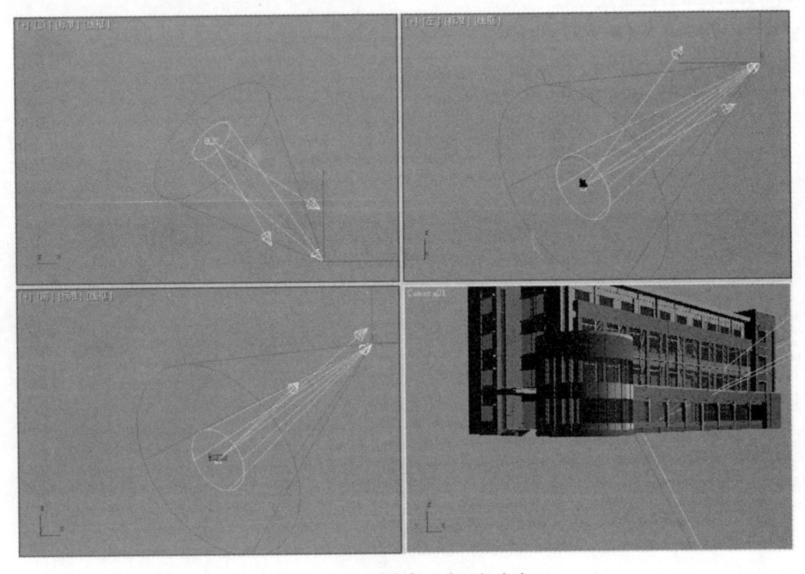

图 7-102　创建目标聚光灯

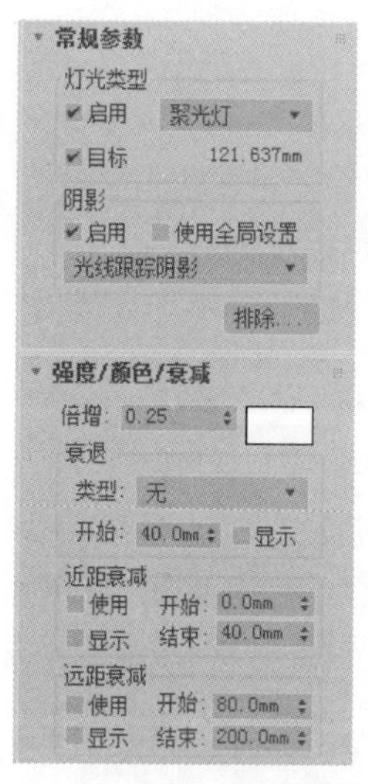

图 7-103　目标聚光灯的各项参数

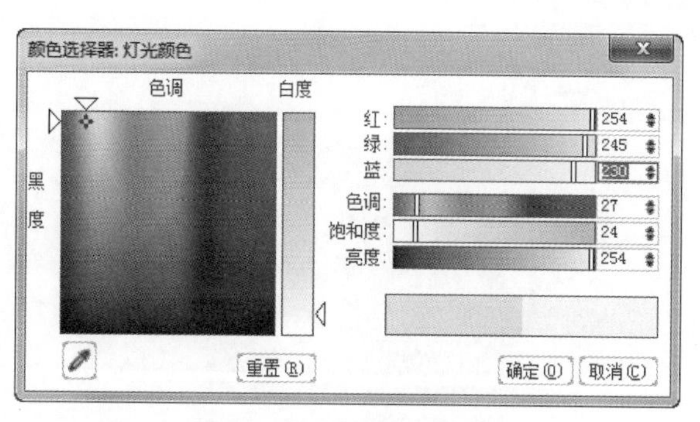

图 7-104　倍增器颜色面板

(9) 按 F9 键快速渲染，观察效果图，发现画面比较灰暗，需要利用复制命令复制灯光，增加效果图中的明暗关系，如图 7-105 所示。

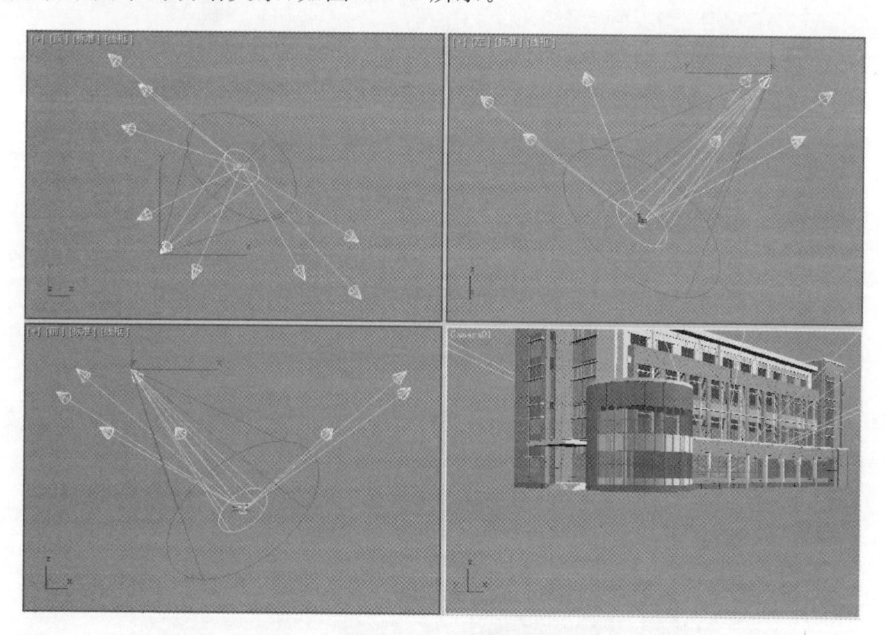

图 7-105　复制灯光

7.3.2　教学楼辅光源的创建

(1) 执行“创建”→“灯光”→“标准灯光”→“泛光”(Create→Lights→Standard Lights→Omni)命令，如图 7-106 所示。

(2) 在“修改”面板 中设置泛光灯的各项参数，具体设置如图 7-107 所示。

(3) 在“倍增器”中输入数值 0.25，单击后面的颜色选择器，在弹出的倍增器颜色面板中调节红、绿、蓝数值分别为 211、219、234，如图 7-108 所示。

Note

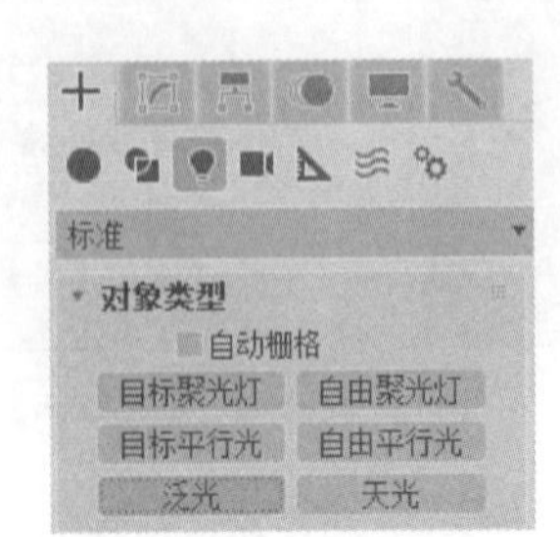

图 7-106　灯光创建面板

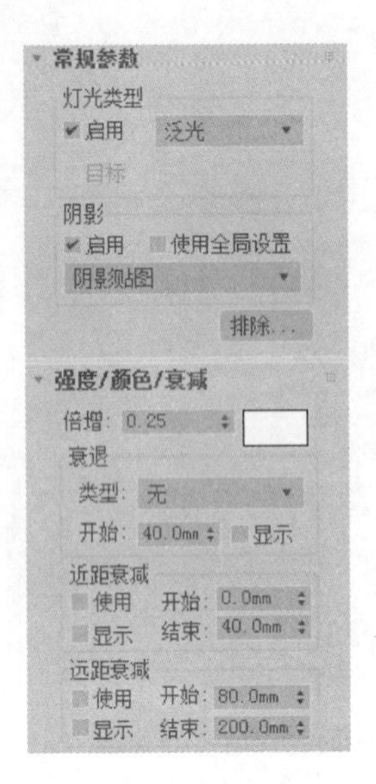

图 7-107　泛光灯的各项参数

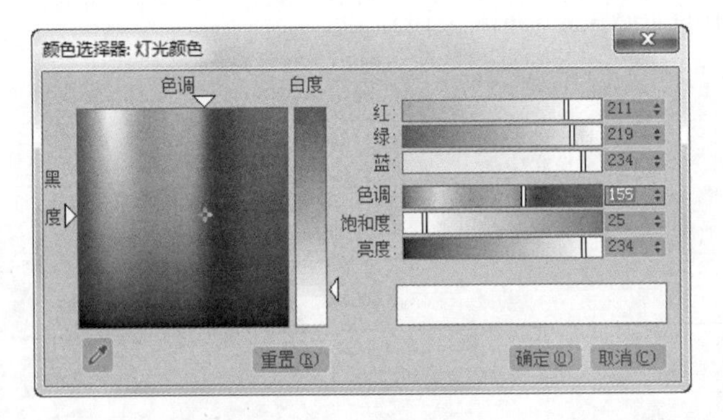

图 7-108　倍增器颜色面板

(4) 按 F9 键快速渲染，单击渲染图片的“保存位图”按钮，把图片保存为文件名称为“教学楼.jpg”文件，如图 7-109 所示。

图 7-109　渲染图片

注意：

在渲染时仔细调节摄影机位置，这也是以后处理的重点之一，好的视角关系也是一幅好效果图的关键所在。

Note

7.4　教学楼的 V-Ray 渲染

7-4

V-Ray 渲染器是 3ds Max 2018 的外挂插件，它是比较好的渲染插件之一。

（1）按快捷键 F10 或单击菜单栏中的“渲染”窗口下拉菜单中的“渲染设置”命令，如图 7-110 所示。

（2）在“公用”(Common)选项卡中，展开“指定渲染器”(Assign Renderer)卷展栏，单击“选择渲染器”(Production)后的图标，在弹出的对话框中双击 V-Ray Adv 3.60.03 渲染器，如图 7-111 所示。

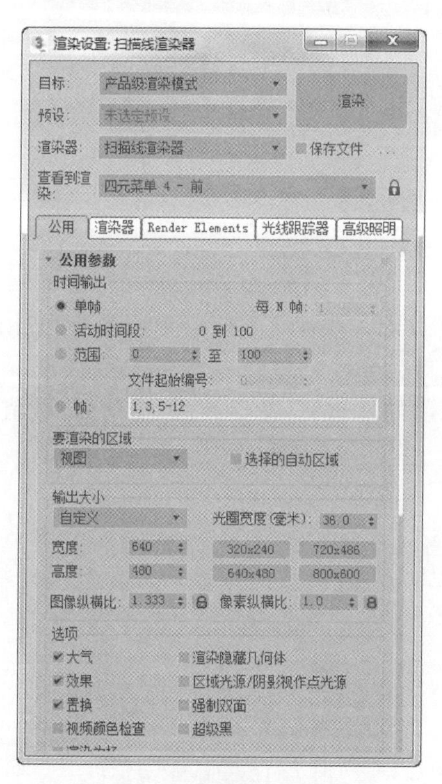

图 7-110　“渲染设置”窗口

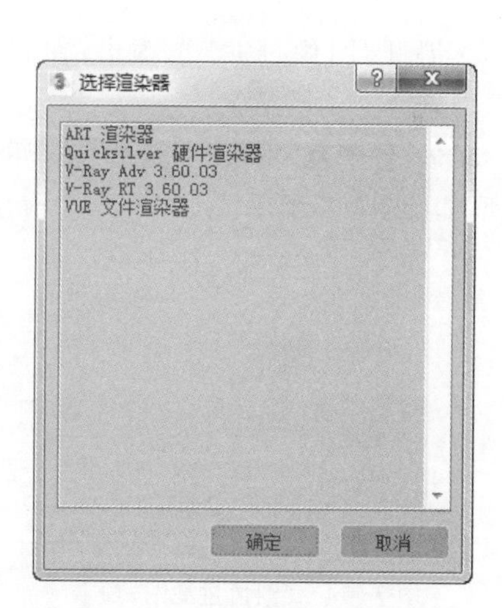

图 7-111　“选择渲染器”对话框

（3）这时 3ds Max 2018 默认的渲染面板转换成 V-Ray 渲染面板，如图 7-112 所示。

（4）在渲染面板中选择“V-Ray”选项卡，此时 V-Ray 渲染面板已打开，展开“全局开关”(Global Switches)卷展栏，将“隐藏灯光”(Hidden Lights)前的复选框取消，如图 7-113 所示。

Note

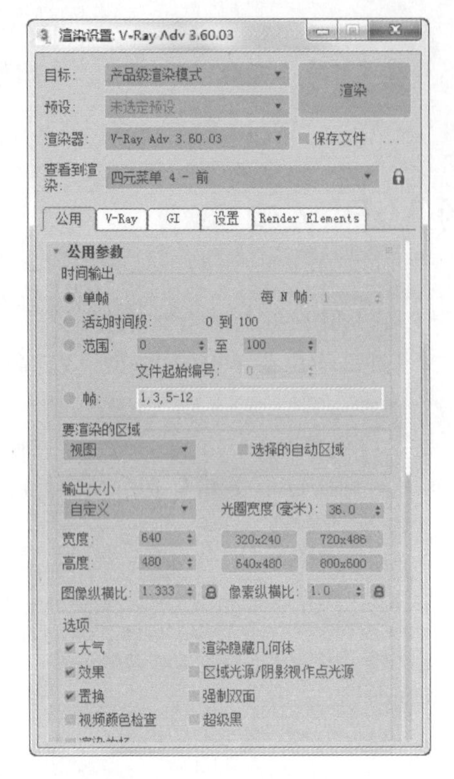

图 7-112 V-Ray 渲染面板

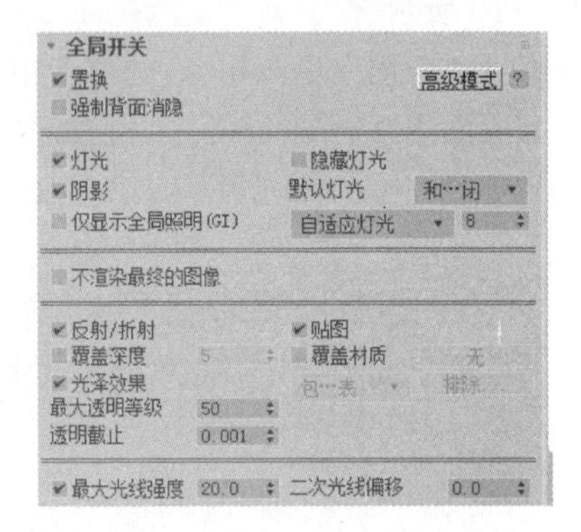

图 7-113 “全局开关”卷展栏

(5) 展开“图像过滤”选项卡，在“指定过滤器类型”下拉菜单中选择“Catmull-Rom”，如图 7-114 所示。

(6) 展开“环境”卷展栏，选中“GI 环境”前的复选框，在后面的“倍增器”数值中输入 0.5，如图 7-115 所示。

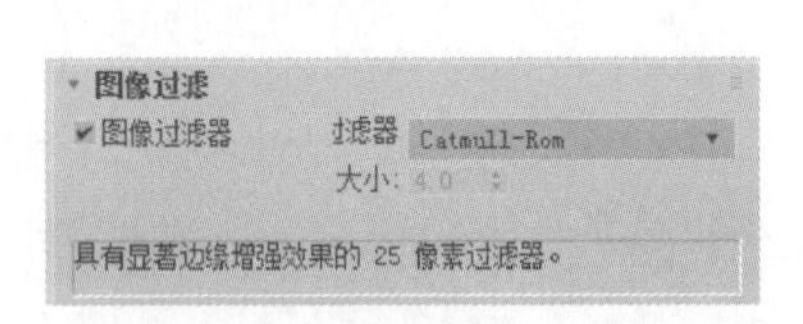

图 7-114 “图像过滤”选项卡

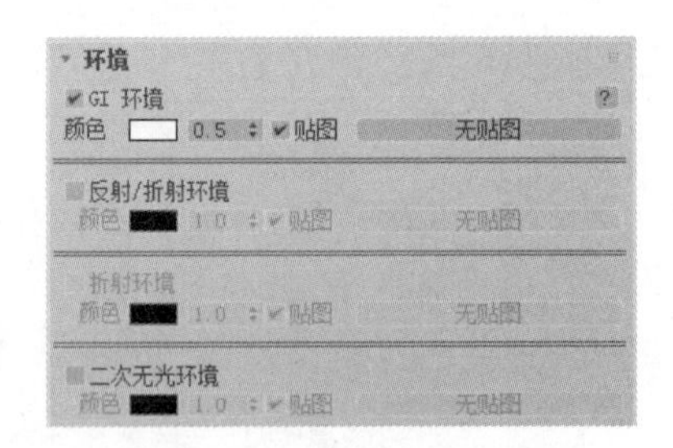

图 7-115 “环境”卷展栏

(7) 回到“公用”选项卡，在“输出大小”面板中用户可根据自己的要求对效果图的尺寸进行修改，在后面也为用户提供了 4 种标准尺寸，单击“800×600”，设置输出尺寸如图 7-116 所示。

(8) 回到顶视图中，选择灯光，将灯光的参数阴影改为 V-Ray 阴影贴图，如图 7-117 所示。

(9) 回到摄影机视图中，按快捷键 F9 对模型进行渲染，如图 7-118 所示。

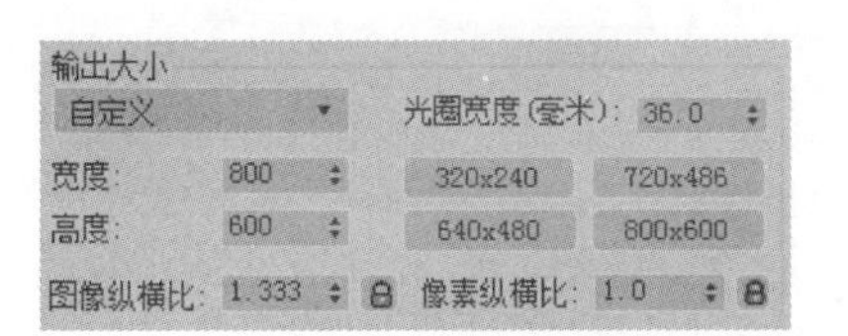

图 7-116 设置输出尺寸

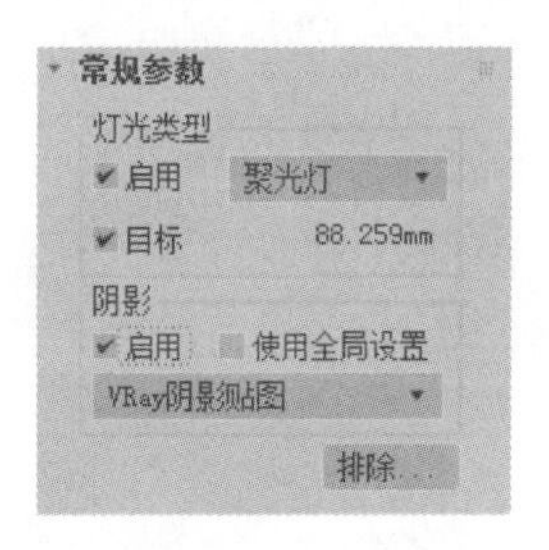

图 7-117 修改灯光的参数阴影

图 7-118 对模型进行渲染

(10) 单击渲染图片的“保存图像”按钮，把图片保存为“室外模型.jpg”文件，如图 7-119 所示。

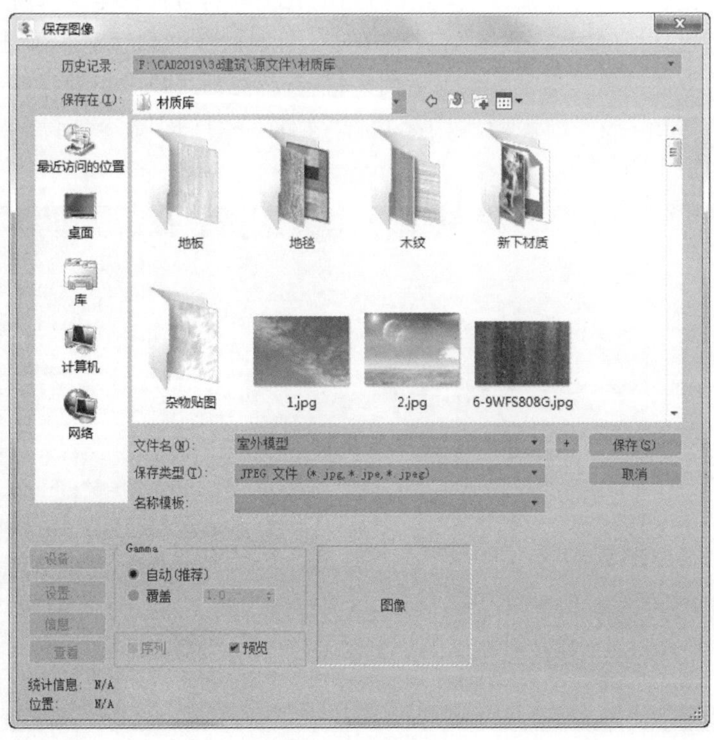

图 7-119 保存图片

Note

(11) 单击“保存”按钮时会弹出“图像控制”对话框，单击“确定”按钮完成对效果图的保存，如图 7-120 所示。

图 7-120 “图像控制”对话框

7.5 教学楼的图像合成

7-5

图像合成是制作效果图中至关重要的一步，也是在整个步骤中画龙点睛之处。它的作用是丰富效果图的表现力，并表现室外建筑的效果。在对效果进行后期处理时，不同的处理方法会有不同的表现方式，在准备后期处理素材方面一定要选材丰富，在准备素材时要考虑多方面的因素，要是没有大量的后期素材将很难针对效果进行处理。在下载的源文件中为读者提供了大量的后期素材，在练习时可以自由地进行编辑。

(1) 运行 Photoshop CC 2018 程序，执行“文件”→“打开”命令，将渲染后的效果图打开，如图 7-121 所示。

图 7-121 打开效果图

（2）在“图层”面板中教学楼“背景”图层后面有一个锁型按钮说明图层已经被锁定，选择“背景”图层按住不放并向下拖动到“创建新图层”按钮上，将图层进行复制，如图 7-122 所示。

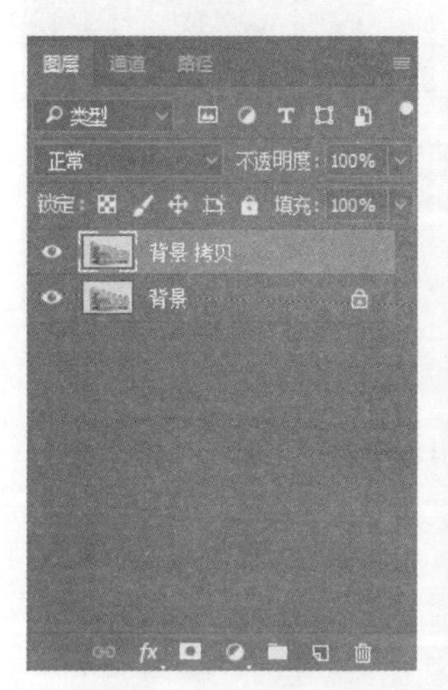

图 7-122　复制背景图层

（3）将“背景”图层删除，使用“魔棒”工具在图层中单击背景，选中的背景会有“蚂蚁线”表示，将图层背景删除，删除后的背景将以透明形式显示，如图 7-123 所示。

图 7-123　删除背景

（4）使用“自由变换”命令或通过快捷键 Ctrl＋T 将模型尺寸自由调节，在调节时要整体地进行放大或缩小，按住 Shift 键，在自由变换框上进行缩放，如图 7-124 所示。

图 7-124　调整图形大小

Note

(5) 打开下载的源文件中的“天空.JPEG”文件，执行“图像”→“调整”→“色阶”命令，或通过快捷键 Ctrl+L 对天空进行调节，如图 7-125 所示。

图 7-125　使用色阶调整天空

(6) 在“色阶”对话框中调节参数，如图 7-126 所示。

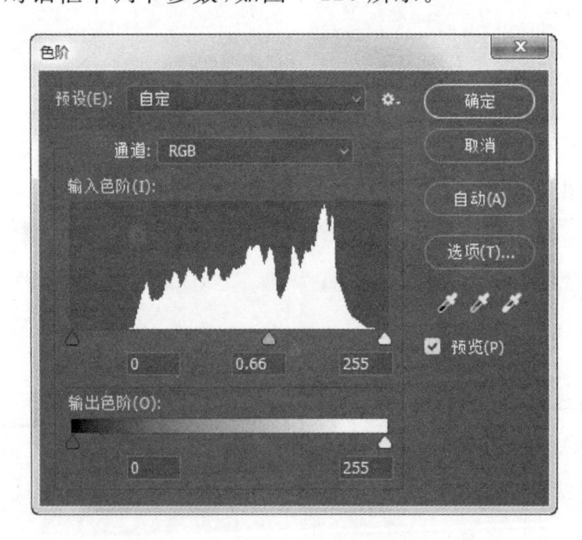

图 7-126　调整色阶

(7) 使用“移动”工具将“天空”图层拖放到教学楼“背景”图层中，在移动拖放时按住 Shift 键，这样在拖放时，图会按原来图层的大小整体被放入到“背景”图层中，拖放进来后的“天空”图片挡住了天空图层，在“图层”面板中将“天空”图层拖放到教学楼“背景”图层的下面，如图 7-127 所示。

(8) 使用“自由变换”命令调整“天空”图层，调整好的背景如图 7-128 所示。

(9) 打开下载的源文件中的“草地.JPEG”图片文件，使用“自由变换”命令调节到合适位置，如图 7-129 所示。

(10) 背景素材的加入使得画面变得丰富起来，使用“套索”工具在图中描绘出“马路”的路径，描绘完成时按 Enter 键，将“路径”变为“蚂蚁线”，如图 7-130 所示。

(11) 选择菜单栏中的“选择”→“存储选区”命令，储存绘制的“蚂蚁线”，打开下载的源文件中的“马路.JPEG”图片文件，如图 7-131 所示。

(12) 现在效果图中已经完成了整体上的搭配，需要针对“教学楼”主题进行细节上的丰富，让效果图进一步地完善起来，根据效果图中植物的位置添加细节的变换，打开

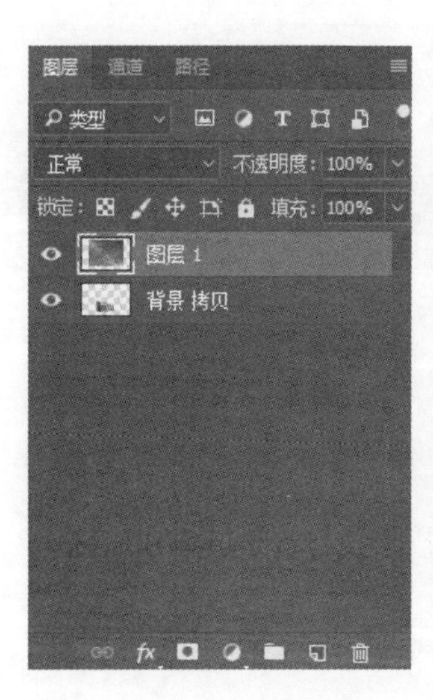

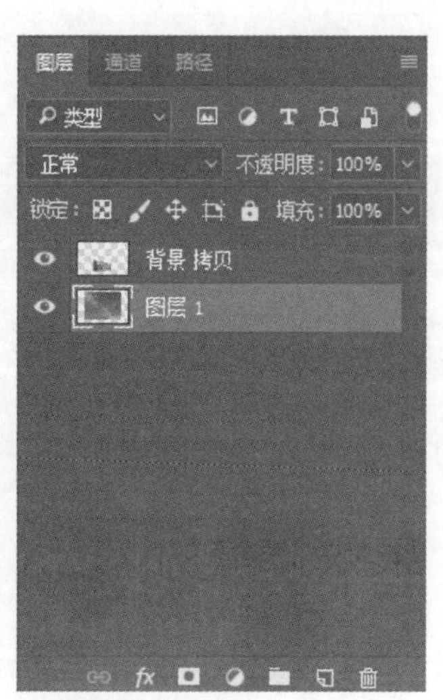

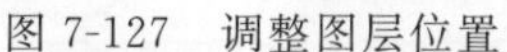

图 7-127 调整图层位置

图 7-128 调整天空图层

下载的源文件中的“植物. JPEG”图片文件。

(13) 图 7-131 中草地、天空、植物已经搭配完成，下面在下载的源文件中的“人物. JPEG”图片中裁减并调节人物的大小，使用“自由变换”命令在效果图中调节人物的大小及位置，如图 7-132 所示。

(14) 执行“文件”→“存储”命令，在弹出的对话框中将格式保存为后缀为“JPEG”格式的图片，选择保存的路径后单击“保存”按钮，如图 7-133 所示。

(15) 在保存成后缀为“JPEG”格式的文件后，为了以后调整和修改的方便可以另存一份后缀为“PSD”的图片格式。

Note

图 7-129　调整草地图片

图 7-130　描绘"马路"路径

图 7-131　导入马路图片

Note

图 7-132　使用自由变换调整图形

图 7-133　保存图片

Note

7.6 案例欣赏

图 7-134　案例欣赏 1

图 7-135　案例欣赏 2

图 7-136　案例欣赏 3

图 7-137　案例欣赏 4

图 7-138　案例欣赏 5

Note

图 7-139　案例欣赏 6

图 7-140　案例欣赏 7

图 7-141　案例欣赏 8

图 7-142　案例欣赏 9

Note

图 7-143　案例欣赏 10

本 章 小 结

本章讲述的是创建模型的一种新的绘制思路，针对模型的多变性，不能一味地使用一种方法进行制作。在制作过程中可能用到的命令就只有那么几个，但它们代表的却是一种方式。所有的变换都离不开根本，在以后遇到困难时，不妨试试从基础入手，最笨的办法有时也是最有效的方法。在没有整体的情况下可以从局部开始。在渲染方面，本章添加了 V-Ray 渲染。渲染只是一种表现方式，在使用时关键还是基础的调节。V-Ray 渲染器是现在市面上最流行的渲染器，它使用简洁，不用设置太多的参数，效果比较好。最重要的就是速度快，为设计赢得了宝贵的时间。本章通过基本的学习与应用简洁地介绍了 3d Max 2018 的建模与渲染。在制作过程中每个环节都是重要的，希望读者在以后制作效果的过程中不要去一味地追寻局部效果。

餐厅效果图制作

8.1 创建餐厅模型
8.2 制作餐厅材质
8.3 餐厅灯光的创建
8.4 餐厅的图像合成
8.5 案例欣赏

学习目的

熟练掌握餐厅中各种模型的创建方法。

学习思路

本章以餐厅为题材,在风格上同样是简约主义,如图 8-1 所示。餐厅抛弃烦冗、富丽堂皇的感觉,采用简洁明快的处理手法,色彩明亮温暖,给人以家的温馨,充满生活的气息。建模、材质、灯光、渲染是具体的制作方法,也是基本的制作流程。

知识重点

➢ 建模:掌握基本的"放样"(Loft),"旋转"Rotate 和"布尔运算"(Boolean)的使用方法。

Note

- 材质：学习简单材质的赋予和“光线跟踪”材质的使用。
- 灯光：学习和运用“泛光灯”和“目标聚光灯”，创建室内灯光。
- “橡皮擦”(Eraser Tool)工具用来制作边缘模糊的效果，相当于滤镜中的模糊功能，但是更自由灵活。

图 8-1　餐厅效果图

8.1　创建餐厅模型

8.1.1　餐厅墙面的建立

(1) 执行“创建”→“标准基本体”→“长方体”(Create→Standard Primitives→Box)命令，然后在顶视图中创建一个长方体，作为墙的立面，如图 8-2 所示。

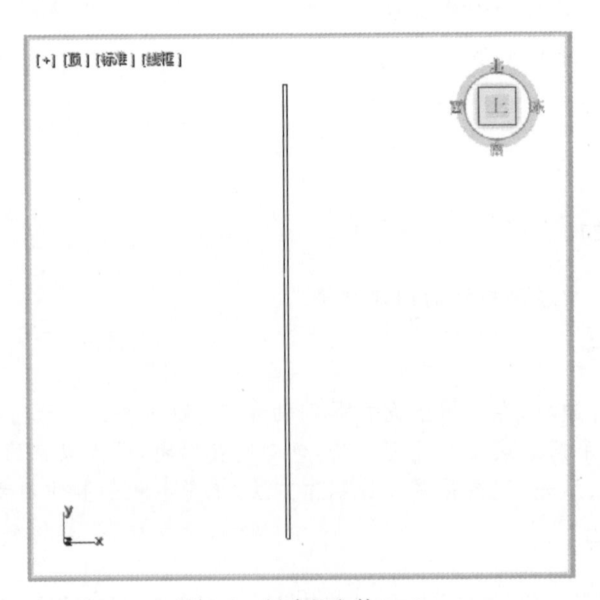

图 8-2　创建长方体(一)

(2) 在“参数”面板中，设置基本参数“长度”为 30000.0mm，“宽度”为 240.493mm，“高度”为 6000.98mm，如图 8-3 所示。

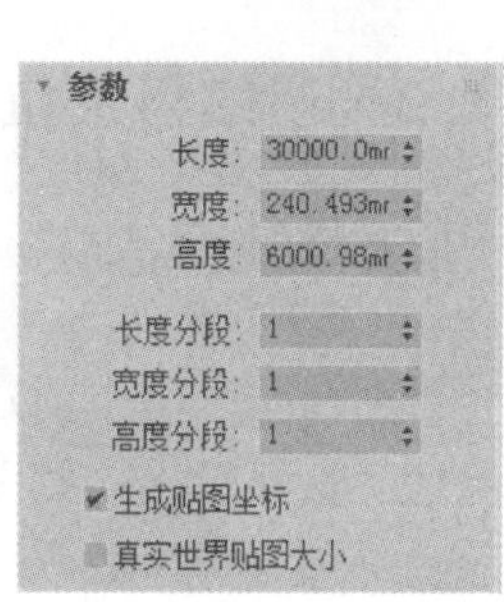

图 8-3　设置参数

(3) 选中刚创建的墙面，执行“工具”→“镜像”(Tools→Mirror)命令，然后在镜像面板中设置坐标轴为 X 轴，将“偏移”设为 20000mm，“克隆当前选择”(Clone Selection)模式设为“复制”(Copy)，如图 8-4(a)所示。单击“确定”按钮，完成另一面墙的复制。

(4) 利用同样的方法，在前视图中创建地面，然后执行“工具”→“镜像”(Tools→Mirror)命令，在出现的镜像面板中设置坐标轴为 Y 轴，将“偏移”设为 6000.98mm，“克隆当前选择”模式设为“复制”，如图 8-4(b)所示。

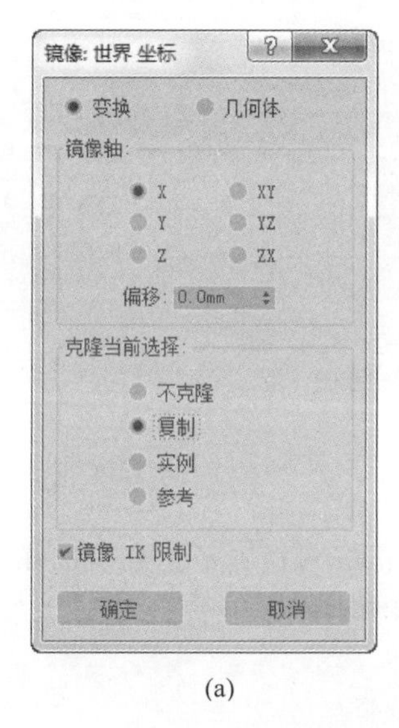

(a)

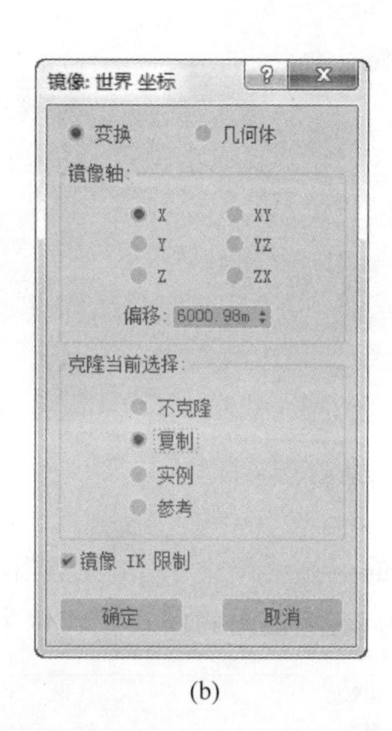

(b)

图 8-4　镜像复制

(5) 墙面的建立基本完成，经过两次执行复制命令，最终如图 8-5 所示。

图 8-5　最终效果图

Note

8.1.2 创建摄影机

(1) 执行"创建"→"摄影机"→"目标摄影机"(Create→Cameras→Target Camera)命令,如图 8-6 所示。

(2) 在左视图中创建摄影机,如图 8-7 所示。

(3) 打开摄影机视图,在单个视图的左上角单击鼠标右键,弹出下拉菜单,如图 8-8 所示。

图 8-6 执行摄影机命令

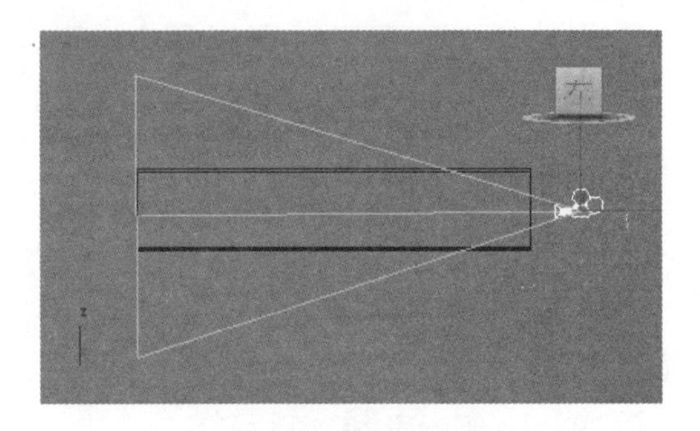

图 8-7 创建摄影机

(4) 在出现的下拉菜单中单击"视点"(Views),在其子菜单中选择"摄影机"命令单击,如图 8-9 所示,这样视图的模式就转化为摄影机视图。

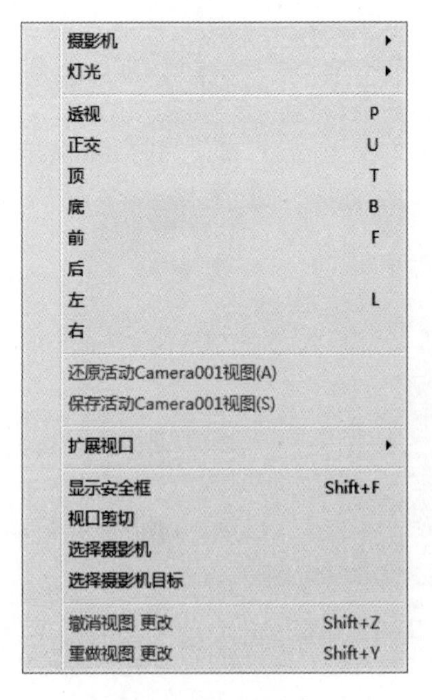

图 8-8 摄影机视图菜单

图 8-9 进入摄影机视图

8.1.3 窗户的建立

(1) 执行“创建”→“标准基本体”→“长方体”命令，然后在顶视图中创建一个长方体，如图 8-10 所示。

(2) 在工具栏中单击“选择并旋转”工具，然后对新创建的长方体进行旋转，如图 8-11 所示。

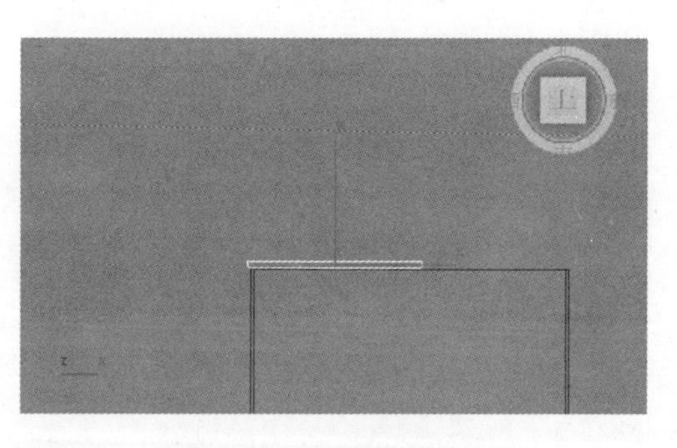

图 8-10 创建长方体(二)

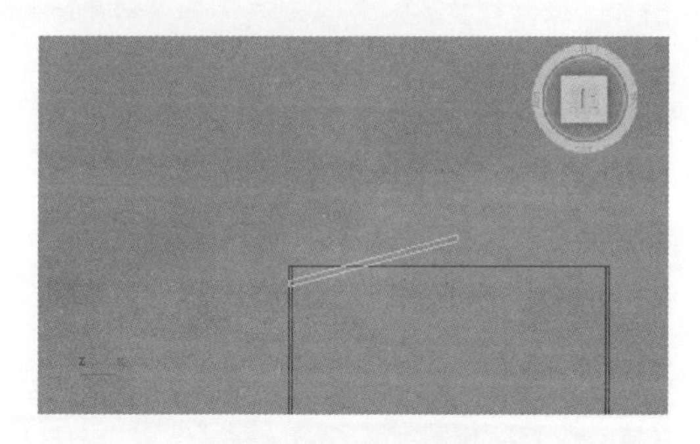

图 8-11 旋转调整

(3) 在工具栏中单击“选择并移动”工具，对窗户的位置进行调整，如图 8-12 所示。

(4) 选中新创建的长方体，在工具栏中单击“选择并移动”工具，然后在按住 Shift 键的同时拖动物体，出现“克隆选项”(Clone Options)对话框，设置如图 8-13 所示。

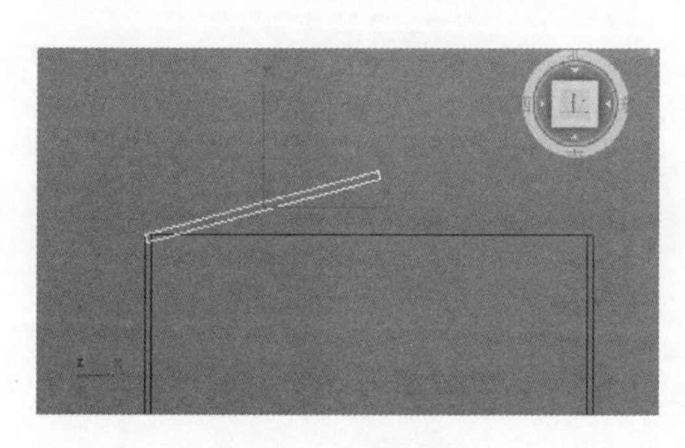

图 8-12 移动调整

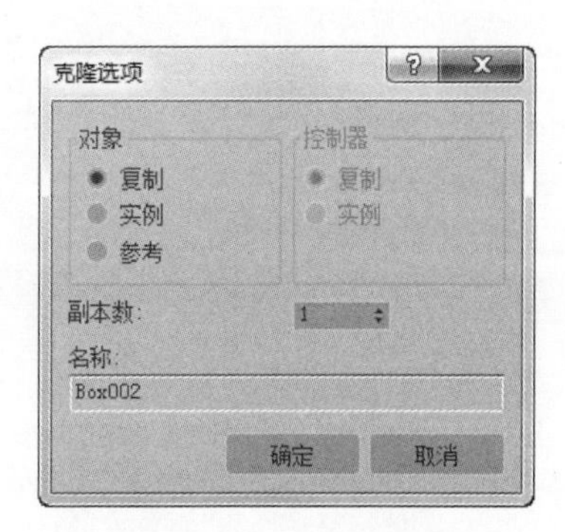

图 8-13 复制长方体

Note

（5）完成复制之后，单击“选择并旋转”工具，对新复制的物体进行旋转，如图8-14所示。

（6）在右侧长方体的“参数”面板中，设置基本参数“长度”为240.493mm，“宽度”为10964.3mm，“高度”为6000.983mm，如图8-15所示，最终位置如图8-16所示。

（7）执行“创建”→“标准基本体”→“长方体”命令，在顶视图中创建一个长方体。在右侧长方体的“参数”面板中，设置基本参数“长度”为1428.14mm，“宽度”为3996.05mm，“高度”为3836.98mm，如图8-17所示。

图8-14　旋转调整

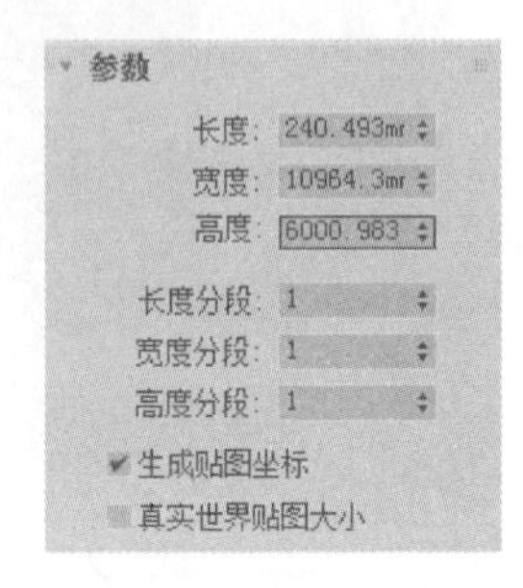

图8-15　设置参数面板

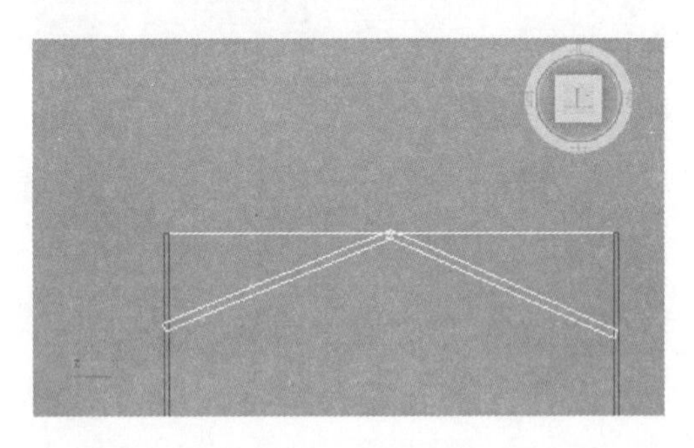

图8-16　最终位置

（8）同理，再次创建长方体，在右侧长方体的“参数”面板中，设置基本参数“长度”为1428.14mm，“宽度”为1950.88mm，“高度”为3836.0mm，如图8-18所示。

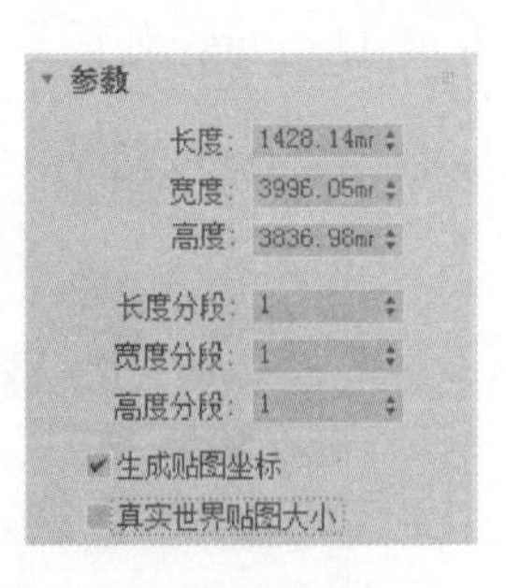

图8-17　创建长方体（三）

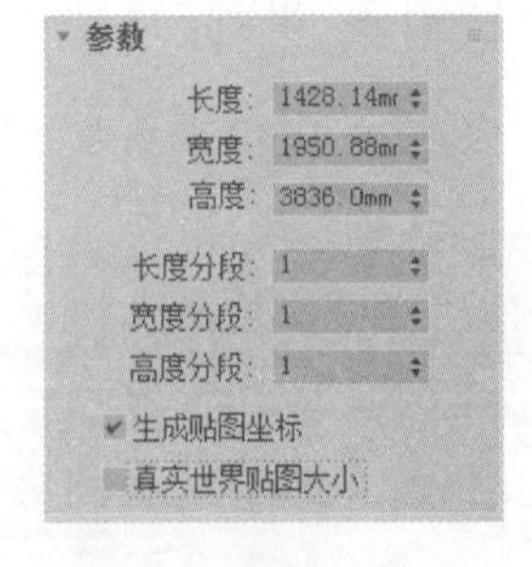

图8-18　创建长方体（四）

（9）选中新创建的长方体，在工具栏中单击“选择并移动”工具，然后在按住Shift键的同时拖动物体，创建另外一个新的方体。

(10) 通过"选择并移动","选择并旋转"工具的调整,最终位置如图 8-19 所示。

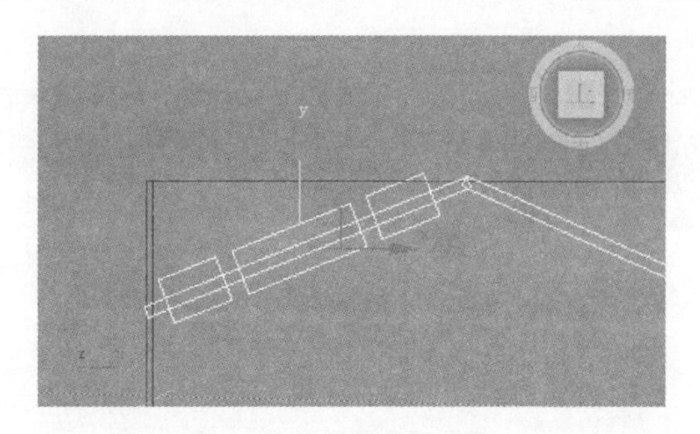

图 8-19　最终位置

(11) 选择三个长方体,按住 Shift 键拖动物体进行复制,调整其位置如图 8-20 所示。

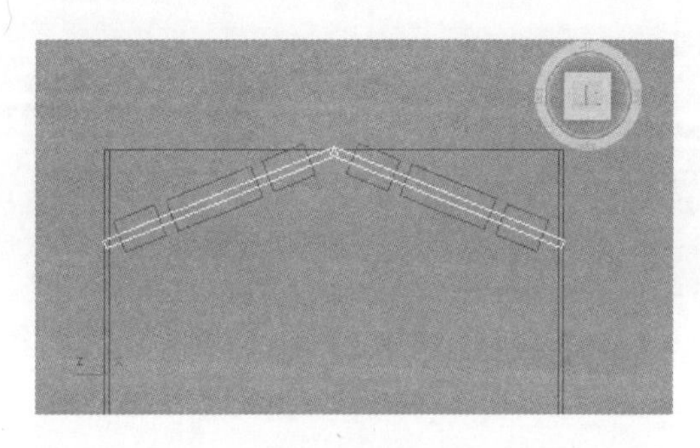

图 8-20　重新复制

(12) 选择作为窗户的长方体,在窗户上挖几个洞,如图 8-21 所示。

(13) 执行"创建"→"复合对象"(Create→Compound)命令,如图 8-22 所示。

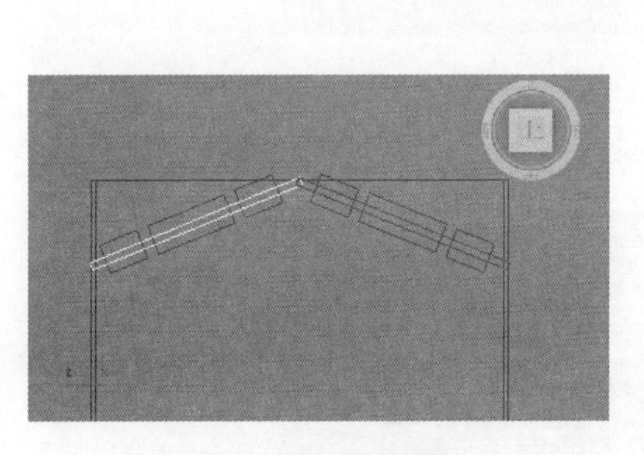

图 8-21　选择长方体

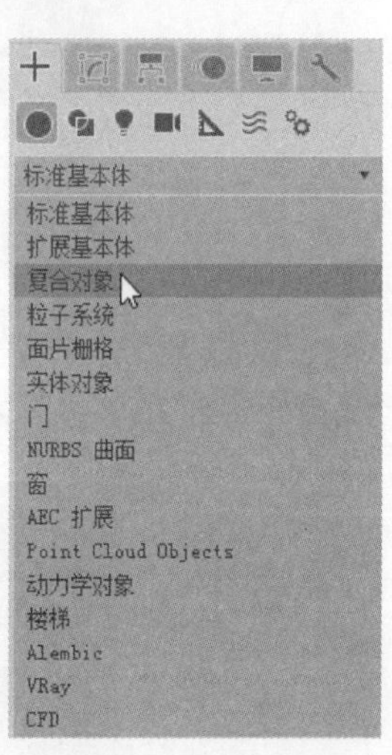

图 8-22　执行"复合对象"命令

(14) 在"对象类型"(Object Type)命令面板中单击"布尔"(Boolean)按钮,如图 8-23 所示。

(15) 在“运算对象参数”(Object Parameter)卷展栏中选择“差集”运算,如图 8-24 所示。

Note

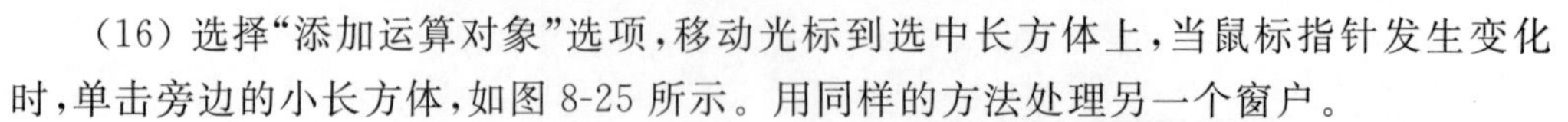

(16) 选择“添加运算对象”选项,移动光标到选中长方体上,当鼠标指针发生变化时,单击旁边的小长方体,如图 8-25 所示。用同样的方法处理另一个窗户。

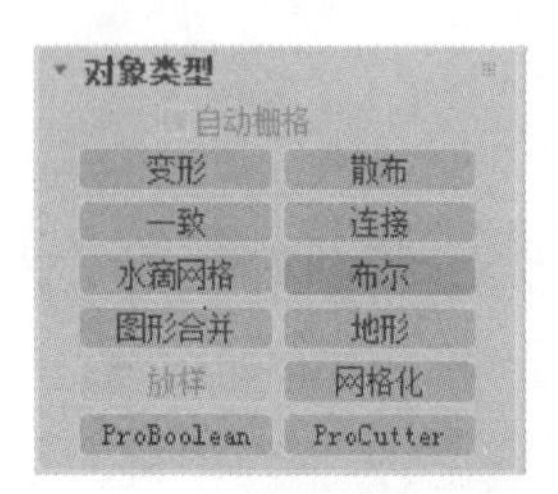

图 8-23　单击“布尔”按钮

图 8-24　选择“差集”运算

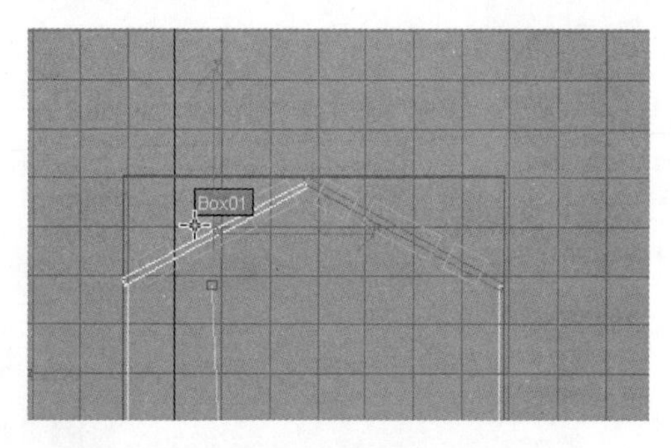

图 8-25　单击长方体

(17) 窗户经过布尔运算,最终效果如图 8-26 所示。

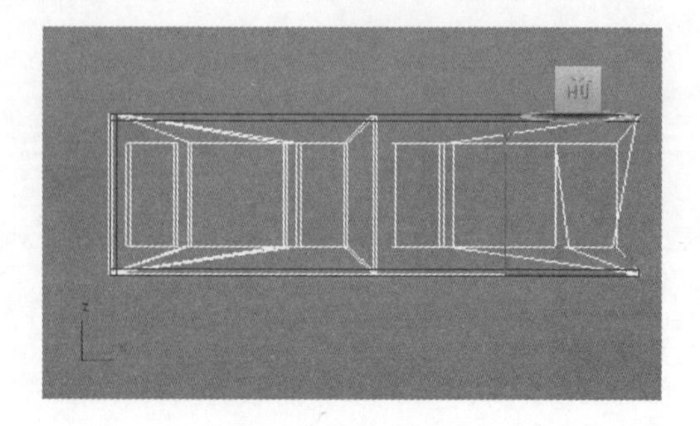

图 8-26　最终效果图

Note

(18) 现在为窗户增添一点装饰，执行“创建”→“扩展基本体”→“切角长方体”(Create→Extended Primitives→Chamfer Box)命令，在顶视图中建立一个“切角长方体”(Chamfer Box)，选择移动(快捷键 W)和旋转(快捷键 E)工具，对其进行调整，位置如图 8-27 所示。

(19) 在右侧“切角长方体”的“参数”面板中，设置基本参数“长度”为 479.226mm，“宽度”为 10208.0mm，“高度”为 680.568mm，“圆角”为 85.415mm，如图 8-28 所示。

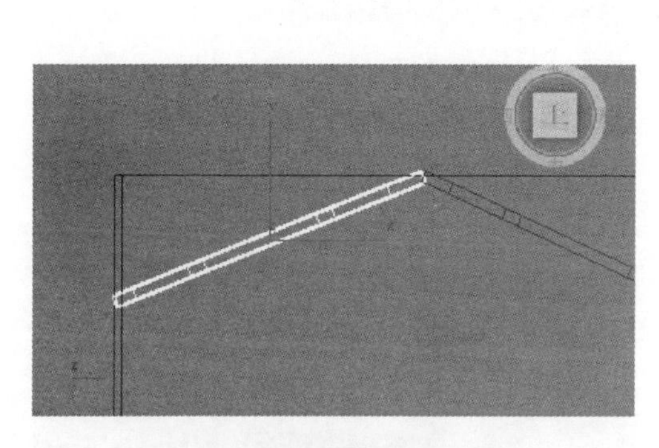

图 8-27　创建调整切角长方体

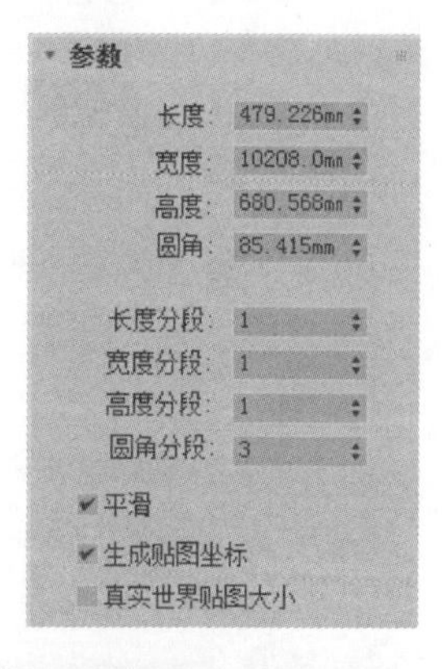

图 8-28　设置参数面板

(20) 选中刚创建的“切角长方体”，执行“工具”→“镜像”(Tools→Mirror)命令或者在工具栏中执行“镜像”(Mirror) 命令，在“镜像”面板中设置坐标轴为 Y 轴，“克隆当前选择”模式设为“复制”，单击“确定”按钮，复制一个新的“切角长方体”，如图 8-29 所示。

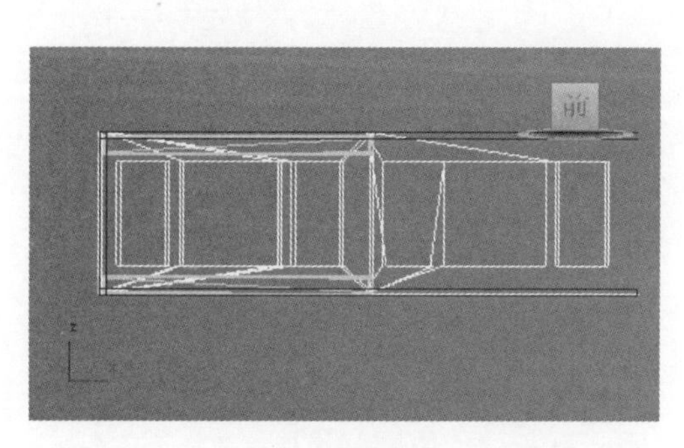

图 8-29　镜像复制

(21) 为窗户创建玻璃，执行“创建”→“标准基本体”→“长方体”命令，在顶视图中创建一个长方体，作为窗户的玻璃，并进行调整，如图 8-30 所示。

(22) 在右侧长方体的“参数”面板中，设置基本参数“长度”为 40.227mm，“宽度”为 10208.5mm，“高度”为 6021.76mm，如图 8-31 所示。

(23) 选中新创建的长方体，在工具栏中单击“选择并移动”工具 ，在按住 Shift 键的同时拖动物体，完成新物体的复制。进行旋转调整，最终位置如图 8-32 所示。

(24) 执行“渲染”→“环境”(Rendering→Environment)命令，接下来在出现的“环境和效果”面板中，单击“环境贴图”(Environment Map)下面的“无”按钮，打开下载的源文件中的一张风景图片，如图 8-33 所示。

Note

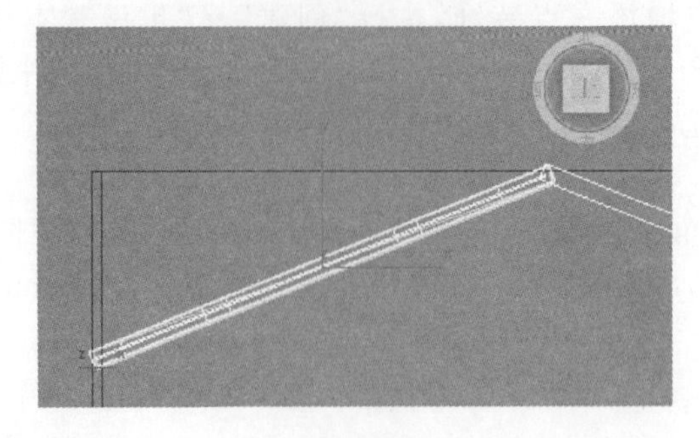

图 8-30　创建长方体(五)

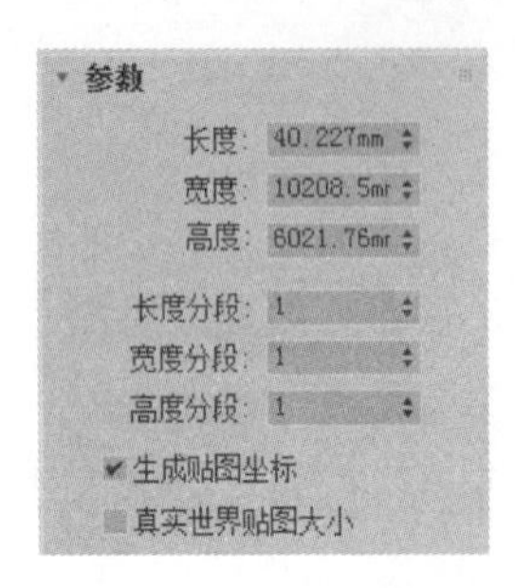

图 8-31　设置参数

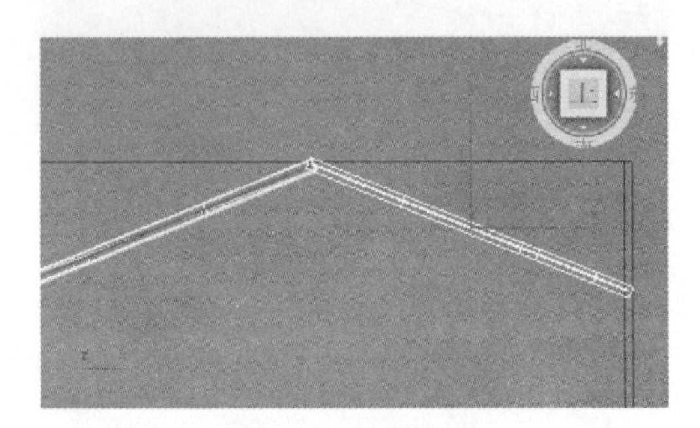

图 8-32　移动复制

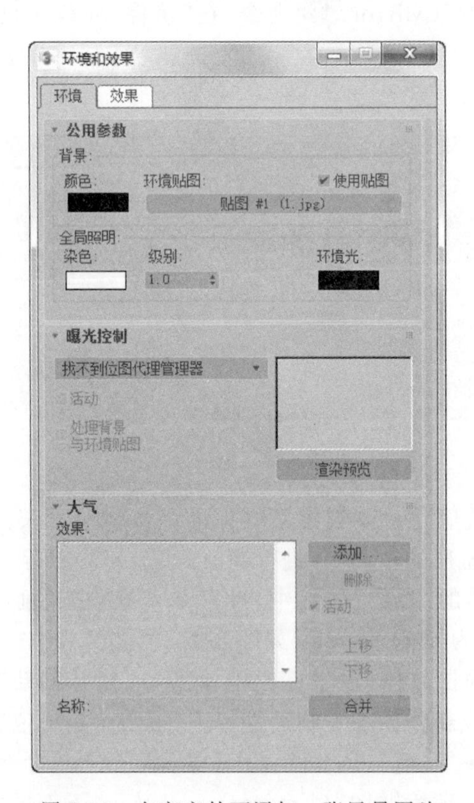

图 8-33　在窗户外面添加一张风景图片

8.1.4　泛光灯的建立

(1) 餐厅大的框架已经建立，但是读者朋友不难发现，此时的餐厅内部是一片黑暗，因此我们要为其建立一个基本的灯光，执行“创建”→“灯光”→“标准灯光”→“泛光”(Create→Lights→Standard Lights→Omni)命令或在“对象类型”面板中选择“泛光”，如图 8-34 所示。

(2) 在左视图中，建立两盏泛光灯，调整位置如图 8-35 所示。

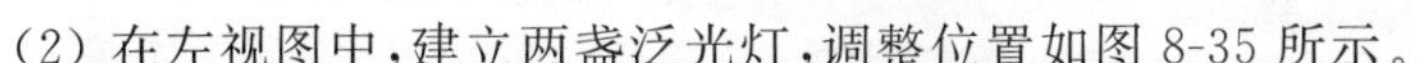

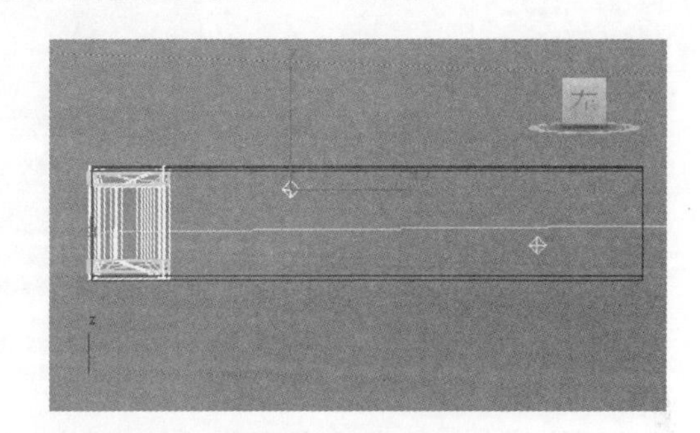

图 8-34　执行泛光灯　　　图 8-35　创建泛光灯

8.1.5　地面的调整

(1) 为了让餐厅内部更富有层次感，现在对刚才创建的地面进行一下调整。首先选择作为地面的长方体，执行“修改器”→“网格编辑”→“编辑网格”(Modifiers→Mesh Editing→Edit Mesh)命令，如图 8-36 所示。

图 8-36　添加编辑网格修改器

(2) 单击“可编辑网格”(Edit Mesh)前面的(+),在其子菜单中选择“顶点”,如图 8-37 所示。

(3) 在工具栏中单击“选择并移动”工具,对地面的两个点进行框选,然后对其进行调整,如图 8-38 所示。

Note

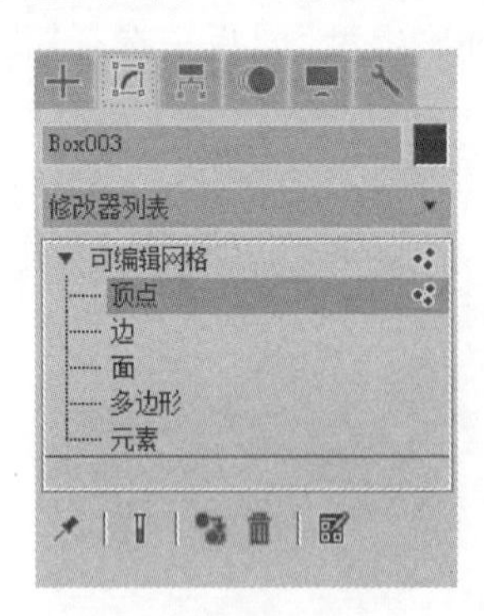

图 8-37 选择顶点

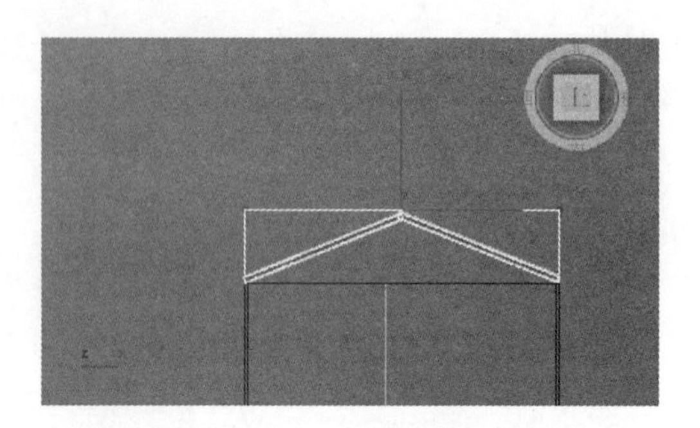

图 8-38 调整节点

(4) 地面的基本参数发生了变化,“长度”为 30052.9mm,“宽度”为 20258.1mm,“高度”为 240.74mm。

(5) 执行“创建”→“标准基本体”→“长方体”命令,然后在顶视图中创建一个长方体,如图 8-39 所示。

(6) 在右侧长方体的“参数”面板中,设置基本参数“长度”为 12059.0mm,“宽度”为 3044.19mm,“高度”为 1964.54mm,如图 8-40 所示。

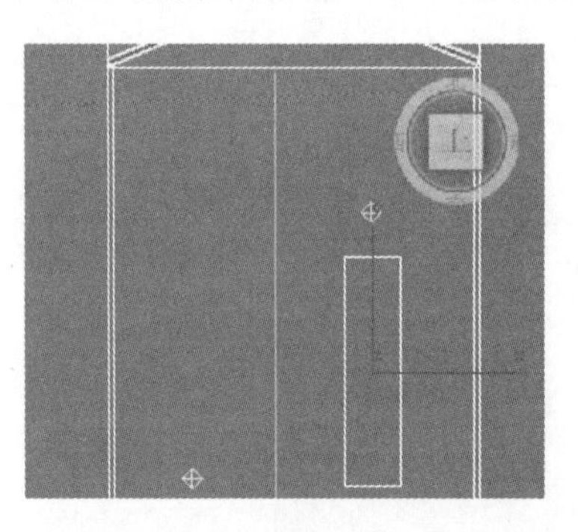

图 8-39 创建长方体(一)

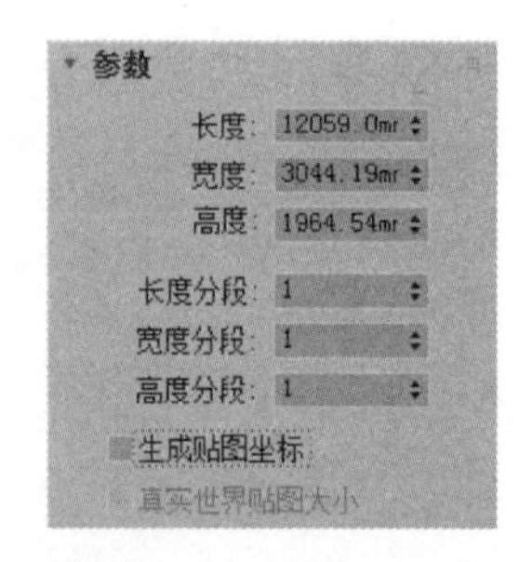

图 8-40 设置参数(一)

(7) 首先选择作为地面的长方体,执行“创建”→“复合对象”→“布尔”(Create→Compound→Boolean)命令,在“对象类型”命令面板中单击“布尔”按钮,然后在“运算对象参数”卷展栏中选择“差集”运算,选择“添加运算对象”选项,最后移动光标到刚建立的长方体上单击,完成操作。同样的方法再进行一次。最终地面的效果如图 8-41 所示。

(8) 经过“布尔”运算,地面已经不够完整,因此要再创建一块地面作为补充。执行“创建”→“标准基本体”→“长方体”命令,在顶视图中创建一个新的长方体,如图 8-42 所示。

Note

图 8-41　创建地面

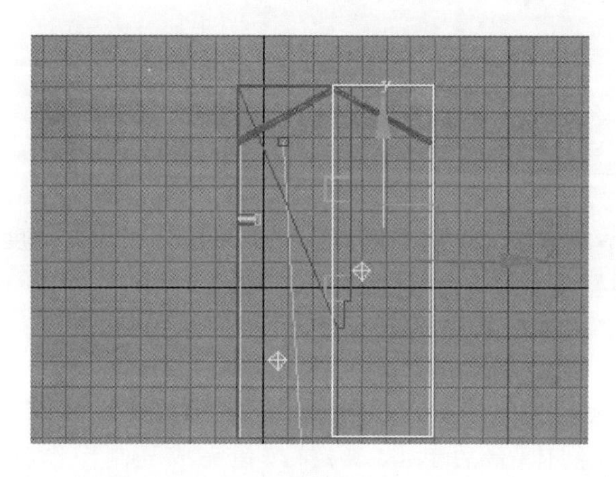

图 8-42　创建长方体(二)

(9) 在新补充的地面上建立一块地毯,再执行“创建”→“标准基本体”→“长方体”命令,在顶视图中创建一个新的长方体,如图 8-43 所示。

(10) 在右侧长方体的“参数”面板中,设置基本参数“长度”为 28146.49mm,“宽度”为 4852.85mm,“高度”为 40.293mm,如图 8-44 所示。

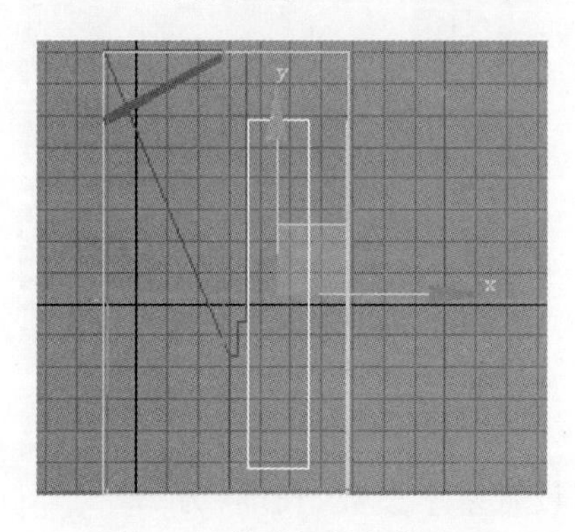

图 8-43　创建新长方体(三)

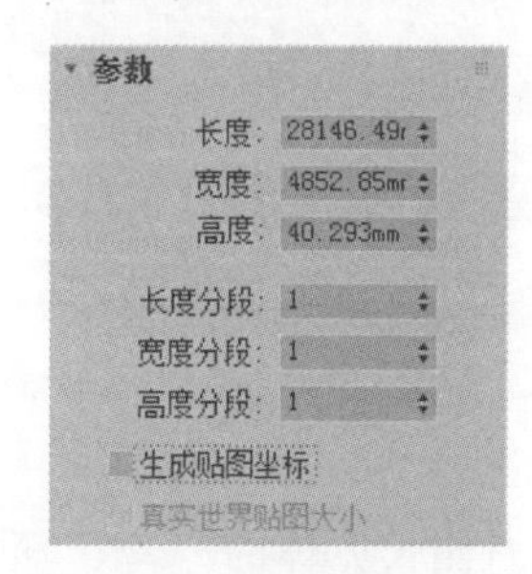

图 8-44　设置参数(二)

(11) 执行“创建”→“图形”→“直线”(Create→Shapes→Line)命令,在顶视图中创建连续封闭的曲线。

(12) 执行"修改器"→"网格编辑"→"挤出"(Modifiers→Mesh Editing→Extrude)命令或者在"修改"选项卡下拉菜单中选择"挤出"(Extrude)修改器将上步绘制的连续直线作为挤出对象对其执行挤出操作,完成地面凸台的绘制。

Note

8.1.6 柱子的建立

(1) 执行"创建"→"标准基本体"→"长方体"命令,在顶视图中创建一个长方体,如图 8-45 所示。

(2) 在右侧长方体的"参数"面板中,设置基本参数"长度"为 2452.19mm,"宽度"为 2552.77mm,"高度"为 5918.96mm,如图 8-46 所示。

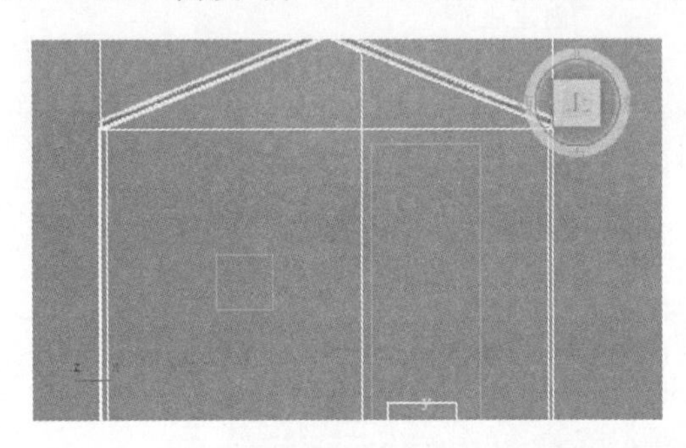

图 8-45 创建长方体(一)

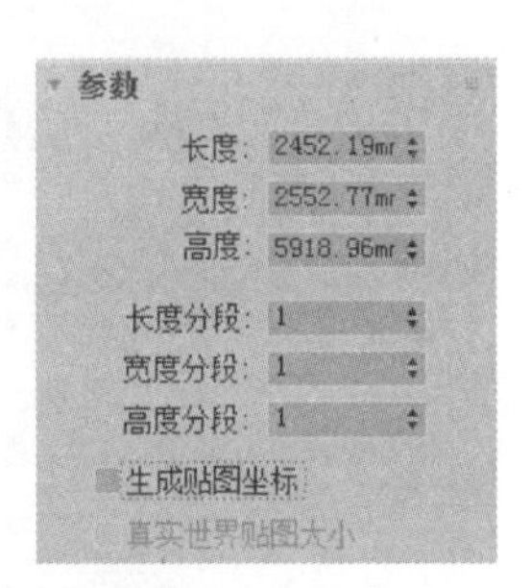

图 8-46 设置参数(一)

(3) 选中新创建的长方体,在工具栏中单击"选择并移动"工具,然后在按住 Shift 键的同时拖动物体,最后单击"确定"按钮完成复制操作,调整位置如图 8-47 所示。

(4) 为柱子增添装饰,执行"创建"→"标准基本体"→"长方体"命令,在顶视图中新创建一个长方体,充分调整柱头装饰与柱子的关系,如图 8-48 所示。

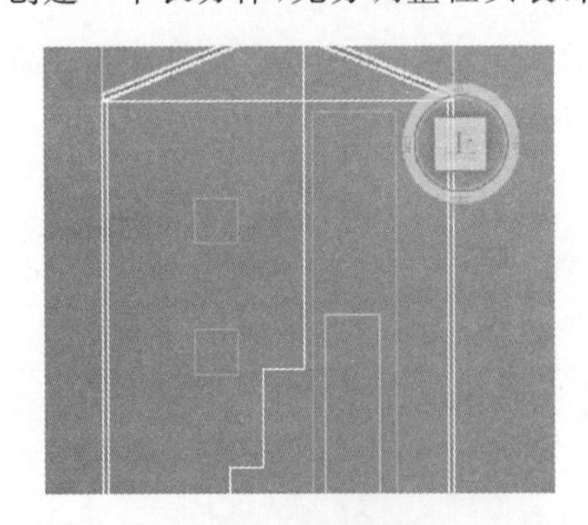

图 8-47 移动复制

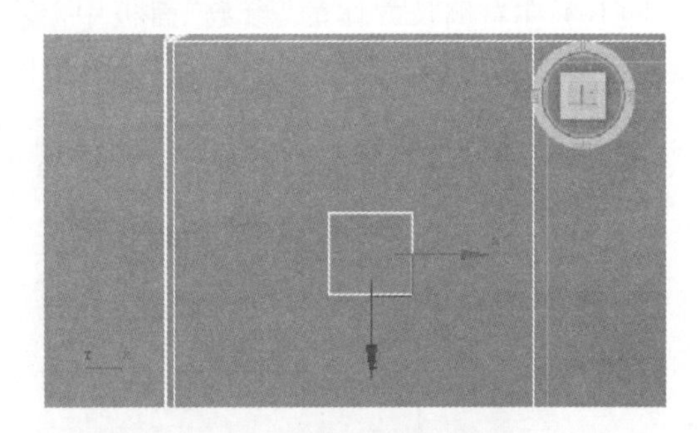

图 8-48 创建长方体(二)

(5) 在右侧长方体的"参数"面板中,设置基本参数"长度"为 2562.45mm,"宽度"为 2669.22mm,"高度"为 918.212mm,如图 8-49 所示。

(6) 选择柱头装饰,给另一根柱子复制一个。同时选中两者,按住 Shift 键拖动物体实现新的复制,效果如图 8-50 所示。

Note

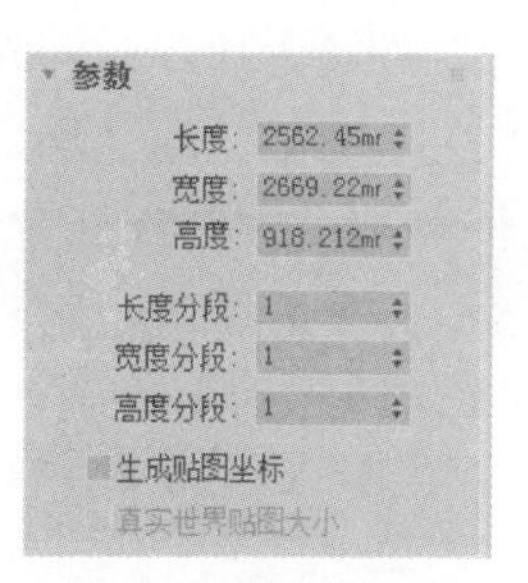

图 8-49 设置参数(二)

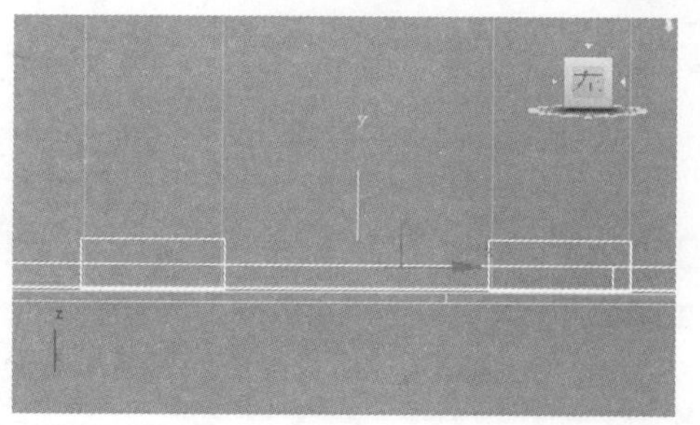

图 8-50 复制柱头装饰

8.1.7 搁架的建立

(1) 执行“创建”→“扩展基本体”→“切角长方体”(Create→Extended Primitives→Chamfer Box)命令,在前视图中建立一个“切角长方体”,选择“移动”工具,对其位置进行调整,最终如图 8-51 所示。

(2) 在右侧长方体的“参数”面板中,设置基本参数“长度”为 1087.15mm,“宽度”为 2217.71mm,“高度”为 656.399mm,“圆角”为 100.193mm,如图 8-52 所示。

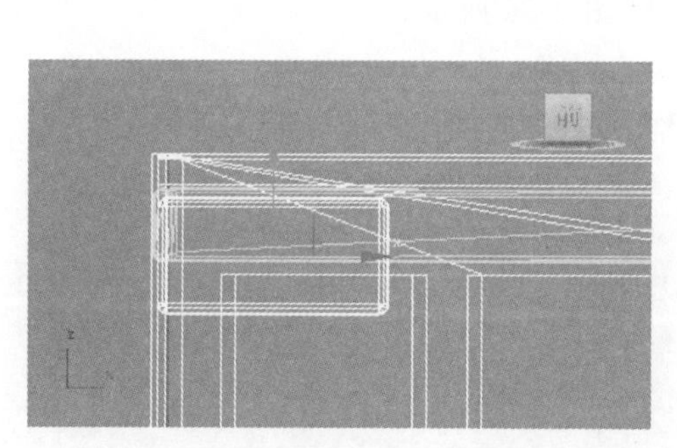

图 8-51 创建切角长方体

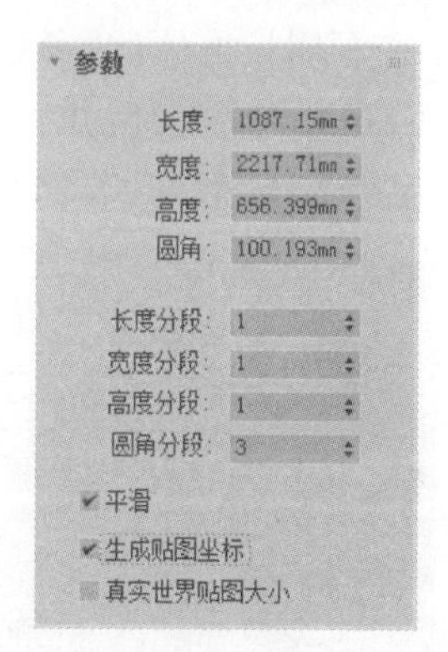

图 8-52 设置参数面板(一)

(3) 执行“创建”→“标准基本体”→“长方体”命令,在左视图中创建一个长方体,如图 8-53 所示。

(4) 在右侧长方体的“参数”面板中,设置基本参数“长度”为 987.461mm,“宽度”为 407.684mm,“高度”为 5182.06mm,如图 8-54 所示。

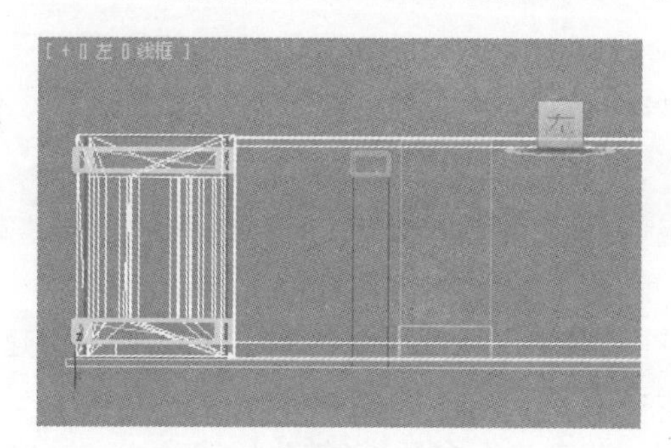

图 8-53 创建长方体(一)

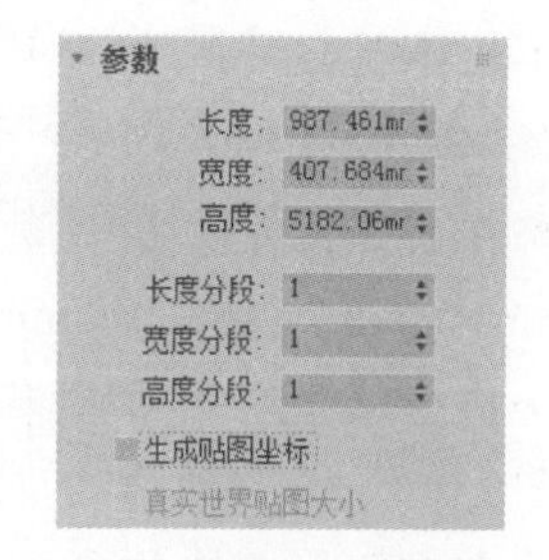

图 8-54 设置参数面板(二)

Note

（5）创建一个竖着的搁板，执行“创建”→“标准基本体”→“长方体”命令，在顶视图中创建一个长方体，位置如图 8-55 所示。

（6）在右侧长方体的“参数”面板中，设置基本参数“长度”为 42.707mm，“宽度”为 1718.97mm，“高度”为 5367.69mm，如图 8-56 所示。

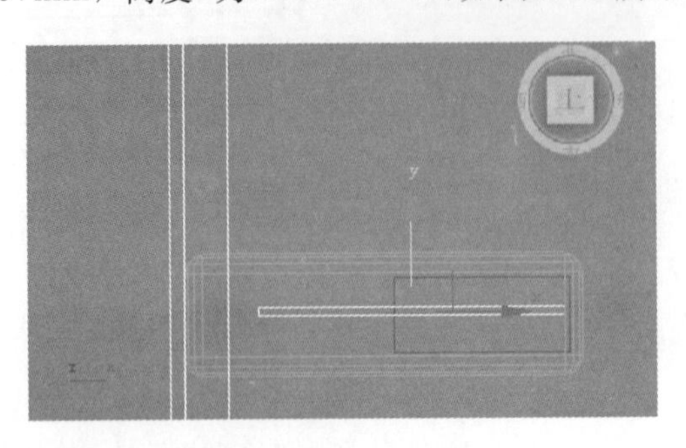

图 8-55　创建长方体（二）

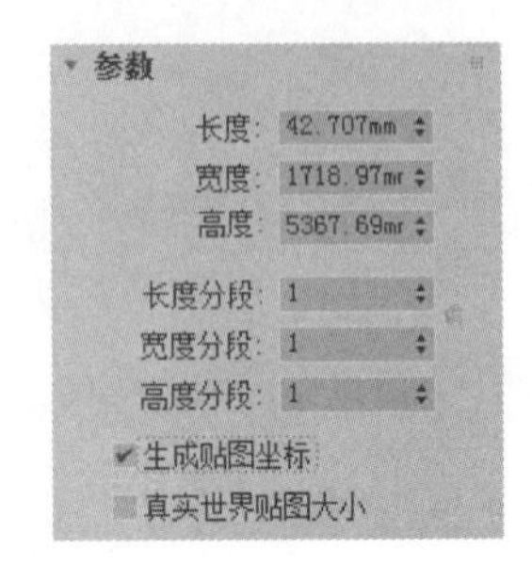

图 8-56　设置参数面板（三）

（7）同样的方法执行“创建”→“标准基本体”→“长方体”命令，在前视图中创建一个横着的搁板，位置如图 8-57 所示。

（8）在右侧长方体的“参数”面板中，设置基本参数“长度”为 1057.01mm，“宽度”为 1644.24mm，“高度”为 60.738mm，如图 8-58 所示。

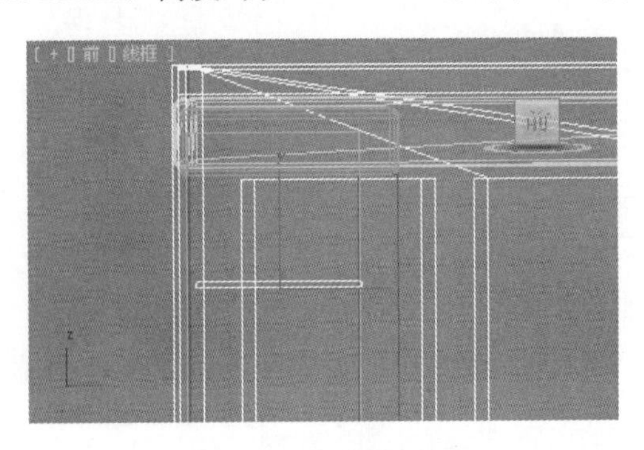

图 8-57　创建横搁板

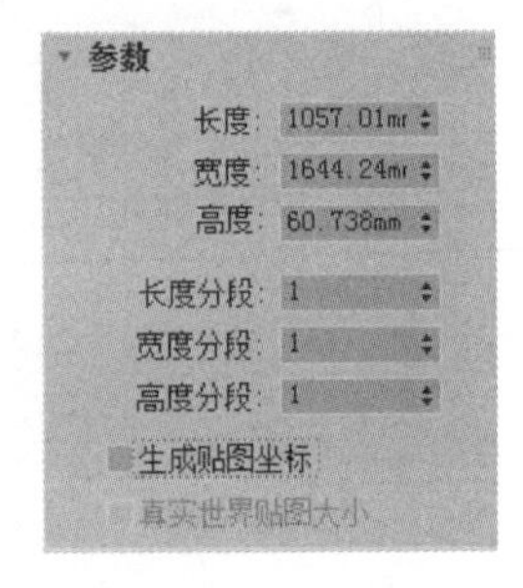

图 8-58　设置参数面板（四）

（9）选中横着的搁板，在按住 Shift 键的同时拖动物体，复制另外一块搁板，调整位置。

8.1.8　墙面装饰的建立

（1）执行“创建”→“扩展基本体”→“切角长方体”命令，在顶视图中建立一个“切角长方体”。单击“选择并移动”工具，对其进行调整，最终位置如图 8-59 所示。

（2）在右侧长方体的“参数”面板中，设置基本参数“长度”为 2355.0mm，“宽度”为 700.0mm，“高度”为 9550.0mm，“圆角”为 86.0mm，如图 8-60 所示。

（3）执行“创建”→“扩展基本体”→“切角长方体”命令，然后在顶视图中建立一个“切角长方体”，选择“移动”工具，对其进行调整。

（4）在右侧立方体的参数面板中，设置基本参数“长度”为 1351.0mm，“宽度”为

Note

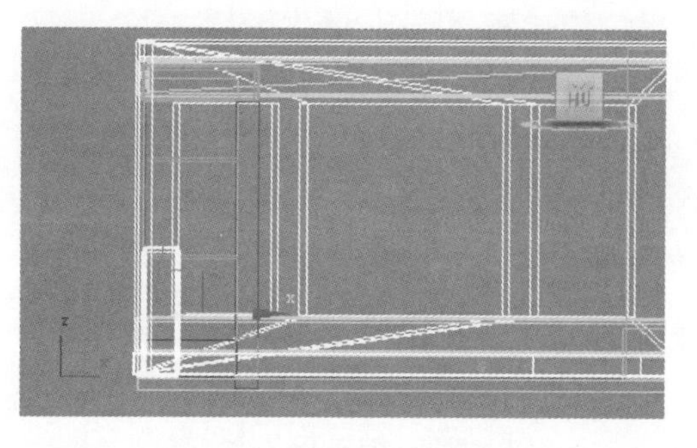

图 8-59　创建切角长方体

470.0mm,“高度”为 1636.0mm,“圆角”为 43.0mm,如图 8-61 所示。

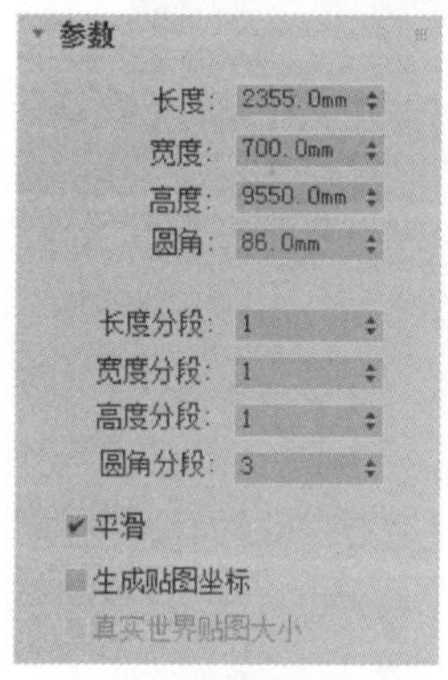

图 8-60　设置参数面板(一)

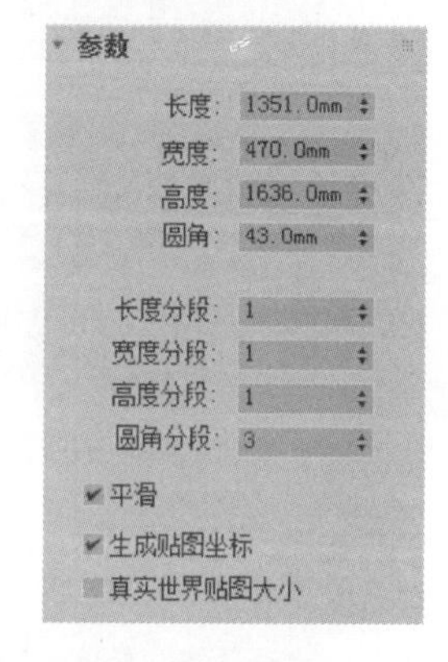

图 8-61　设置参数面板(二)

(5) 单击“选择并移动”工具 ,然后在按住 Shift 键的同时拖动物体,出现“克隆选项”对话框,设置“克隆当前选择”模式为“实例”,“副本数”(Number of Copies)为 4,单击“确定”按钮,效果如图 8-62 所示。

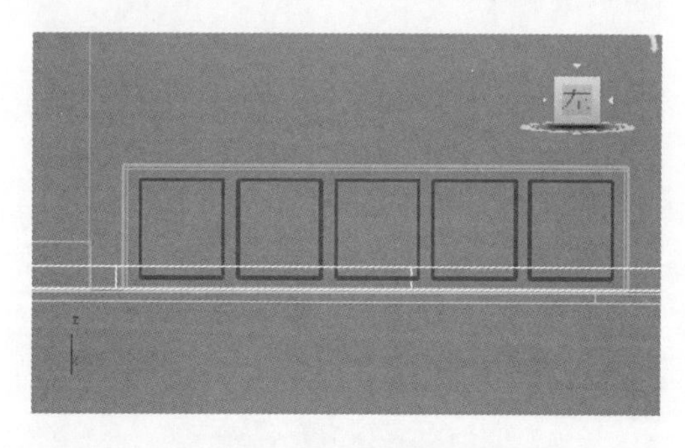

图 8-62　复制切角长方体

(6) 执行“创建”→“标准基本体”→“长方体”命令,在顶视图中创建一个长方体,然后对其进行调整,最终效果如图 8-63 所示。

(7) 首先选择刚建立的“切角长方体”,执行“创建”→“复合对象”→“布尔”(Create→Compound→Boolean)命令,在“运算对象参数”卷展栏中选择“差集”运算,选择“添加运算对象”选项,最后移动光标到调整过的长方体上单击,完成操作,如图 8-64 所示。

Note

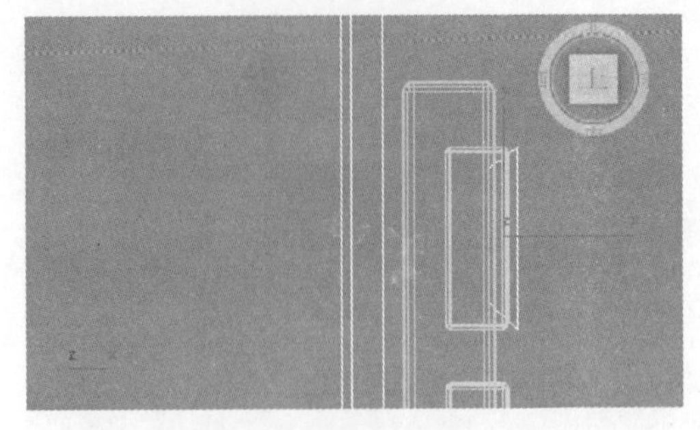

图 8-63　创建长方体(一)

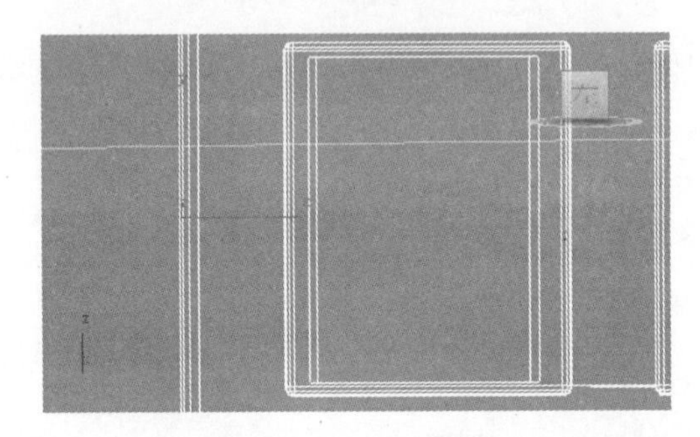

图 8-64　布尔运算

(8) 重复上述的操作,最终效果如图 8-65 所示。

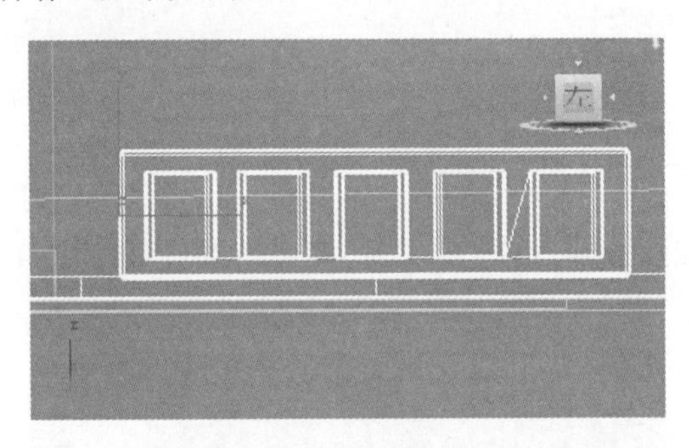

图 8-65　最终效果

(9) 为其创建一块玻璃,执行"创建"→"标准基本体"→"长方体"命令,在左视图中创建一个长方体,位置如图 8-66 所示。

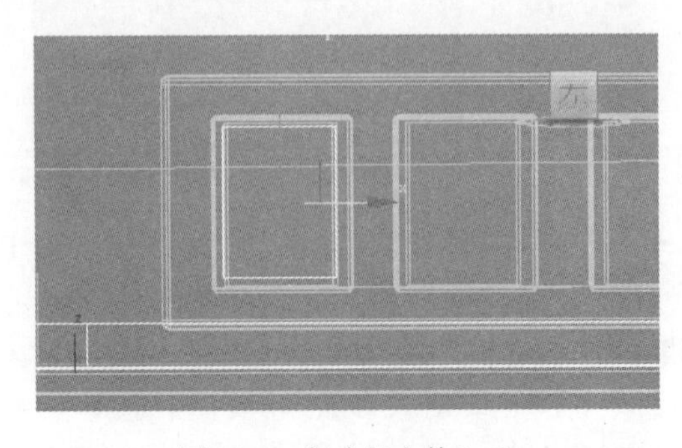

图 8-66　创建长方体(二)

Note

(10) 在右侧长方体的“参数”面板中，设置基本参数“长度”为 1391.588mm，“宽度”为 1073.79mm，“高度”为 0.75mm，如图 8-67 所示。

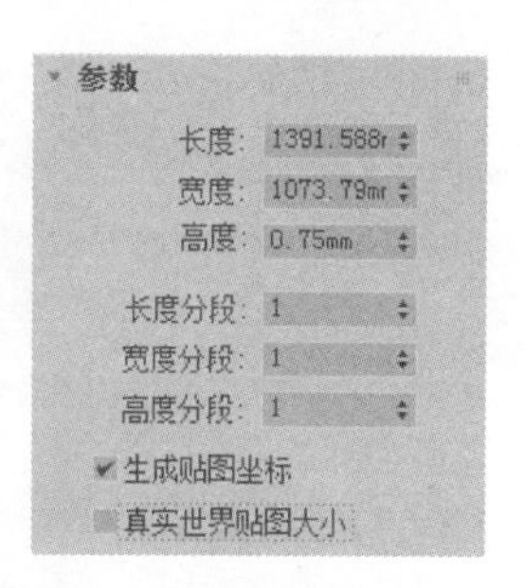

图 8-67　设置参数面板(三)

(11) 在墙面上创建一幅壁画，执行“创建”→“标准基本体”→“长方体”命令，在前视图中创建一个长方体，如图 8-68 所示。

(12) 在右侧长方体的“参数”面板中，设置基本参数“长度”为 2646.91mm，“宽度”为 30.28mm，“高度”为 7179.65mm，如图 8-69 所示。

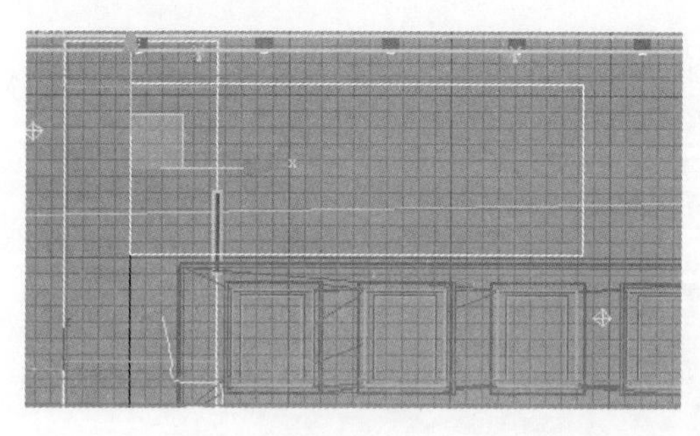

图 8-68　创建长方体(三)

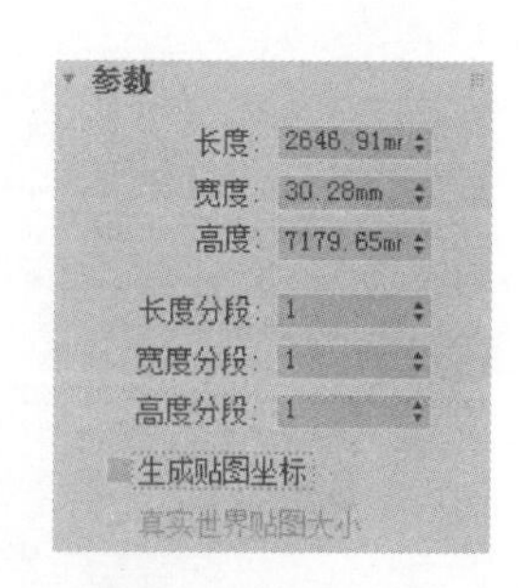

图 8-69　设置参数面板(四)

8.1.9　圆桌的建立

(1) 创建室内的家具，执行“创建”→“标准基本体”→“圆柱体”(Create→Standard Primitives→Cylinder)命令，在顶视图中创建一个圆柱体作为圆桌，如图 8-70 所示。

图 8-70　创建圆柱体(一)

(2) 选中新创建的圆柱体，单击“选择并移动”工具，在按住 Shift 键的同时拖动物体，出现“克隆选项”对话框，设置“副本数”为 2。对新复制的两个圆柱体进行尺寸和位置调整，最终效果如图 8-71 所示。

(3) 同样的方法，执行“创建”→“标准基本体”→“圆柱体”命令，在前视图中创建一个圆柱体，调整其大小和位置，如图 8-72 所示。

(4) 将视图转化为左视图，执行“创建”→“标准基本体”→“圆柱体”命令，在左视图中重新创建一个圆柱体，位置如图 8-73 所示。

Note

图 8-71　移动复制(一)

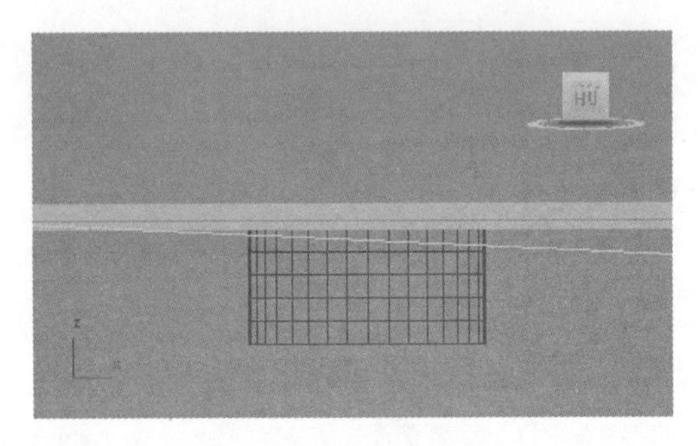

图 8-72　创建圆柱体(二)

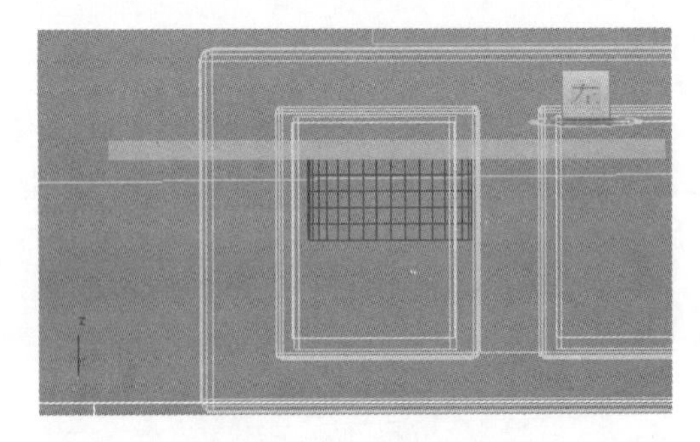

图 8-73　创建圆柱体(三)

(5) 单击"选择并移动"工具，在按住 Shift 键的同时拖动物体，复制一个圆柱体，对其进行调整，如图 8-74 所示。

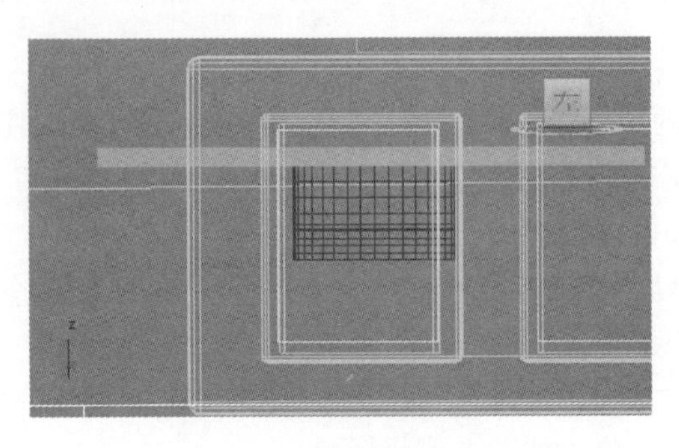

图 8-74　移动复制(二)

Note

(6) 创建圆桌的桌腿，执行“创建”→“图形”→“直线”(Create→Shapes→Line)命令，在前视图中创建一条曲线，作为桌子腿的放样路径，同时对节点使用“平滑”(Smooth)命令处理，最终效果如图 8-75 所示。

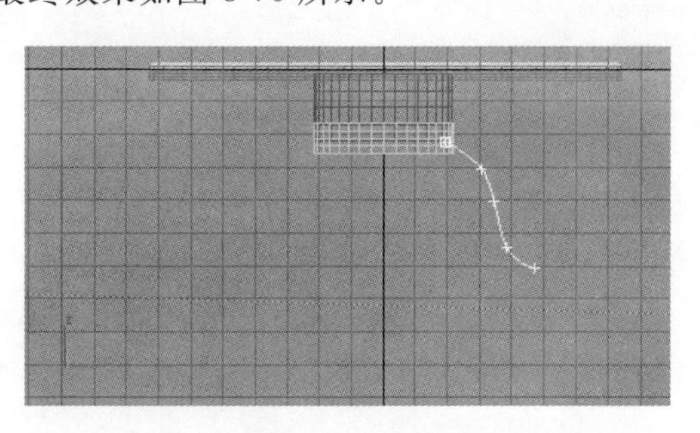

图 8-75　创建曲线

(7) 为桌腿放样创建截面，执行“创建”→“图形”→“圆”(Create→Shapes→Circle)命令，在前视图中创建一个圆环，对其进行调整，如图 8-76 所示。

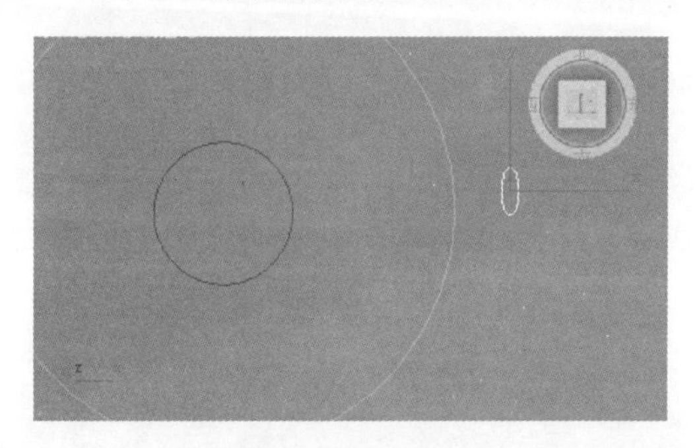

图 8-76　创建圆环

(8) 首先选择作为路径的曲线，单击界面右侧“创建”命令面板中的“几何体”，从其下拉列表中选择“复合对象”，在“对象类型”命令面板中单击“放样”按钮，然后在命令面板中单击“获取图形”(Get Shape)按钮，最后移动鼠标到创建的截面上单击，完成操作，放样效果如图 8-77 所示。

图 8-77　物体放样效果图

(9) 选择刚刚放样完成的物体，在工具栏中选择“镜像”按钮，然后在“镜像”面板中设置坐标轴为 X 轴，将“克隆当前选择”模式为“实例”，如图 8-78 所示，然后单击

Note

"确定"按钮完成操作。

(10) 单击"选择并移动"工具✥,调整其最终位置如图 8-79 所示。

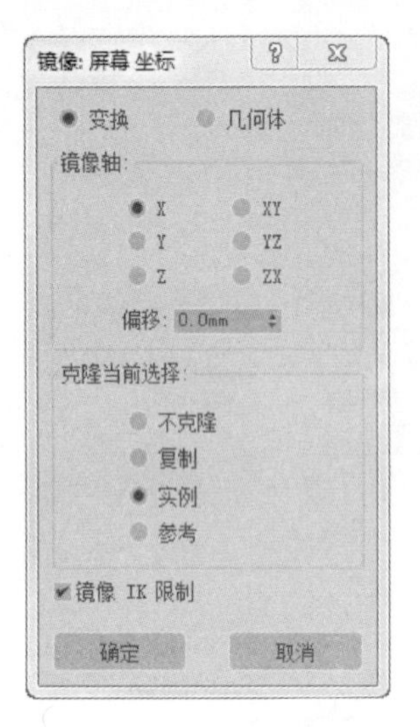

图 8-78 镜像设置

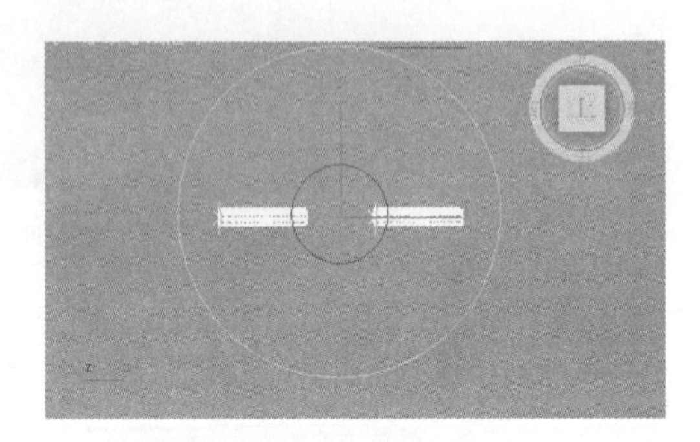

图 8-79 调整位置

(11) 同时选中两条桌腿,在工具栏中单击"选择并旋转"工具,在按住 Shift 键的同时旋转物体。完成复制操作后,单击"选择并移动"工具✥进行调整,最终效果如图 8-80 所示。

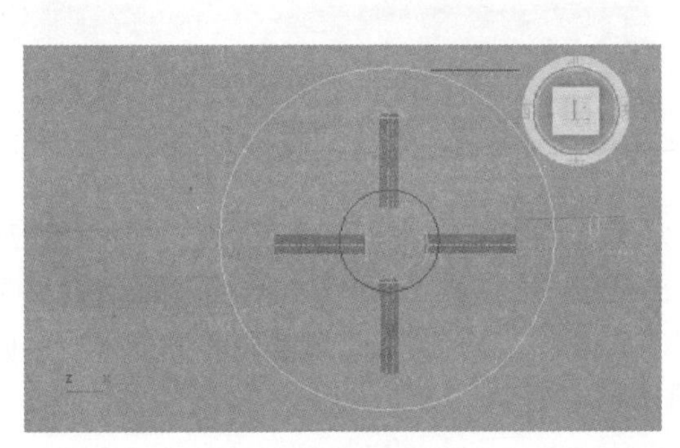

图 8-80 旋转复制

8.1.10 椅子的建立

(1) 执行"创建"→"标准基本体"→"长方体"命令,在顶视图中创建一个长方体,如图 8-81 所示。

(2) 执行"修改器"→"网格编辑"→"编辑网格"(Modifiers→Mesh Editing→Edit Mesh)命令,单击"编辑网格"(Edit Mesh)前面的(+),在子菜单中选择"多边形"(Polygon),如图 8-82 所示。

(3) 将顶视图转化为底视图,单击"选择并移动"工具✥,选中椅子面,如图 8-83 所示。

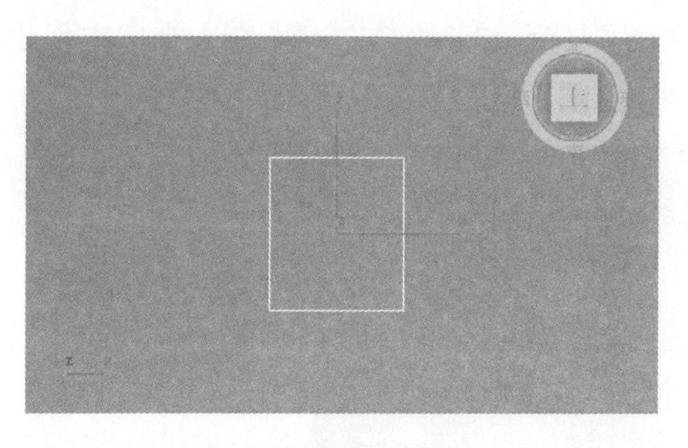

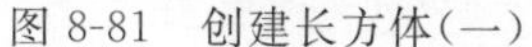

图 8-81　创建长方体(一)

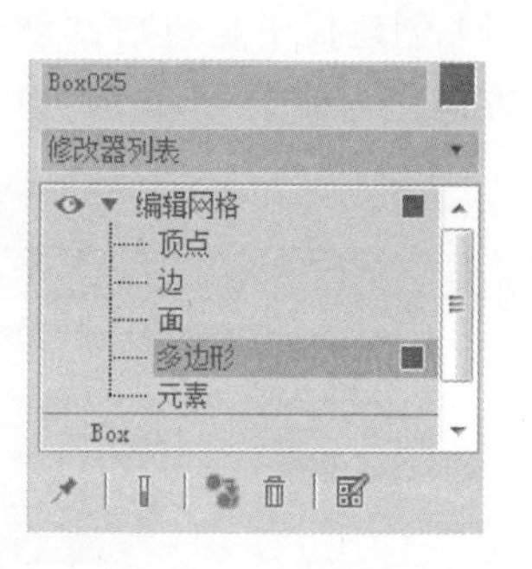

图 8-82　添加可编辑网格修改器

(4) 在“编辑几何体”命令面板中选择“挤出”,同时调整其数值,对椅子面进行拉伸,如图 8-84 所示。

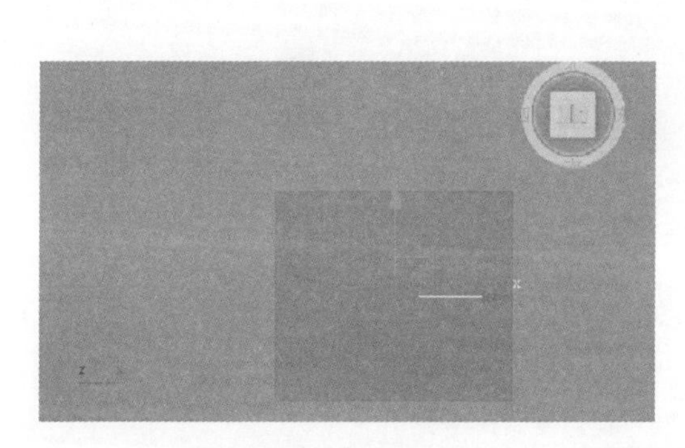

图 8-83　选择椅子面

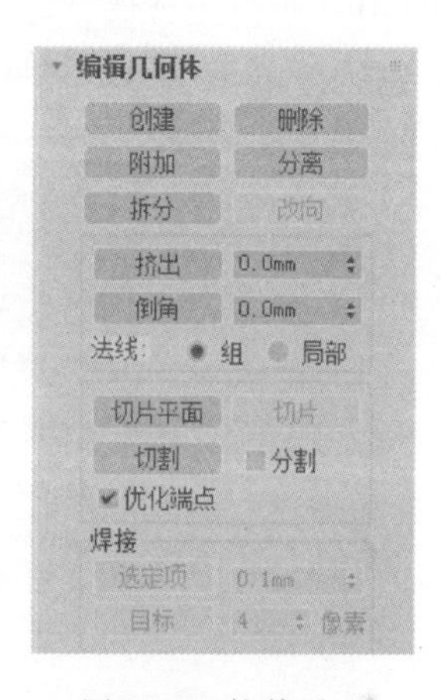

图 8-84　拉伸平面

(5) 在“编辑几何体”命令面板中选择“倒角”(Bevel),同时调整其数值,对椅子面进行倒角处理,如图 8-85 所示。

(6) 经过“挤出”和“倒角”的处理,椅子面的最终效果如图 8-86 所示。

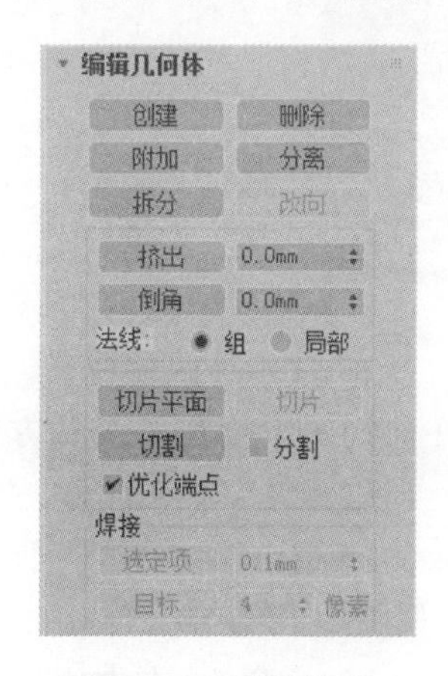

图 8-85　倒角处理

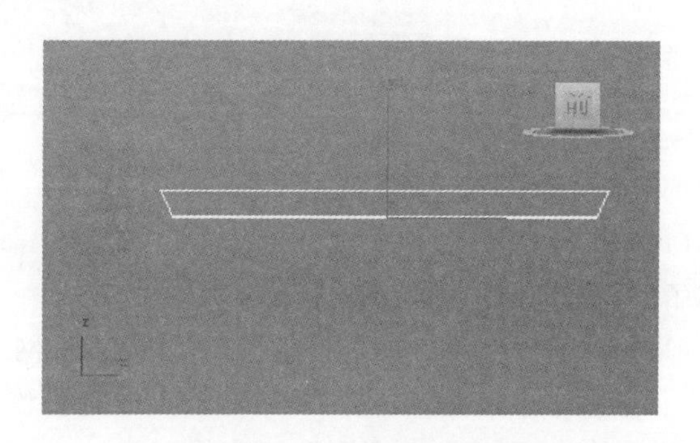

图 8-86　椅子面最终效果图

Note

（7）创建椅子腿，执行“创建”→“标准基本体”→“长方体”命令，在左视图中创建一个长方体作为椅子腿，位置如图 8-87 所示。

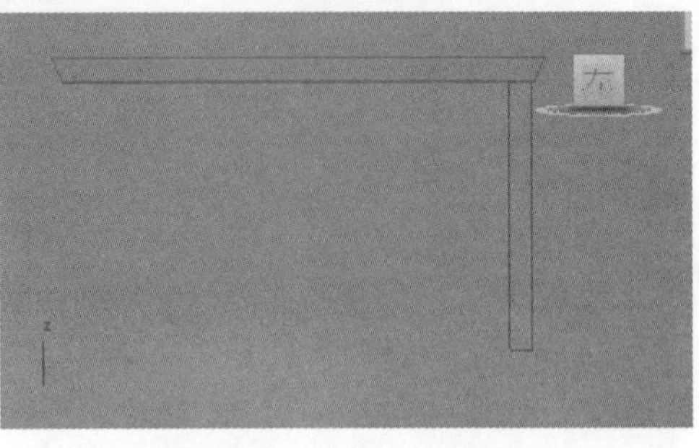

图 8-87　创建长方体（二）

（8）在工具栏中选择“镜像”，然后在“镜像”面板中设置坐标轴为 X 轴，将“克隆当前选择”模式设置为“实例”，单击“确定”按钮，完成另一条椅子腿的复制，如图 8-88 所示。

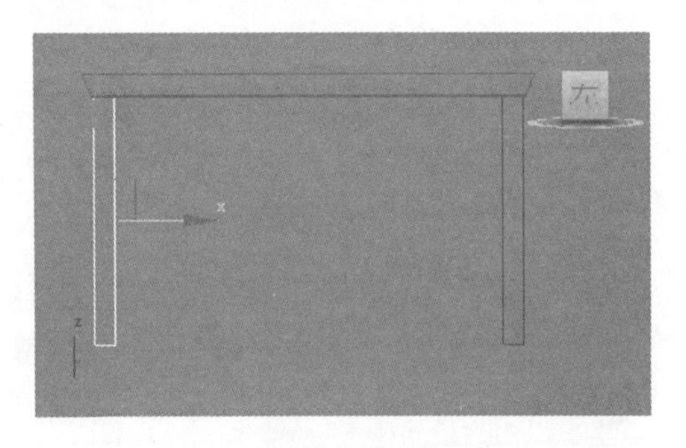

图 8-88　镜像复制椅子腿

（9）用同样的方法再复制另外两条椅子腿，调整位置最终如图 8-89 所示。

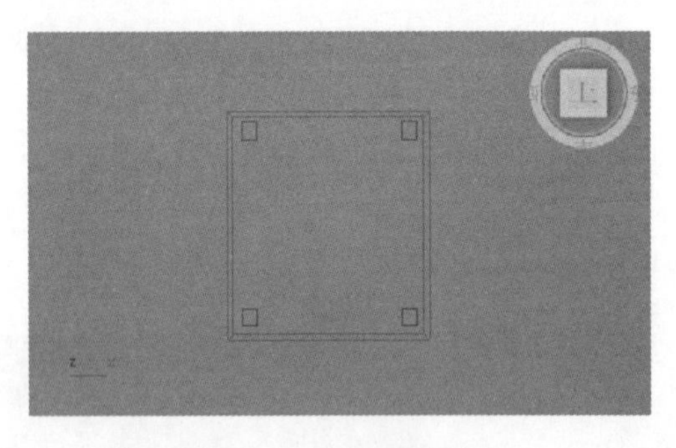

图 8-89　椅子腿最终位置

（10）执行“创建”→“标准基本体”→“长方体”命令，在前视图中创建一个长方体作为椅子的靠背，如图 8-90 所示。

（11）执行“修改器”→“网格编辑”→“编辑网格”命令，单击“编辑网格”前面的（＋），在子菜单中选择“顶点”，然后对节点进行调整，效果如图 8-91 所示。

（12）执行“创建”→“图形”→“直线”（Create→Shapes→Line）命令，在左视图中创建一条曲线，同时对节点进行调整和平滑处理，效果如图 8-92 所示。

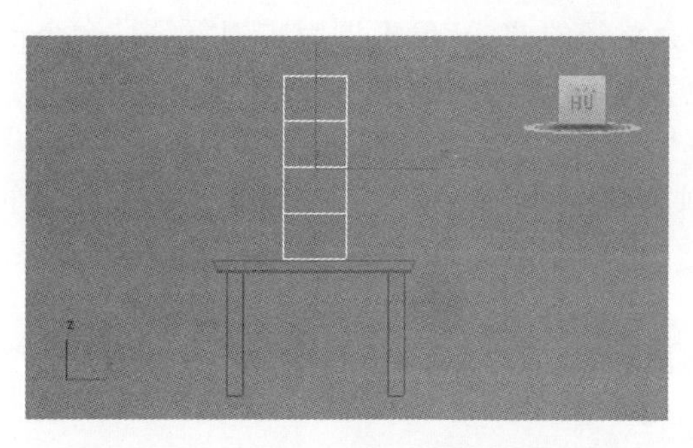

图 8-90 创建长方体作为椅子靠背

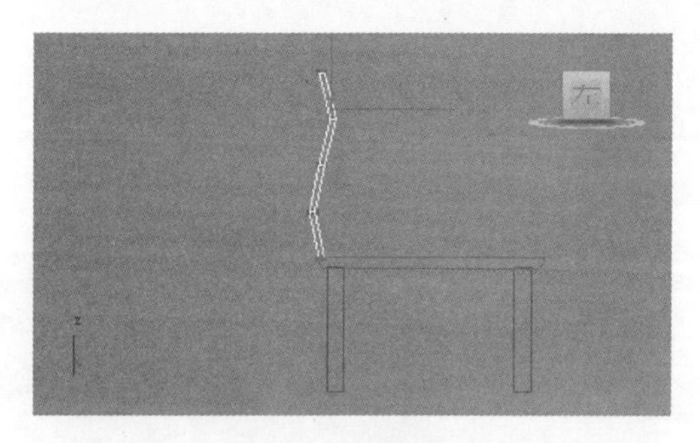

图 8-91 调整节点

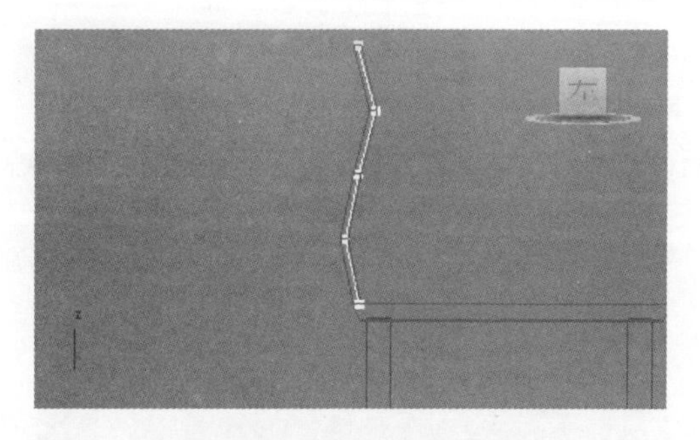

图 8-92 创建并调整曲线

(13) 执行"创建"→"图形"→"圆"命令,在前视图中创建一个圆环,作为一个放样截面,如图 8-93 所示。

图 8-93 创建圆环

Note

(14) 首先选择作为路径的曲线，单击界面右侧"创建"命令面板中的"几何体"，从其下拉列表中选择"复合对象"，在"对象类型"命令面板中单击"放样"按钮，然后在命令面板中单击"获取图形"按钮，如图 8-94 所示。

(15) 移动光标到创建的截面上，当鼠标指针变化如图 8-95 所示时单击，完成操作。

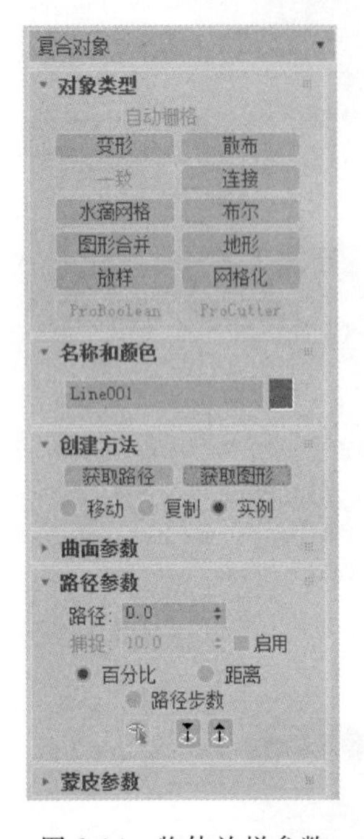

图 8-94　物体放样参数

图 8-95　单击截面

(16) 执行"创建"→"标准基本体"→"圆柱体"命令，在顶视图中创建一个圆柱体，如图 8-96 所示。

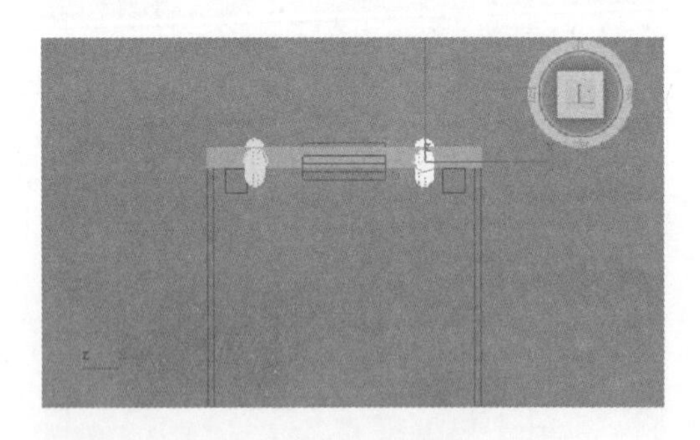

图 8-96　创建圆柱体

(17) 执行"修改器"→"自由形式变形器"→"FFD 4×4×4"(Modifiers→Free Form Deformers→FFD 4×4×4)命令，如图 8-97 所示。

(18) 单击"FFD 4×4×4"前面的(+)，在子菜单中选择"控制点"(Control Points)，如图 8-98 所示。

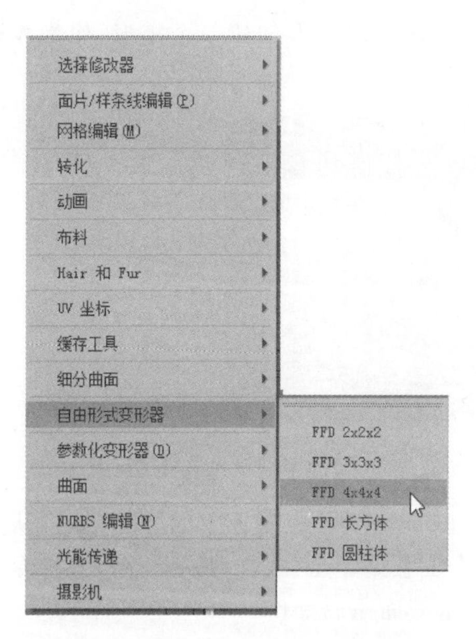

图 8-97　添加 FFD 4×4×4 修改器

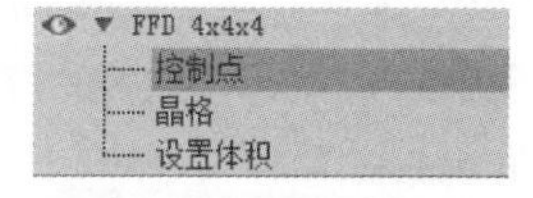

图 8-98　选择控制点

(19) 在工具栏中选择"选择并均匀缩放"工具，框选"控制点"，对新建立的圆柱体进行调整，如图 8-99 所示。

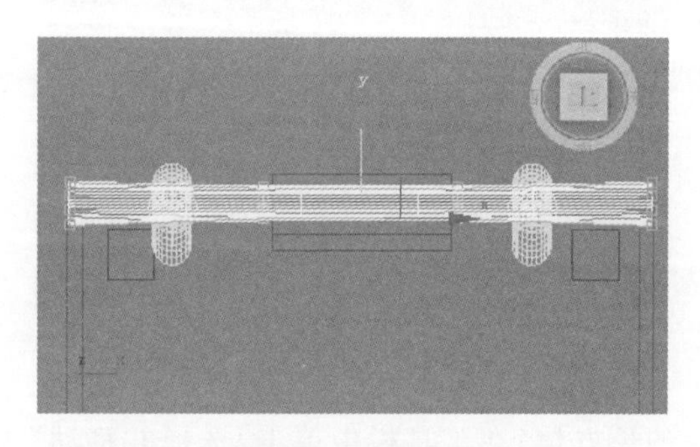

图 8-99　调整节点

(20) 执行"创建"→"图形"→"直线"命令，在左视图中创建一条曲线，同时对节点进行调整和平滑处理，效果如图 8-100 所示。

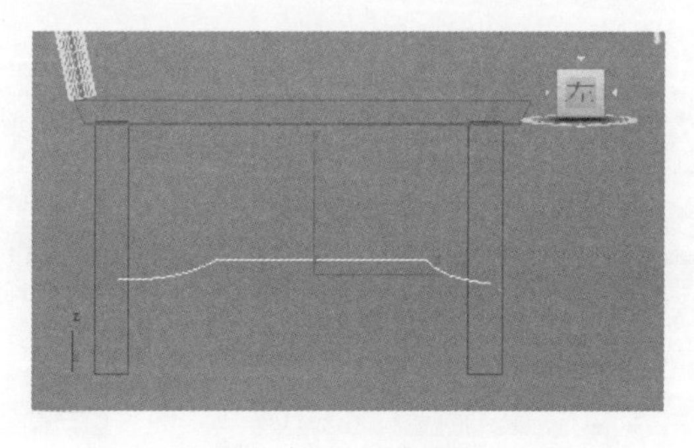

图 8-100　创建曲线

(21) 执行“创建”→“图形”→“矩形”命令，在前视图中创建一个矩形，作为放样截面，如图 8-101 所示。

图 8-101　创建矩形

(22) 选择作为路径的曲线，单击界面右侧“创建”命令面板中的“几何体”，从其下拉列表中选择“复合对象”，在“对象类型”命令面板中单击“放样”按钮，然后在命令面板中单击“获取图形”(Get Shape)按钮，最后单击截面完成操作。

(23) 执行“创建”→“标准基本体”→“长方体”命令，在左视图中创建一个长方体，如图 8-102 所示。

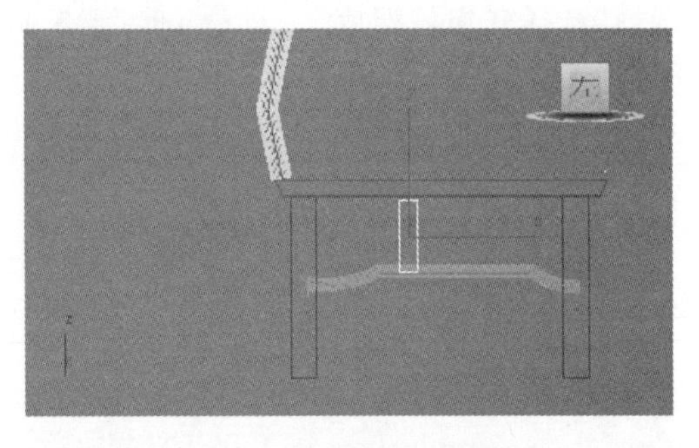

图 8-102　创建长方体

(24) 选中新创建的长方体，在工具栏中单击“选择并移动”工具 ，在按住 Shift 键的同时拖动物体，复制一个新的长方体。将放样物体一起选中，分别进行复制，最终如图 8-103 所示。

(25) 单击菜单中的“组”，从其下拉菜单中选择“组”单击，如图 8-104 所示。

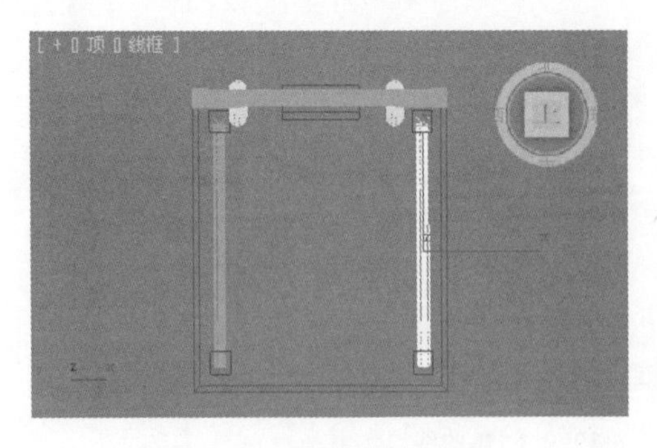

图 8-103　移动复制长方体

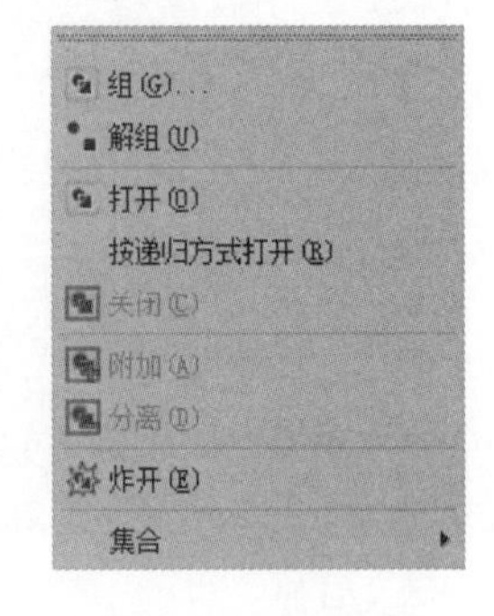

图 8-104　选择组

(26) 在出现的“组”面板中将“组名”命名为“椅子”，如图 8-105 所示。

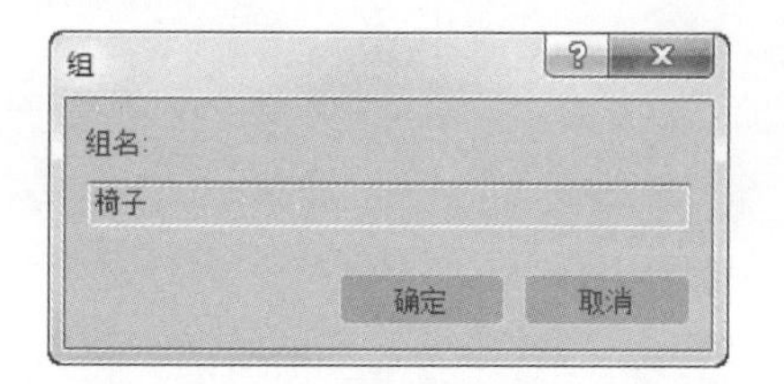

图 8-105　重新命名

8.1.11　沙发的建立

(1) 执行“创建”→“扩展基本体”→“切角长方体”命令，在顶视图中建立一个“切角长方体”，如图 8-106 所示。

图 8-106　创建切角长方体

(2) 选中新创建的“切角长方体”，在工具栏中单击“选择并旋转”工具，然后在按住 Shift 键的同时旋转物体。在完成复制的同时，单击“选择并移动”工具对其进行调整，最终效果如图 8-107 所示。

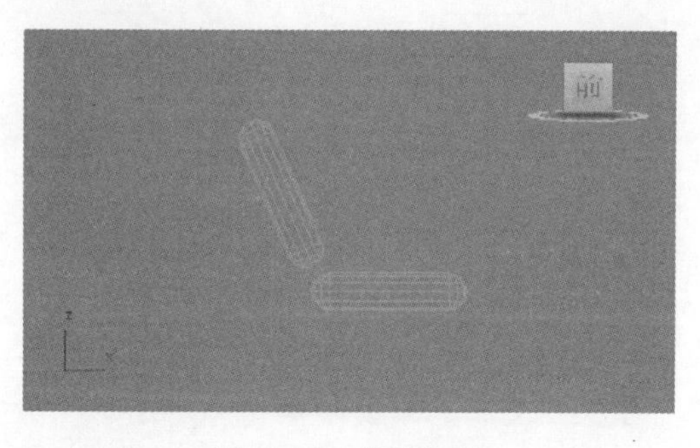

图 8-107　旋转复制

(3) 同理，创建另外一个切角长方体，如图 8-108 所示，然后结合“选择并旋转”工具和“选择并移动”工具旋转复制得到另外一个长方体，如图 8-109 所示。

(4) 执行“创建”→“图形”→“直线”命令，在前视图中创建一条曲线，同时对节点进行调整和平滑处理，效果如图 8-110 所示。

(5) 执行“创建”→“图形”→“矩形”命令，在前视图中创建一个矩形，作为一个放样截面，如图 8-111 所示。

Note

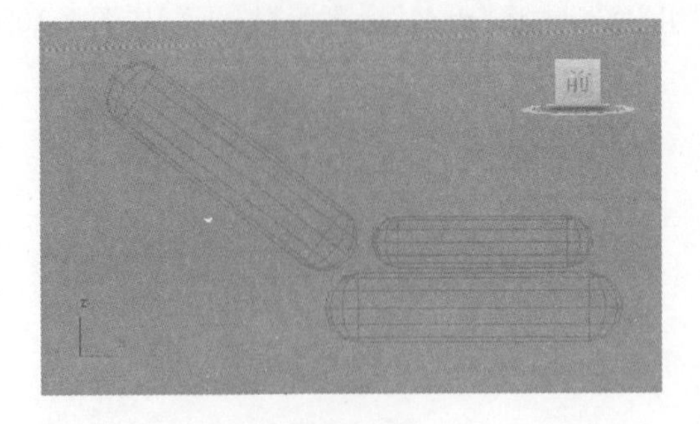

图 8-108 创建切角长方体(一)

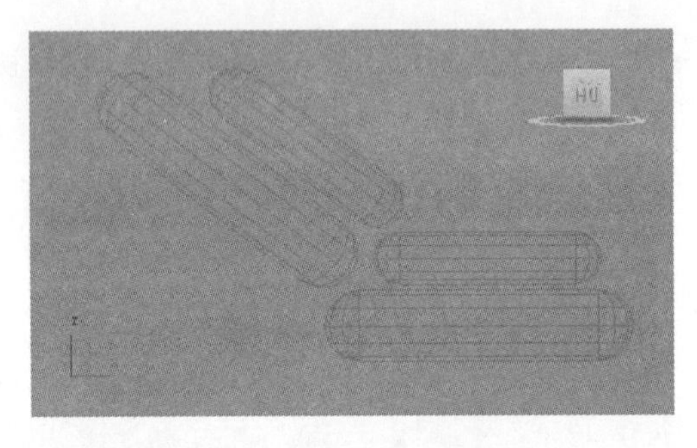

图 8-109 旋转复制

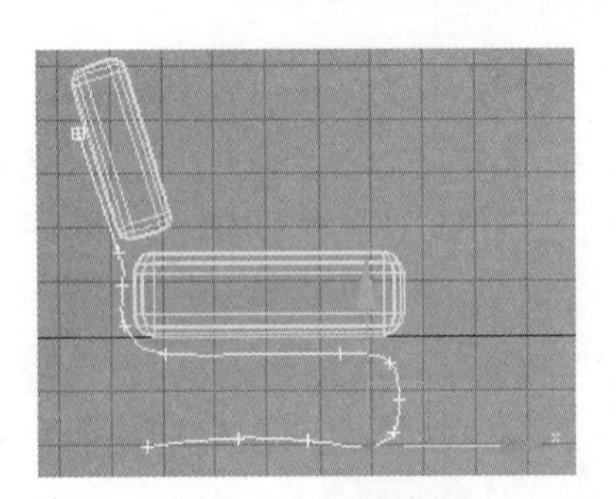

图 8-110 创建曲线

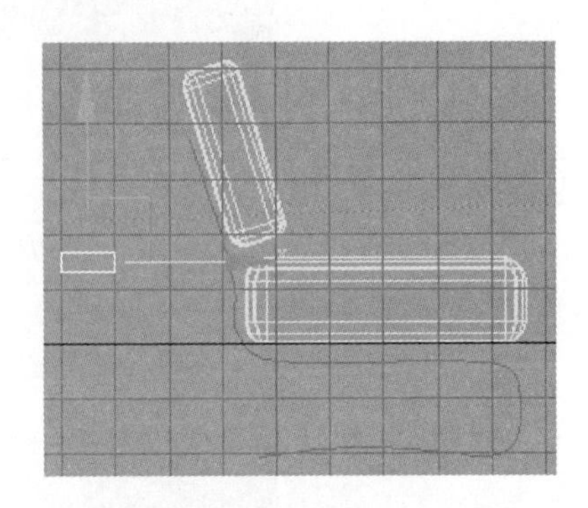

图 8-111 创建矩形

(6) 首先选择作为路径的曲线,单击界面右侧"创建"命令面板中的"几何体",从其下拉列表中选择"复合对象",在"对象类型"命令面板中单击"放样"按钮,然后在命令面板中单击"获取图形"按钮,最后移动光标到创建的截面上单击完成操作,同时对其进行复制,调整位置,最终效果如图 8-112 所示。

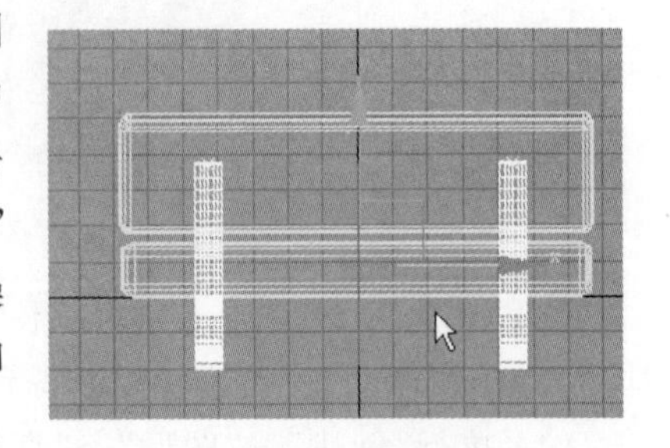

图 8-112 物体放样

(7) 执行"创建"→"扩展基本体"→"切角长方体"命令,在顶视图中建立一个"切角长方体",选择"移动"和"旋转"工具,对其进行调整,位置如图 8-113 所示。

(8) 执行"修改器"→"自由形式变形器"→"FFD 4×4×4"(Modifiers→Free Form Deformers→FFD 4×4×4)命令，单击"FFD 4×4×4"前面的(+)，在子菜单中选择"控制点"，选择"移动"工具 对"控制点"进行调整，最后将其复制、移动、旋转，最终效果如图 8-114 所示。

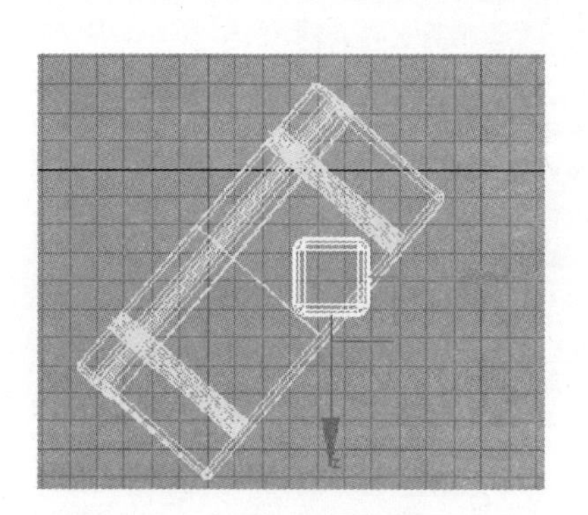

图 8-113　创建切角长方体(二)

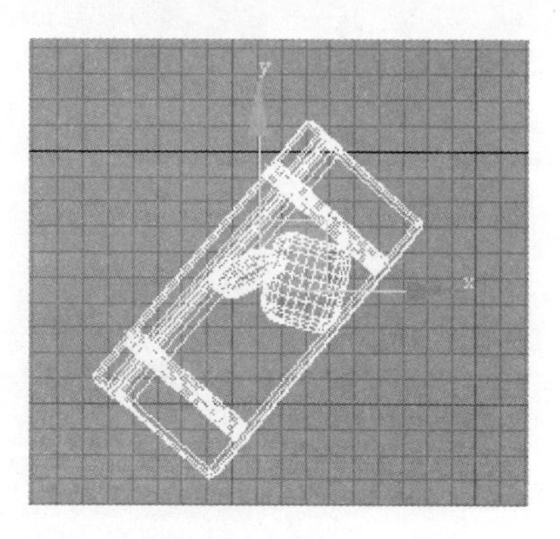

图 8-114　添加 FFD 4×4×4×4

8.1.12　茶具的制作

(1) 执行"创建"→"图形"→"直线"命令，在前视图中创建一条封闭的曲线，同时对节点进行平滑处理，最终效果如图 8-115 所示。

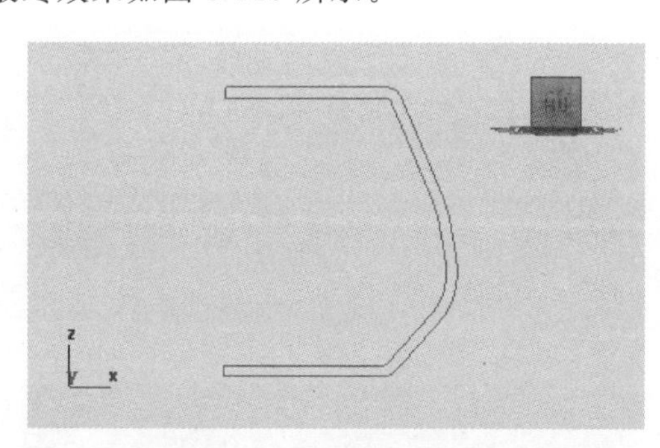

图 8-115　创建封闭曲线

(2) 执行"修改器"→"面片/样条线编辑"→"车削"(Modifiers→Patch/Spline Editing→Lathe)命令或者单击"修改"选项卡 ，在修改器列表中选择"车削"修改器，如图 8-116 所示。

(3) 经过"车削"修改器的调整，封闭的曲线旋转成一个壶体，然后在其上方重新建立一条封闭的曲线作为壶盖，如图 8-117 所示。

(4) 执行"修改器"→"面片/样条线编辑"→"车削"命令，让壶盖完成旋转，执行"创建"→"标准基本体"→"圆柱体"命令，在顶视图中创建一个圆柱体，对其进行旋转移动。

(5) 执行"修改器"→"自由形式变形器"→"FFD 4×4×4"命令，单击"FFD 4×4×4"前面的(+)，在子菜单中选择"控制点"，单击"选择并移动"工具 对"控制点"进行调整，最终效果如图 8-118 所示。

Note

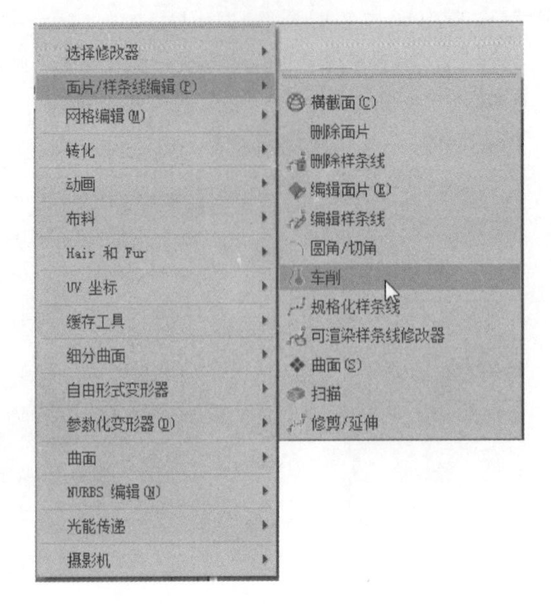

图 8-116　添加“车削”修改器

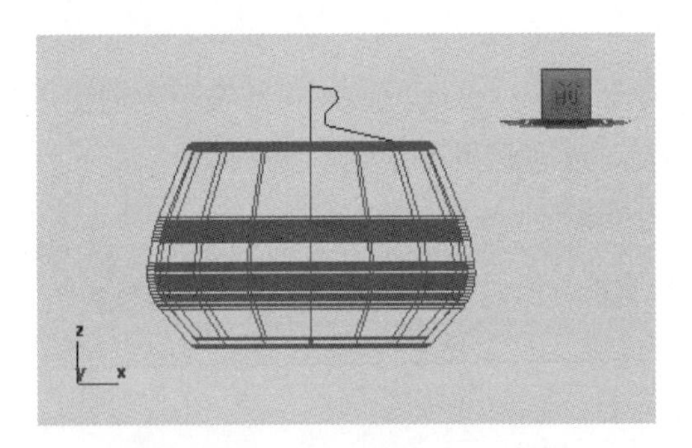

图 8-117　创建封闭曲线作壶盖

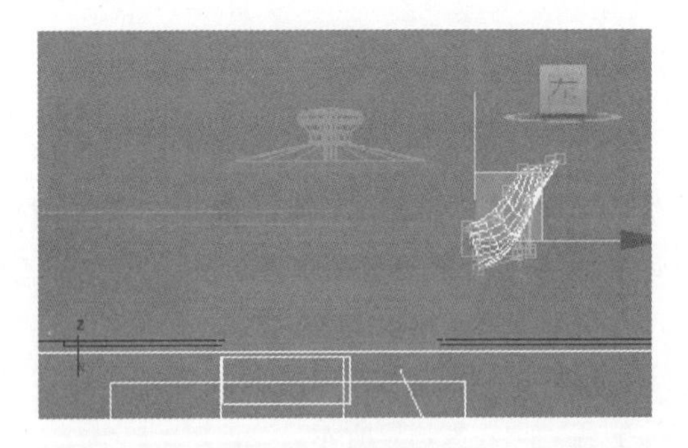

图 8-118　最终效果

(6) 执行“创建”→“标准基本体”→“长方体”命令，在前视图中创建一个长方体，如图 8-119 所示。

(7) 执行“修改器”→“网格编辑”→“编辑网格”命令或者单击“修改”选项卡 的下拉菜单从中选择“编辑网格”修改器，然后单击“编辑网格”前面的(+)，在子菜单中选

图 8-119　创建长方体

择“顶点”，同时单击“选择并移动”工具 对节点进行调整，各角度最终效果如图 8-120～图 8-122 所示。

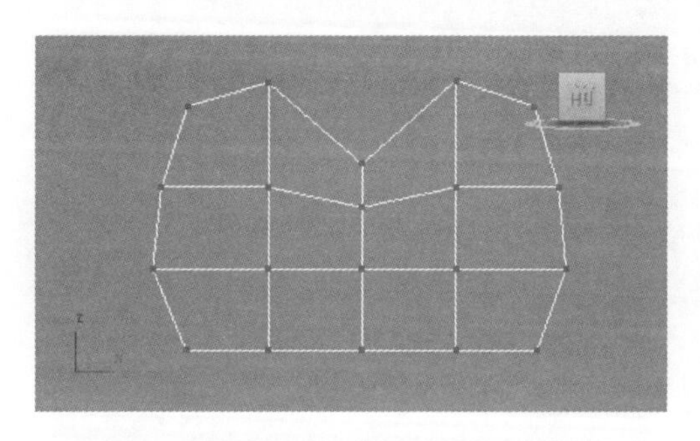

图 8-120　调整节点(一)

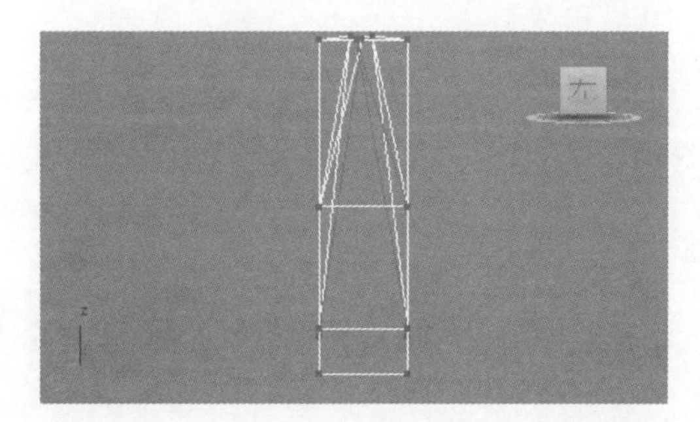

图 8-121　调整节点(二)

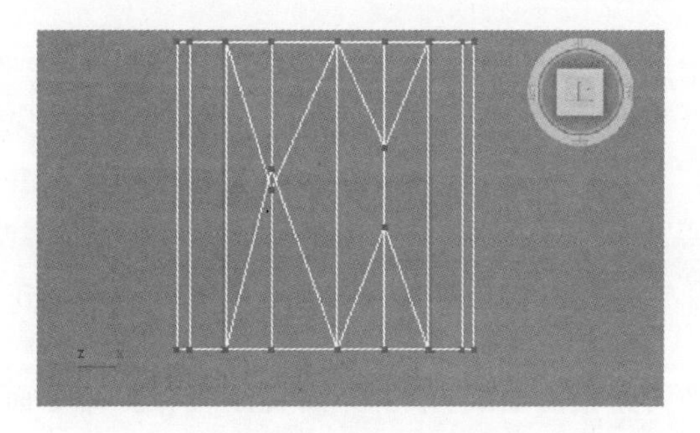

图 8-122　调整节点(三)

Note

(8) 单击"修改"选项卡 下拉菜单从中选择"网格平滑"修改器，如图 8-123 所示。

(9) 在"细分量"(Subdivision Amount)命令面板中将"平滑度"(Smoothness)的数值设为 1.0，如图 8-124 所示。

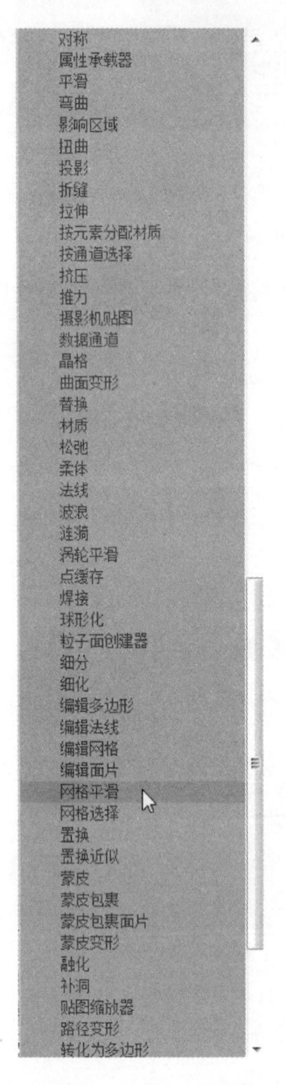

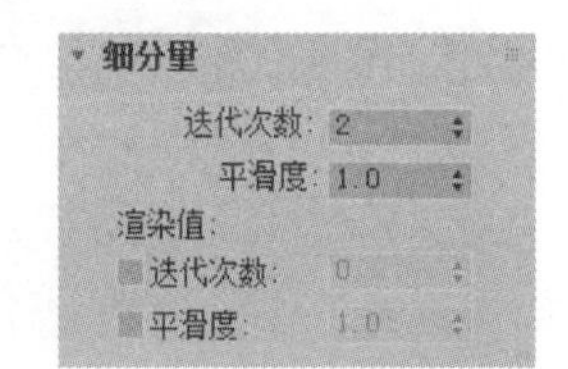

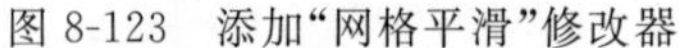

图 8-123　添加"网格平滑"修改器

图 8-124　设置"细分量"命令面板

(10) 在工具栏中选择"镜像" ，然后在"镜像"面板中设置坐标轴为 X 轴，将"克隆当前选择"模式设为"实例"，单击"确定"按钮完成操作，调整位置如图 8-125 所示。

(11) 执行"创建"→"图形"→"直线"命令，在左视图中创建一条曲线，作为壶把的放样路径，同时对节点进行平滑处理，最终效果如图 8-126 所示。

(12) 执行"创建"→"图形"→"圆"命令，在顶视图中创建一个圆环作为放样截面，如图 8-127 所示。

(13) 首先选择作为路径的曲线，单击界面右侧"创建"命令面板中的"几何体"，从其下拉列表中选择"复合对象"，在"对象类型"命令面板中单击"放样"按钮，然后在命令

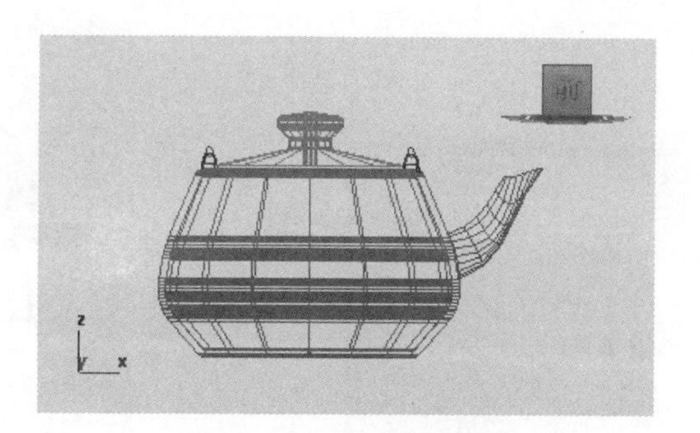

图 8-125 镜像复制

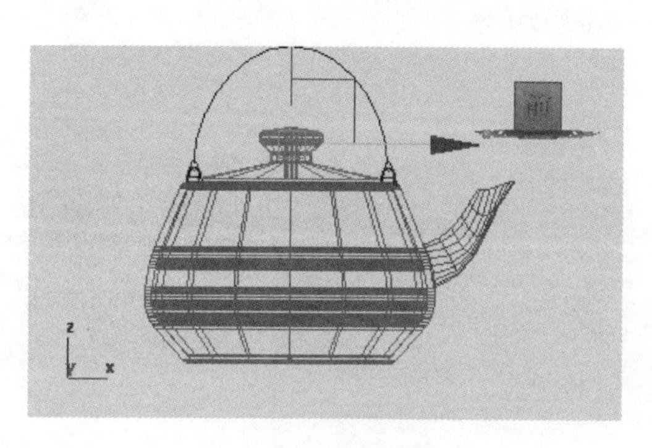

图 8-126 调整曲线

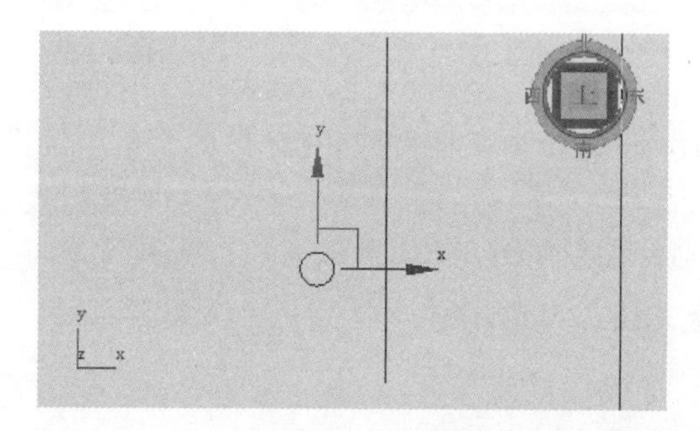

图 8-127 创建圆环

面板中单击“获取图形”按钮，最后移动鼠标，在创建的截面上单击，完成放样操作。

8.1.13 灯的制作

(1) 执行“创建”→“标准基本体”→“管状体”(Create→Standard Primitives→Tube)命令，在前视图中建立一个“管状体”(Tube)，单击“选择并移动”工具，对其进行调整，位置如图 8-128 所示。

(2) 其基本参数设置如图 8-129 所示。

(3) 执行“创建”→“标准基本体”→“胶囊”(Create→Standard Primitives→Capsule)命令，在前视图中建立一个“胶囊”(Capsule)，位置如图 8-130 所示。

(4) 其基本参数设置如图 8-131 所示。

Note

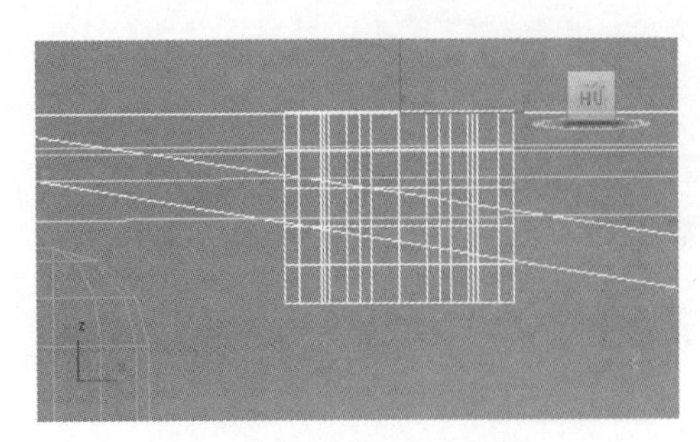

图 8-128　创建管状体

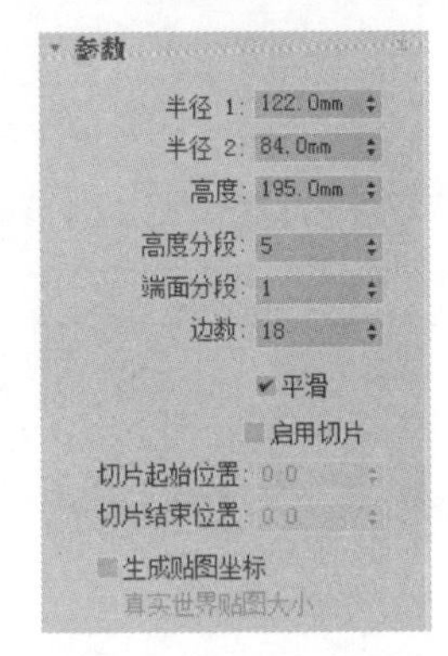

图 8-129　设置管状体基本参数

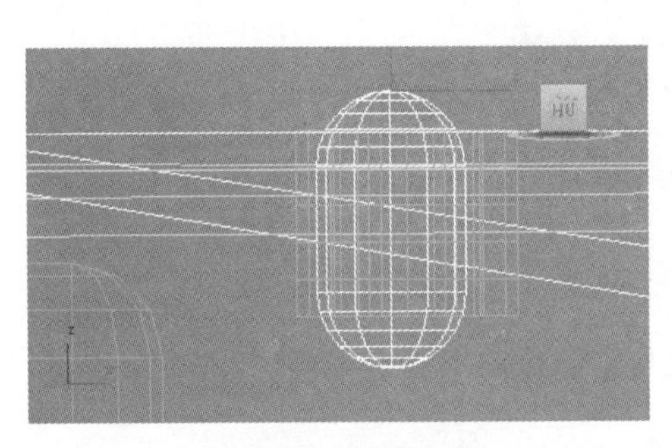

图 8-130　创建胶囊

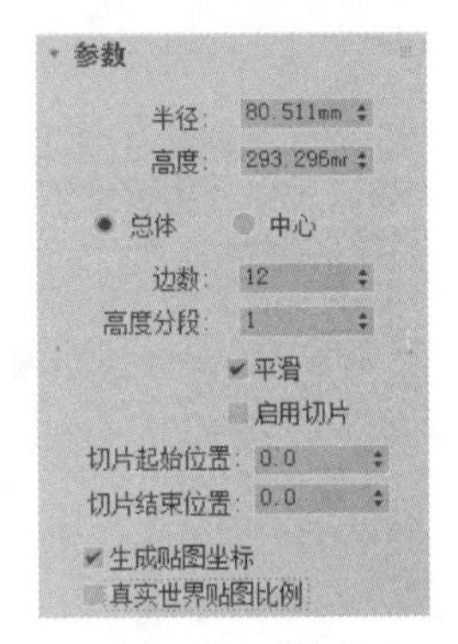

图8-131　设置胶囊基本参数

(5) 在 3D 界面的右上方单击鼠标右键,在弹出的菜单中选择“附加”(Extras),如图 8-132 所示。

(6) 设置“附加”命令面板如图 8-133 所示。

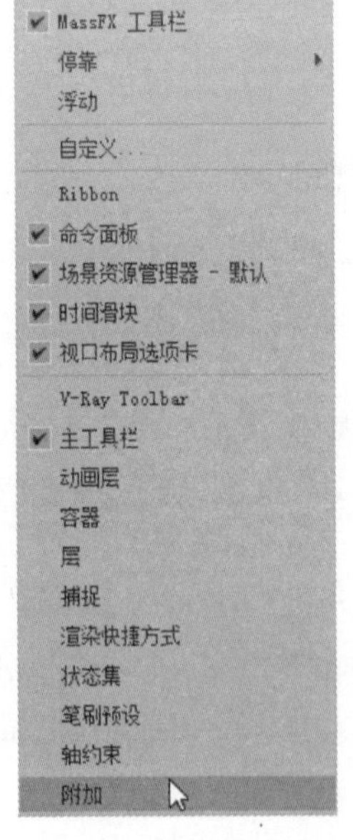

图 8-132　选择“附加”命令

图 8-133　“附加”命令面板

Note

(7) 选中制作好的筒灯,在“阵列”(Array)面板中进行设置,“对象类型”设置为“实例”,1D 设置为 15,如图 8-134 所示。

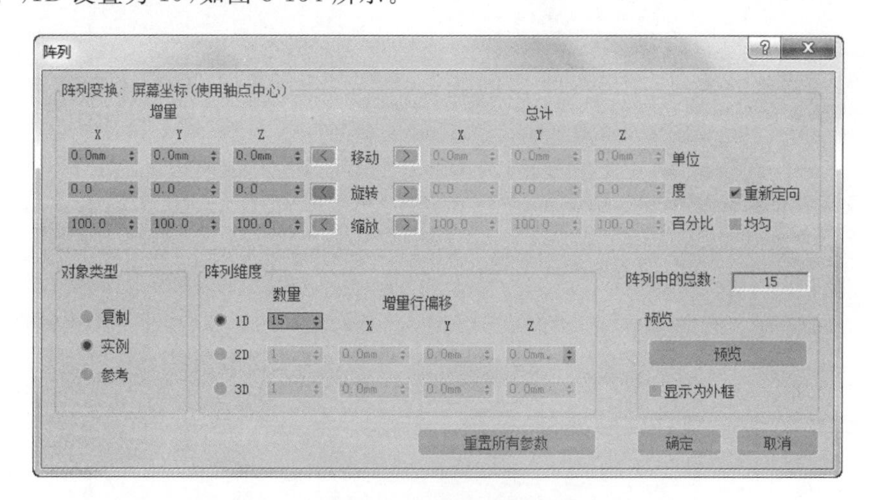

图 8-134 “阵列”面板

(8) 重复上述步骤依次复制,最终效果如图 8-135 所示。

(9) 执行“创建”→“图形”→“直线”命令,在前视图中创建一条曲线,同时对节点进行平滑处理,最终效果如图 8-136 所示。

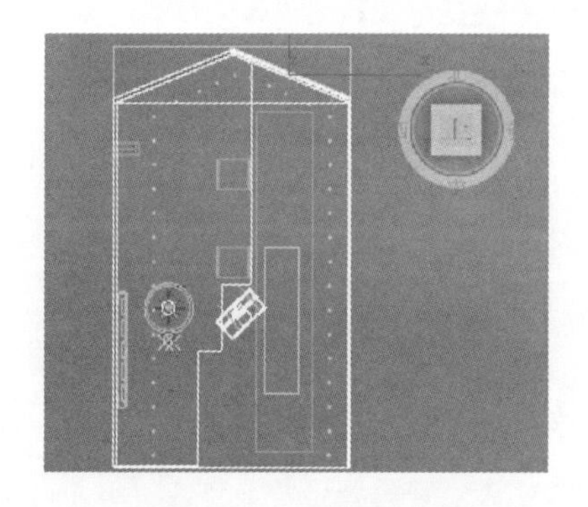

图 8-135 最终效果图

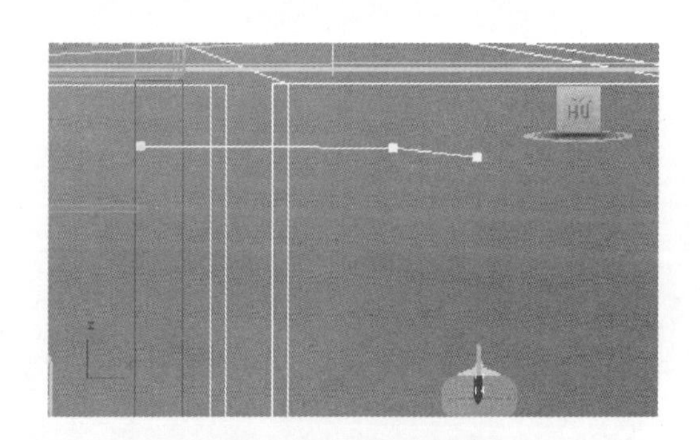

图 8-136 创建曲线

(10) 执行“创建”→“图形”→“圆”命令,在左视图中创建一个圆环,作为放样截面,如图 8-137 所示。

(11) 首先选择作为路径的曲线,单击界面右侧“创建”命令面板中的“几何体”,从其下拉列表中选择“复合对象”,在“对象类型”命令面板中单击“放样”按钮,然后在命令面板中单击“获取图形”按钮,最后移动光标到创建的截面上单击,完成操作。

(12) 执行“创建”→“图形”→“直线”命令,在前视图中创建一条封闭曲线,同时对节点进行平滑处理,最终效果如图 8-138 所示。

(13) 执行“修改器”→“面片/样条线编辑”→“车削”命令或者单击“修改”选项卡的下拉菜单从中选择“车削”修改器,如图 8-139 所示。

(14) 经过旋转的封闭曲线最终效果如图 8-140 所示。

Note

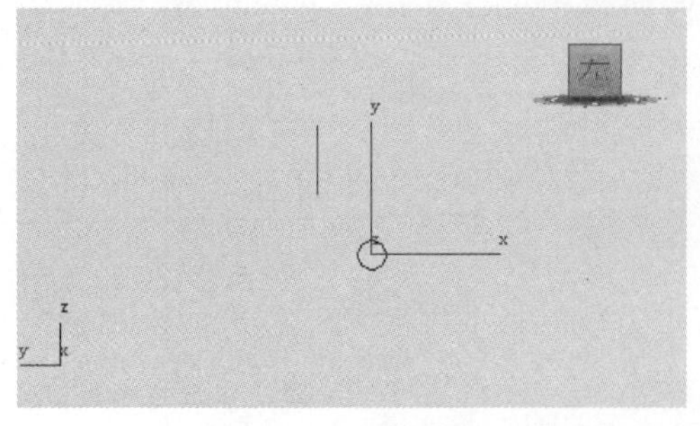

图 8-137　创建圆环

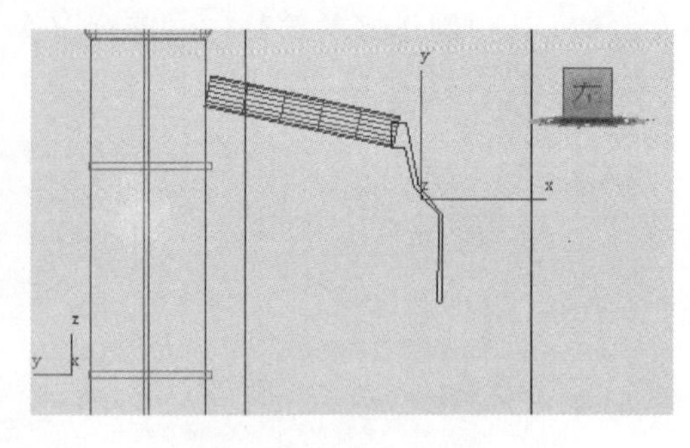

图 8-138　创建封闭曲线

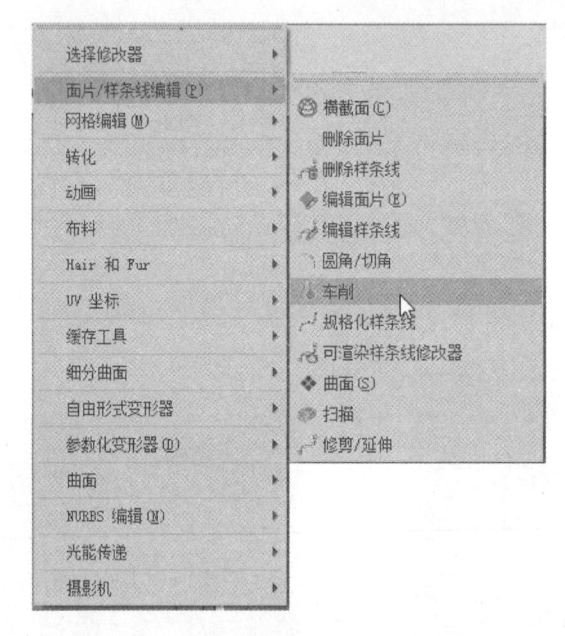

图 8-139　选择“车削”修改器

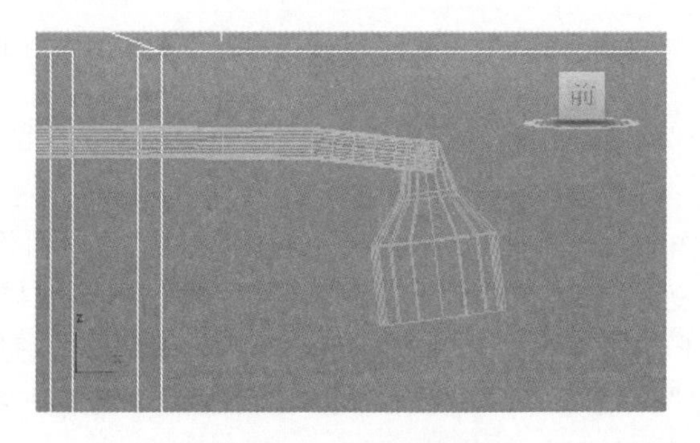

图 8-140　最终效果图

(15) 选中制作好的灯,在“阵列”面板中进行设置,“对象类型”设置为“实例”,1D 设置为 12,如图 8-141 所示。

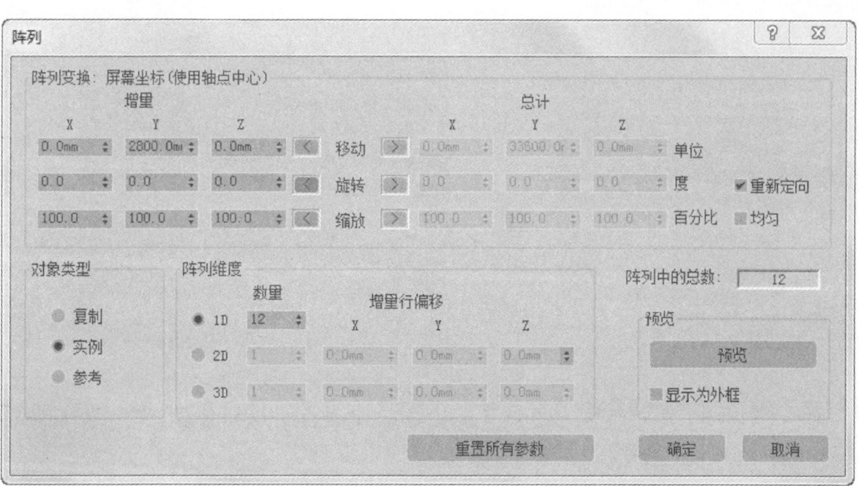

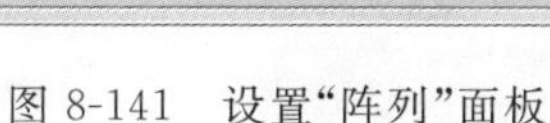

图 8-141 设置“阵列”面板

8.1.14 相框的制作

(1) 执行“创建”→“扩展基本体”→“切角长方体”命令，在前视图中建立一个“切角长方体”，选择“移动”工具，对其进行调整，位置如图 8-142 所示。

(2) 在右侧长方体的“参数”面板中，设置基本参数“长度”为 1319.42mm，“宽度”为 1061.27mm，“高度”为 143.0mm，“圆角”为 28.683 mm，如图 8-143 所示。

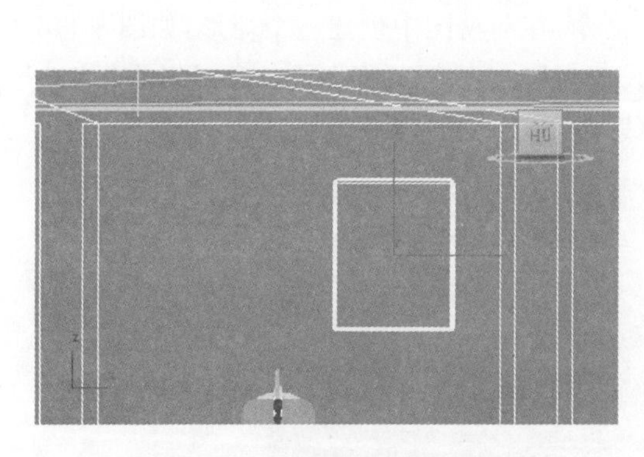

图 8-142 创建切角长方体

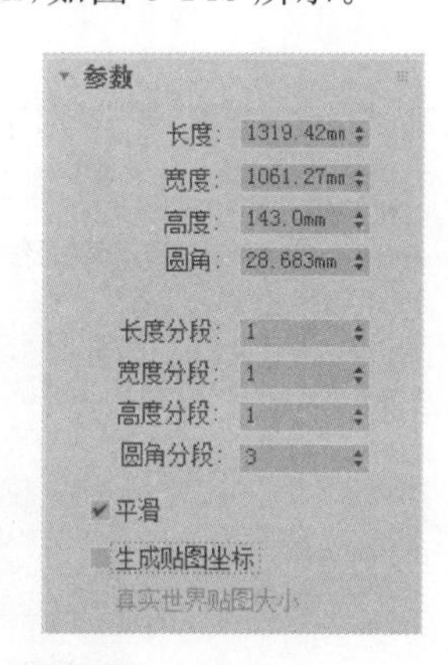

图 8-143 设置“参数”面板

(3) 选中新创建的“切角长方体”，在工具栏中选择缩放工具，然后在按住 Shift 键的同时缩放物体，如图 8-144 所示。

(4) 首先选择作为地面的大的“切角长方体”，执行“创建”→“复合对象”→“布尔”命令，在“运算对象参数”卷展栏中选择“差集”运算，选择“添加运算对象”选项，最后移动光标到小的“切角长方体”上单击，完成操作，效果如图 8-145 所示。

(5) 执行“创建”→“标准基本体”→“长方体”命令，在前视图中创建一个长方体，如图 8-146 所示。

Note

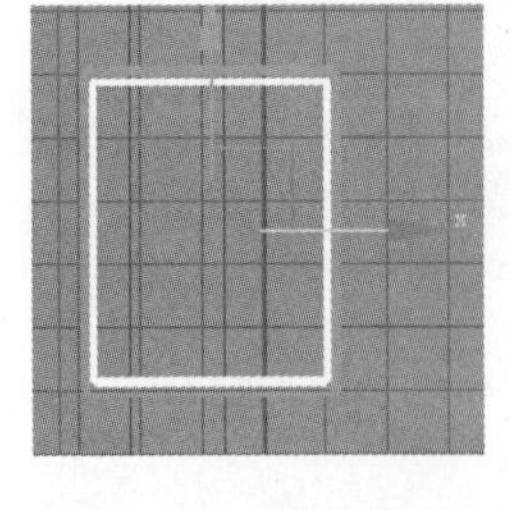

图 8-144　缩放物体

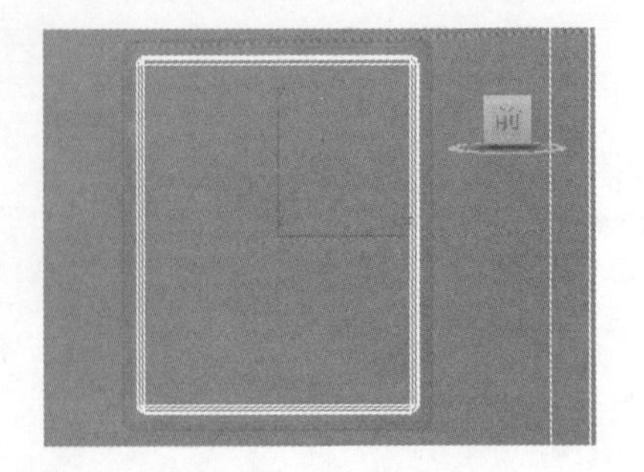

图 8-145　布尔运算

(6) 在右侧长方体的“参数”面板中，设置基本参数“长度”为 516.295mm，“宽度”为 401.563mm，“高度”为 21.512mm，如图 8-147 所示。

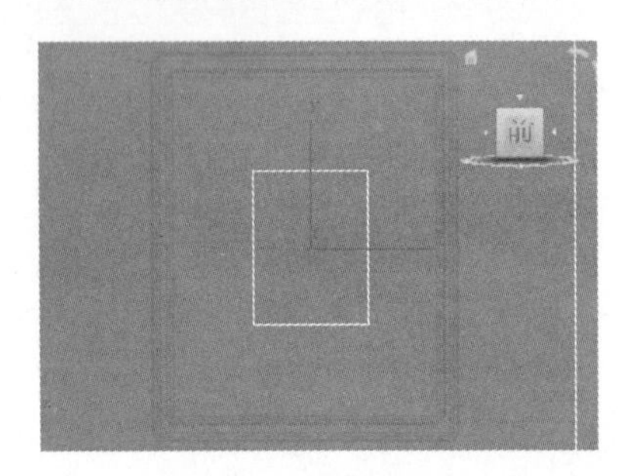

图 8-146　创建长方体

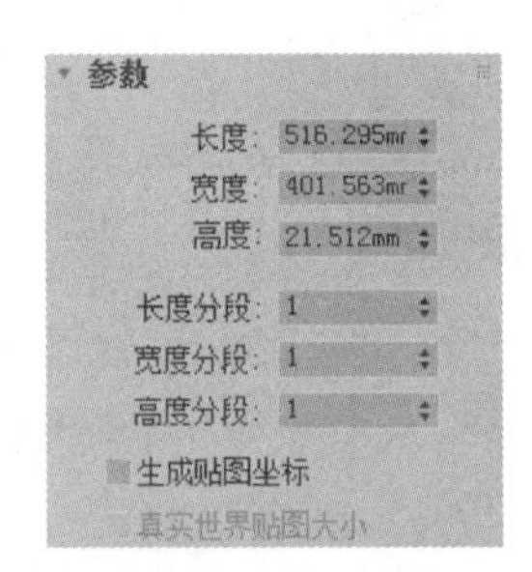

图 8-147　设置“参数”面板

(7) 执行“创建”→“图形”→“矩形”命令，在前视图中创建一个矩形，如图 8-148 所示。

(8) 执行“修改器”→“面片/样条线编辑”→“编辑样条线”命令或者在“修改”选项卡 中单击下拉菜单选择“编辑样条线”修改器，如图 8-149 所示。

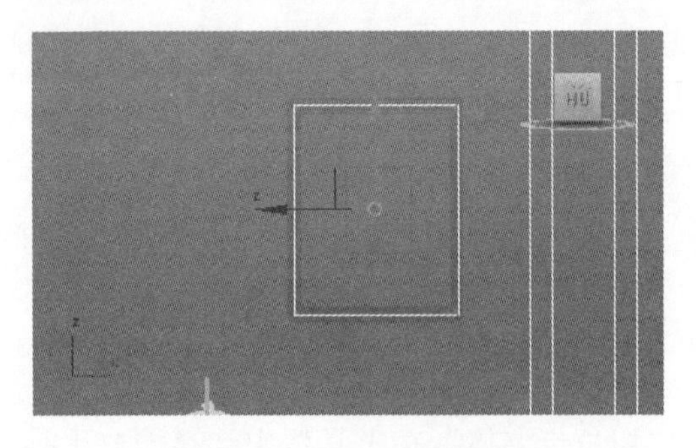

图 8-148　创建矩形

(9) 单击“编辑样条线”前面的(+)，然后在子菜单中选择“样条线”，如图 8-150 所示。

(10) 在命令面板中选择“轮廓”(Outline)，对数值进行设置，如图 8-151 所示。

(11) 执行“修改器”→“面片/样条线编辑”→“挤出”命令或者在“修改”选项卡 中单击下拉菜单选择“挤出”修改器，如图 8-152 所示。

(12) 在“参数”面板中将“数量”设为 12.7mm，如图 8-153 所示。相框最终位置如图 8-154 所示。

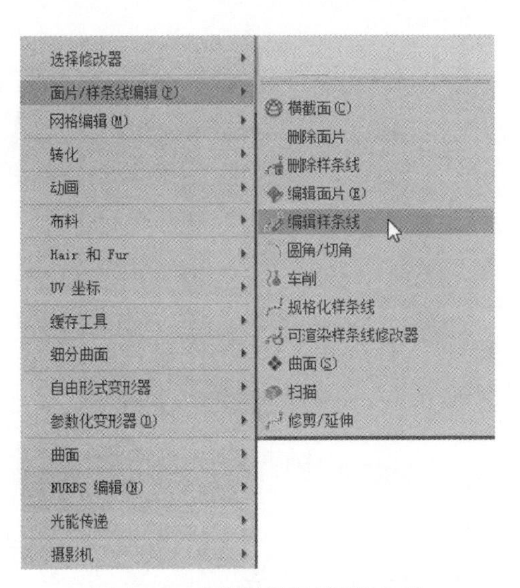

图 8-149 “编辑样条线”修改器

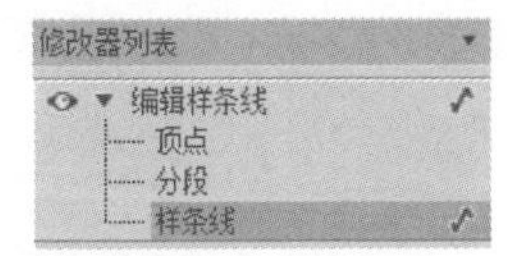

图 8-150 选择“样条线”

图 8-151 选择“轮廓”

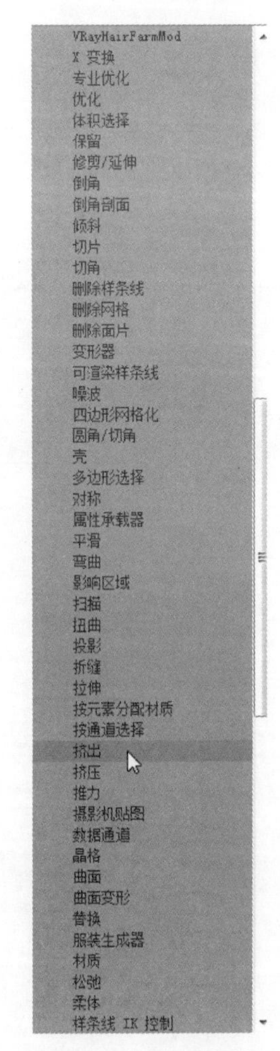

图 8-152 “挤出”修改器

Note

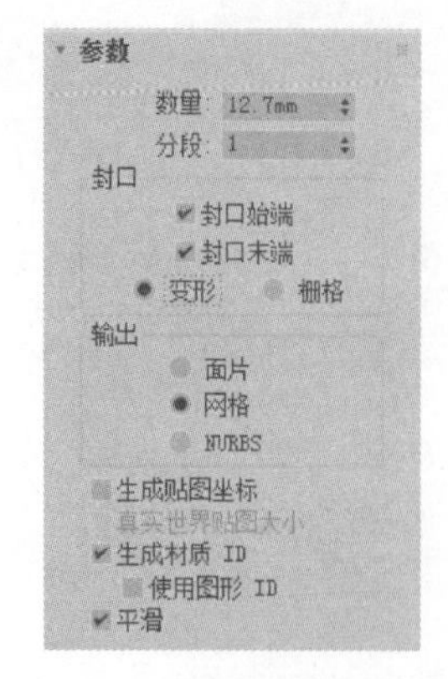

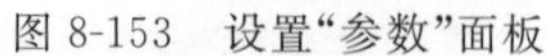

图 8-153　设置“参数”面板

图 8-154　相框最终位置

8.2　制作餐厅材质

8.2.1　地面材质的赋予

(1) 制作地面的材质，执行“渲染”→“材质编辑器”→“精简材质编辑器”命令或者在工具栏中选择“材质编辑器”工具，打开“材质编辑器”窗口，如图 8-155 所示。

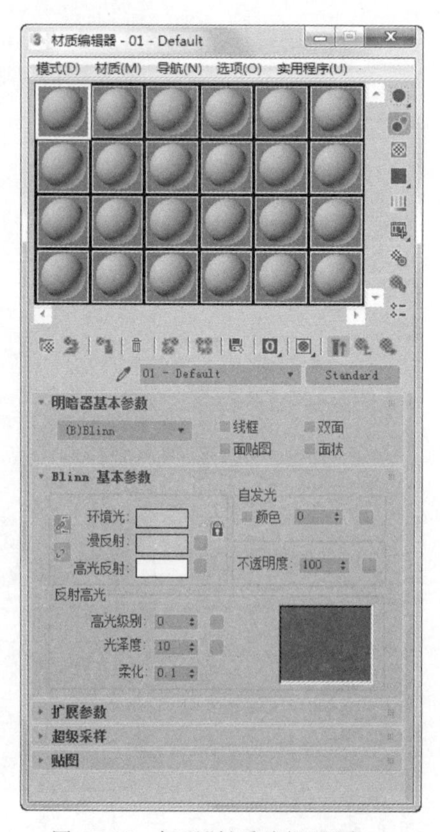

图 8-155　打开“材质编辑器”窗口

(2) 单击按钮 Standard ，弹出“材质/贴图浏览器”，展开“Autodesk 材质库”(Autodesk Material Library)→“陶瓷”→“瓷砖”卷展栏，如图 8-156 所示，从中选择“带嵌入式菱形的 4 英寸方形—褐色”双击，材质编辑器如图 8-157 所示。

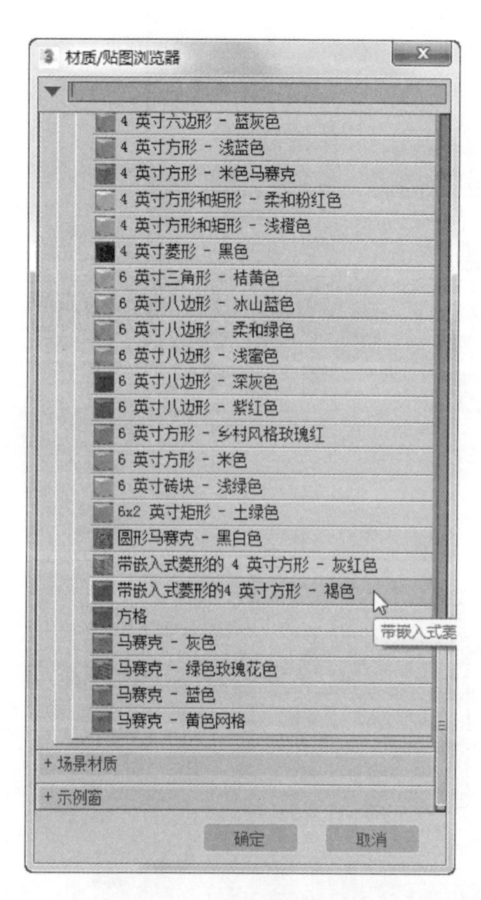

图 8-156　选择材质编辑器

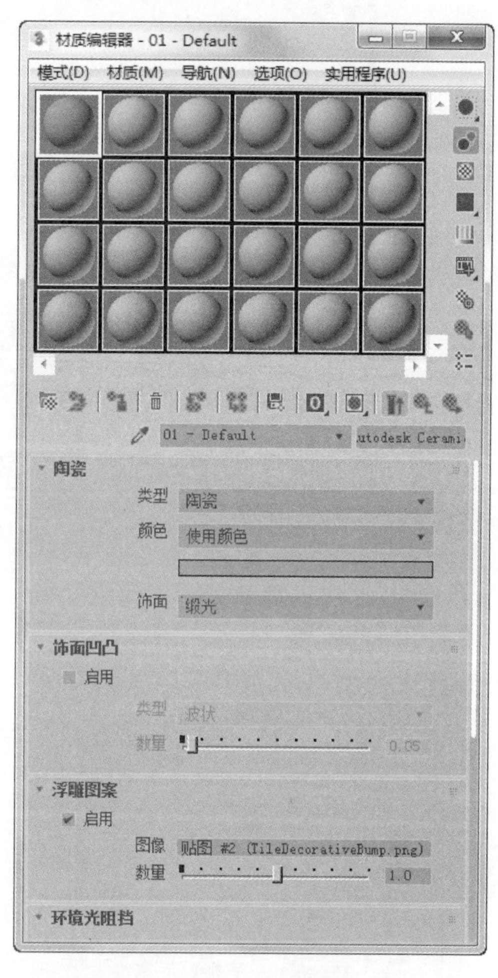

图 8-157　材质编辑器

(3) 在视图中选择地面，然后单击 图标，将材质赋予地面。选择“修改”面板下的 UVW 贴图，对其进行设置，赋予地面后的效果如图 8-158 所示。

8.2.2　椅子材质的赋予

(1) 选择一个新的材质球，单击按钮 Standard ，展开“Autodesk 材质库”→“木材”→“面板”卷展栏，从图 8-159 中选择“柚木天然中光泽实心”双击，材质编辑器如图 8-160 所示。

(2) 椅子的材质制作比较简单，在视图中选择所有的椅子，然后单击 图标，将材质赋予椅子，完成椅子的制作，效果如图 8-161 所示。

Note

图 8-158　渲染地面效果图

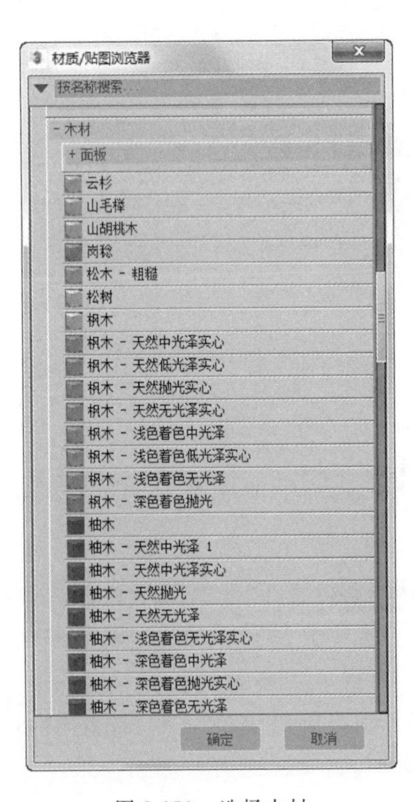

图 8-159　选择木材

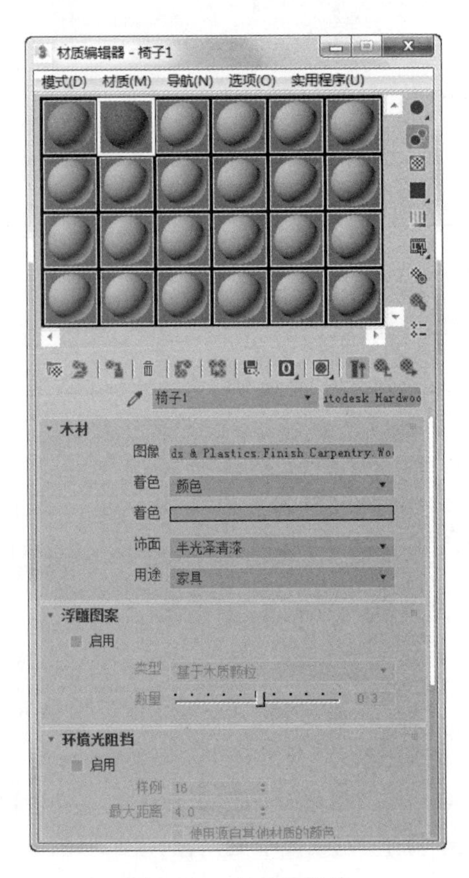

图 8-160　材质编辑器

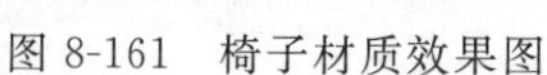

图 8-161 椅子材质效果图

8.2.3 圆桌材质的赋予

（1）选择一个新的材质球，单击按钮 Standard ，弹出“材质/贴图浏览器”，展开“Autodesk 材质库”→“玻璃”→“玻璃制品”卷展栏，选择“清晰-黄色”。

（2）在视图中选择桌面，然后在“材质编辑器”面板中单击图标，将材质赋予桌子，完成桌子的制作。效果如图 8-162 所示。

图 8-162 桌子材质效果图

8.2.4 金属材质的赋予

（1）选择一个新的材质球，单击按钮 Standard ，弹出“材质/贴图浏览器”，展开“Autodesk 材质库”→“金属” →“钢”卷展栏，如图 8-163 所示，从中选择“不锈钢-抛光”双击，“材质编辑器”窗口如图 8-164 所示。

（2）在视图中选择桌腿，然后在“材质编辑器”面板中单击图标，将材质赋予桌腿，完成桌腿材质的制作。效果如图 8-165 所示。

Note

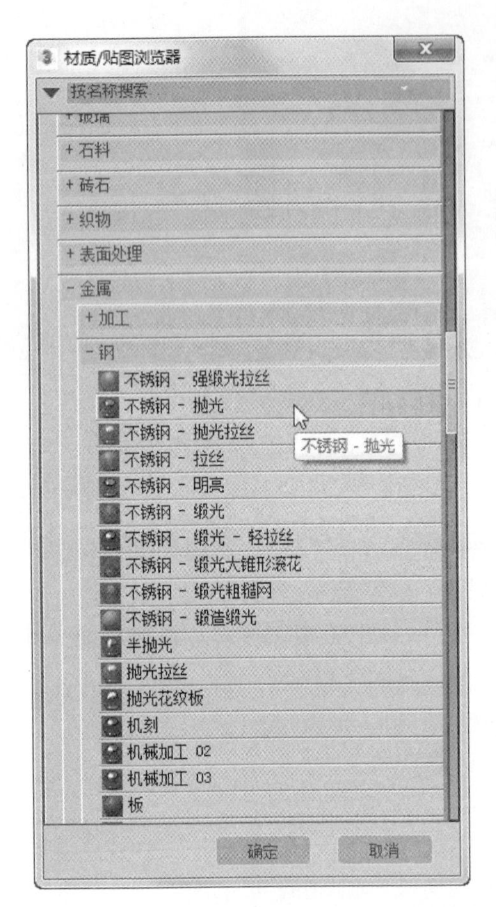

图 8-163　选择金属

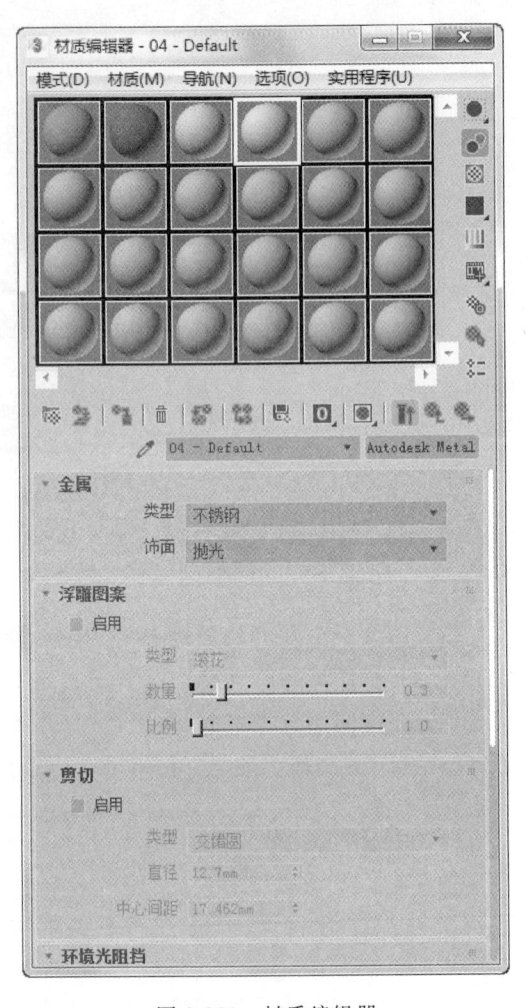

图 8-164　材质编辑器

图 8-165　桌腿渲染效果图

8.2.5　另一半地面及地毯材质的赋予

（1）选择一个新的材质球，将其切换到标准材质，单击“漫反射”后面的“无”按钮，打开“材质/贴图浏览器”面板，从中选择“位图”单击，然后打开“选择位图图像文件”对话框，选择一种木材，如图 8-166 所示。

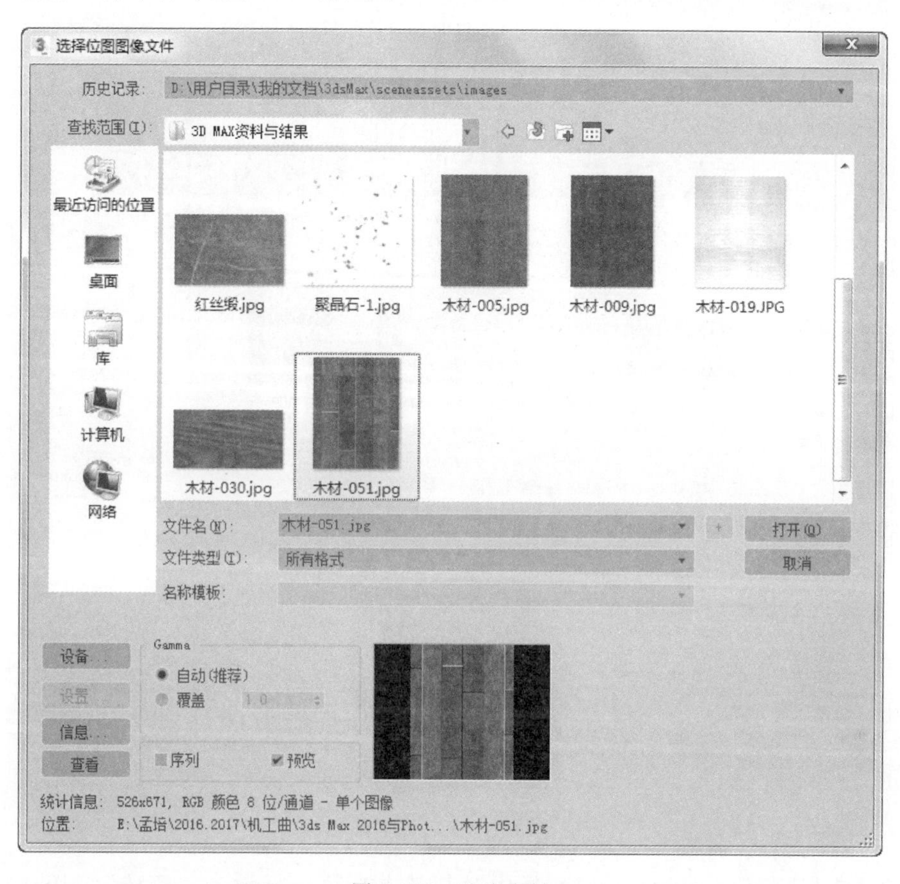

图 8-166　选取木材

（2）在“坐标”(Coordinates)面板中对其基本参数进行设置，“瓷砖”(Tiling)设为 10.0 和 5，“模糊”(Blue)设为 1.0，如图 8-167 所示。

（3）单击“转到父对象”(Go to Parent)按钮，回到上层命令面板，然后进行设置，将“环境光”调为一种灰色，“高光级别”设为 67，“光泽度”设为 10，如图 8-168 所示。

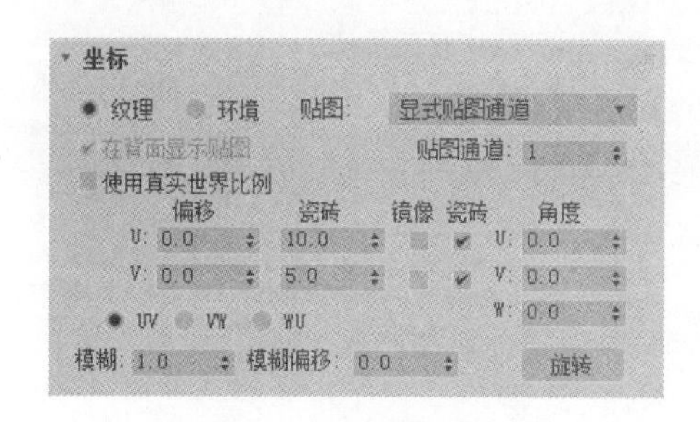

图 8-167　设置“坐标”面板

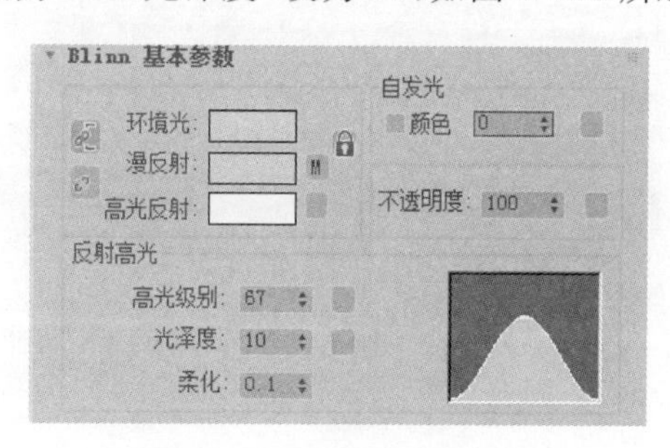

图 8-168　设置参数(一)

Note

(4) 进行地毯的制作。同样选择一个新的材质球,单击“漫反射”后面的“无”按钮,打开“材质/贴图浏览器”面板,从中选择“位图”单击,然后打开“选择位图图像文件”(Select Bitmap Image File)对话框,选择一块地毯,如图 8-169 所示。

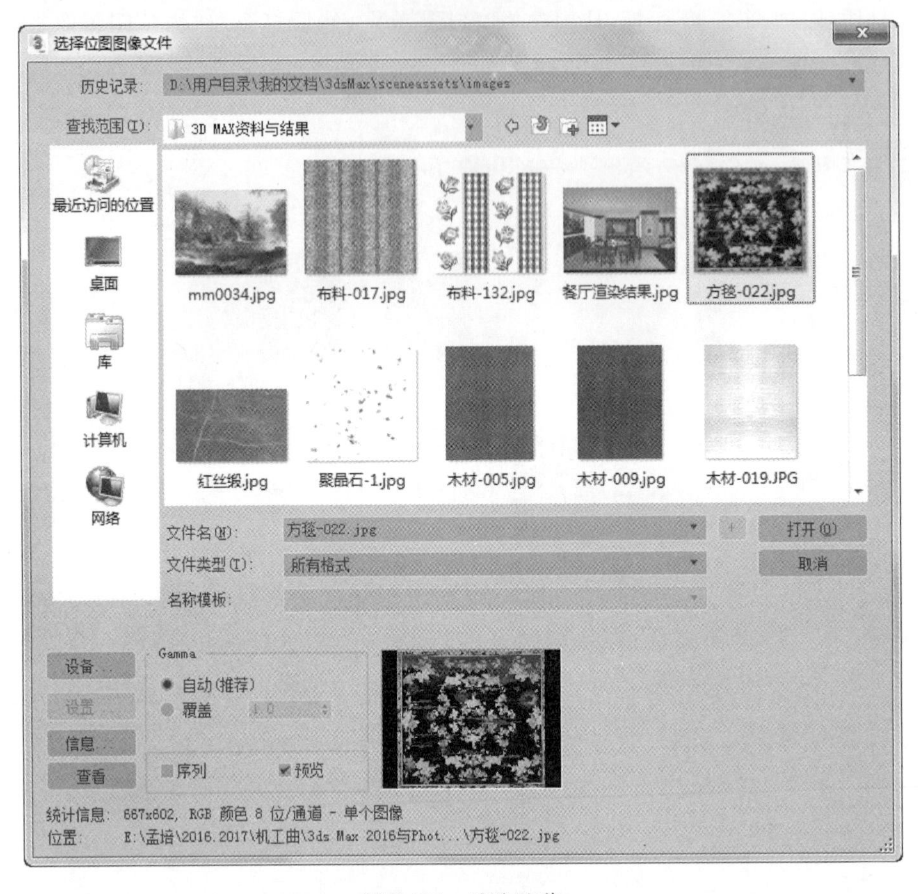

图 8-169 选取地毯

(5) 在“坐标”(Coordinates)面板中对其基本参数进行设置,“瓷砖”(Tiling)设为 15.0 和 15.0,“模糊”(Blue)设为 1.0,如图 8-170 所示。

(6) 单击“转到父对象”(Go to Parent)按钮 ,回到上层命令面板,然后进行设置,“高光级别”设为 0,“光泽度”设为 10,如图 8-171 所示。

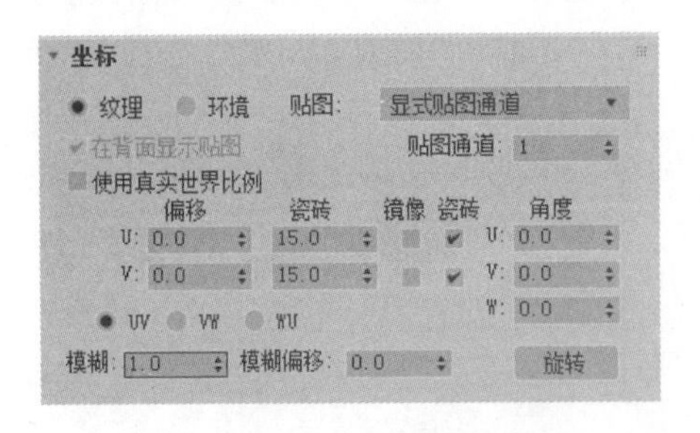

图 8-170 设置“坐标”面板

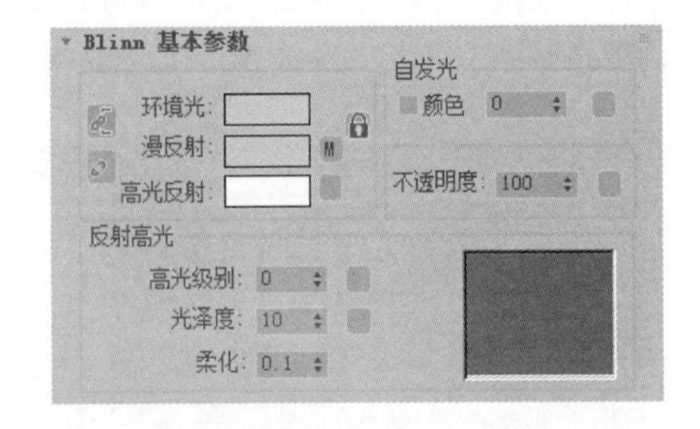

图 8-171 设置参数(二)

Note

(7) 分别选择剩余的地面和地毯，单击图标，将材质赋予物体，如图 8-172 所示。

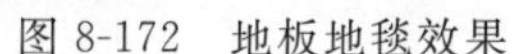

图 8-172 地板地毯效果

8.2.6 窗框及墙面装饰材质的赋予

选择窗框及墙面装饰与椅子材质相同，单击图标，将材质赋予物体，结果如图 8-173 所示。

图 8-173 窗框及墙面装饰效果图

8.2.7 相框及墙面材质的赋予

(1) 选择一个新的材质球，单击按钮 Standard ，弹出“材质/贴图浏览器”，展开“Autodesk 材质库”→“墙漆”卷展栏，如图 8-174 所示，从中选择“冷白色”双击，材质编辑器如图 8-175 所示。

(2) 在视图中选择相框后面的墙，然后单击图标将材质赋予墙面。

(3) 同理，设置相框材质，完成相框材质的制作。赋予相框后的效果如图 8-176 所示。

Note

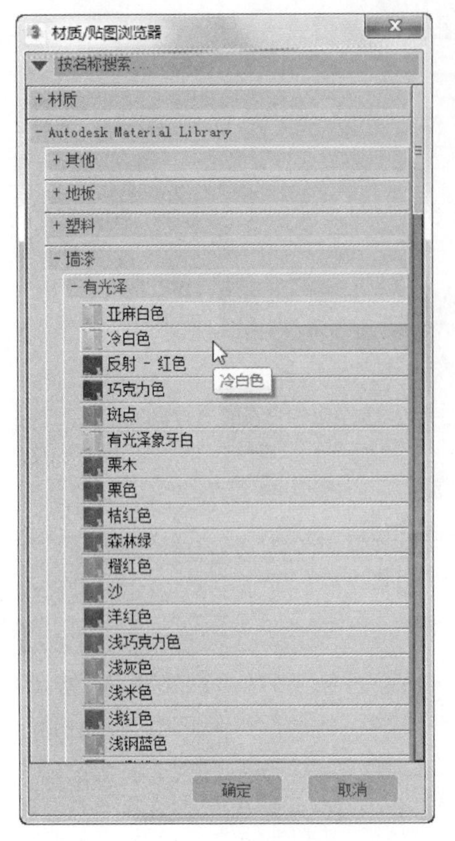

图 8-174　选择油漆

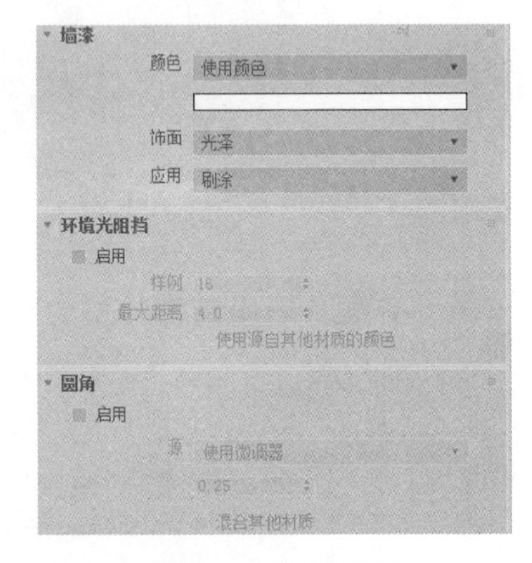

图 8-175　材质编辑器

图 8-176　渲染图形效果

8.2.8　沙发材质的制作

(1) 选择一个新的材质球，单击“材质编辑器”面板右侧的“标准”按钮，打开“材质/贴图浏览器”对话框，从中选择“多维/子对象”(Multi/Sub-Object)单击，如图 8-177 所示。

（2）在“替换材质”（Replace Material）对话框中选择“丢弃旧材质”（Discard Old）单选按钮，然后单击“确定”按钮，如图 8-178 所示。

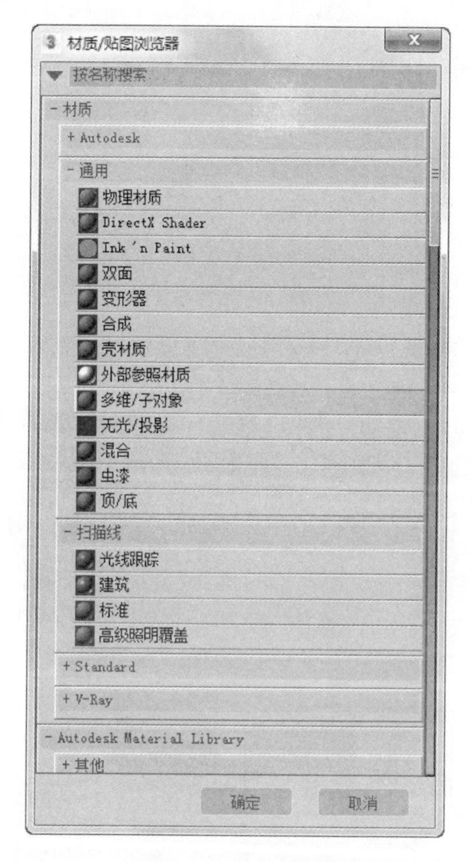

图 8-177　选择材质球

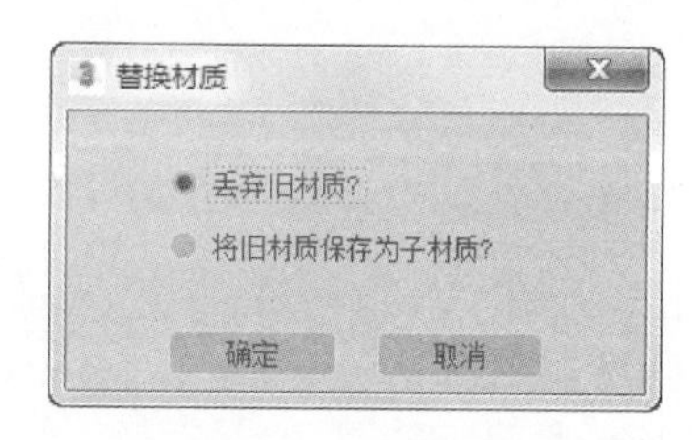

图 8-178　选择“丢弃旧材质”

（3）出现“多维/子对象基本参数”命令面板，如图 8-179 所示。

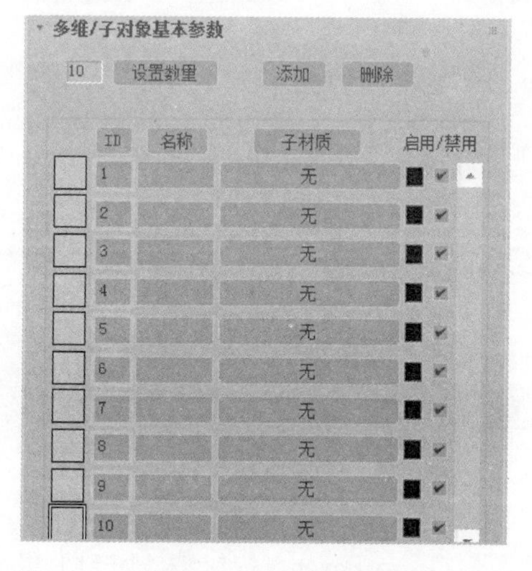

图 8-179　“多维/子对象基本参数”命令面板

Note

（4）在"多维/子对象基本参数"命令面板中单击"设置数量"（Set Number）按钮，打开"设置材质数量"（Set Number of Materials）对话框，将"材质数量"（Number of Materials）的数值设置为2，如图8-180所示。

（5）此时的"多维/子对象基本参数"命令面板变为如图8-181所示。

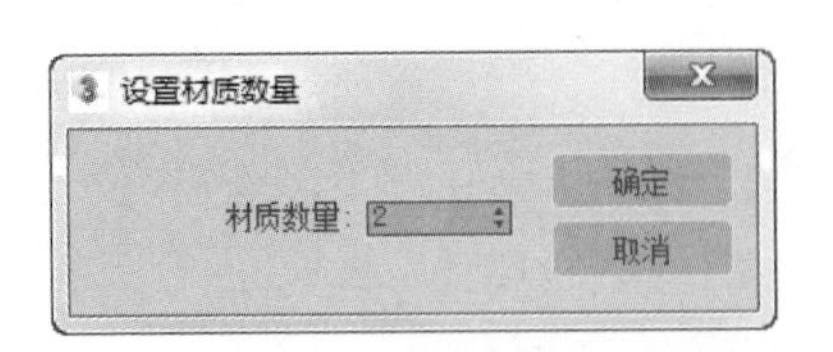

图8-180 "设置材质数量"对话框

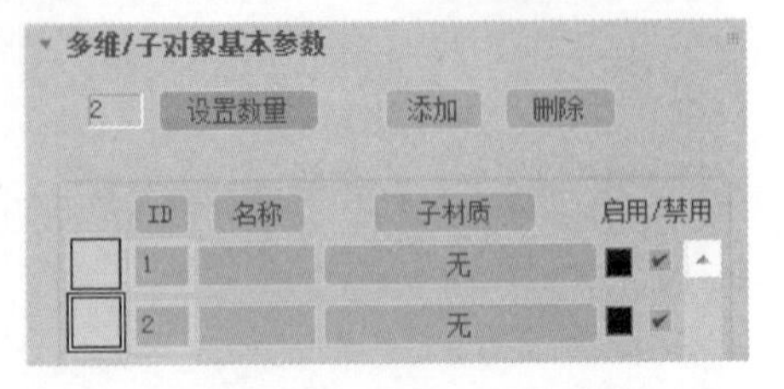

图8-181 "多维/子对象基本参数"面板

（6）单击ID号为1的材质球后面的"标准"按钮，同样也打开一个"材质/贴图浏览器"面板，从中选择"位图"单击，然后打开"选择位图图像文件"对话框，从下载的源文件中选择一种布料，如图8-182所示，完成打开操作。

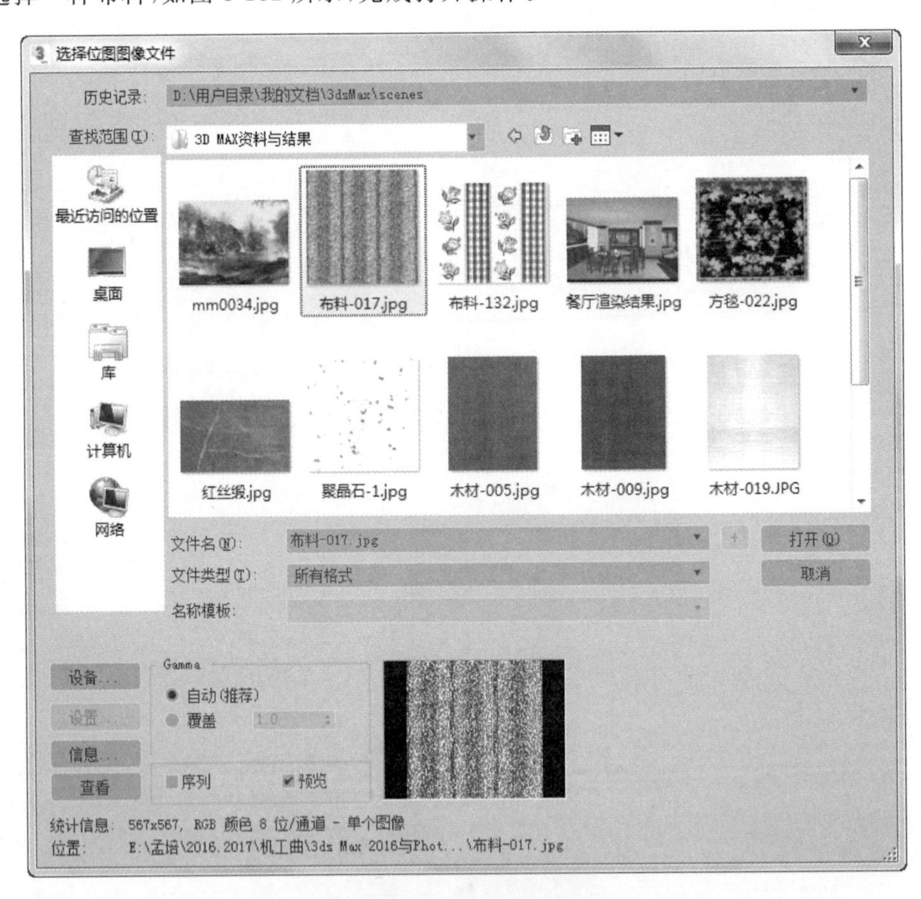

图8-182 选取布料

（7）单击"转到父对象"（Go to Parent）按钮，回到上层命令面板进行设置。调整"自发光颜色"，设置"红"为91，"绿"为82，"蓝"为57，如图8-183所示。

（8）将“环境光”调为一种灰色，“高光级别”设为31，“光泽度”设为18，如图8-184所示。

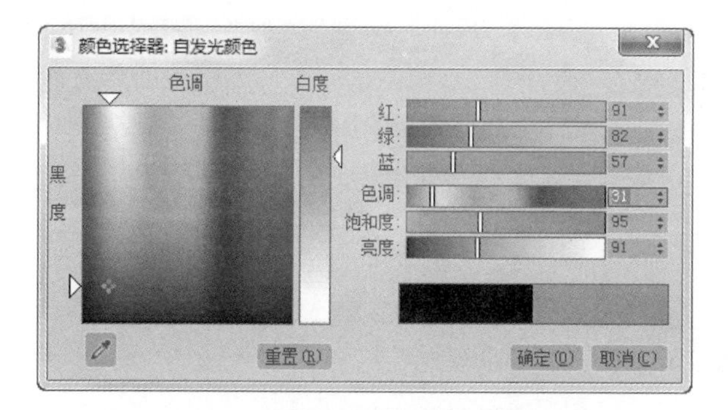

图8-183　设置“自发光颜色”面板

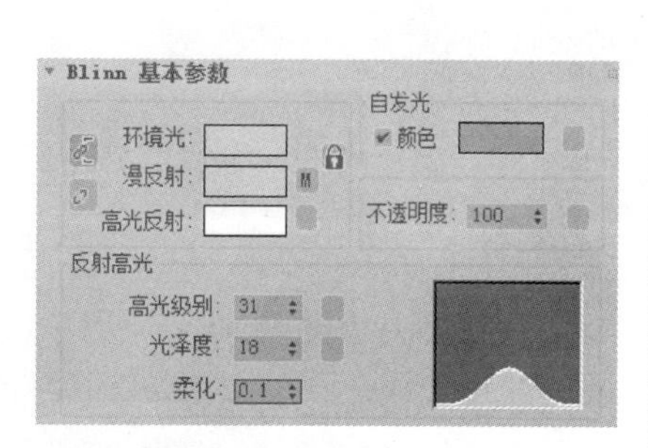

图8-184　设置基本参数

（9）单击ID号为2的材质球后面的“标准”按钮，打开“材质/贴图浏览器”面板，选择“位图”选项，再打开“选择位图图像文件”对话框，从下载的源文件中选择一种布料，如图8-185所示，完成打开操作。

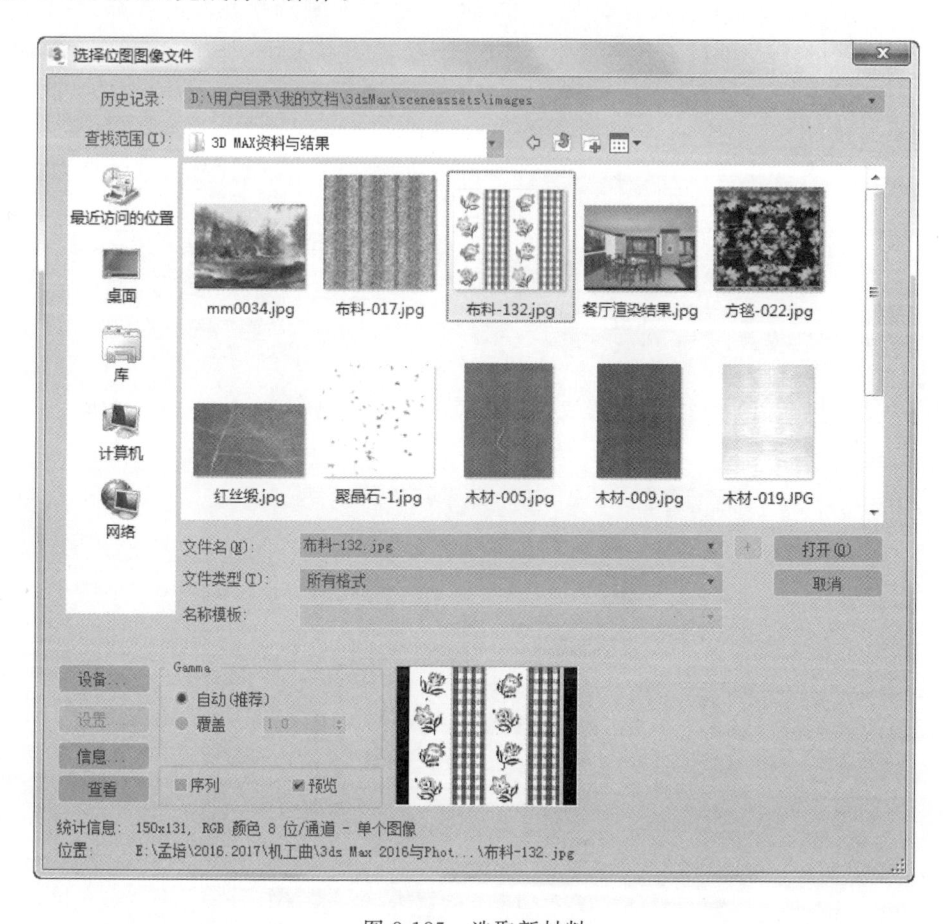

图8-185　选取新材料

Note

(10) 单击"转到父对象"按钮，回到上层命令面板进行设置。调整"自发光颜色"，设置"红"为69，"绿"为44，"蓝"为0，如图8-186所示。

(11) 将"环境光"调为一种灰色，"高光级别"设为35，"光泽度"设为21，如图8-187所示。

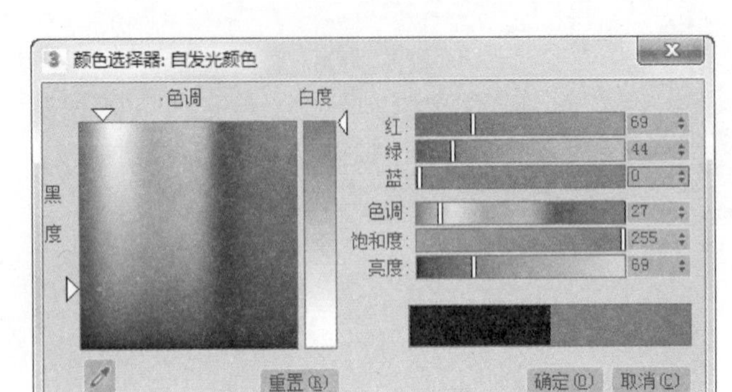

图8-186 设置"自发光颜色"面板

(12) 最终混合材质的效果如图8-188所示，然后分别选择沙发的各部分，利用上述方法完成剩余材质的设置并为物体赋予材质，结果如图8-189所示。

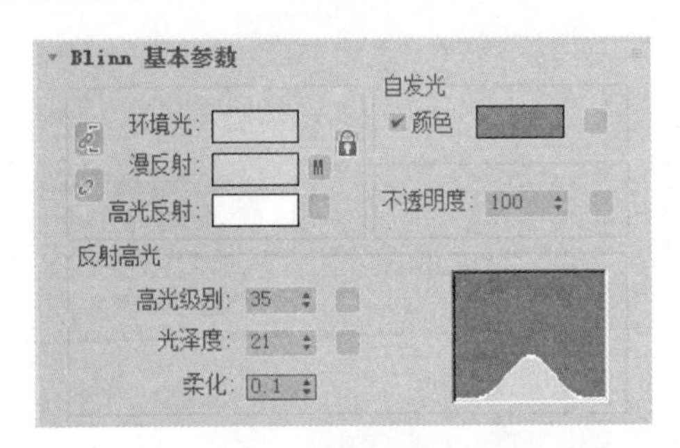

图8-187 设置参数

图8-188 混合材质效果

图8-189 材质渲染

8.3　餐厅灯光的创建

8.3.1　太阳光系统的建立

（1）在创建面板上单击“系统”按钮，进入标准灯光创建面板，单击“太阳光”按钮，如图 8-190 所示。

图 8-190　执行“太阳光”命令

（2）在右视图中，建立一个太阳光系统，位置如图 8-191 所示。

（3）在“常规参数”命令面板中进行设置，设“灯光类型”为“启用”，“阴影”同样为“启用”，将“倍增”数值调为 0.4，如图 8-192 所示。

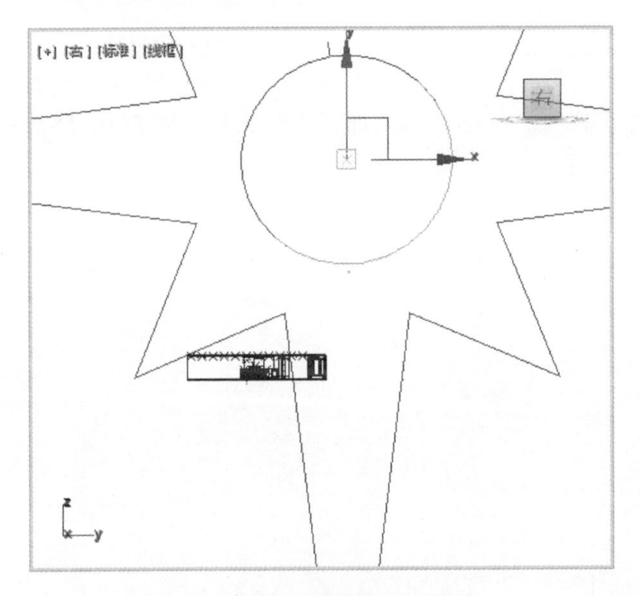

图 8-191　创建太阳光系统

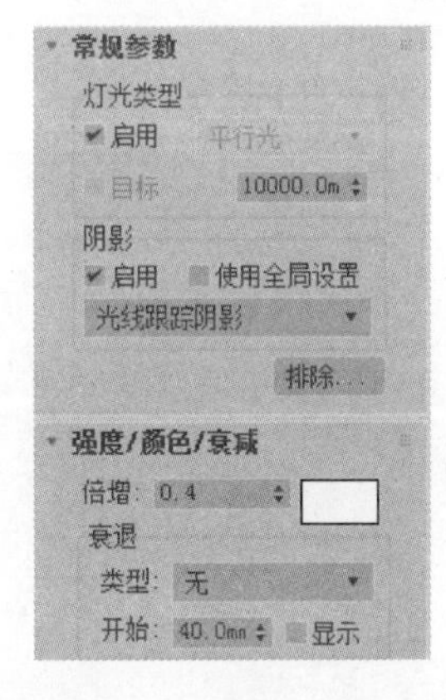

图 8-192　设置常规参数

8.3.2　建立地面和天花灯光

（1）执行“创建”→“灯光”→“标准灯光”→“泛光”命令，或者在右侧命令面板“对象类型”中选择“泛光”单击，如图 8-193 所示。

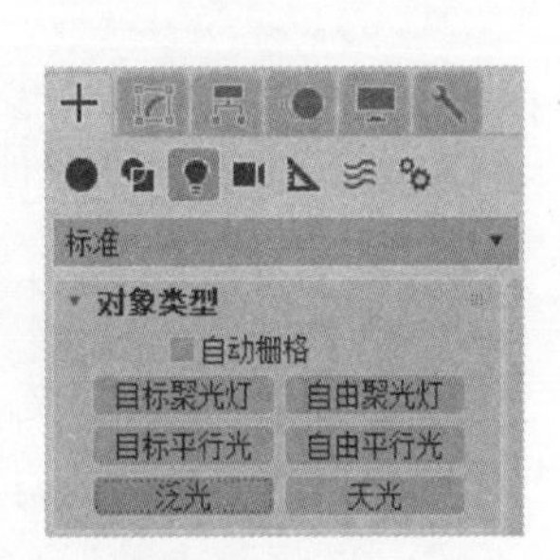

图 8-193　执行“泛光”命令

（2）在右视图中，建立一盏泛光灯，位置如图 8-194 所示。

（3）在“常规参数”命令面板中，设置“灯光类型”为“启用”，在“阴影”中取消“启用”的选择，将“倍增”数值调为 0.4，色彩设为土黄色，如图 8-195 所示。

Note

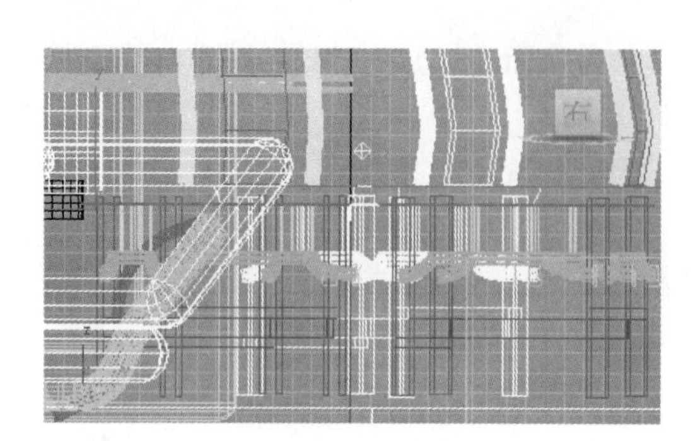

图 8-194　创建泛光灯

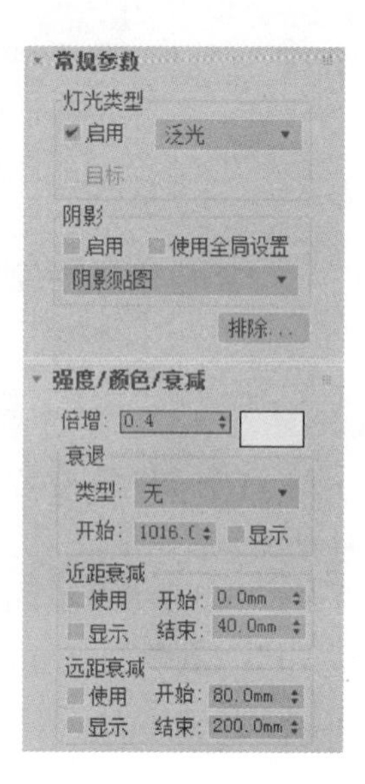

图 8-195　设置命令面板

（4）对此盏灯进行排除功能设置，在“排除/包含”面板中单击“排除”按钮，然后将“地面”和“地面 1”选中，如图 8-196 所示，单击“确定”按钮完成操作。

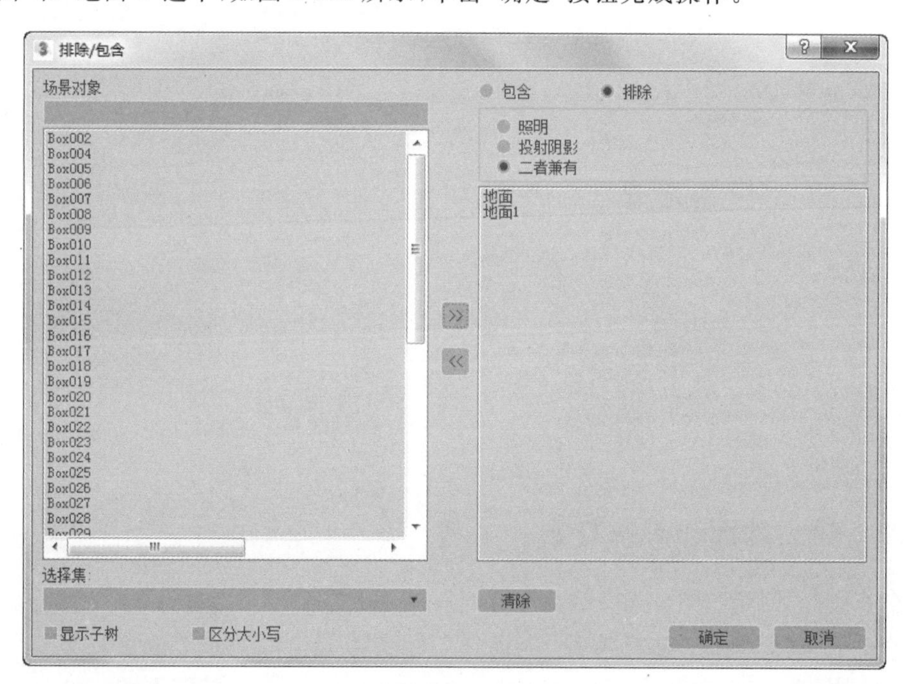

图 8-196　排除功能(一)

（5）选中刚建立的泛光灯，在工具栏中单击“选择并移动”工具，然后在按住 Shift 键的同时拖动泛光灯，复制一盏新的灯光，调整位置如图 8-197 所示。

（6）在“常规参数”命令面板中进行设置，设“灯光类型”为“启用”，在“阴影”中取消“启用”的选择，将“倍增”数值调为 0.4，色彩设为白色，如图 8-198 所示。

图 8-197　复制泛光灯

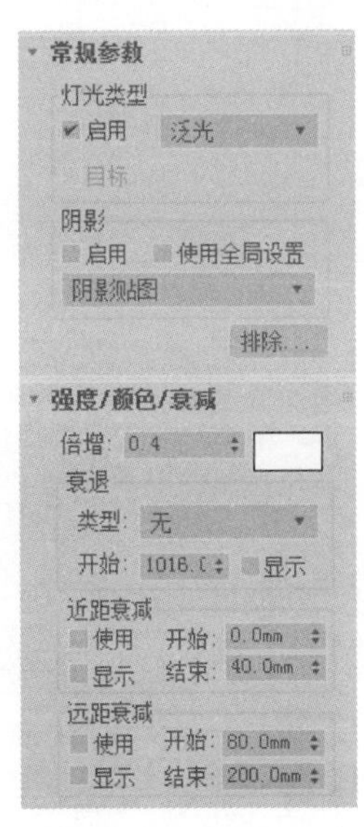

图 8-198　设置命令面板

(7) 同样对这盏灯进行排除功能设置，在“排除/包含”面板中单击“排除”，然后将“地面”选中，如图 8-199 所示，单击“确定”按钮完成操作。

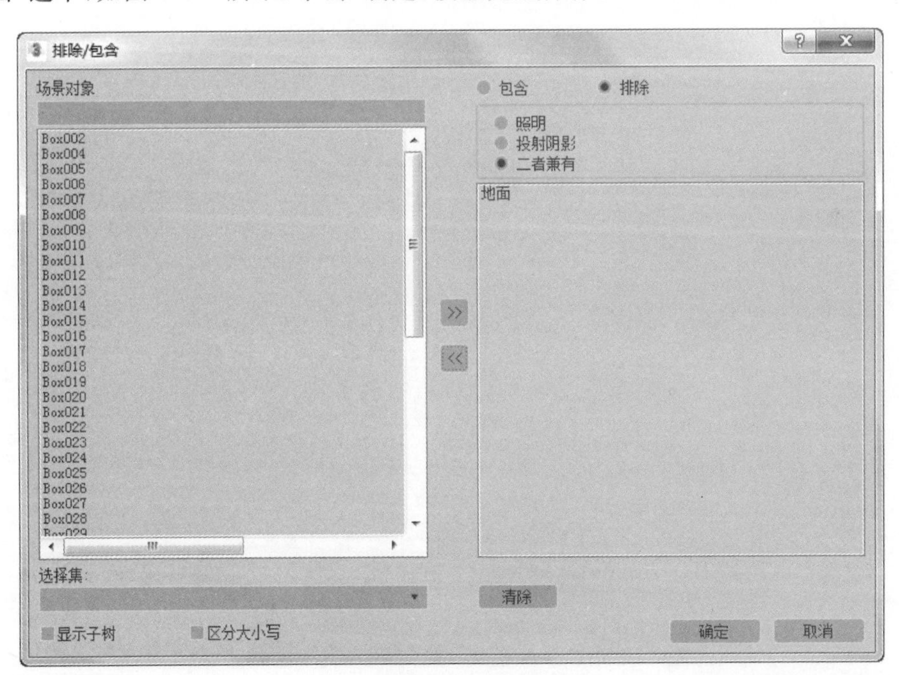

图 8-199　排除功能(二)

(8) 执行“创建”→“灯光”→“标准灯光”→“泛光”命令，或者在右侧命令面板“对象类型”中选择“泛光”单击，在右视图中创建一盏泛光灯，位置如图 8-200 所示。

(9) 在“常规参数”命令面板中设“灯光类型”为“启用”，在“阴影”中取消“启用”的选择，将“倍增”数值调为 0.5，色彩设为黄灰色，如图 8-201 所示。

Note

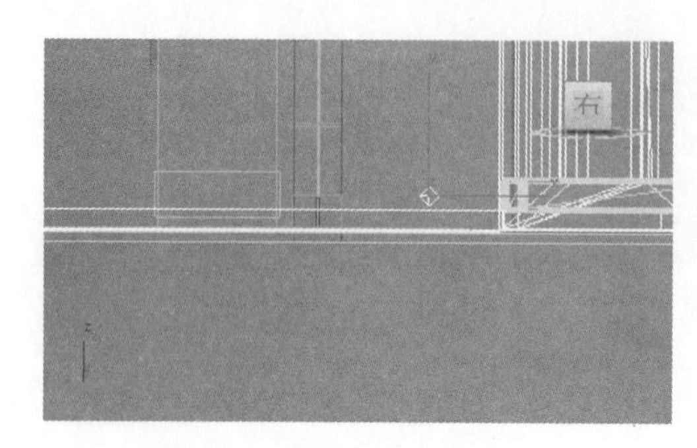

图 8-200　在右视图创建泛光灯

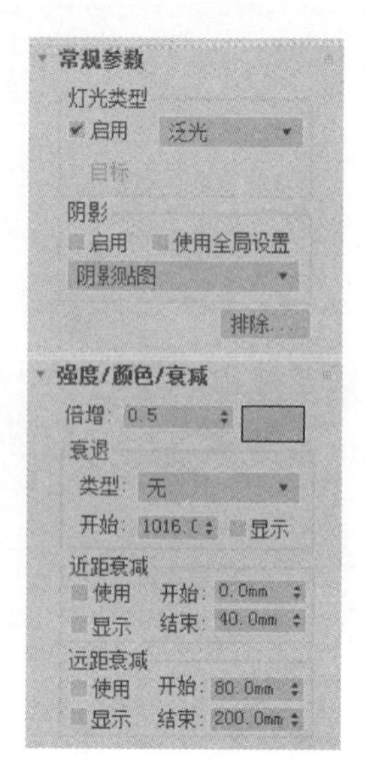

图 8-201　重新复制

(10) 对这盏灯进行排除功能设置。在"排除/包含"面板中单击"排除",然后将"天花"选中,如图 8-202 所示,单击"确定"按钮完成操作。

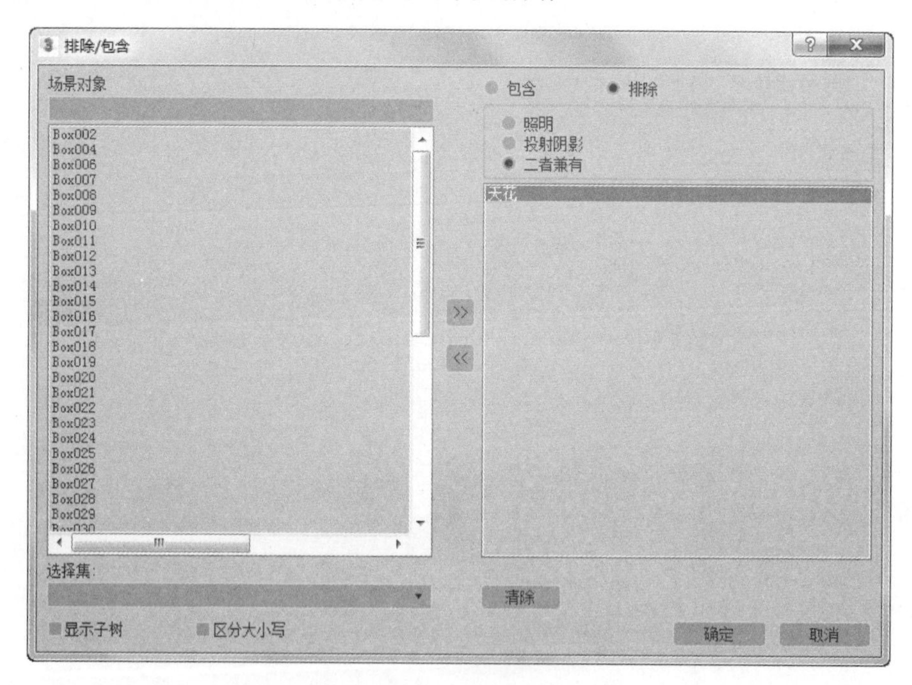

图 8-202　排除功能(三)

(11) 选中刚建立的泛光灯,在工具栏中单击"选择并移动"工具 ,然后在按住 Shift 键的同时拖动泛光灯,复制一盏新的灯光,调整位置如图 8-203 所示。

(12) 相同的方法再复制一盏泛光灯,调整位置如图 8-204 所示。

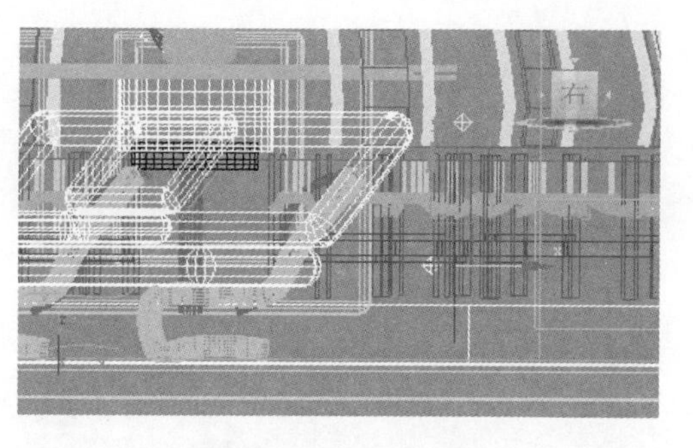

图 8-203　复制泛光灯

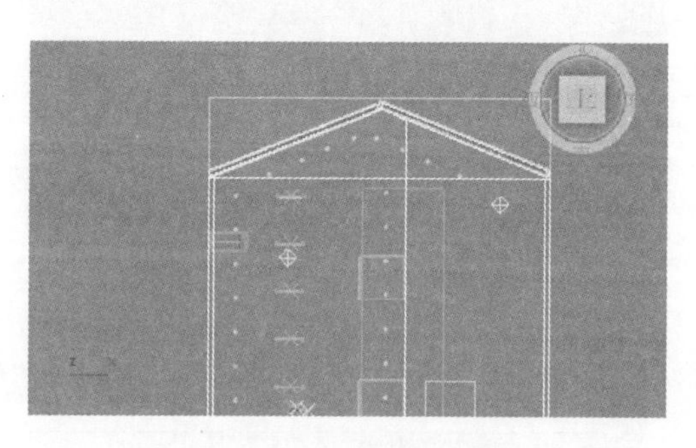

图 8-204　重新复制泛光灯

8.3.3　墙面和桌椅灯光的建立

(1) 执行“创建”→“灯光”→“标准灯光”→“目标聚光灯”命令或在“对象类型”面板中选择“目标聚光灯”单击，如图 8-205 所示。

(2) 在顶视图中，建立一盏目标聚光灯，位置调整如图 8-206 所示。

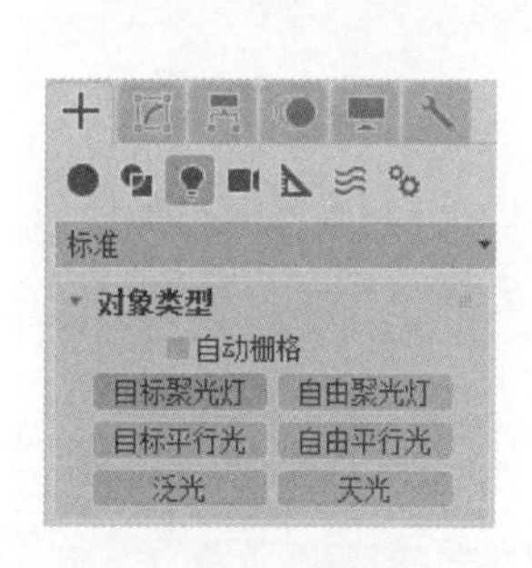

图 8-205　执行“目标聚光灯”命令

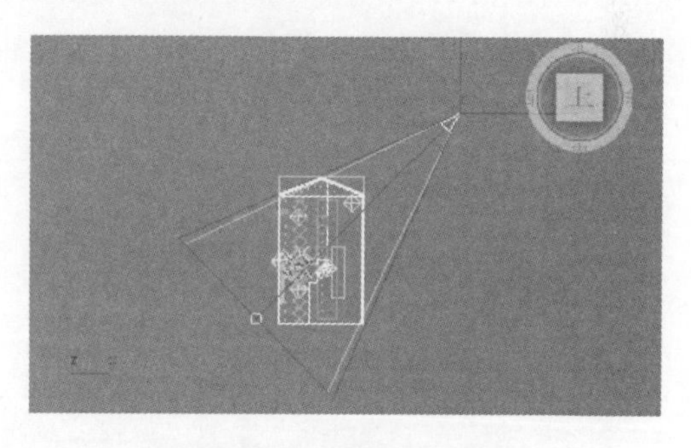

图 8-206　创建目标聚光灯

(3) 在“常规参数”命令面板中设“灯光类型”为“启用”，在“阴影”中取消“启用”的选择，将“倍增”数值调为 1.2，色彩设为淡黄色，如图 8-207 所示。

(4) 执行“创建”→“灯光”→“标准灯光”→“目标聚光灯”命令，再在顶视图中，建立一盏目标聚光灯，位置调整如图 8-208 所示。

(5) 在“常规参数”命令面板中设“灯光类型”为“启用”，在“阴影”中取消“启用”的选择，将“倍增”数值调为 0.46，色彩设为黄灰色，如图 8-209 所示。

Note

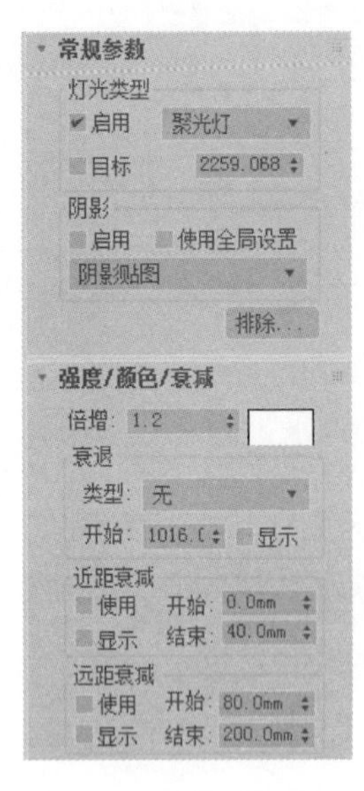

图 8-207　设置命令

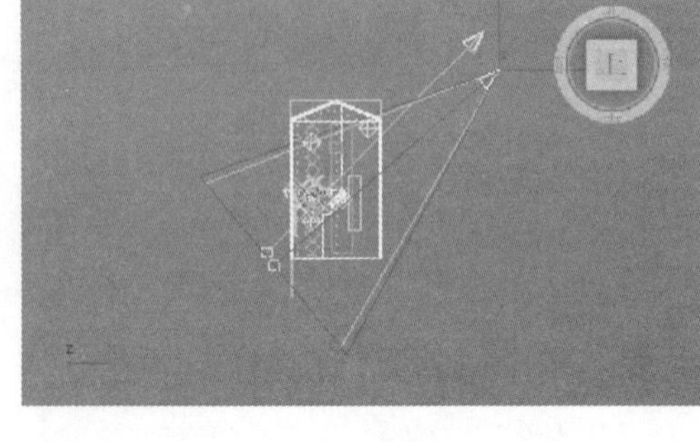

图 8-208　创建目标聚光灯

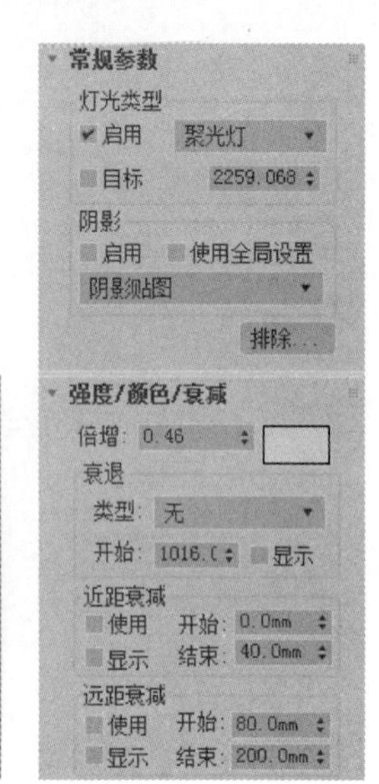

图 8-209　常规参数

(6) 在“排除/包含”面板中单击“排除”，如图 8-210 所示，单击“确定”按钮完成操作。

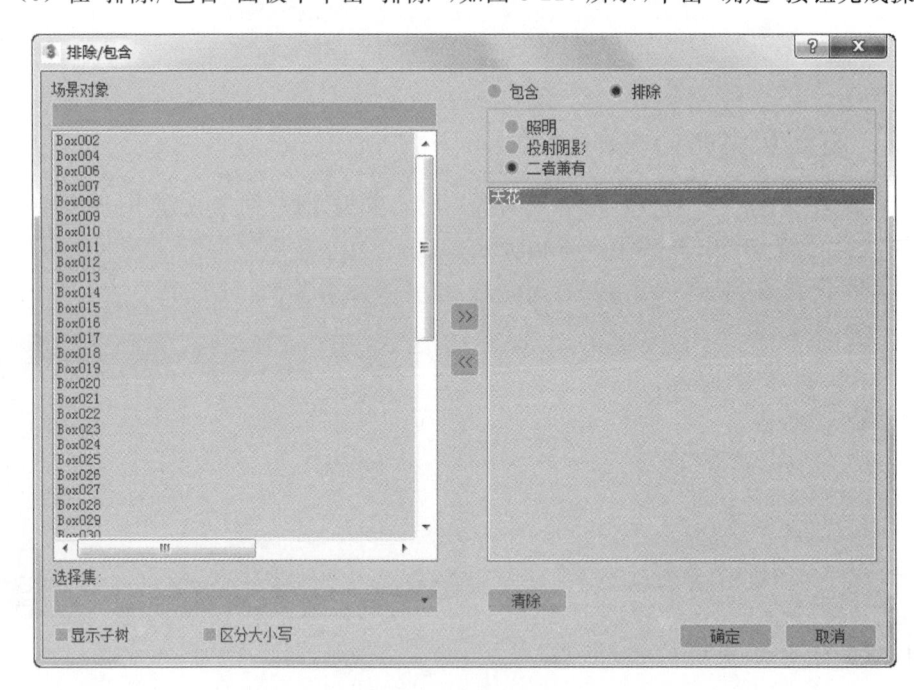

图 8-210　排除功能(一)

(7) 执行“创建”→“灯光”→“标准灯光”→“目标聚光灯”命令或者单击“创建”命令面板下💡按钮，然后在“对象类型”面板中选择“目标聚光灯”单击，在右视图中，建立一盏目标聚光灯，位置调整如图 8-211 所示。

(8) 在“常规参数”命令面板中设“灯光类型”为“启用”，“阴影”同样为“启用”，将“倍增”数值调为 0.7，色彩设为中黄色，如图 8-212 所示，同时在“排除/包含”面板中单

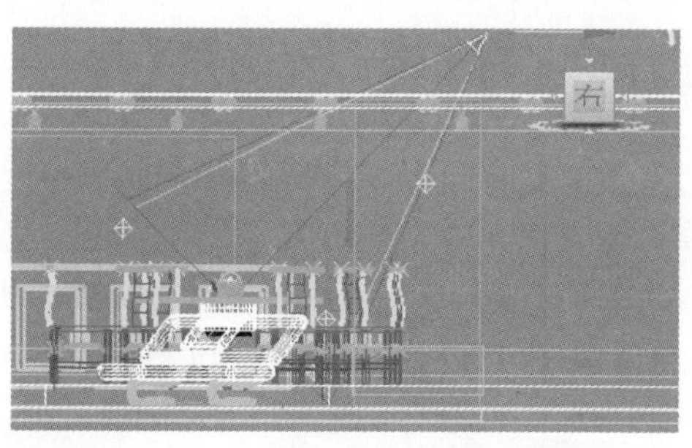

图 8-211　在右视图创建新聚光灯

击“包含”，然后将“yuanzhuo”选中，单击“确定”按钮完成操作。

(9) 在右视图中重新建立一盏目标聚光灯，位置调整如图 8-213 所示。

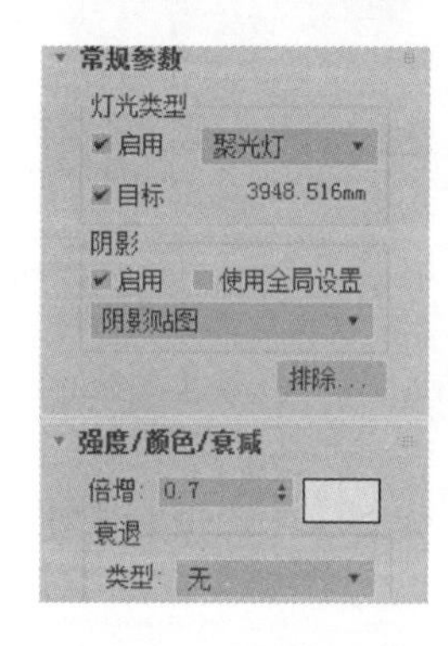

图 8-212　设置常规参数

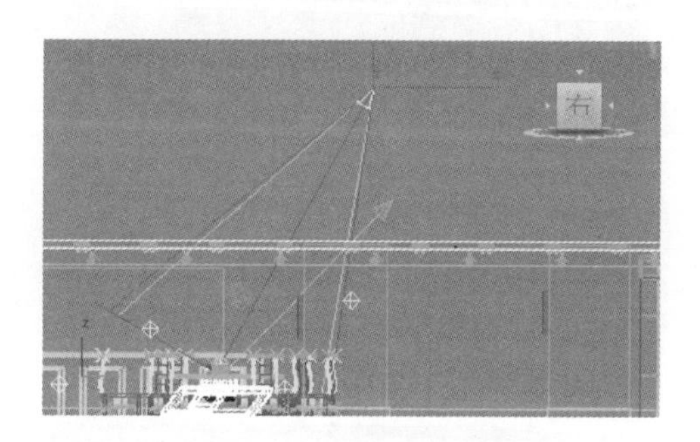

图 8-213　重新创建聚光灯

(10) 对这盏灯进行排除功能设置，单击“排除”，然后将所有的“椅子”选中，单击“确定”按钮完成操作，如图 8-214 所示。

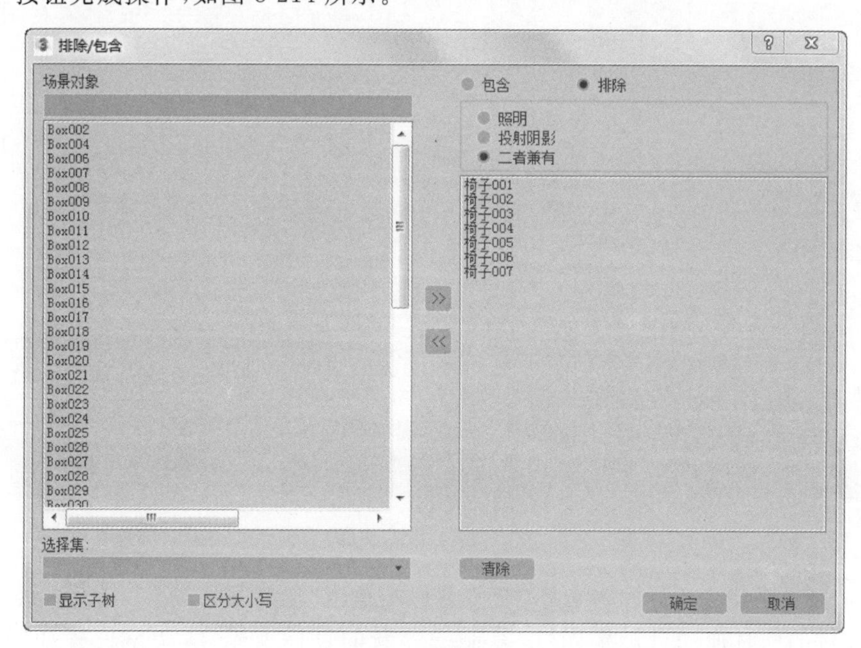

图 8-214　排除功能(二)

Note

8.3.4 桌子和搁架灯光的建立

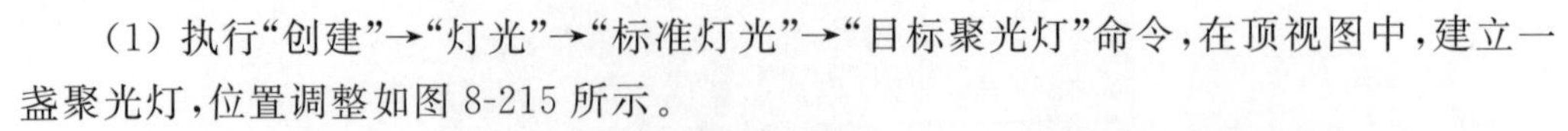

（1）执行“创建”→“灯光”→“标准灯光”→“目标聚光灯”命令，在顶视图中，建立一盏聚光灯，位置调整如图 8-215 所示。

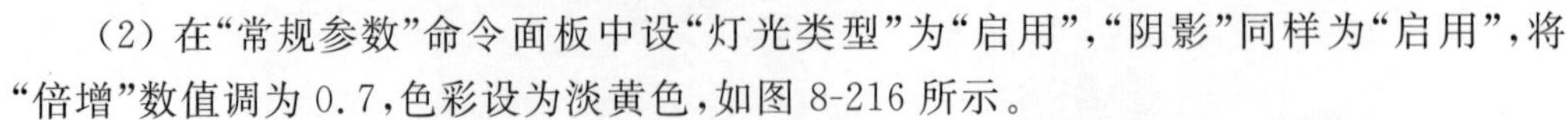

（2）在“常规参数”命令面板中设“灯光类型”为“启用”，“阴影”同样为“启用”，将“倍增”数值调为 0.7，色彩设为淡黄色，如图 8-216 所示。

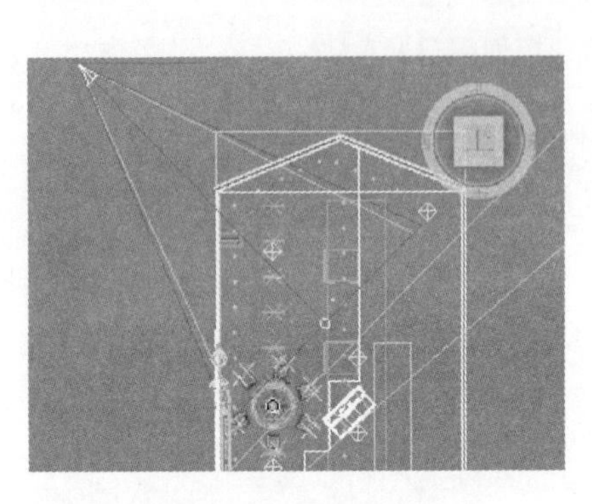

图 8-215 创建目标聚光灯

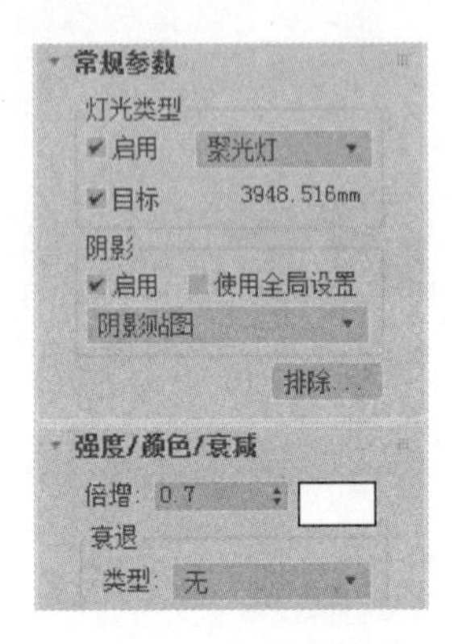

图 8-216 设置常规参数

（3）同时在“排除/包含”面板中单击“排除”，然后将“zhuzi”“zhuzi1”选中，单击“确定”按钮完成操作，如图 8-217 所示。

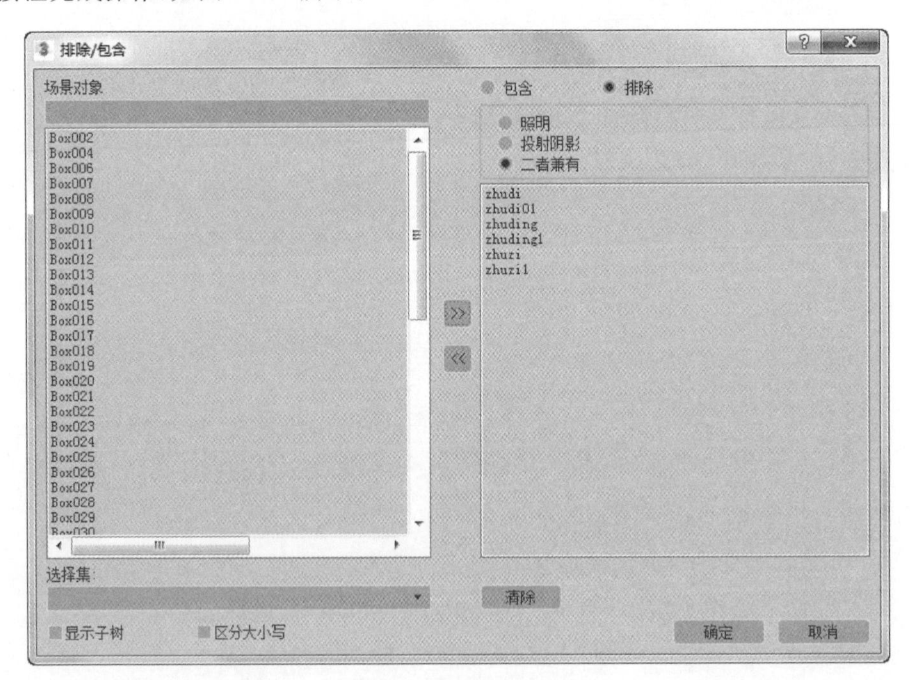

图 8-217 排除功能

（4）选中刚建立的目标聚光灯，在工具栏中单击“选择并移动”工具，然后在按住 Shift 键的同时拖动目标聚光灯，复制一盏新的目标聚光灯，调整位置如图 8-218

所示。

(5) 执行“创建”→“灯光”→“标准灯光”→“目标聚光灯”命令，在顶视图中新建立一盏聚光灯，位置如图 8-219 所示。

Note

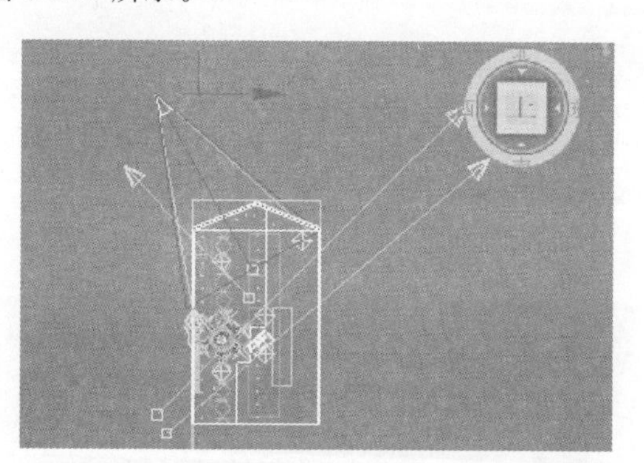

图 8-218　复制目标聚光灯

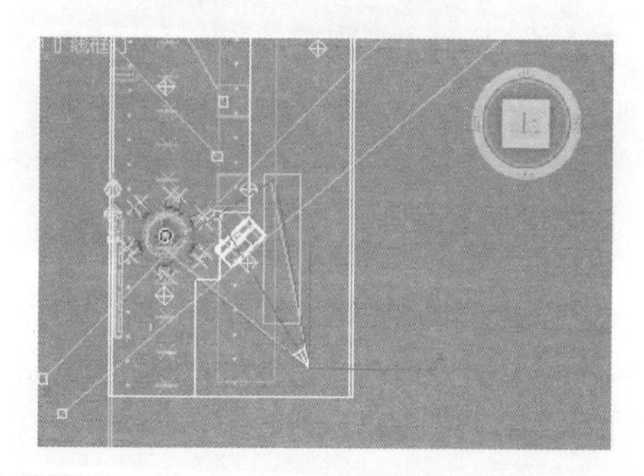

图 8-219　创建目标聚光灯

(6) 在“常规参数”命令面板中设“灯光类型”为“启用”，设“阴影”为“启用”，将“倍增”数值调为 0.4，色彩设为中黄色。这样，餐厅的灯光设置已经完成。

(7) 在工具栏中单击，对已建立的餐厅进行渲染，也可以根据实际情况对灯光进行布置并调节，最终效果如图 8-220 所示。

图 8-220　最终渲染效果图

(8) 将渲染的图片设为 JPG 格式保存，为下一步在 Photoshop 里面进行图像处理做好准备。

Note

8.4 餐厅的图像合成

(1) 执行“文件”→“打开”命令，在目录或下载的源文件中选择“餐厅.jpg”打开，如图 8-221 所示。

图 8-221 打开餐厅图片

(2) 单击“图层”→“新建”命令，打开“新建图层”对话框，将图层名称更名为“餐厅”，如图 8-222 所示，单击“确定”按钮。

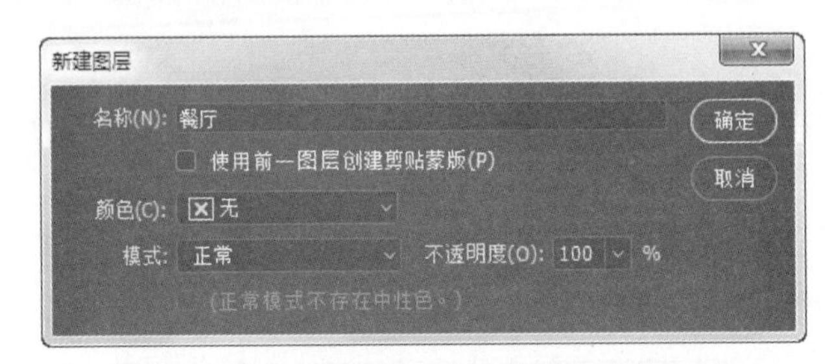

图 8-222 图层命名

(3) 打开一张盆景的图片，单击“魔棒”选择工具，在盆景图片的白色区域内单击，执行“选择”→“反向”命令，再执行“编辑”→“拷贝”命令，然后回到“餐厅”画布上，执行“编辑”→“粘贴”命令，效果如图 8-223 所示。

(4) 选择放大镜工具，将视图放大。执行“编辑”→“自由变换”命令，然后逐步调整盆景的大小和位置，最终效果如图 8-224 所示。

(5) 在工具箱中单击“橡皮擦”工具，将盆景周边的灰线擦除。单击“魔棒”工具，在盆景图片的白色区域单击，选中后进行删除，如图 8-225 所示。

(6) 进入盆景图层，执行“选择”→“全部”命令，再执行“编辑”→“拷贝”命令。然后回到“餐厅”画布上，执行“编辑”→“粘贴”命令，在图层面板中将新复制的盆景图层放在

图 8-223　置入盆景层

图 8-224　调整盆景大小和位置

图 8-225　盆景细节

盆景图层的下面，效果如图 8-226 所示。

(7) 执行“编辑”→“自由变换”命令，将盆景进行旋转，同时调整盆景的大小和位置，最终效果如图 8-227 所示。

(8) 在工具箱中选择“橡皮擦”工具，然后在橡皮擦的控制面板中选择“大小”为 100 像素的画笔，如图 8-228 所示，同时将“不透明度”设为 50。

Note

图 8-226　制作盆景投影

图 8-227　旋转调整盆景

(9) 将调整好的“橡皮擦”工具移动到盆景的投影上，然后逐步进行擦除，不要追求快速，擦的时候注意虚实的感觉，最终效果如图 8-229 所示。

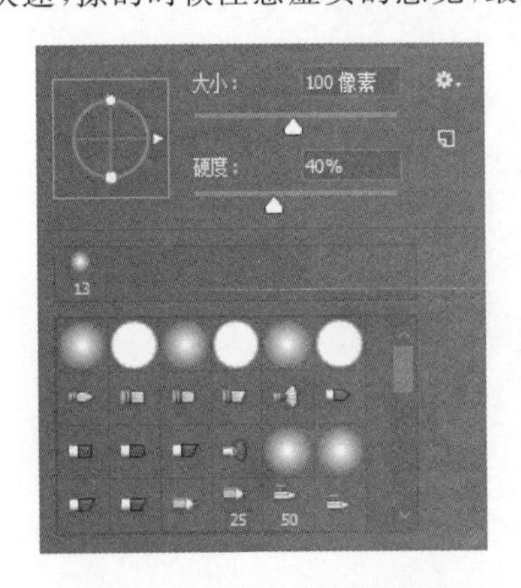

图 8-228　设置“橡皮擦”工具

图 8-229　虚化处理效果图

(10) 打开一张盆景的图片，单击“魔棒”工具，在盆景图片的白色区域内单击，并执行“选择”→“反向”命令，再执行“编辑”→“拷贝”命令。然后回到“餐厅”画布上，执行“编辑”→“粘贴”命令，效果如图 8-230 所示。

Note

图 8-230　再次置入盆景

（11）选择放大镜工具，将视图进行放大。执行“编辑”→“自由变换”命令，然后逐步调整盆景的大小和位置，最终效果如图 8-231 所示。

图 8-231　移动位置

（12）打开下载的源文件中的瓶花图片，单击“魔棒”工具，在瓶花图片的白色区域内单击，并执行“选择”→“反向”命令，再执行“编辑”→“拷贝”命令。然后回到“餐厅”画布上，执行“编辑”→“粘贴”命令，效果如图 8-232 所示。

图 8-232　置入瓶花

Note

（13）选择"缩放"工具，将视图放大，执行"编辑"→"自由变换"命令，然后逐步调整瓶花的大小和位置。在工具箱中选择"橡皮擦"工具，然后在橡皮擦的控制面板中进行新的设置，选择"大小"为 27 像素的画笔，同时将"不透明度"设为 100。将调整好的橡皮擦工具移动到瓶花上，然后将遮住沙发背和柱子的部分擦掉，最终效果如图 8-233 所示。

图 8-233　瓶花调整

（14）打开下载的源文件中的另外一张漂亮的瓶花图片，单击"魔棒"工具，在瓶花图片的白色区域内单击，并执行"选择"→"反向"命令，执行"编辑"→"拷贝"命令。然后重新回到"餐厅"画布上，执行"编辑"→"粘贴"命令，效果如图 8-234 所示。

图 8-234　置入新的瓶花

（15）步骤同上一个瓶花的调整，选择"缩放"工具，将视图放大，执行"编辑"→"自由变换"命令，然后逐步调整瓶花的大小和位置。在工具箱中选择"橡皮擦"工具，然后在橡皮擦的控制面板中进行新的设置，选择"大小"为 36 像素的画笔，同时将"不透明度"设为 70。将调整好的橡皮擦工具移动到瓶花上，擦掉瓶花周围的边线和多余的部分，最终效果如图 8-235 所示。

（16）打开下载的源文件中的小孩的图片，单击"魔棒"工具，在小孩图片的白色区域内单击，并执行"选择"→"反向"命令，执行"编辑"→"拷贝"命令。然后重新回到"餐厅"画布上，执行"编辑"→"粘贴"命令，效果如图 8-236 所示。

图 8-235 新瓶花调整

图 8-236 置入新人物层

(17) 选择放大镜工具,将视图放大,执行"编辑"→"自由变换"命令,然后根据周围的环境调整小孩的比例大小,最终如图 8-237 所示。

图 8-237 小孩的调整

Note

（18）打开下载的源文件中的艺术品的图片，单击“魔棒”工具，在艺术品图片的白色区域内单击，并执行“选择”→“反向”命令，执行“编辑”→“拷贝”命令。然后重新回到“餐厅”画布上，执行“编辑”→“粘贴”命令，效果如图 8-238 所示。

图 8-238　置入艺术品

（19）执行“编辑”→“自由变换”命令，调整艺术品的大小，最后将其调整到如图 8-239 所示的位置。

图 8-239　调整艺术品

（20）重复上述操作，将另外一个陶瓷艺术品置入图层，并调整其位置和大小，最终效果如图 8-240 所示。

（21）从下载的源文件中打开一张绿色植物的图片，执行“编辑”→“拷贝”命令。然后重新回到“餐厅”画布上，执行“编辑”→“粘贴”命令，如图 8-241 所示。

（22）执行“图像”→“调整”→“色相/饱和度”命令，然后在命令面板中进行如图 8-242 所示的设置。

（23）单击“确定”按钮，完成色相的调整，并执行锐化及亮度对比度的操作，最终完成餐厅的图像合成。最终效果如图 8-1 所示。

（24）执行“文件”→“存储”命令，将文件保存为“餐厅. psd”，本例制作完毕。

图 8-240　置入新陶瓷艺术品

图 8-241　置入绿色植物层

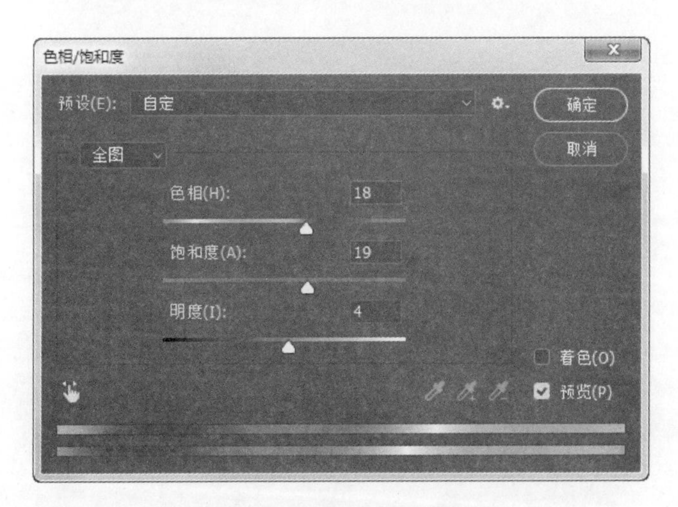

图 8-242　绿色植物色相调整

8.5 案例欣赏

Note

图 8-243 案例欣赏 1

图 8-244 案例欣赏 2

图 8-245 案例欣赏 3

图 8-246 案例欣赏 4

图 8-247 案例欣赏 5

Note

图 8-248　案例欣赏 6

图 8-249　案例欣赏 7

图 8-250　案例欣赏 8

图 8-251　案例欣赏 9

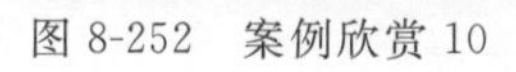

图 8-252 案例欣赏 10

第9章

商业大厦效果图制作

学习目的

综合运用所有的建模方法及技巧。

学习思路

本章主要介绍商业大厦的整体绘制过程，结合 AutoCAD 平面图从中心开始创建模型，调节材质，在场景中设置灯光及对场景进行补光，运用光线跟踪渲染室外场景，最终效果如图 9-1 所示。

知识重点

➢ 综合运用建模创建模型。

➢ 快速捕捉 AutoCAD 端点绘制节点。

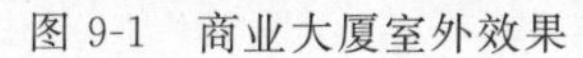
图 9-1　商业大厦室外效果

9.1　商业大厦模型的创建

9-1

本章全面讲解建模方法，通过 3 种不同的软件来完成模型的创建。首先将标准的 AutoCAD 模型导入 3ds Max 2018，打开下载的源文件中对应的 AutoCAD 文件，确认要导入的场景平面图，结果如图 9-2 所示。

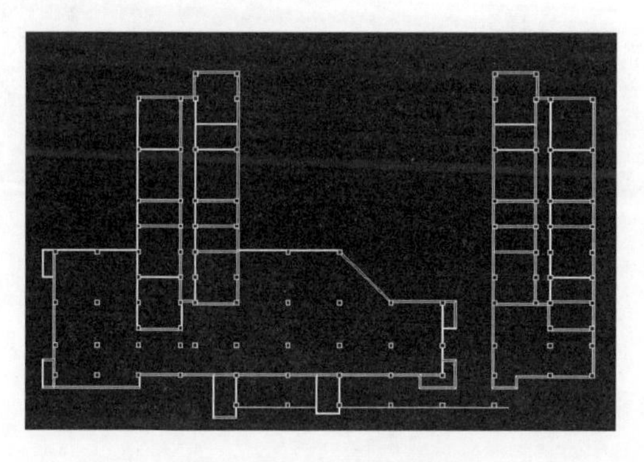

图 9-2　商业大厦平面图

将“左视图”命名，删除多余的线，将 AutoCAD 视图导入 3ds Max 2018 中，如图 9-3 所示。

9.1.1　设置图形单位

(1) 双击桌面 3ds Max 2018 图标启动程序，在导入平面图时，需要对 3ds Max 2018 场景中的单位进行设置以和 AutoCAD 导入的尺寸统一。

(2) 在“自定义”下拉菜单中选择“单位设置”命令，弹出“单位设置”对话框，将“米”改为“毫米”，如图 9-4 所示。

(3) 单击“系统单位设置”按钮，打开“系统单位设置”对话框，将系统单位设置为毫米，如图 9-5 所示。

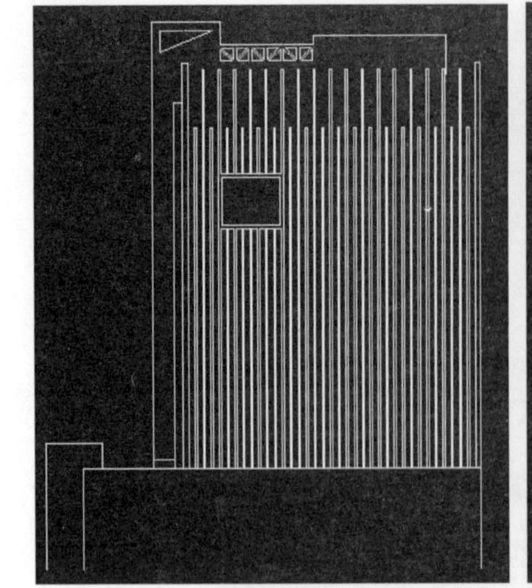
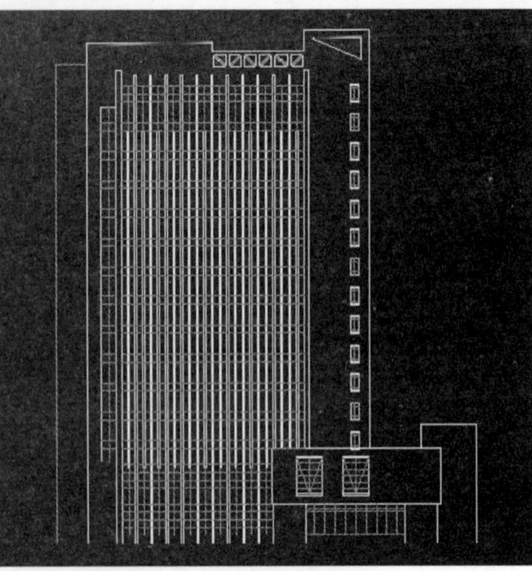
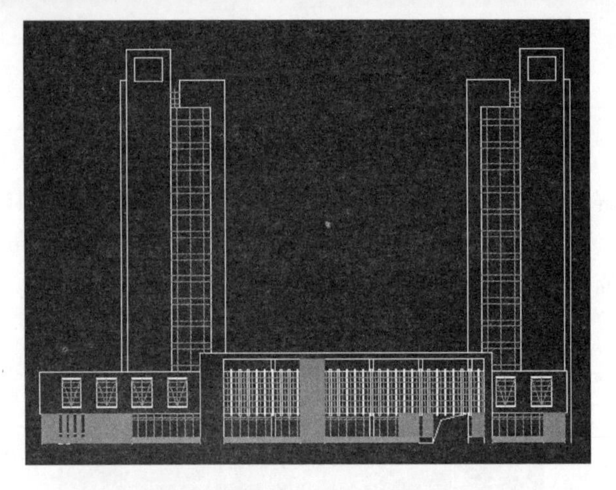

图 9-3　导入 AutoCAD 视图

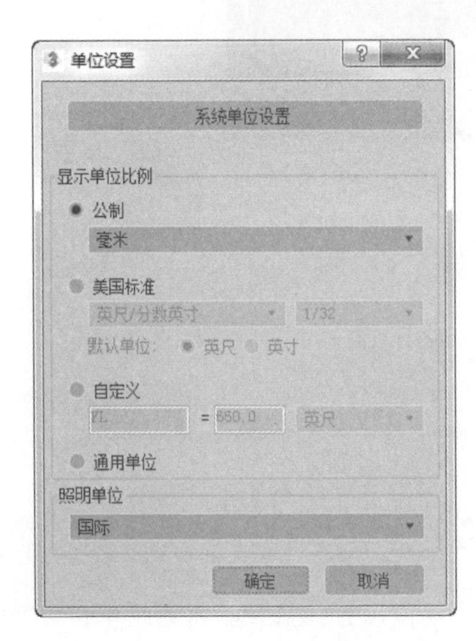

图 9-4　在 3ds Max 2018 中设置单位

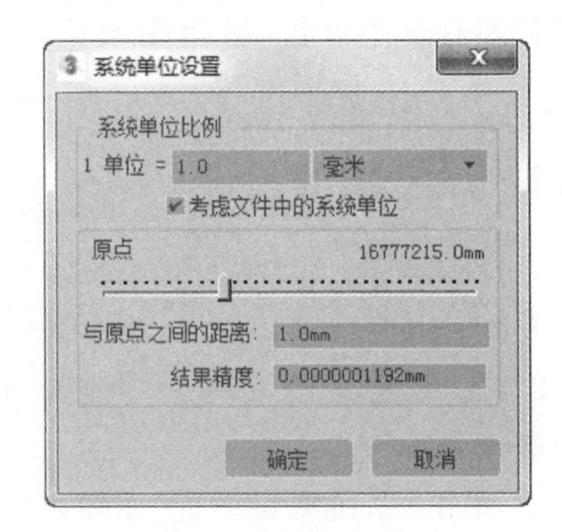

图 9-5　“系统单位设置”对话框

Note

9.1.2 组合参考图

(1) 单击"文件"→"导入"→"导入"命令，弹出"选择要导入的文件"对话框，在文件类型中选择后缀为"DWG"的文件，在查找范围中找到下载的源文件中的"商业大厦"AutoCAD 图样，如图 9-6 所示。

图 9-6 导入商业大厦 AutoCAD 图样

(2) 单击"打开"按钮，导入 Top.DWG 文件。

(3) 单击 3ds Max 2018 右下角的"缩放"工具 ，对导入的 DWG 平面图进行缩放，调节视图中图形大小，结果如图 9-7 所示。

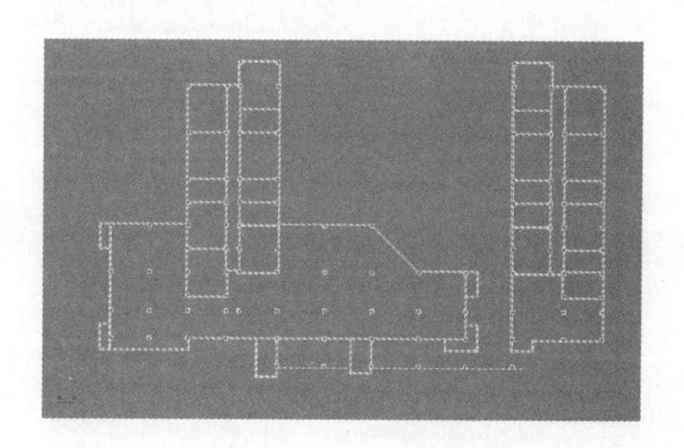

图 9-7 调整 DWG 平面图在视图中的大小

Note

(4) 按下快捷键 Ctrl+A(全部选择),框选平面图的所有线条,选择"组"菜单下的"组"命令,在弹出的"组"对话框中输入"顶层",如图 9-8 所示,单击"确定"按钮,这时 DWG 平面图的所有线条成组。

(5) 为成组后的 DWG 文件选择一种醒目的颜色,如图 9-9 所示。

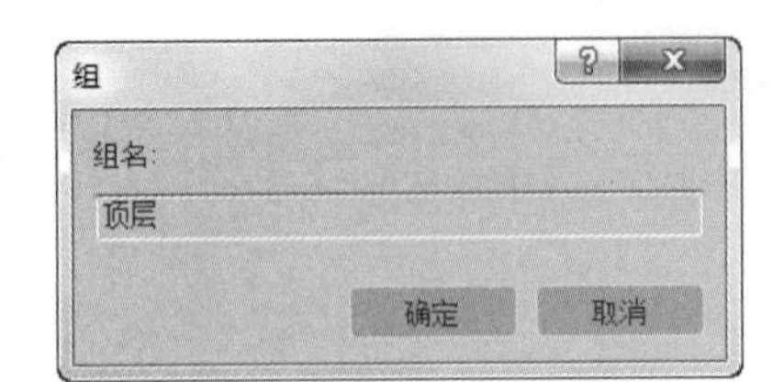

图 9-8 "组"对话框

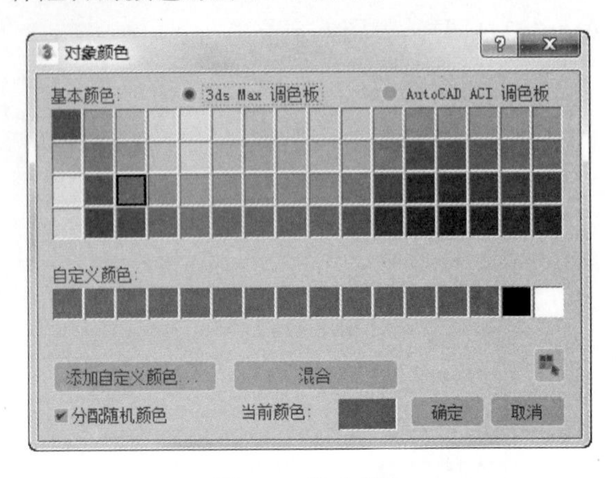

图 9-9 修改颜色

(6) 调整 3ds Max 2018 的"顶视图",整体观看 3ds Max 2018 的 AutoCAD 颜色,如图 9-10 所示。

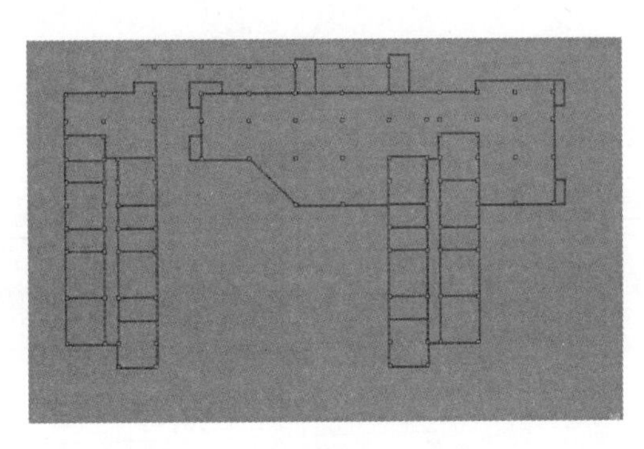

图 9-10 统一颜色后的平面图

(7) 按上述步骤将侧面图导入 3ds Max 2018 的"左视图"中,命名并统一颜色,如图 9-11 所示。

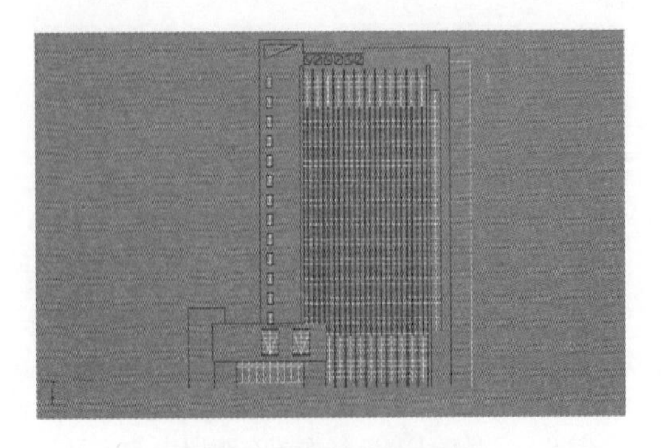

图 9-11 导入侧面图

Note

（8）按上述步骤将另一侧面图导入 3ds Max 2018 的“左视图”中，命名并统一颜色，如图 9-12 所示。

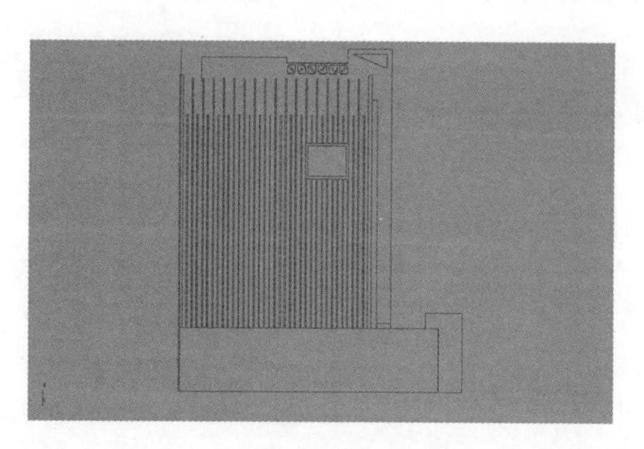

图 9-12 导入另一侧面图

（9）按上述步骤将正面图导入 3ds Max 2018 的“前视图”中，命名并统一颜色，如图 9-13 所示。

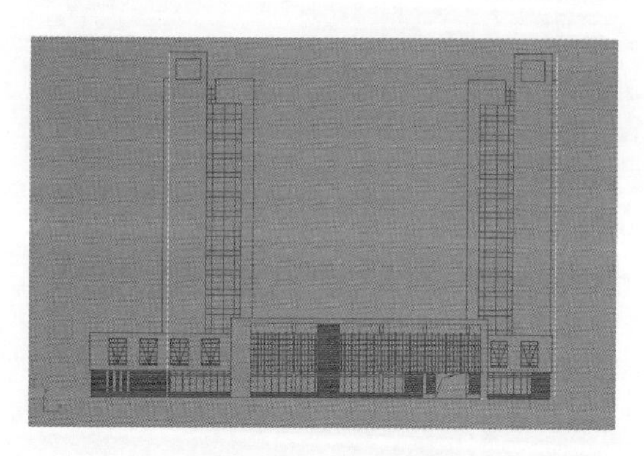

图 9-13 导入正面图

（10）按照名称将 AutoCAD 的左侧和右侧以及前侧图调整好位置，如图 9-14 所示。

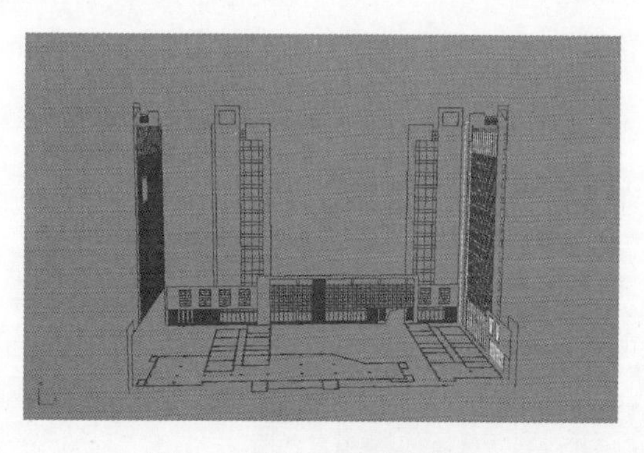

图 9-14 调整好各视图位置

注意：

办公楼室外模型与前两个室外模型不一样，它由 3 个部分组成，并非一体。两侧的

墙体是一样的，只要先绘制出一侧模型然后直接进行整体复制即可。像这种两面对称的模型可以直接从中间创建，以中心为准向两边创建，在创建过程可以自由变换建模技巧。

Note

9.1.3 商业大厦一层墙体的创建

1. 绘制外墙体

(1) 单击工具栏上的“捕捉开关”按钮，拖出其下拉列表，在列表中选择2.5捕捉，这时的捕捉介于三维物体与二维物体之间。右键单击按钮，弹出“栅格和捕捉设置”对话框。对其进行选择，如图9-15所示。

(2) 在“顶视图”中单击“形状创建”面板中的“线”按钮，如图9-16所示。

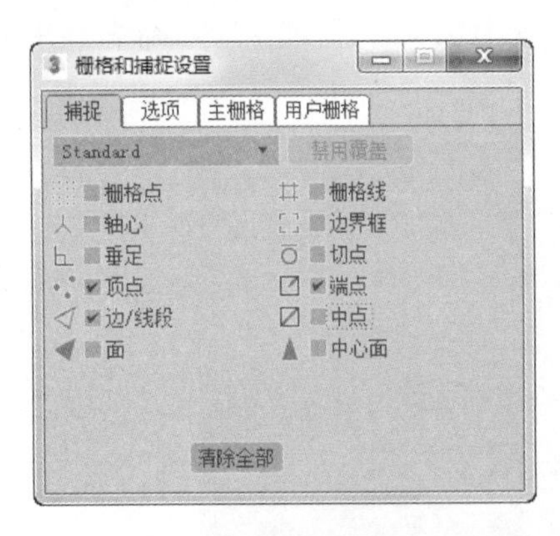

图9-15 “栅格和捕捉设置”对话框

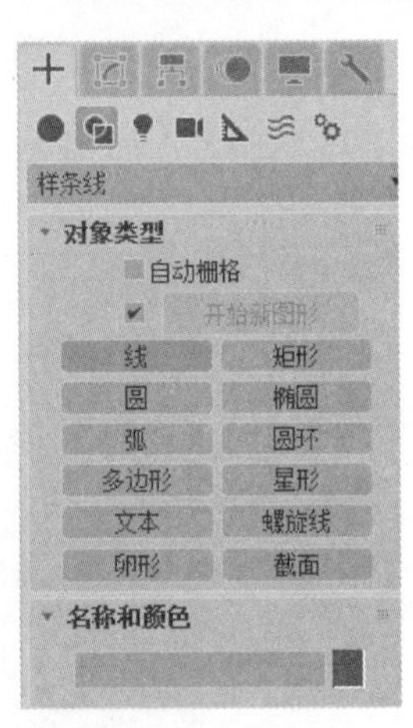

图9-16 “形状创建”面板

(3) 捕捉AutoCAD线框中的内墙体边缘线，绘制一层平面。进入“修改”面板将其重命名为“一层”，结果如图9-17所示。

(4) 在“修改”面板的“修改器列表”下拉菜单中选择“挤出”命令拉伸二维线段，展开“参数”(Parameter)卷展栏，在“数量”文本框中输入数值100.0mm，如图9-18所示。

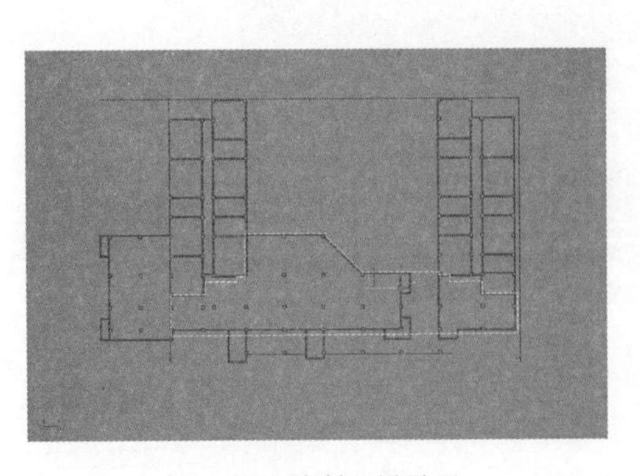

图9-17 绘制一层平面

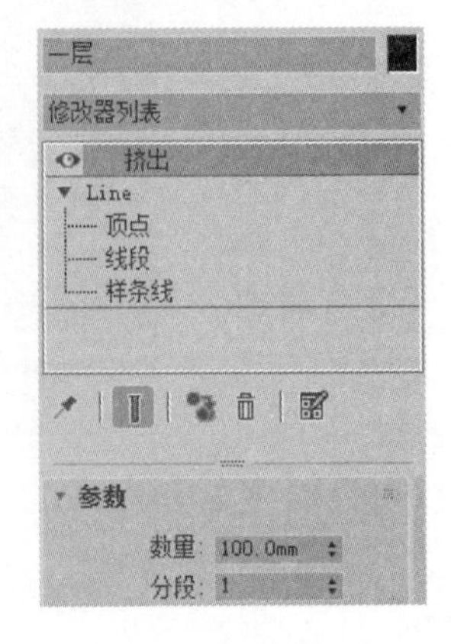

图9-18 “挤出”命令

Note

（5）在“前视图”中，选择上部绘制的楼层单击，同时按住 Shift 键进行复制，右键单击“选择并移动”工具，弹出“移动变换输入”窗口，在“偏移：屏幕”的“Y”文本框中输入数值 4500.0mm，如图 9-19 所示。

（6）在“前视图”中单击“形状创建”面板中的“线”按钮，利用捕捉功能捕捉 AutoCAD 线框，绘制墙体二维线，结果如图 9-20 所示。

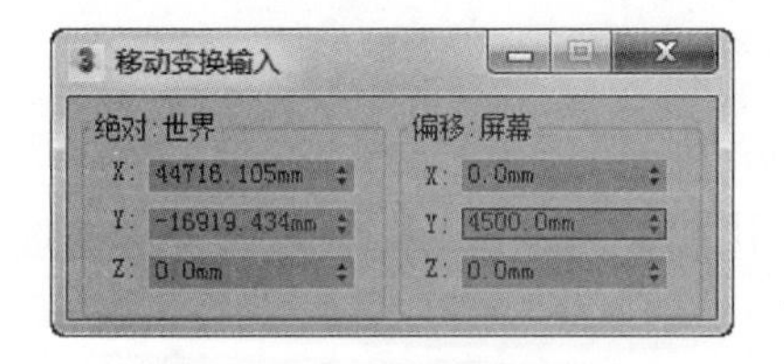

图 9-19　“移动变换输入”窗口

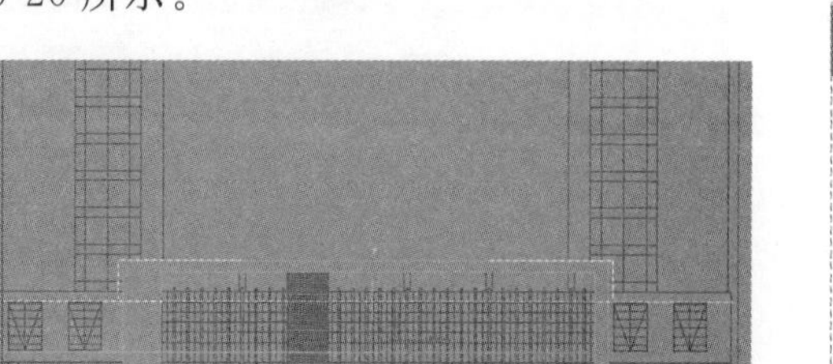

图 9-20　绘制墙体线

（7）在“修改”面板的“修改器列表”下拉菜单中选择“挤出”命令拉伸二维线段，展开“参数”卷展栏在“数量”文本框中输入数值 6400.0mm，如图 9-21 所示。

2. 绘制窗格

（1）在“前视图”中单击“形状创建”面板中的“矩形”按钮，利用“捕捉”命令，捕捉前视图中的 AutoCAD 线框绘制窗格线，结果如图 9-22 所示。

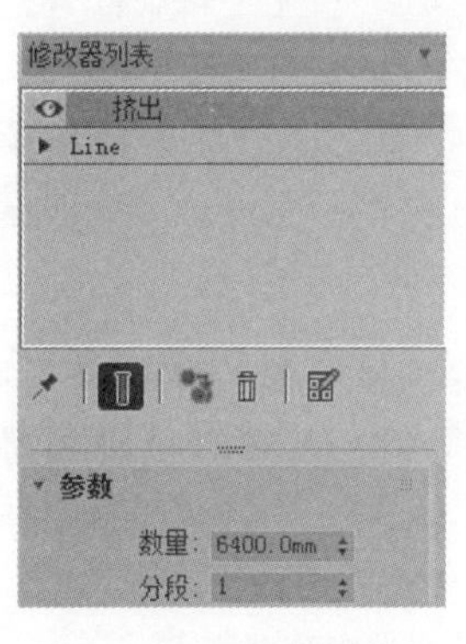

图 9-21　“挤出”命令

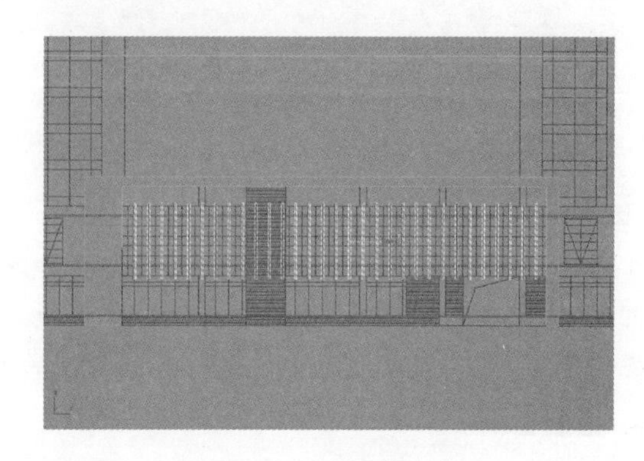

图 9-22　绘制窗格线

（2）在“修改”面板的“修改器列表”下拉菜单中选择“挤出”命令拉伸二维线段，展开“参数”卷展栏，在“数量”文本框中输入数值 400mm，在“顶视图”中调节窗格位置，结果如图 9-23 所示。

3. 绘制墙柱

（1）在“顶视图”中，单击“形状创建”面板中的“矩形”按钮，利用“捕捉”命令捕捉顶视图中的 AutoCAD 线框绘制墙柱二维线，结果如图 9-24 所示。

（2）在“修改”面板的“修改器列表”下拉菜单中选择“挤出”命令拉伸二维线段，

Note

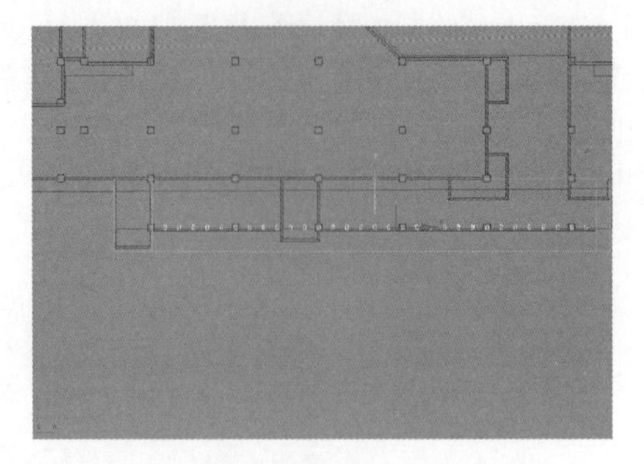

图 9-23　在“顶视图”中调节窗格位置

展开“参数”卷展栏在“数量”文本框中输入数值 13000.0mm，如图 9-25 所示。

(3) 在“前视图”中，选中 AutoCAD 线框，通过快捷键 Alt+Q 可以单独编辑被选择的模型。

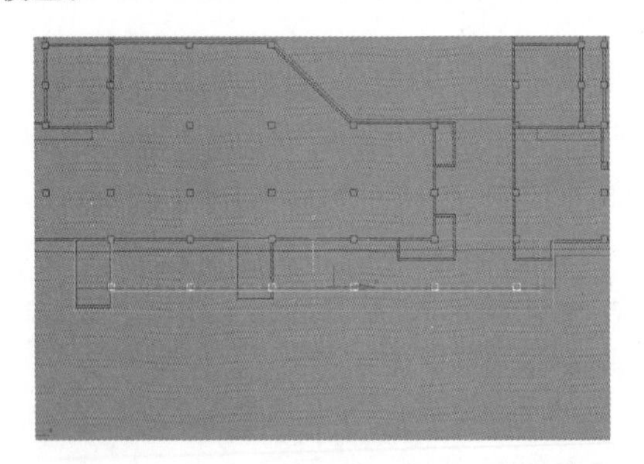

图 9-24　绘制墙柱

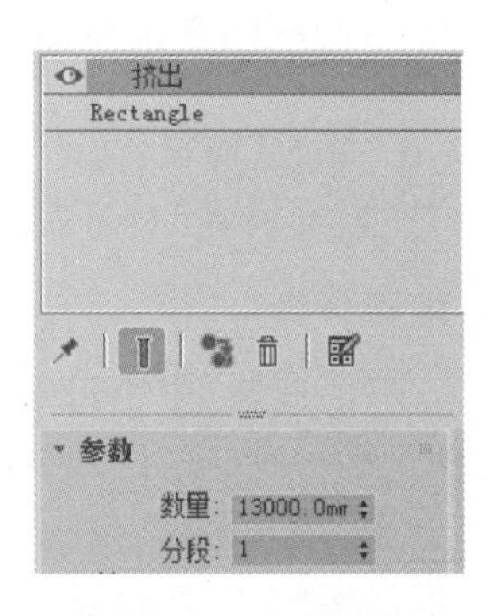

图 9-25　“挤出”命令

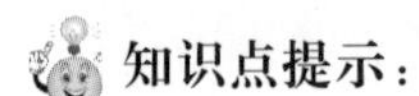

知识点提示：

在创建模型时经常会遇到线框或是模型叠加的情况，在创建新的物体模型时总会看不清楚，这时候可以通过“单独编辑”命令(快捷方式是 Alt+Q)进行单独编辑，这样能使视觉清晰，在创建模型时能清楚地观察模型的形态。

4. 绘制窗框

(1) 在“前视图”中，单击“形状创建”面板 中的“线”按钮，单击工具栏上的“捕捉开关”按钮，利用“捕捉”命令捕捉前视图中的 AutoCAD 线框绘制窗框二维线，选择图形，单击鼠标右键，在“编辑样条曲线”下拉列表中选择“样条线”层级。展开“几何体”卷展栏，在“轮廓”文本框中输入 45，如图 9-26 所示。

(2) 在“修改”面板 的“修改器列表”下拉菜单中选择“挤出”命令拉伸二维线段，展开“参数”卷展栏，在“数量”文本框中输入 50mm，如图 9-27 所示。

(3) 选择“挤出”后的窗框边缘，单击鼠标右键选择“转换为可编辑多边形”命令，单击“顶点”层级，结果如图 9-28 所示。展开“选择”(Selection)卷展栏，单击“分离”命令，在弹出的“分离”对话框中选中“分离到元素”复选框，将选中的窗框边缘顶点分离出来，

Note

如图 9-29 所示。

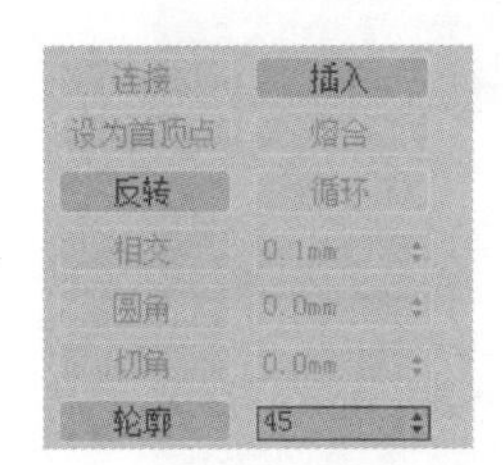

图 9-26 “几何体”卷展栏

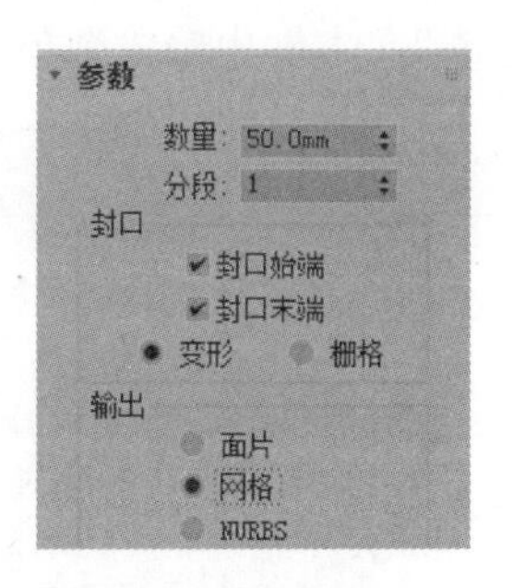

图 9-27 “挤出”命令

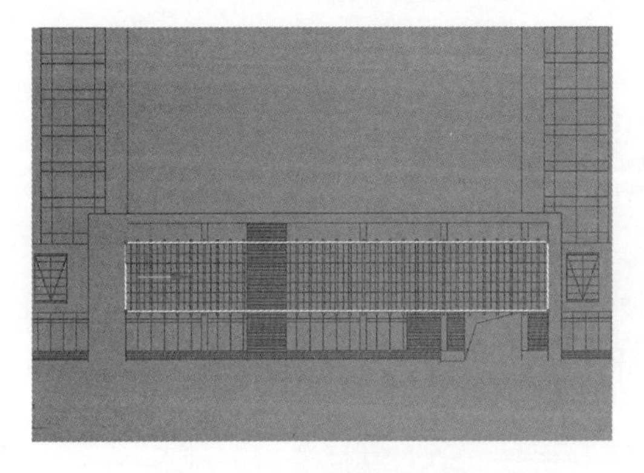

图 9-28 选择窗框的边缘

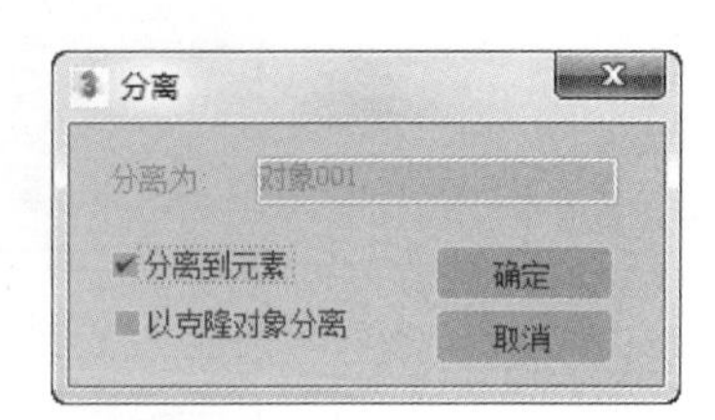

图 9-29 “分离”对话框

(4) 将“顶点”(Vertex)层级转换到“多边形”(Polygon)层级中，选择分离出来的“多边形”，按住 Shift 键，拖动进行复制，结果如图 9-30 所示。

(5) 在复制时会弹出“克隆部分网格”(Clone Part of Mesh)对话框，在对话框中选中“克隆到元素”(Clone to Element)单选按钮，如图 9-31 所示。

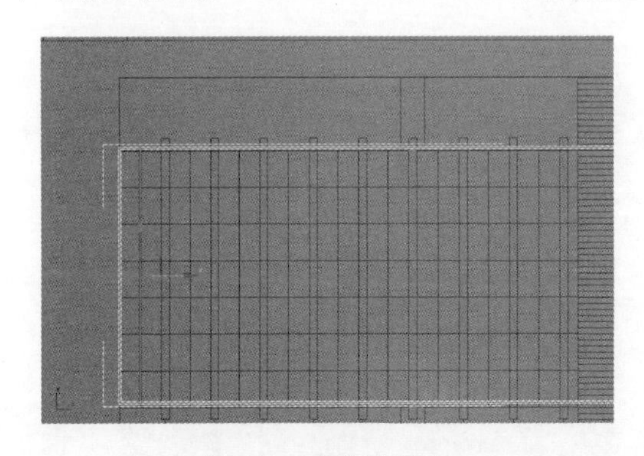

图 9-30 复制多边形

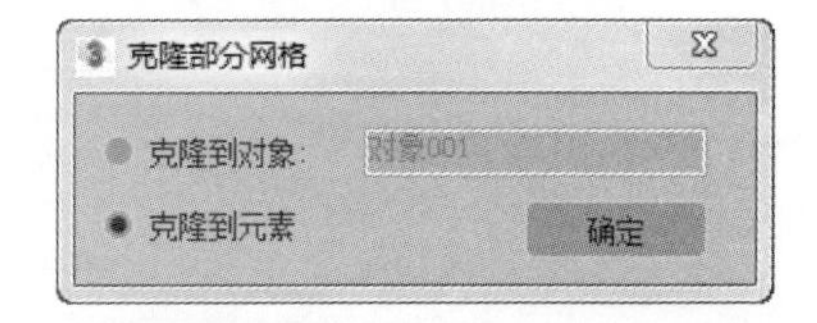

图 9-31 “克隆部分网格”对话框

(6) 在“前视图”中，根据 AutoCAD 线框依次复制窗格，按上述步骤完成操作，结果如图 9-32 所示。

(7) 在“顶视图”中，单击“形状创建”面板 + 中的“线”按钮，利用“捕捉”命令捕捉

前视图中的 AutoCAD 线框绘制窗框二维线，在“线”层级中选择“样条线”，展开“几何体”卷展栏，在“轮廓”文本框中输入数值 350mm，结果如图 9-33 所示。

Note

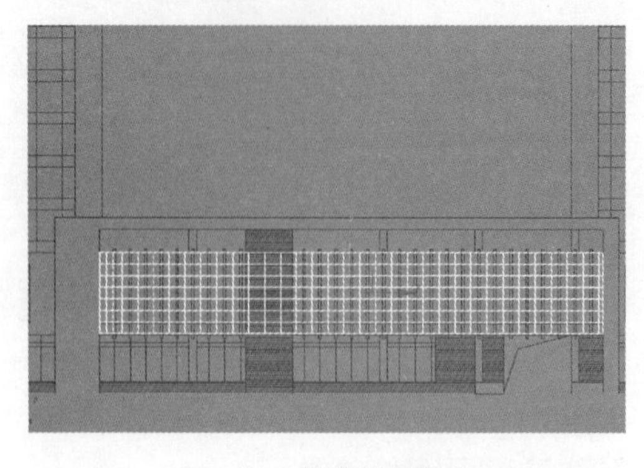

图 9-32　依次复制窗格

图 9-33　绘制窗框

（8）在“修改”面板的“修改器列表”下拉菜单中选择“挤出”命令拉伸二维线段，展开“参数”卷展栏，在“数量”文本框中输入数值 50.0mm，如图 9-34 所示。

（9）将“挤出”后的窗框转换成可编辑网格，选择“顶点”层级选择窗框边缘的顶点，结果如图 9-35 所示。

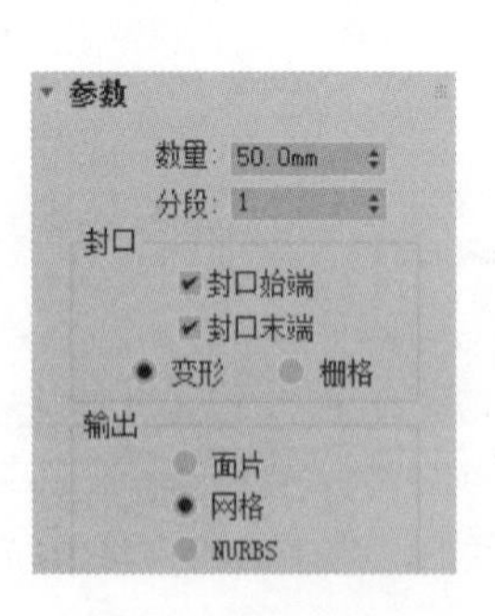

图 9-34　“挤出”命令

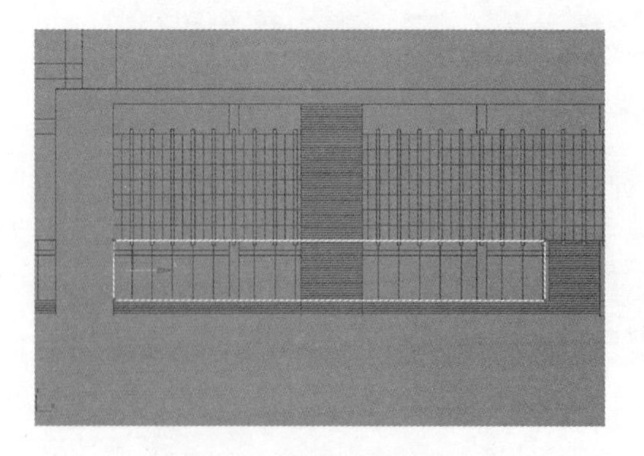

图 9-35　选择窗框的边缘

展开“选择”卷展栏，单击“分离”命令，在弹出的“分离”对话框中选中“分离到元素”复选框，单击“确定”按钮将选中的窗框边缘的顶点分离，如图 9-36 所示。

(10) 将“顶点”层级转换到“多边形”层级中，选择分离出来的“多边形”，按住 Shift 键进行复制，结果如图 9-37 所示。

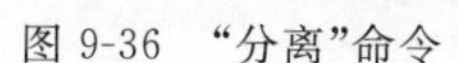

图 9-36 “分离”命令

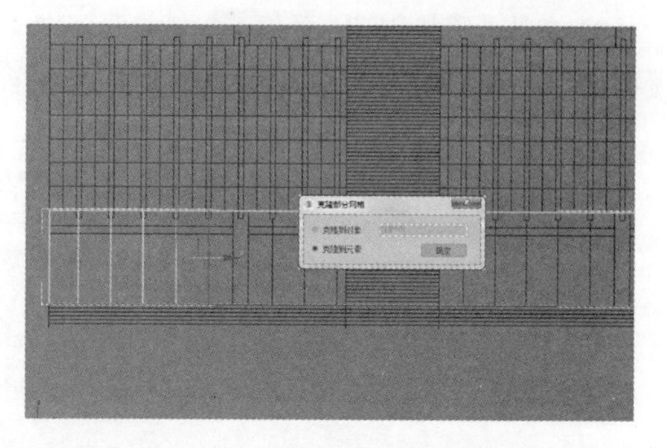

图 9-37 复制分离出来的多边形

(11) 绘制完竖向的窗格后，使用同样的方法绘制横向的窗格，退出“单独编辑”状态，回到“顶视图”中调节绘制的窗框位置，结果如图 9-38 所示。

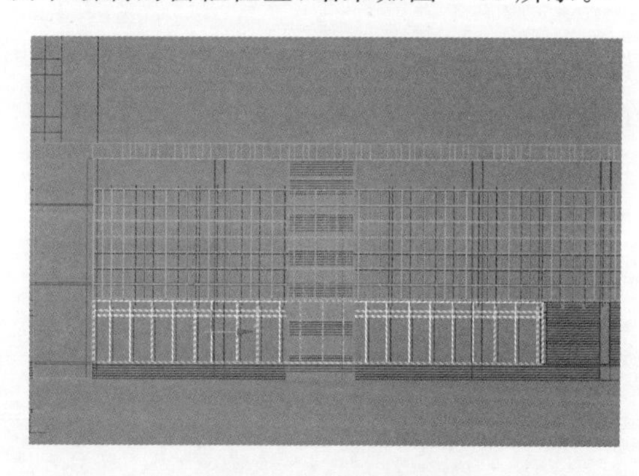

图 9-38 调节窗框位置

5. 绘制墙柱

(1) 单击“形状创建”面板 + 中的“线”按钮，利用“捕捉”命令捕捉前视图中的 AutoCAD 线框绘制墙柱二维线，结果如图 9-39 所示。

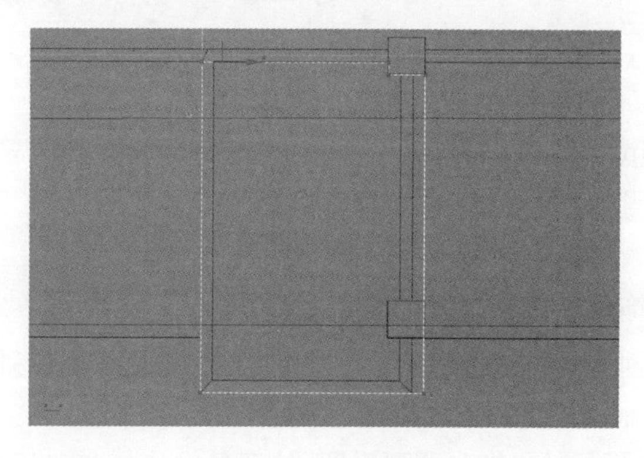

图 9-39 绘制墙柱

Note

（2）在“修改”面板的“修改器列表”下拉菜单中选择“挤出”命令拉伸二维线段，展开“参数”卷展栏，在“数量”文本框中输入数值 15000.0mm，如图 9-40 所示。

（3）单击“形状创建”面板中的“线”按钮，单击工具栏上的“捕捉开关”按钮，在“顶视图”中捕捉墙柱外墙线绘制墙柱装饰条，结果如图 9-41 所示。

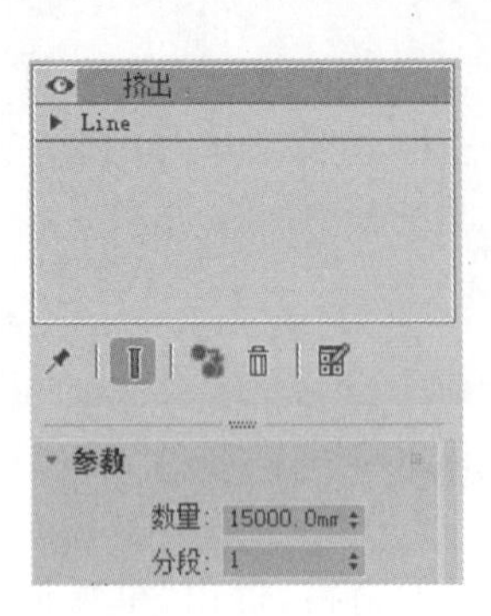

图 9-40 “挤出”命令

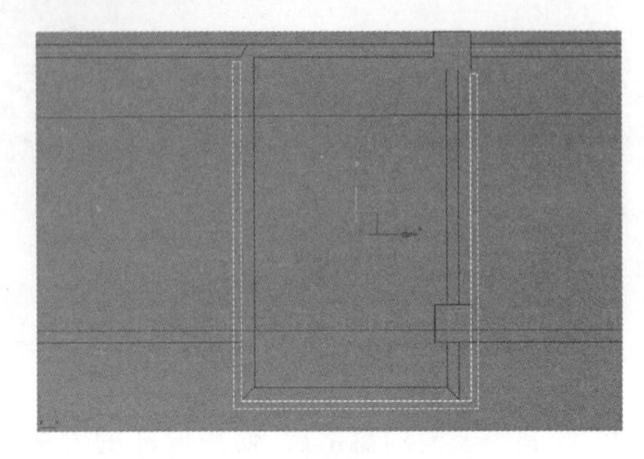

图 9-41 绘制墙柱装饰条

（4）在“修改”面板的“修改器列表”下拉菜单中选择“挤出”命令拉伸二维线段，展开“参数”卷展栏，在“数量”文本框中输入数值 75.0mm，在“工具”下拉菜单中选择“阵列”命令，弹出“阵列”对话框，如图 9-42 所示。

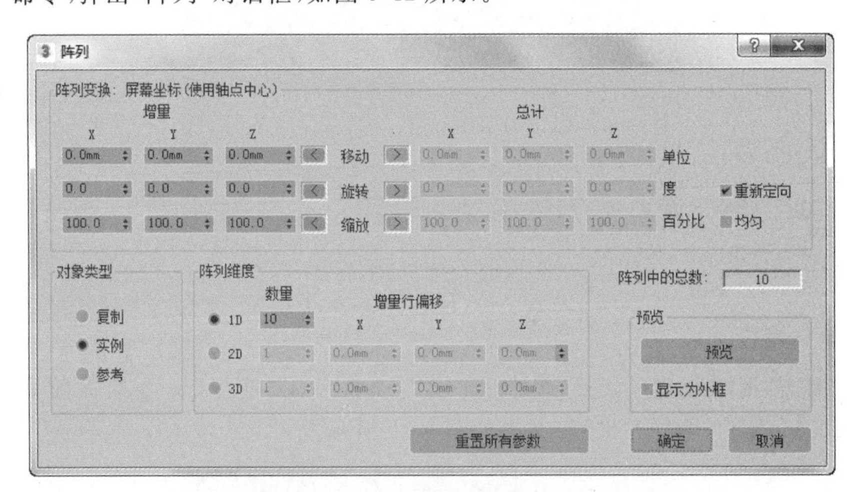

图 9-42 “阵列”对话框

（5）在“增量”(Incremental)中的“Y”文本框中输入数值 150，单击“转换”按钮，将向上的距离转换到“总数”(Totals)中，在“阵列中的总数”(Count)文本框中输入数值 85，如图 9-43 所示。

6．绘制墙柱装饰条

（1）单击“形状创建”面板中的“线”按钮，在“顶视图”中，利用“捕捉开关”命令捕捉墙柱外墙线，绘制墙柱装饰条二维线，结果如图 9-44 所示。

（2）在“修改”面板的“修改器列表”下拉菜单中选择“挤出”命令拉伸二维线段，展开“参数”卷展栏，在“数量”文本框中输入数值 75.0mm，如图 9-45 所示。

Note

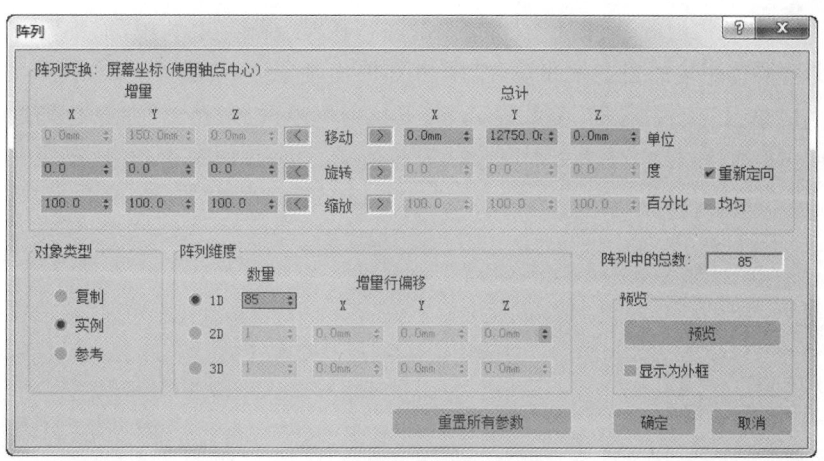

图 9-43　阵列参数设置(一)

(3) 在“工具”下拉菜单中选择“阵列”命令，弹出“阵列”对话框，在“增量”中的“Z”文本框中输入数值 150mm，单击“转换”按钮 >，将向上的距离转换到“总数”中，在“阵列中的总数”文本框中输入数值 31，如图 9-46 所示。

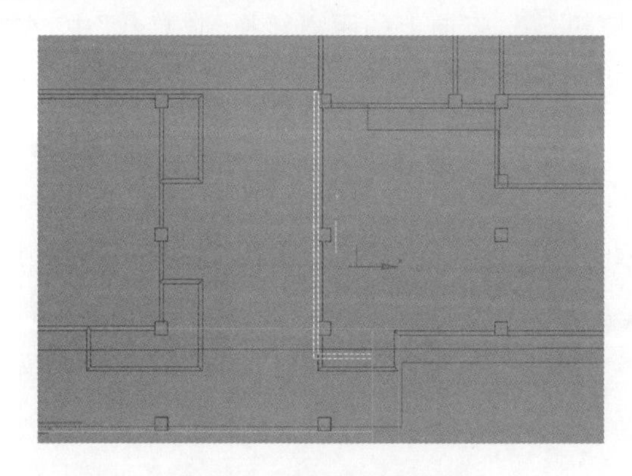

图 9-44　绘制墙柱装饰条

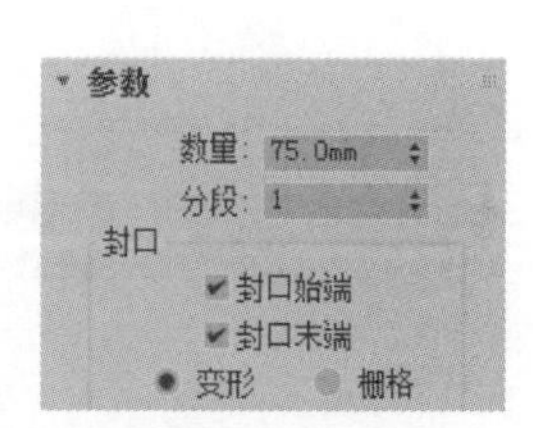

图 9-45　“挤出”命令

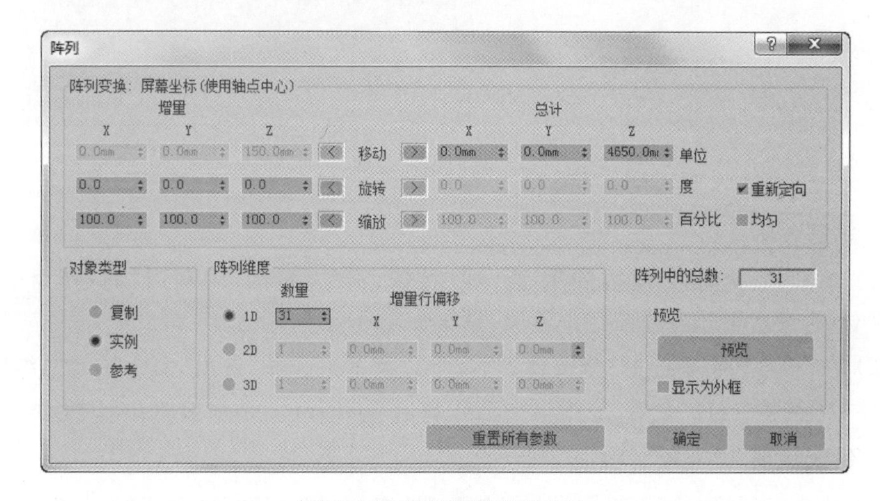

图 9-46　阵列参数设置(二)

Note

（4）单击“形状创建”面板中的“线”按钮，在“顶视图”中利用“捕捉”命令捕捉墙柱外墙线绘制墙柱装饰条二维线段，结果如图 9-47 所示。

（5）在“修改”面板的“修改器列表”下拉菜单中选择“挤出”命令拉伸二维线段，展开“参数”卷展栏，在“数量”文本框中输入数值 75.0mm，如图 9-48 所示。

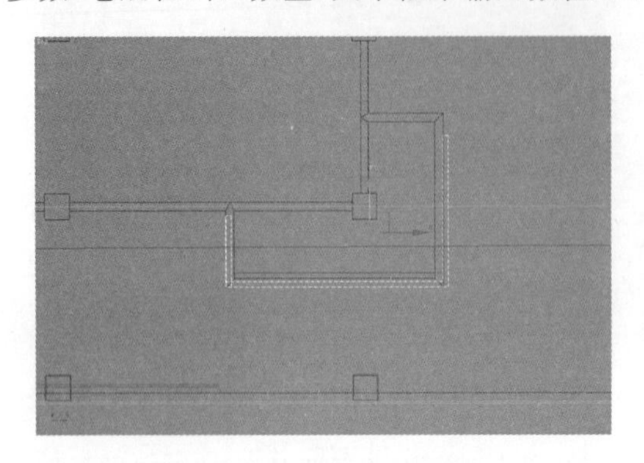

图 9-47　绘制墙柱装饰条

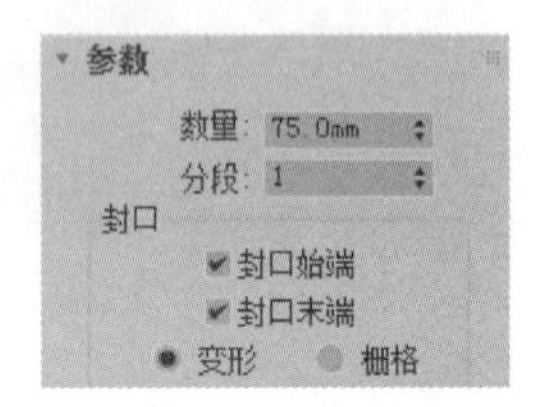

图 9-48　挤出命令参数

（6）在“工具”下拉菜单中选择“阵列”命令，弹出“阵列”对话框，在“增量”中的“Y”文本框中输入数值 150，单击“转换”按钮，将向上的距离转换到“总数”中，在“阵列中的总数”文本框输入数值 31，如图 9-49 所示。

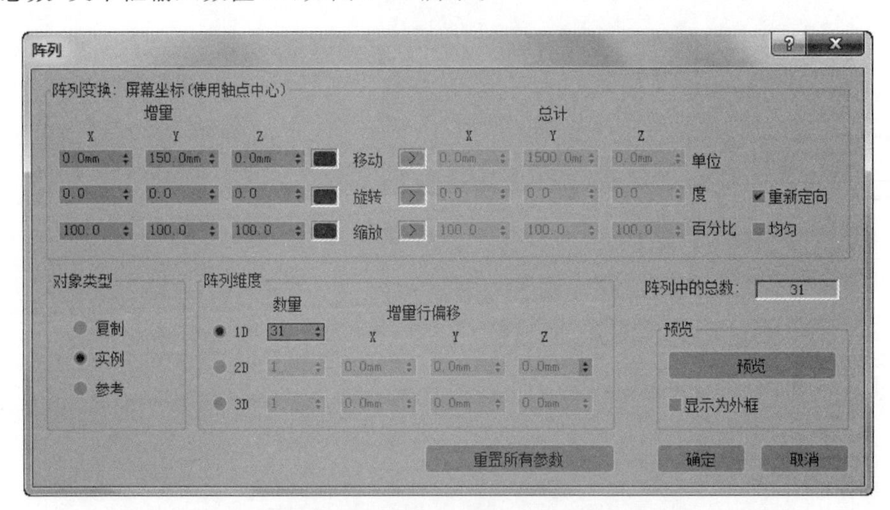

图 9-49　阵列参数设置（三）

7．绘制台阶

（1）单击“形状创建”面板中的“线”按钮，在“左视图”中利用“捕捉”命令捕捉 AutoCAD 台阶线框绘制台阶二维线段，结果如图 9-50 所示。

（2）在“修改”面板的“修改器列表”下拉菜单中选择“挤出”命令拉伸二维线段，展开“参数”卷展栏，在“数量”文本框中输入数值 10000mm，结果如图 9-51 所示。

8．绘制玻璃

（1）单击“形状创建”面板中的“矩形”按钮，在“前视图”中利用“捕捉”命令捕捉

Note

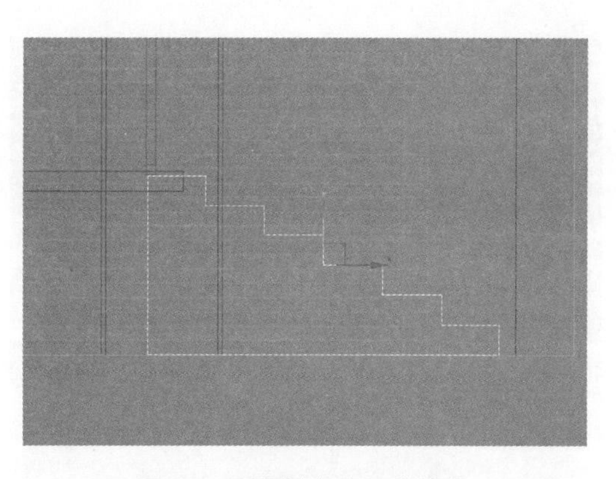

图 9-50　绘制台阶二维线段

图 9-51　通过挤出命令拉伸二维线段

窗框线绘制玻璃二维线段，如图 9-52 所示。在“修改”面板的“修改器列表”下拉菜单中选择“挤出”命令拉伸二维线段，展开“参数”卷展栏，在“数量”文本框中输入数值 10mm，结果如图 9-53 所示。

图 9-52　捕捉玻璃框二维线段

(2) 单击“形状创建”面板中的“矩形”按钮，在“顶视图”中利用“捕捉”命令捕捉 AutoCAD 线框绘制二维线段，在“修改”面板的“修改器列表”下拉菜单中选择“挤出”命令拉伸二维线段，展开“参数”卷展栏，在“数量”文本框中输入数值 10000mm，结果如图 9-54 所示。

Note

图 9-53　绘制玻璃

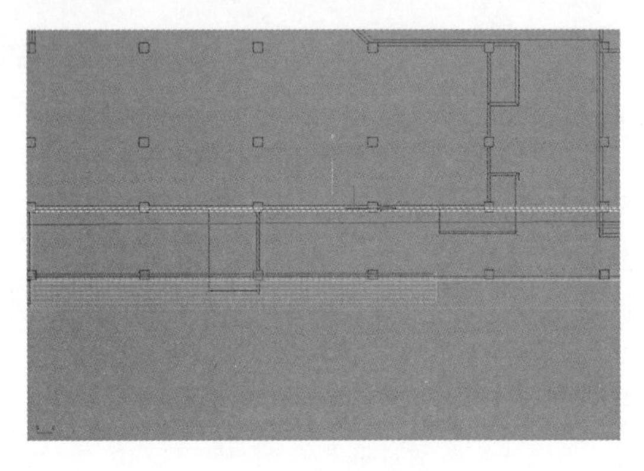

图 9-54　绘制线框

9.1.4　商业大厦内墙体的创建

（1）单击“形状创建”面板 中的“线”按钮，在“前视图”中，利用“捕捉”命令捕捉AutoCAD左侧的墙体，绘制内墙体二维线段，结果如图 9-55 所示。

（2）在“修改”面板 的“修改器列表”下拉菜单中选择“挤出”命令拉伸二维线段，展开“参数”卷展栏，在“数量”文本框中输入数值 150.0mm，如图 9-56 所示。

图 9-55　绘制内墙体

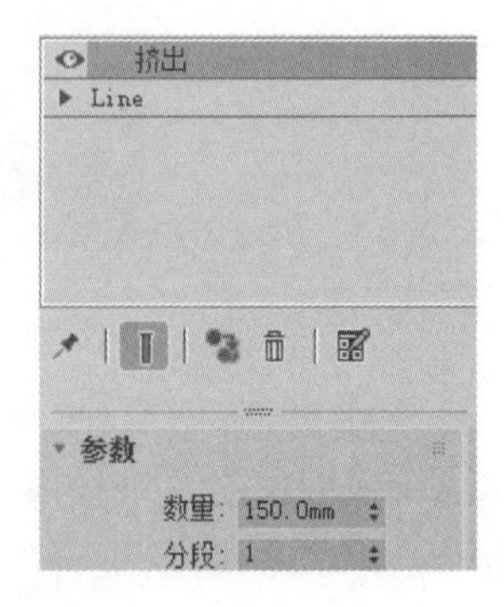

图 9-56　“挤出”命令(一)

Note

（3）单击“形状创建”面板 中的“矩形”按钮，利用“捕捉”命令，捕捉 AutoCAD 的窗户部分的墙体线框绘制矩形二维线段，选中二维矩形单击右键，在修改面板 的“修改器列表”中选择“编辑样条线”修改器，在“可编辑样条线”的子列表中单击“顶点”层级，展开“几何体”卷展栏，单击“附加”命令，将所有的矩形和二维线添加到一起，结果如图 9-57 所示。

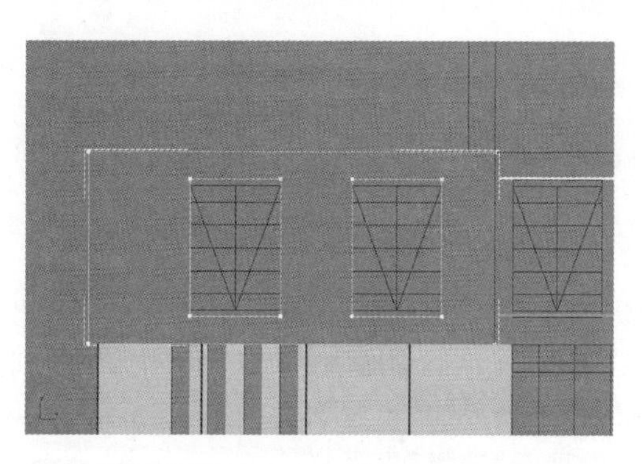

图 9-57　捕捉绘制墙体

（4）在“修改”面板 的“修改器列表”下拉菜单中选择“挤出”命令，拉伸步骤（3）添加的二维线段，展开“参数”卷展栏，在“数量”文本框中输入数值 200mm，如图 9-58 所示。

（5）重复上述步骤，单击“形状创建”面板 中的“矩形”按钮，利用“捕捉”命令捕捉 AutoCAD 左侧的墙体绘制墙体二维线。

（6）选中二维矩形单击鼠标右键，在“修改”面板 的“修改器列表”中选择“编辑样条线”修改器，在“可编辑样条线”子列表中单击“顶点”层级，展开“几何体”卷展栏，单击“附加”命令，将所有的矩形和二维线添加到一起，结果如图 9-59 所示。

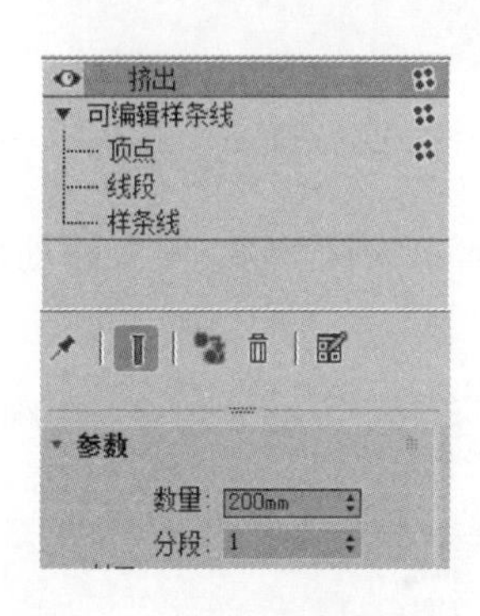

图 9-58　“挤出”命令（二）

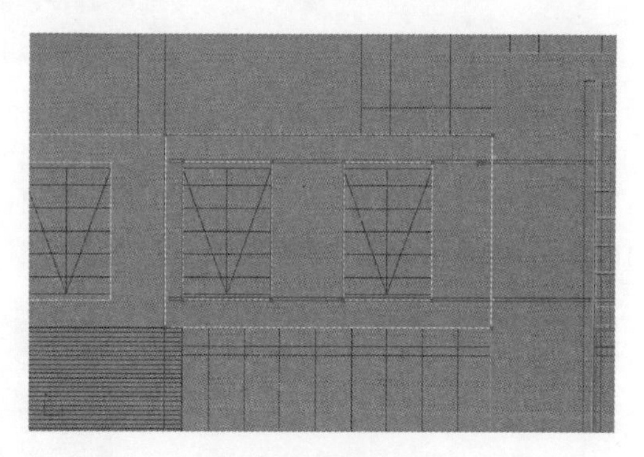

图 9-59　绘制墙体

（7）在“修改”面板 的“修改器列表”下拉菜单中选择“挤出”命令拉伸二维线段，展开“参数”卷展栏，在“数量”文本框中输入数值 200mm，如图 9-60 所示。

（8）在“前视图”中单击“形状创建”面板 中的“线”按钮，在前视图中利用“捕捉”命令捕捉 AutoCAD 线框绘制窗框二维线，然后在“线”层级中选择“样条线”，展开“几何体”卷展栏，在“轮廓”文本框中输入数值 45mm，结果如图 9-61 所示。

Note

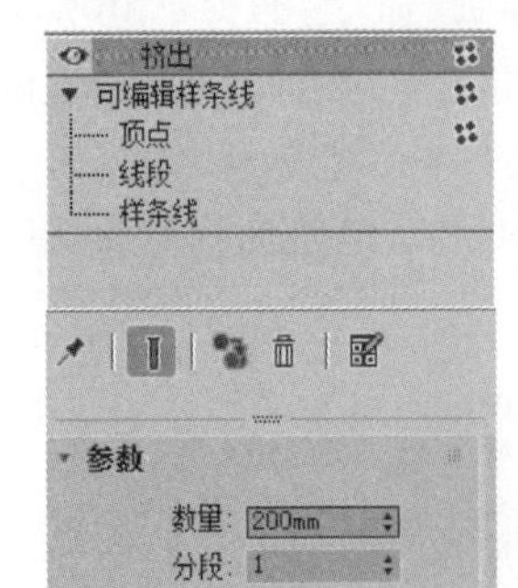

图 9-60 “挤出”命令(三)

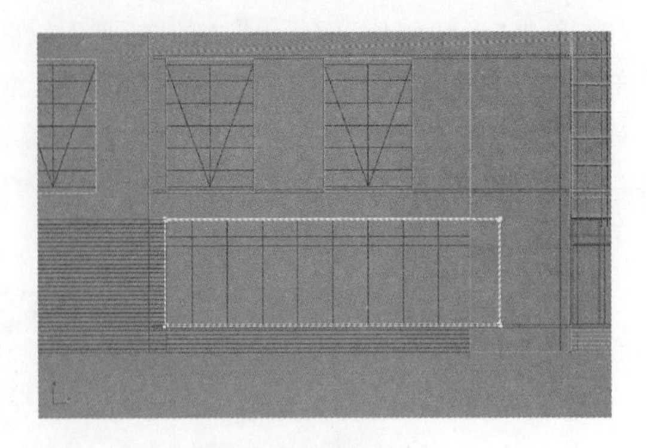

图 9-61 绘制窗框

(9) 在“修改”面板 的“修改器列表”下拉菜单中选择“挤出”命令拉伸二维线段，展开“参数”卷展栏，在“数量”文本框中输入数值 50.0mm，结果如图 9-62 所示。

(10) 将“挤出”后的窗框转换成“可编辑的网格”，选择“顶点”层级，选择窗框边缘的顶点，如图 9-63 所示。展开“选择”卷展栏。单击“分离”命令，在弹出的“分离”对话框中选择“分离到元素”前的复选框，单击“确定”按钮将选中的窗框边缘的顶点分离，如图 9-64 所示。

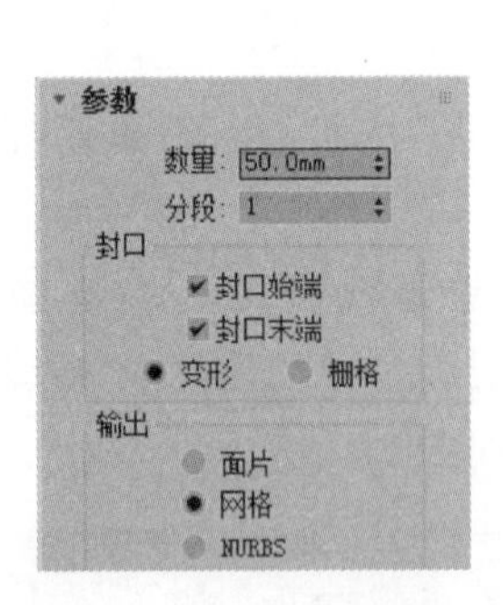

图 9-62 “挤出”命令参数

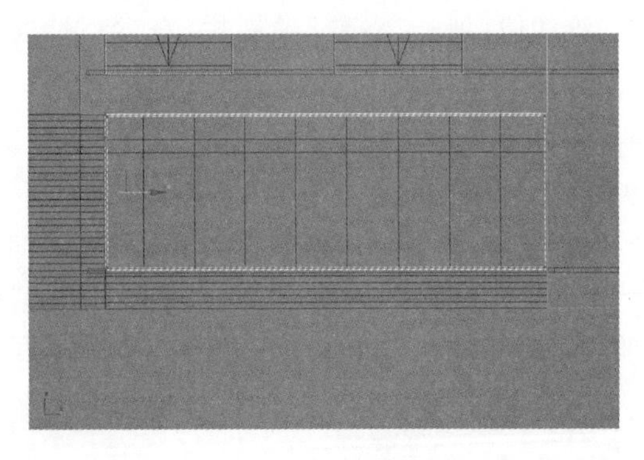

图 9-63 选择窗框的边缘

(11) 将“顶点”层级转换到“多边形”层级中，选择分离出来的“多边形”，拖动的同时按住 Shift 键进行复制，结果如图 9-65 所示。

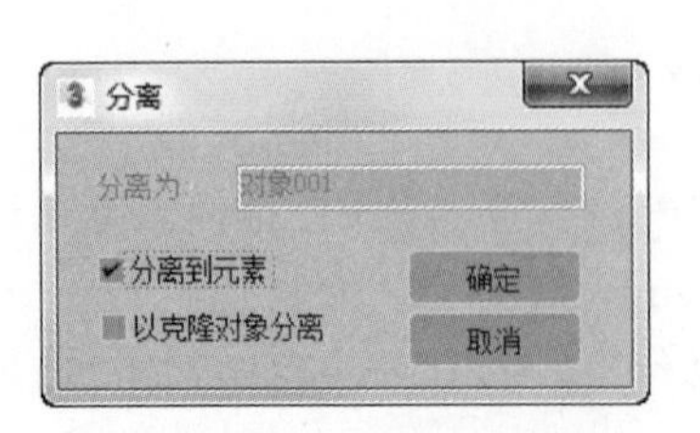

图 9-64 “分离”命令

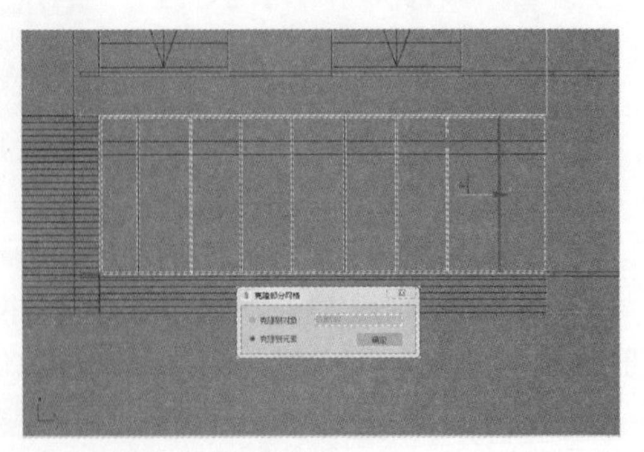

图 9-65 复制分离出的多边形

(12) 绘制完竖向窗格后，利用相同方法绘制横向窗格。调节绘制窗格的位置，结果如图 9-66 所示。

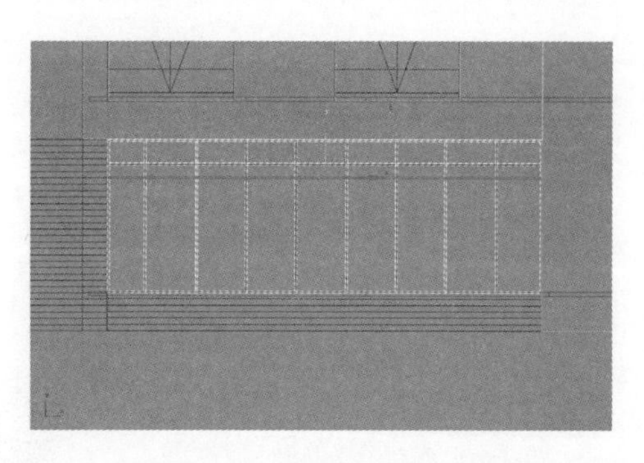

图 9-66　绘制横向的窗格

(13) 单击“形状创建”面板中的“矩形”按钮，在前视图中利用“捕捉”命令捕捉 AutoCAD 线框绘制玻璃二维线，在“修改”面板的“修改器列表”下拉菜单中选择“挤出”命令拉伸二维线段，展开“参数”卷展栏，在“数量”文本框中输入数值 10mm，结果如图 9-67 所示。

图 9-67　绘制玻璃

(14) 单击“形状创建”面板中的“矩形”按钮，在工具栏上单击移动捕捉按钮，按照前视图中的 AutoCAD 线框绘制窗台，在“修改”面板的“修改器列表”下拉菜单中选择“挤出”命令拉伸二维线段，展开参数卷展栏，在“数量”文本框中输入数值 300mm，结果如图 9-68 所示。

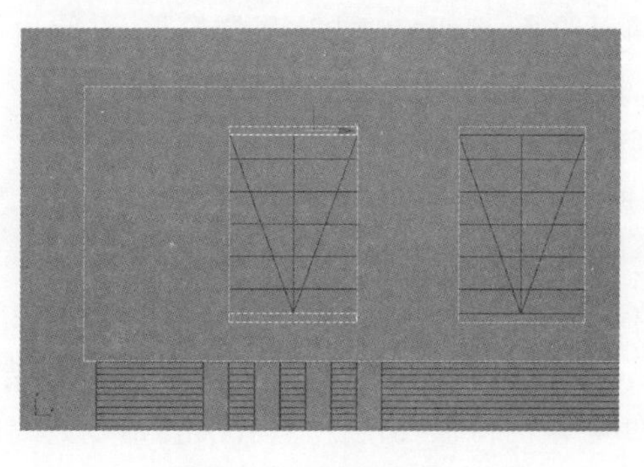

图 9-68　绘制窗台

Note

(15) 单击“形状创建”面板中的“线”按钮，在“顶视图”中调整窗台的位置。

(16) 在顶视图中利用“捕捉”命令捕捉 AutoCAD 线框绘制窗框二维线，结果如图 9-69 所示。

图 9-69　绘制窗框

(17) 在“修改”面板的“修改器列表”下拉菜单中选择“挤出”命令拉伸二维线段，展开“参数”卷展栏，在“数量”文本框中输入数值 50mm，结果如图 9-70 所示。

(18) 选择绘制好的窗框线，右键单击“角度捕捉切换”按钮，在弹出的“栅格和捕捉设置”窗口中，在“角度”文本框中输入 90.0，如图 9-71 所示。

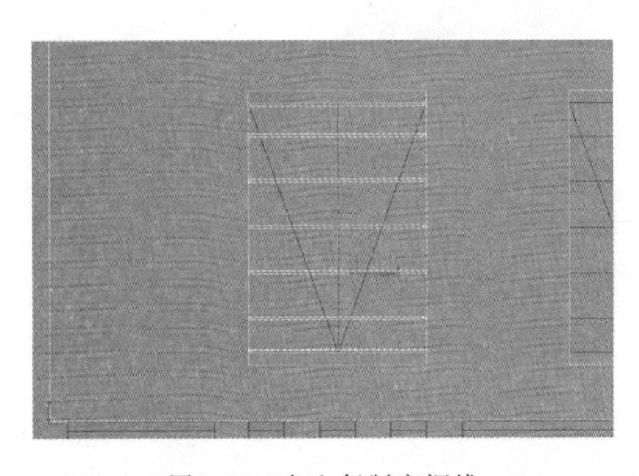

图 9-70　向上复制窗框线

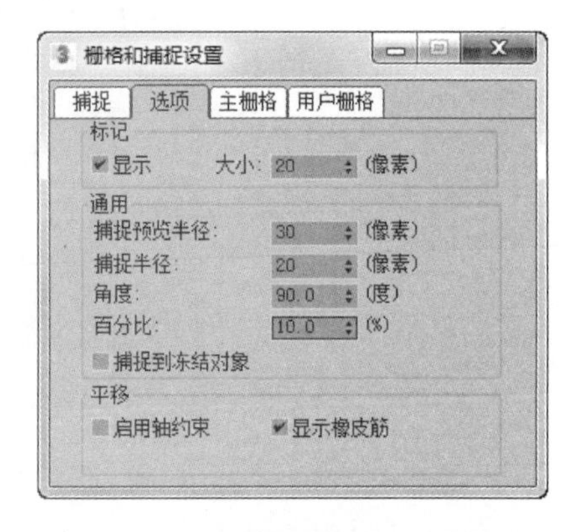

图 9-71　“栅格和捕捉设置”窗口

(19) 选中绘制好的窗框在工具栏上单击“选择并移动”工具，同时按住 Shift 键拖动物体，单击“角度捕捉切换”按钮，再次复制窗框，并自由旋转到 AutoCAD 线框的位置，结果如图 9-72 所示。

(20) 单击“形状创建”面板中的“线”按钮，在“顶视图”中，利用“捕捉”命令捕捉 AutoCAD 线框绘制玻璃二维线。在“线”层级中选择“样条线”，展开“几何体”卷展栏，在“轮廓”文本框中输入数值 15mm，结果如图 9-73 所示。

(21) 在“修改”面板的“修改器列表”下拉菜单中选择“挤出”命令，拉伸二维线段，展开“参数”卷展栏，在“数量”文本框中输入数值 4000mm，结果如图 9-74 所示。

(22) 选择步骤(21)绘制的窗框及窗台，选择“组”命令，在弹出的对话框中命名为“窗户”，单击“确定”按钮完成群组，如图 9-75 所示。

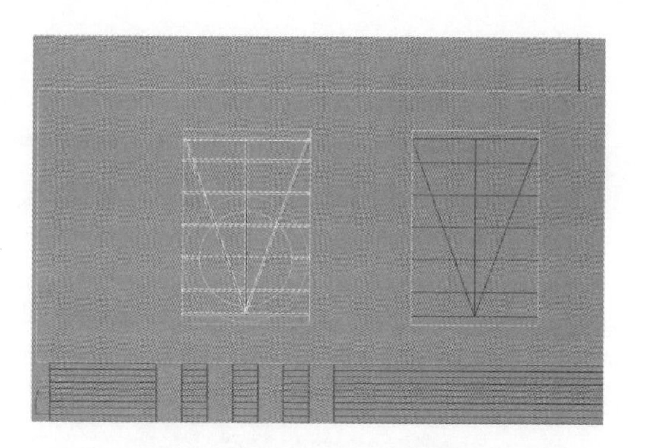

图 9-72　复制窗框并自由旋转

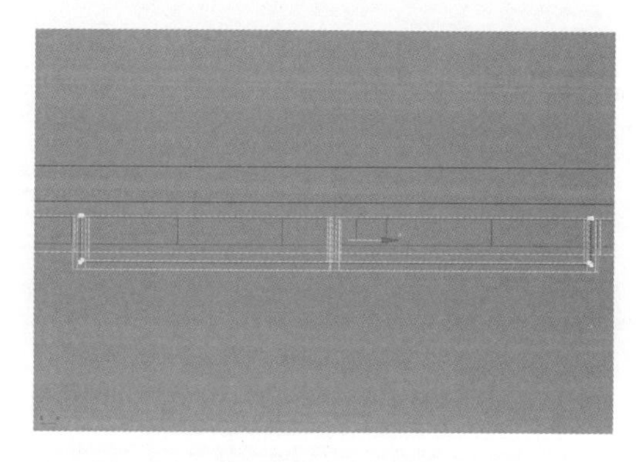

图 9-73　绘制玻璃

图 9-74　执行"挤出"命令后的效果

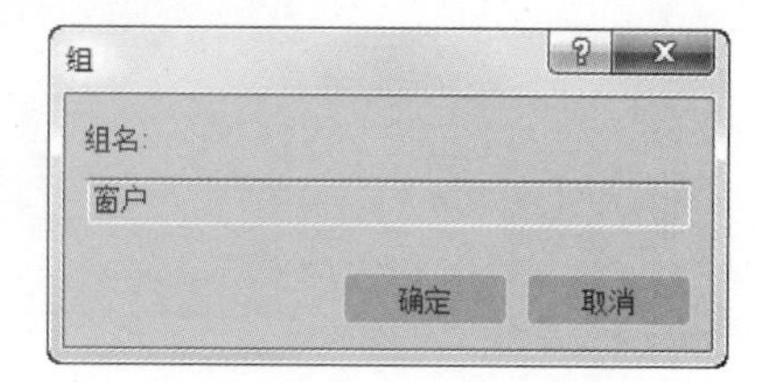

图 9-75　"组"对话框

(23) 利用"捕捉"命令将群组的窗户复制到每个窗户中，结果如图 9-76 所示。

(24) 单击"形状创建"面板 中的"线"按钮，在"前视图"中利用"捕捉"命令捕捉 AutoCAD 线框，绘制窗框二维线，然后在"线"层级中选择"样条线"，展开"几何体"卷展栏，在"轮廓"文本框中输入数值 15mm，结果如图 9-77 所示。

(25) 在"修改"面板 的"修改器列表"下拉菜单中选择"挤出"命令拉伸二维线段，展开"参数"卷展栏，在"数量"文本框中输入数值 50mm，利用"捕捉"命令将图形复制到墙体中的其他窗口中，结果如图 9-78 所示。

Note

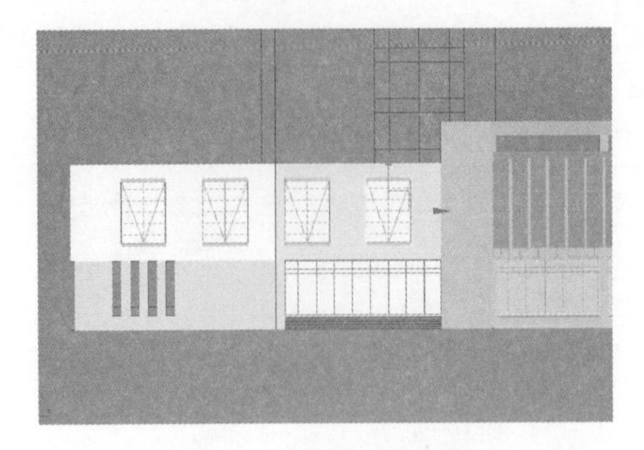

图 9-76　复制群组的窗户

图 9-77　绘制窗框

图 9-78　复制绘制好的窗框

(26) 单击"形状创建"面板 中的"矩形"按钮，单击工具栏上的"捕捉开关"按钮，按照"前视图"中绘制好的窗框绘制玻璃，在"修改"面板 的"修改器列表"下拉菜单中选择"挤出"命令拉伸二维线段，展开"参数"卷展栏，在"数量"文本框中输入数值10mm，结果如图 9-79 所示。

(27) 将视图转换成"顶视图"，单击"形状创建"面板 中的"矩形"按钮，在"顶视图"中利用"捕捉"命令捕捉 AutoCAD 线框，绘制楼层二维线。在"修改"面板 的"修改器列表"下拉菜单中选择"挤出"命令拉伸二维线段，展开"参数"卷展栏，在"数量"文本框中输入数值 100mm，结果如图 9-80 所示。

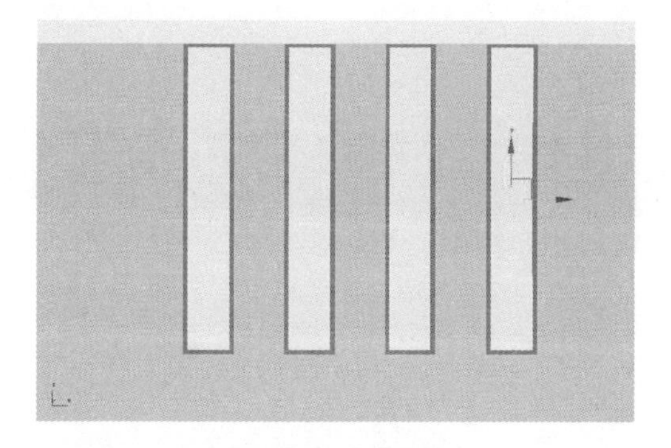

图 9-79　绘制玻璃

(28) 选中楼层，右键单击“选择并移动”按钮，弹出“移动变换输入”窗口，在“偏移：屏幕”“Y”文本框中输入数值 3600.0mm，如图 9-81 所示。

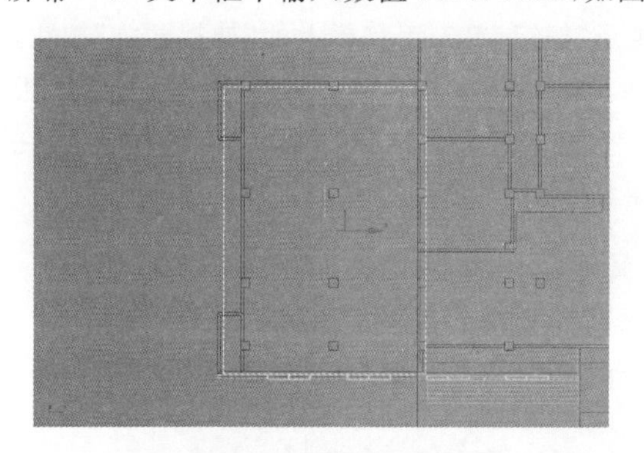

图 9-80　绘制楼层

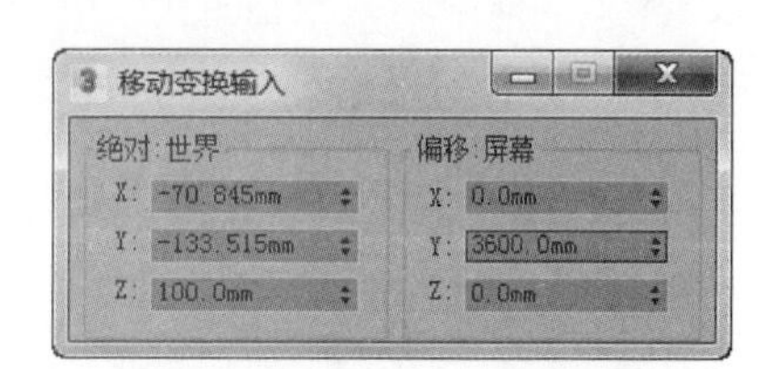

图 9-81　“移动变换输入”窗口

(29) 重复上述操作，继续在“偏移：屏幕”“Y”文本框中输入数值 900、4500，复制楼层，结果如图 9-82 所示。

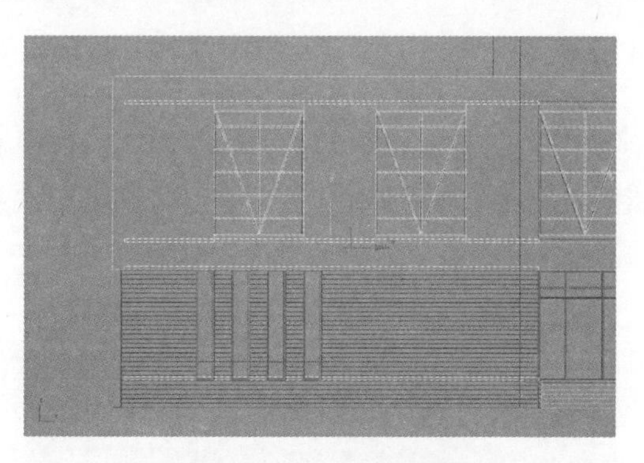

图 9-82　复制好的楼层

(30) 单击“形状创建”面板 ![] 中的“矩形”按钮，在“左视图”中利用“捕捉”命令捕捉 AutoCAD 线框，绘制墙体的二维矩形，选中二维矩形单击右键，在弹出的快捷菜单中选择“转换为可编辑样条线”，然后在“顶点”层级中选择“几何体”卷展栏中的“附加”命令，将所有的矩形和二维线添加到一起，结果如图 9-83 所示。

Note

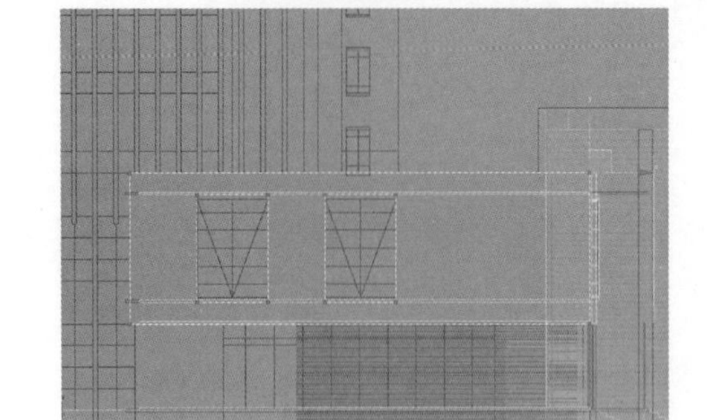

图 9-83　将矩形和二维线添加到一起

（31）在“修改”面板的“修改器列表”下拉菜单中选择“挤出”命令拉伸二维线段，展开“参数”卷展栏，在“数量”文本框中输入数值 200.0mm，如图 9-84 所示。

（32）单击“形状创建”面板中的“矩形”按钮，单击工具栏上的“捕捉开关”按钮，在“顶视图”中利用“捕捉”命令捕捉 AutoCAD 线框绘制墙体二维线。在“修改”面板的“修改器列表”下拉菜单中选择“挤出”命令拉伸二维线段，展开“参数”卷展栏，在“数量”文本框中输入数值 6300.0mm，结果如图 9-85 所示。

图 9-84　“挤出”命令

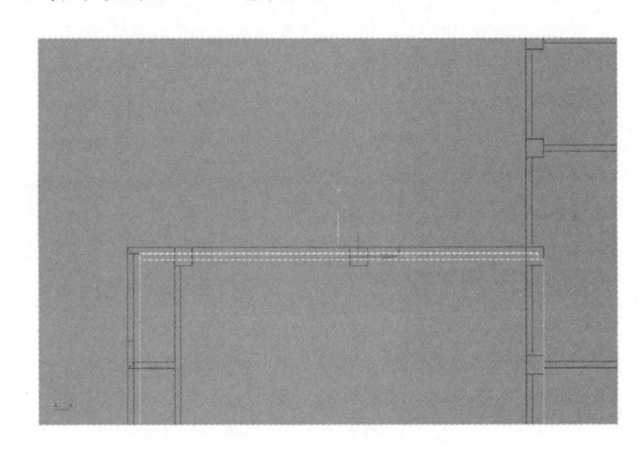

图 9-85　绘制墙体

（33）单击“形状创建”面板中的“线”按钮，在“顶视图”中利用“捕捉”命令捕捉 AutoCAD 线框绘制墙体二维线，选择窗框图形，在“线”层级中选择“样条线”，展开“几何体”卷展栏，在“轮廓”文本框中输入数值 200.0mm，结果如图 9-86 所示。

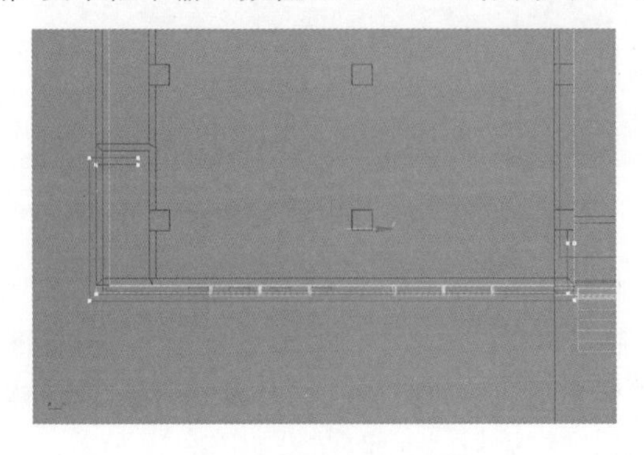

图 9-86　绘制二维线

Note

（34）在“修改”面板的“修改器列表”下拉菜单中选择“挤出”命令拉伸二维线段，展开“参数”卷展栏，在“数量”文本框中输入数值 75mm，在“前视图”中，参照 AutoCAD 线框向上复制图形，结果如图 9-87 所示。

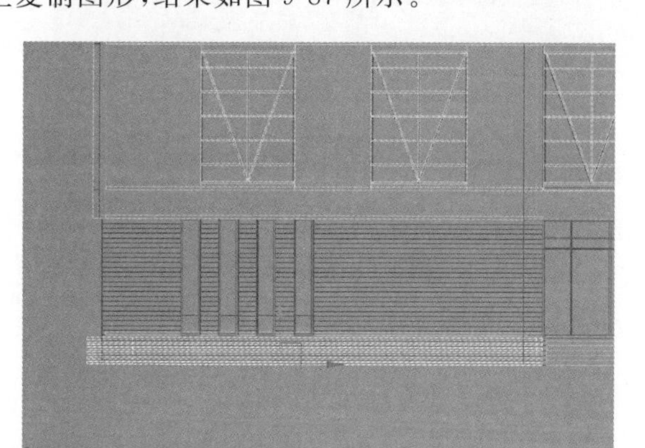

图 9-87　向上复制线框

（35）单击“形状创建”面板中的“线”按钮，在“顶视图”中利用“捕捉”命令捕捉 AutoCAD 线框绘制二维矩形，选中二维矩形单击右键，在弹出的快捷菜单中选择“转换为可编辑样条线”，然后在“顶点”层级中选择“几何体”卷展栏中的“附加”命令，将所有的二维线添加到一起，结果如图 9-88 所示。

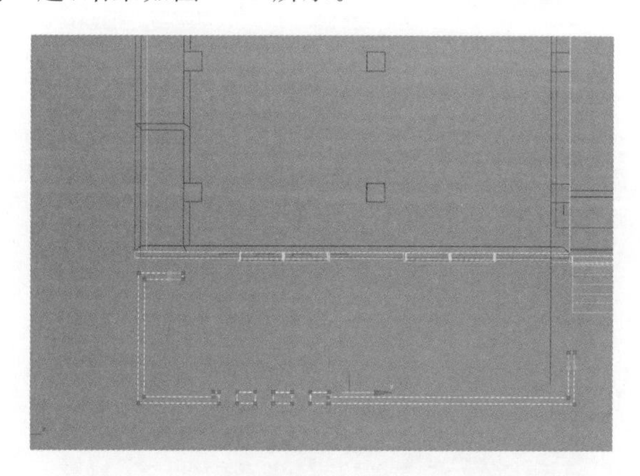

图 9-88　添加所有的矩形二维线

（36）在“修改”面板的“修改器列表”下拉菜单中选择“挤出”命令拉伸二维线段，展开“参数”卷展栏，在“数量”文本框中输入数值 75mm，将视图转换成“前视图”，参照 AutoCAD 线框向上复制，结果如图 9-89 所示。

（37）单击“形状创建”面板中的“线”按钮，在“顶视图”中利用“捕捉”命令捕捉 AutoCAD 墙体线绘制墙体二维线，结果如图 9-90 所示。

（38）在“修改”面板的“修改器列表”下拉菜单中选择“挤出”命令拉伸二维线段，展开“参数”卷展栏，在“数量”文本框中输入数值 75mm，在“前视图”中，参照 AutoCAD 线框沿“Y”轴向上复制，结果如图 9-91 所示。

Note

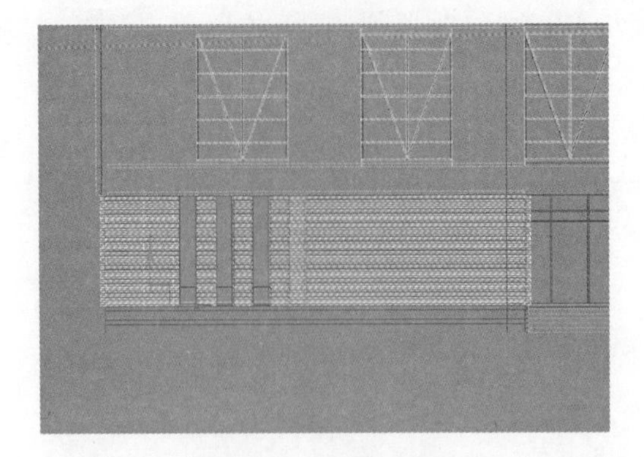

图 9-89　向上复制线框

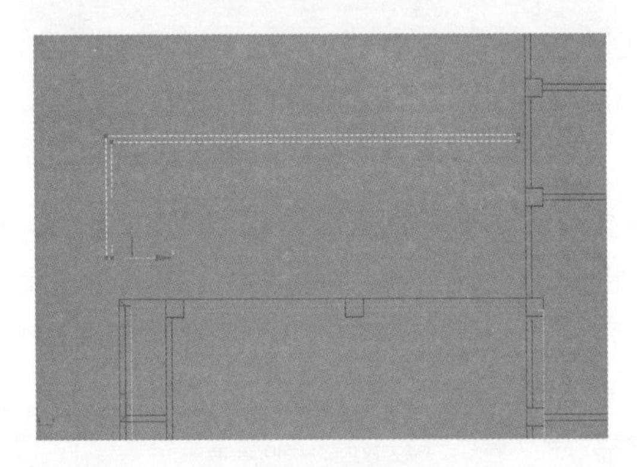

图 9-90　绘制墙体

图 9-91　参照线框向上复制

9.1.5　商业大厦二层墙体的创建

（1）图中创建的模型物体已经有大量的线框模式，选中 AutoCAD 左视图使用快捷键 Alt＋Q（单独编辑），结果如图 9-92 所示。

（2）单击“形状创建”面板 中的“线”按钮，在“左视图”中，利用“捕捉”命令捕捉 AutoCAD 线框绘制窗框二维线，在“线”层级中选择“样条线”，展开“几何体”卷展栏，在“轮廓”文本框中输入数值 45mm，结果如图 9-93 所示。

（3）在“修改”面板 的“修改器列表”下拉菜单中选择“挤出”命令拉伸二维线段，

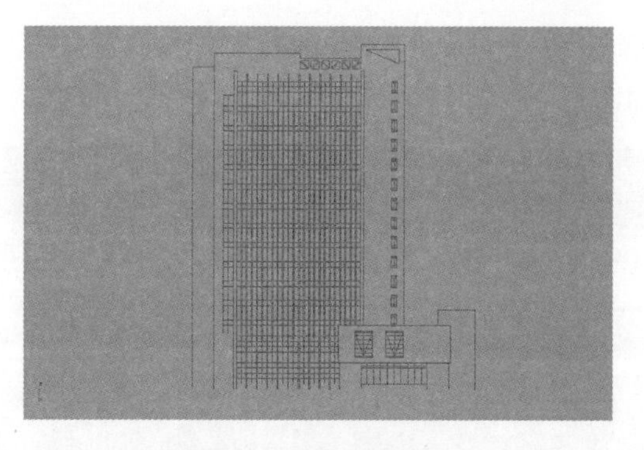

图 9-92 使用单独编辑

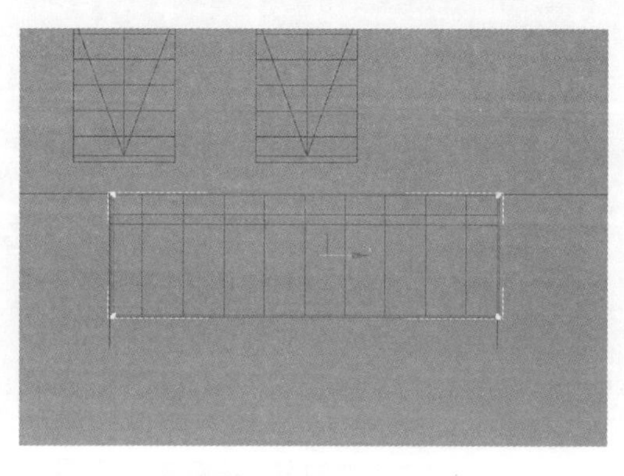

图 9-93 绘制窗框

展开“参数”卷展栏，在“数量”文本框中输入数值 50mm，如图 9-94 所示。

(4) 将“挤出”后的窗框转换成可编辑网格，选择“顶点”层级，选择窗框的边缘顶点，结果如图 9-95 所示。

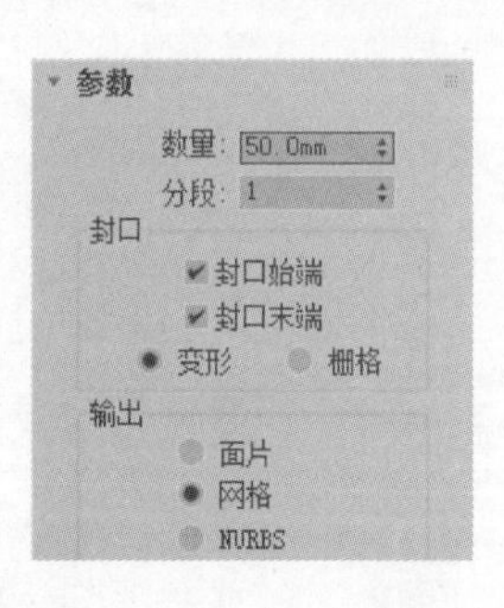

图 9-94 “挤出”命令参数

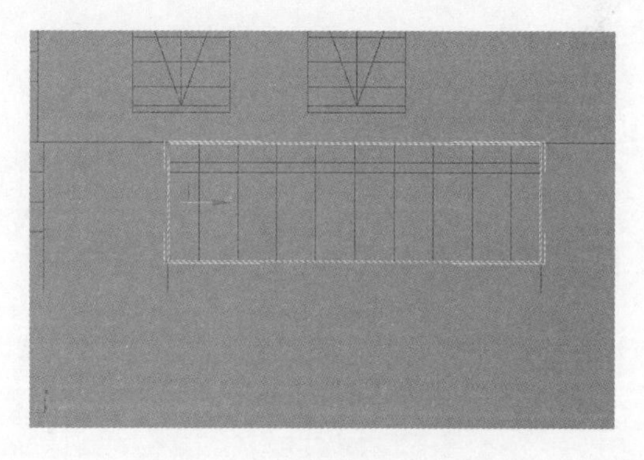

图 9-95 选择窗框的边缘

(5) 在“多边形”层级下拉菜单的“顶点”层级中，展开“选择”卷展栏，将选中的窗框边缘的顶点分离，单击“分离”命令将窗框边缘分离出来，在弹出的“分离”对话框中选择“分离到元素”前的复选框，单击“确定”按钮，如图 9-96 所示。

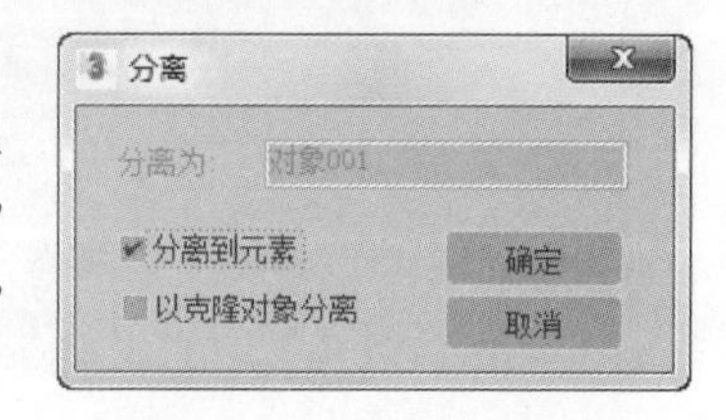

图 9-96 分离选中的顶点

Note

（6）将"顶点"层级转换到"多边形"层级，选择分离出来的"多边形"，按住 Shift 键拖动进行复制，结果如图 9-97 所示。

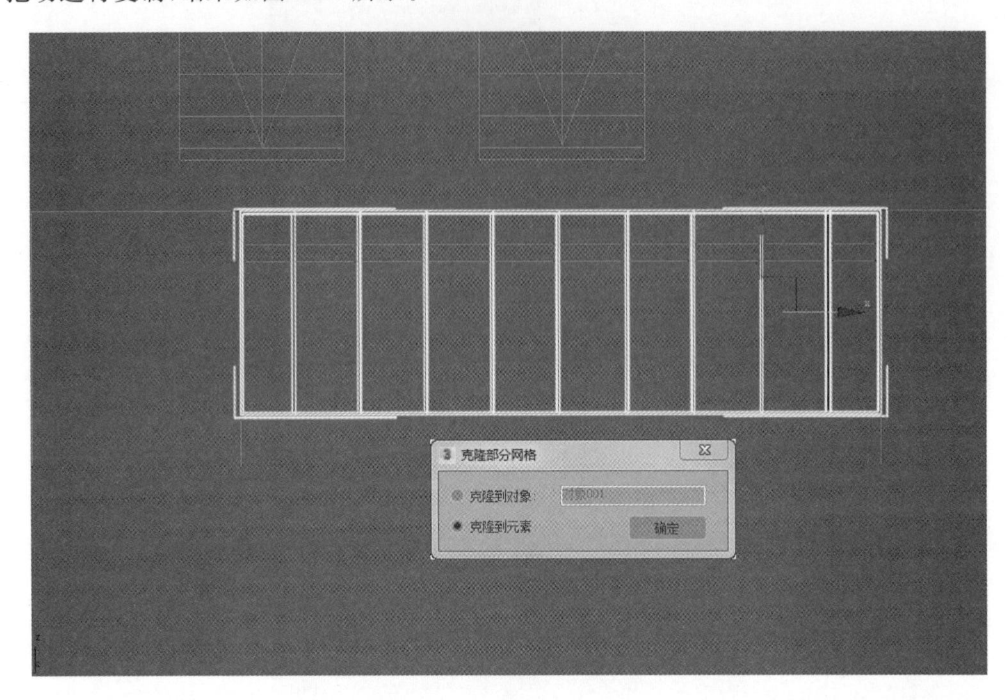

图 9-97　复制竖向的窗格

（7）绘制完成竖向的窗格后，按上述步骤绘制横向的窗格，并调节绘制的窗框位置，结果如图 9-98 所示。

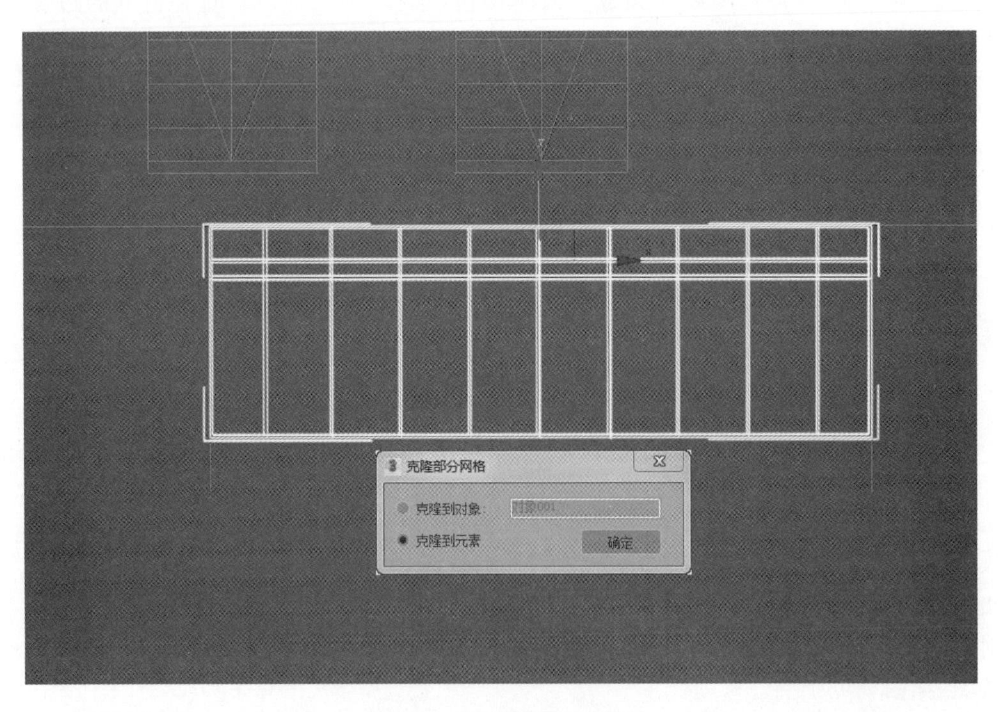

图 9-98　绘制横向的窗格

(8) 单击“形状创建”面板中的“矩形”按钮,利用“捕捉”命令捕捉 AutoCAD 线框绘制墙体二维线,在“修改”面板的“修改器列表”下拉菜单中选择“挤出”命令拉伸二维线段,展开“参数”卷展栏,在“数量”文本框中输入数值 200,结果如图 9-99 所示。

Note

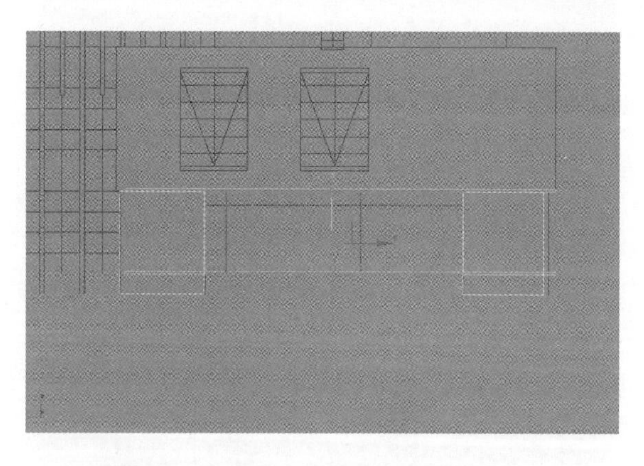

图 9-99 绘制墙体线

(9) 单击“形状创建”面板中的“矩形”按钮,利用“捕捉”命令捕捉 AutoCAD 线框绘制墙体二维线,在“修改”面板的“修改器列表”下拉菜单中选择“挤出”命令拉伸二维线段,展开“参数”卷展栏,在“数量”文本框中输入数值 200mm,结果如图 9-100 所示。

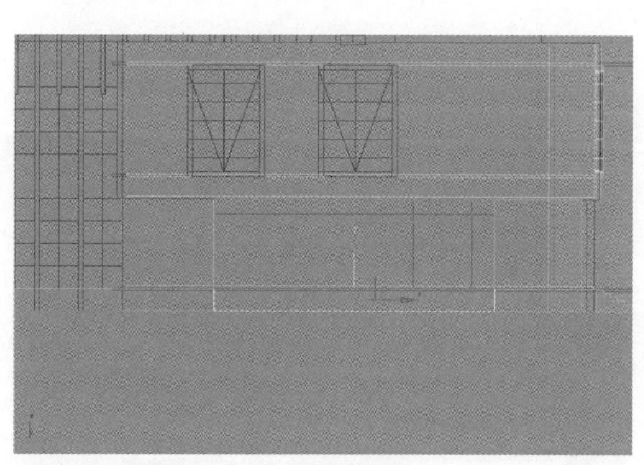

图 9-100 绘制墙体(一)

(10) 单击“形状创建”面板中的“矩形”按钮,参照 AutoCAD 墙体线绘制墙装饰线,在“修改”面板的“修改器列表”下拉菜单中选择“挤出”命令拉伸二维线段,展开“参数”卷展栏,在“数量”文本框中输入数值 50mm,利用复制命令并向上复制,结果如图 9-101 所示。

(11) 关闭单独编辑命令,复制“前视图”中绘制好的窗户,并对图形进行旋转,放置在“左视图”的窗口中,在“透视图”中观察创建的模型,结果如图 9-102 所示。

(12) 单击“形状创建”面板中的“矩形”按钮,在“前视图”中,利用“捕捉”命令捕捉 AutoCAD 线框绘制墙体二维线,在“修改”面板的“修改器列表”下拉菜单中选择

Note

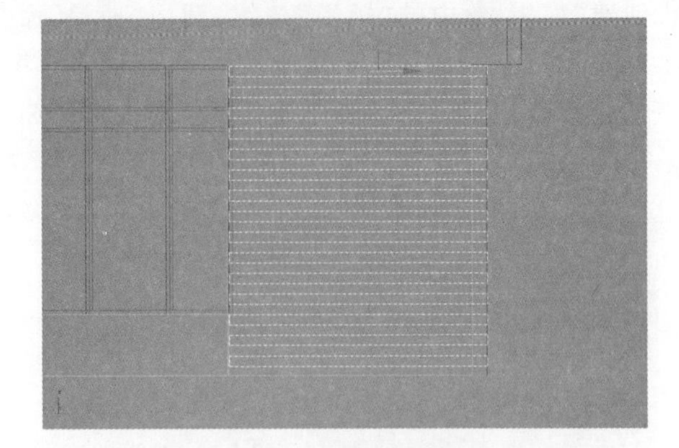

图 9-101　绘制墙装饰线

图 9-102　观察创建的模型

“挤出”命令拉伸二维线段，展开“参数”卷展栏，在“数量”文本框中输入数值 200mm，结果如图 9-103 所示。

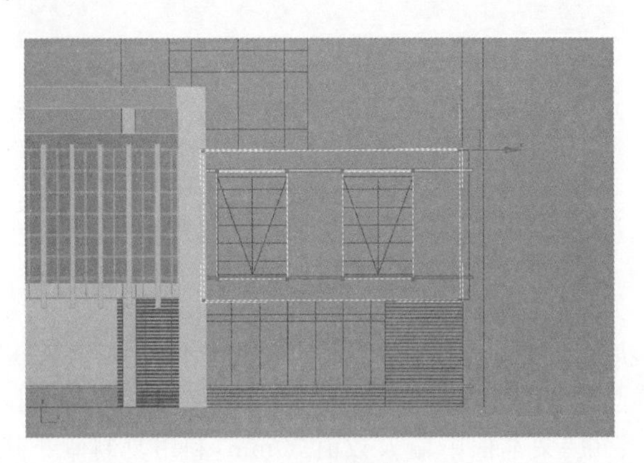

图 9-103　绘制墙体(二)

(13) 单击“形状创建”面板 中的“矩形”按钮，参照 AutoCAD 墙体线绘制墙体，在“修改”面板 的“修改器列表”下拉菜单中选择“挤出”命令拉伸二维线段，展开“参数”卷展栏，在“数量”文本框中输入数值 200mm，结果如图 9-104 所示。

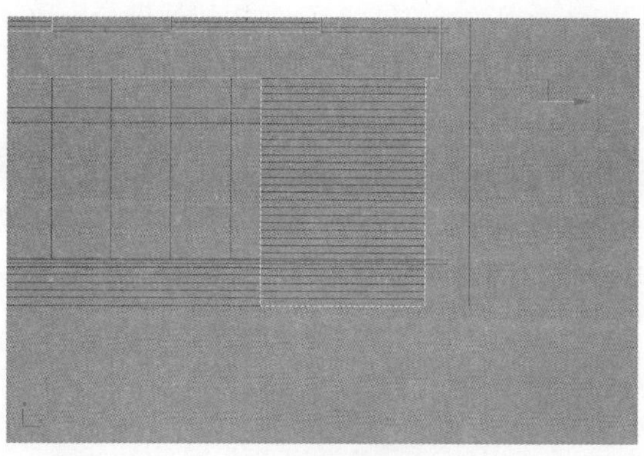

图 9-104 绘制墙体(三)

(14) 单击“形状创建”面板 中的“矩形”按钮,利用“捕捉”命令捕捉 AutoCAD 线框绘制装饰条二维线,在“修改”面板 的“修改器列表”下拉菜单中选择“挤出”命令拉伸二维线段,展开“参数”卷展栏,在“数量”文本框中输入数值 75mm,绘制完成后将装饰条向上复制,结果如图 9-105 所示。

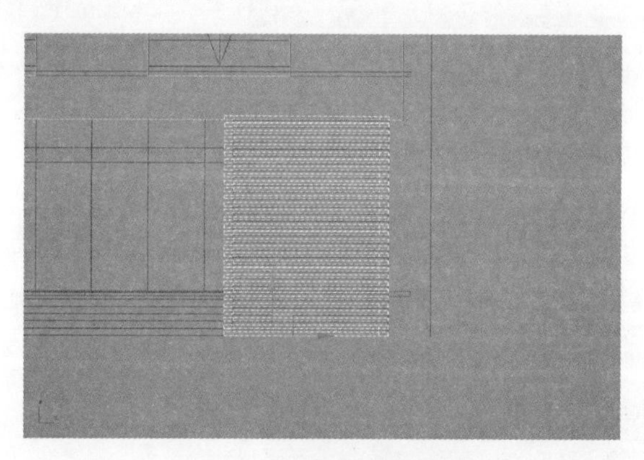

图 9-105 创建墙体装饰条

(15) 选择图形转换成“可编辑网格”,选中“顶点”层级对台阶的顶点进行编辑,选中两头的顶点将长度调节到与 AutoCAD 线框一样长,结果如图 9-106 所示。

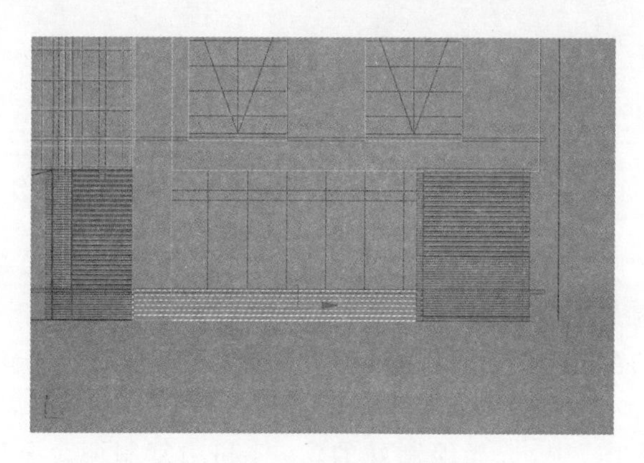

图 9-106 编辑台阶的顶点

Note

(16) 在“前视图”中选择 AutoCAD 线框，使用快捷键 Alt+Q(单独编辑)单独对门进行编辑。

(17) 单击“形状创建”面板中的“线”按钮，在工具栏上单击“移动捕捉”按钮，在前视图中利用“捕捉”命令捕捉 AutoCAD 线框绘制窗框二维线，在“线”层级中选择“样条线”，打开“几何体”卷展栏，在“轮廓”文本框中输入数值 45mm，结果如图 9-107 所示。

(18) 在“修改”面板的“修改器列表”下拉菜单中选择“挤出”命令拉伸二维线段，展开“参数”卷展栏，在“数量”文本框中输入数值 50.0mm，如图 9-108 所示。

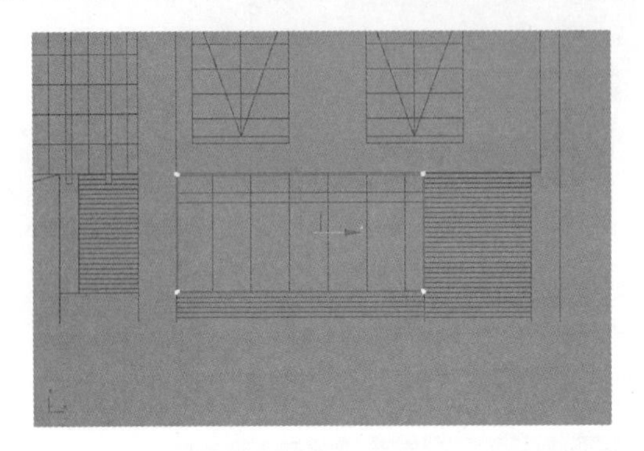

图 9-107　绘制窗框

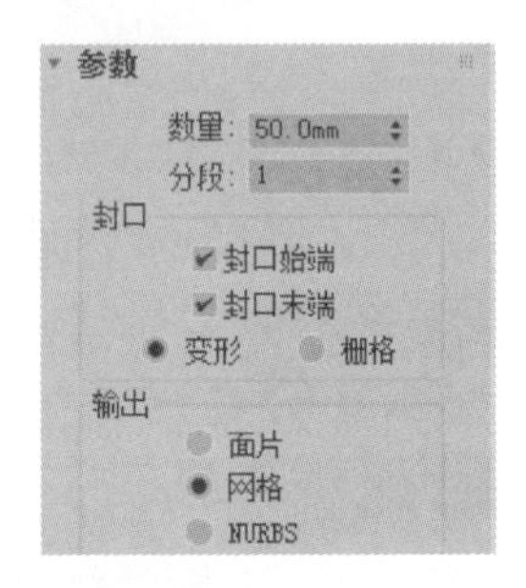

图 9-108　“挤出”命令参数

(19) 将“挤出”后的窗框转换成“可编辑网格”，在“顶点”层级中选择窗框的边缘，结果如图 9-109 所示。

(20) 单击“多边形”层级下拉菜单中的“顶点”层级，展开“选择”卷展栏，将选中的窗框边缘的顶点分离，单击“分离”命令将窗框边缘分离出来，在弹出的“分离”对话框中选择“分离到元素”前的复选框，单击“确定”按钮，如图 9-110 所示。

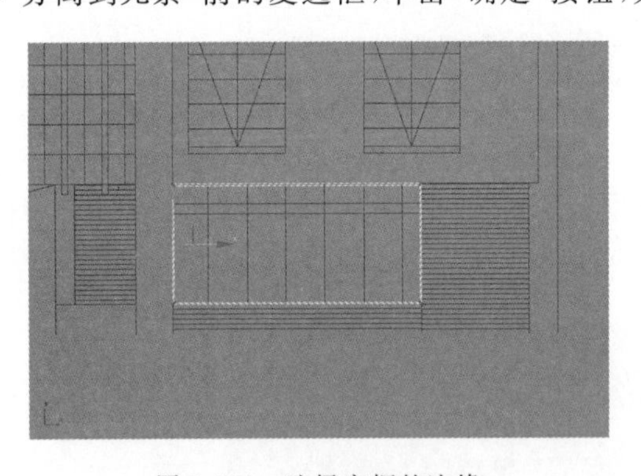

图 9-109　选择窗框的边缘

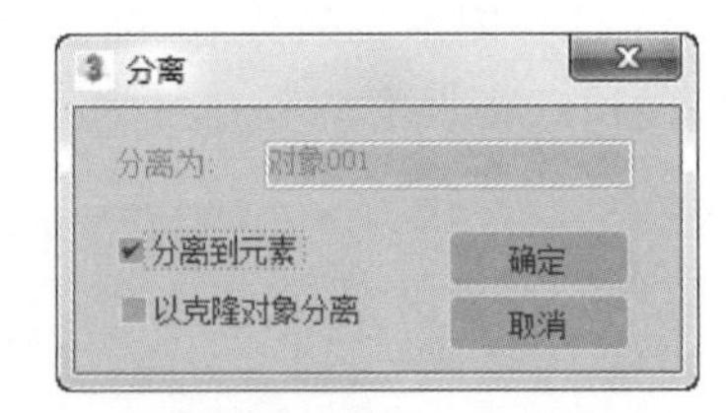

图 9-110　“分离”对话框

(21) 将“顶点”层级转换到“多边形”层级中，选择分离出来的“多边形”，按住 Shift 键拖动进行复制，结果如图 9-111 所示。

(22) 当竖向的窗格绘制完成后按上述步骤绘制横向窗格，调节窗框位置，结果如图 9-112 所示。

(23) 在“前视图”中，选择绘制好的窗户，利用复制命令复制到右边，结果如图 9-113 所示。

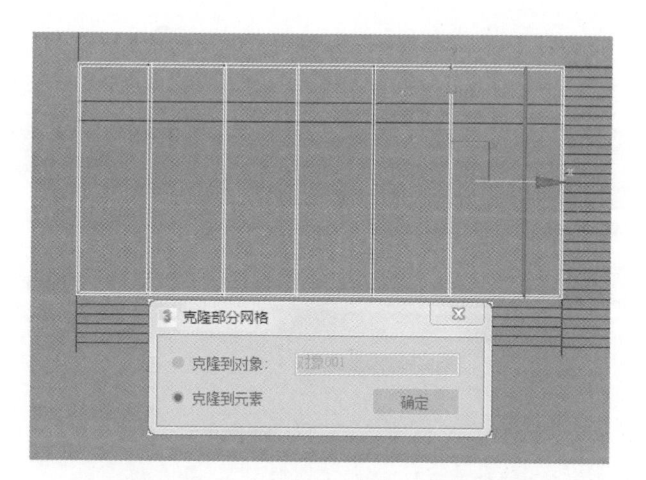

图 9-111 复制分离出的"多边形"

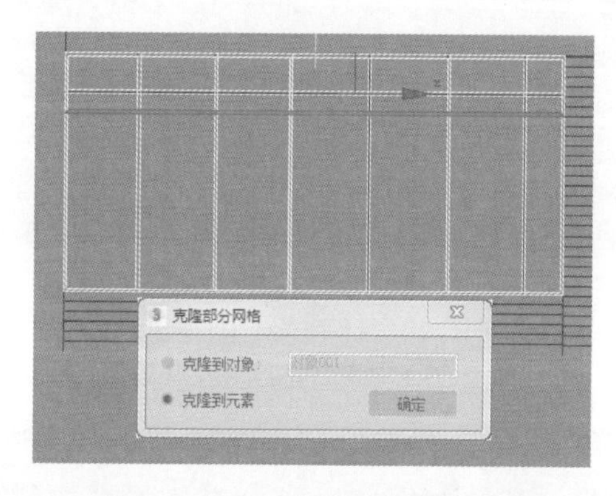

图 9-112 调节绘制的窗框位置

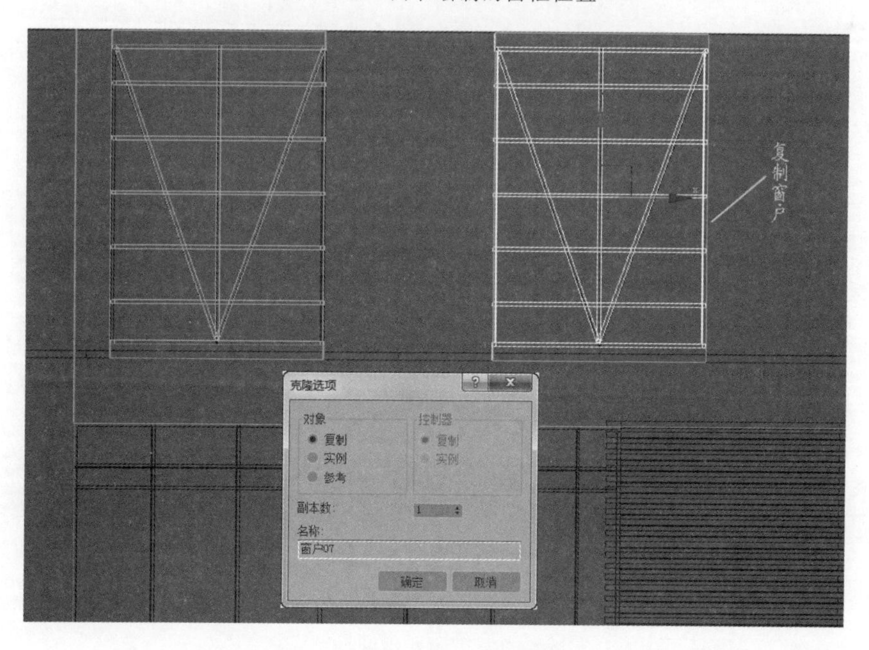

图 9-113 复制绘制好的窗户

Note

(24) 单击"形状创建"面板 中的"线"按钮，在"顶视图"中利用"捕捉"命令捕捉AutoCAD线框绘制墙体二维线，在"修改"面板 的"修改器列表"下拉菜单中选择"挤出"命令拉伸二维线段，展开"参数"卷展栏，在"数量"文本框中输入数值4500mm，结果如图9-114所示。

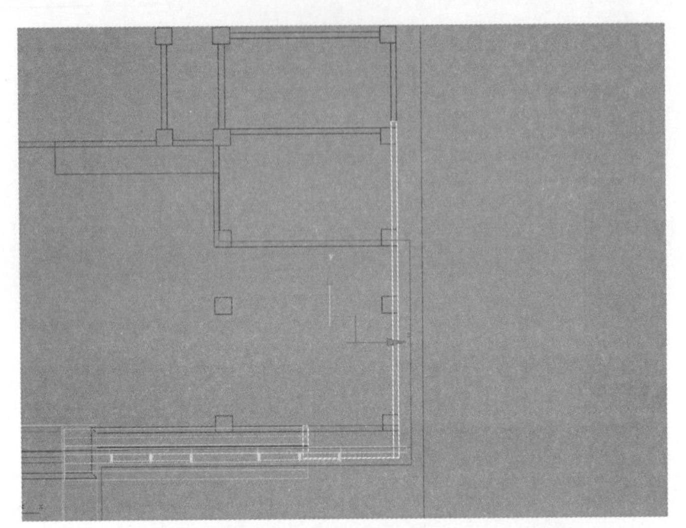

图9-114 绘制墙体(四)

(25) 将视图转换成四视图模式，观察中间部分建立的模型，结果如图9-115所示。

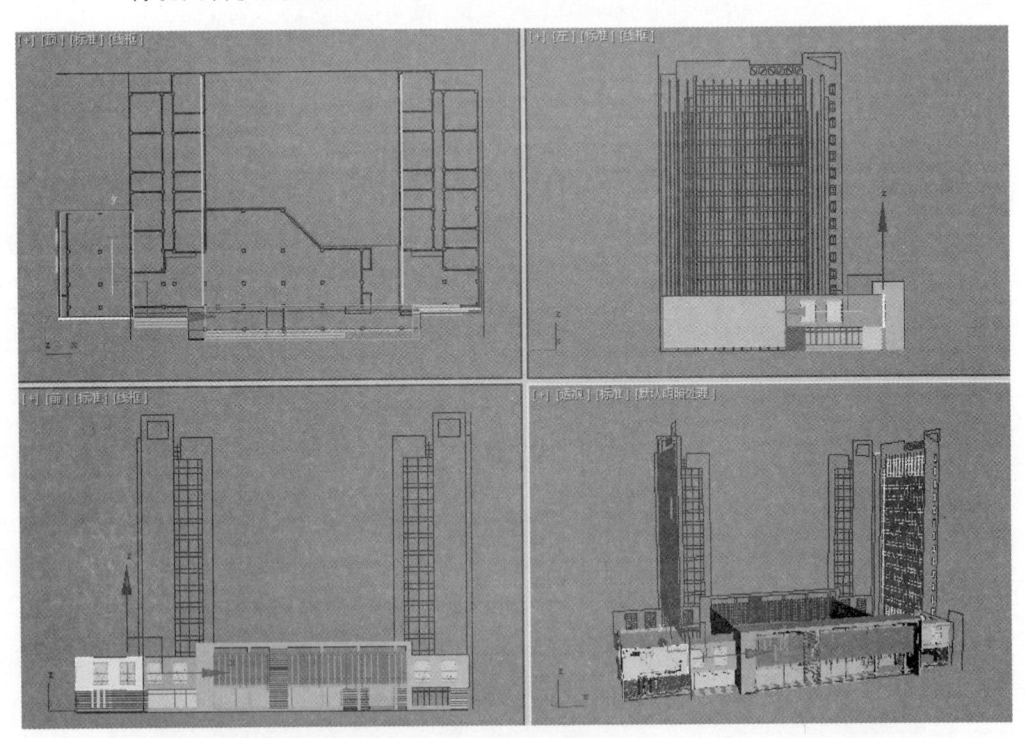

图9-115 观察模型效果

Note

9.1.6 商业大厦左侧墙体的创建

(1) 在“前视图”中,单击“形状创建”面板 中的“线”按钮,利用“捕捉”命令捕捉AutoCAD线框绘制墙体二维线,在“顶点”层级中选择“几何体”卷展栏中的“附加”命令,将所有的二维线添加到一起,结果如图9-116所示。

(2) 在“修改”面板 的“修改器列表”下拉菜单中选择“挤出”命令拉伸二维线段,展开“参数”卷展栏,在“数量”文本框中输入数值400.0mm,如图9-117所示。

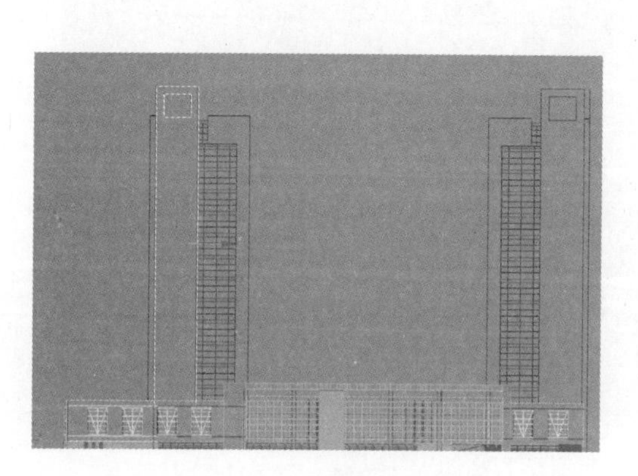

图9-116 绘制墙体(一)

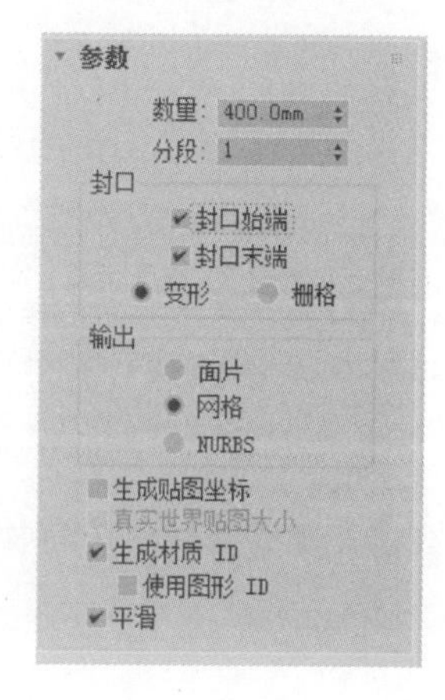

图9-117 “挤出”命令参数

(3) 单击“形状创建”面板 中的“线”按钮,利用“捕捉”命令捕捉AutoCAD线框绘制二维线,在“修改”面板 的“修改器列表”下拉菜单中选择“挤出”命令拉伸二维线段,展开“参数”卷展栏,在“数量”文本框中输入数值400mm,结果如图9-118所示。

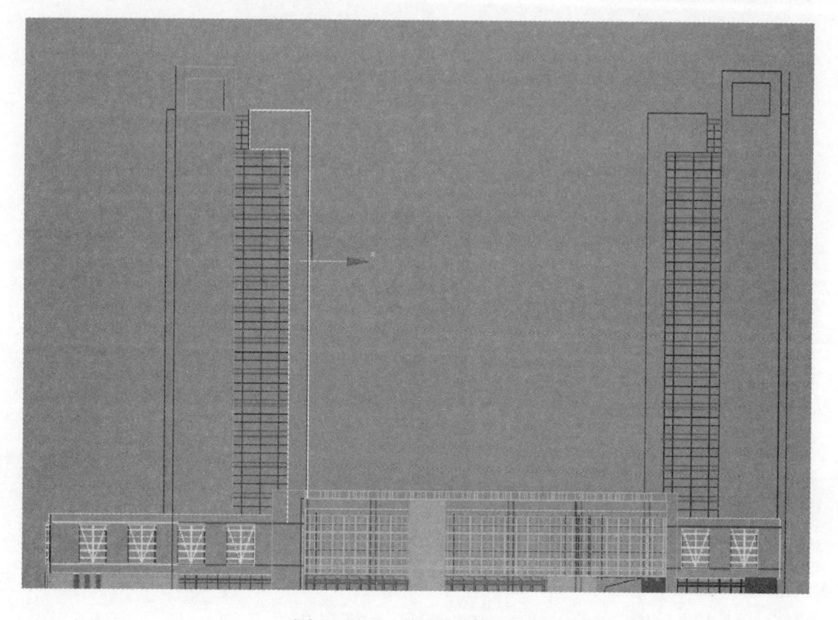

图9-118 绘制墙体(二)

Note

（4）单击“形状创建”面板 中的“线”按钮，在“左视图”中，利用“捕捉”命令捕捉顶视图中的 AutoCAD 线框绘制墙体二维线，在“顶点”层级中选择“几何体”卷展栏中的“附加”命令，将所有的矩形二维线添加到一起，结果如图 9-119 所示。

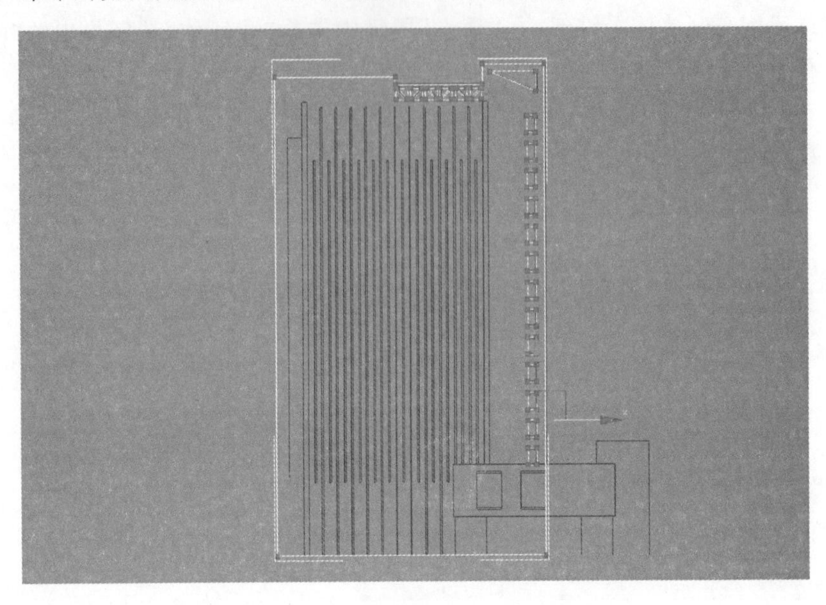

图 9-119　添加所有的矩形二维线

（5）在“修改”面板 的“修改器列表”下拉菜单中选择“挤出”命令拉伸二维线段，展开“参数”卷展栏，在“数量”文本框中输入数值 400，如图 9-120 所示。

（6）在“前视图”中，选择左侧绘制好的墙体，进行复制，利用“捕捉”命令将复制好的墙体捕捉移动到右侧，如图 9-121 所示。

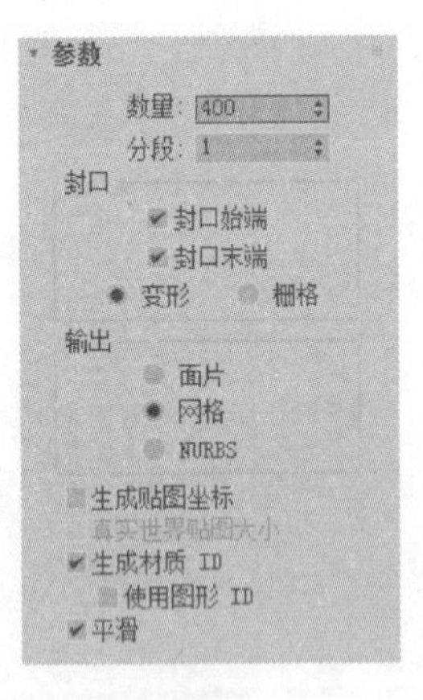

图 9-120　“挤出”命令参数

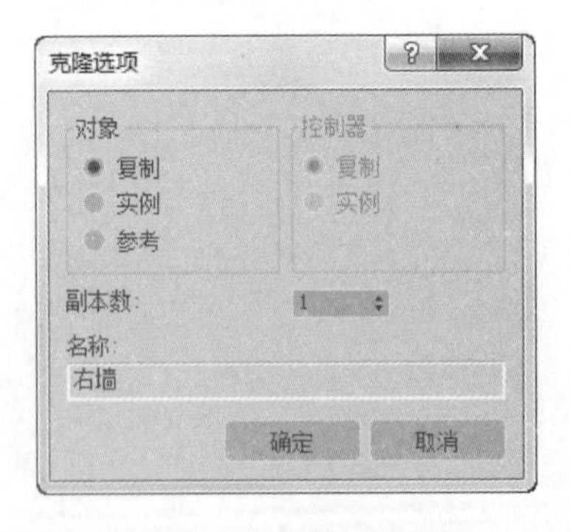

图 9-121　复制墙体

（7）单击“形状创建”面板 中的“矩形”按钮，在“顶视图”中，利用“捕捉”命令捕捉 AutoCAD 线框绘制顶层。在“修改”面板 的“修改器列表”下拉菜单中选择“挤出”命令拉伸二维线段，展开“参数”卷展栏，在“数量”文本框中输入数值 200.0mm，如图 9-122 所示。

(8) 单击"形状创建"面板 中的"线"按钮,利用"捕捉"命令捕捉 AutoCAD 线框绘制背墙二维线,在"修改"面板 的"修改器列表"下拉菜单中选择"挤出"命令拉伸二维线段,展开"参数"卷展栏,在"数量"文本框中输入数值 6600mm,结果如图 9-123 所示。

图 9-122　"挤出"命令

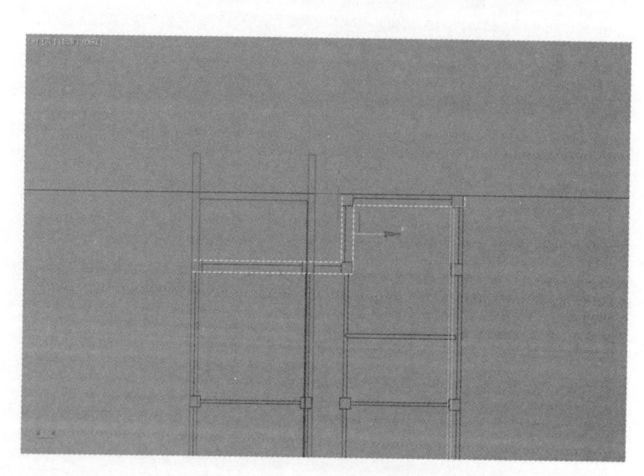

图 9-123　绘制背墙

(9) 选择背墙,单击鼠标右键将背墙转换成"可编辑网格",选择"可编辑网格"的"顶点"层级对顶点进行编辑,在前视图中利用移动工具将顶点调节到顶层的位置,结果如图 9-124 所示。

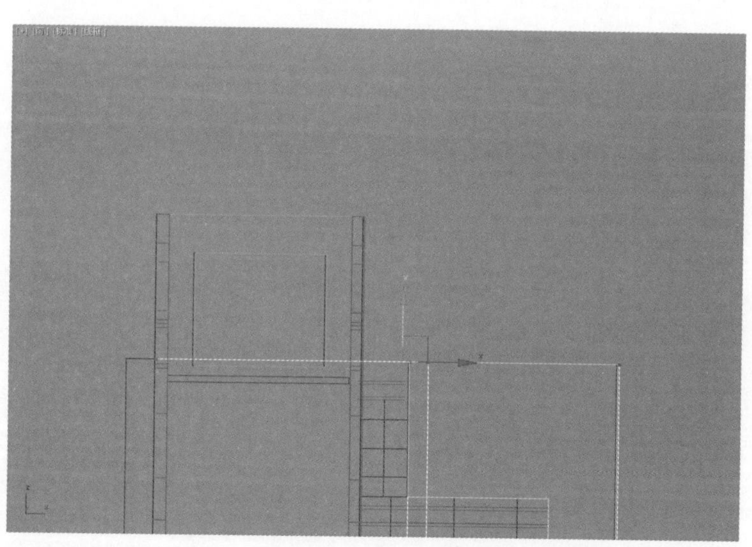

图 9-124　顶点层级编辑

9.1.7　商业大厦窗户工字条和装饰条的创建

(1) 至此,左侧墙体已经基本绘制完成,剩下大量的窗框及装饰层,选择左侧墙体并按住 Ctrl 键不放,同时依次单击 AutoCAD 线框,利用快捷键 Alt+Q,对模型进行单独编辑,结果如图 9-125 所示。

Note

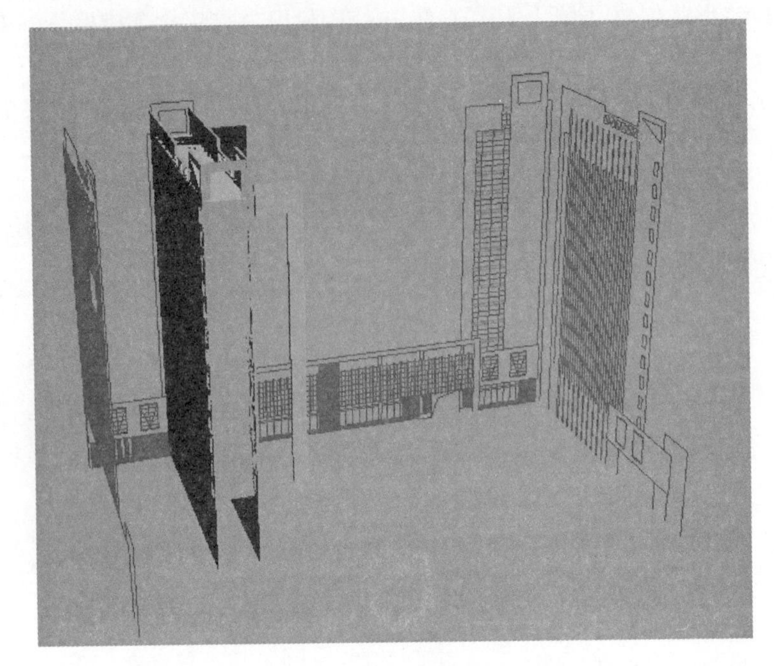

图 9-125　对模型进行单独编辑

(2) 在“左视图”中,单击“形状创建”面板 中的“矩形”按钮,利用“捕捉”命令捕捉 AutoCAD 线框绘制墙体装饰二维线,结果如图 9-126 所示。

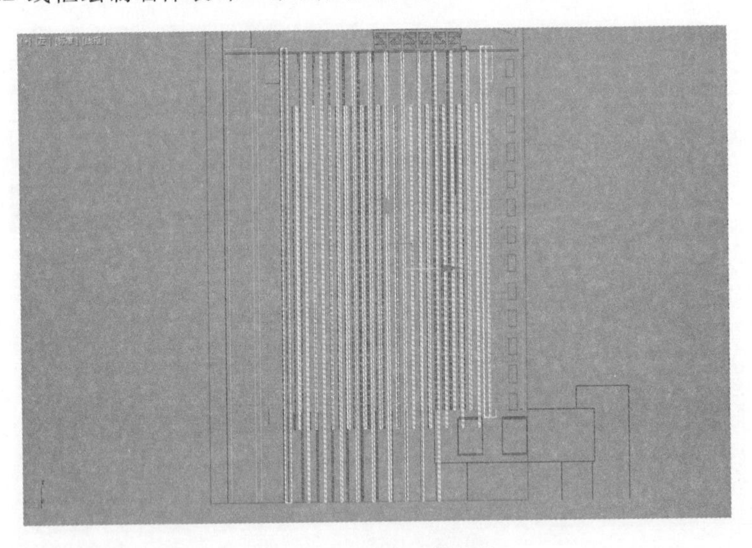

图 9-126　绘制墙体装饰

知识点提示:

在创建“矩形”二维线时,对于相同的二维线可以利用“复制”命令绘制,在“修改”面板 的“修改器列表”下拉菜单中选择“挤出”命令拉伸二维线段,在其“参数”菜单的“数量”文本框中输入数值 600mm。操作步骤上的先后有时也可以带来方便,如果先将所有的二维线进行“挤出”后,那么绘制的每个“矩形”都要添加同样的命令。所以在绘

制好一个矩形后可直接执行“挤出”命令，相同的模型只需要复制即可。有时模型在长短宽窄有变换时，可先将模型转换成“可编辑网格”，在需要变换时可以直接编辑“顶点”对模型进行编辑。

在创建模型时是比较单调和复杂的，但这一步是必不可少的，只有仔细调整，通过熟练操作来减少时间消耗。在错综杂乱的创建过程中要细心观察。

Note

(3) 使用快捷键 Alt+Q 单独进行窗框编辑，结果如图 9-127 所示。

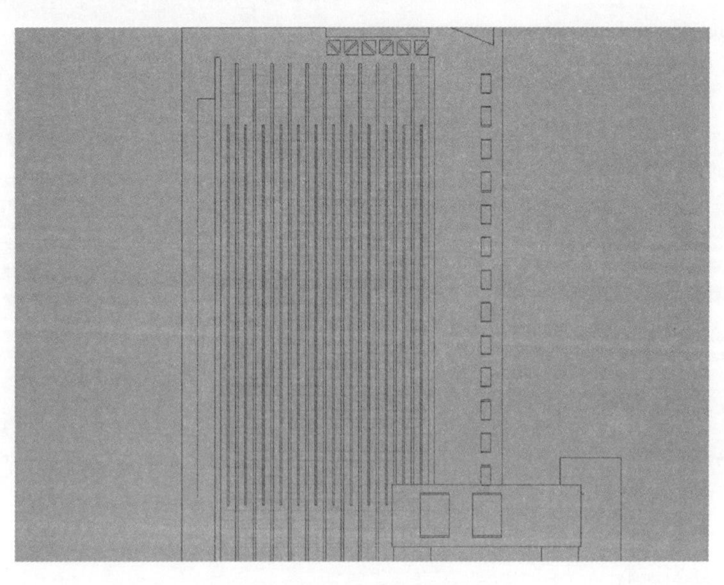

图 9-127 单独编辑窗框

(4) 单击“形状创建”面板 中的“矩形”按钮，利用“捕捉”命令捕捉 AutoCAD 的线框绘制二维矩形，选择矩形单击右键，在弹出的快捷菜单中选择“转换为可编辑样条线”，在“可编辑样条线”下拉列表中选择“样条线”层级中“几何体”卷展栏，在“轮廓”文本框中输入数值 45mm，结果如图 9-128 所示。

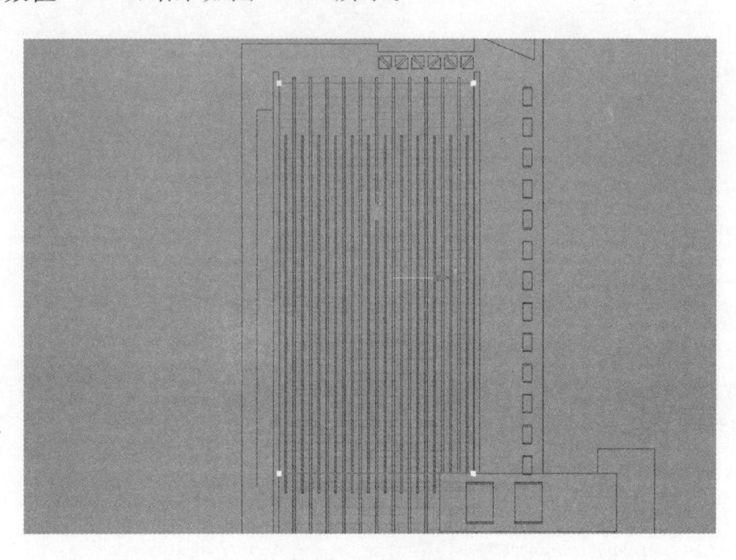

图 9-128 捕捉线框

(5) 在“修改”面板 的“修改器列表”下拉菜单中选择“挤出”命令拉伸二维线段，展开“参数”卷展栏，在“数量”文本框中输入数值 50.0mm，如图 9-129 所示。

(6) 将“挤出”后的窗框转换成“可编辑的网格”，在“顶点”层级选择窗框的边缘，结果如图 9-130 所示。

Note

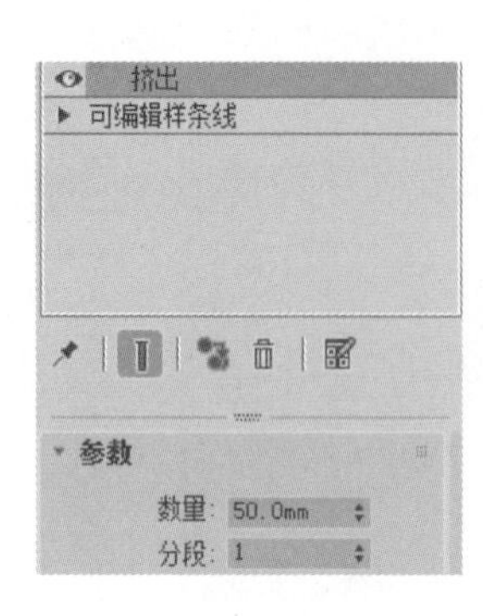

图 9-129 “挤出”命令(一)

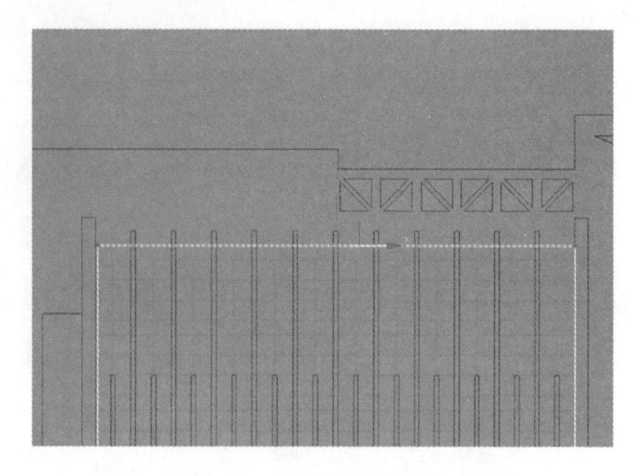

图 9-130 选择窗框的边缘

(7) 在“多边形”层级下拉菜单的“顶点”层级中，展开“选择”卷展栏，将选中的窗框边缘的顶点分离，单击“分离”命令将窗框边缘分离出来，在弹出的“分离”对话框中选择“分离到元素”前的复选框，单击“确定”按钮，如图 9-131 所示。

(8) 将“顶点”层级转换到“多边形”层级中，选择分离出来的“多边形”，利用复制命令进行复制，结果如图 9-132 所示。

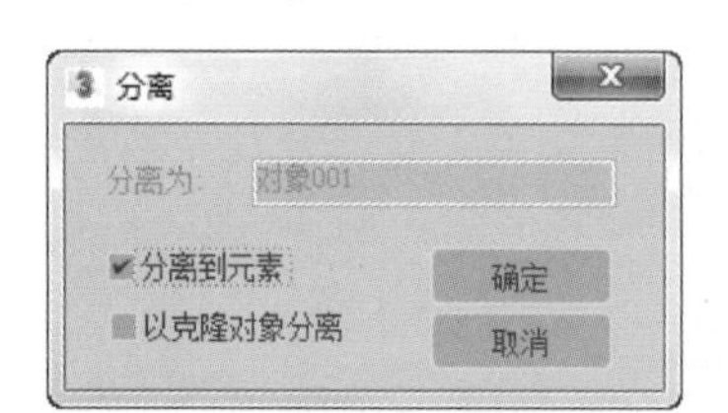

图 9-131 “分离”对话框

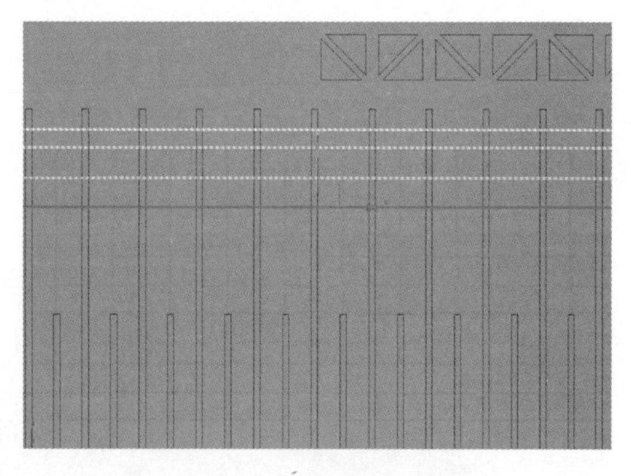

图 9-132 复制分离出的面片

(9) 复制时会弹出“克隆部分网格”对话框，选中“克隆到元素”前的复选框，单击“确定”按钮完成窗格的复制，如图 9-133 所示。

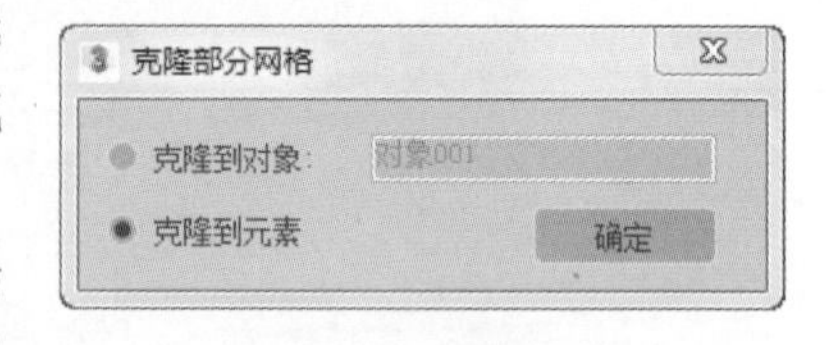

图 9-133 复制窗格

(10) 当横向的窗格绘制完成后按上述步骤绘制竖向的窗格，调节窗框位置，结果如图 9-134 所示。

(11) 单击“形状创建”面板 中的“矩形”按钮，利用“捕捉”命令捕捉 AutoCAD 线

框绘制矩形，在“修改”面板的“修改器列表”下拉菜单中选择“挤出”命令拉伸二维线段，展开“参数”卷展栏，在“数量”文本框中输入数值10.0mm，如图9-135所示。

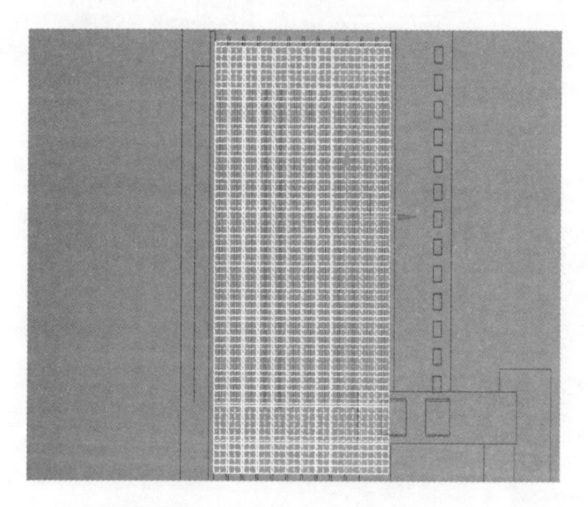

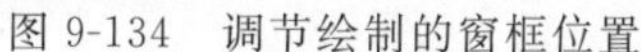

图9-134　调节绘制的窗框位置

图9-135　“挤出”命令(二)

(12) 在“左视图”中，单击形状创建面板中的“矩形”按钮，按上述步骤绘制窗台二维线，在“修改”面板的“修改器列表”下拉菜单中选择“挤出”命令拉伸二维线段，展开“参数”卷展栏，在“数量”文本框中输入数值300.0mm，结果如图9-136所示。

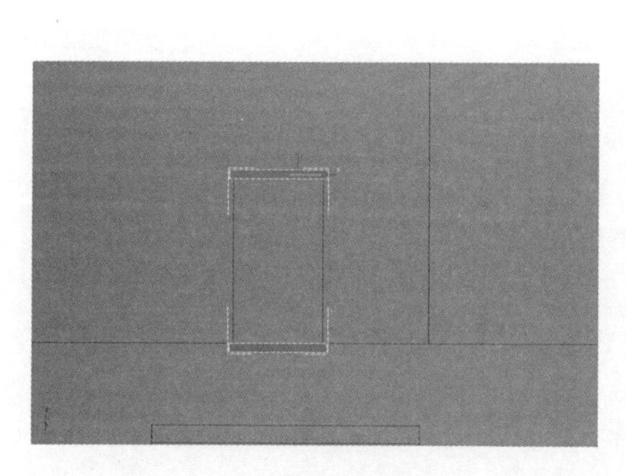

图9-136　绘制窗台

(13) 单击“形状创建”面板中的“矩形”按钮，按上述步骤绘制窗框二维线，单击右键在弹出的快捷菜单中选择“转换为可编辑样条线”，在“选择”卷展栏中单击“样条线”按钮，展开“几何体”卷展栏，在“轮廓”文本框中输入数值45，如图9-137所示。

(14) 单击右键在弹出的快捷菜单中选择“转换为可编辑多边形”，展开“编辑几何体”卷展栏，将选中的窗框边缘的顶点分离，单击“分离”命令将窗框边缘分离出来，在弹出的“分离”对话框中选择“分离到元素”前的复选框，单击“确定”按钮，如图9-138所示。

(15) 将“顶点”层级转换到“多边形”层级中，选择分离出来的“多边形”拖动鼠标进

Note

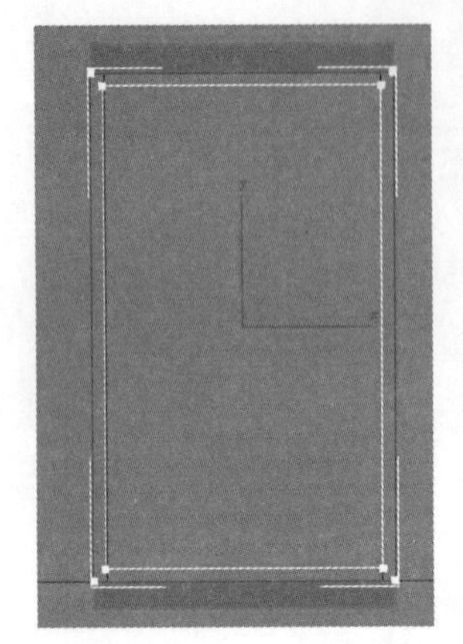

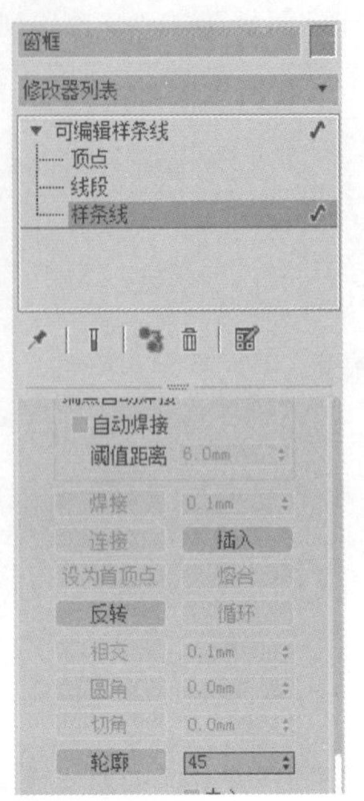

图 9-137　绘制窗框

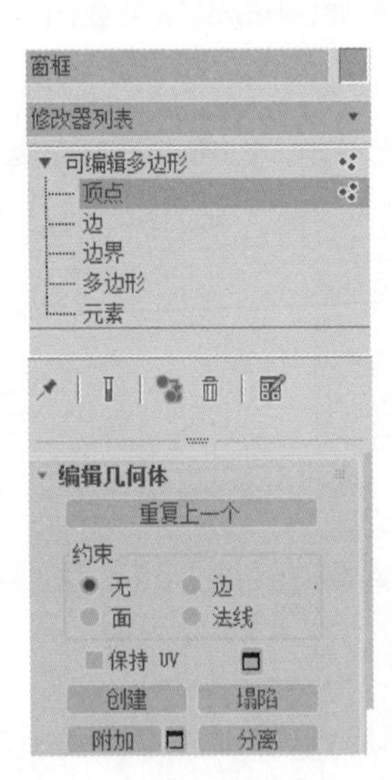

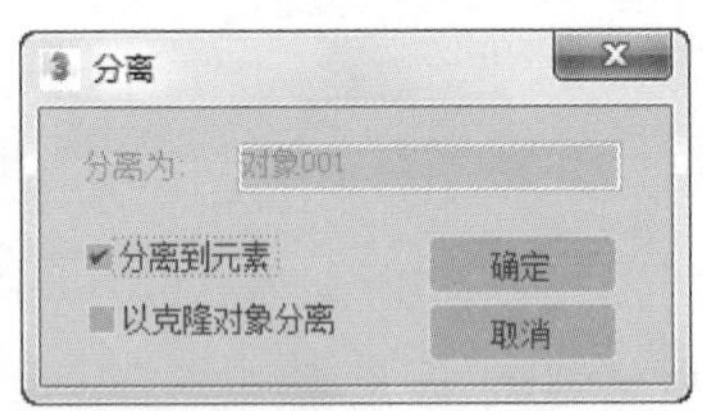

图 9-138　分离出窗框边缘

行复制，复制完成后弹出"克隆部分网格"对话框，选中"克隆到元素"前的复选框，单击"确定"按钮完成窗格的复制，结果如图 9-139 所示。

(16) 单击"形状创建"面板 ➕ 中的"矩形"按钮，按上述步骤绘制玻璃二维线，在"修改"面板的"修改器列表"下拉菜单中选择"挤出"命令拉伸二维线段，展开"参数"卷展栏，在"数量"文本框中输入数值 10.0mm，如图 9-140 所示。

(17) 选中上述步骤绘制的窗台、窗框和玻璃，在"组"菜单下选择"组"命令，重命名为"窗户"，如图 9-141 所示。

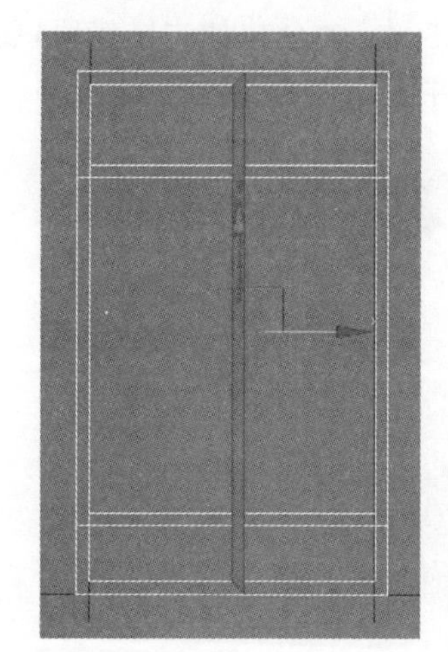

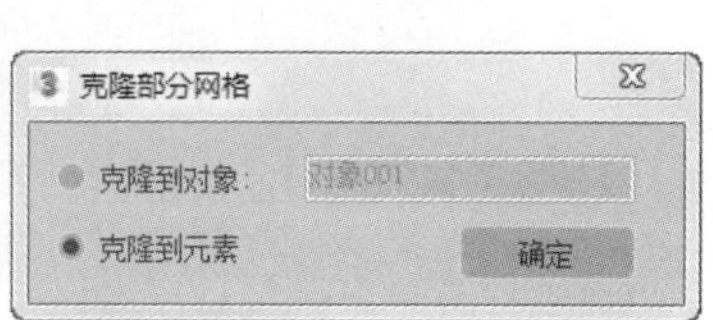

图 9-139　完成窗格的复制

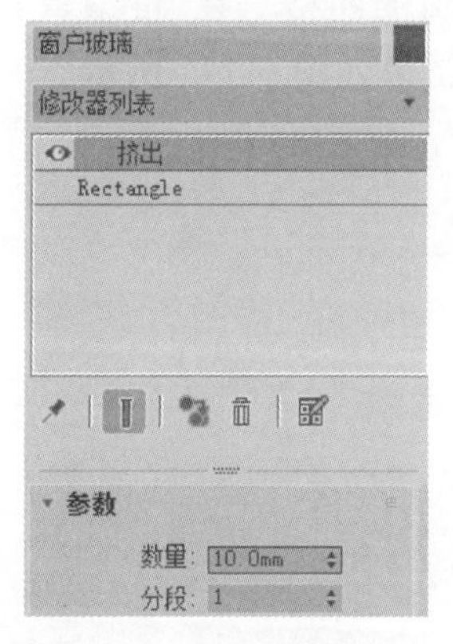

图 9-140　“挤出”命令(三)

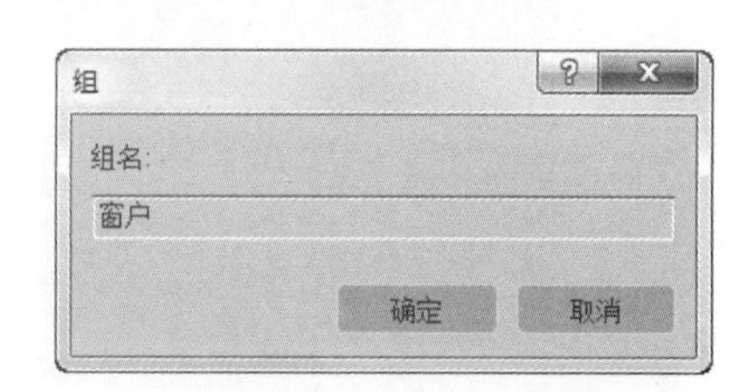

图 9-141　群组“窗户”

(18) 选择群组,按照 AutoCAD 线框向上复制,关闭“单独编辑”命令,结果如图 9-142 所示。

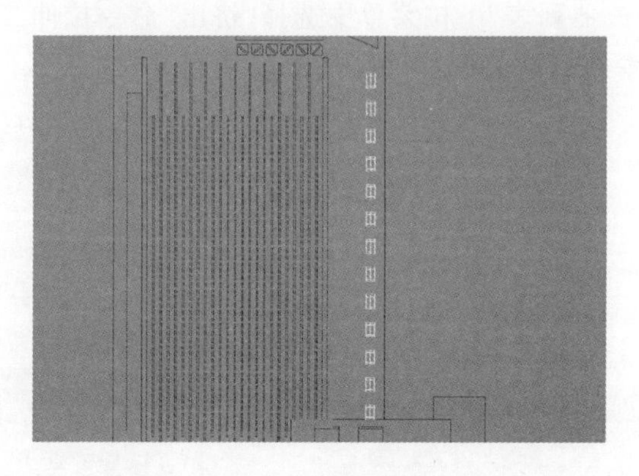

图 9-142　向上复制群组的窗户

(19) 在“左视图”中,选取 AutoCAD 线框,进行单独编辑。单击“形状创建”面板 ＋ 中的“矩形”按钮,利用“捕捉”命令捕捉 AutoCAD 线框绘制墙体装饰二维线,在“修

Note

改"面板 的"修改器列表"下拉菜单中选择"挤出"命令拉伸二维线段,展开"参数"卷展栏,在"数量"文本框中输入数值 600mm,结果如图 9-143 所示。

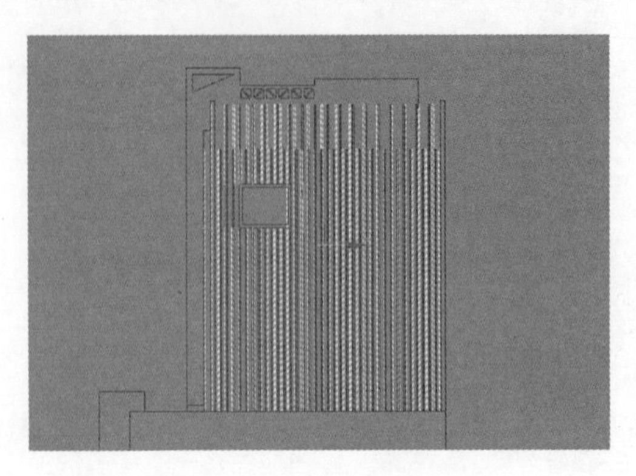

图 9-143　绘制墙体装饰

(20) 框选中所有的墙体装饰模型,转换成"可编辑的网格",在"可编辑网格"层级中单击"顶点"层级,调节顶点,留出中间窗框的位置,结果如图 9-144 所示。

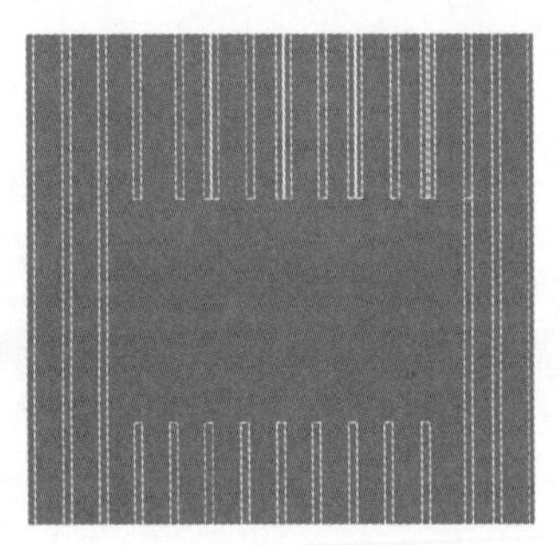

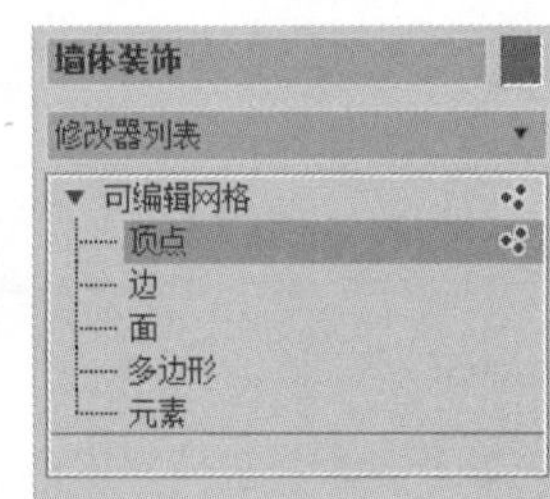

图 9-144　空出中间窗框

(21) 按上述步骤将图形群组,重命名为"墙体装饰",如图 9-145 所示。

(22) 单击"形状创建"面板 中的"线"按钮,按上述步骤绘制"工"字形二维线,在"修改"面板 的"修改器列表"下拉菜单中选择"挤出"命令拉伸二维线段,展开"参数"卷展栏,在"数量"文本框中输入数值 6000.0mm,如图 9-146 所示。

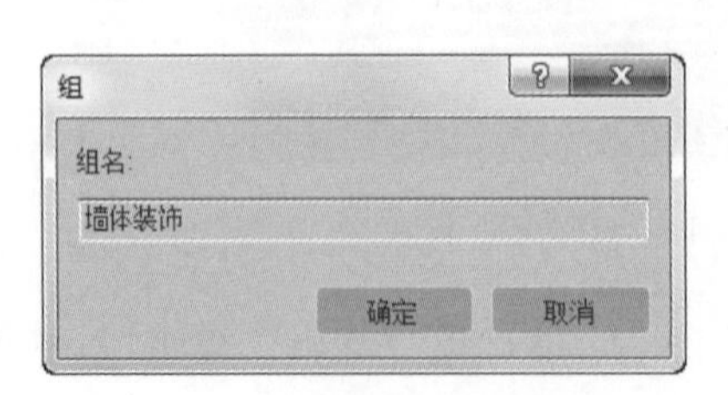

图 9-145　命名组名

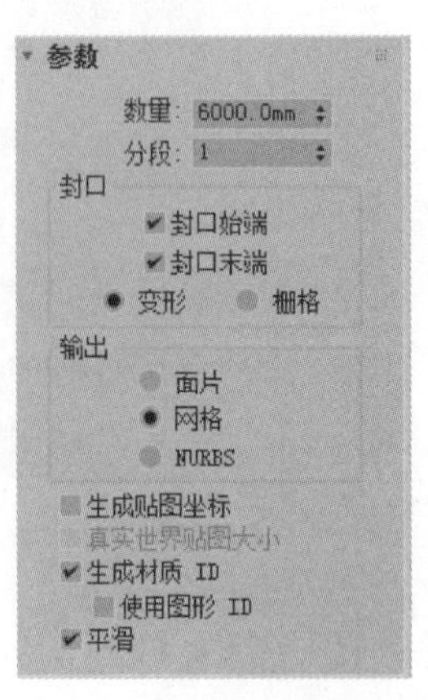

图 9-146　挤出操作

(23) 在“左视图”中，选择“工字条”利用移动工具向上复制，在“修改”面板的“修改器列表”下拉菜单中选择“可编辑的网格”，使用“顶点”命令对长度不一样的“工字条”进行编辑，结果如图 9-147 所示。

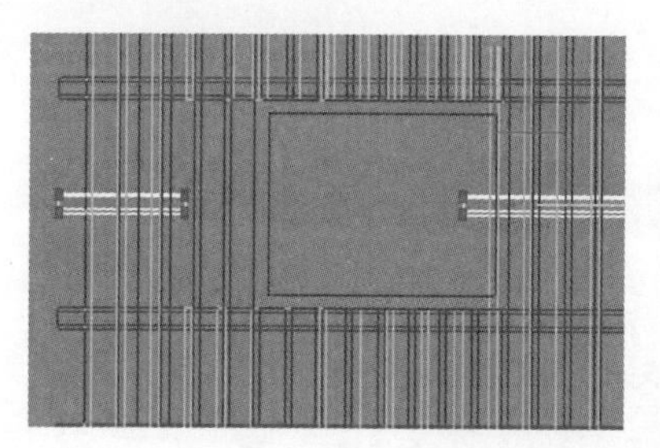

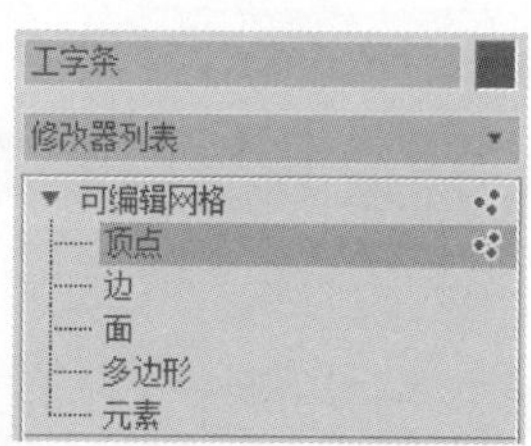

图 9-147 “顶点”层级编辑

(24) 使用快捷键 Alt+Q 对窗框进行单独编辑，如图 9-148 所示。

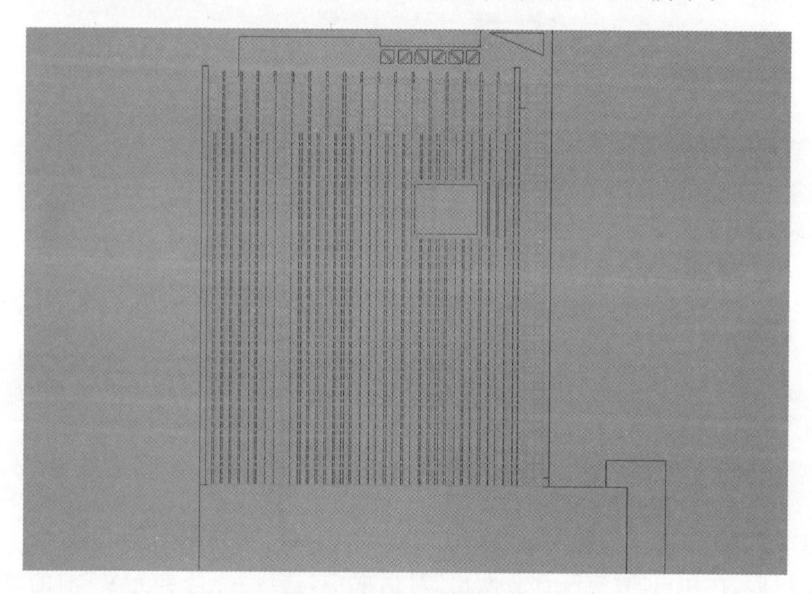

图 9-148 单独编辑窗框

(25) 单击“形状创建”面板中的“矩形”按钮，按上述步骤绘制二维线，选择二维线，单击右键，在弹出的快捷菜单中选择“转换为可编辑样条线”，在“选择”卷展栏中单击“样条线”按钮，展开“几何体”卷展栏，在“轮廓”文本框中输入数值 45，结果如图 9-149 所示。

(26) 在“修改”面板的“修改器列表”下拉菜单中选择“挤出”命令拉伸二维线段，展开“参数”卷展栏，在“数量”文本框中输入数值 50，如图 9-150 所示。

(27) 将“挤出”后的窗框转换成“可编辑的网格”，选择“顶点”层级，选择窗框的边缘，如图 9-151 所示。

(28) 在“可编辑网格”层级下拉菜单“顶点”层级中，展开“编辑几何体”卷展栏，将选择的窗框边缘顶点分离，单击“分离”命令将窗框边缘分离出来，在弹出的“分离”对话框中选择“分离到元素”前的复选框，单击“确定”按钮，如图 9-152 所示。

Note

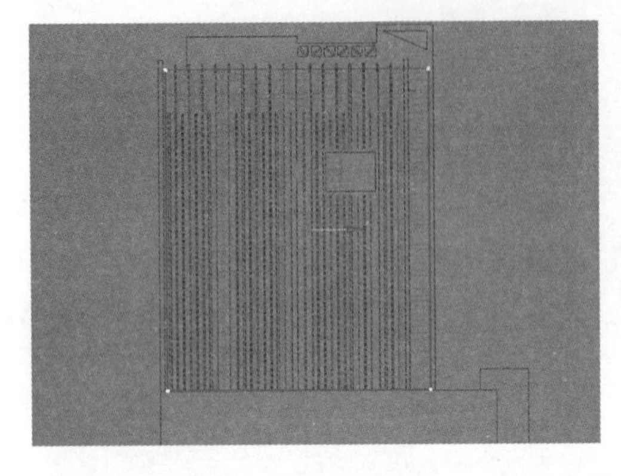

图 9-149　捕捉线框

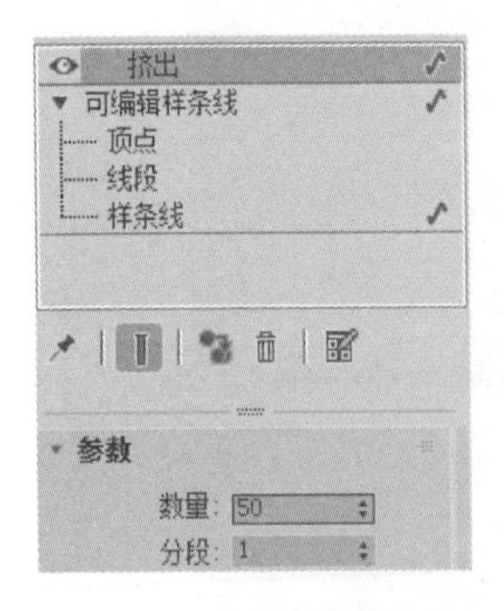

图 9-150　“挤出”命令(四)

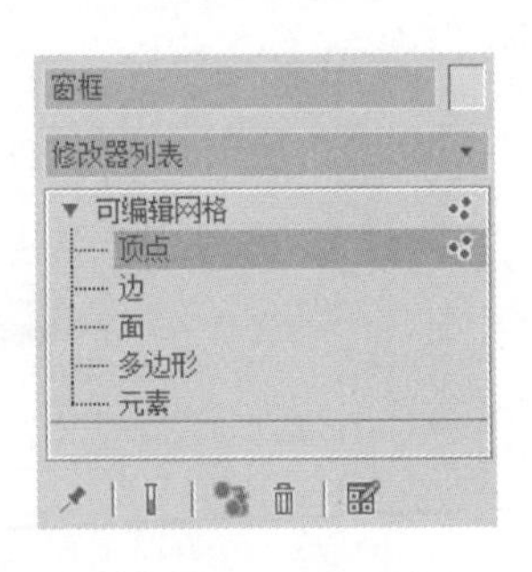

图 9-151　顶点层级

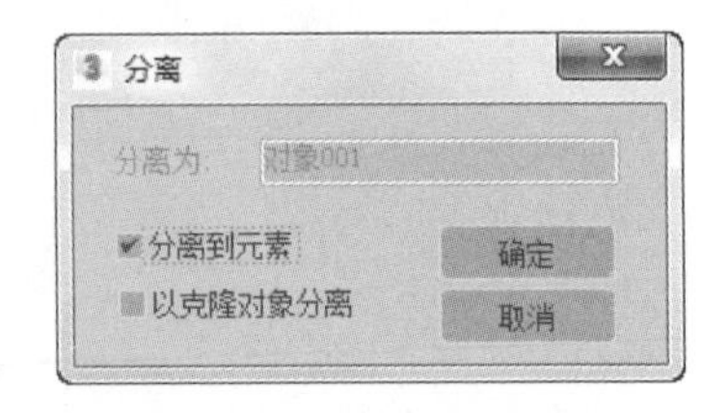

图 9-152　顶点层级及分离命令

(29) 将“顶点”层级转换到“多边形”层级中，选择分离出来的“多边形”。利用复制命令复制图形，在弹出的“克隆部分网格”对话框中，选中“克隆到元素”前的复选框，单击“确定”按钮完成窗格的复制，结果如图 9-153 所示。

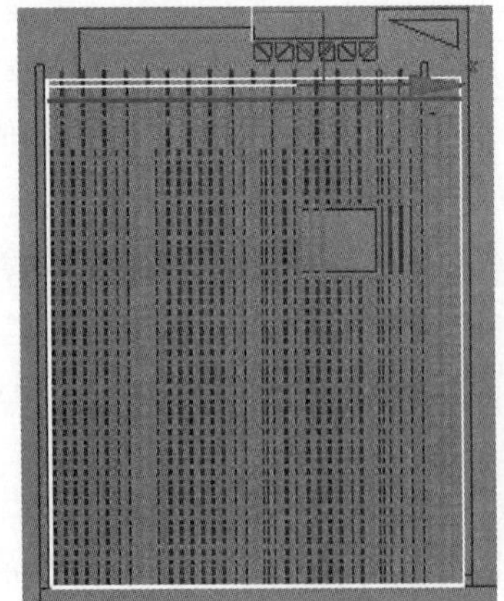

图 9-153　完成窗格的复制

（30）横向的窗格绘制完成后，按上述步骤绘制竖向的窗格，调节窗框位置，结果如图 9-154 所示。

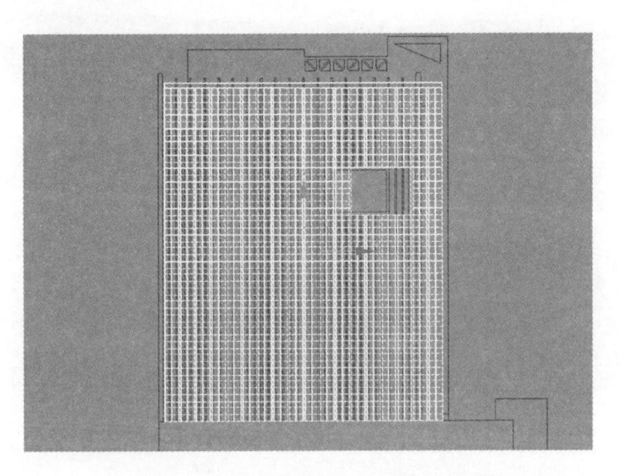

图 9-154　调节绘制的窗框位置

（31）单击“形状创建”面板 中的“矩形”按钮，按上述步骤绘制玻璃二维线。选择二维线，单击右键，在弹出的快捷菜单中选择“转换为可编辑样条线”，在“选择”卷展栏中单击“样条线”按钮 ，展开“几何体”卷展栏，在“轮廓”文本框中输入数值 45，结果如图 9-155 所示。

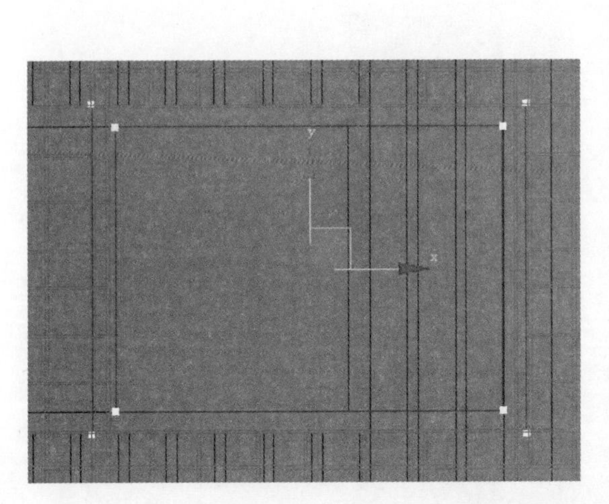

方型窗框
修改器列表
可编辑样条线
顶点
线段
样条线
自动焊接
阈值距离
焊接
连接
插入
设为首顶点
熔合
反转
循环
相交
圆角
切角
轮廓
45

图 9-155　绘制玻璃线

（32）在“修改”面板 的“修改器列表”下拉菜单中选择“挤出”命令拉伸二维线段，展开“参数”卷展栏，在“数量”文本框中输入数值 600.0mm，结果如图 9-156 所示。

（33）单击“形状创建”面板 中的“矩形”按钮，按上述步骤绘制玻璃二维线，在

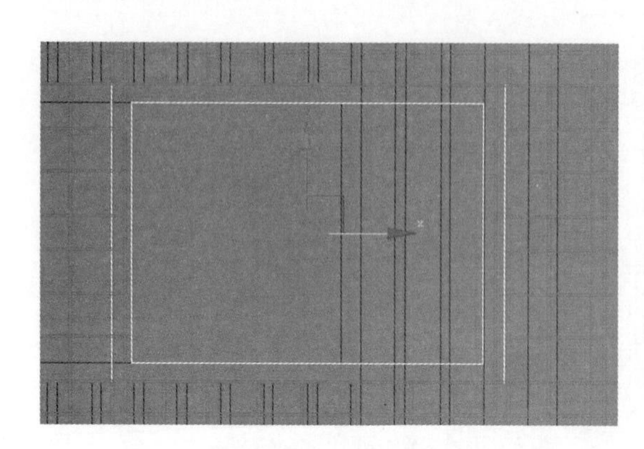

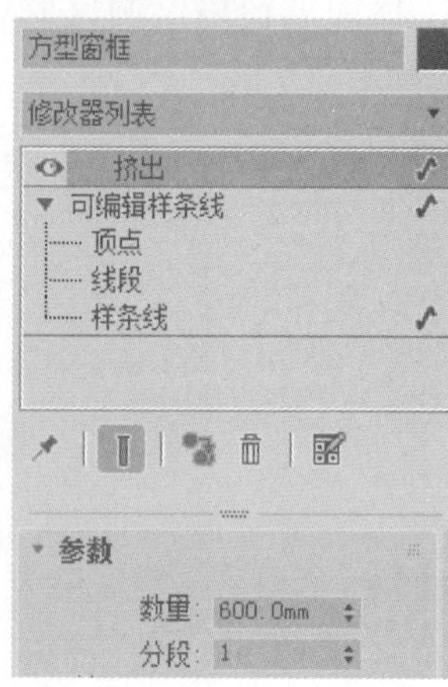

图 9-156　“挤出”命令(五)

“修改”面板的“修改器列表”下拉菜单中选择“挤出”命令拉伸二维线段，展开“参数”卷展栏，在“数量”文本框中输入数值 10.0mm，如图 9-157 所示。

(34) 关闭单独编辑。

(35) 在“前视图”中，选中前视图中的 AutoCAD 二维线框按快捷键 Alt＋Q 进行单独编辑。

(36) 单击“形状创建”面板中的“矩形”按钮，按上述步骤绘制二维矩形，选择矩形单击右键，在弹出的快捷菜单中选择“转换为可编辑样条线”，在“选择”卷展栏中单击“样条线”按钮，展开“几何体”卷展栏，在“轮廓”文本框中输入数值 45，如图 9-158 所示。

图 9-157　“挤出”命令(六)

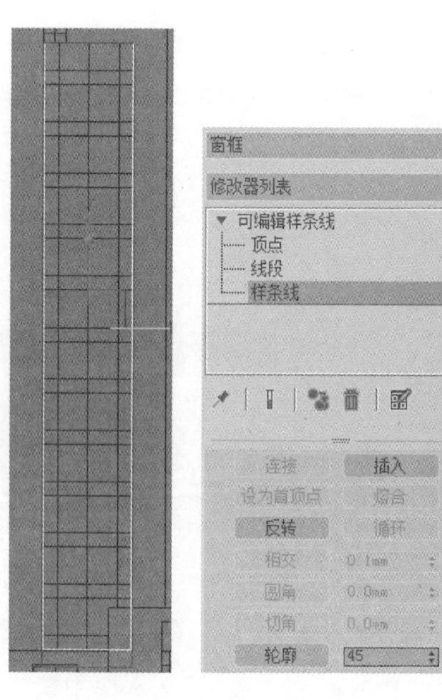

图 9-158　样条曲线的下拉列表

Note

(37) 在“修改”面板的“修改器列表”下拉菜单中选择“挤出”命令拉伸二维线段，展开“参数”卷展栏，在“数量”文本框中输入数值 50.0mm，如图 9-159 所示。

(38) 将“挤出”后的窗框转换成“可编辑的网格”，选择“顶点”层级，选择窗框的边缘，如图 9-160 所示。

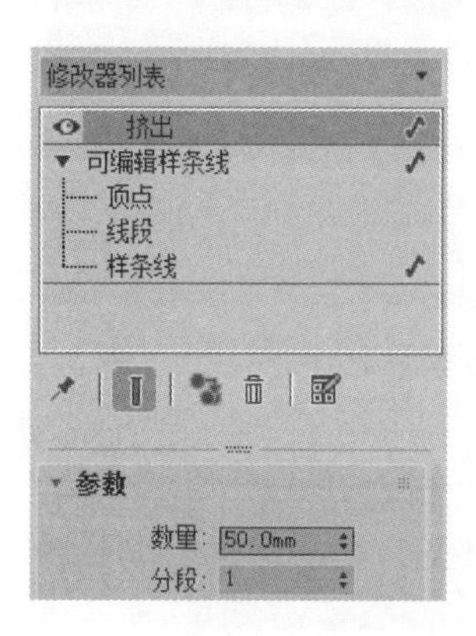

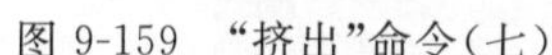

图 9-159　“挤出”命令(七)

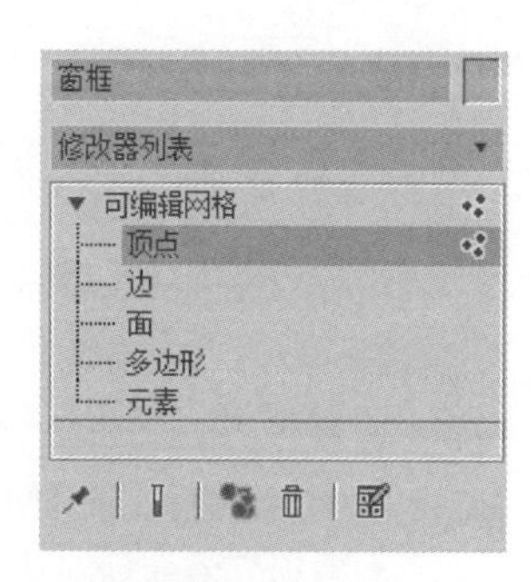

图 9-160　顶点层级

(39) 在“可编辑网格”层级中单击“顶点”子层级，展开“编辑几何体”卷展栏，将选中的窗框边缘的顶点分离，单击“分离”命令将窗框边缘分离出来，在弹出的“分离”对话框中选择“分离到元素”前的复选框，单击“确定”按钮，如图 9-161 所示。

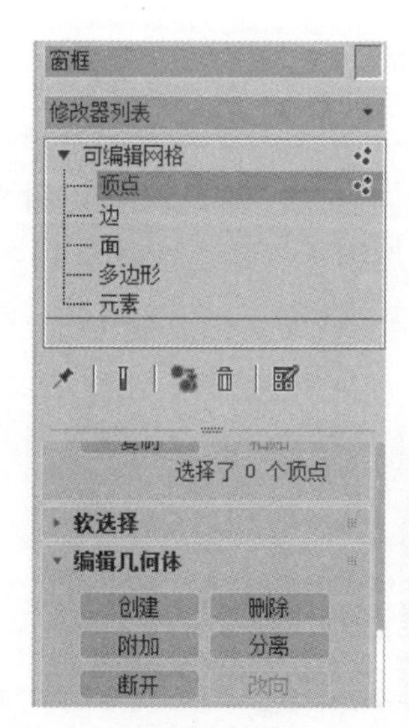

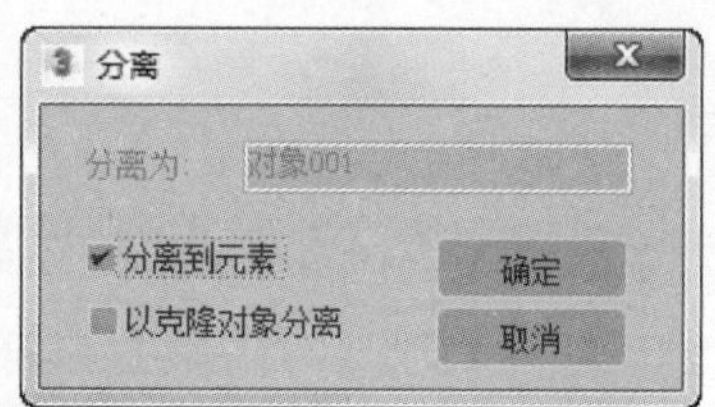

图 9-161　顶点层级分离窗框边缘

(40) 将“顶点”层级转换到“多边形”层级，选择分离出来的“多边形”，拖动左键进行复制，复制完成后会弹出“克隆部分网格”对话框，选中“克隆到元素”前的复选框，单击“确定”按钮完成窗格的复制，如图 9-162 所示。

(41) 当横向的窗格绘制完成后按上述步骤绘制竖向的窗格，调节窗框位置，结果如图 9-163 所示。

Note

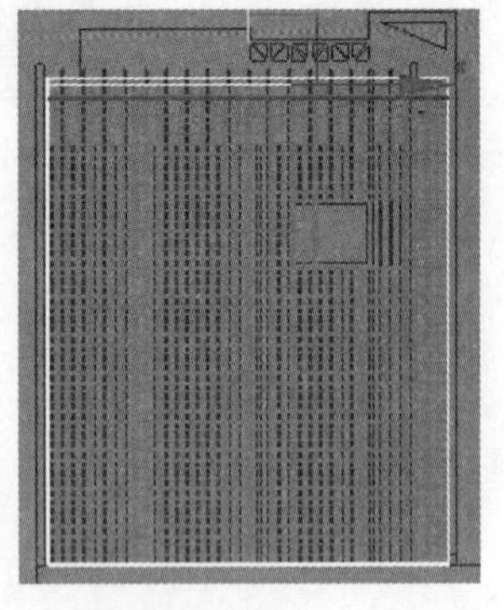

图 9-162　完成窗格的复制

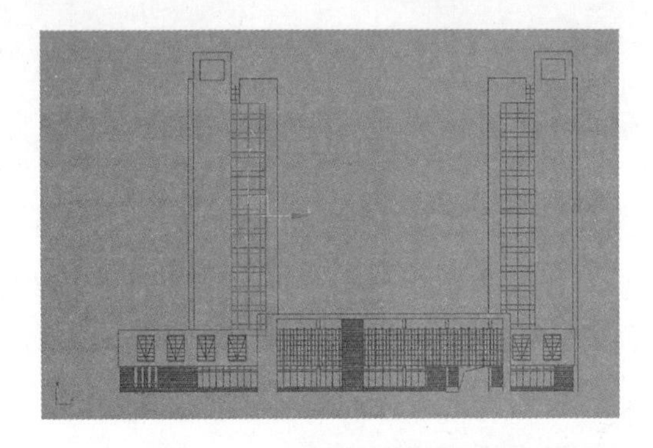

图 9-163　调节绘制的窗框位置

(42) 选择绘制好的“工字条”,在前视图中利用复制命令复制图形,单击“角度捕捉”按钮使用旋转工具将“工字条”翻转过来,在“可编辑网格”层级中的下拉菜单中单击“顶点”子层级,修改工字条的顶点,如图 9-164 所示。

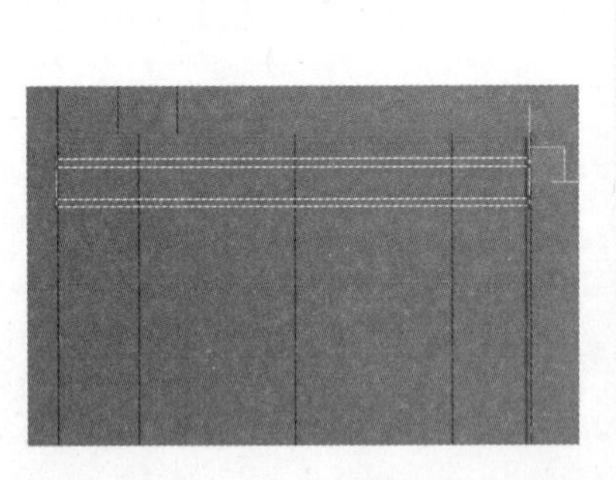
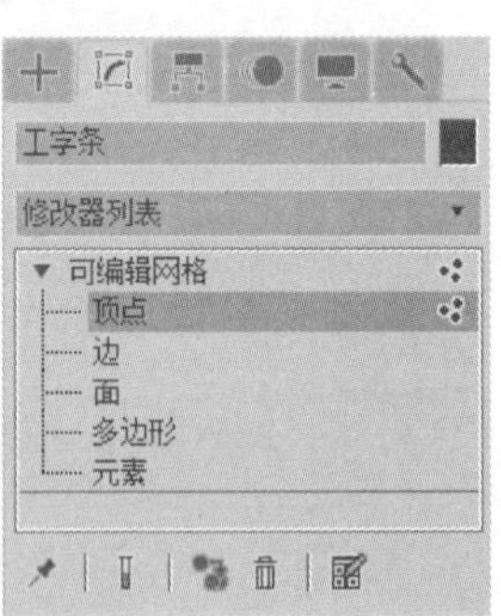

图 9-164　顶点层级

(43) 使用“选择并移动”命令将工字条按照 AutoCAD 线框向上复制,按上述步骤将楼层顶部的小窗绘制出来,结果如图 9-165 所示。

9.1.8　商业大厦剩余图形的创建

(1) 在“前视图”中单击“形状创建”面板 中的“矩形”按钮,利用“捕捉”命令捕捉

Note

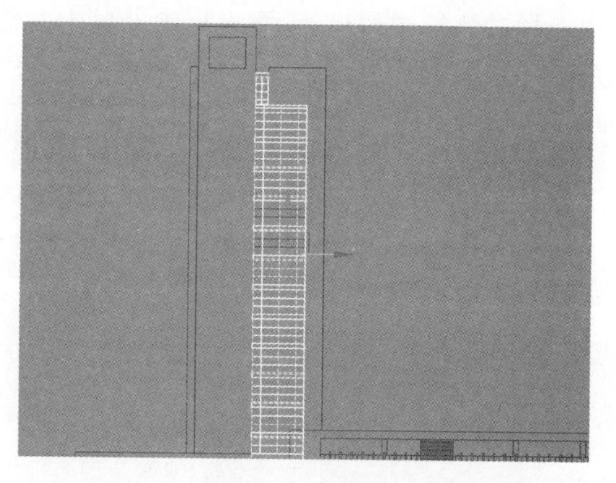

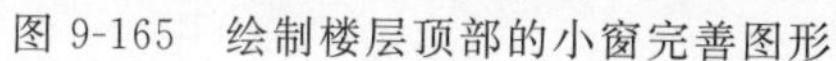

图 9-165　绘制楼层顶部的小窗完善图形

AutoCAD 线框绘制二维线，在“修改”面板的“修改器列表”下拉菜单中选择“挤出”命令拉伸二维线段，展开“参数”卷展栏，在“数量”文本框中输入数值 200.0mm，利用复制命令向上复制，结果如图 9-166 所示。

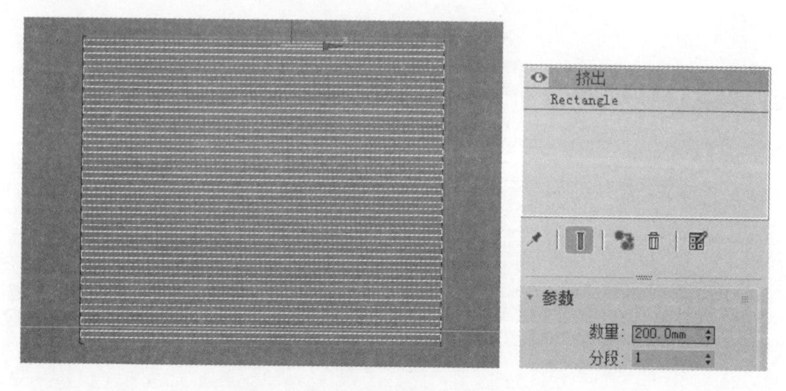

图 9-166　捕捉灰色线框并挤出

(2) 选择绘制的图形，单击“角度捕捉”按钮，使用旋转工具复制图形到左视图与右视图中，并将图形转换成“可编辑的网格”，在“可编辑网格”下拉菜单的“顶点”层级中修改顶点位置，结果如图 9-167 所示。

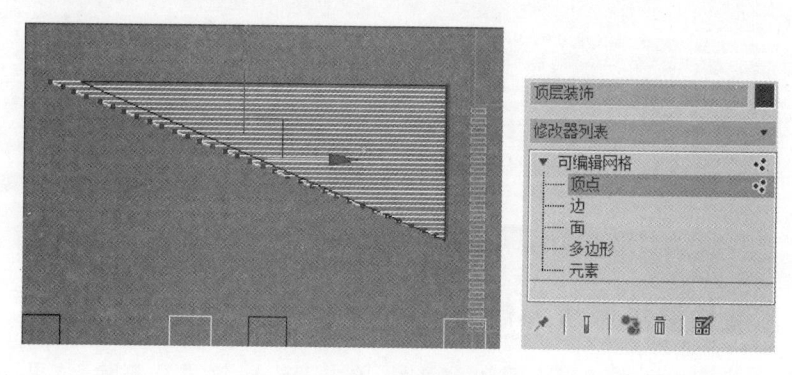

图 9-167　编辑顶点位置

Note

(3) 在“前视图”中选择左侧绘制的模型，在坐标轴上单击左键同时按住 Shift 键，拖动鼠标，复制楼层模型。单击工具栏上的“镜像”按钮，在弹出的“镜像：屏幕坐标”对话框中，选择沿“X”轴复制，结果如图 9-168 所示。

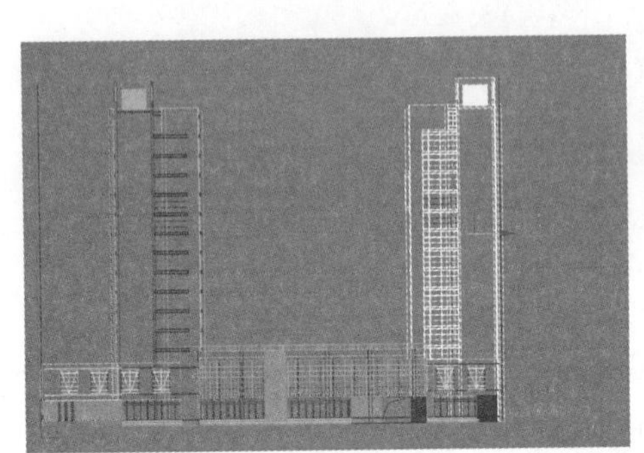

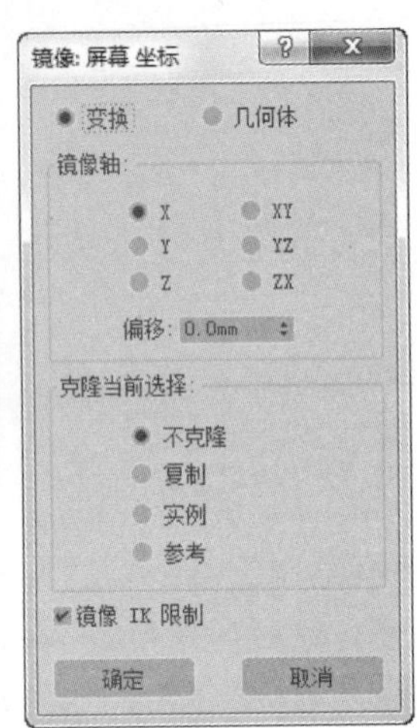

图 9-168　复制楼层模型

(4) 至此模型已经创建完，回到四视图中观察模型变化，如图 9-169 所示。

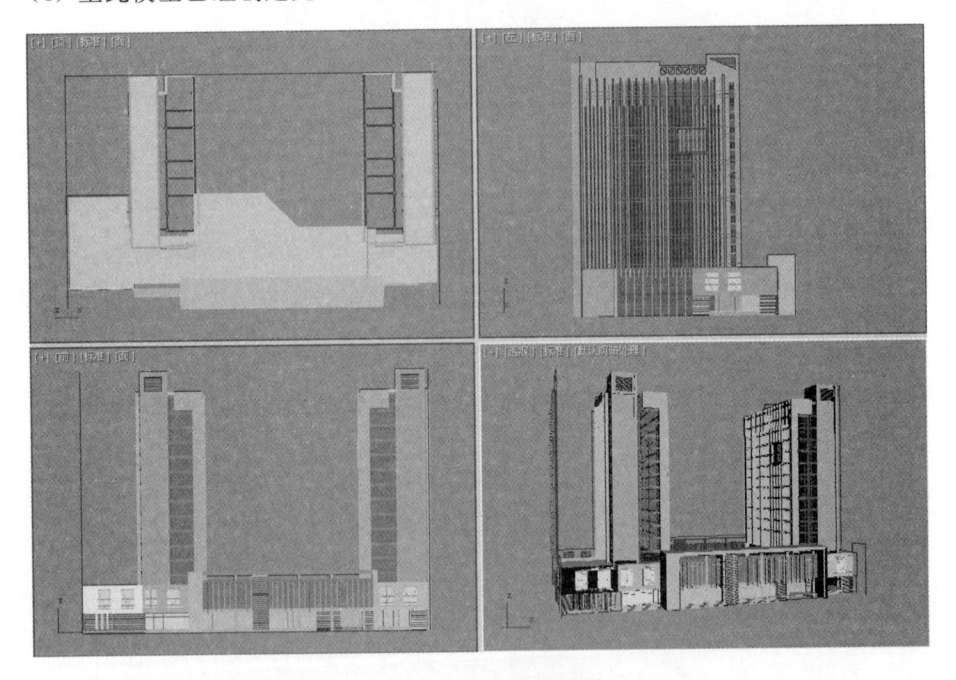

图 9-169　观察模型效果

9.1.9　商业大厦摄影机的创建

(1) 选择视图中所有的平面图和立面图，单击 Delete 键进行删除，结果如图 9-170 所示。

图 9-170 删除参考图

（2）单击创建面板 中的“目标摄影机”按钮，在“前视图”中创建一台摄影机。

（3）在单个视图的左上角单击右键，在弹出的下拉菜单中单击“视图”，在其子菜单中单击“摄影机”，这时视图的模式就转化为摄影机视图，结果如图 9-171 所示。

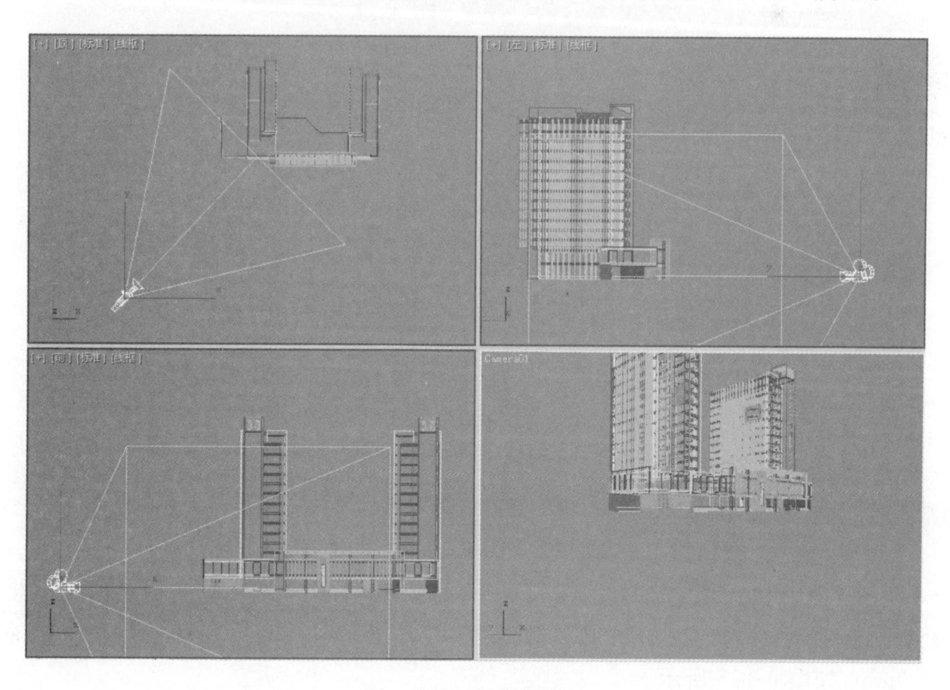

图 9-171 创建摄影机

9.2 商业大厦材质的赋予

Note

9.2.1 商业大厦墙面及台阶材质的赋予

9-2

(1) 单击工具栏上的按钮或按下快捷键 M,打开“材质编辑器”窗口,如图 9-172 所示。

(2) 在材质球上单击右键,在弹出的子菜单中选择“6×4 示例窗”,材质球将以 6×4 显示,如图 9-173 所示。

(3) 在材质样本窗口选中一个空白材质球,重命名为“墙面”,在“贴图”中单击“漫反射颜色”后面的“无贴图”按钮,在弹出的“材质/贴图浏览器”中选择“平铺”,单击“反射”后面的“无贴图”按钮,在弹出的“材质/贴图浏览器”中选择“光线跟踪”并在前面的文本框中输入 5,如图 9-174 所示。

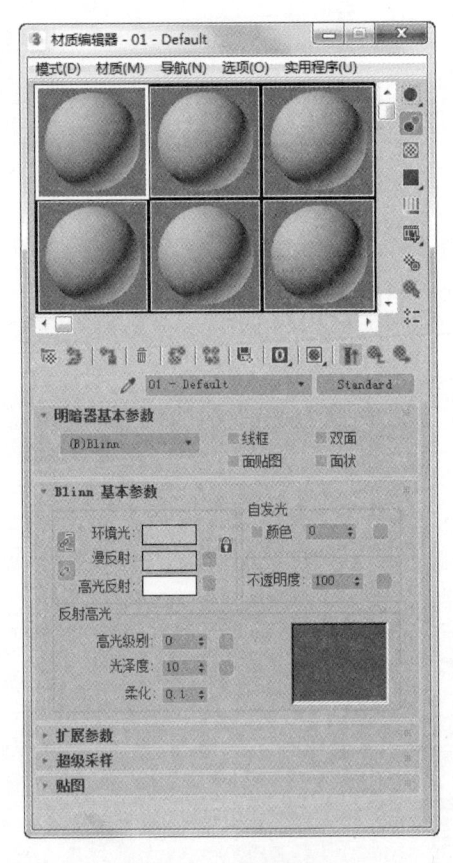

图 9-172 材质编辑器

(4) 在“修改”面板的“修改器列表”下拉菜单中选择“UVW 坐标贴图”,在坐标贴图参数卷展栏中选择“长方体”前的复选框,在长度、宽度、高度后的数值中分别输入 4500.0mm,如图 9-175 所示。

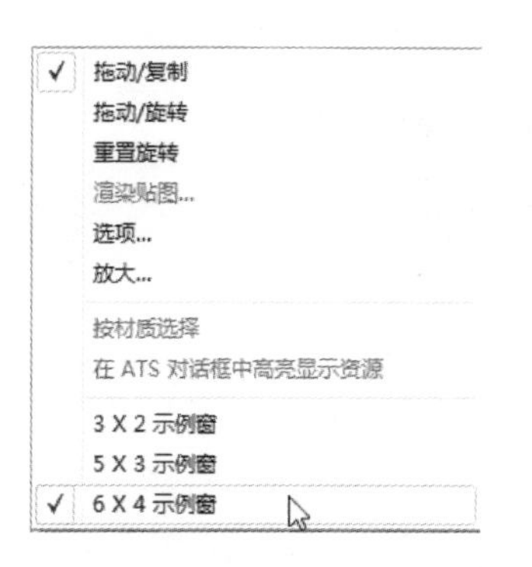

图 9-173　选择材质球显示模式

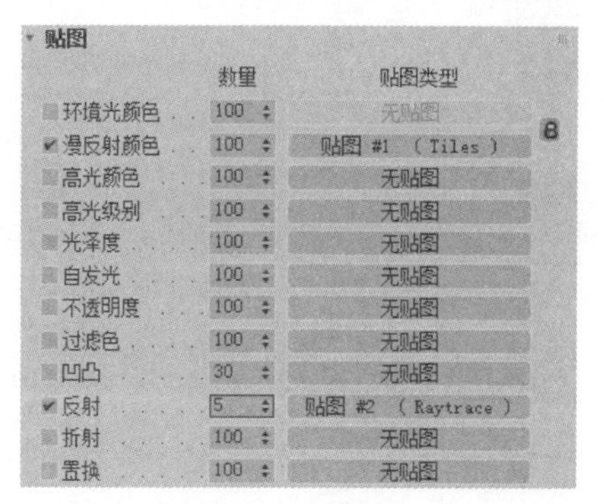

图 9-174　贴图类型

(5) 选择商业大厦墙面，单击按钮，将材质赋予物体，完成墙面材质的制作。

(6) 选择一个新的材质球，重命名为“台阶”，单击“环境光”后面的颜色，在弹出的“颜色选择器”对话框中调节红、绿、蓝的数值分别为 205、213、222，如图 9-176 所示。

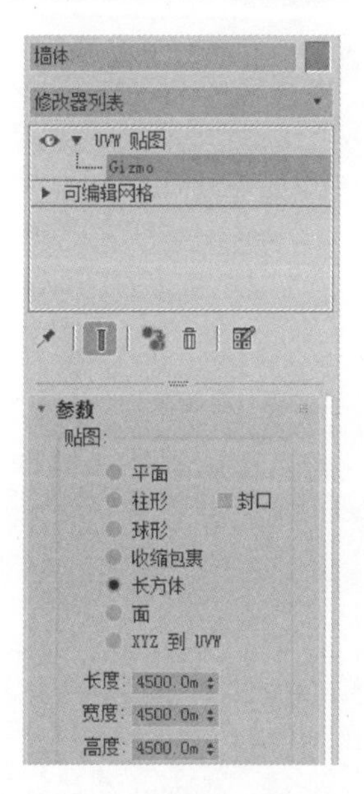

图 9-175　坐标贴图参数卷展栏

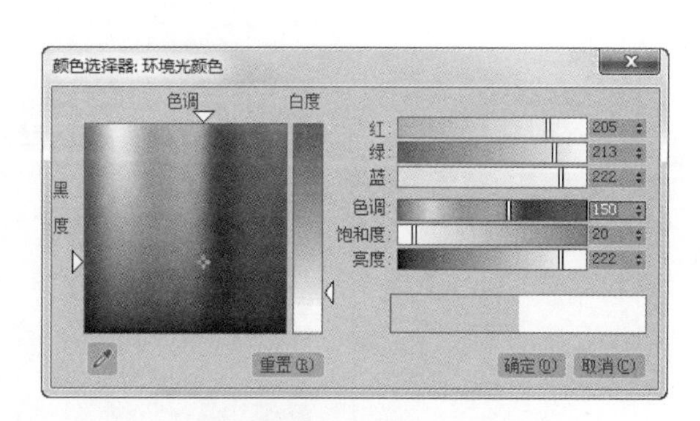

图 9-176　“颜色选择器”对话框

(7) 在基本参数卷展栏中调节高光数值，在“高光级别”中输入数值 10，在“光泽度”中输入数值 23，“柔化”参数保持 0.1 为默认值，如图 9-177 所示。

(8) 选择办公大厦台阶，单击按钮，将材质赋予物体，完成台阶材质的制作。

9.2.2　商业大厦玻璃及玻璃框材质的创建

(1) 选择一个新的材质球，重命名为“玻璃”，单击“环境光”后面的颜色，在弹出的“颜色选择器”对话框中调节红、绿、蓝的数值分别为 82、86、89，如图 9-178 所示。

(2) 在“贴图”弹出菜单中单击“反射”后面的“无贴图”按钮，在弹出的“材质/贴图浏览器”中选择“光线跟踪”，如图 9-179 所示。

Note

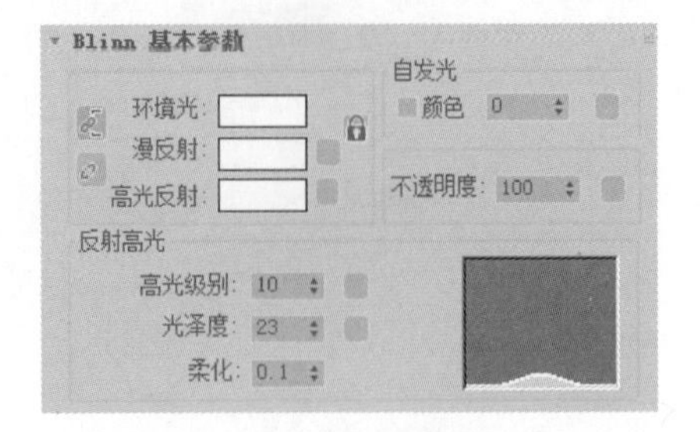

图 9-177 基本参数卷展栏

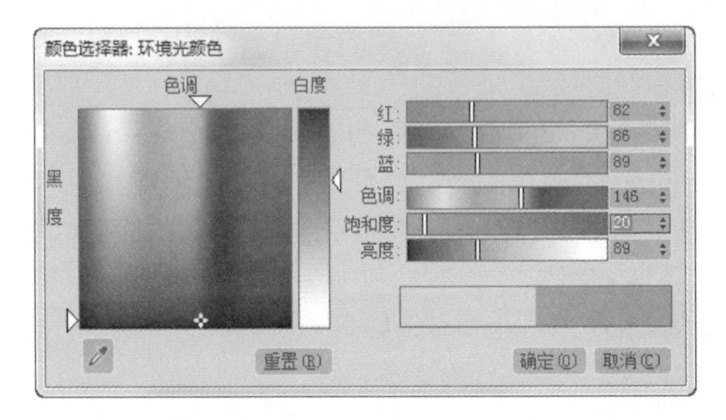

图 9-178 “颜色选择器”对话框

图 9-179 “材质/贴图浏览器”对话框

（3）在“光线跟踪器参数”面板中将“光线跟踪大气”“启用自反射/折射”“反射/折射材质 ID”的复选框取消选中，如图 9-180 所示。

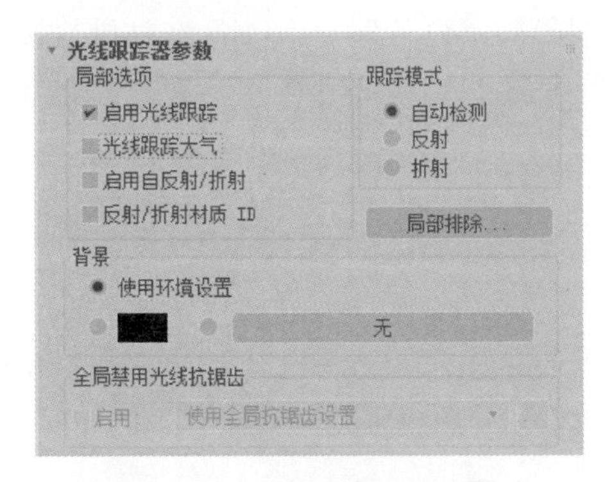

图 9-180　“光线跟踪器参数”面板

（4）选择办公大厦玻璃，单击按钮 ，将材质赋予物体，完成玻璃材质的制作。

（5）选择一个新的材质球，重命名为“玻璃框”，单击“环境光”后面的颜色，在弹出的“颜色选择器”对话框中调节红、绿、蓝的数值分别为 91、94、96，如图 9-181 所示。

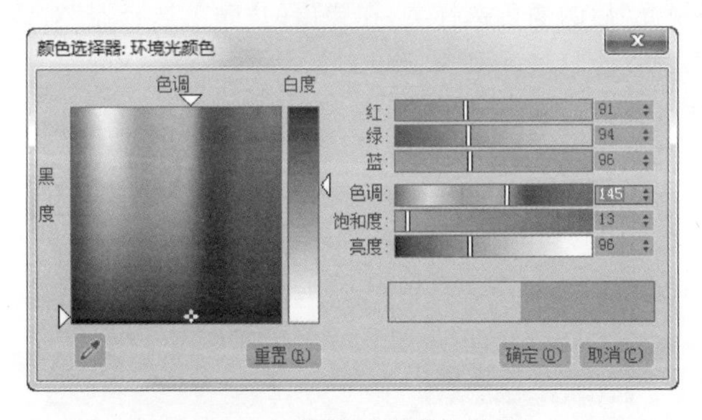

图 9-181　“颜色选择器”对话框

（6）在基本参数卷展栏中调节高光数值，在“高光级别”中输入数值 153，在“光泽度”中输入数值 53，“柔化”保持 0.1 为默认值，如图 9-182 所示。

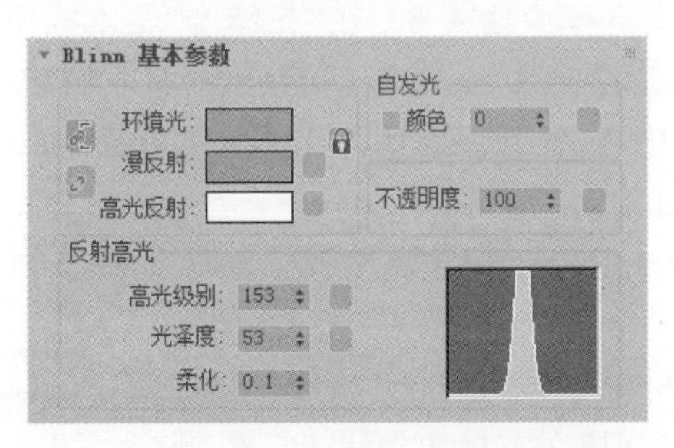

图 9-182　基本参数卷展栏

（7）选择商业大厦玻璃框，单击按钮 ，将材质赋予物体，完成玻璃框材质的制作。

Note

9.2.3 商业大厦工字钢及格栅材质的调节

（1）选择一个新的材质球，重命名为“工字钢”，在材质“明暗器基本参数”的下拉菜单中选择“金属”，如图9-183所示。

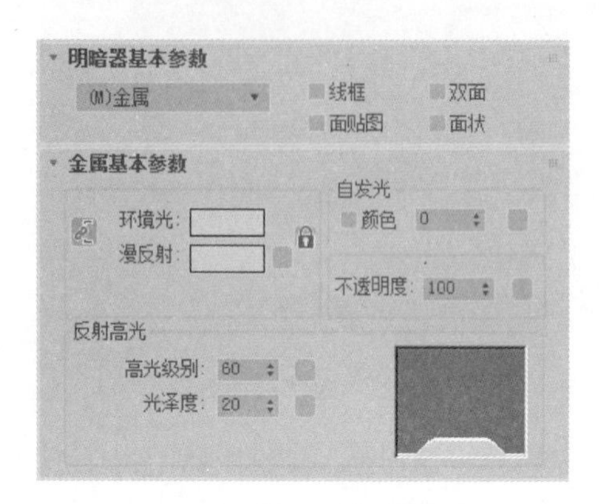

图9-183 金属基本参数卷展栏

（2）单击“环境光”后的颜色选择器，在弹出的“颜色选择器”对话框中调节环境的红、绿、蓝数值分别为126、134、150，如图9-184所示。

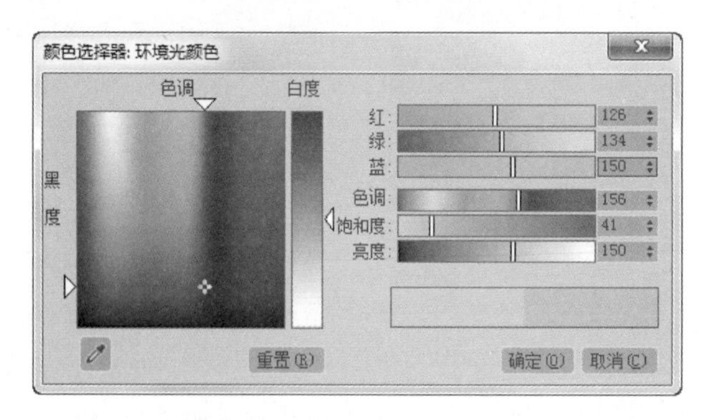

图9-184 “颜色选择器”对话框

（3）在“高光级别”文本框中输入60，在“光泽度”文本框中输入数值20，在“贴图”弹出菜单中单击“反射”后的“无贴图”按钮，在弹出的材质浏览器中选择“光线跟踪”，在“光线跟踪器参数”面板中将“光线跟踪大气”“启用自反射/折射”“反射/折射材质ID”的复选框取消选中，如图9-185所示。

（4）选择商业大厦工字钢，单击按钮，将材质赋予物体，完成工字钢材质的制作。

（5）选择一个新的材质球，重命名为“格栅”，在材质“明暗器基本参数”下拉菜单中选择“Phong”，在“高光级别”文本框中输入60，在“光泽度”文本框中输入数值20，如图9-186所示。

（6）单击“环境光”后的颜色选择器，在弹出的“颜色选择器”对话框中调节环境的红、绿、蓝数值分别为97、59、25，如图9-187所示。

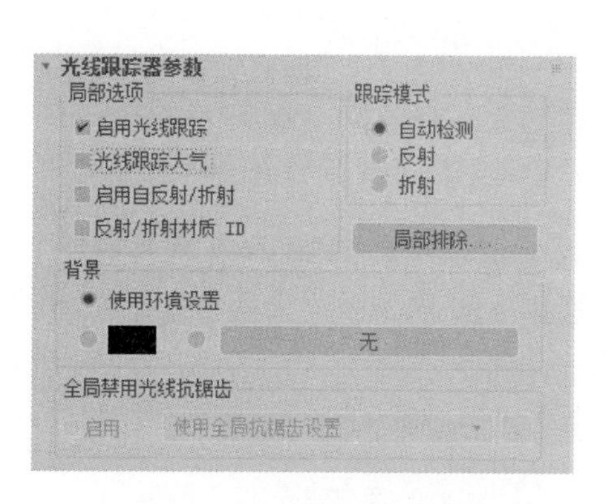

图 9-185 “光线跟踪器参数”面板

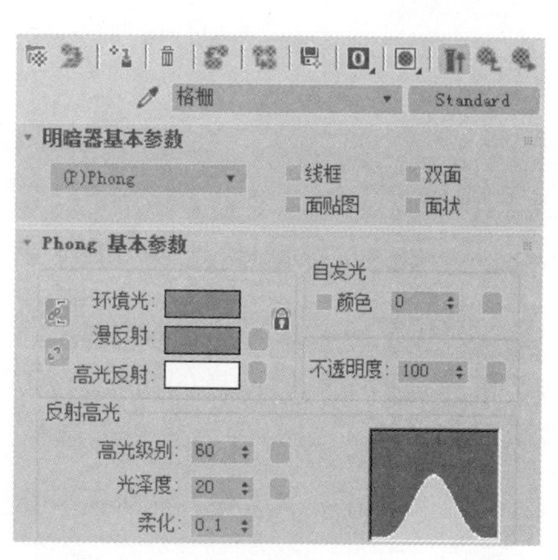

图 9-186 “明暗器基本参数”下拉菜单

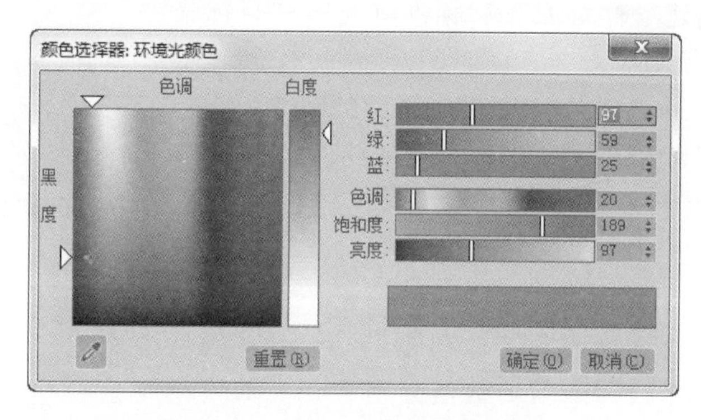

图 9-187 “颜色选择器”对话框

（7）选择商业大厦格栅，单击按钮，将材质赋予物体，完成格栅材质的制作。

（8）设置完模型贴图后，在相应的贴图材质编辑面板中单击按钮显示贴图图标，观察材质贴图在视图中的贴图纹理效果是否正确。

（9）至此，所有的模型都已经指定了材质，按快捷键 F9 进行快速渲染，结果如图 9-188 所示。

图 9-188 渲染效果

9.3 商业大厦灯光的创建

Note

9.3.1 商业大厦主光源的创建

9-3

（1）现在商业大厦模型及材质已经调解好了，不需要对场景中的物体进行编辑了，为了避免选到不需要选择的物体，在工具栏的“选择过滤器”下拉列表框中选择“灯光”，如图 9-189 所示，这时的场景只能选择灯光模型。

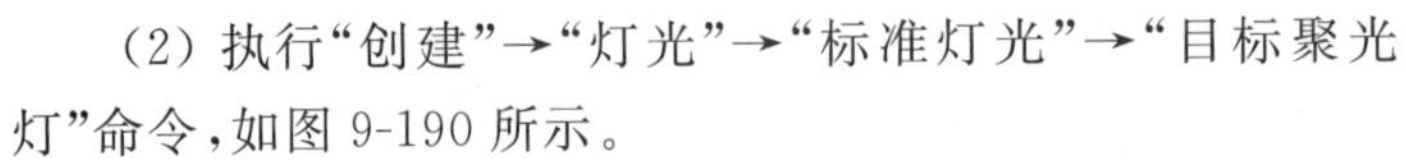

图 9-189　选择过滤器

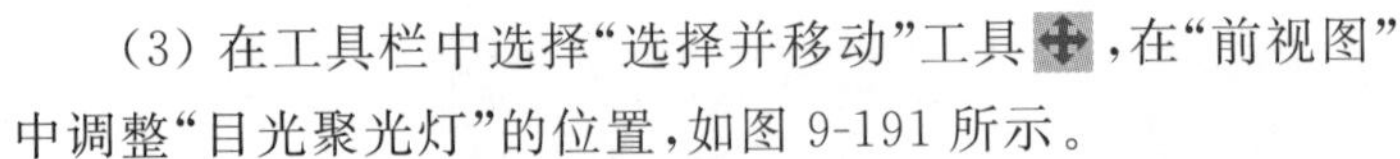

（2）执行“创建”→“灯光”→“标准灯光”→“目标聚光灯”命令，如图 9-190 所示。

（3）在工具栏中选择“选择并移动”工具，在“前视图”中调整“目光聚光灯”的位置，如图 9-191 所示。

（4）在“修改”面板中设置目标聚光灯的各项参数，选中“阴影”复选框，修改“倍增”数值为 0.22，具体设置如图 9-192 所示。

（5）单击“倍增”后面的颜色选择器，在弹出的“颜色选择器”对话框中调节红、绿、蓝的数值分别为 211、219、234，如图 9-193 所示。

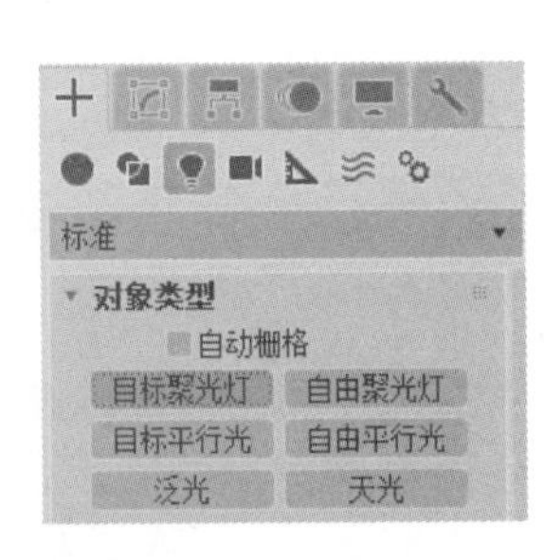

图 9-190　标准灯光

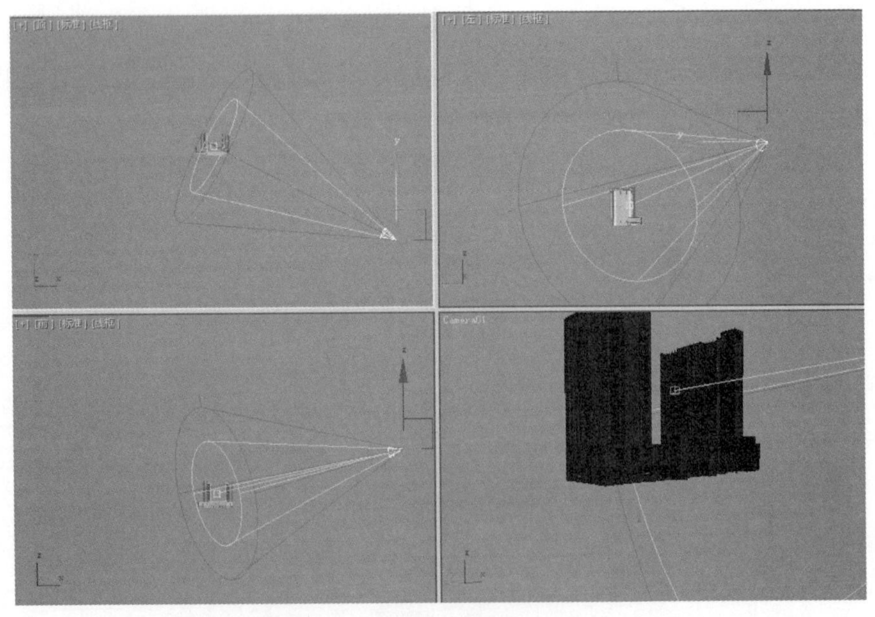

图 9-191　创建一盏目标聚光灯

Note

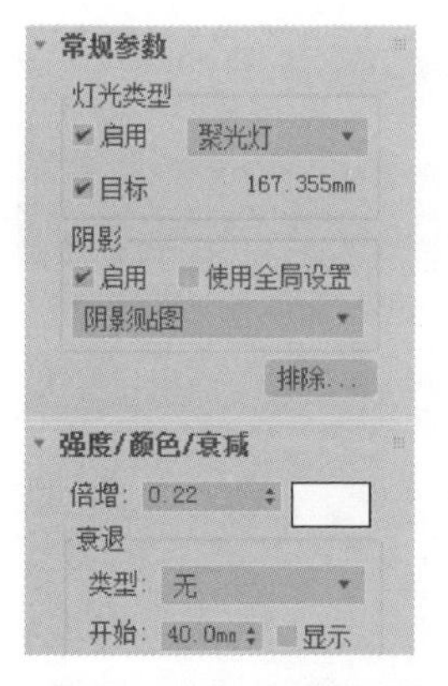

图 9-192　目标聚光灯参数

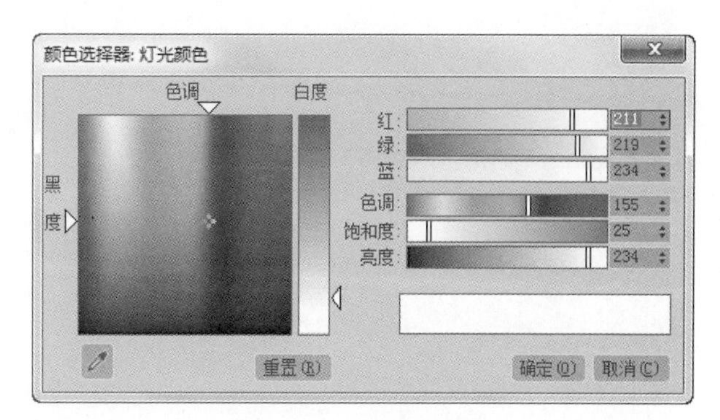

图 9-193　颜色选择器

9.3.2　商业大厦辅光源的创建

(1) 将灯光进行复制，在复制时选择“实例”单选按钮，如图 9-194 所示。这时的模型比较灰暗，要想达到理想的画面质量就需要继续添加灯光。

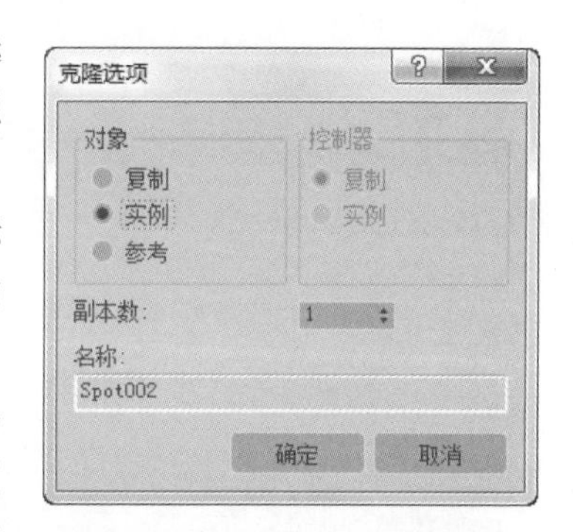

图 9-194　“克隆选项”对话框

(2) 执行“创建”→“灯光”→“标准灯光”→“目标聚光灯”命令，在视图中继续创建灯光，结果如图 9-195 所示。

(3) 在场景中为了能模拟天光效果，需要在场景中创建不同的灯光，主灯的作用只是起到一个照亮的作用，在图中继续创建灯光，结果如图 9-196 所示。

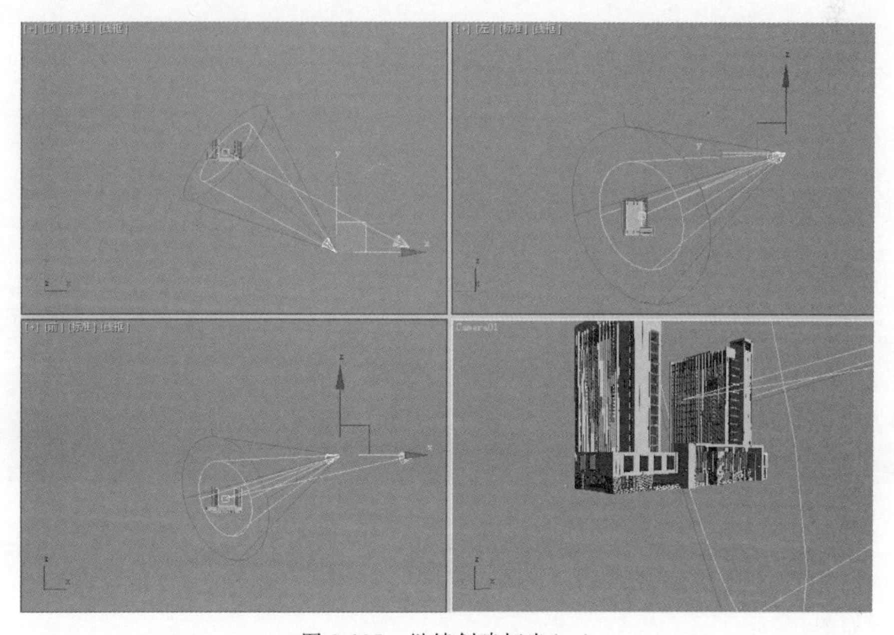

图 9-195　继续创建灯光(一)

Note

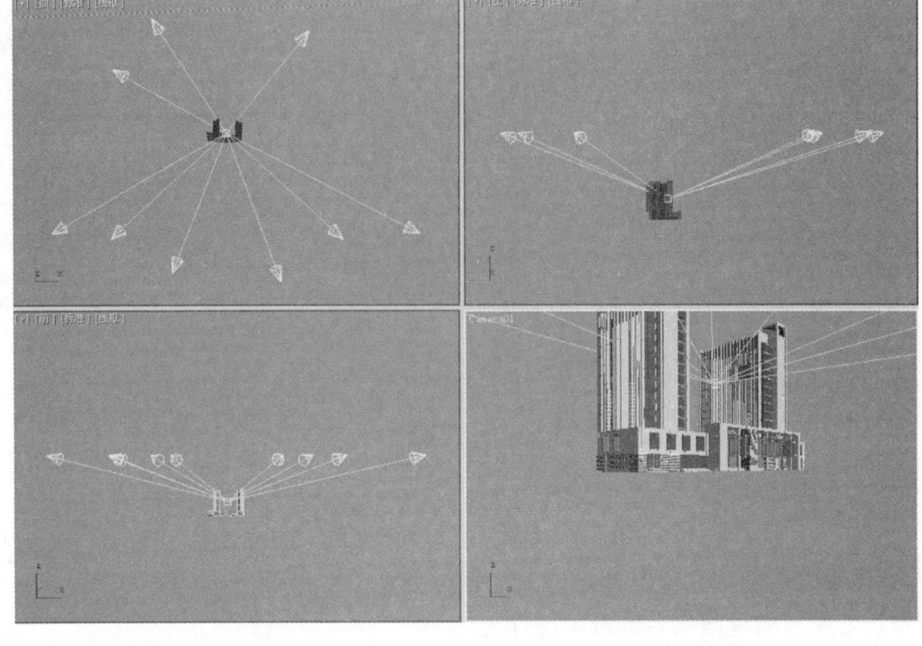

图 9-196 继续创建灯光(二)

(4) 执行"创建"→"灯光"→"标准灯光"→"平行光"命令,在场景中设置灯光,结果如图 9-197 所示。

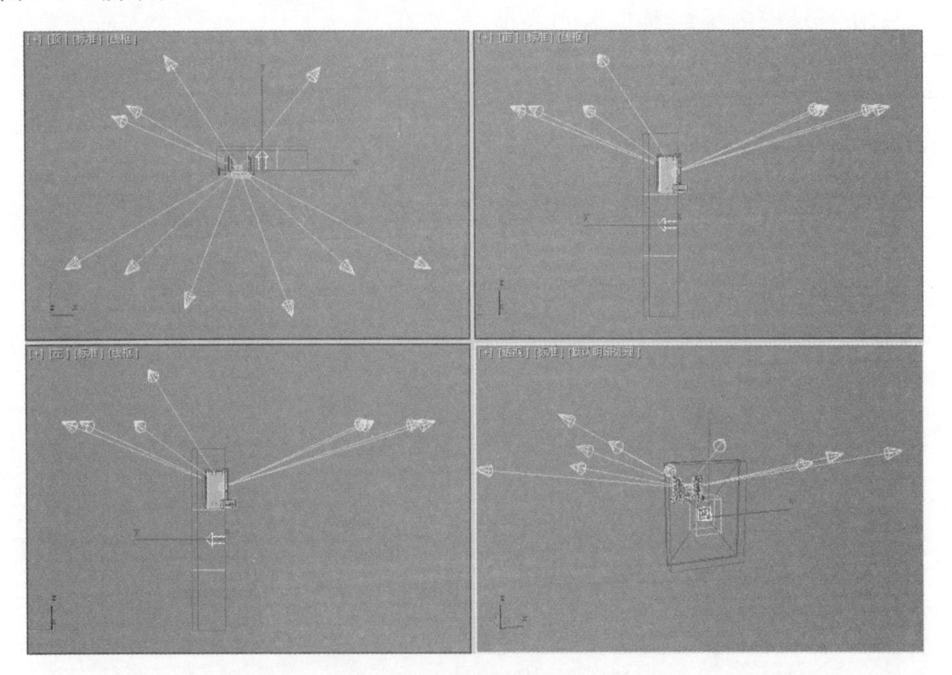

图 9-197 场景中设置灯光

(5) 在"修改"面板 中设置"自由平行光"的各项参数,修改"倍增"数值为 0.7,具体设置如图 9-198 所示。

（6）单击“倍增”后面的颜色选择器，在弹出的倍增器颜色面板中调节红、绿、蓝的数值分别为211、219、234。

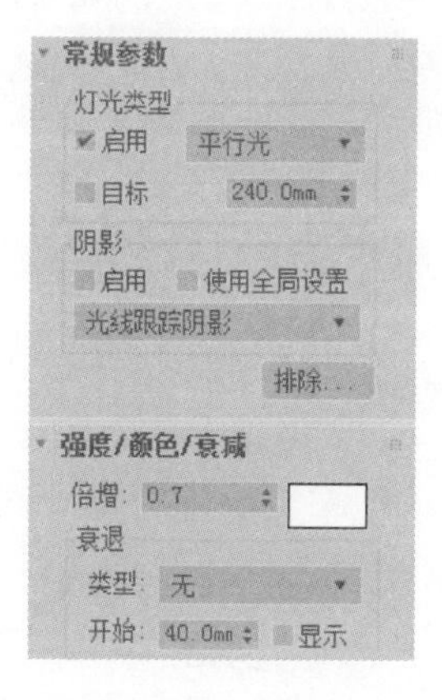

图9-198　自由平行光的各项参数

9.4　光线跟踪渲染

9-4

（1）按快捷键F10或在“渲染”下拉菜单中选择“渲染设置”命令，如图9-199所示。

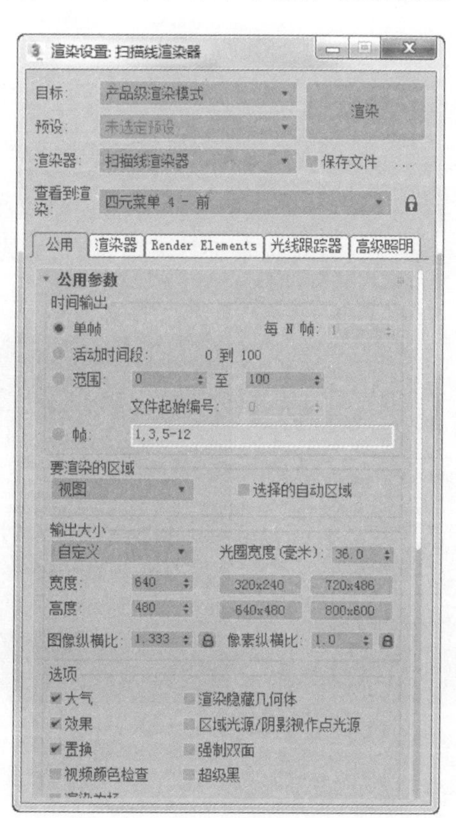

图9-199　“渲染设置”窗口

Note

（2）在“高级照明”选项卡中，选择“光跟踪器”，如图 9-200 所示。

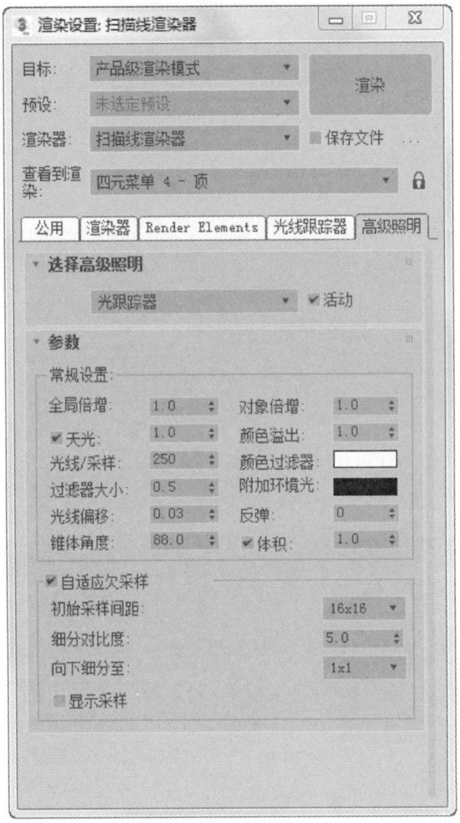

渲染设置：扫描线渲染器

目标：产品级渲染模式
预设：未选定预设
渲染器：扫描线渲染器　保存文件
查看到渲染：四元菜单 4 - 顶
渲染

公用　渲染器　Render Elements　光线跟踪器　高级照明

选择高级照明
光跟踪器　活动

参数
常规设置：
全局倍增：1.0　对象倍增：1.0
天光：1.0　颜色溢出：1.0
光线/采样：250　颜色过滤器：
过滤器大小：0.5　附加环境光：
光线偏移：0.03　反弹：0
锥体角度：88.0　体积：1.0

自适应欠采样
初始采样间距：16x16
细分对比度：5.0
向下细分至：1x1
显示采样

图 9-200　“高级照明”选项卡

（3）在“参数”卷展栏中的“反弹”(Bounces)文本框中输入 2，如图 9-201 所示。

（4）单击右上角的“渲染”按钮，对场景进行渲染，得到最终的渲染效果如图 9-202 所示。

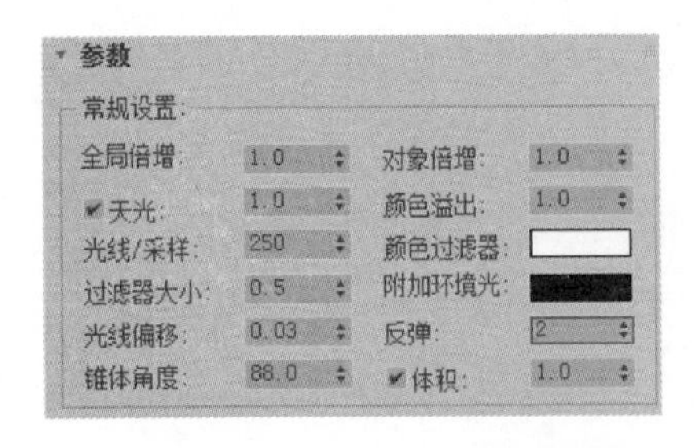

图 9-201　“参数”卷展栏

图 9-202　渲染后的图形

9.5　商业大厦的图像合成

9-5

(1) 运行 Photoshop CC 2018,执行“文件”→“打开”命令,在下载的源文件中选择“商业大厦.jpg”图片,单击打开文件,如图 9-203 所示。

图 9-203　商业大厦效果图

(2) 在“图层”面板中的“背景”图层后面有一个锁型按钮,说明图层已经被锁定,单击“背景”图层按住不放,并向下拖动“创建新图层”按钮,将图层进行复制,如图 9-204 所示。

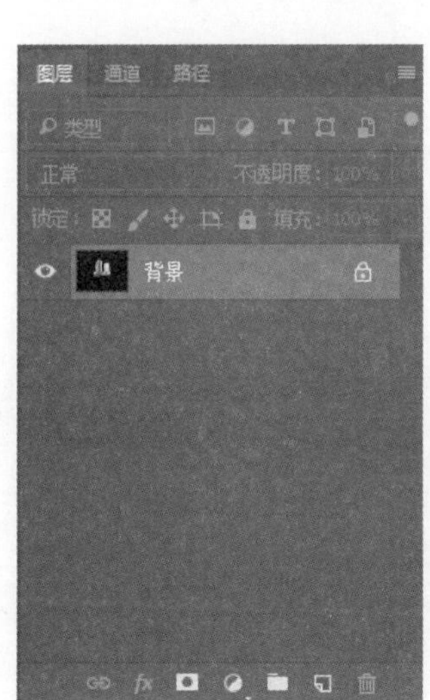

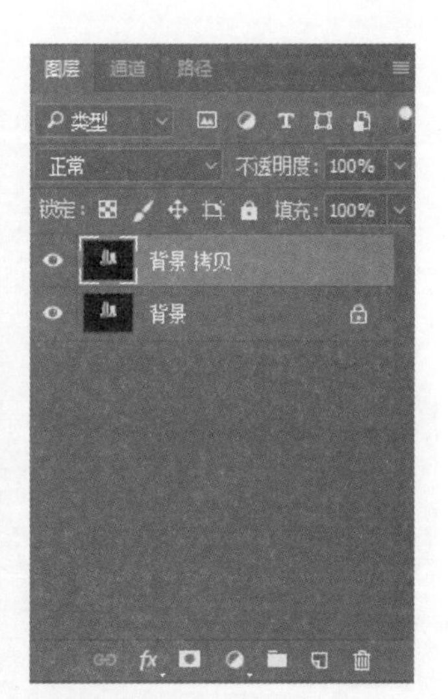

图 9-204　复制图层

(3) 将“背景”图层删除,使用“魔棒”工具在图层中单击背景,选中的背景会有“蚂蚁线”,表示背景已经被删除,删除后的背景将以透明形式显示,如图 9-205 所示。

(4) 打开一张“背景图”拖进图层,利用“自由变换”工具对其进行调整,如图 9-206 所示。读者也可自行对大厦进行处理得到不同的效果。

（5）执行"文件"→"存储"命令，将文件保存为"商业大厦效果图.jpg"，本例制作完毕。

Note

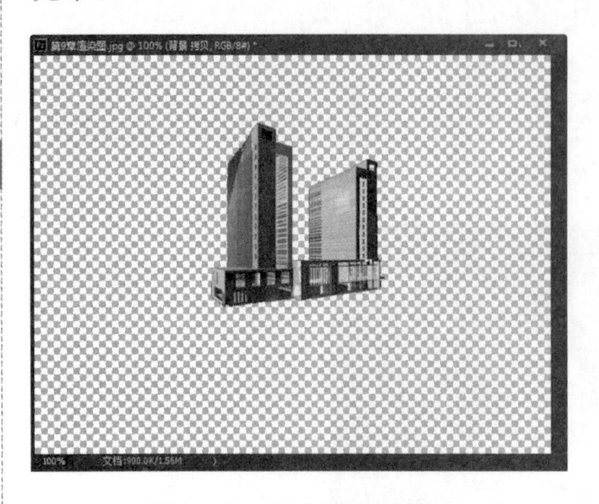

图 9-205　删除"背景"图层

图 9-206　最终效果图

9.6　案例欣赏

图 9-207　案例欣赏 1

图 9-208　案例欣赏 2

图 9-209　案例欣赏 3

图 9-210　案例欣赏 4

图 9-211　案例欣赏 5

图 9-212　案例欣赏 6

图 9-213　案例欣赏 7

Note

图 9-214　案例欣赏 8

图 9-215　案例欣赏 9

第10章

汽车展厅效果图制作

10.1　展厅模型的创建
10.2　展厅材质的赋予
10.3　展厅灯光的创建
10.4　展厅的图像合成
10.5　案例欣赏

学习目的

综合运用知识创建汽车展厅模型,熟练掌握材质在模型中起到的作用,并结合灯光完善效果图。

学习思路

本章以汽车展厅为题材,最终效果如图10-1所示。效果图色彩和谐,色调统一,展厅内部空间分配合理,除了展台之外,其余空间留给参观者,让人感觉空间宽广、心情舒畅。制作流程仍是建模、材质、灯光、渲染。具体步骤将在实际操作中进行详细的讲解。

知识重点

➢ 建模:主要学习“轮廓”和“挤出”功能的使用,同时进一步巩固前面所学知识。

Note

➢ 材质：进一步学习简单材质的赋予和"光线跟踪"材质的使用。

➢ 灯光：学习灯光的创建。

图 10-1　汽车展厅效果图

10.1　展厅模型的创建

10.1.1　展厅整体框架的创建

(1) 启动 3ds Max 2018，使用默认设置进行汽车展厅的制作。

10-1

(2) 执行"创建"→"图形"→"弧"(Create→Shapes→Arc)命令，或者直接在"对象类型"面板中单击"弧"按钮，在前视图中创建一个圆弧，对其进行调整，如图 10-2 所示。

(3) 在"参数"面板中设置圆弧的基本参数："半径"为 2203.255，"从"为 54.395，"到"为 125.777，如图 10-3 所示。

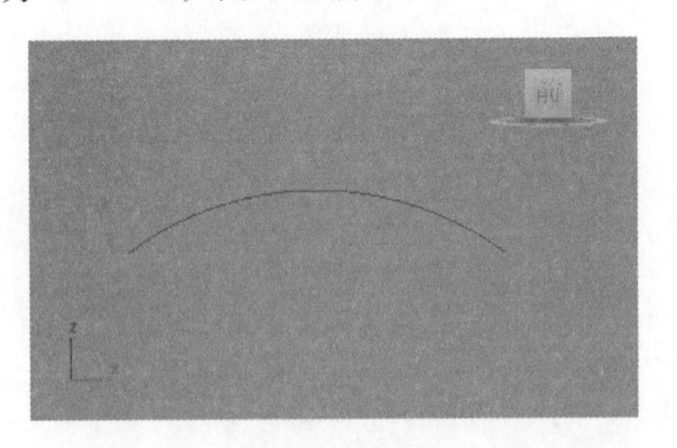

图 10-2　创建圆弧

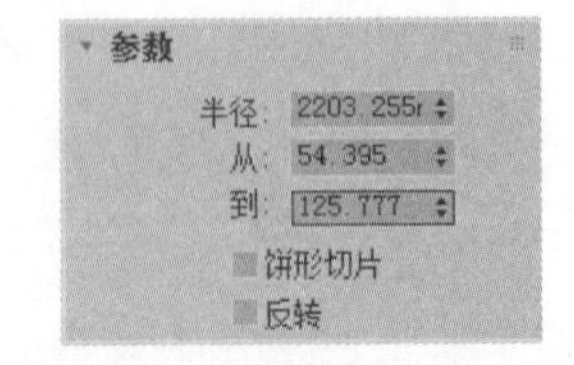

图 10-3　设置基本参数(一)

(4) 执行"修改器"→"面片/样条线编辑"→"编辑样条线"(Modifiers→Patch/Spline Editing→Edit Spline)命令或者单击"修改"选项卡 的下拉菜单，从中选择"编

辑样条线”修改器，进入其子层级选择“样条线”，如图 10-4 所示。然后在右侧命令面板中选择“轮廓”单击，设置数值为 5，如图 10-5 所示。

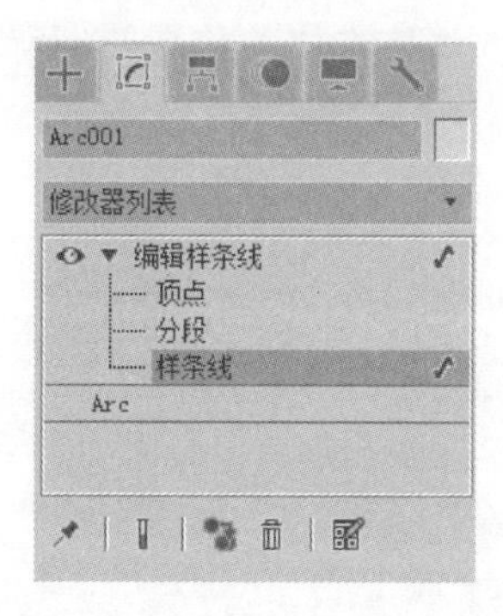

图 10-4　选择样条线　　　　图 10-5　设置轮廓数值

(5) 执行“修改器”→“网格编辑”→“挤出”(Modifiers→Mesh Editing→Extrude)命令或者单击“修改”选项卡的下拉菜单，从中选择“挤出”修改器，然后在右侧“参数”命令面板中设置基本参数，设置“数量”为 39mm，如图 10-6 所示，最终效果如图 10-7 所示。

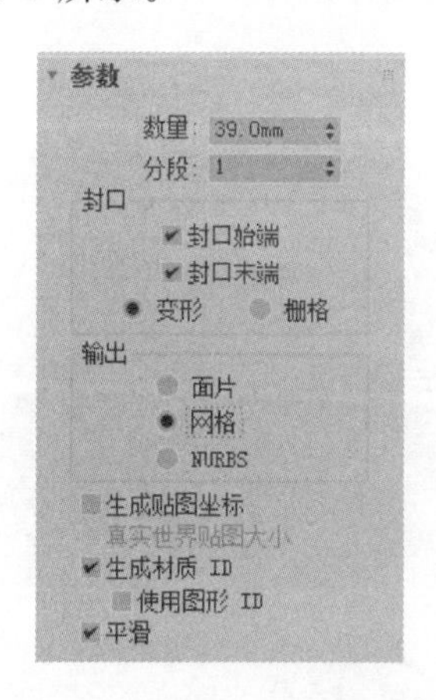

图 10-6　设置基本参数(二)

图 10-7　最终效果

(6) 执行“创建”→“标准基本体”→“长方体”命令，在前视图中创建一个长方体，作为墙的立面，如图 10-8 所示。

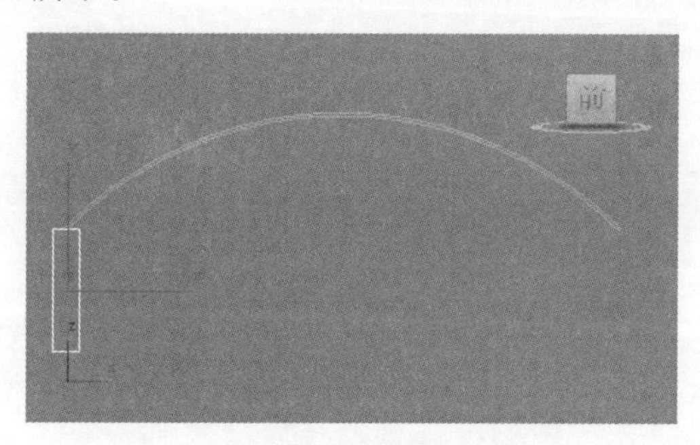

图 10-8　创建长方体

(7) 在右侧“参数”面板中，设置基本参数“长度”为 196.278mm，“宽度”为 37.949mm，“高度”为 44.925mm，如图 10-9 所示。

(8) 在工具栏中单击“选择并移动”工具✥，对长方体的位置进行调整，如图 10-10 所示。

Note

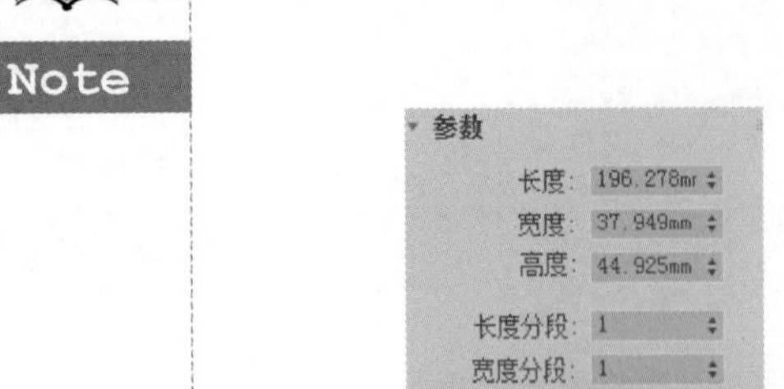

图 10-9　设置基本参数(三)

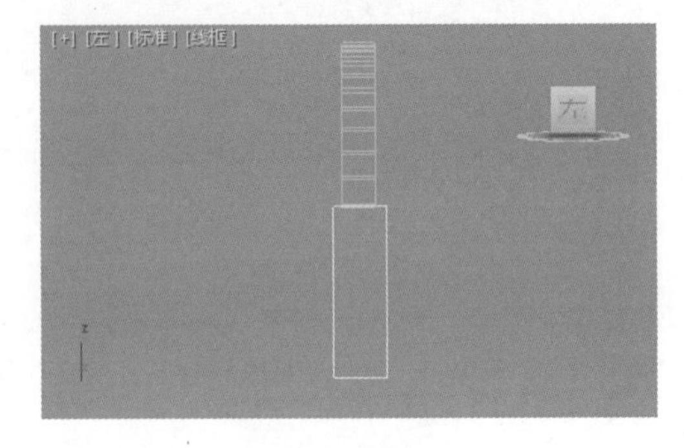

图 10-10　移动调整

(9) 选中新创建的长方体，在工具栏中单击“选择并移动”工具✥，然后在按住 Shift 键的同时拖动物体，出现“克隆选项”对话框，设置如图 10-11 所示。

(10) 方法同前，创建一条新的弧线，如图 10-12 所示。

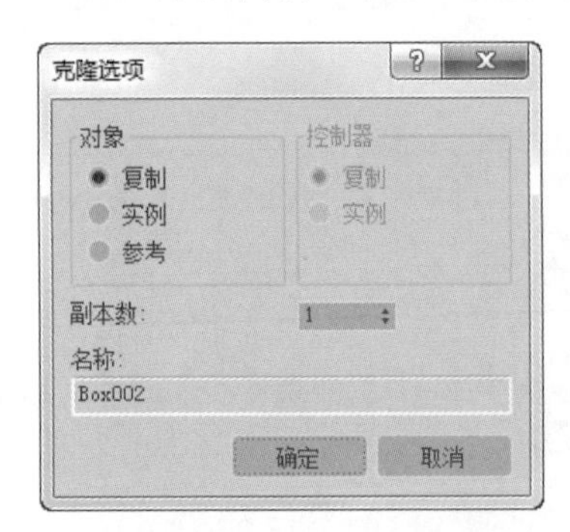

图 10-11　“克隆选项”对话框

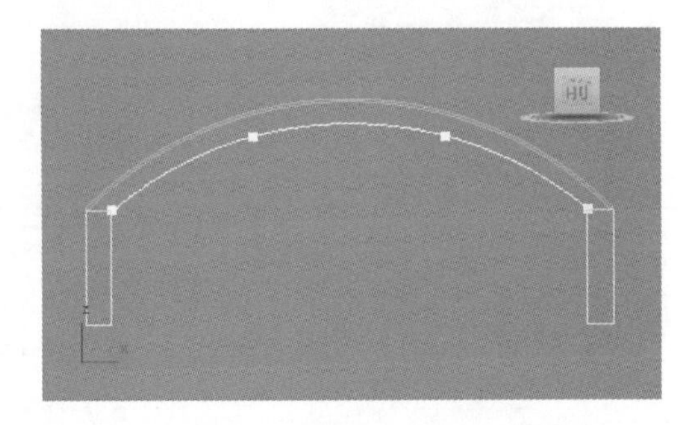

图 10-12　创建一条新的弧线

(11) 执行“修改器”→“面片/样条线编辑”→“编辑样条线”命令或者单击“修改”选项卡 的下拉菜单，从中选择“编辑样条线”修改器，进入其子层级选择“样条线”，然后在右侧命令面板中选择“轮廓”单击，设置数值为−5，结果如图 10-13 所示。

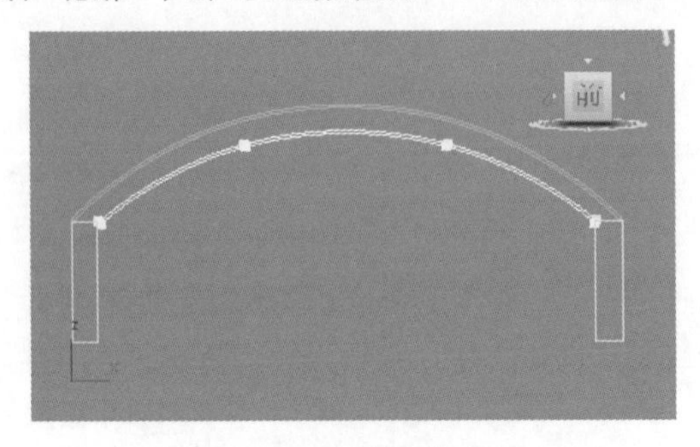

图 10-13　添加编辑样条线修改器

(12) 执行"修改器"→"网格编辑"→"挤出"命令或者单击"修改"选项卡 的下拉菜单，从中选择"挤出"修改器，然后在右侧"参数"命令面板中设置基本参数，设置"数量"为 39mm，最终效果如图 10-14 所示。

Note

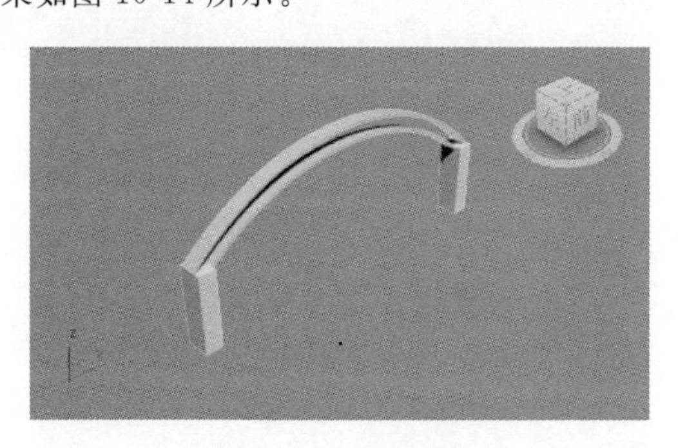

图 10-14　最终效果

(13) 创建圆弧，添加"编辑样条线"修改器，设置"轮廓"数值，添加"挤出"修改器，设置"数量"为 25mm，结果如图 10-15 所示。

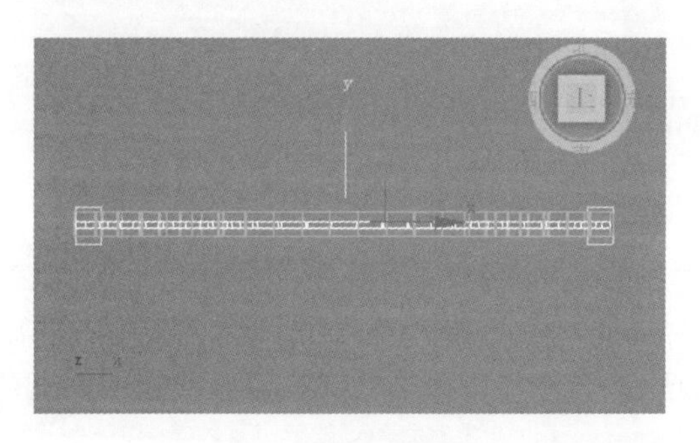

图 10-15　创建圆弧

(14) 执行"创建"→"标准基本体"→"圆柱体"命令，在前视图中创建一个半径为 7 的圆柱体，调整位置如图 10-16 所示。

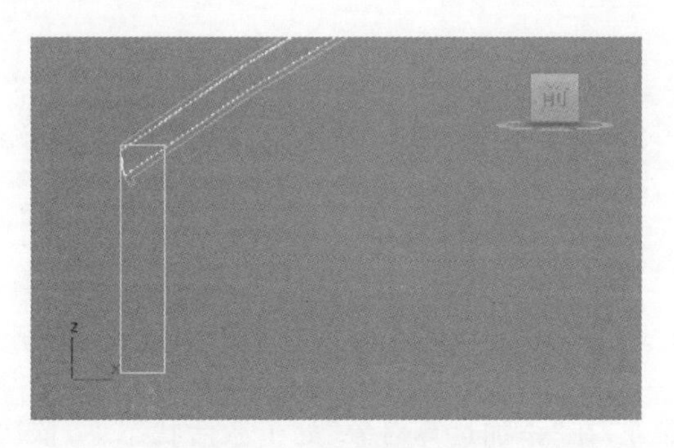

图 10-16　创建一个圆柱体

(15) 在工具栏中单击"选择并移动"工具 ，进入顶视图中，进一步对圆柱体的位置进行调整，如图 10-17 所示。

(16) 选中新创建的圆柱体，在工具栏中单击"选择并移动"工具 ，然后在按住

Note

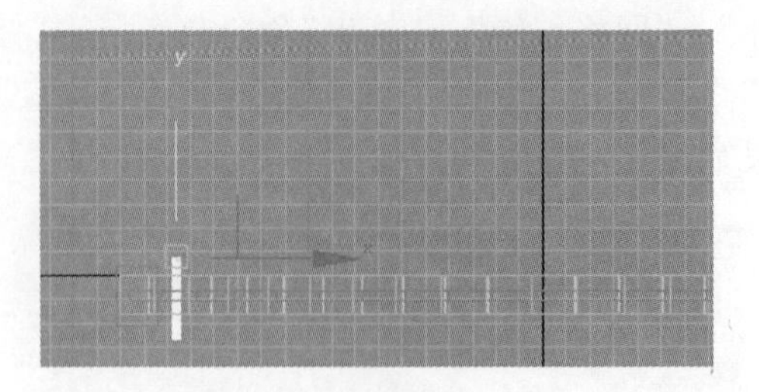

图 10-17　调整圆柱体位置

Shift 键的同时拖动物体，出现“克隆选项”对话框，设置“对象”为“复制”模式，依次进行复制，最终效果如图 10-18 所示。

图 10-18　移动复制圆柱体

（17）首先选择要被裁减的物体，执行“创建”→“复合对象”→“布尔”命令，如图 10-19 所示，然后在“运算对象参数”卷展栏中选择“差集”运算，如图 10-20 所示，选择“添加运算对象”选项，最后移动鼠标指针到刚建立的圆柱体上单击，完成操作。效果如图 10-21 所示。

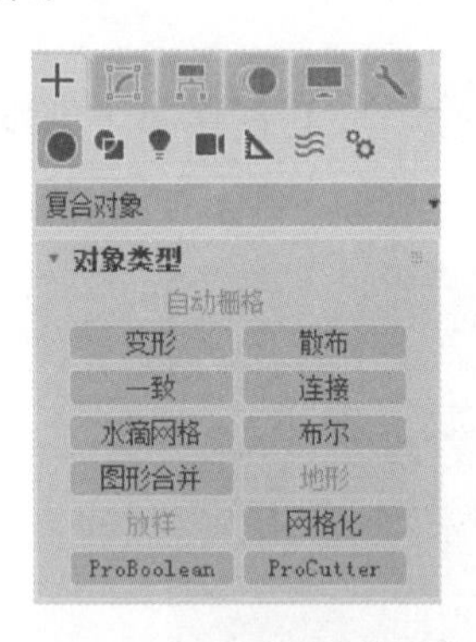

图 10-19　对象类型面板

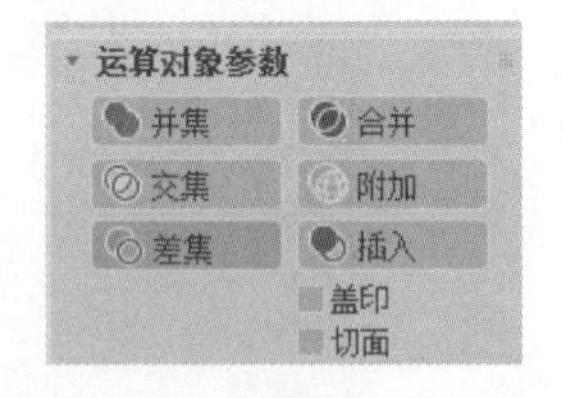

图 10-20　选择“差集”运算

（18）重复上述操作，在“添加运算对象”处于激活状态下，依次单击其他的圆柱体，效果如图 10-22 所示。

（19）进入物体的实体显示级别，最终效果如图 10-23 所示。

（20）将上面创建的物体选中，在工具栏中单击“选择并旋转”工具，然后在按住 Shift 键的同时旋转物体 90°，在出现的“克隆选项”控制面板中设置“对象”模式为“实例”，“副本数”设为 1，效果如图 10-24 所示。

Note

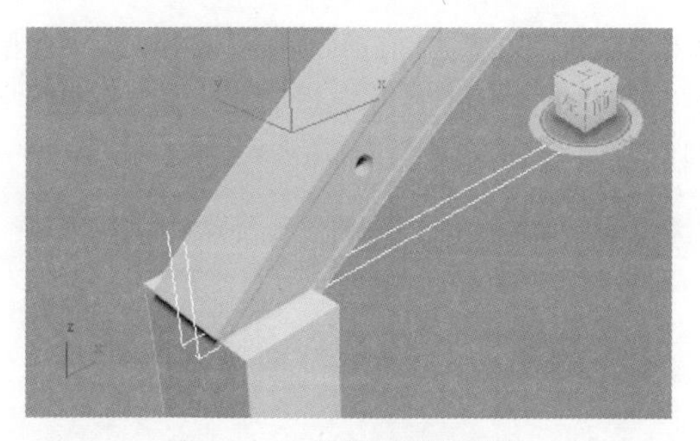

图 10-21　布尔运算的效果

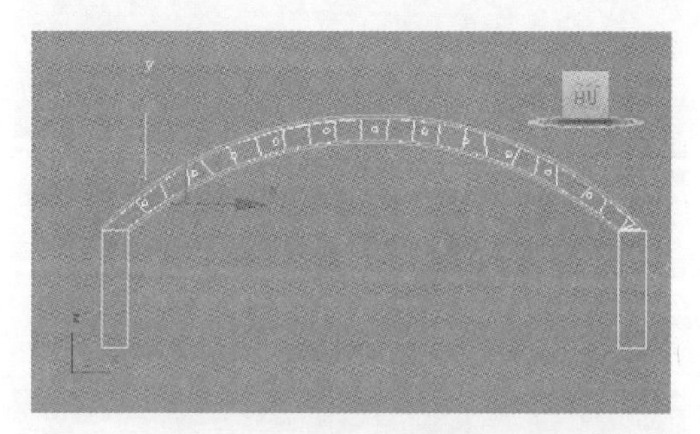

图 10-22　多次布尔运算的效果

图 10-23　最终效果

图 10-24　旋转复制物体

Note

(21) 将物体全部选中，在工具栏中单击“旋转”工具，然后在按住 Shift 键的同时旋转物体 45°，在出现的“克隆选项”控制面板中设置“对象”模式为“实例”，“副本数”设为 1，最后再重复关联复制一次，最终效果如图 10-25 所示。

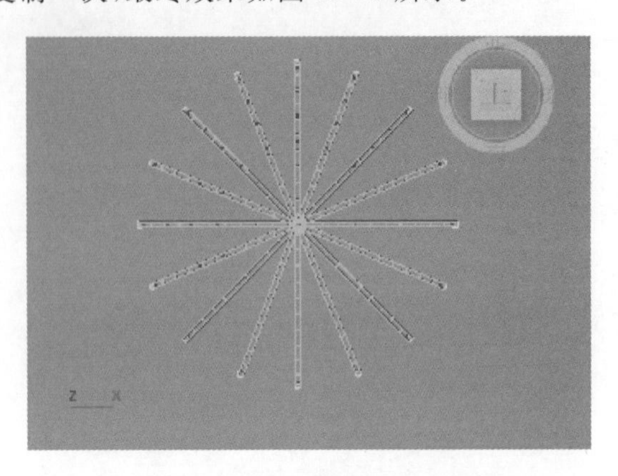

图 10-25　重复旋转复制物体

(22) 进入物体的实体显示级别，最终效果如图 10-26 所示。

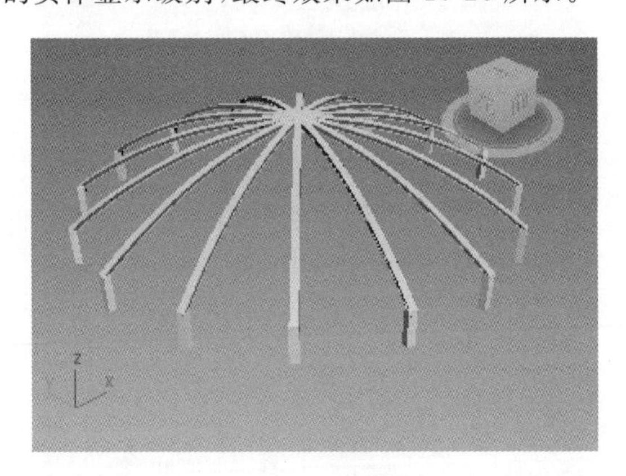

图 10-26　最终效果

(23) 执行“创建”→“标准基本体”→“圆环”命令，在顶视图中创建一个圆环，位置效果如图 10-27 所示。

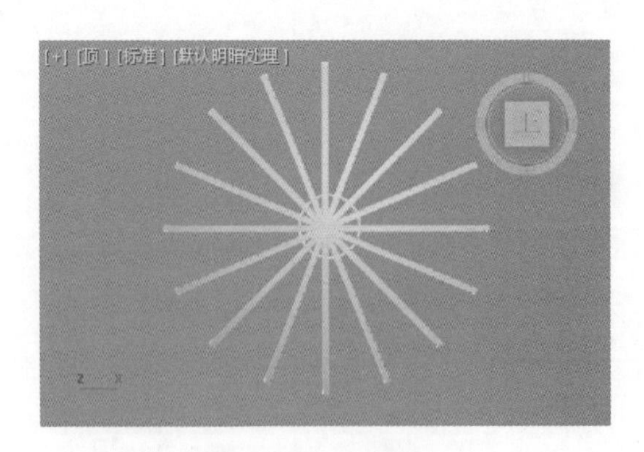

图 10-27　创建圆环

Note

（24）在工具栏中单击“选择并移动”工具 ，在前视图中调整新创建的“圆环”位置，如图 10-28 所示。

图 10-28　调整圆环位置

（25）进入右侧“参数”面板，设置基本参数“半径 1”为 243.95mm，“半径 2”为 8mm。

（26）执行“创建”→“标准基本体”→“圆环”命令，在顶视图中创建一个圆环，位置效果如图 10-29 所示。

图 10-29　创建圆环

（27）在工具栏中单击“选择并移动”工具 ，在前视图中调整新创建的圆环位置，如图 10-30 所示。

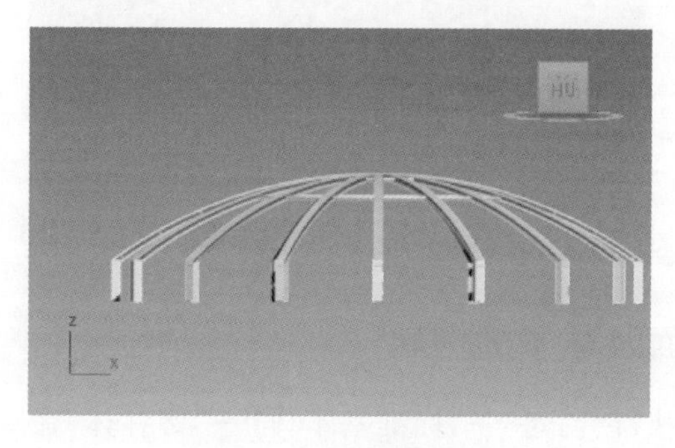

图 10-30　调整圆环位置

（28）创建第三个圆环。执行“创建”→“标准基本体”→“圆环”命令，在顶视图中创建一个圆环，位置如图 10-31 所示。

Note

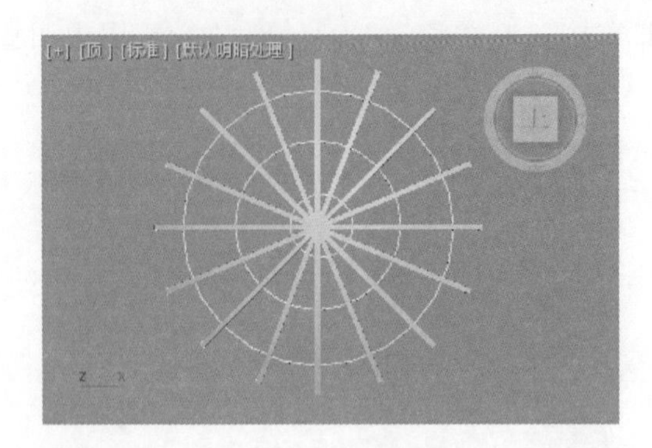

图 10-31　创建圆环

(29) 在工具栏中单击“选择并移动”工具✥,在前视图中调整新创建的“圆环”位置,如图 10-32 所示。

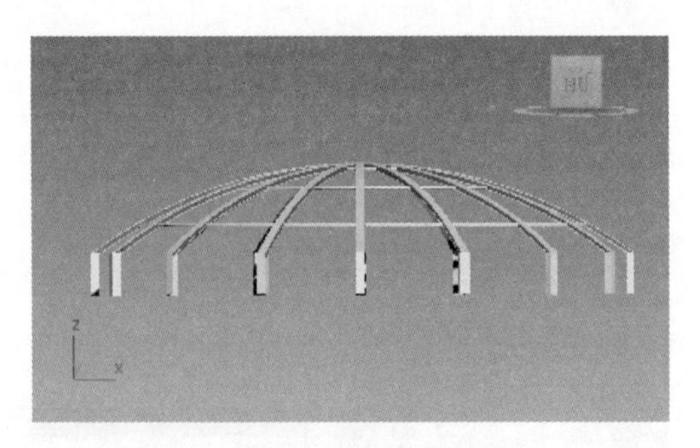

图 10-32　调整圆环位置

(30) 进入右侧“参数”面板,设置基本参数“半径 1”为 1055.194mm,“半径 2”为 8mm。进入物体的实体显示级别,最终效果如图 10-33 所示。

图 10-33　实体最终效果

10.1.2　展厅地面及柱子的创建

(1) 创建地面。执行“创建”→“标准基本体”→“圆柱体”命令,在顶视图中创建一个圆柱体作为展厅的地面,位置如图 10-34 所示。

(2) 在工具栏中单击“选择并移动”工具✥,在前视图中调整新创建的“圆柱体”位置,如图 10-35 所示。

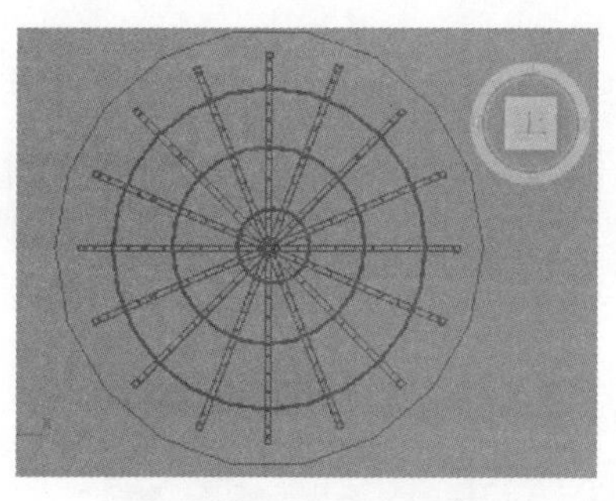

图 10-34　创建圆柱体

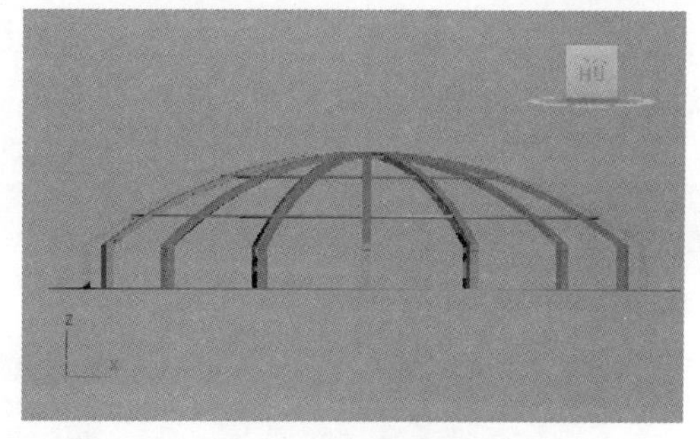

图 10-35　调整位置

(3) 进入右侧“参数”面板，设置基本参数“半径”为 1440.6mm，“高度”为 10.0mm，“边数”为 18，如图 10-36 所示。

(4) 执行“创建”→“标准基本体”→“圆柱体”命令，在前视图中创建一个圆柱体作为展厅中心的柱子。

(5) 在工具栏中单击“选择并移动”工具，在前视图中调整新创建的“圆柱体”位置，如图 10-37 所示。

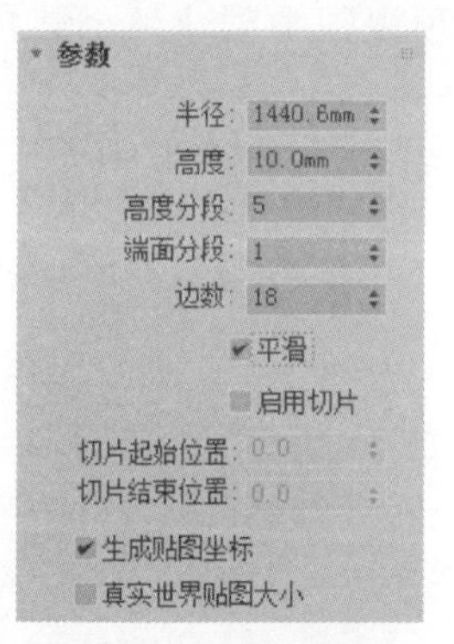

图 10-36　设置基本参数(一)

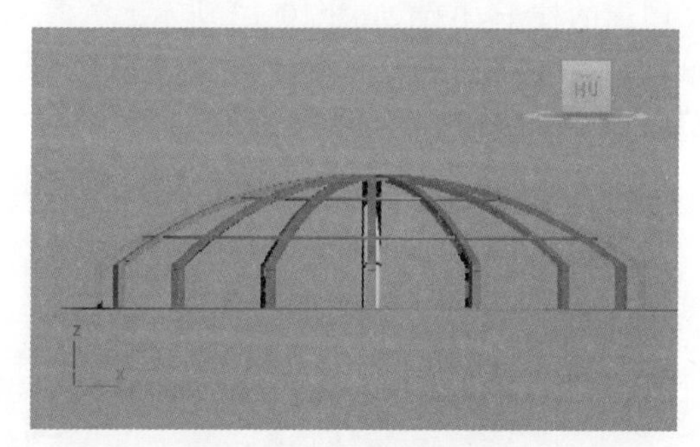

图 10-37　创建调整柱子

(6) 进入右侧“参数”面板，设置基本参数“半径”为 41.6mm，“高度”为 608.0mm，“边数”为 18，如图 10-38 所示。

(7) 执行“创建”→“标准基本体”→“圆柱体”命令，在顶视图中创建一个圆柱体作为展厅中心柱子的柱头，位置如图 10-39 所示。

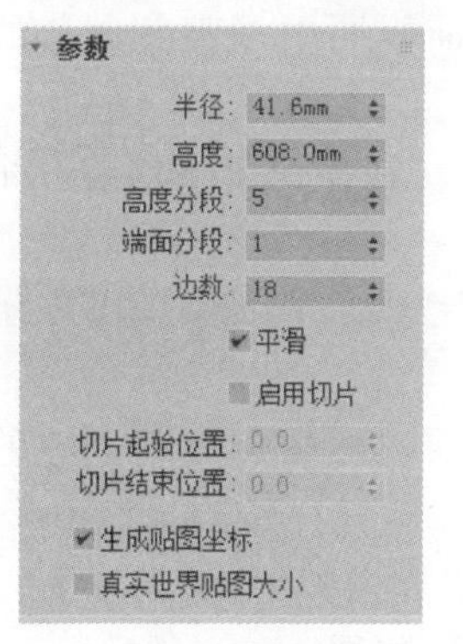

图 10-38　设置基本参数(二)

图 10-39　创建柱头

(8) 进入右侧“参数”面板，设置基本参数“半径”为 63.1mm，“高度”为 25.4mm，“边数”为 18，如图 10-40 所示。

(9) 在工具栏中单击“选择并移动”工具，在前视图中调整新创建的柱头的位置，位置如图 10-41 所示。

Note

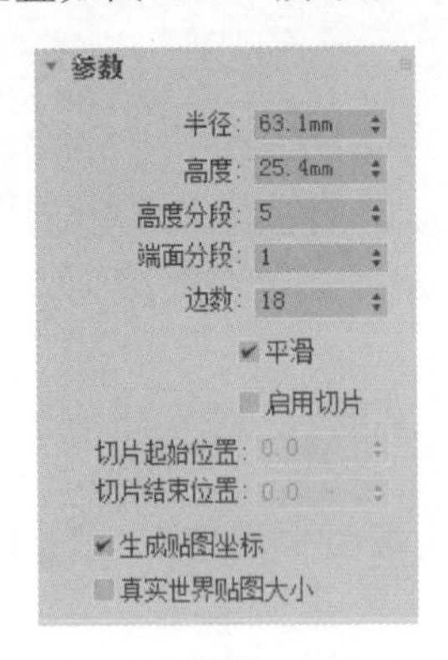

图10-40 设置基本参数(三)

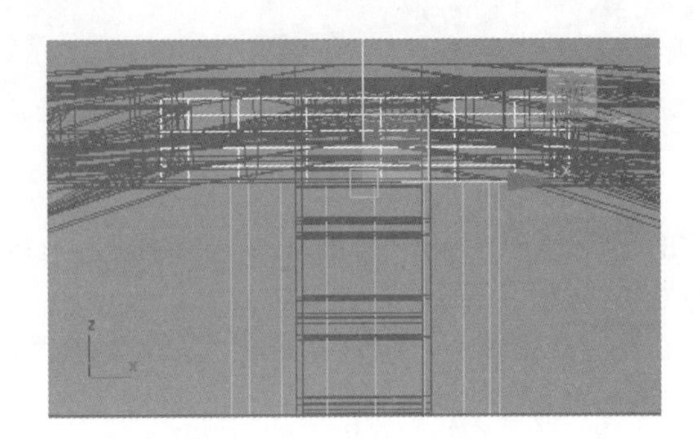

图 10-41 调整柱头位置

(10) 执行“创建”→“标准基本体”→“圆柱体”命令，在顶视图中创建一个圆柱体作为展厅周围的柱子，位置如图 10-42 所示。

(11) 进入右侧“参数”面板，设置基本参数“半径”为 15.2mm，“高度”为 482.461mm，“边数”为 18，如图 10-43 所示。

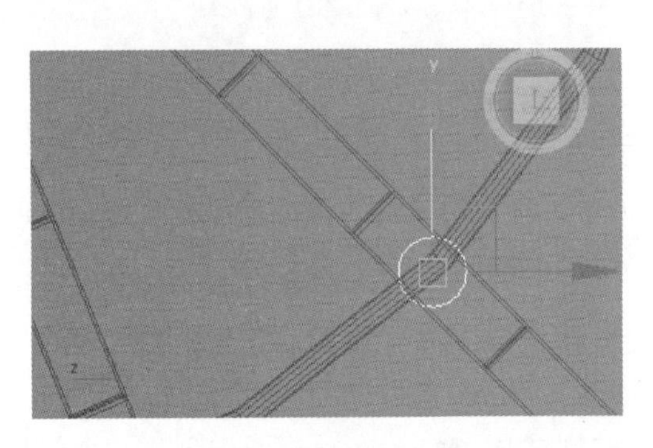

图 10-42 创建四周的柱子

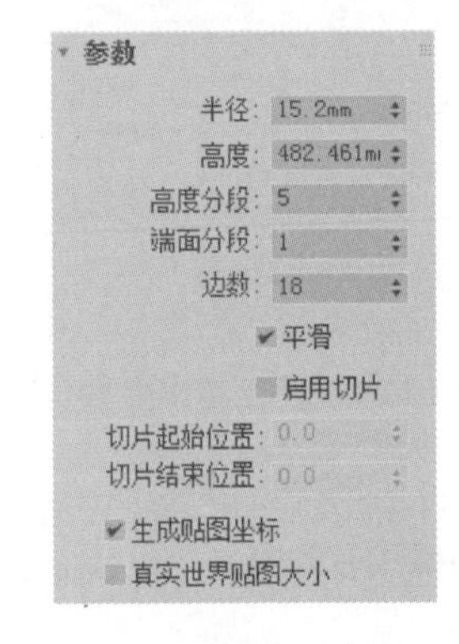

图10-43 设置基本参数(四)

(12) 在工具栏中单击“选择并移动”工具，在前视图中调整新创建的柱头的位置，位置如图 10-44 所示。

(13) 执行“创建”→“标准基本体”→“圆柱体”命令，在顶视图中创建一个圆柱体作为展厅四周小柱子的柱头，位置如图 10-45 所示。

(14) 进入右侧“参数”面板，设置基本参数“半径”为 23.1mm，“高度”为 23.6mm，“边数”为 18，如图 10-46 所示。

(15) 在工具栏中单击“选择并移动”工具，在前视图中调整新创建的柱头的位置，位置如图 10-47 所示。

(16) 选中创建好的展厅四周小柱子和柱头，在工具栏中单击“移动”工具，然后在按住 Shift 键的同时拖动物体，完成复制操作，调整位置如图 10-48 所示。

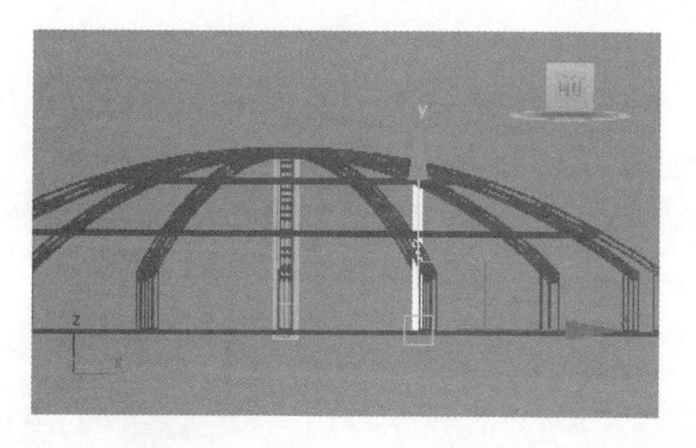

图 10-44　调整四周小柱子的位置

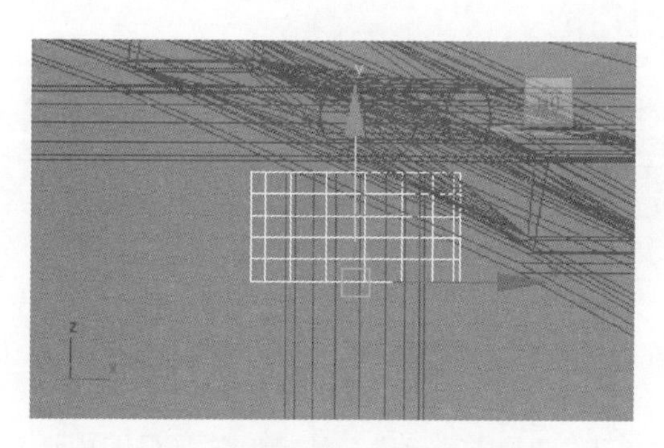

图 10-45　创建柱头

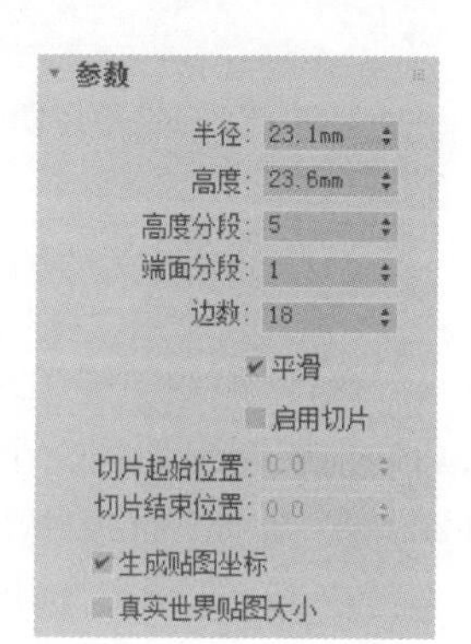

图 10-46　设置基本参数(五)

图 10-47　调整柱头位置

图 10-48　移动复制

Note

（17）选择已创建好的展厅四周小柱子和柱头以及刚刚复制完成的柱子及柱头，在工具栏中单击“选择并旋转”工具，然后在按住 Shift 键的同时旋转物体，最后完成复制操作，调整位置如图 10-49 所示。

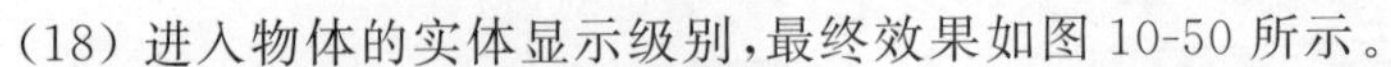

（18）进入物体的实体显示级别，最终效果如图 10-50 所示。

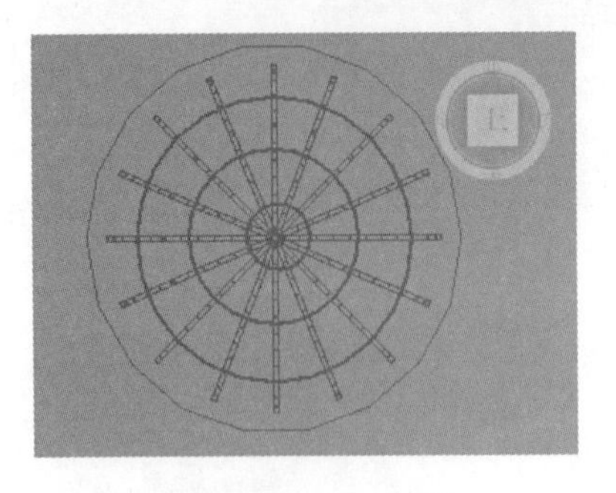

图 10-49　旋转复制

图 10-50　最终效果

（19）执行“创建”→“图形”→“弧”命令，或者直接在“对象类型”面板中选择“弧”单击，然后在前视图中创建一个圆弧，对其进行调整，如图 10-51 所示。

（20）在“参数”面板中设置圆弧的基本参数：“半径”为 2200.304mm，“从”为 53.949，“到”为 125.875，如图 10-52 所示。

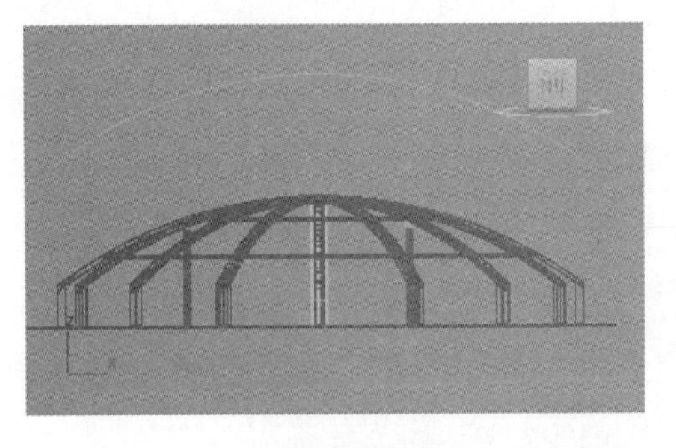

图 10-51　创建圆弧

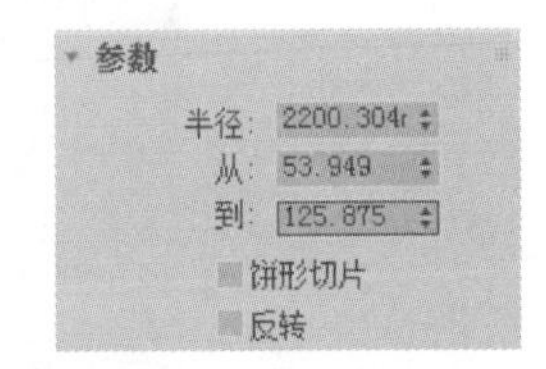

图 10-52　设置基本参数（六）

（21）在工具栏中单击“选择并移动”工具，在前视图中调整新创建圆弧的位置，使之与圆顶相吻合，位置如图 10-53 所示。

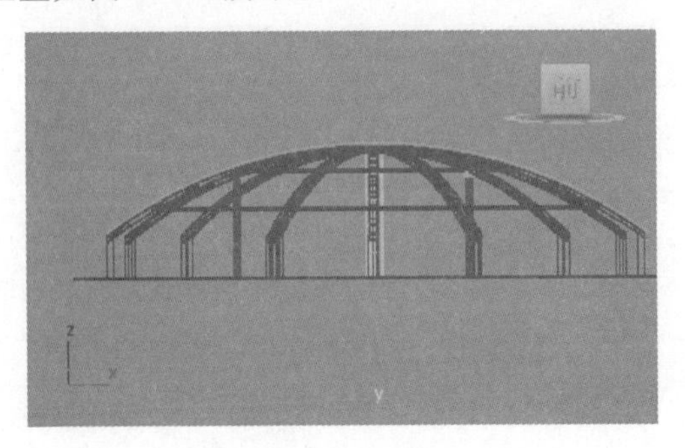

图 10-53　调整位置

(22) 首先选择上面调整好位置的圆弧,执行“修改器”→“面片/样条线编辑”→“车削”命令,并在“参数”面板中设置“分段”为16,如图10-54所示。

(23) 通过执行“车削”修改器命令,原来的圆弧旋转成为一个实体,最终效果如图10-55所示。

(24) 隐藏顶部玻璃层。选择已经制作完成的顶部玻璃层,然后进入“隐藏”面板中,单击“隐藏选定对象”命令,如图10-56所示,将顶部玻璃隐藏,以利于进行内部的观察。

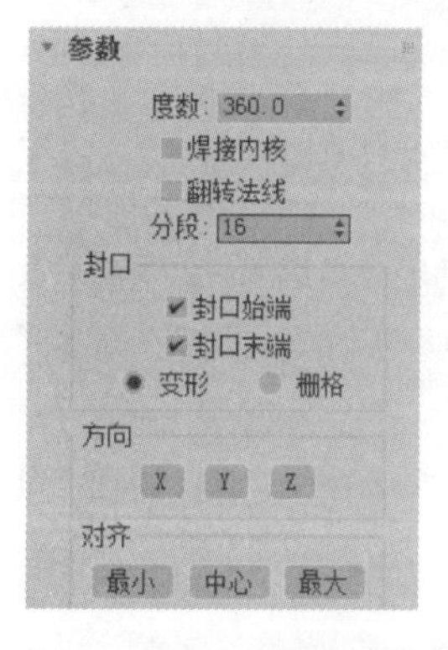

图10-54　设置基本参数(七)

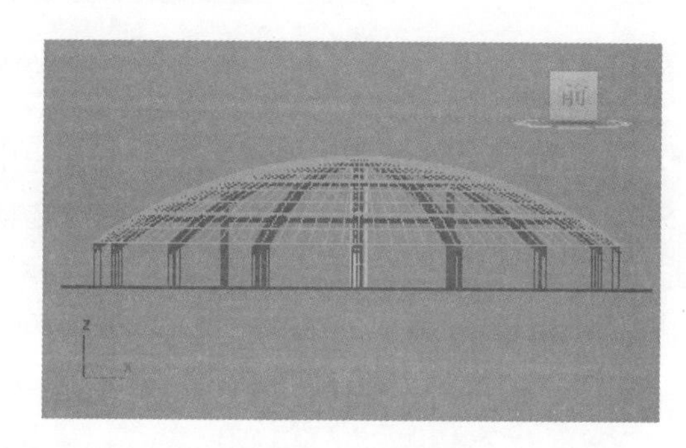

图10-55　最终效果

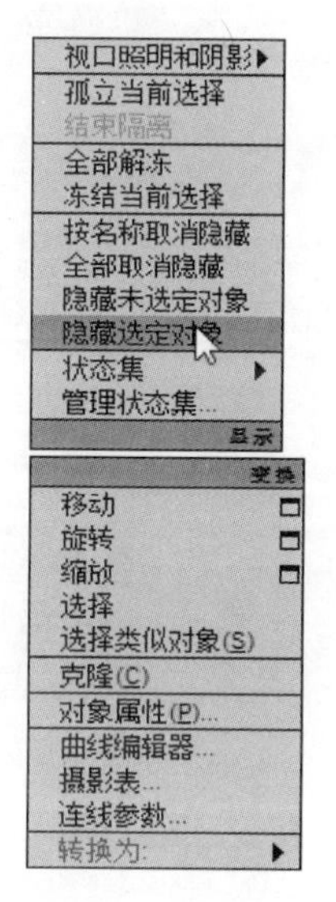

图10-56　隐藏选定对象

10.1.3　展厅墙体及长凳桌台的创建

(1) 执行“创建”→“标准基本体”→“管状体”命令,在顶视图中创建一个管状体作为展厅的墙体,位置如图10-57所示。

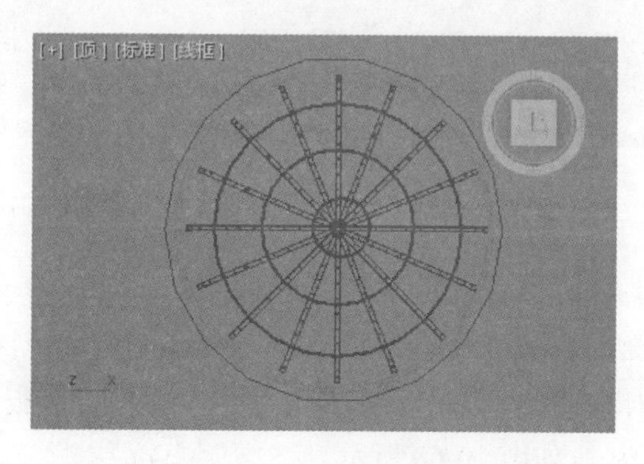

图10-57　创建管状体

(2) 进入右侧“参数”面板,设置基本参数“半径1”为1353.68mm,“半径2”为1314.931,“高度”为206.0mm,“边数”为18,如图10-58所示。

(3) 在工具栏中单击“选择并移动”工具✥，在前视图中调整墙体的位置，使之与圆顶相吻合，位置如图10-59所示。

Note

图10-58　设置基本参数(一)

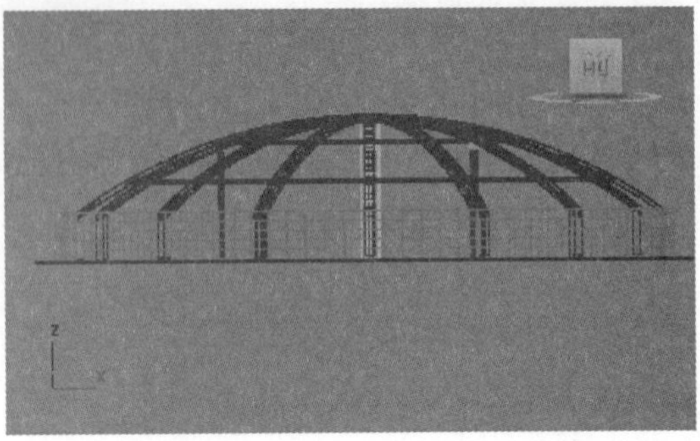

图10-59　调整墙体的位置

(4) 复制新“管状体”。选中调整过的“管状体”，在工具栏中单击“选择并移动”工具✥，然后在按住Shift键的同时向上拖动物体，出现“克隆选项”对话框，设置“对象”为“复制”模式，单击“确定”按钮完成复制操作，如图10-60所示。

(5) 进入右侧“参数”面板，设置基本参数“半径1”为1308.189mm，“半径2”为1324.931mm，“高度”为19.6mm，“边数”为18，如图10-61所示。

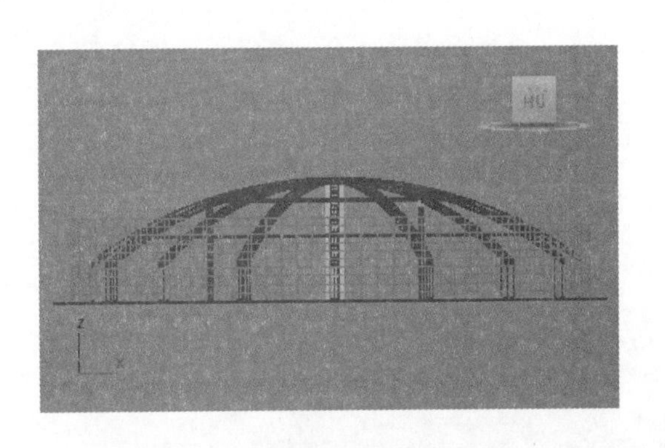

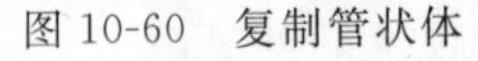

图10-60　复制管状体

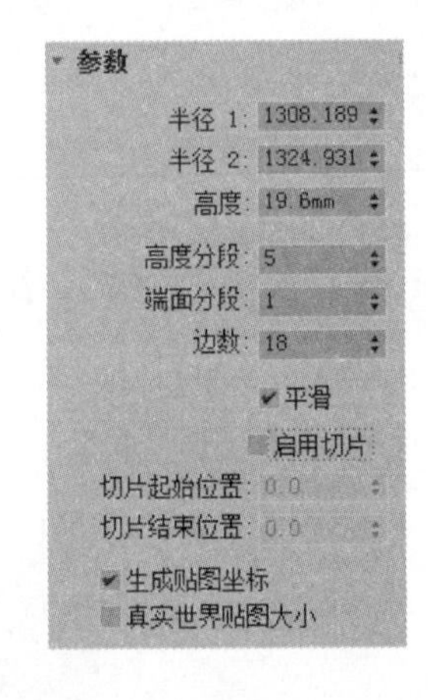

图10-61　设置基本参数(二)

(6) 新复制的“管状体”经过基本参数的重新设置，效果如图10-62所示。

(7) 选择经过基本参数重设的“管状体”，在工具栏中单击“选择并移动”工具✥，在按住Shift键的同时拖动“管状体”，在出现的“克隆选项”面板中设置“对象”为“复制”模式，“副本数”设为3，如图10-63所示。

(8) 完成关联复制操作，最终效果如图10-64所示。

(9) 执行“创建”→“标准基本体”→“圆柱体”命令，在顶视图中创建一个圆柱体。

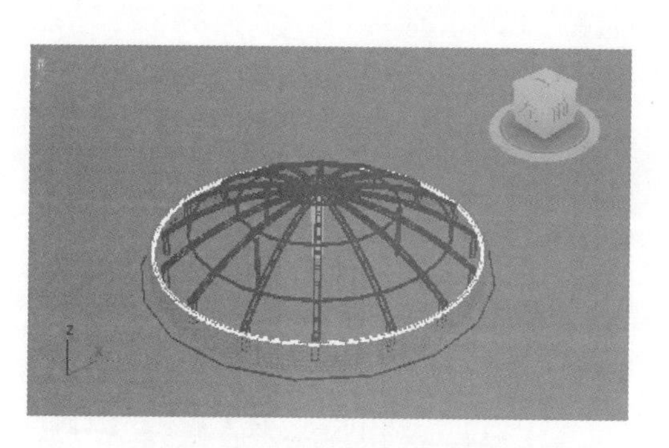

图 10-62　管状体的参数调整

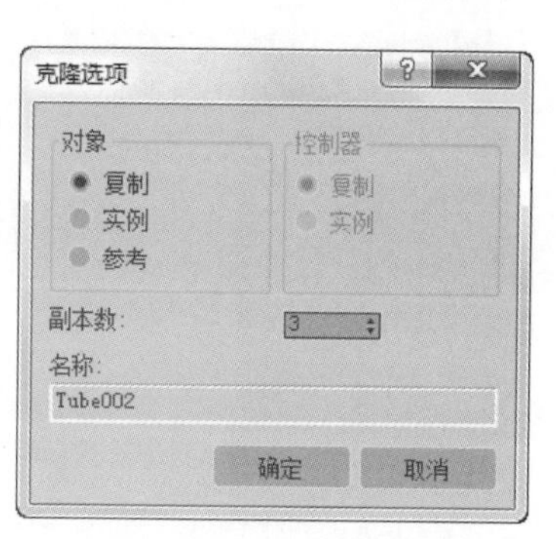

图 10-63　设置"克隆选项"面板

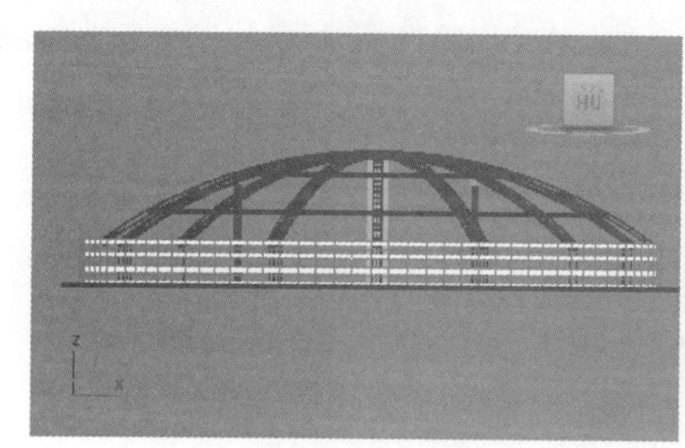

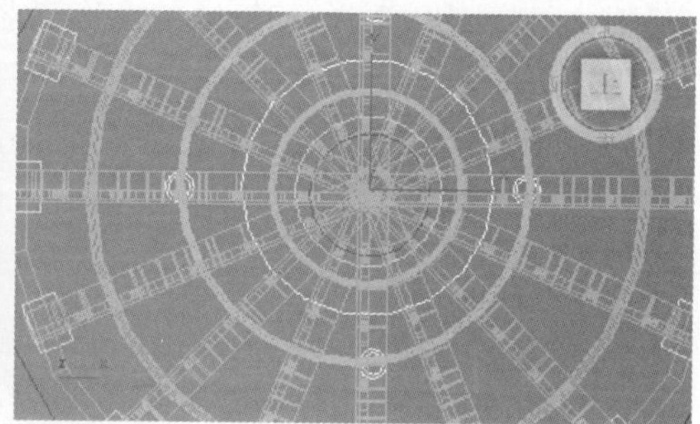

图 10-64　最终效果

(10) 进入右侧"参数"面板，设置基本参数"半径"为 233.0mm，"高度"为 137.0mm，"边数"为 18，如图 10-65 所示。

(11) 在工具栏中单击"选择并移动"工具，在前视图中调整圆柱体的位置，使之与地面相吻合，位置如图 10-66 所示。

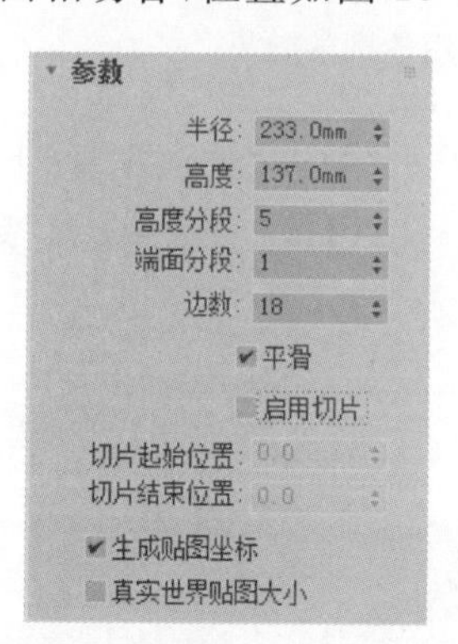

图 10-65　设置基本参数(三)

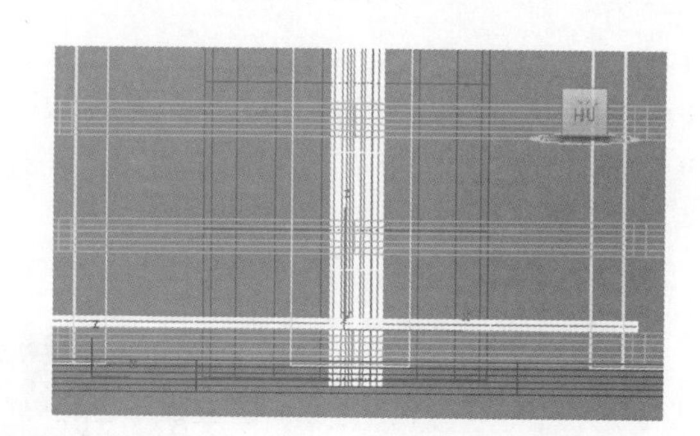

图 10-66　调整位置

(12) 执行"创建"→"图形"→"弧"命令，或者直接在"对象类型"面板中选择"弧"单击，然后在顶视图中创建一个圆弧，对其进行调整，如图 10-67 所示。

(13) 在"参数"面板中设置圆弧的基本参数："半径"为 299.0mm，"从"为 295.0，"到"为 33.249.0，如图 10-68 所示。

Note

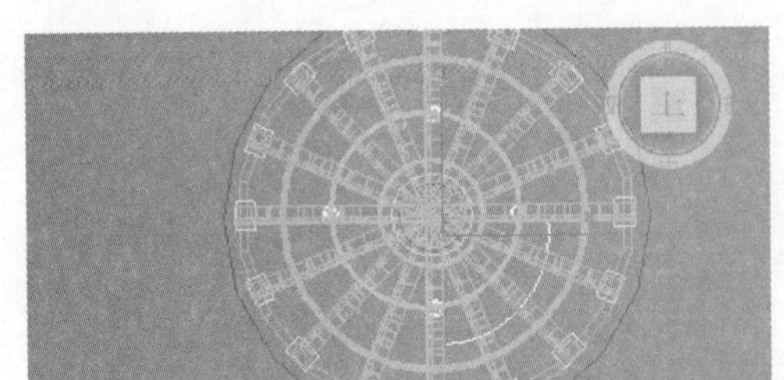

图 10-67　创建圆弧

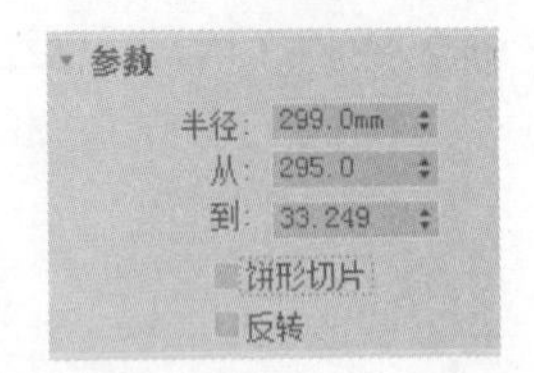

图 10-68　设置基本参数(四)

(14) 执行“修改器”→“面片/样条线编辑”→“编辑样条线”命令或单击“修改”选项卡下拉菜单,从中选择“编辑样条线”修改器,进入其子层级选择“样条线”,然后在右侧的命令面板中选择“轮廓”单击,设置数值为 35,如图 10-69 所示,效果如图 10-70 所示。

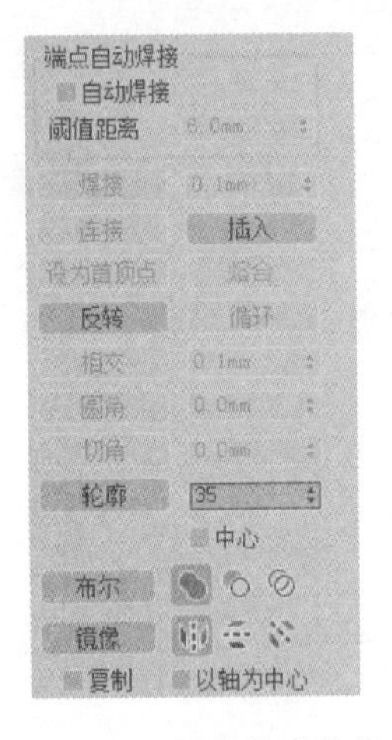

图 10-69　设置轮廓数值

图 10-70　使用轮廓的效果

(15) 执行“修改器”→“网格编辑”→“挤出”命令或者单击“修改”选项卡下拉菜单,从中选择“挤出”修改器,然后在右侧“参数”命令面板中设置基本参数,设置“数量”为 17.5mm,如图 10-71 所示,最终效果如图 10-72 所示。

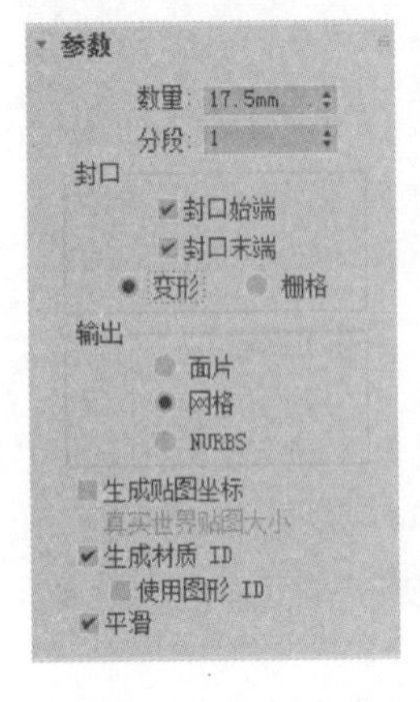

图 10-71　设置数值

图 10-72　最终效果

Note

(16) 执行“创建”→“标准基本体”→“圆柱体”命令，在顶视图中创建一个圆柱体作为长凳的支撑，调整位置如图 10-73 所示。

(17) 进入右侧“参数”面板，设置基本参数“半径”为 3.0mm，“高度”为 66.0mm，“边数”为 18，如图 10-74 所示。

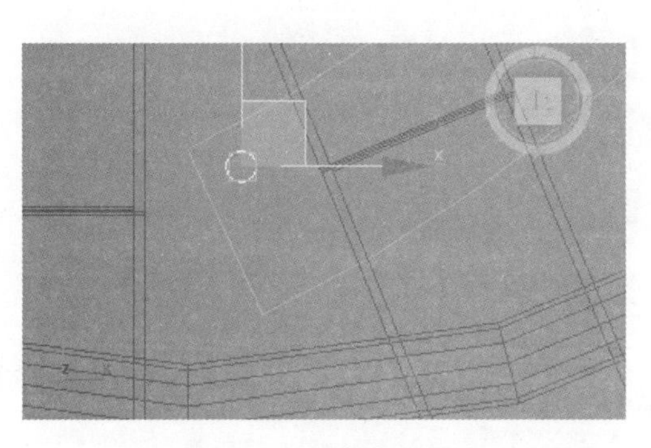

图 10-73　创建圆柱体

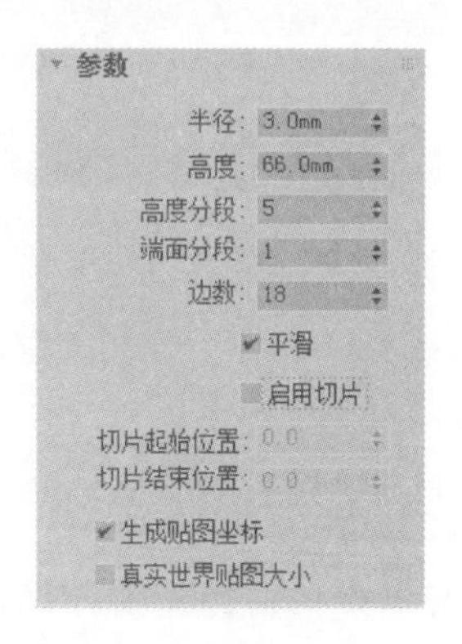

图 10-74　设置基本参数(五)

(18) 在工具栏中单击“选择并移动”工具，在左视图中调整新创建的“圆柱体”位置，使之与长凳的板面相吻合，位置如图 10-75 所示。

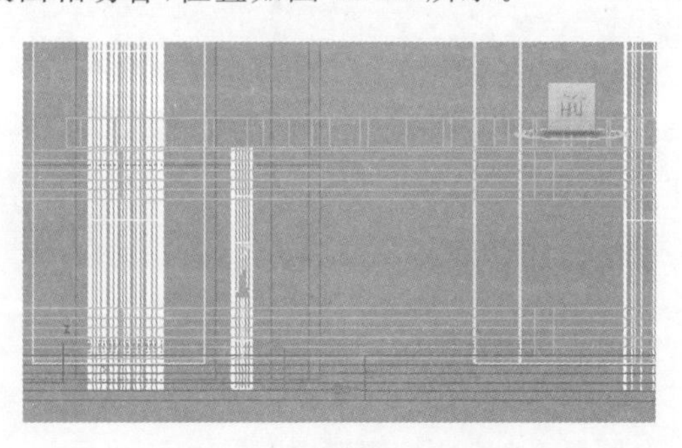

图 10-75　调整圆柱体位置

(19) 选取经过位置调整的圆柱体，在工具栏中单击“选择并移动”工具，在按住 Shift 键的同时拖动圆柱体，最后单击“确定”按钮完成复制操作，经过多次复制并调整位置如图 10-76 所示。

图 10-76　复制并调整圆柱体

Note

(20) 方法同上,将长凳再复制一个,如图 10-77 所示。

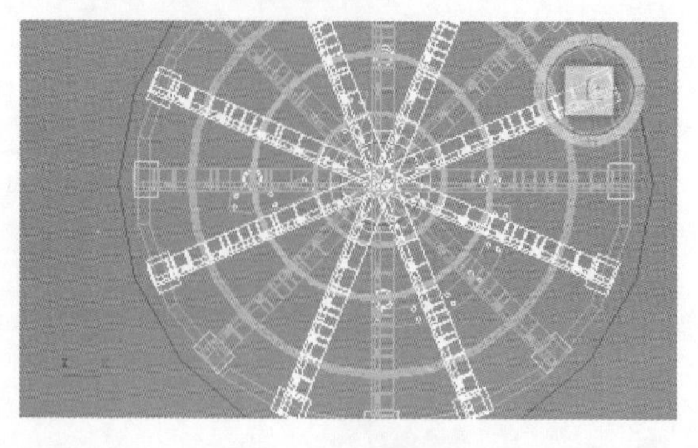

图 10-77　复制长凳

(21) 在工具栏中单击“选择并移动”工具 ,在顶视图中调整新复制的长凳位置,使之与圆形的台面相吻合,如图 10-78 所示。

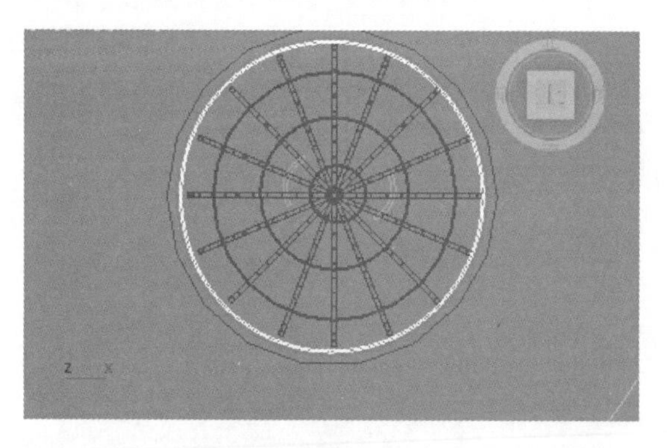

图 10-78　调整长凳的位置

(22) 执行“创建”→“图形”→“弧”命令,或者直接在“对象类型”面板中选择“弧”单击,在顶视图中创建一个圆弧,对其进行调整,如图 10-79 所示。

图 10-79　创建圆弧

(23) 在“参数”面板中设置圆弧的基本参数:“半径”为 266.0mm,“从”为177.927,“到”为 262.341,如图 10-80 所示。

(24) 执行“修改器”→“面片/样条线编辑”→“编辑样条线”命令或者单击“修改”选

项卡 下拉菜单,从中选择“编辑样条线”修改器,进入其子层级选择“样条线”,然后在右侧命令面板中选择“轮廓”单击,设置数值为58,如图10-81所示。

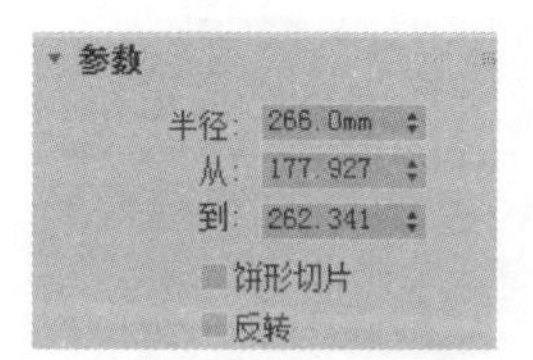

图10-80　设置基本参数(六)

图10-81　设置轮廓数值

(25) 执行“修改器”→“网格编辑”→“挤出”命令或者单击“修改”选项卡 下拉菜单,从中选择“挤出”修改器,然后在右侧“参数”命令面板中设置基本参数,设置“数量”为140mm,如图10-82所示,最终效果如图10-83所示。

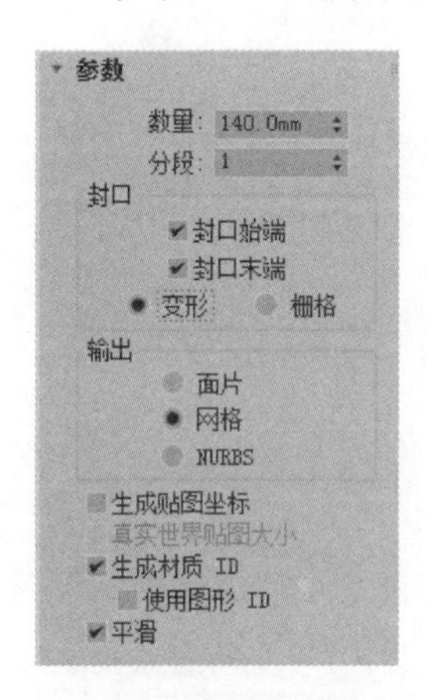

图10-82　设置基本参数(七)

图10-83　最终效果

(26) 调整桌台大小,选中调整过的桌台,在工具栏中单击“选择并移动”工具 ,然后在按住Shift键的同时向上拖动物体,出现“克隆选项”对话框,设置“对象”为“复制”模式,单击“确定”按钮完成复制操作。然后重新设置其基本参数作为桌面,效果如图10-84所示。

(27) 选择经过基本参数重设的桌面,在工具栏中选择“选择并移动”工具 ,在按住Shift键的同时拖动桌面,在出现的“克隆选项”面板中设置“对象”为“实例”模式,“副本数”设为4,结果如图10-85所示。

Note

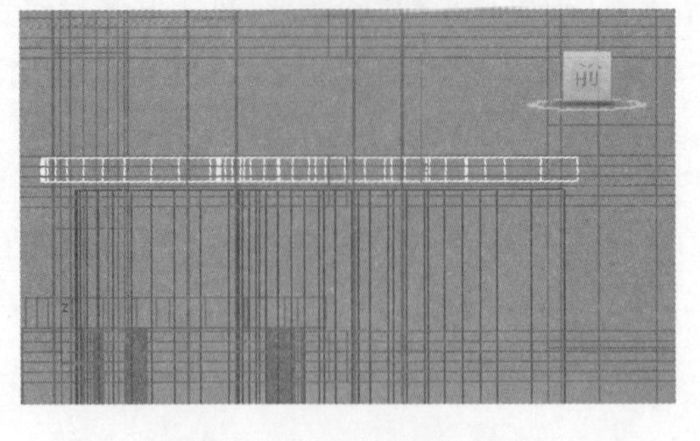

图 10-84　桌面的创建与调整

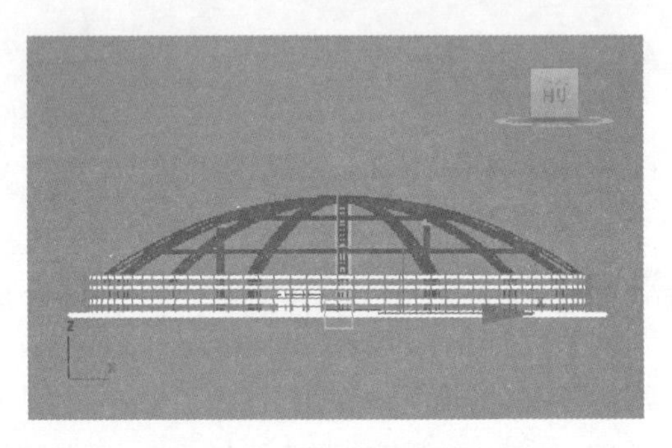

图 10-85　关联复制

10.1.4　展厅柱子附件及摄影机的创建

(1) 执行“创建”→“标准基本体”→“管状体”命令，在顶视图中创建一个管状体作为展厅的墙体，位置如图 10-86 所示。

(2) 进入右侧“参数”面板，设置基本参数“半径 1”为 147.0mm，“半径 2”为 138.0mm，“高度”为 92.8mm，“边数”为 18，如图 10-87 所示。

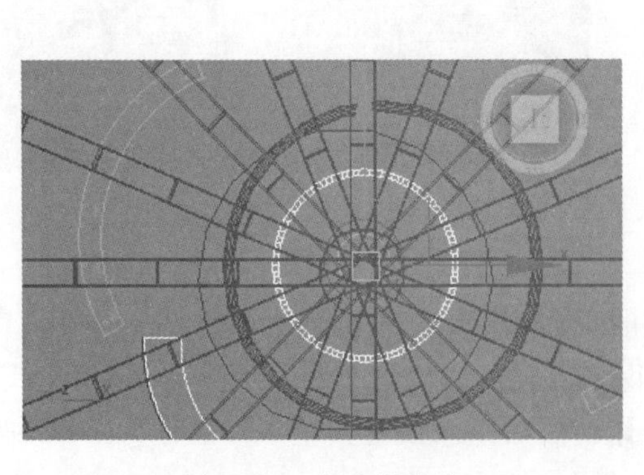

图 10-86　创建管状体

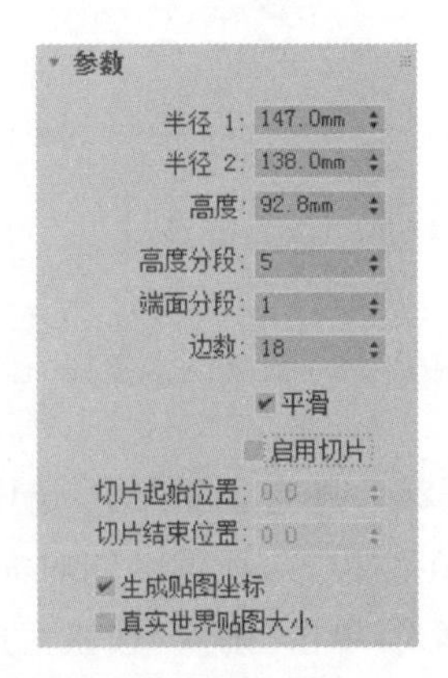

图 10-87　设置基本参数(一)

(3) 在工具栏中单击“选择并移动”工具 ，在左视图中调整“管状体”的位置，使之与展厅中心的柱子互相协调，位置如图 10-88 所示。

图 10-88　调整位置

(4) 执行"创建"→"标准基本体"→"长方体"命令，在顶视图中创建一个立方体，作为"管状体"的支撑，如图 10-89 所示。

(5) 在右侧"参数"面板中，设置基本参数"长度"为 2.34mm，"宽度"为 279.0mm，"高度"为 77.6mm，如图 10-90 所示。

图 10-89　创建方体

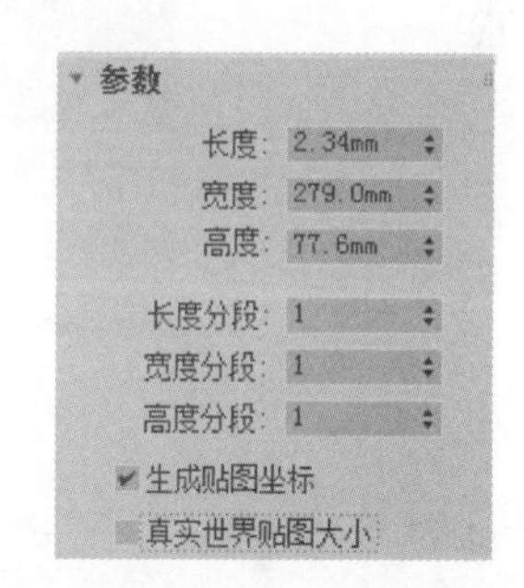

图 10-90　设置基本参数(二)

(6) 在工具栏中单击"选择并移动"工具，对长方体的位置进行调整，如图 10-91 所示。

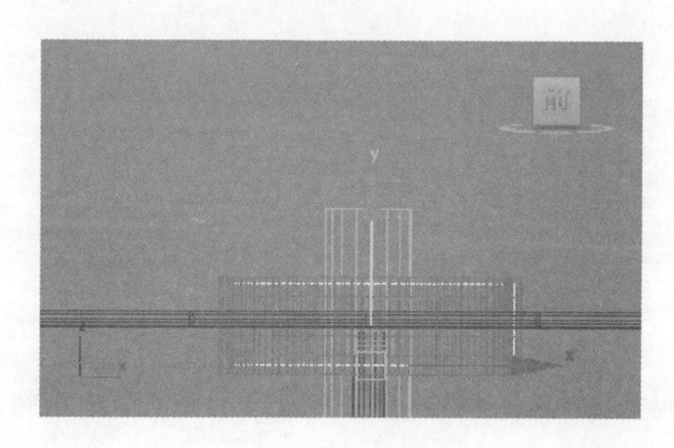

图 10-91　调整位置

(7) 选中新创建的长方体，在工具栏中单击"选择并旋转"工具，然后在按住 Shift 键的同时旋转物体 90°，完成旋转复制效果如图 10-92 所示。

Note

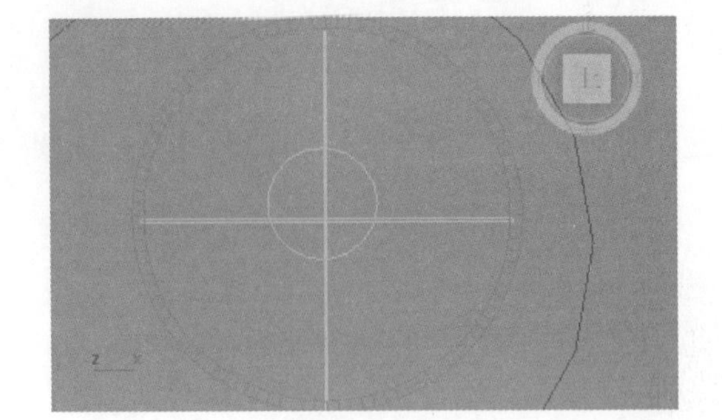

图 10-92　旋转复制

(8) 进入物体的实体显示级别,最终效果如图 10-93 所示。

图 10-93　最终效果

(9) 执行"创建"→"摄影机"→"目标摄影机"命令,如图 10-94 所示。

(10) 在左视图中创建摄影机,位置如图 10-95 所示。

图 10-94　对象类型面板

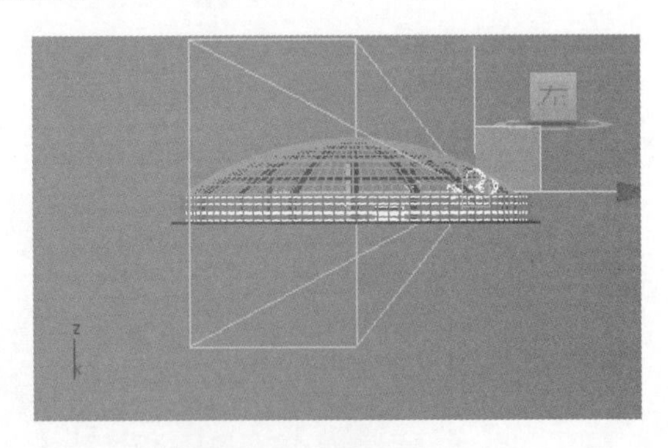

图 10-95　创建摄影机

(11) 在工具栏中单击"选择并移动"工具,在顶视图中调整新创建的摄影机位置,如图 10-96 所示。

(12) 在单个视图的左上角单击鼠标右键,弹出下拉菜单,在出现的下拉菜单中单击"视点",在其子菜单中选择"摄影机"命令单击,这样视图的模式就转化为摄影机视图,如图 10-97 所示。

Note

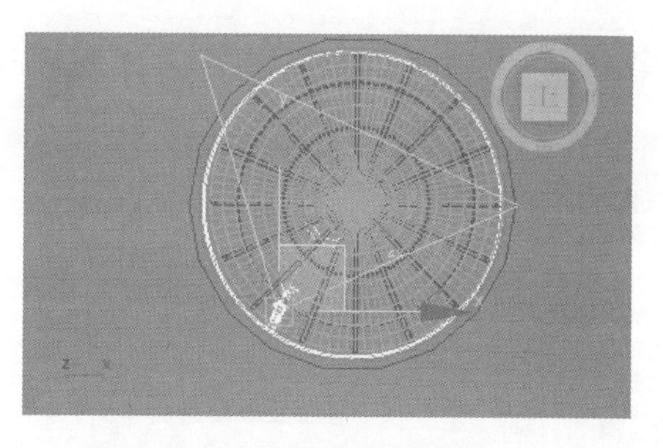

图 10-96　调整摄影机位置

图 10-97　摄影机视图

10.1.5　展厅展台及文字的创建

（1）执行"创建"→"标准基本体"→"圆柱体"命令，在顶视图中创建一个圆柱体作为展台的台面，位置如图 10-98 所示。

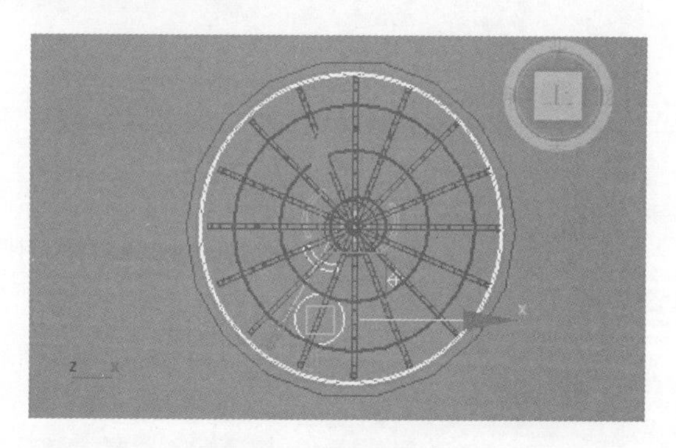

图 10-98　创建展台台面

（2）在工具栏中单击"选择并移动"工具，在前视图中调整新创建的台面的位置，如图 10-99 所示。

（3）选中创建好的展台台面，在工具栏中单击"选择并移动"工具，然后在按住 Shift 键的同时拖动物体，最后单击"确定"按钮完成复制操作。调整位置如图 10-100 所示，多次重复复制，最终效果如图 10-101 所示。

Note

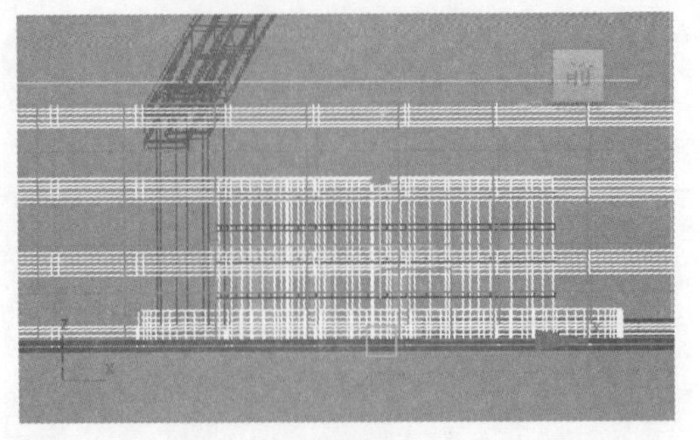

图 10-99　调整展台位置

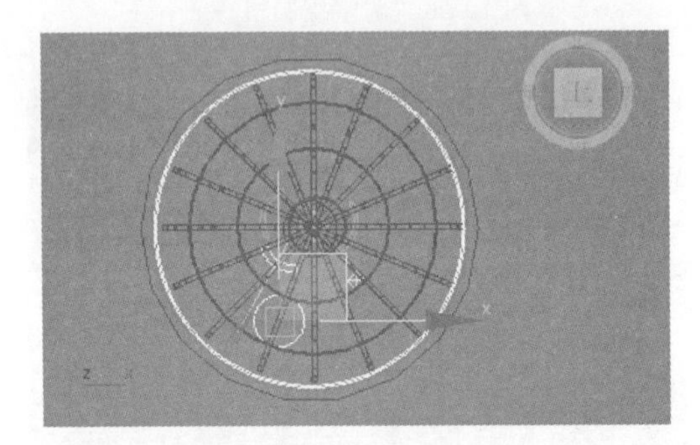

图 10-100　关联复制

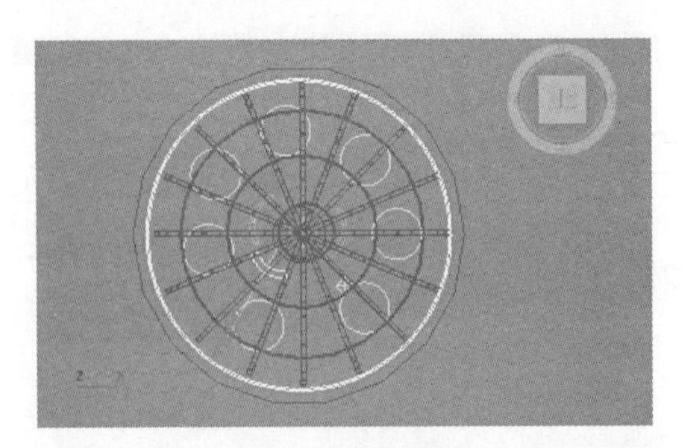

图 10-101　重复复制效果

(4) 执行"创建"→"标准基本体"→"管状体"命令,在顶视图中创建一个管状体作为展台的边装饰,位置如图 10-102 所示。

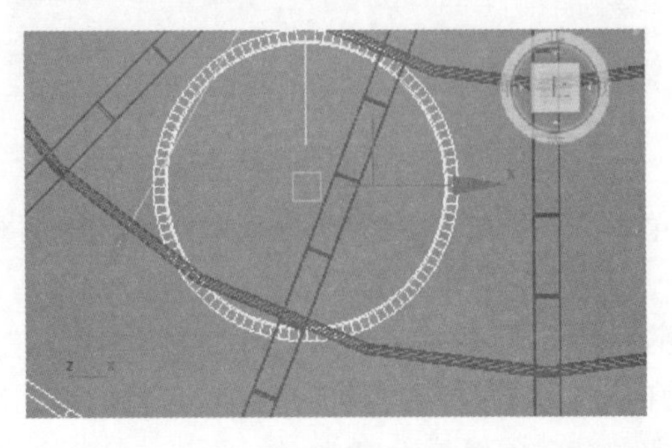

图 10-102　创建管状体

(5) 在工具栏中单击“选择并移动”工具，在前视图中调整装饰的位置，如图 10-103 所示。

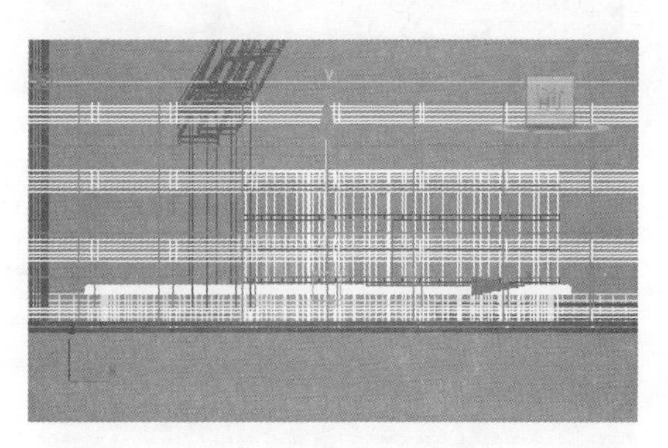

图 10-103　调整位置

(6) 重复上述操作，再在顶视图中创建一个“管状体”，位置如图 10-104 所示，在工具栏中单击“选择并移动”工具，在前视图中调整装饰的位置，位置如图 10-105 所示。

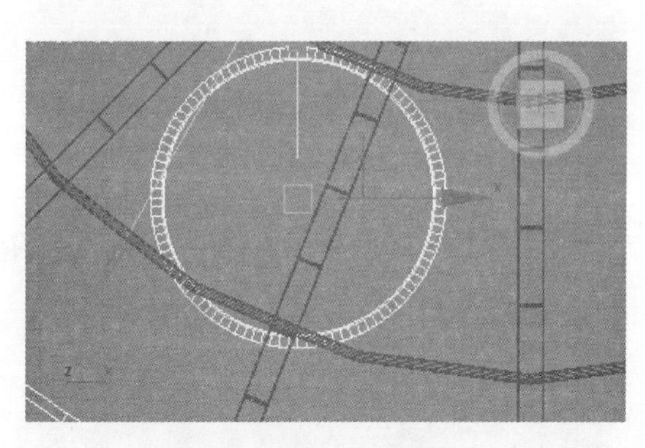

图 10-104　创建管状体

图 10-105　调整位置

(7) 执行“创建”→“标准基本体”→“圆环”命令，在顶视图中创建一个圆环，位置如图 10-106 所示。

(8) 选中创建好的“圆环”，在工具栏中单击“移动”工具，然后在按住 Shift 键的同时拖动物体，最后单击“确定”按钮完成复制操作，调整位置如图 10-107 所示。

Note

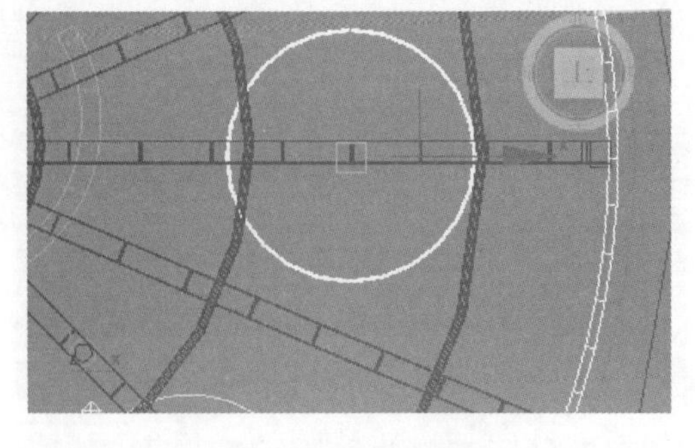

图 10-106　创建圆环

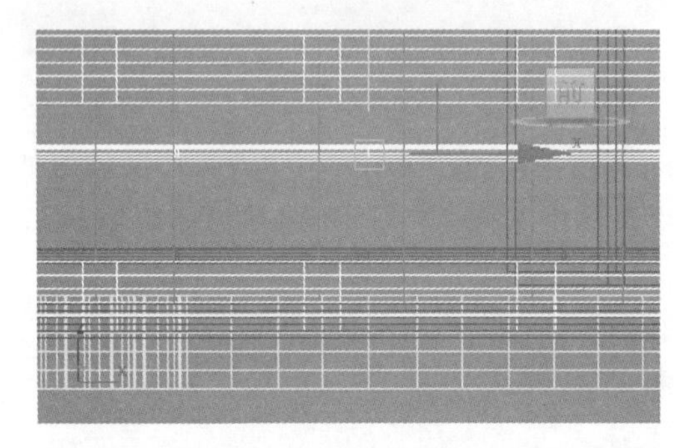

图 10-107　移动复制圆环

(9) 执行"创建"→"图形"→"线"命令，进入左视图中创建一条如图 10-108 所示的曲线。

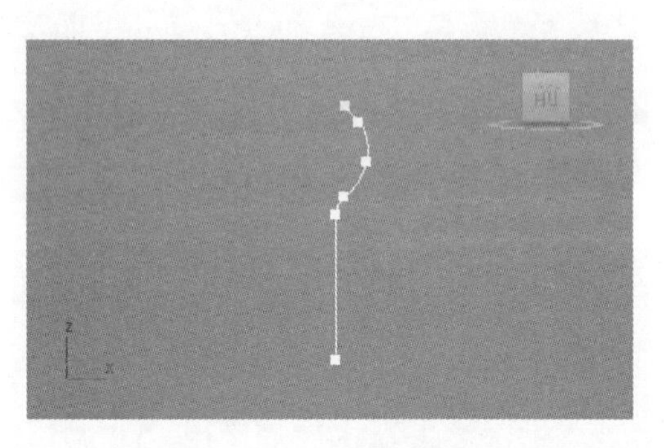

图 10-108　创建曲线

(10) 首先选择创建好的曲线，执行"修改器"→"面片/样条线编辑"→"车削"命令，并在"参数"面板中设置"分段"为 36，通过"车削"修改器的作用，原来的曲线旋转成为一个实体，最终效果如图 10-109 所示。

(11) 选中创建好的栏杆，在工具栏中单击"选择并移动"工具，然后在按住 Shift 键的同时拖动物体，设置"副本数"为 4，完成复制操作，调整位置如图 10-110 所示。

(12) 重复操作，选择护栏和栏杆，在工具栏中单击"选择并移动"工具，然后在按住 Shift 键的同时拖动物体，设置"副本数"为 6，最后单击"确定"按钮完成复制操作，调整位置如图 10-111 所示。

Note

图 10-109　最终效果

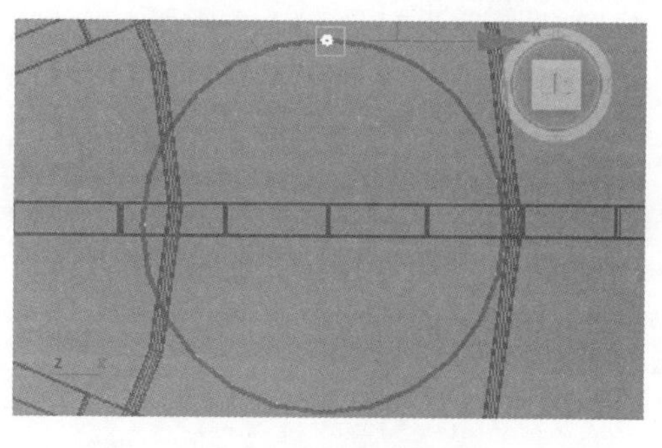

图 10-110　栏杆复制

(13) 执行“创建”→“图形”→“文本”命令，或者直接在“对象类型”面板中单击“文本”命令，如图 10-112 所示。

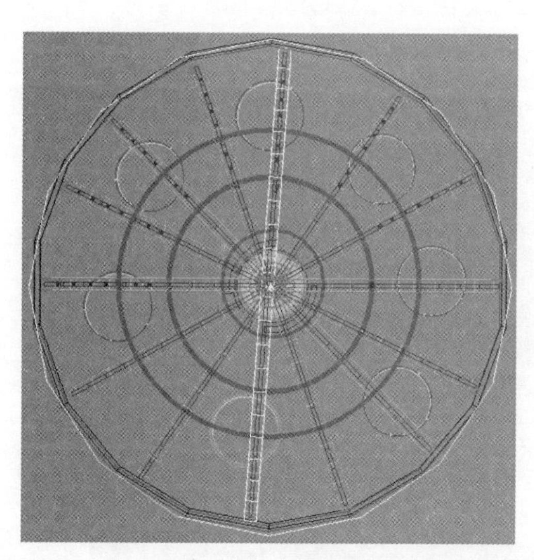

图 10-111　调整护栏

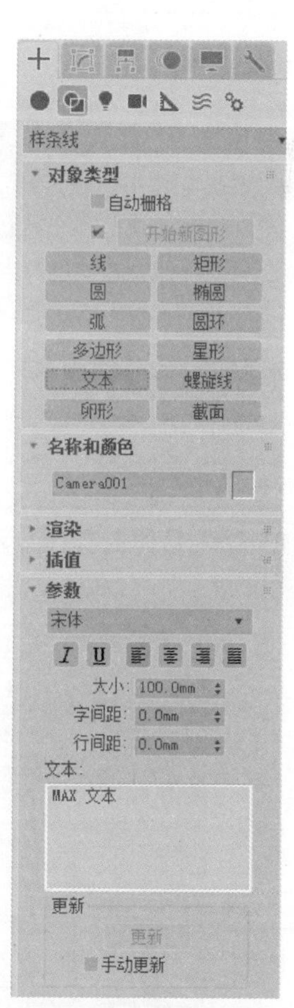

图 10-112　对象类型面板

(14) 进入“参数”面板，在“文本”下面输入 BMW，如图 10-113 所示。

(15) 执行“修改器”→“网格编辑”→“挤出”命令或者单击“修改”选项卡下拉菜单，从中选择“挤出”修改器，然后在右侧“参数”命令面板中设置基本参数，设置“数量”为 4.2mm，如图 10-114 所示。同时在工具栏中单击“选择并移动”工具调整文字的

位置，最终效果如图 10-115 所示。

图 10-113　设置参数面板

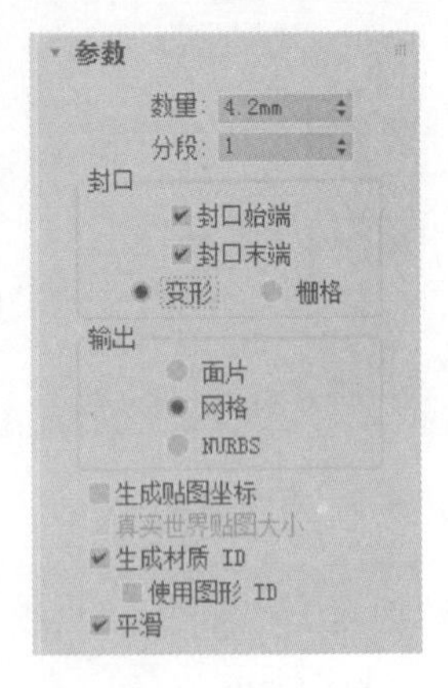

图 10-114　设置数值

图 10-115　位置调整

(16) 进入物体的实体显示级别，最终效果如图 10-116 所示。

图 10-116　最终效果

10.1.6　展厅彩色装饰带及吊灯的创建

(1) 执行“创建”→“标准基本体”→“圆环”命令，在顶视图中创建一个圆环，位置效果如图 10-117 所示。

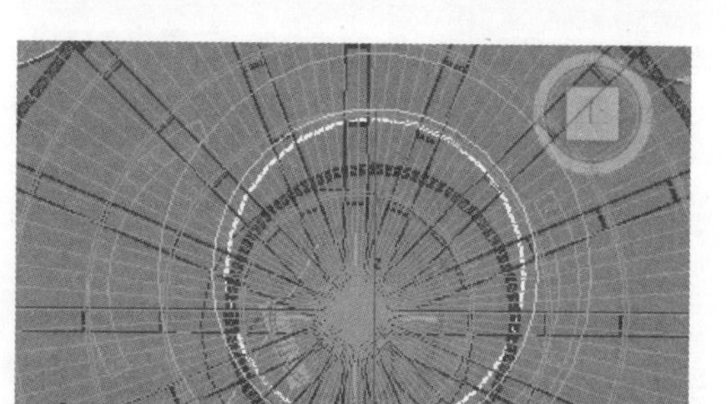

图 10-117　创建圆环

(2) 在工具栏中单击“选择并移动”工具，在前视图中调整新创建的“圆环”位置，同时利用“旋转”工具将其倾斜，如图 10-118 所示。

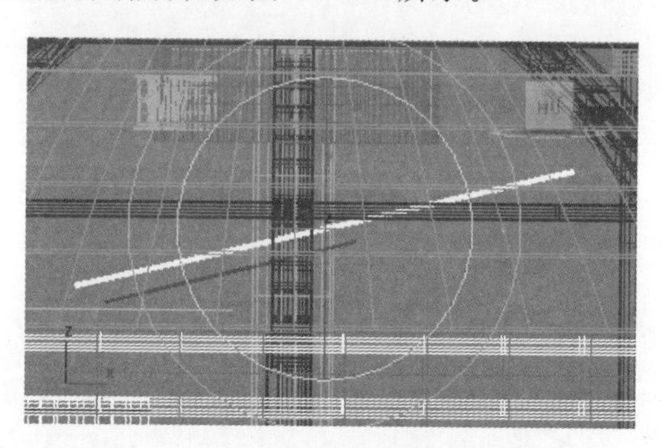

图 10-118　调整位置

(3) 选中调整好的“圆环”，在工具栏中单击缩放工具，在按住 Shift 键的同时缩放物体，设置“副本数”为 9，完成复制操作，调整位置如图 10-119 所示。

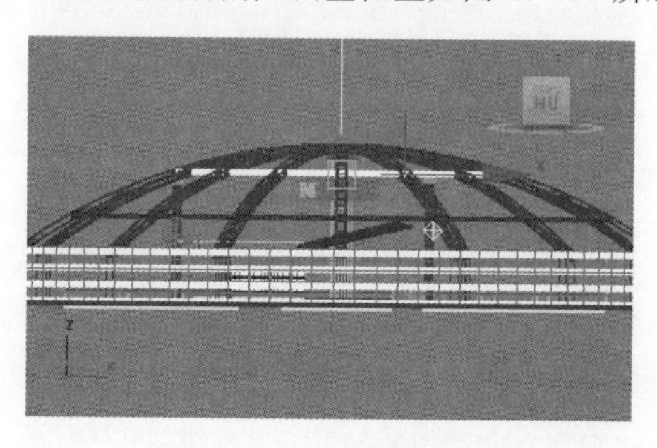

图 10-119　缩放复制管状体

(4) 执行“创建”→“标准基本体”→“圆柱体”命令，在顶视图中创建一个圆柱体作为彩色装饰带的支撑，位置如图 10-120 所示。

Note

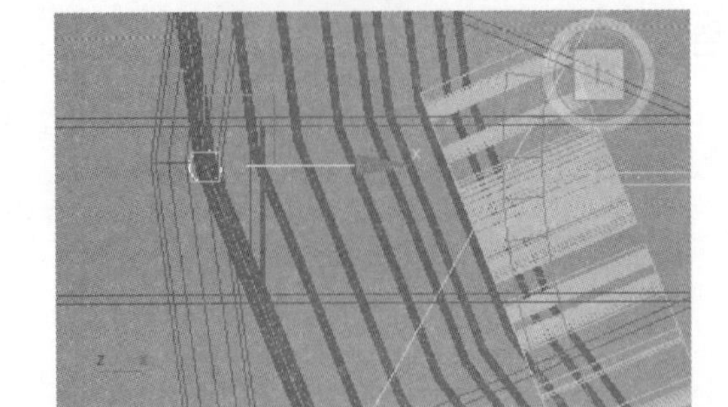

图 10-120　创建圆柱体

(5) 在工具栏中单击“选择并移动”工具，在前视图中调整新创建的圆柱体的位置，如图 10-121 所示。

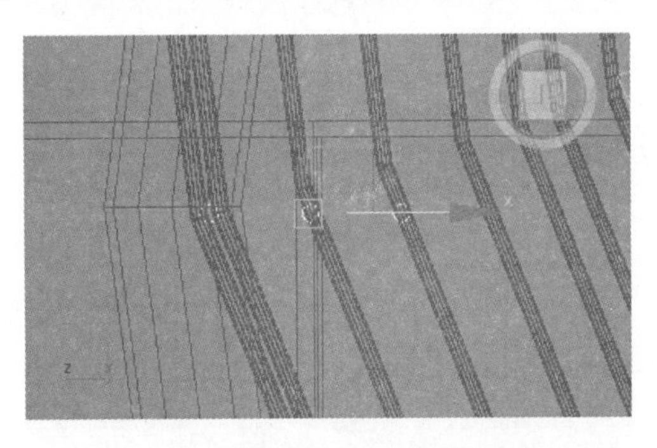

图 10-121　调整位置

(6) 选中创建好的圆柱体，在工具栏中单击“选择并移动”工具，然后在按住 Shift 键的同时拖动物体，设置“副本数”为 2，最后单击“确定”按钮完成复制操作。

(7) 重复上述操作，经过多次复制与调整，最终位置如图 10-122 所示。

(8) 进入物体的实体显示级别，最终效果如图 10-123 所示。

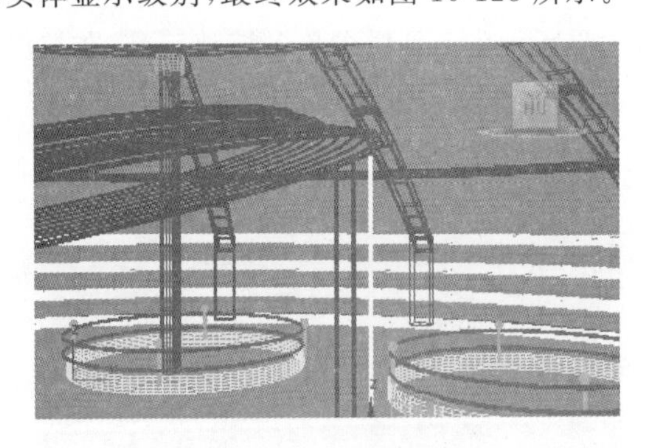

图 10-122　最终位置

(9) 执行“创建”→“图形”→“线”命令，进入“前视图”中创建一条如图 10-124 所示的曲线。

(10) 首先选择创建好的曲线，执行“修改器”→“面片/样条线编辑”→“车削”命令，并在“参数”面板中设置“分段”为 16，如图 10-125 所示。

Note

图 10-123　最终效果

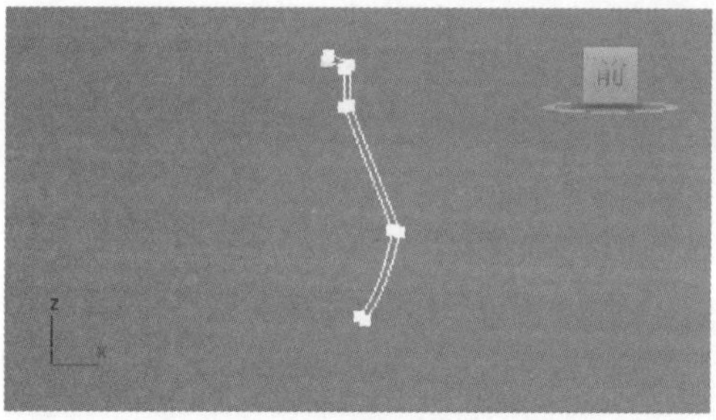

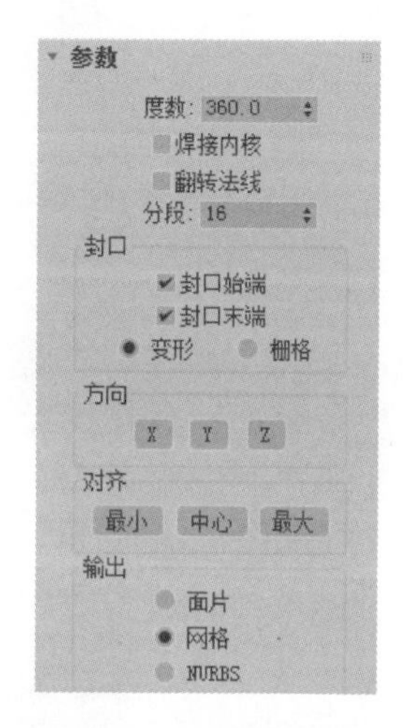

图 10-124　创建曲线

图 10-125　设置参数面板

(11) 通过“车削”修改器的作用,原来的曲线旋转成为一个实体,旋转效果如图 10-126 所示。

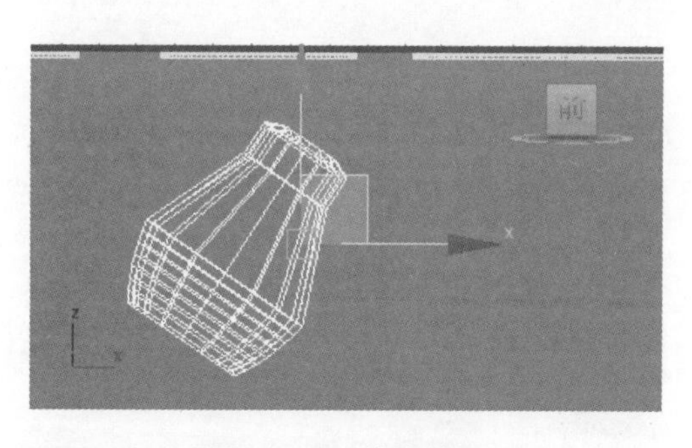

图 10-126　旋转效果

(12) 进入前视图中,再次创建一条曲线,如图 10-127 所示。然后添加“车削”修改器,最终效果如图 10-128 所示。

(13) 在工具栏中单击“选择并移动”工具,在透视图中调整新创建的吊灯的位置,位置如图 10-129 所示。

(14) 选中调整好的吊灯,在工具栏中单击“选择并移动”工具,然后在按住 Shift

Note

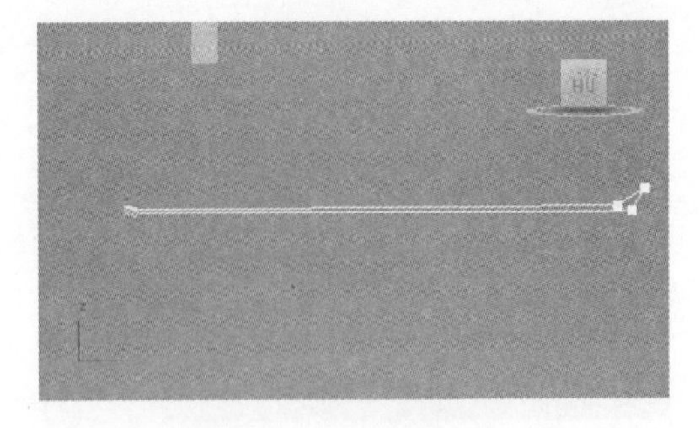

图 10-127　创建曲线

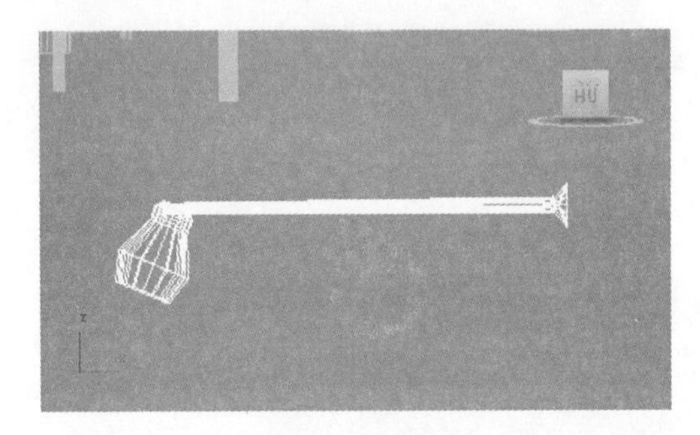

图 10-128　最终效果

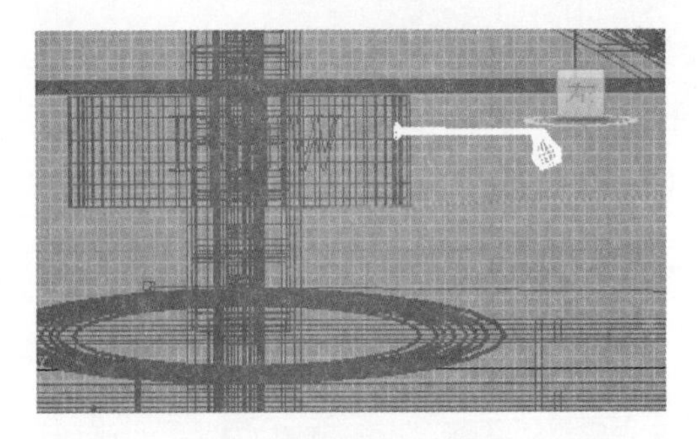

图 10-129　调整位置

键的同时拖动物体，设置“副本数”为 2，最后单击“确定”按钮完成复制操作，调整位置如图 10-130 所示。

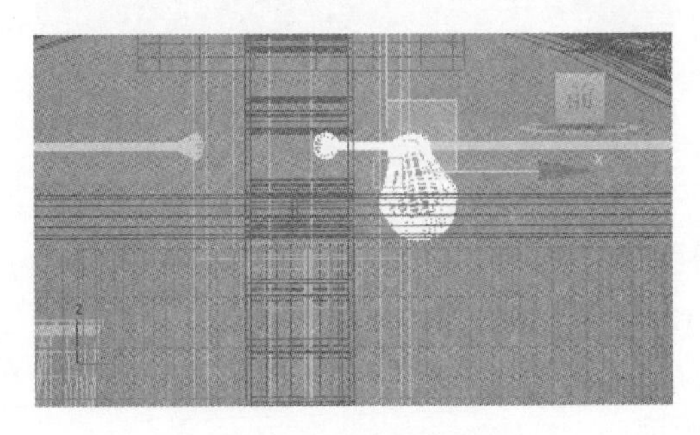

图 10-130　关联复制吊灯

(15) 进入物体的实体显示级别,最终效果如图 10-131 所示。

图 10-131　实体效果

(16) 调整吊灯外形的曲线变化,同时调整灯头与灯杆的角度关系,用同样的方法完成其他吊灯的制作,效果如图 10-132 所示。

(17) 至此,整个展厅的模型创建工作已经完成,使用快捷键 F9 或者 Shift+Q 组合键进行快速渲染,最终效果如图 10-133 所示。

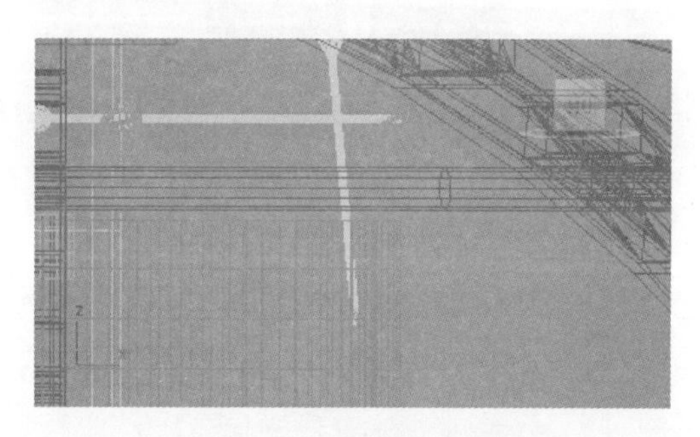

图 10-132　创建其他吊灯

图 10-133　快速渲染效果

10.2　展厅材质的赋予

10.2.1　展厅地面、柱子及展台材质的创建

10-2

(1) 将材质切换到标准材质下,选择一个新的材质球,单击"漫反射"后面的"无"按

Note

钮，打开“材质/贴图浏览器”面板，从中选择“位图”单击，然后打开“选择位图图像文件”对话框，选择一种石材，如图 10-134 所示，完成打开操作。

(2) 在“坐标”面板中对其基本参数进行设置，“瓷砖”设为 10.0，“模糊”设为 0.5，如图 10-135 所示。

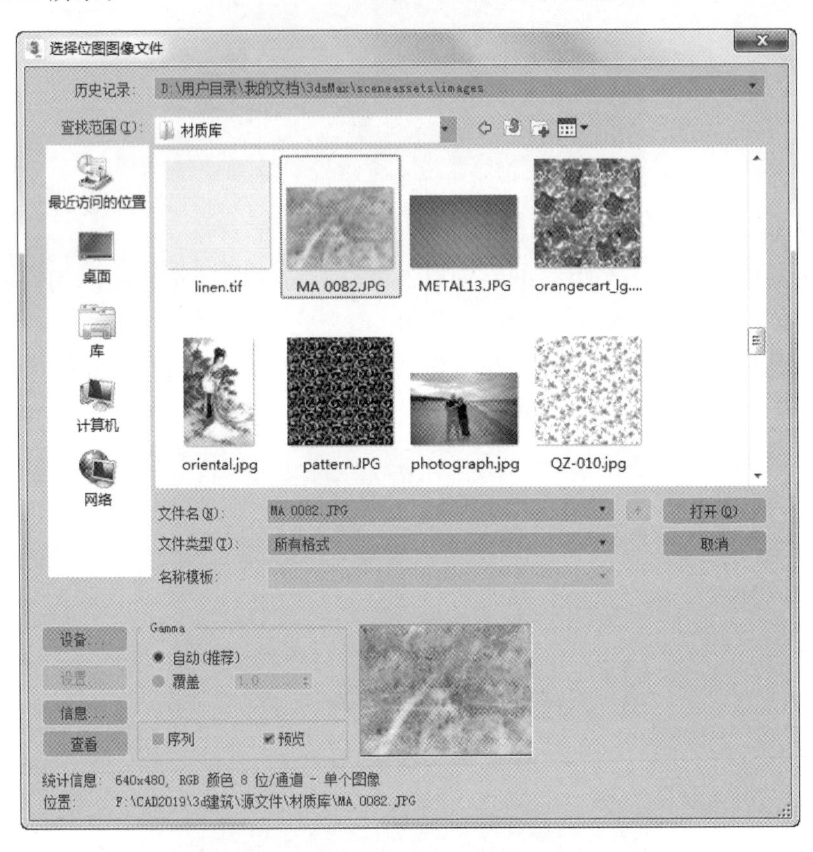

图 10-134　选取石材

(3) 单击“转到父对象”按钮 ，回到上层命令面板进行设置，设置“高光级别”为 44，“光泽度”为 52，如图 10-136 所示。

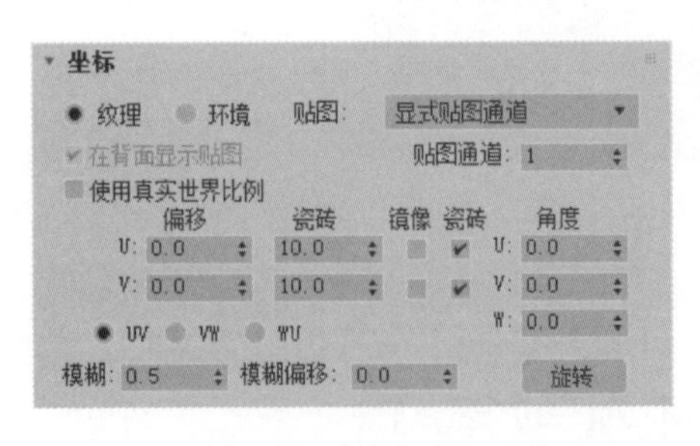

图 10-135　设置坐标面板

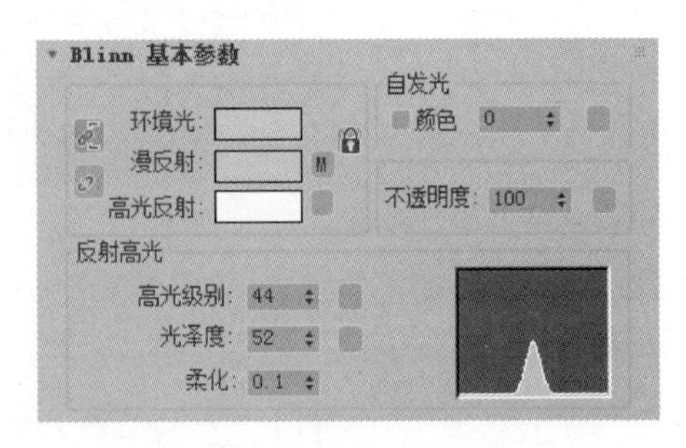

图 10-136　明暗器基本参数面板

(4) 单击“贴图”前面的(＋)，在其下拉菜单中单击“反射”后面的“无”按钮，然后从中选择“反射/折射”，将数值设为 14，如图 10-137 所示。

（5）地面材质的最终效果如图 10-138 所示。

贴图	数量	贴图类型
环境光颜色	100	无贴图
✔漫反射颜色	100	贴图 #1 (MA 0082.JPG)
高光颜色	100	无贴图
高光级别	100	无贴图
光泽度	100	无贴图
自发光	100	无贴图
不透明度	100	无贴图
过滤色	100	无贴图
凹凸	30	无贴图
✔反射	14	图 #2 (Reflect/Refract
折射	100	无贴图
置换	100	无贴图

图 10-137　贴图面板

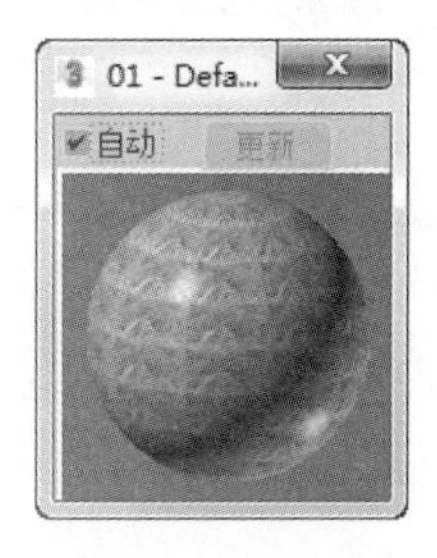

图 10-138　地面材质

（6）选择地面，单击 按钮，将材质赋予地面，完成地面材质的制作。

（7）选择一个新的材质球，单击“漫反射”后面的“无”按钮，打开“材质/贴图浏览器”面板，从中选择“位图”单击，然后打开“选择位图图像文件”面板，选择一种新石材，如图 10-139 所示，完成打开操作。

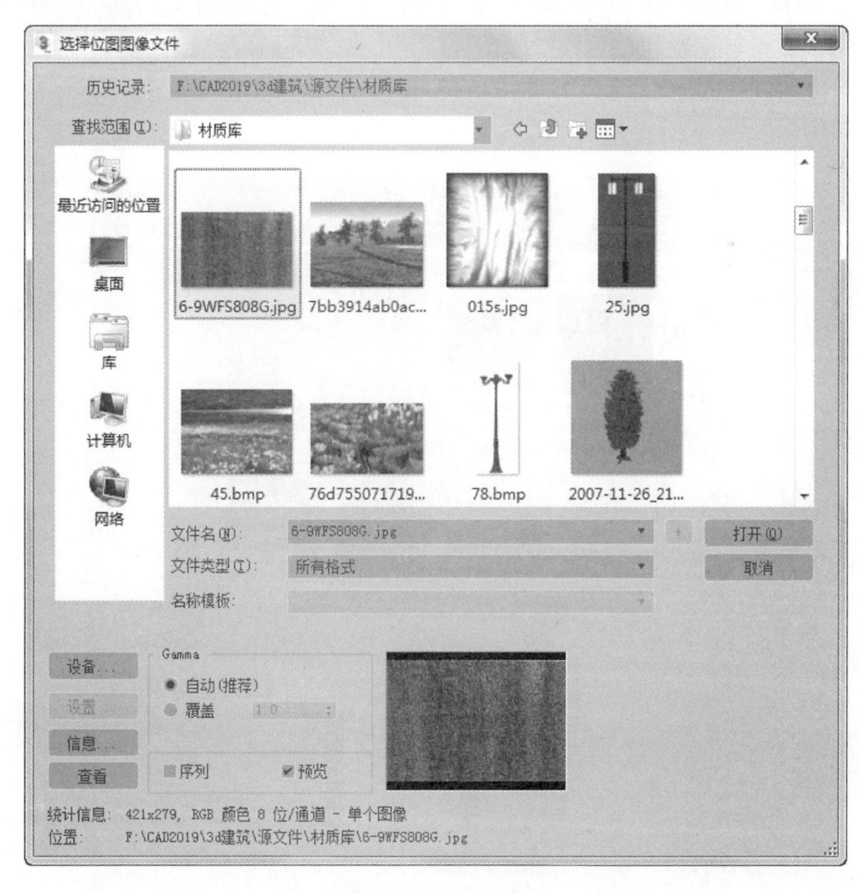

图 10-139　新石材

Note

(8) 在“坐标”面板中对其基本参数进行设置，“瓷砖”设为 1.0，“模糊”设为 1.0，如图 10-140 所示。

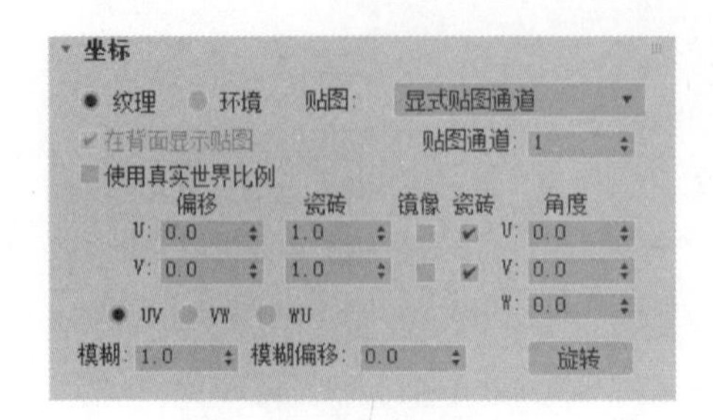

图 10-140　设置坐标面板

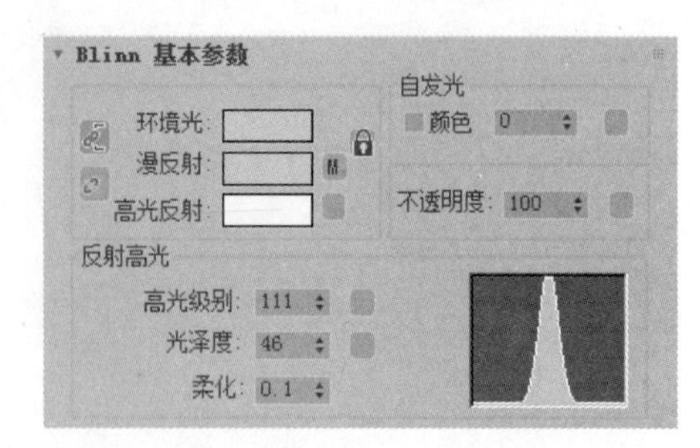

图 10-141　Blinn 基本参数面板

(9) 单击“转到父对象”按钮，回到上层命令面板，然后进行设置，设置“高光级别”为 111，“光泽度”为 46，如图 10-141 所示。

(10) 柱子材质的最终效果如图 10-142 所示。

(11) 选择柱子及柱头，单击按钮，将材质赋予物体，完成柱子材质的制作。

(12) 选择一个新的材质球，单击“漫反射”后面的“无”按钮，打开“材质/贴图浏览器”面板，从中选择“位图”单击，然后打开“选择位图图像文件”对话框，选择一种新石材，如图 10-143 所示，完成打开操作。

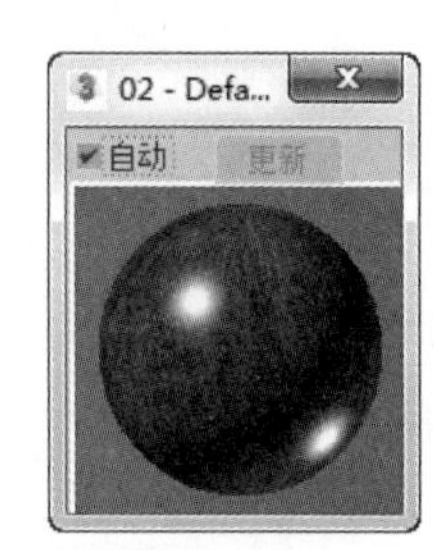

图 10-142　柱子材质

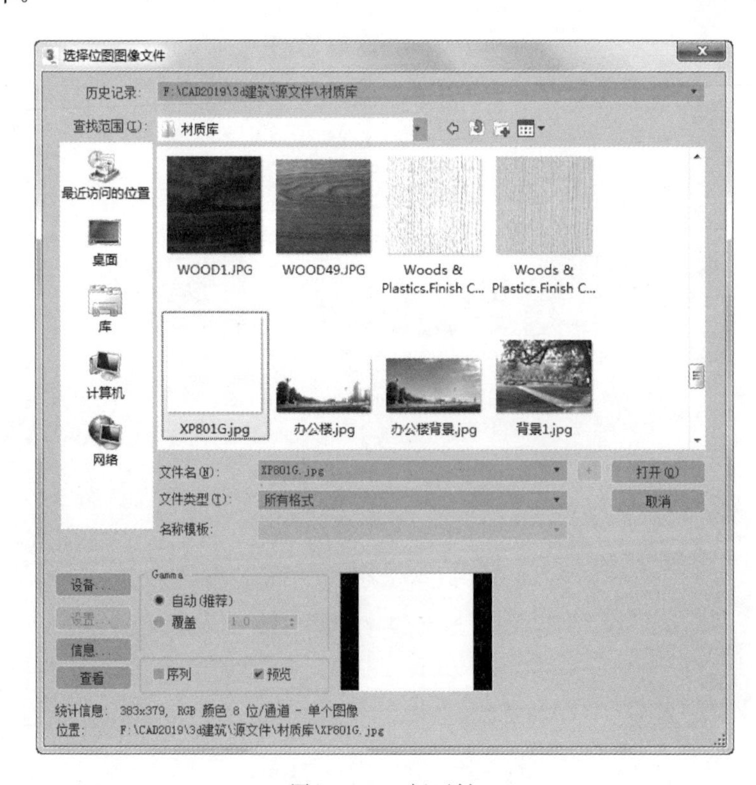

图 10-143　新石材

Note

(13) 在“坐标”面板中对其基本参数进行设置，“瓷砖”设为 0.2，“模糊”设为 1.0，如图 10-144 所示。

(14) 单击“转到父对象”按钮，回到上层命令面板，然后进行设置，设置“高光级别”为 154，“光泽度”为 64，如图 10-145 所示。

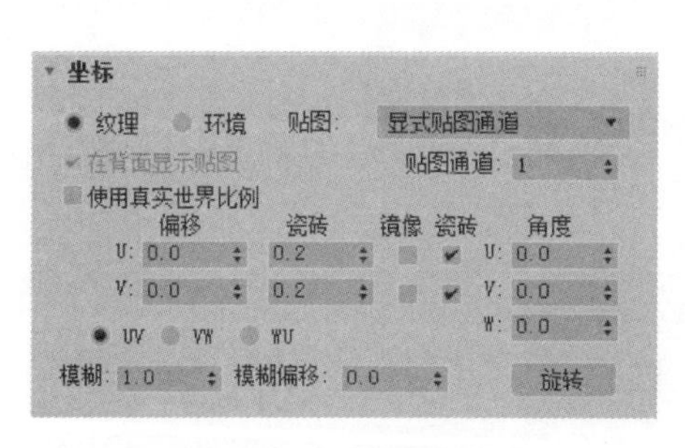

图 10-144　设置坐标面板

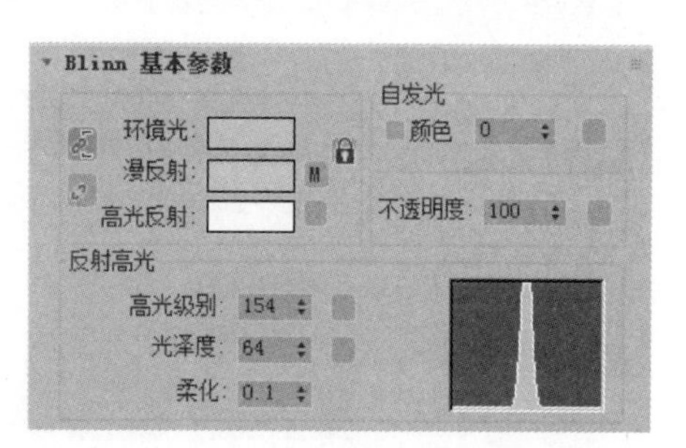

图 10-145　Blinn 基本参数面板

(15) 单击“贴图”前面的(＋)，在其下拉菜单中单击“反射”后面的“无”按钮，然后从中选择“反射/折射”，将数值设为 20，如图 10-146 所示。

(16) 展台材质的最终效果如图 10-147 所示。

(17) 选择展台台面，单击按钮将材质赋予物体，完成展台台面材质的制作。

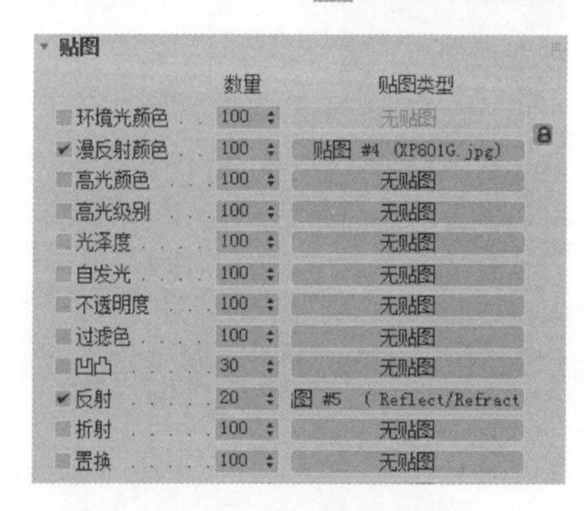

图 10-146　贴图面板

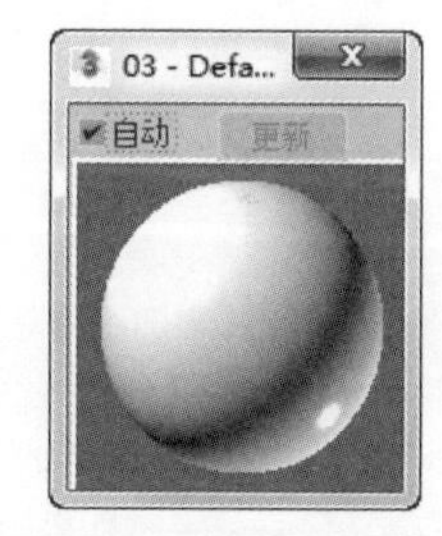

图 10-147　展台材质

10.2.2　切换到标准材质

(1) 选择一个新的材质球，单击“漫反射”后面的“无”按钮，打开“材质/贴图浏览器”面板，从中选择“位图”单击，然后打开“选择位图图像文件”面板，选择一种灰色材质，如图 10-148 所示，完成打开操作。

(2) 在“坐标”面板中对其基本参数进行设置，“瓷砖”设为 5.0，“模糊”设为 1.0，如图 10-149 所示。

(3) 单击“转到父对象”按钮，回到上层命令面板，然后进行设置，在“明暗基本参数”下选择“金属”，设置“高光级别”为 19，“光泽度”为 83，如图 10-150 所示。

(4) 单击“贴图”前面的(＋)，在其下拉菜单中单击“反射”后面的“无”按钮，然后从中选择“反射/折射”，将数值设为 26，如图 10-151 所示。

Note

图 10-148　灰色材质

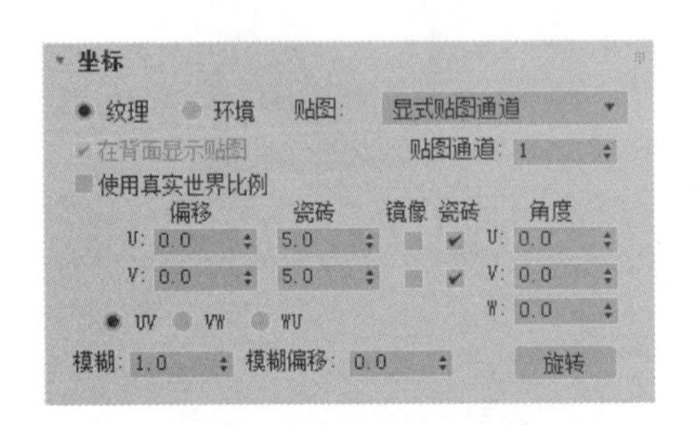

图 10-149　设置坐标面板

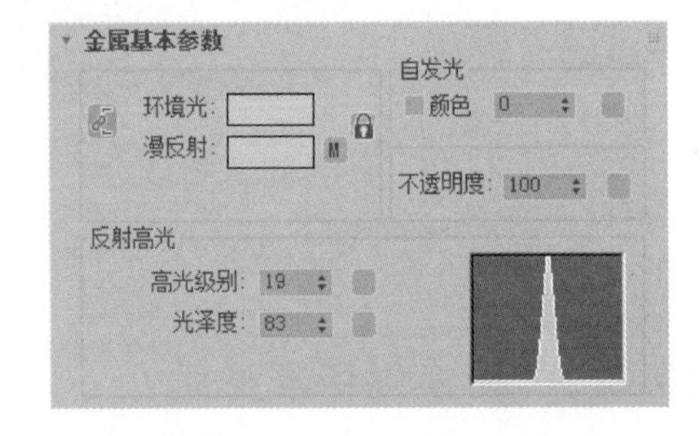

图 10-150　金属基本参数面板

(5) 展厅顶部材质的最终效果如图 10-152 所示。

(6) 选择展厅顶部框架，单击 按钮将材质赋予物体，完成顶部材质的制作。

(7) 切换到标准材质，选择一个新的材质球，单击“漫反射”后面的“无”按钮，打开“材质/贴图浏览器”面板，从中选择“位图”单击，然后打开“选择位图图像文件”对话框，选择一种木材，如图 10-153 所示，单击打开完成操作。

(8) 在“坐标”面板中对其基本参数进行设置，“瓷砖”设为 50.0，“模糊”设为 1.0，如图 10-154 所示。展厅墙体材质的最终效果如图 10-155 所示。

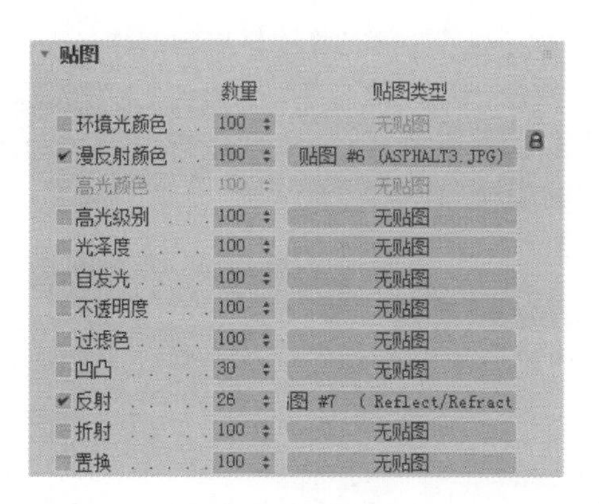

图 10-151　贴图面板

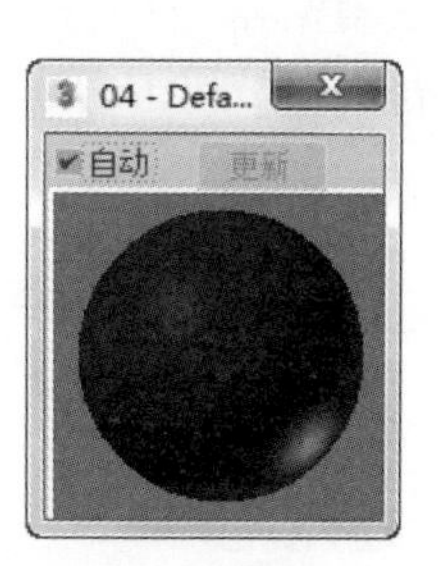

图 10-152　展厅顶部材质

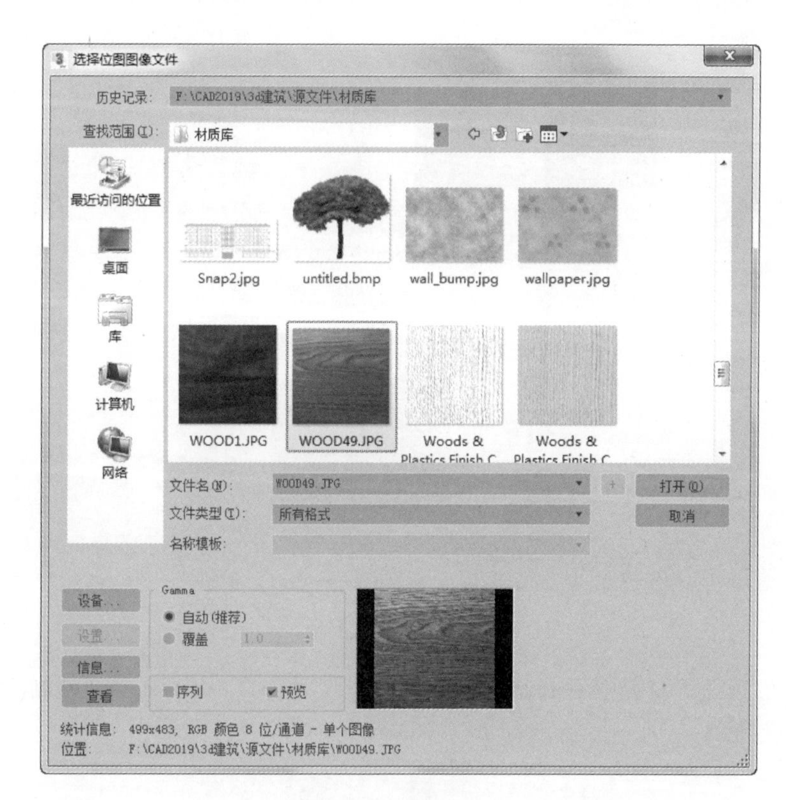

图 10-153　选择木材

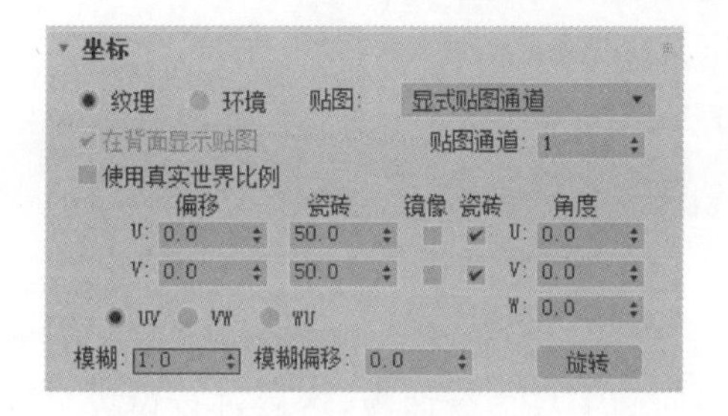

图 10-154　设置坐标面板

图 10-155　墙体材质

Note

(9) 选择展厅墙体，单击 按钮将材质赋予物体，完成墙体材质的制作。

(10) 切换到标准材质选择一个新的材质球，单击“漫反射”后面的“无”按钮，打开“材质/贴图浏览器”面板，从中选择“位图”单击，然后打开“选择位图图像文件”对话框，选择一种新木材，如图 10-156 所示，完成打开操作。

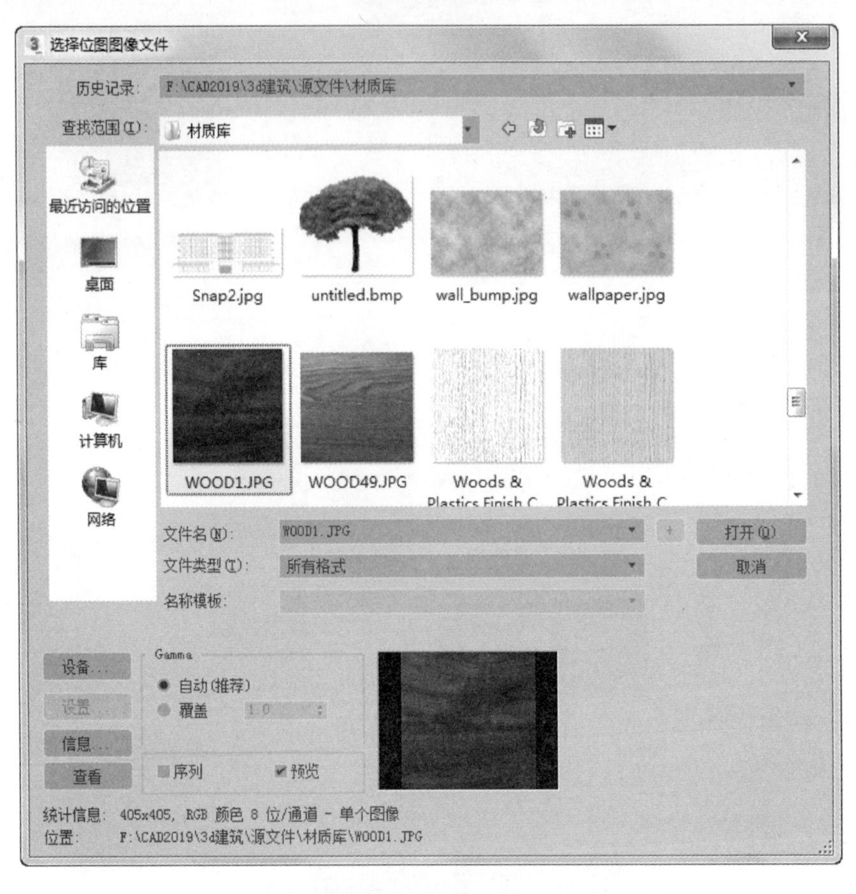

图 10-156　新木材

(11) 在“坐标”面板中对其基本参数进行设置，“瓷砖”设为 1.0，“模糊”设为 1.0，如图 10-157 所示。

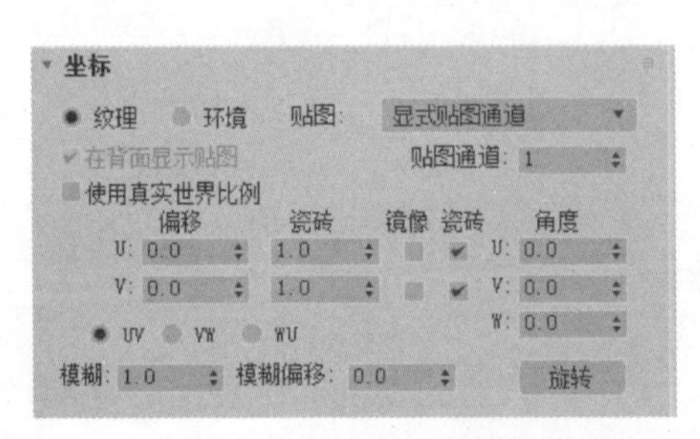

图 10-157　设置坐标面板

(12) 单击“转到父对象”按钮 ，回到上层命令面板，然后进行设置，如图 10-158 所示。

(13) 桌台材质的最终效果如图 10-159 所示。

(14) 选择桌台,单击 按钮将材质赋予物体,完成桌台材质的制作。

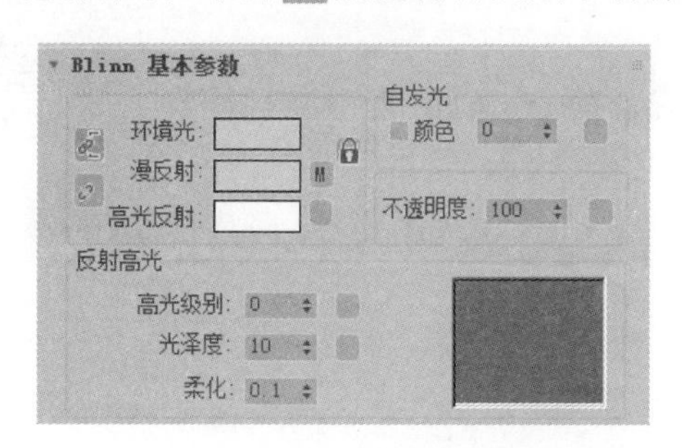

图 10-158　Blinn 基本参数面板

图 10-159　桌台材质

10.2.3　展厅玻璃及金属材质的创建

(1) 在材质编辑器中选择一个新材质球,单击"标准"按钮打开"材质/贴图浏览器"窗口,从中选择"光线跟踪"单击进入"光线跟踪基本参数"修改面板。

(2) 在"光线跟踪基本参数"面板中进行参数的设置,如图 10-160 所示。同时进行颜色调整,设红为 155,绿为 133,蓝为 125(如图 10-161 所示),作为展厅顶部玻璃材质。

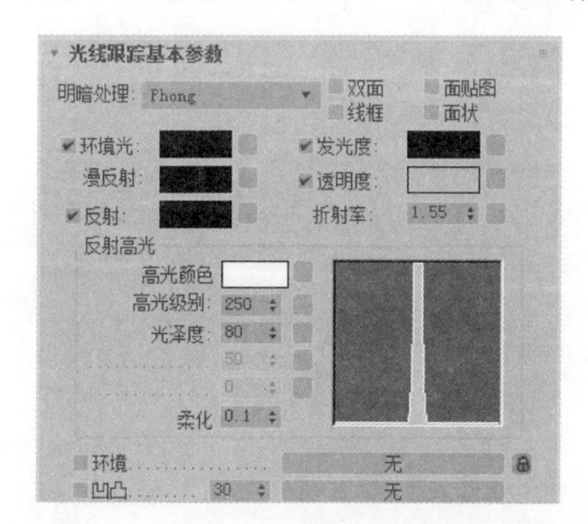

图 10-160　设置"光线跟踪基本参数"面板

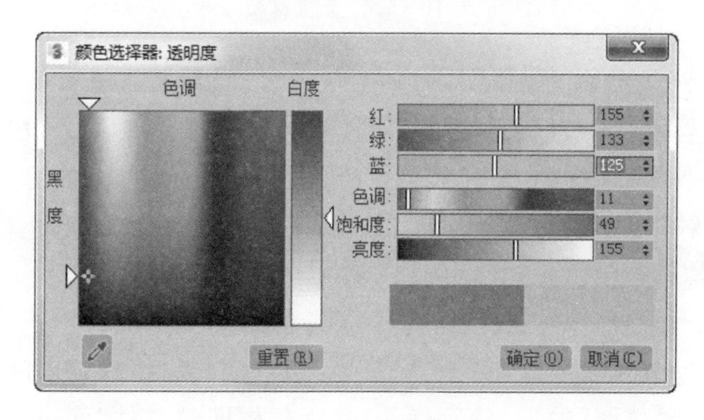

图 10-161　设置颜色

Note

(3) 展厅顶部玻璃材质的最终效果如图 10-162 所示。

(4) 选择展厅顶部玻璃层，单击 按钮将材质赋予物体，完成展厅顶部玻璃材质的制作。

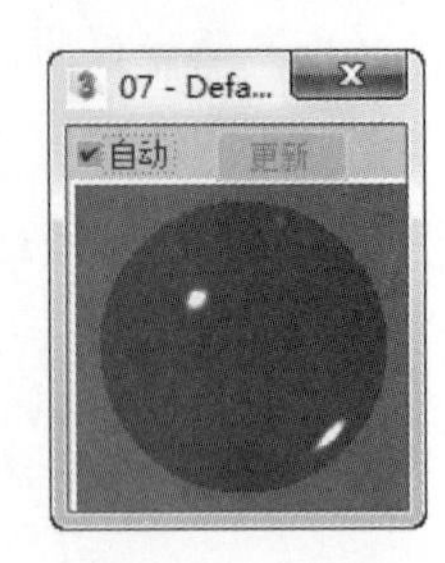

图 10-162　展厅顶部玻璃材质

(5) 选择一个新的材质球，单击"漫反射"后面的"无"按钮，打开"材质/贴图浏览器"面板，从中选择"位图"单击，然后打开"选择位图图像文件"面板，选择一种金属材质，如图 10-163 所示，完成打开操作。

(6) 在"坐标"面板中对其基本参数进行设置，"瓷砖"设为 1.0，"模糊"设为 1.0，如图 10-164 所示。

图 10-163　金属材质

(7) 单击"转到父对象" 按钮，回到上层命令面板，然后进行设置，在"明暗器基本参数"下选择"金属"，设置"高光级别"为 220，"光泽度"为 87，如图 10-165 所示。

(8) 单击"贴图"前面的(+)，在其下拉菜单中单击"反射"后面的"无"按钮，然后从中选择"反射/折射"，将数值设为 50，如图 10-166 所示。

(9) 栏杆材质的最终效果如图 10-167 所示。

(10) 选择展台栏杆，单击 按钮将材质赋予物体，完成展台栏杆材质的制作。

(11) 选择一个新的材质球，单击"漫反射"后面的"无"按钮，打开"材质/贴图浏览器"面板，从中选择"位图"单击，然后打开"选择位图图像文件"面板，选择一种金属材质，如图 10-168 所示，完成打开操作。

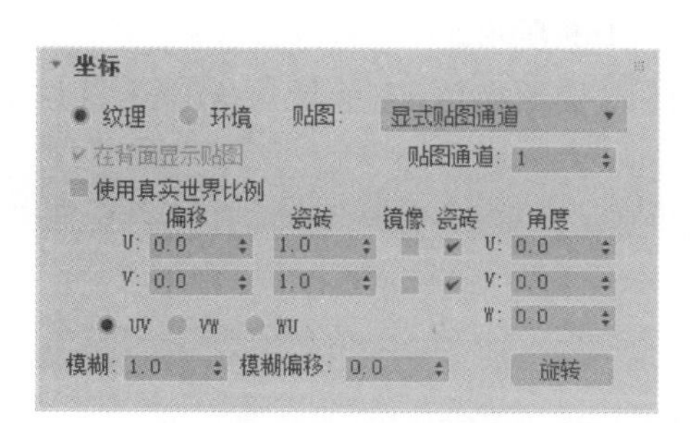

图 10-164 设置坐标面板

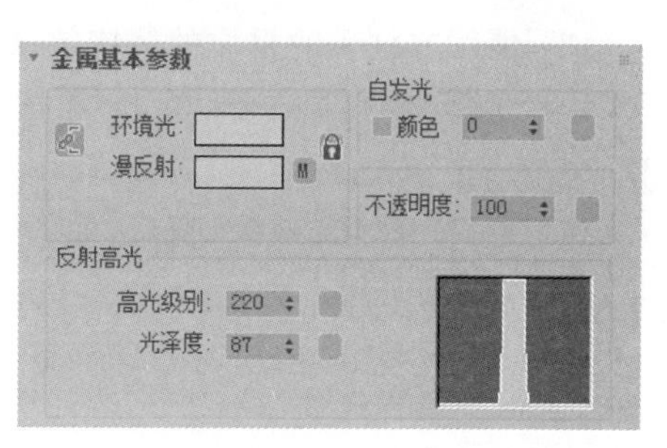

图 10-165 明暗器基本参数面板

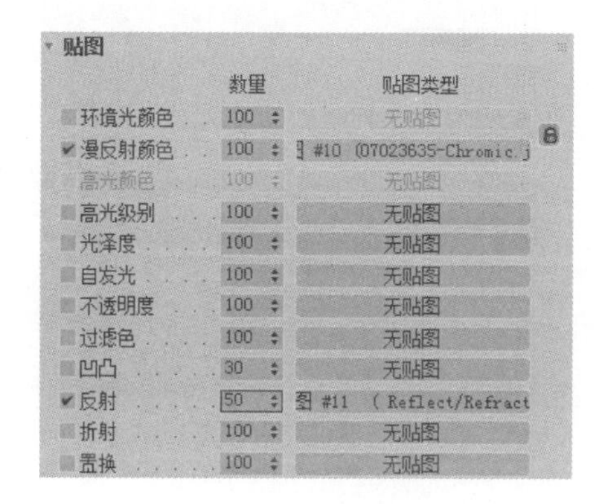

图 10-166 贴图面板

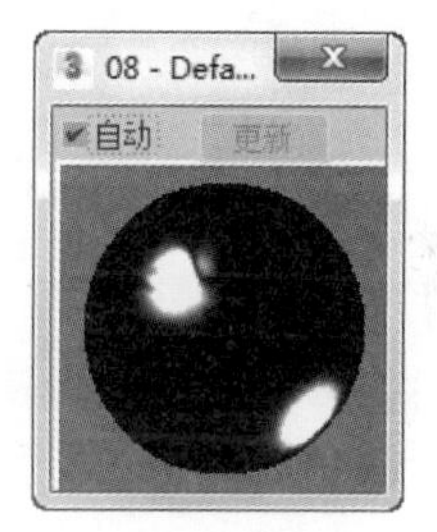

图 10-167 栏杆材质

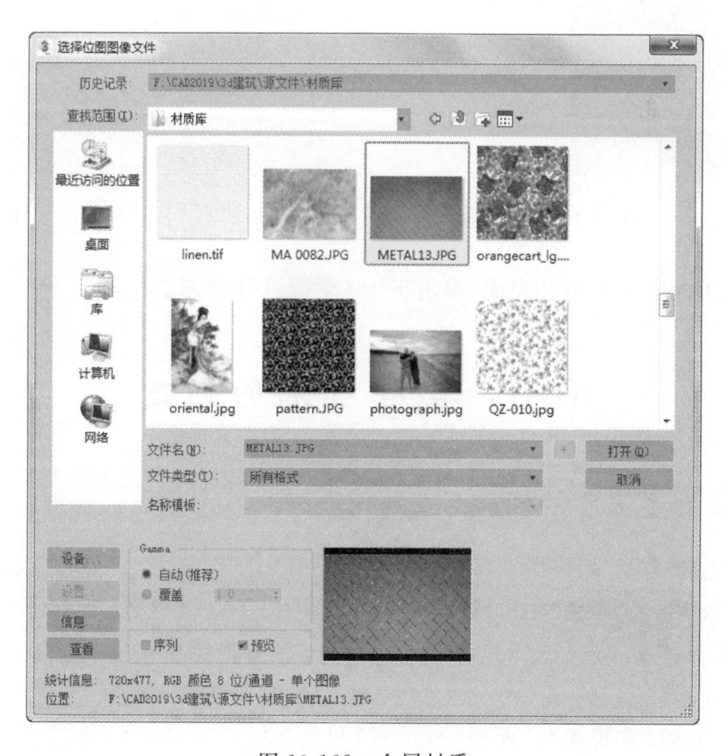

图 10-168 金属材质

(12) 展厅方柱子的材质的最终效果如图 10-169 所示。

(13) 选择展厅方柱子,单击按钮将材质赋予物体,完成展厅方柱子材质的制作。

Note

(14) 打开"环境和效果"窗口,如图 10-170 所示。单击"背景"后面的"无"按钮,为背景贴一张风景图片。

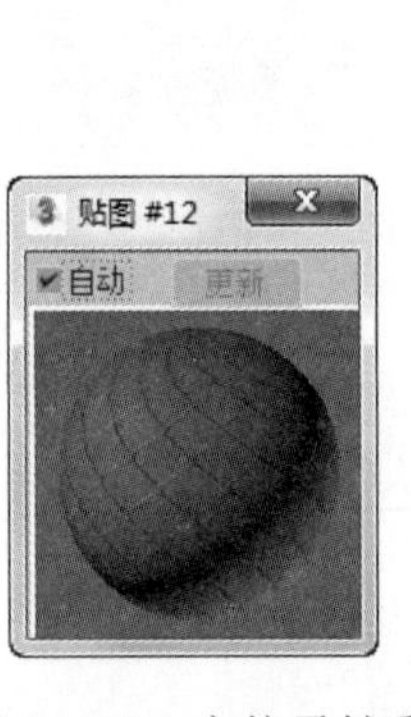

图 10-169　方柱子材质

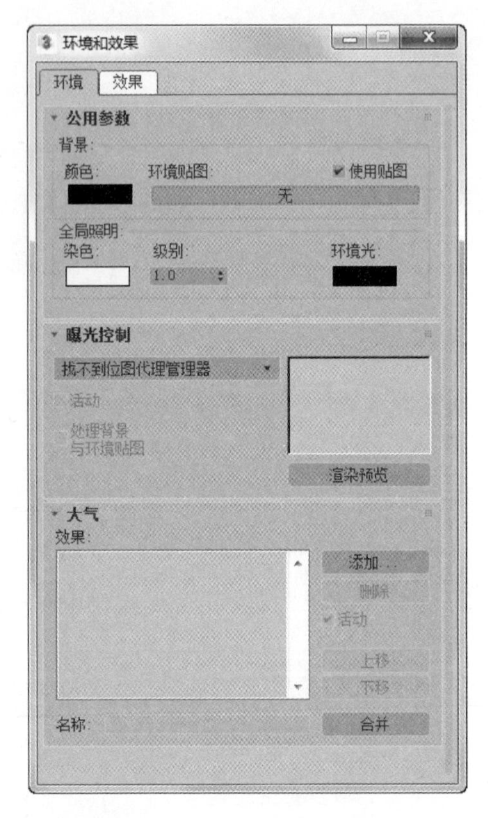

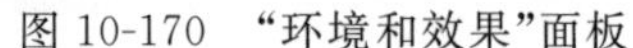

图 10-170　"环境和效果"面板

(15) 展厅材质的制作已完成,单击 F9 快捷键进行快速渲染。

10.3　展厅灯光的创建

10.3.1　展厅主光源的创建

10-3

(1) 在"对象类型"面板中选择"太阳光"(SunLight),如图 10-171 所示。然后在左视图中创建"太阳光",位置如图 10-172 所示。

(2) 在工具栏中单击"选择并移动"工具,在前视图中调整太阳光的位置,位置如图 10-173 所示。

(3) 进入右侧"常规参数"面板中,设置"目标"为 1200.0mm,将"阴影"选中,打开投影,同时设置阴影的类型为"光线跟踪阴影",如图 10-174 所示。

Note

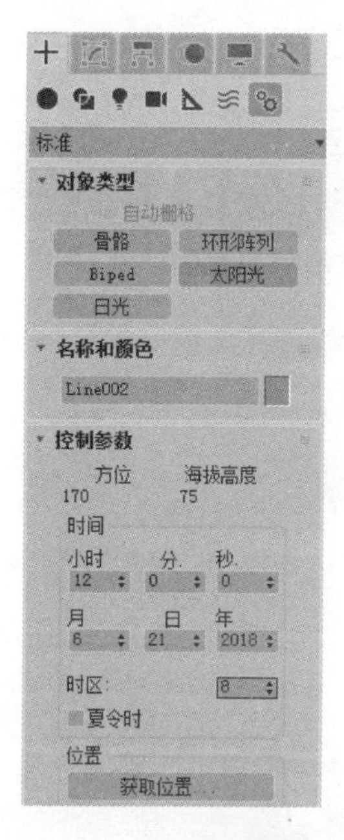

图 10-171　“对象类型”面板

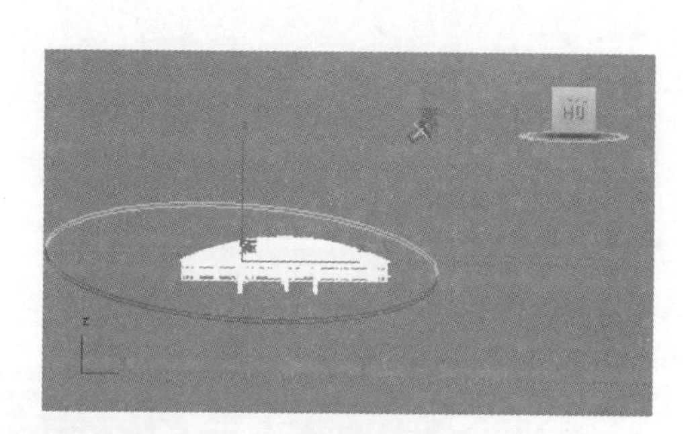

图 10-172　创建太阳光

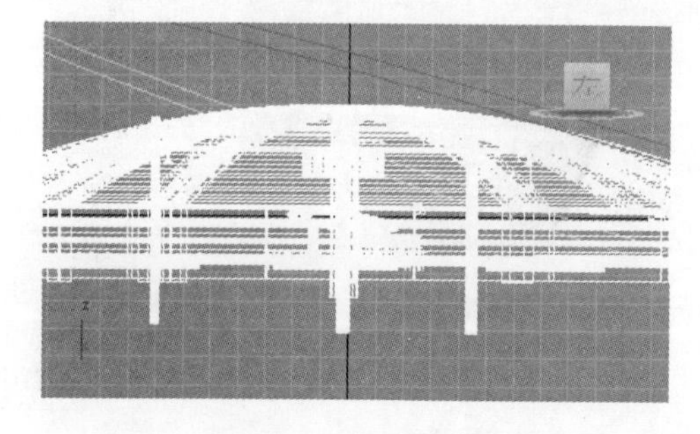

图 10-173　调整位置

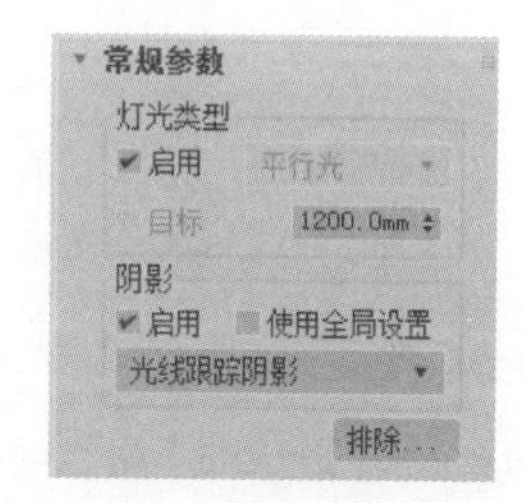

图 10-174　基本参数设置

(4) 对“太阳光”进行排除功能设置，在“排除/包含”面板中单击“排除”，然后将“圆柱体 01”选中，单击“确定”按钮完成操作。

(5) 在“阴影参数”面板中将“大气阴影”打开，设置“不透明度”数值为 40.0，如图 10-175 所示。

(6) 执行“创建”→“标准灯光”→“目标聚光灯”命令或在“对象类型”面板中选择“目标聚光灯”单击，如图 10-176 所示。

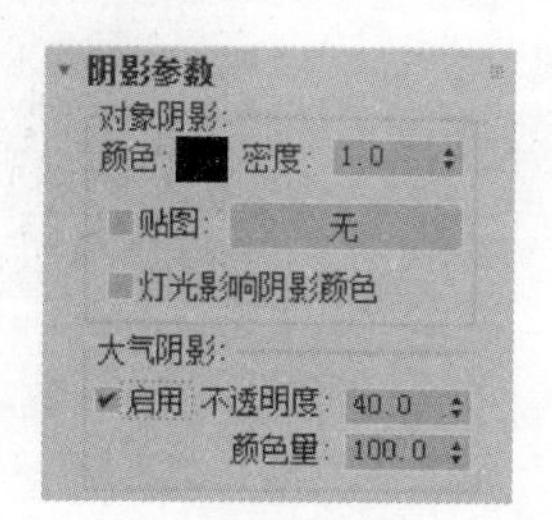

图 10-175　设置阴影参数面板

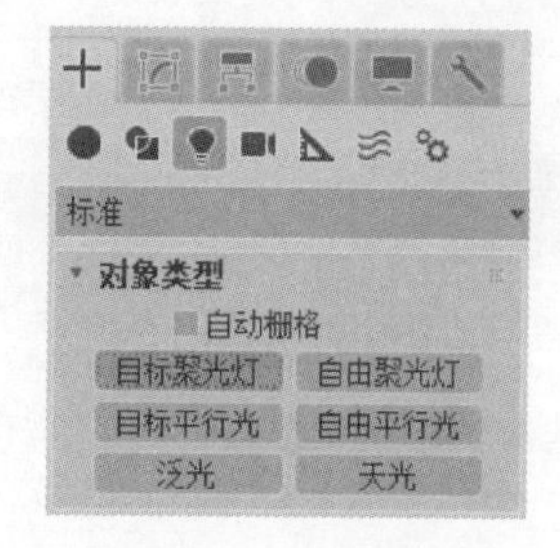

图 10-176　对象类型面板

Note

(7) 在左视图中，建立一盏“目标聚光灯”，调整位置如图 10-177 所示。

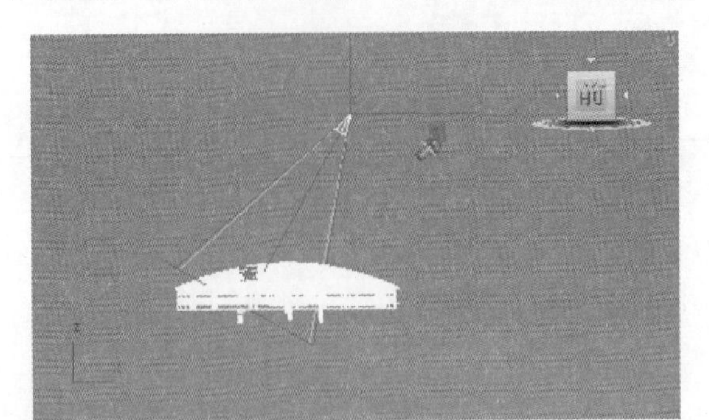

图 10-177　创建聚光灯

(8) 在工具栏中单击“选择并移动”工具 ，在前视图中调整“目标聚光灯”的位置，如图 10-178 所示。

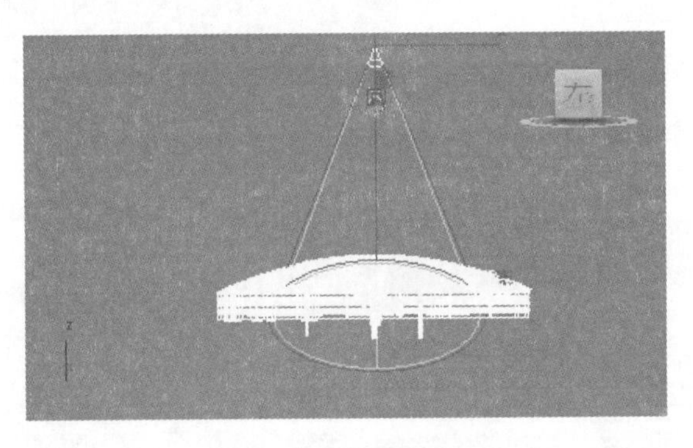

图 10-178　调整位置

(9) 在“常规参数”命令面板中进行设置，设“灯光类型”为“启用”，在“阴影”中选择“启用”，设置投影模式为“区域阴影”，如图 10-179 所示。

(10) 在“强度/颜色/衰减”面板中，将“倍增”数值调为 0.6，色彩设为白色，如图 10-180 所示。同时对“聚光灯参数”面板和“阴影参数”面板进行设置，如图 10-181、图 10-182 所示。

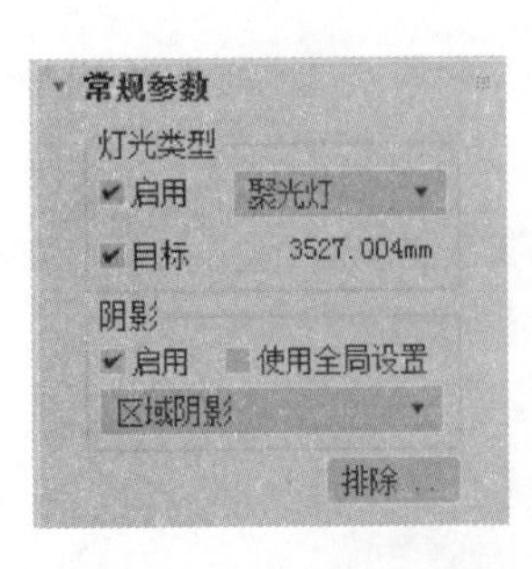

图 10-179　基本参数设置

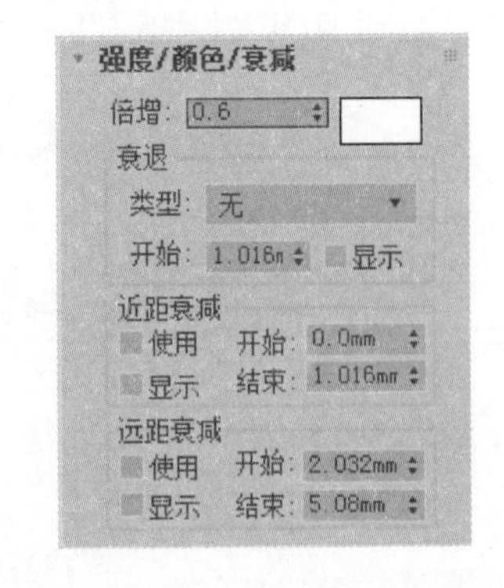

图 10-180　“强度/颜色/衰减”面板

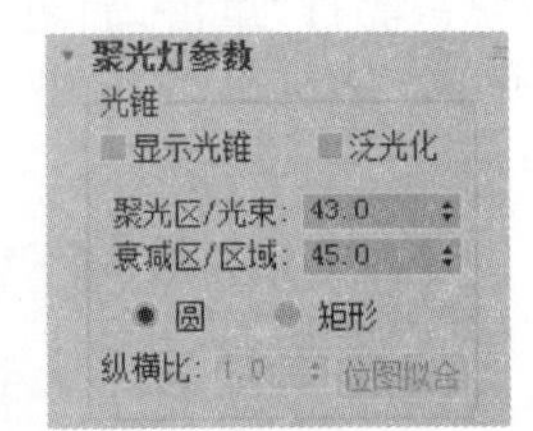

图 10-181　“聚光灯参数”面板

(11) 执行“创建”→“标准灯光”→“目标聚光灯”命令，在前视图中，建立一盏“目标聚光灯”，位置调整如图 10-183 所示。

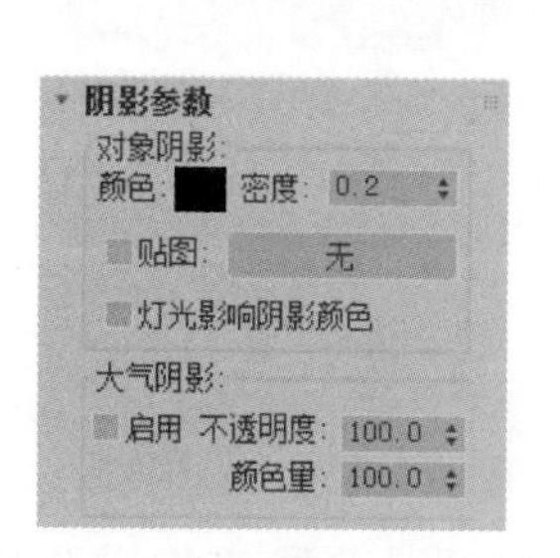

图 10-182 “阴影参数”面板

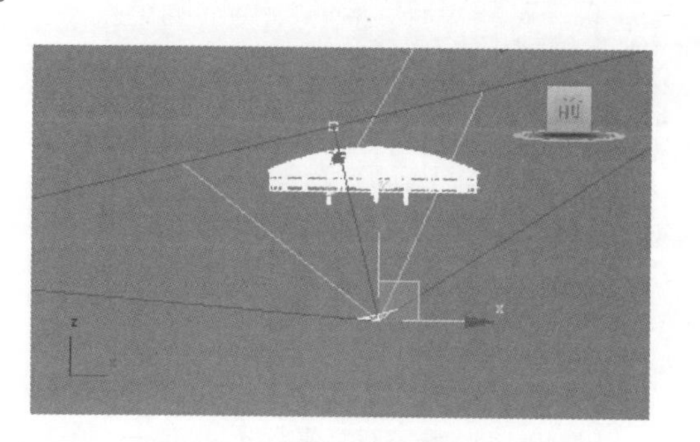

图 10-183 创建聚光灯

(12) 在“强度/颜色/衰减”面板中，将“倍增”数值调为 0.6，色彩设为白色，如图 10-184 所示。同时对“聚光灯参数”面板进行设置，如图 10-185 所示。

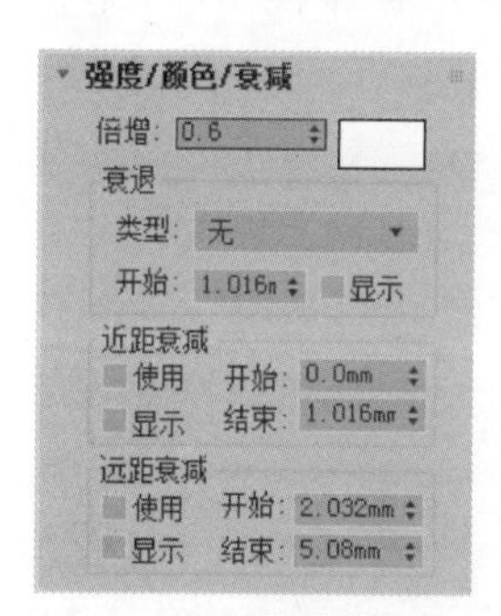

图 10-184 “强度/颜色/衰减”面板

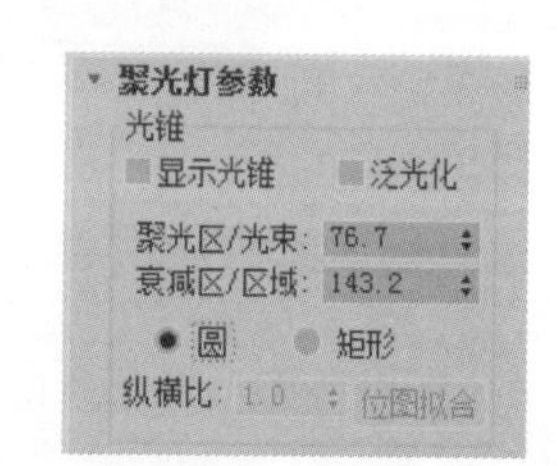

图 10-185 “聚光灯参数”面板

(13) 在“对象类型”面板中选择“目标平行光”单击，如图 10-186 所示。然后在左视图中创建“目标平行光”，如图 10-187 所示。

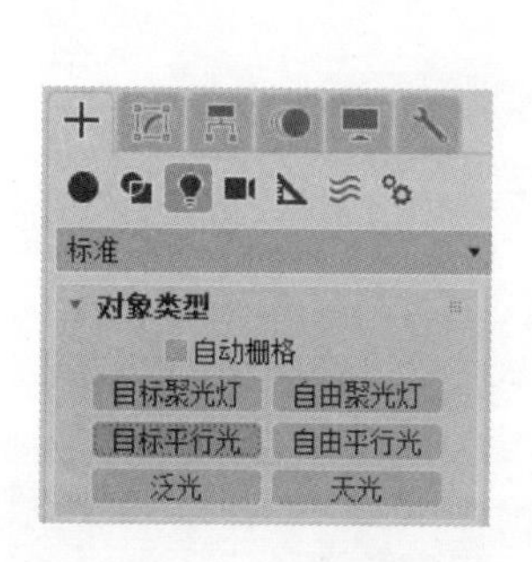

图 10-186 “对象类型”面板

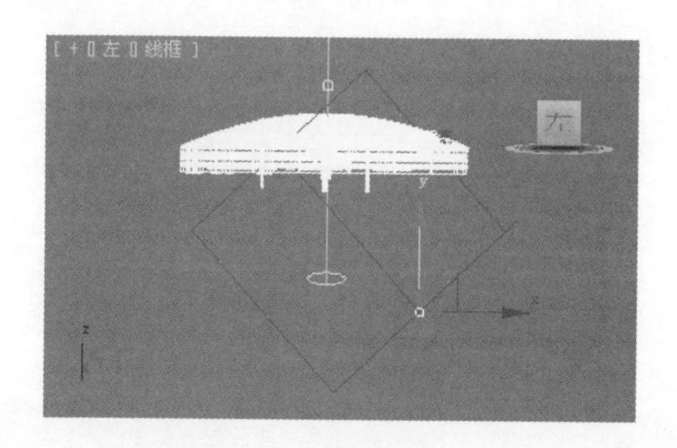

图 10-187 创建目标平行光

(14) 在工具栏中单击“选择并移动”工具，在前视图中调整“目标平行光”的位置，如图 10-188 所示。

(15) 在“强度/颜色/衰减”面板中，将“倍增”数值调为 0.8，色彩设为灰白色，如

Note

图 10-189 所示。

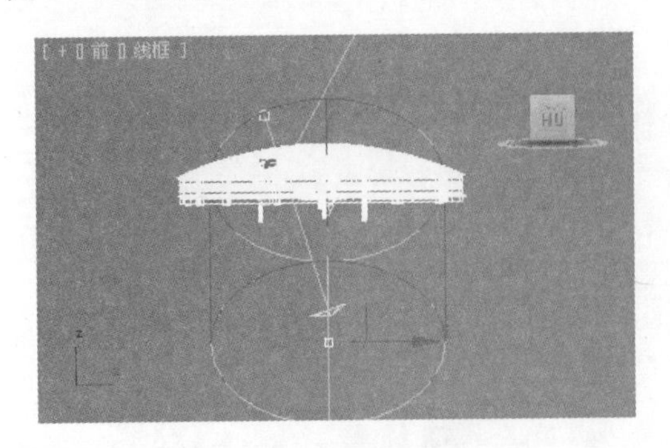

图 10-188　调整目标平行光

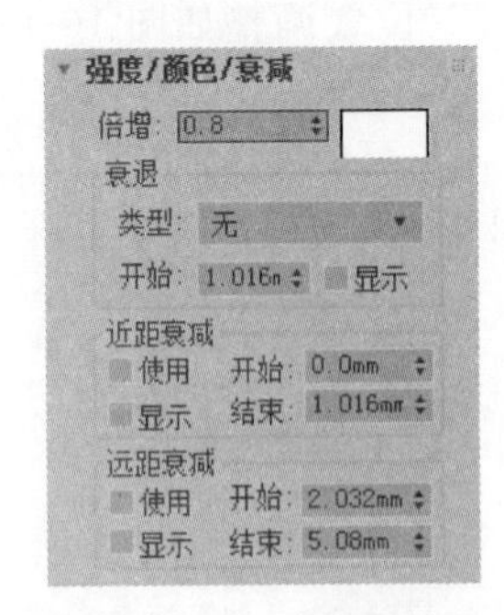

图 10-189　强度/颜色/衰减面板

10.3.2　展厅辅光的创建

(1) 执行"创建"→"标准灯光"→"目标聚光灯"命令，在左视图中，建立一盏"目标聚光灯"，位置调整如图 10-190 所示。

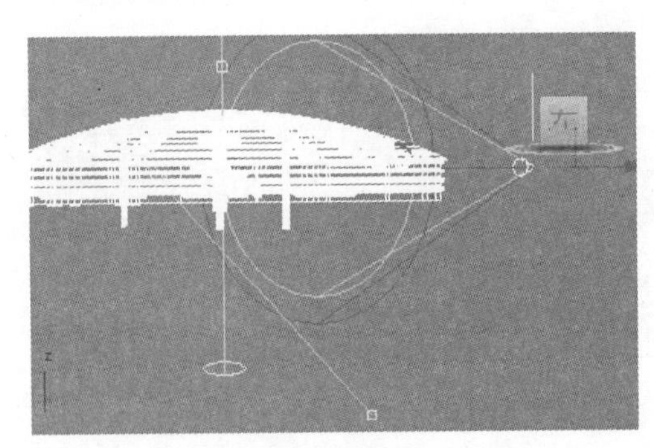

图 10-190　创建聚光灯

(2) 在工具栏中单击"选择并移动"工具 ，在顶视图中调整"目标聚光灯"的位置，位置如图 10-191 所示。

图 10-191　调整位置

(3) 在"强度/颜色/衰减"面板中，将"倍增"数值调为 0.01，色彩设为灰色，如图 10-192 所示。

（4）选择刚创建的聚光灯，在工具栏中单击“选择并移动”工具，在按住 Shift 键的同时拖动聚光灯，最后单击“确定”按钮完成复制操作，如图 10-193 所示。

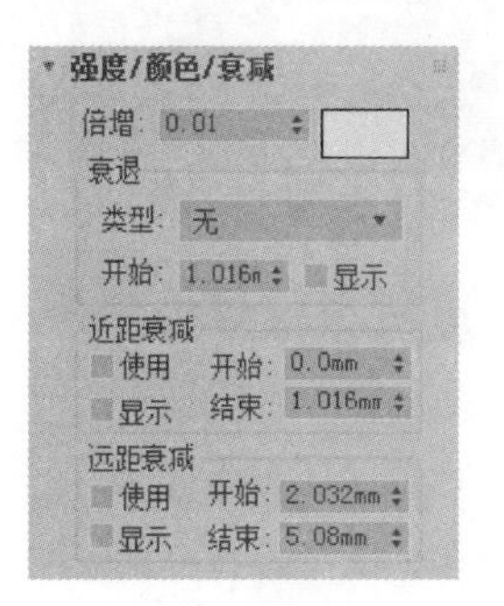

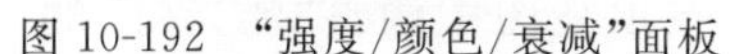
图 10-192　“强度/颜色/衰减”面板

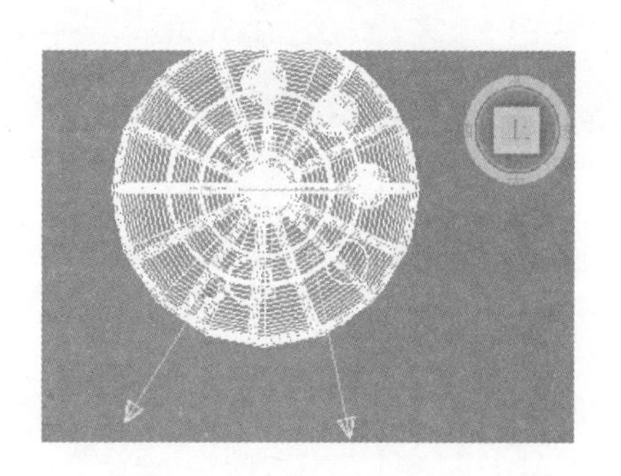

图 10-193　复制聚光灯

（5）执行“创建”→“标准灯光”→“目标聚光灯”命令，在“（左）视图”中，建立一盏“目标聚光灯”，位置调整如图 10-194 所示。

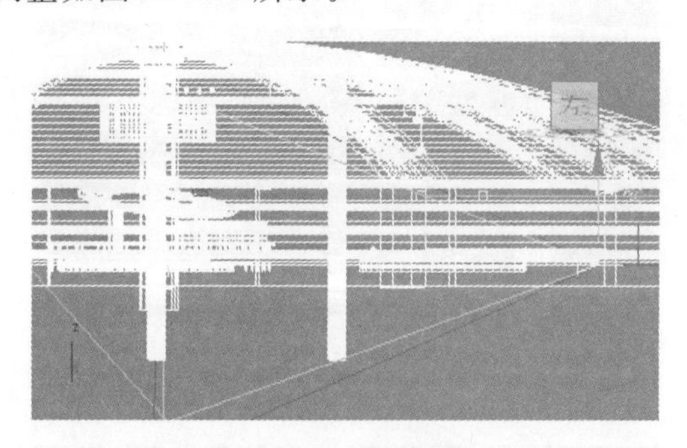

图 10-194　创建聚光灯

（6）在工具栏中单击“选择并移动”工具，在顶视图中调整“目标聚光灯”的位置，位置如图 10-195 所示。

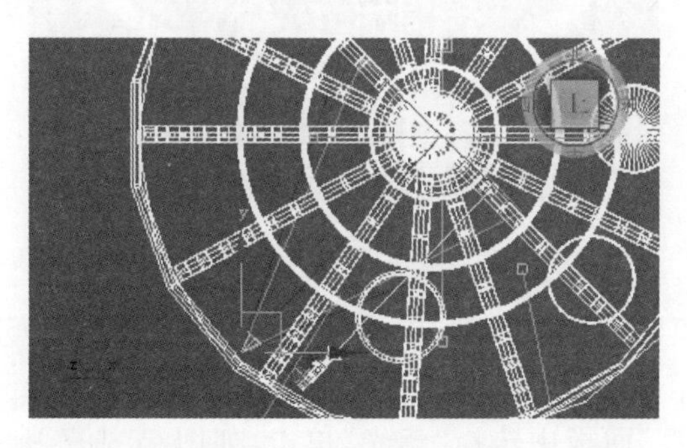

图 10-195　调整位置

（7）在“强度/颜色/衰减”面板中，将“倍增”数值调为 0.4，色彩设为白色，如图 10-196 所示。

（8）在“对象类型”面板中选择“泛光灯”单击，如图 10-197 所示。然后在左视图中创建“泛光灯”，位置如图 10-198 所示。

Note

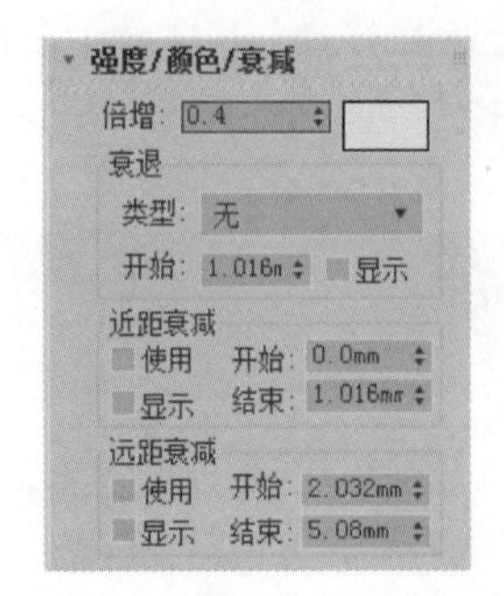

图 10-196 "强度/颜色/衰减"面板

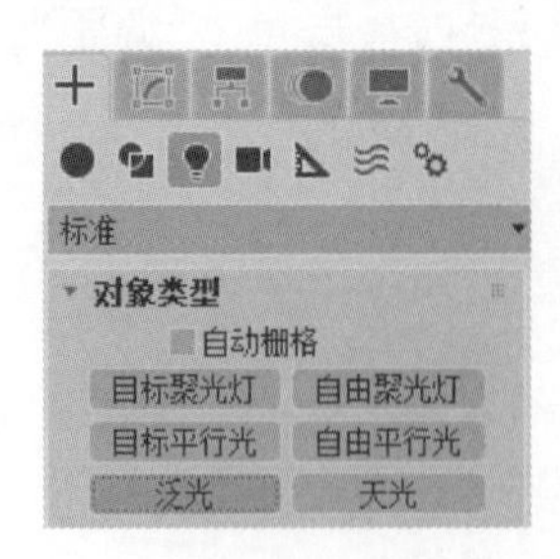

图 10-197 "对象类型"面板

(9) 在工具栏中单击"选择并移动"工具，在顶视图中调整"泛光灯"的位置，位置如图 10-199 所示。

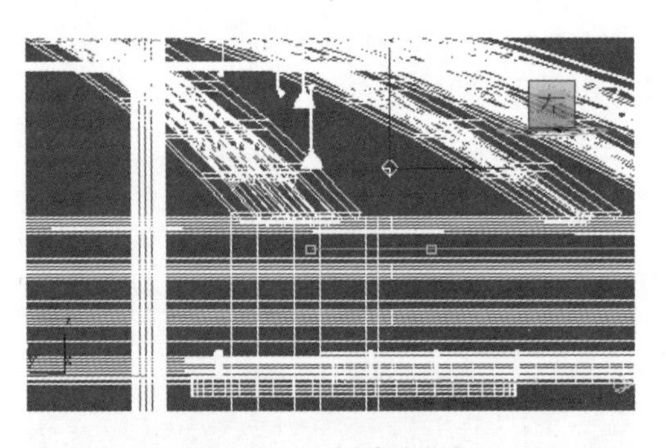

图 10-198 创建泛光灯

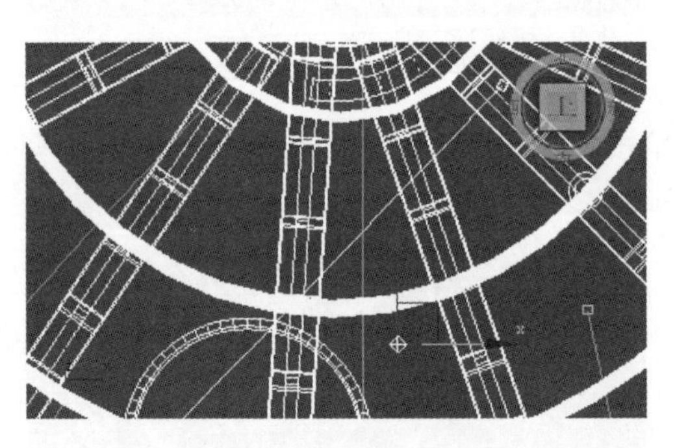

图 10-199 调整位置

(10) 在"强度/颜色/衰减"面板中，将"倍增"数值调为 0.55，色彩设为白色，如图 10-200 所示。

(11) 在"对象类型"面板中选择"泛光"单击，如图 10-197 所示。然后在前视图中创建"泛光灯"，位置如图 10-201 所示。

(12) 在工具栏中单击"选择并移动"工具，在左视图中调整"泛光灯"的位置，位置如图 10-202 所示。

(13) 在"强度/颜色/衰减"面板中，将"倍增"数值调为 0.4，色彩设为白色，如图 10-203 所示。

Note

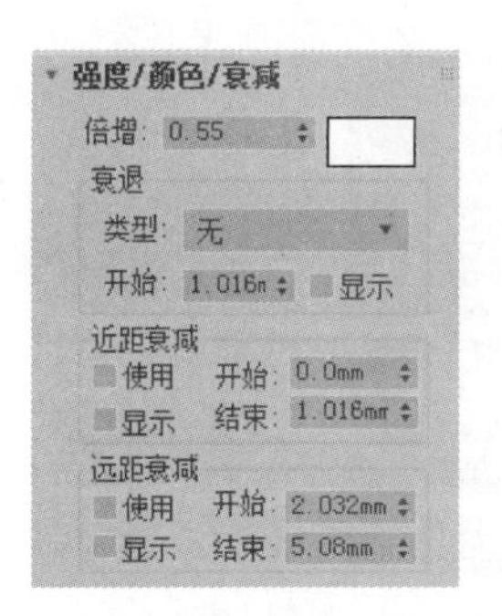

图 10-200 “强度/颜色/衰减”面板

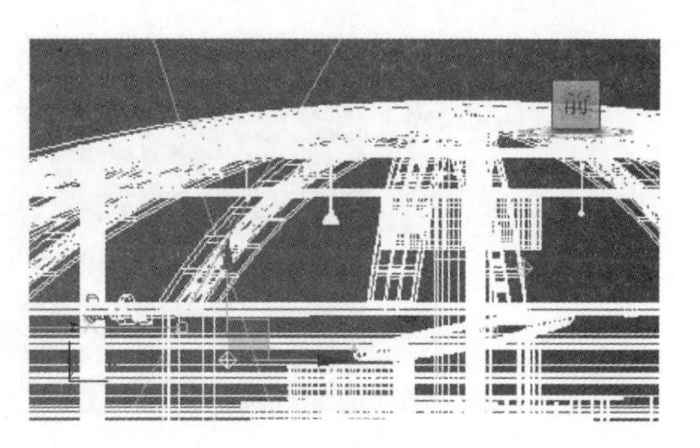

图 10-201 创建泛光灯

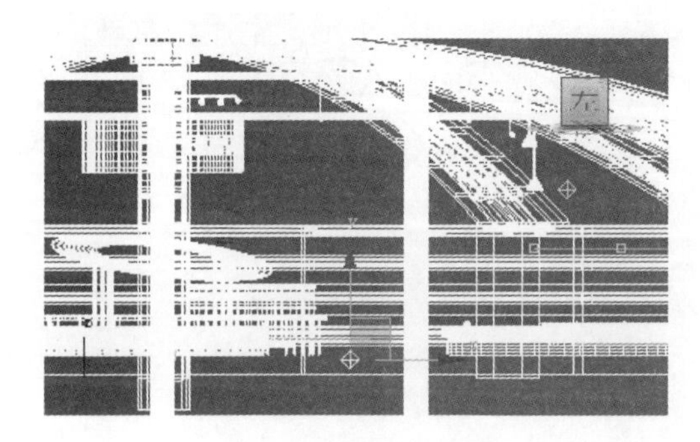

图 10-202 调整位置

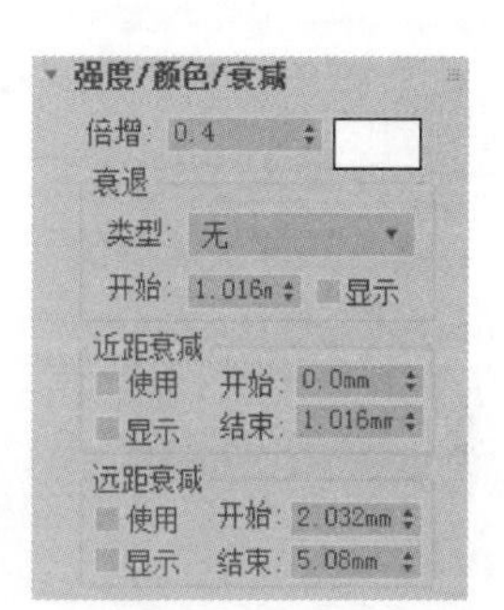

图 10-203 “强度/颜色/衰减”面板

10.3.3 展厅灯光效果的创建

(1) 在“对象类型”面板中选择“泛光灯”单击，然后在前视图中创建“泛光灯”，位置如图 10-204 所示。

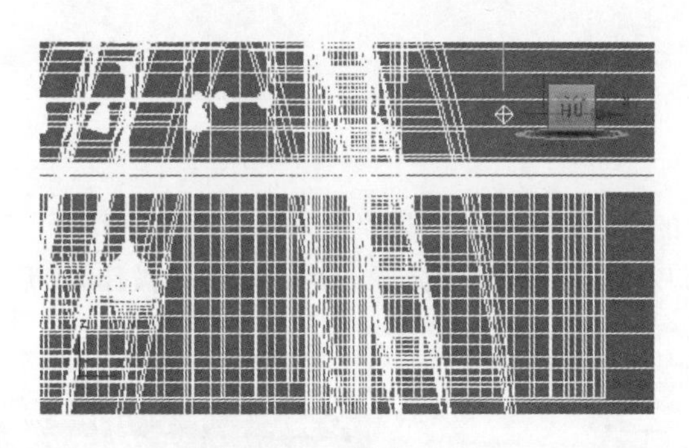

图 10-204 创建泛光灯

(2) 在工具栏中单击“选择并移动”工具，在顶视图中调整“泛光灯”的位置，位置如图 10-205 所示。

(3) 对“泛光灯”进行排除功能设置，在“排除/包含”面板中单击“包含”，然后将“Text 01”选中，如图 10-206 所示，单击“确定”按钮完成操作。

(4) 在“强度/颜色/衰减”面板中，将“倍增”数值调为 1.2，色彩设为橘红色，如图 10-207 所示。

Note

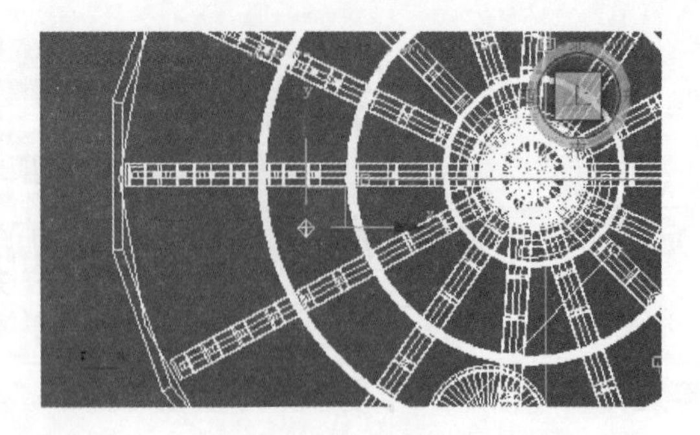

图 10-205　调整位置

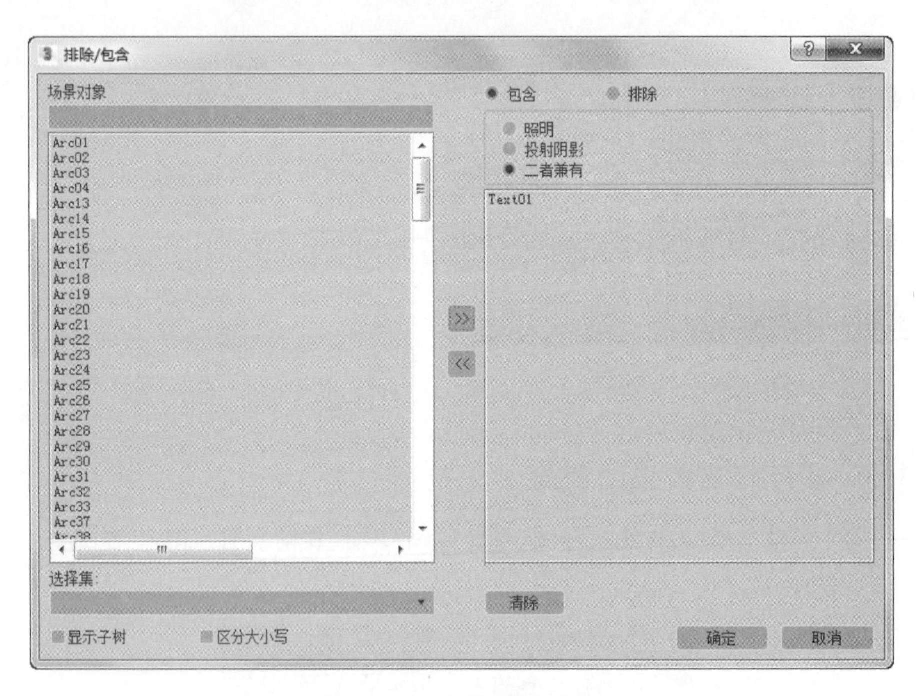

图 10-206　排除/包含面板

（5）选择刚创建的“泛光灯”，在工具栏中单击“选择并移动”工具 ，在按住 Shift 键的同时拖动“泛光灯”，最后单击“确定”按钮完成复制操作，然后再复制一盏，调整位置如图 10-208 所示。

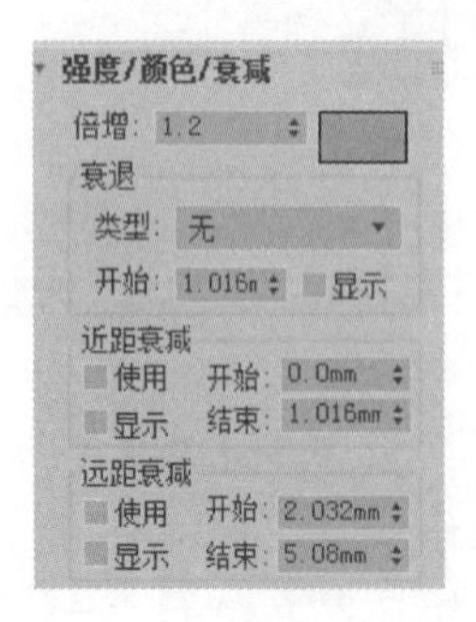

图 10-207　“强度/颜色/衰减”面板

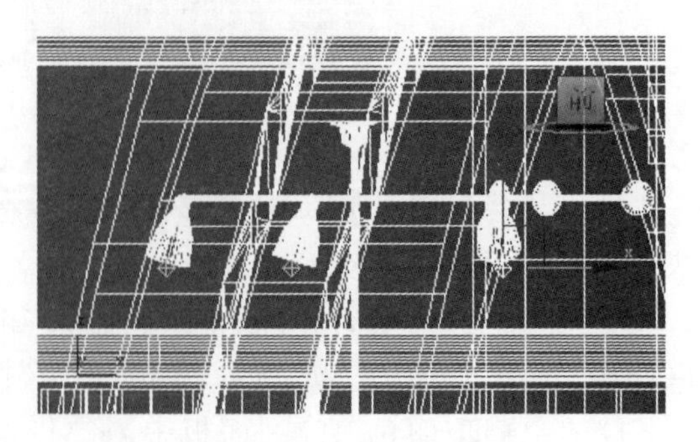

图 10-208　复制泛光灯

Note

(6) 在“对象类型”面板中选择“泛光灯”单击，然后在左视图中创建“泛光灯”，位置如图 10-209 所示。

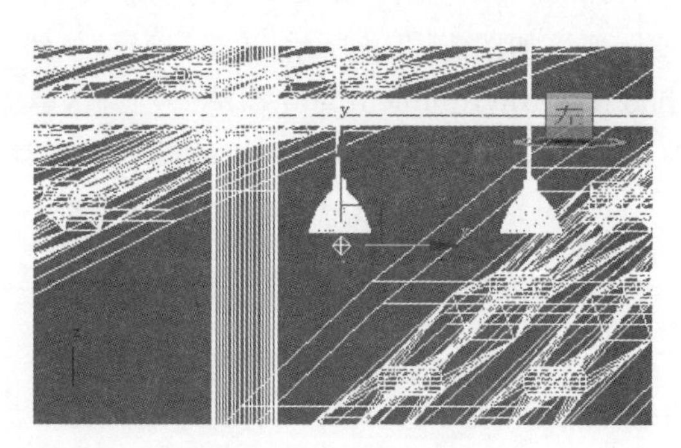

图 10-209　创建泛光灯

(7) 在工具栏中单击“选择并移动”工具，在前视图中调整“泛光灯”的位置，位置如图 10-210 所示。

(8) 在“强度/颜色/衰减”面板中，将“倍增”数值调为 1.6，色彩设为白色，如图 10-211 所示。

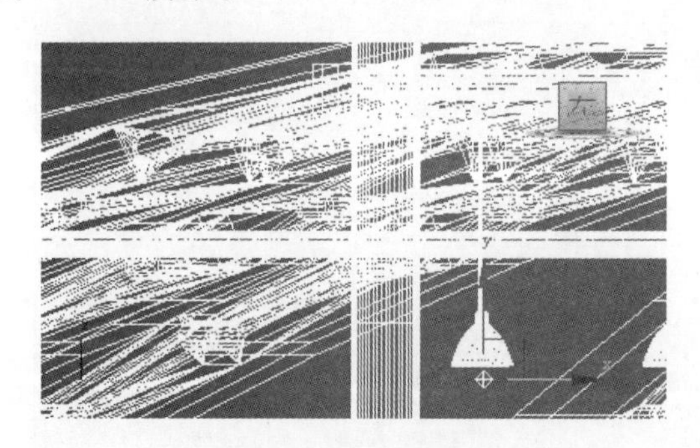

图 10-210　调整位置

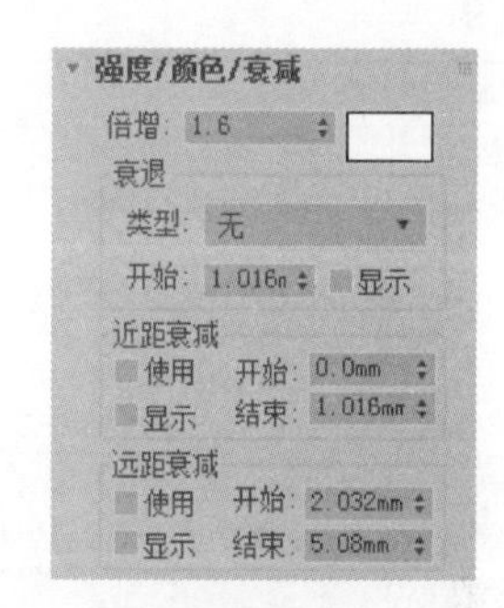

图 10-211　“强度/颜色/衰减”面板

(9) 在“对象类型”面板中选择“泛光灯”单击，然后在左视图中创建“泛光灯”，位置如图 10-212 所示。

(10) 在工具栏中单击“选择并移动”工具，在前视图中调整“泛光灯”的位置，位置如图 10-213 所示。

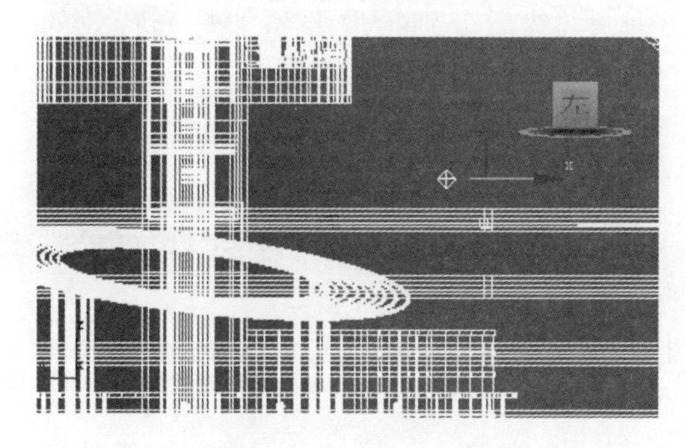

图 10-212　创建泛光灯

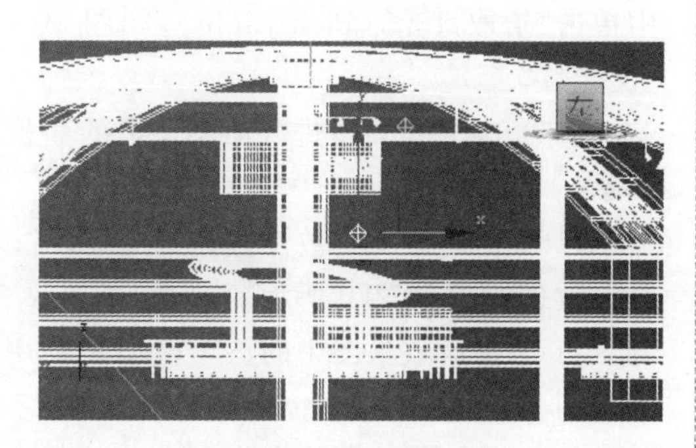

图 10-213　调整位置

Note

(11) 首先打开“大气和效果”(Environment and Effects)面板,单击“效果”(Effects)下面的“添加”(Add),然后打开“添加大气或效果”(Add Effect)面板,从中选择“镜头效果”(Lens Effects),如图 10-214 所示,单击“确定”按钮结束操作。

(12) 回到“环境和效果”(Environment and Effects)面板,单击“镜头效果”,然后在其下面的“镜头效果参数”(Lens Effects Parameters)面板中选择“Ray”和“Glow”,如图 10-215 所示。

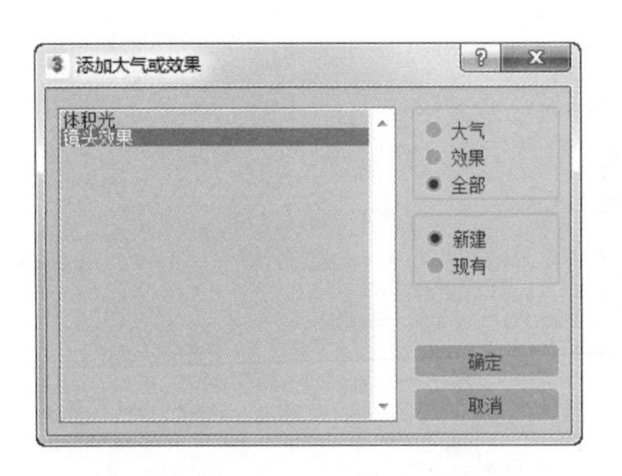

图 10-214　添加大气或效果面板

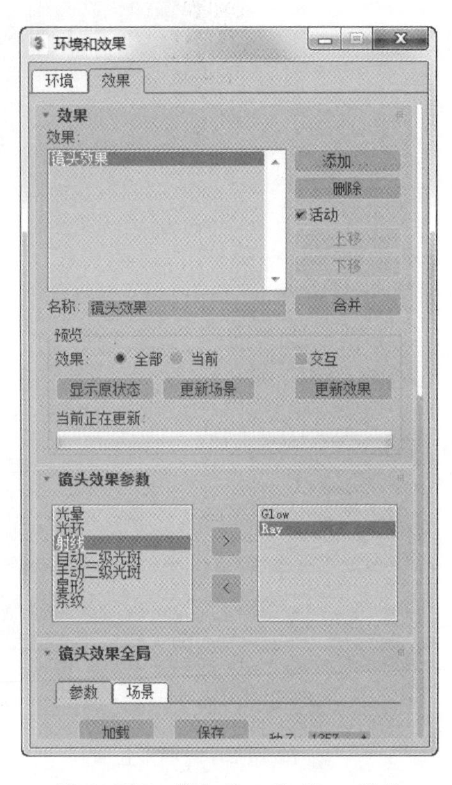

图 10-215　添加 Ray 和 Glow 特效

(13) 分别进入“射线元素”(Ray Element)和“光晕元素”(Glow Element)面板中,对其基本参数进行设置,如图 10-216、图 10-217 所示。

(14) 当所有的参数设置完毕之后,在“镜头效果全局”(Lens Effects Globals)面板中单击“拾取灯光”(Pick Light),如图 10-218 所示,然后分别拾取要添加灯光特效的“泛光灯”。

(15) 按下 F10 键进入渲染参数的面板,然后对其基本参数进行设置,如图 10-219 所示。

(16) 所有渲染参数设置完毕之后,可以单击渲染参数面板中的 Render 进行渲染,最终效果如图 10-220 所示。

(17) 最终效果图中的汽车模型是利用外挂插件制作的,非常简单,在此不做过多的介绍。

(18) 将渲染的图片设为 JPG 格式保存,为下一步在 Photoshop 里面进行图像处理做好准备。

Note

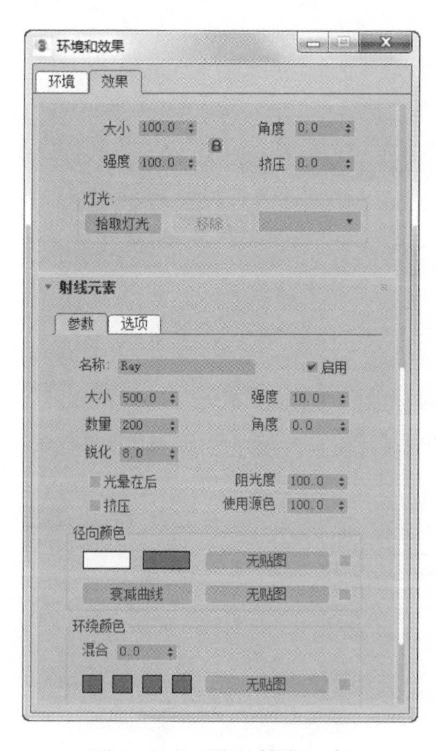

图 10-216　设置射线元素

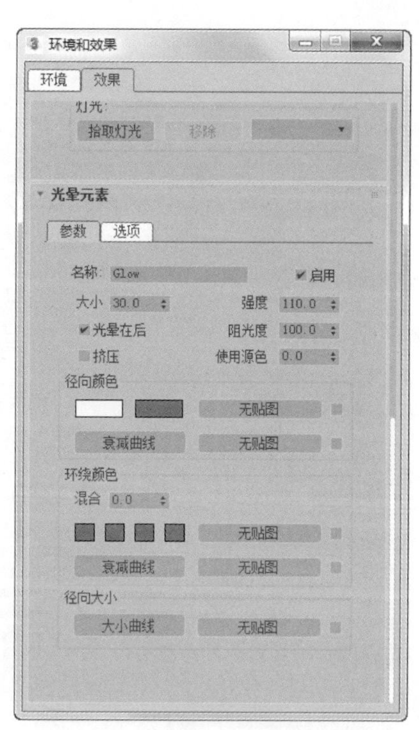

图 10-217　设置光晕元素

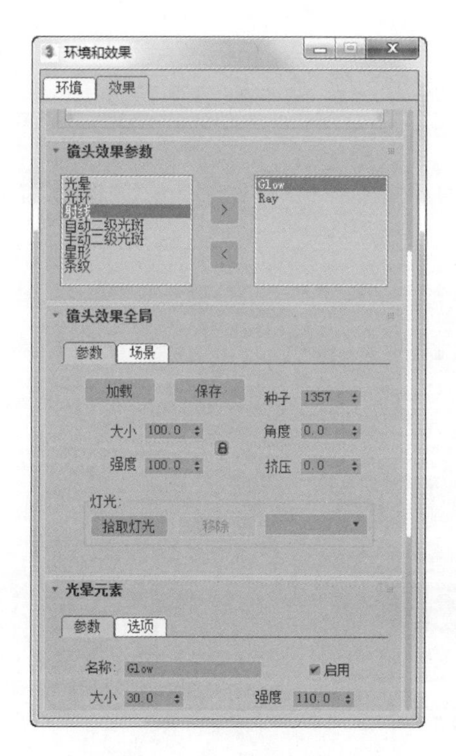

图 10-218　拾取灯光

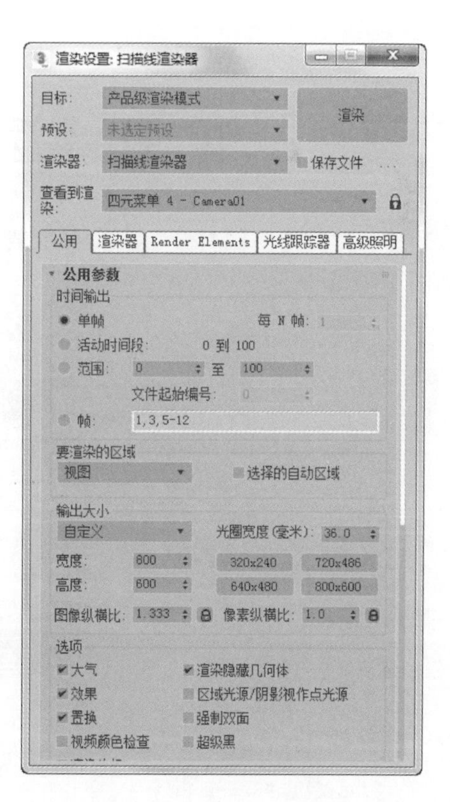

图 10-219　设置渲染参数

Note

图 10-220　最终效果

10.4　展厅的图像合成

10-4

(1) 执行“文件”→“打开”命令，在下载的源文件中选择“展厅.jpg”的图片，单击打开，如图 10-221 所示。

图 10-221　打开展厅图片

（2）执行“图像”→“调整”→“亮度/对比度”命令，然后在命令面板中设置“对比度”为+37，单击“确定”按钮加强展厅的对比度，如图10-222所示。

（3）执行“图像”→“调整”→“色相/饱和度”命令，然后在命令面板中设置“色相”为1，单击“确定”按钮加强展厅的对比度，如图10-223所示。

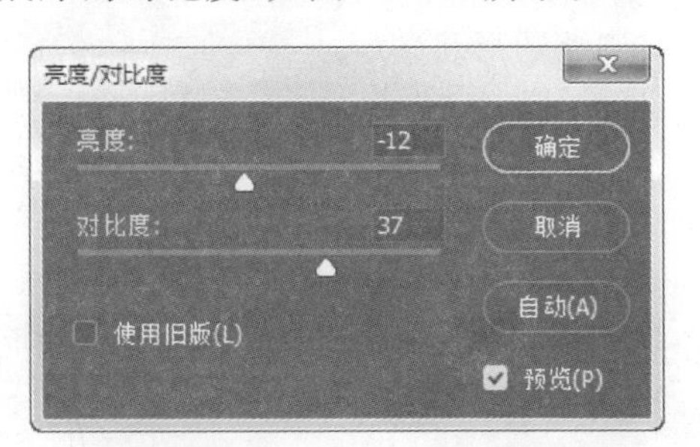

图10-222　“亮度/对比度”面板

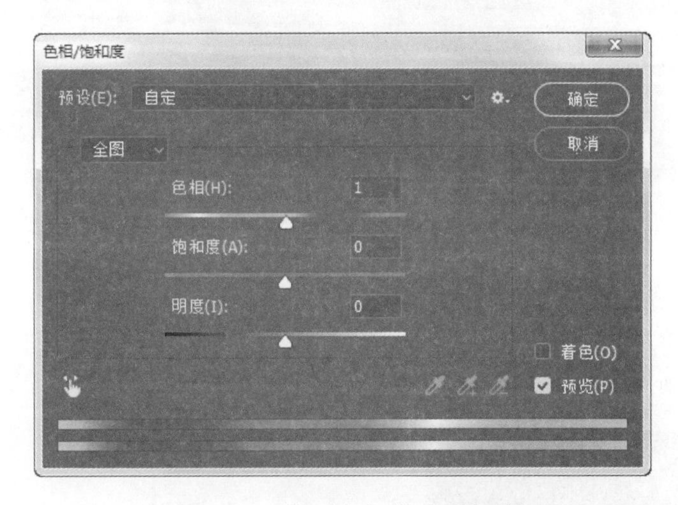

图10-223　设置“色相/饱和度”面板

（4）从下载的源文件中打开汽车1的图片，如图10-224所示，单击“多边形套索”工具，描出汽车轮廓，执行“编辑”→“拷贝”命令。然后回到展厅的画布上，执行“编辑”→“粘贴”命令，并调整图形将多余部分删除，效果如图10-225所示。

图10-224　汽车1

图10-225　插入汽车1

Note

（5）从下载的源文件中打开汽车 2 的图片，如图 10-226 所示，单击“魔棒”工具，在空白区域内单击，执行“选择”命令，执行“选择”→“反向”命令，执行“编辑”→“拷贝”命令。然后回到展厅的画布上，执行“编辑”→“粘贴”命令，并调整图形将多余部分删除，效果如图 10-227 所示。

图 10-226　汽车 2

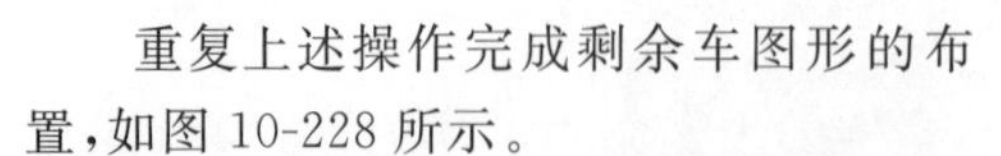

重复上述操作完成剩余车图形的布置，如图 10-228 所示。

图 10-227　插入汽车 2

图 10-228　布置汽车

（6）打开一张绿色植物的图片，如图 10-229 所示，单击“魔棒”工具，在植物图片的黑色区域内单击，执行“选择”命令，执行“选择”→“反向”命令，执行“编辑”→“拷贝”命令。然后回到展厅的画布上，执行“编辑”→“粘贴”命令，效果如图 10-230 所示。

图 10-229　绿色植物

图 10-230　置入绿色植物层

（7）合并图层适时调节图形。执行“文件”→“存储为”命令，将文件保存为“汽车展厅.psd”，本例制作完毕。

Note

10.5　案例欣赏

图 10-231　案例欣赏 1

图 10-232　案例欣赏 2

图 10-233　案例欣赏 3

Note

图 10-234　案例欣赏 4

图 10-235　案例欣赏 5

图 10-236　案例欣赏 6

Note

图 10-237　案例欣赏 7

图 10-238　案例欣赏 8

图 10-239　案例欣赏 9

第11章

小区鸟瞰效果图制作

学习目的

熟练应用“摄像机和灯光”的创建方法。

学习思路

本章以小区鸟瞰为题材，模型、材质、灯光都比较简单(如图11-1所示)，主要讲授小区的规划，其制作流程与前面无异，方法简单。具体步骤将在现场操作中进行详细说明和讲解。

知识重点

➢ 建模：进一步掌握“轮廓”和“挤出”的使用方法。

Note

- 材质：学习使用系统自带色彩。
- 灯光：学习和运用日光，创建室外灯光。
- "图层"，用于多张图片的合成和叠加，以利于对单张图片做进一步的修改和调整。
- 选择工具，用来创建选区。
- "自由变换"命令，用于缩放和旋转图像，使用时执行"编辑→自由变换"命令，使用时按住 Shift 键实现等比例缩放。

11-1

图 11-1 效果图

11.1 小区鸟瞰模型的创建

(1) 执行"创建"→"标准基本体"→"长方体"命令，在前视图中创建一个长方体，位置如图 11-2 所示。

(2) 在右侧立方体的"参数"面板中，设置基本参数"长度"为 2513.03mm，"宽度"为 1418.27mm，"高度"为 593.096mm，分别将"长度分段"，"宽度分段"和"高度分段"设置为 1，如图 11-3 所示。

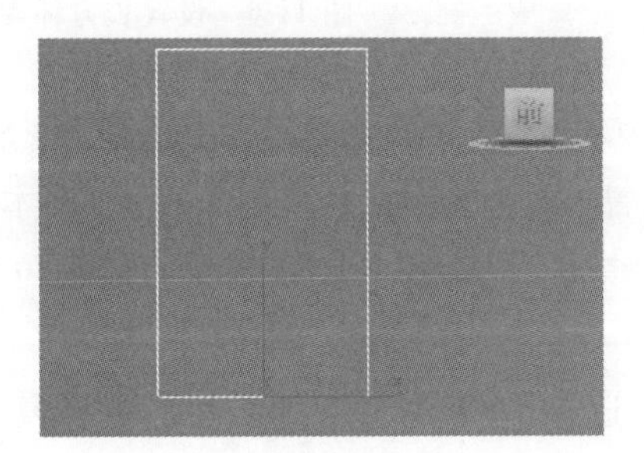

图 11-2 创建长方体(一)

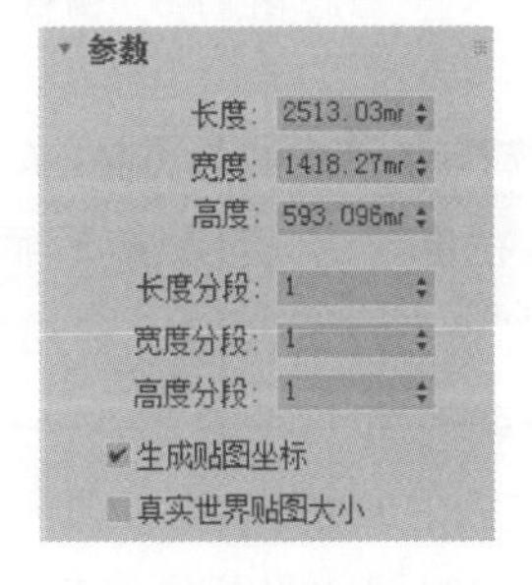

图 11-3 设置参数面板

Note

(3) 执行"创建"→"标准基本体"→"长方体"命令，在前视图中创建一个长方体，同时在工具栏中单击"选择并移动"工具，对新创建的长方体位置进行调整，位置如图11-4所示。

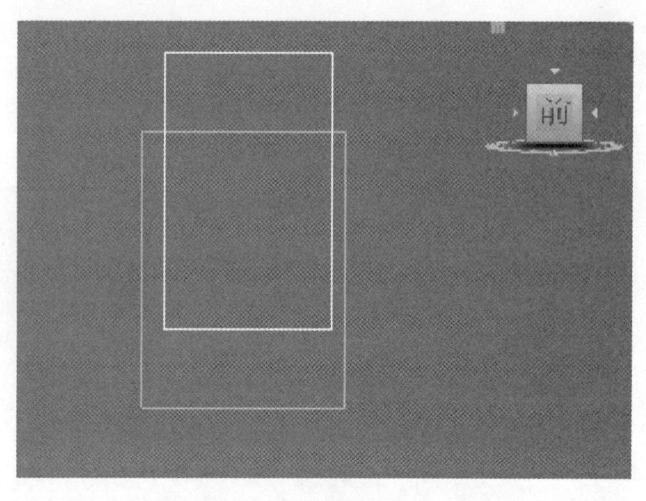

图11-4 创建长方体(二)

(4) 进入左视图中，在工具栏中单击"选择并移动"工具，然后将新创建的长方体选中，在左视图中将其位置调整到如图11-5所示。

(5) 在右侧长方体的"参数"面板中，设置基本参数"长度"为2249.13mm，"宽度"为1716.53mm，"高度"为431.236mm，分别将"长度分段""宽度分段"和"高度分段"设置为1，如图11-6所示。

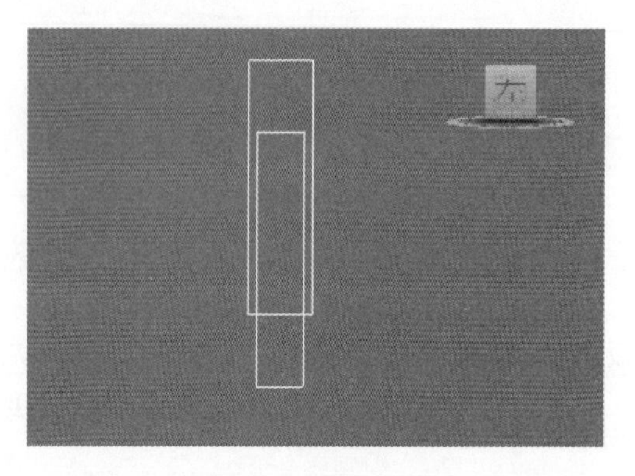

图11-5 调整位置

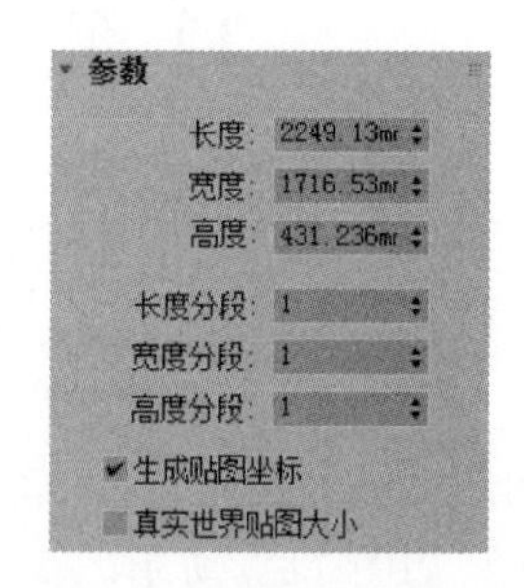

图11-6 设置长方体参数

(6) 选择刚创建的长方体，在工具栏中单击"选择并旋转"工具，按住Shift键旋转长方体，在出现的"克隆选项"面板中设置"对象"模式为"复制"，设置"副本数"为1，单击"确定"按钮完成复制。利用"选择并移动"工具对新复制长方体的位置进行一下调整，最终如图11-7所示。

(7) 进入左视图中，在工具栏中单击"选择并移动"工具，然后将新复制的长方体选中，在左视图中将其位置调整到如图11-8所示。

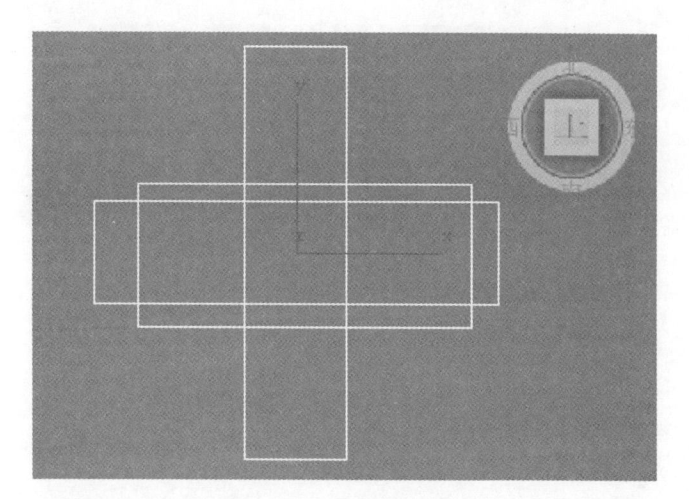

图 11-7　复制长方体

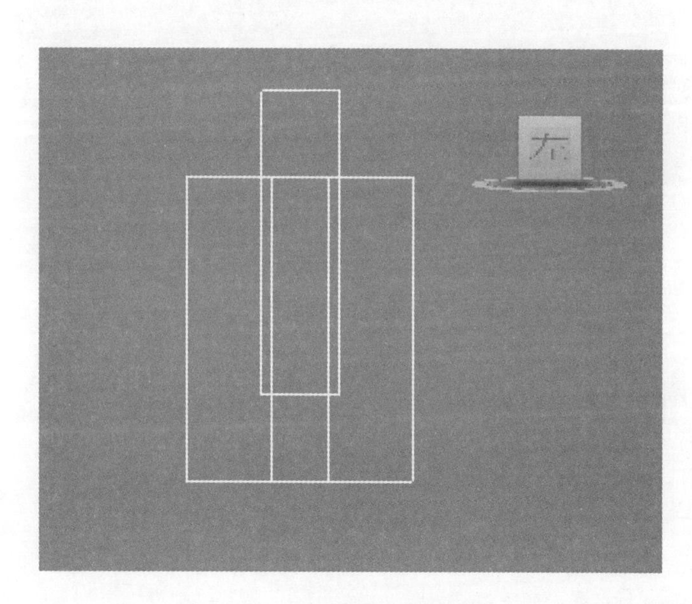

图 11-8　调整长方体位置

(8) 选择第一次创建的长方体，在工具栏中单击“选择并旋转”工具，按住 Shift 键旋转长方体，在出现的“克隆选项”面板中设置“对象”模式为“复制”，设置“副本数”为 1，单击“确定”按钮完成复制。利用“移动”工具对新复制长方体的位置进行一下调整，最终效果如图 11-9 所示。

(9) 执行“创建”→“标准基本体”→“圆柱体”命令，在顶视图中如图 11-10 所示的位置建立一个圆柱体。

(10) 在右侧圆柱体的“参数”面板中，设置基本参数“半径”为 605.547mm，“高度”为 2513.0mm，“高度分段”为 5，“端面分段”为 1，“边数”为 18，如图 11-11 所示。

(11) 执行“创建”→“标准基本体”→“长方体”命令，在顶视图中如图 11-10 所示的位置建立一个长方体。

Note

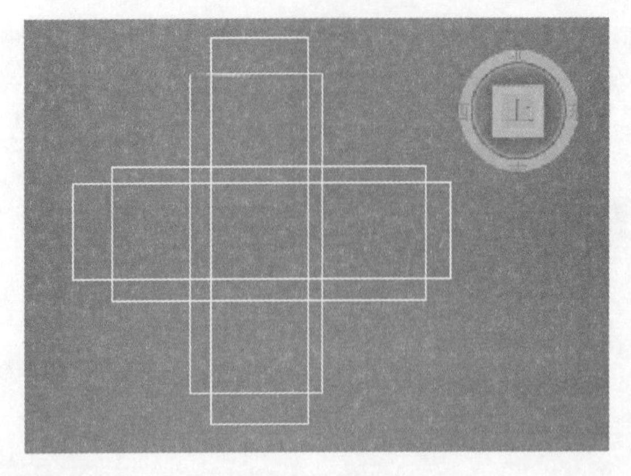

图 11-9　重新复制长方体

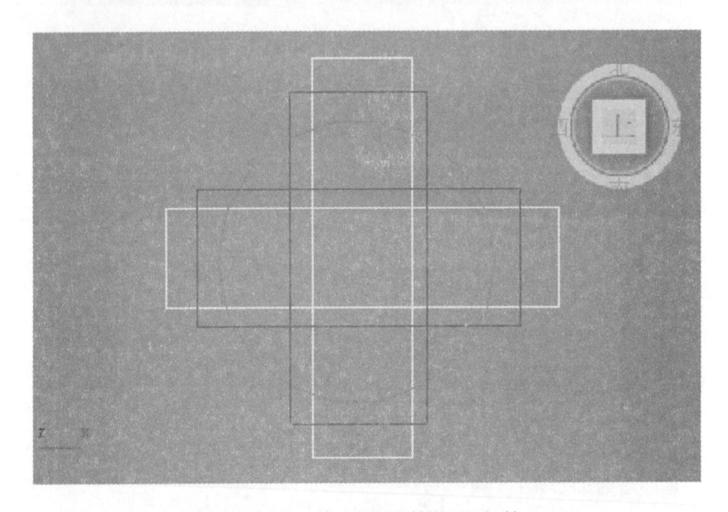

图 11-10　建立圆柱体和长方体

(12) 在右侧长方体的“参数”面板中，设置基本参数“长度”为 180.506mm，“宽度”为 156.575mm，“高度”为 433.495mm，分别将“长度分段”“宽度分段”和“高度分段”设置为 1，如图 11-12 所示。

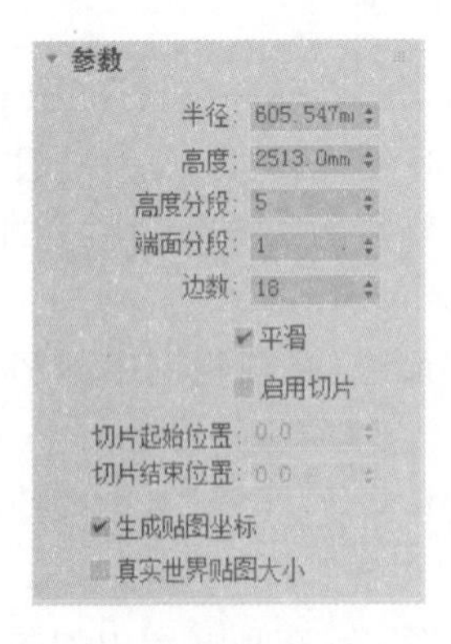

图 11-11　设置参数(一)

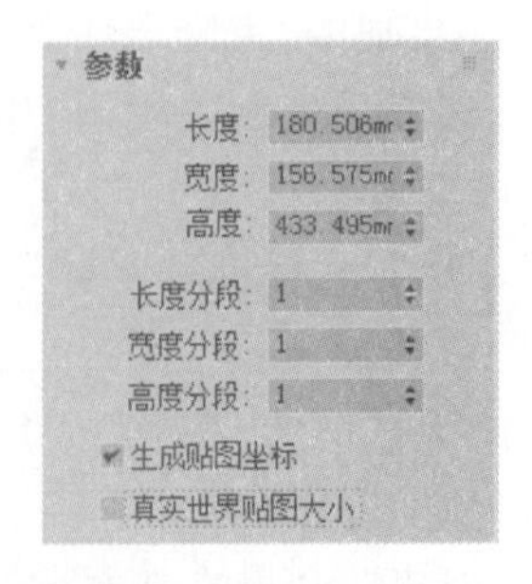

图 11-12　设置参数(二)

(13) 进入左视图中，在工具栏中单击“选择并移动”工具，然后将新创建的圆柱体选中，在左视图中将其位置调整到如图 11-13 所示。选择第一步创建的长方体将其高度调整为 2775.105。

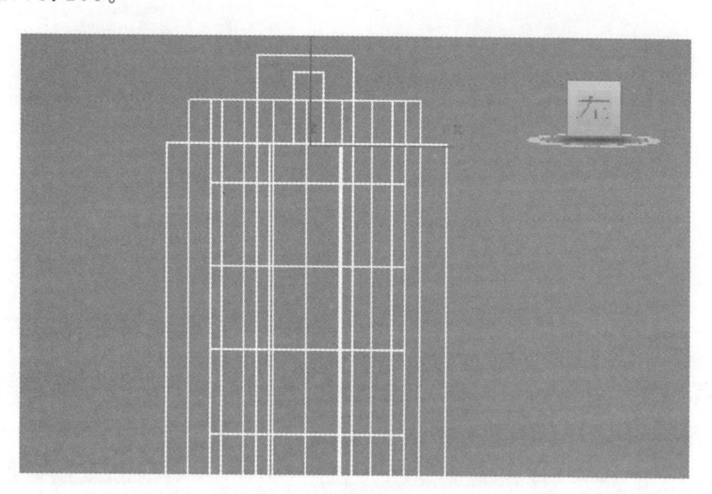

图 11-13　调整圆柱体位置

(14) 执行“创建”→“图形”→“线”命令，然后在顶视图中按照如图 11-14 所示的位置创建一条封闭的曲线，使其边缘与顶部边缘的曲线相吻合。

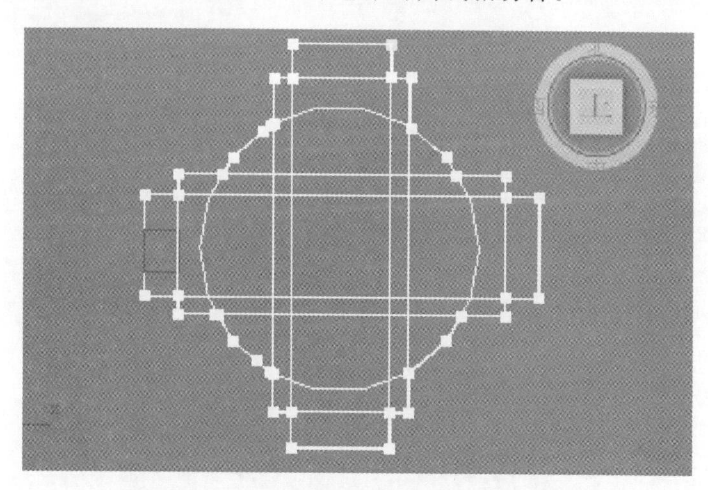

图 11-14　创建封闭曲线

(15) 执行“修改器”→“面片/样条线编辑”→“编辑样条线”命令或者单击“修改”选项卡的下拉菜单从中选择“编辑样条线”修改器，进入其子层级选择“样条线”。

(16) 在右侧命令面板中选择“轮廓”单击，设置数值为－10，如图 11-15 所示。

(17) 执行“修改器”→“网格编辑”→“挤出”命令或者单击“修改”选项卡的下拉菜单从中选择“挤出”修改器，然后在右侧“参数”命令面板中设置基本参数，设置“数量”为 40.0mm，如图 11-16 所示。

(18) 进入左视图中，在工具栏中单击“选择并移动”工具，然后将新创建的截面选中，在左视图中将其位置调整到如图 11-17 所示。

Note

图 11-15 添加编辑样条线修改器

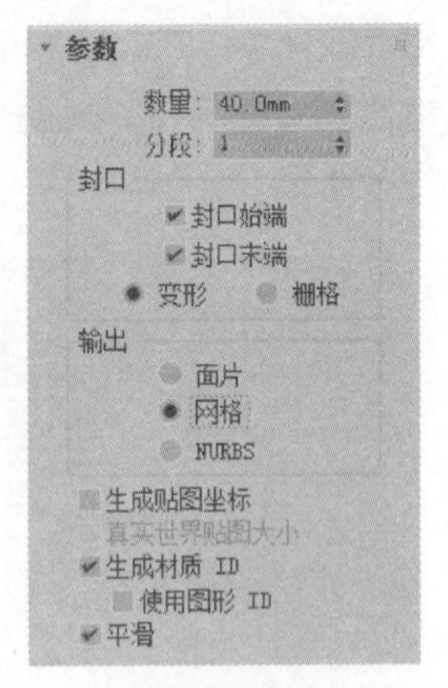

图 11-16 添加挤出修改器

(19) 选择刚创建的截面,在工具栏中单击"选择并移动"工具,按住 Shift 键拖动截面,在出现的"克隆选项"面板中设置"对象"模式为"复制",设置"副本数"为 9,如图 11-18 所示,单击"确定"按钮完成复制。利用"移动"工具对新复制截面的位置进行调整,最终如图 11-19 所示。

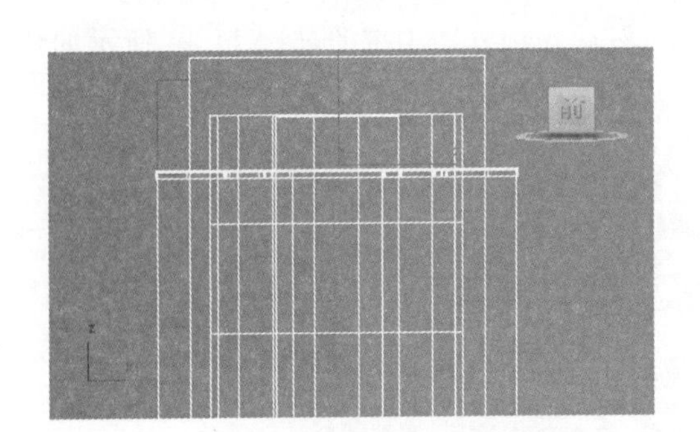

图 11-17 调整截面位置

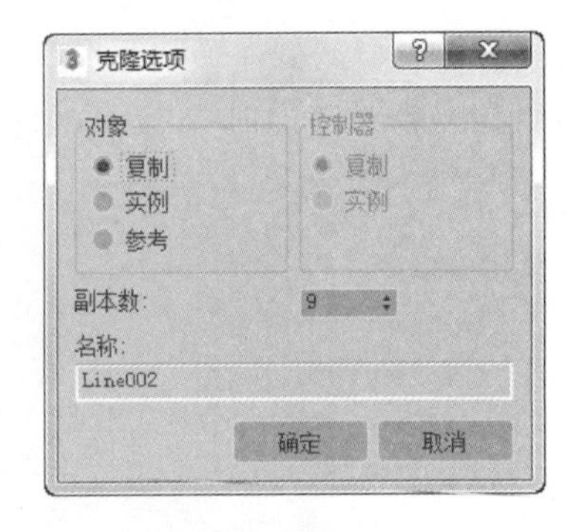

图 11-18 复制截面

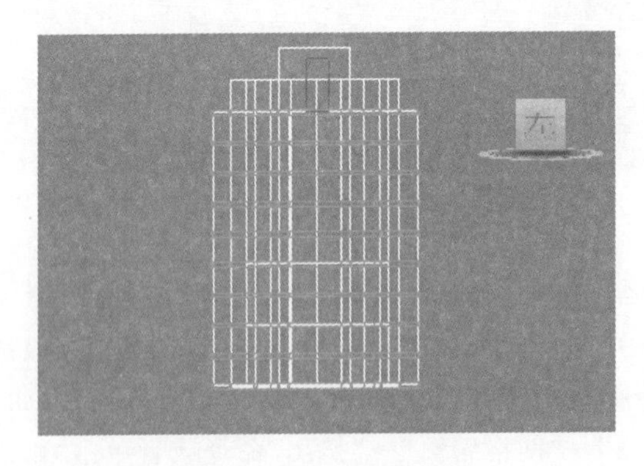

图 11-19 调整截面

(20) 执行"创建"→"标准基本体"→"长方体"命令,在"顶"视图中创建一个长方体,同时在工具栏中单击"选择并移动"工具,对新创建的长方体位置进行调整,位置如图 11-20 所示。

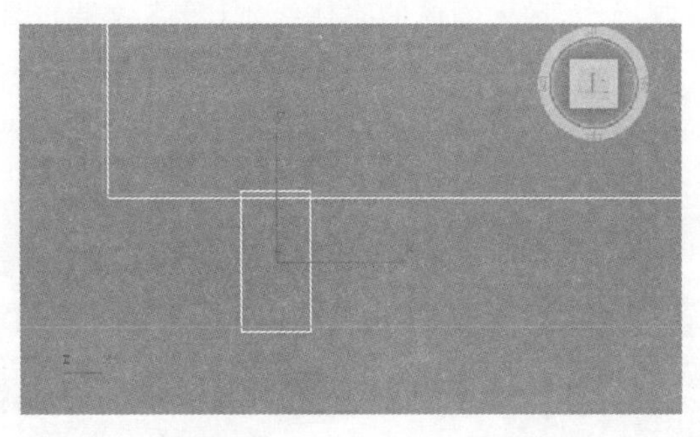

图 11-20　创建长方体

（21）在右侧长方体的“参数”面板中，设置基本参数“长度”为 10.597mm，“宽度”为 5.299mm，“高度”为 2251.68mm，分别将“长度分段”“宽度分段”和“高度分段”设置为 1，如图 11-21 所示。

（22）进入前视图中，在工具栏中单击“选择并移动”工具，然后将新创建的长方体选中，在前视图中将其位置调整到如图 11-22 所示。

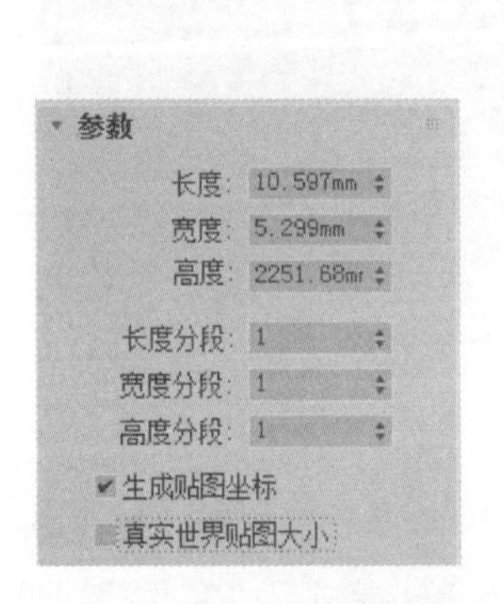

图 11-21　设置长方体参数

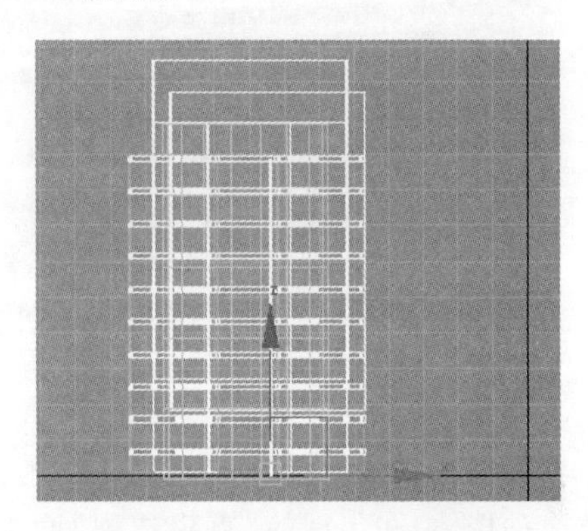

图 11-22　调整长方体位置

（23）选择刚创建的长方体，在工具栏中单击“选择并移动”工具，按住 Shift 键拖动截面，在出现的“克隆选项”面板中设置“对象”模式为“实例”，设置“副本数”为 9，单击“确定”按钮完成复制，利用“移动”工具对新复制截面的位置进行调整，最终如图 11-23 所示。

图 11-23　复制长方体

Note

（24）经过多次复制操作，进入物体的实体级别，最终效果如图 11-24 所示。

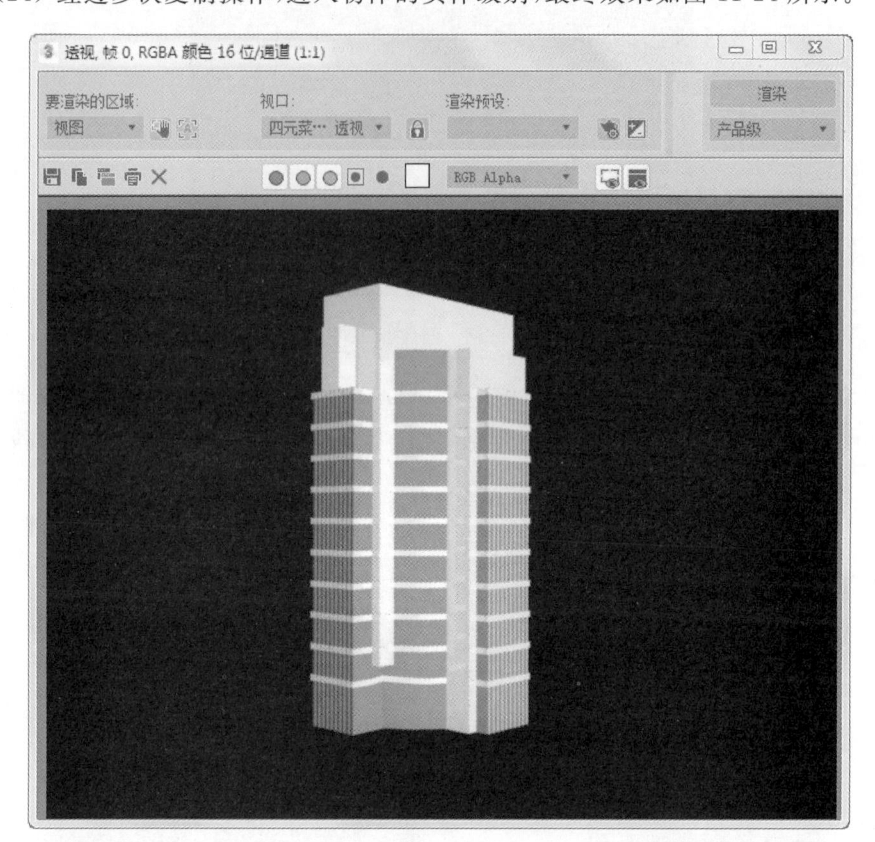

图 11-24　实体效果

（25）选择刚创建的楼体，在工具栏中单击“选择并移动”工具 ✥，按住键盘上的 Shift 键拖动楼体，在出现的“克隆选项”面板中设置“对象”模式为“实例”，设置“副本数”为 8，单击“确定”按钮完成复制，利用“选择并移动”工具 ✥ 对新复制楼体的位置进行调整，最终如图 11-25 所示。

（26）经过多次调整，进入物体的实体级别，最终效果如图 11-26 所示。

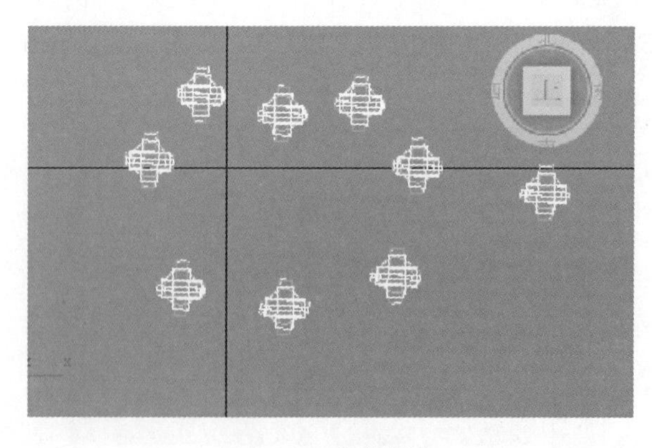

图 11-25　复制楼体

Note

图 11-26　实体效果

11.2　摄影机及灯光的创建

（1）执行“创建”→“摄影机”→“目标摄影机” 命令，在顶视图中创建摄影机，位置如图 11-27 所示。

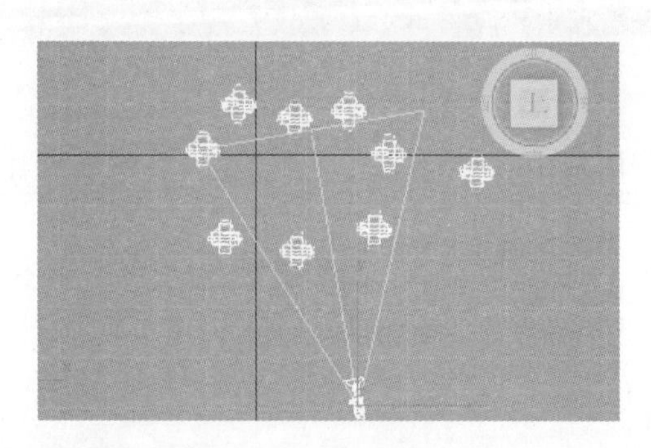

图 11-27　摄影机的创建

（2）在工具栏中单击“选择并移动”工具 ，在左视图中调整新创建的摄影机的位置，位置如图 11-28 所示。

（3）在单个视图的左上角单击鼠标右键，弹出下拉菜单，在出现的下拉菜单中单击“视点”，在其子菜单中选择“摄影机”命令单击，这样视图的模式就转化为摄影机视图，如图 11-29 所示。

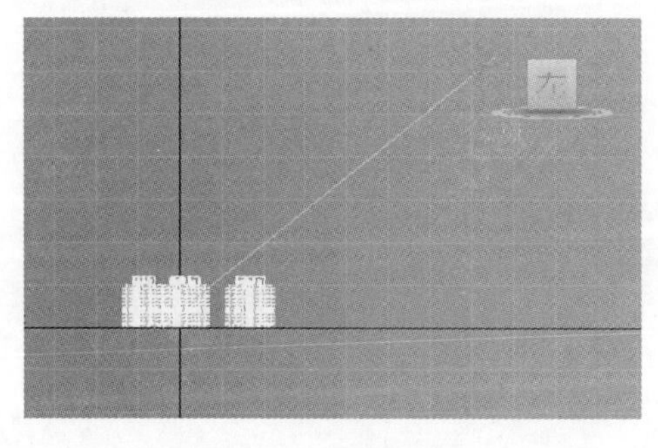

图 11-28　调整摄影机位置

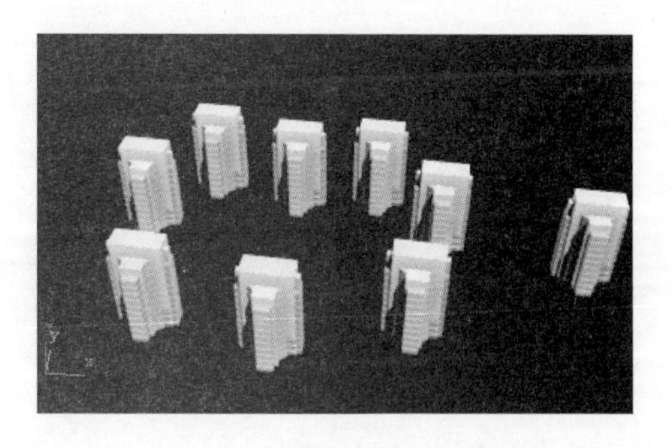

图 11-29　进入摄影机视图

Note

（4）单击 F9 快捷键进行快速渲染，最终效果如图 11-30 所示。

图 11-30　快速渲染

（5）在“对象类型”面板中选择“系统”单击，然后在顶视图中创建“日光”，位置如图 11-31 所示。

（6）在工具栏中单击“选择并移动”工具，在左视图中调整“日光”的位置。

（7）按下 F10 键进入渲染参数的面板，然后对其基本参数进行设置，如图 11-32 所示。

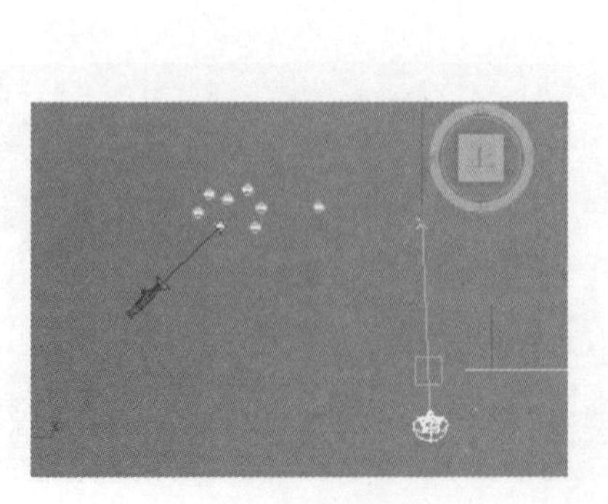

图 11-31　创建日光

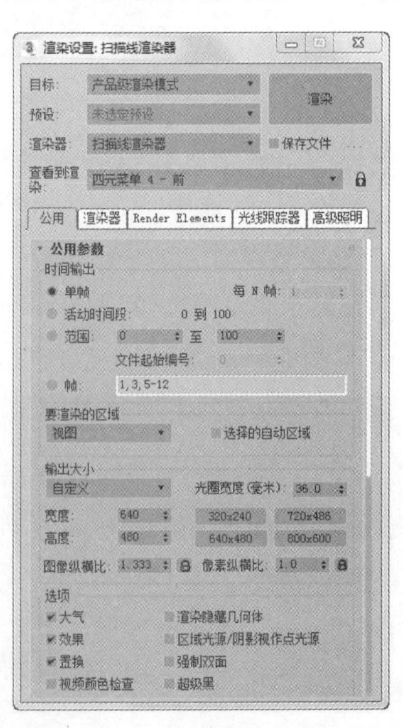

图 11-32　设置渲染参数

(8) 所有渲染参数设置完毕之后,单击渲染参数面板中的"渲染"进行渲染,为其添加背景进行渲染,最终效果如图 11-33 所示。

图 11-33　最终效果

(9) 将渲染的图片设为 JPG 格式,单击保存,为下一步在 Photoshop 里面进行图像处理做好准备。

11.3　小区鸟瞰的图像合成

(1) 执行"文件"→"打开"命令,在下载的源文件中选择"小区鸟瞰.jpg",单击打开,如图 11-34 所示。

图 11-34　打开小区鸟瞰图片

Note

（2）创建一个新图层，将"小区鸟瞰"全部选择，执行"编辑"→"拷贝"命令，然后回到新图层上，执行"编辑"→"粘贴"命令，完成粘贴，同时调整新图层的亮度对比度，最终效果如图 11-35 所示。

图 11-35　调整新图层

（3）在工具栏中单击选框工具，然后在"小区鸟瞰"上创建一个选区，位置如图 11-36 所示。

图 11-36　创建选区

(4) 在“小区鸟瞰”图层上执行“编辑”→“拷贝”命令，将选区进行复制，然后回到画布上，执行“编辑”→“粘贴”命令，完成粘贴，移动位置如图 11-37 所示。

图 11-37　复制选区

(5) 单击“矩形选框工具”，在调整过透明度的图层上沿画布的上沿创建一个矩形，然后选择油漆桶工具，同时将色彩设为黑色进行填充，效果如图 11-38 所示。

图 11-38　创建黑色边沿

(6) 选择刚创建的黑色边沿，执行“编辑”→“拷贝”命令进行复制，然后回到调整过透明度的画布上，执行“编辑”→“粘贴”命令完成粘贴，移动位置到画布的最下方，如图 11-39 所示。

(7) 执行“文件”→“存储为”命令，将文件保存为“小区鸟瞰.psd”，本例制作完毕。

Note

图 11-39 复制黑色边沿

11.4 案例欣赏

图 11-40 案例欣赏 1

图 11-41 案例欣赏 2

图 11-42 案例欣赏 3

Note

图 11-43　案例欣赏 4

图 11-44　案例欣赏 5

图 11-45　案例欣赏 6

二维码索引